实用机械设备维修技术

吴 拓 编著

SHIYONG JIXIE SHEBEI
WEIXIU JISHU >>

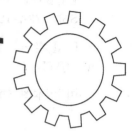

化学工业出版社

·北京·

图书在版编目（CIP）数据

实用机械设备维修技术/吴拓编著. —北京：化学
工业出版社，2013.6（2021.1重印）
ISBN 978-7-122-17095-8

Ⅰ．①实…　Ⅱ．①吴…　Ⅲ．①机械设备-维修
Ⅳ．①TH17

中国版本图书馆 CIP 数据核字（2013）第 080456 号

责任编辑：贾　娜　　　　　　　　文字编辑：张燕文
责任校对：吴　静　　　　　　　　装帧设计：王晓宇

出版发行：化学工业出版社（北京市东城区青年湖南街 13 号　邮政编码 100011）
印　　装：北京科印技术咨询服务有限公司数码印刷分部
787mm×1092mm　1/16　印张 28½　字数 767 千字　2021 年 1 月北京第 1 版第 6 次印刷

购书咨询：010-64518888　　　　　售后服务：010-64518899
网　　址：http://www.cip.com.cn
凡购买本书，如有缺损质量问题，本社销售中心负责调换。

定　　价：98.00 元

前言
FOREWORD

随着科学技术的进步，机械设备正在朝着自控、成套和机电一体化方向发展，维持机械设备正常运转的维修工作也正面临着新的挑战，维修思想、维修理论及其指导下的维修体制和维修制度等，已显得很不适应客观需求和新环境的变化，亟待改革与创新。当代机械设备技术正朝着集成化、大型化、连续化、高速化、精密化、自动化、流程化、综合化、计算机化、超小型化、技术密集化的方向发展，对机械设备维修技术也提出了新的要求。机械设备维修发展的总趋势将是：

（1）机械维修管理的指导思想，将在认真研究和消化吸收先进的设备管理与维修理论和模式的基础上，充分体现市场竞争、设备效益、全系统、全员参与、质量控制等新的思想观念。

（2）维修体制的模式将引入"无维修设计"，大多数企业将不设自己的修理车间，设备维修工作将委托原制造厂或专业化修理公司承担。设备用户只根据"维修指南"或"故障手册"进行日常维护或故障排除。

（3）机械维修制度将在广泛应用设备诊断技术的基础上，主要实行预知维修。

（4）维修人员没有大专以上文化水平难以胜任工作。随着设备的技术进步，现今的维修人员遇到的多是机电一体化，集光电技术、气动技术、激光技术和计算机技术为一体的复杂设备，当代的设备维修已经不是传统意义上的维修工所能胜任的工作，必须通过高等院校培养和对在职人员进行补充更新知识的继续教育，才能造就一批具有现代维修管理知识和技术的维修专业人员。

机械设备维修技术是一门综合性很强的学科，涉及的知识面广，与其相关的学科有摩擦磨损原理、润滑与密封原理、可靠性工程、管理工程、机器检测与诊断技术、先进制造技术、特种加工工艺、焊接工艺、电镀工艺、热处理工艺等。工业企业中从事设备管理和设备维修的技术人员很多，而且企业对这些人员的要求也越来越高。为了帮助工业企业中从事机械设备管理和维修的技术人员以及高校相关专业师生扩充知识、增强能力、提高技术水平，作者特编写了本书。

本书综合了维修理论、维修管理、维修工艺、维修技术、监测技术、诊断技术等各方面知识，并列举了一些维修实例，以期广大读者从中有所启迪、有所受益。主要内容包括：机械设备维修的理论基础、机械设备的维修管理、设备维修前的准备工作、机械设备的拆卸与装配、机械零件的修复技术、机械设备的润滑与密封、典型机械零部件的维修、典型机械设备的维修、机械设备故障的诊断技术、设备修理的精度检验等。

本书由吴拓编著，在撰写过程中得到了各界同仁和朋友的大力支持、鼓励和帮助，在此表示衷心的感谢！

由于作者水平所限，书中不足之处在所难免，敬请广大读者和专家批评指正。

编　者

CONTENTS
目 录

1 第 1 章   Page
CHAPTER 机械设备维修的理论基础   1

1.1 设备维修的基本概念 ··· 1
1.1.1 设备维修的定义及其作用 ······························· 1
1.1.2 设备维修工作的分类 ····································· 3
1.2 机械设备的故障 ··· 7
1.2.1 机械设备故障的概念及其判断准则 ····················· 7
1.2.2 机械设备故障的等级划分 ······························· 8
1.3 设备故障的统计特征 ·· 10
1.3.1 故障统计理论在维修和可靠性工程中的应用 ··········· 10
1.3.2 故障的统计特征 ··· 10
1.3.3 产品故障的一般规律 ····································· 13
1.4 设备故障发生的原因 ·· 14
1.4.1 设备自身缺陷的影响 ····································· 14
1.4.2 使用方面的原因 ··· 15
1.4.3 设备维护与管理水平的影响 ····························· 15
1.5 机械零件的失效形式及其对策 ······································· 15
1.5.1 机械零件失效的分类 ····································· 15
1.5.2 零件的磨损 ··· 16
1.5.3 零件的腐蚀损伤 ··· 22
1.5.4 零件的断裂 ··· 23
1.5.5 零件的变形 ··· 26
1.6 机械设备的极限技术状态 ·· 28
1.6.1 确定机械设备极限技术状态的原则 ····················· 28
1.6.2 动力装置极限技术状态的判别 ··························· 29
1.6.3 零件和配合副磨损极限的确定原则 ····················· 30
1.6.4 机械设备极限技术状态的确定方法 ····················· 31

2 第 2 章   Page
CHAPTER 机械设备的维修管理   33

2.1 设备的维修性分析 ·· 33
2.1.1 维修性指标 ··· 33
2.1.2 机械设备的有效度 ······································· 36

2.1.3　维修性分配与验证…………………………………………………………………… 38

2.2　设备的维修管理……………………………………………………………………………… 41

2.2.1　维修原则……………………………………………………………………………… 41

2.2.2　维修制度……………………………………………………………………………… 42

2.2.3　维修信息管理………………………………………………………………………… 45

2.2.4　维修计划管理………………………………………………………………………… 46

2.2.5　维修备件的库存管理………………………………………………………………… 48

2.2.6　维修质量管理………………………………………………………………………… 50

2.3　设备维修的技术经济分析……………………………………………………………………… 54

2.3.1　机械设备的寿命周期费用分析……………………………………………………… 54

2.3.2　维修措施的技术经济分析…………………………………………………………… 57

2.3.3　设备大修及改造性维修的技术经济分析…………………………………………… 58

2.4　机械设备的维修保障系统……………………………………………………………………… 63

2.4.1　维修保障系统的结构与功能………………………………………………………… 63

2.4.2　维修保障系统规划的原则…………………………………………………………… 64

2.4.3　维修基地的类型与规划……………………………………………………………… 65

3 第3章
设备维修前的准备工作

Page 66

3.1　设备维修方案的确定…………………………………………………………………………… 66

3.1.1　机械设备修理的一般过程…………………………………………………………… 66

3.1.2　修理方案的确定……………………………………………………………………… 67

3.2　设备修理前的技术和物资准备………………………………………………………………… 67

3.2.1　修理前的技术准备…………………………………………………………………… 67

3.2.2　修理前的物质准备…………………………………………………………………… 71

3.3　常用修理检具、量具的选用…………………………………………………………………… 71

3.3.1　常用检具……………………………………………………………………………… 71

3.3.2　常规量具……………………………………………………………………………… 74

3.3.3　常用量仪……………………………………………………………………………… 81

3.3.4　工具显微镜和三坐标测量机………………………………………………………… 84

3.3.5　常用研具……………………………………………………………………………… 88

4 第4章
机械设备的拆卸与装配

Page 92

4.1　机械设备的拆卸与清洗………………………………………………………………………… 92

4.1.1　机械设备的拆卸……………………………………………………………………… 92

4.1.2　机械设备的清洗和除污……………………………………………………………… 97

4.2　机械零件的技术鉴定…………………………………………………………………………… 103

4.2.1　机械零件检验的分类及其技术条件………………………………………………… 103

4.2.2　机械零件的检验方法………………………………………………………………… 104

4.2.3　机械零件的检验内容………………………………………………………………… 106

4.2.4　典型机械零件的检验………………………………………………………………… 107

4.3　机械设备的装配………………………………………………………………………………… 108

4.3.1　机械装配的基本概念和工作内容…………………………………………………… 109

4.3.2　机械装配的一般工艺原则和要求 ……………………………………………………… 109

4.3.3　典型零部件的装配工艺 …………………………………………………………………… 111

5 第5章
机械零件的修复技术

5.1　机械修复技术 …………………………………………………………………………………… 134

5.1.1　调整尺寸法 …………………………………………………………………………………… 134

5.1.2　镶加零件法 …………………………………………………………………………………… 135

5.1.3　局部修换法 …………………………………………………………………………………… 136

5.1.4　塑性变形法 …………………………………………………………………………………… 137

5.1.5　换位修复法 …………………………………………………………………………………… 137

5.1.6　金属扣合法 …………………………………………………………………………………… 138

5.2　焊接修复技术 …………………………………………………………………………………… 141

5.2.1　钎焊与堆焊修复 ……………………………………………………………………………… 142

5.2.2　机械零件的补焊修复 ………………………………………………………………………… 143

5.2.3　有色金属的焊接修复 ………………………………………………………………………… 145

5.2.4　塑料零件的焊接修复 ………………………………………………………………………… 146

5.3　熔覆修复技术 …………………………………………………………………………………… 146

5.3.1　热喷涂修复 …………………………………………………………………………………… 146

5.3.2　喷焊修复 ……………………………………………………………………………………… 147

5.3.3　喷涂层、喷焊层的质量测试 ………………………………………………………………… 149

5.3.4　熔结修复 ……………………………………………………………………………………… 150

5.4　电镀和化学镀修复技术 ………………………………………………………………………… 152

5.4.1　电镀修复 ……………………………………………………………………………………… 152

5.4.2　化学镀修复 …………………………………………………………………………………… 156

5.4.3　复合电镀修复 ………………………………………………………………………………… 157

5.5　粘接与表面粘涂修复技术 ……………………………………………………………………… 157

5.5.1　粘接修复 ……………………………………………………………………………………… 157

5.5.2　粘涂修复 ……………………………………………………………………………………… 161

5.6　表面强化技术 …………………………………………………………………………………… 164

5.6.1　表面机械强化 ………………………………………………………………………………… 164

5.6.2　表面热处理强化和表面化学热处理强化 …………………………………………………… 165

5.6.3　电火花强化 …………………………………………………………………………………… 165

5.6.4　激光表面强化 ………………………………………………………………………………… 167

5.6.5　电子束表面强化 ……………………………………………………………………………… 168

5.7　刮研修复技术 …………………………………………………………………………………… 168

5.7.1　刮研修复的特点 ……………………………………………………………………………… 168

5.7.2　刮研工具和检测器具 ………………………………………………………………………… 169

5.7.3　平面刮研 ……………………………………………………………………………………… 170

5.7.4　内孔刮研 ……………………………………………………………………………………… 171

5.7.5　机床导轨的刮研 ……………………………………………………………………………… 173

5.8　机械零件修复技术的选择 ……………………………………………………………………… 174

5.8.1　选择修复技术的基本原则 …………………………………………………………………… 174

5.8.2　选择机械零件修复技术的方法与步骤 ……………………………………………………… 176

5.8.3 机械零件修理工艺规程的拟订 ……………………………………………………… 176

6 第6章
CHAPTER 机械设备的润滑与密封 · · · · · · · · · · Page 178

6.1 机械设备的润滑 ……………………………………………………………………… 178
　6.1.1 机械设备润滑的作用及方式 …………………………………………………… 178
　6.1.2 机械设备润滑的状态与原理 …………………………………………………… 179
　6.1.3 润滑材料 ………………………………………………………………………… 183
　6.1.4 稀油润滑 ………………………………………………………………………… 194
　6.1.5 干油润滑 ………………………………………………………………………… 201
6.2 设备的密封 …………………………………………………………………………… 204
　6.2.1 机械密封的使用与维修 ………………………………………………………… 205
　6.2.2 填料密封的使用与维修 ………………………………………………………… 212
　6.2.3 间隙密封的使用与维修 ………………………………………………………… 213
　6.2.4 迷宫密封的使用与维修 ………………………………………………………… 214
　6.2.5 浮环密封的使用与维修 ………………………………………………………… 215
　6.2.6 动力密封的使用与维修 ………………………………………………………… 218

7 第7章
CHAPTER 典型机械零部件的维修 · · · · · · · · · · Page 221

7.1 轴的修理 ……………………………………………………………………………… 221
　7.1.1 轴的磨损或损伤情况分析 ……………………………………………………… 221
　7.1.2 轴的修理方法 …………………………………………………………………… 221
7.2 轴承的修理 …………………………………………………………………………… 223
　7.2.1 滚动轴承的修理 ………………………………………………………………… 223
　7.2.2 滑动轴承的修理 ………………………………………………………………… 225
7.3 孔的修理 ……………………………………………………………………………… 227
　7.3.1 连杆轴瓦的镗削 ………………………………………………………………… 227
　7.3.2 主轴瓦的镗削 …………………………………………………………………… 227
　7.3.3 镗缸与珩磨 ……………………………………………………………………… 228
7.4 壳体零件的修理 ……………………………………………………………………… 229
　7.4.1 气缸体的修理 …………………………………………………………………… 229
　7.4.2 变速箱体的修理 ………………………………………………………………… 230
　7.4.3 机床主轴箱的修理 ……………………………………………………………… 231
7.5 传动零件的修理 ……………………………………………………………………… 232
　7.5.1 丝杠的修理 ……………………………………………………………………… 232
　7.5.2 齿轮的修理 ……………………………………………………………………… 232
　7.5.3 蜗轮蜗杆的修理 ………………………………………………………………… 240
　7.5.4 曲轴连杆的修理 ………………………………………………………………… 241

8 第8章
CHAPTER 典型机械设备的维修 · · · · · · · · · · Page 243

8.1 普通机床类设备的维修 ……………………………………………………………… 243

8.1.1 卧式车床的修理 …………………………………………… 243

8.1.2 卧式铣床的修理 …………………………………………… 273

8.2 数控机床类设备的维修 ………………………………………… 282

8.2.1 数控机床关键零部件的特点 ………………………………… 282

8.2.2 数控机床的维护与保养 ……………………………………… 286

8.2.3 数控机床的故障诊断 ………………………………………… 290

8.2.4 数控机床伺服系统的故障诊断 ……………………………… 294

8.2.5 数控机床机械部件的故障诊断 ……………………………… 300

8.2.6 数控机床液压与气动传动系统的故障诊断 ………………… 308

8.3 液压系统的维修 ………………………………………………… 314

8.3.1 设备液压系统的修理内容及要求 …………………………… 314

8.3.2 液压系统主要元件的磨损与泄漏 …………………………… 314

8.3.3 液压系统密封元件的损坏与外泄漏 ………………………… 316

8.3.4 液压元件的修理 ……………………………………………… 317

8.4 工业泵的维修 …………………………………………………… 325

8.4.1 工业泵的分类及主要性能参数 ……………………………… 325

8.4.2 泵类设备的故障诊断与监测方法 …………………………… 332

8.4.3 泵的主要零部件的修理 ……………………………………… 340

8.4.4 泵类设备故障修理案例 ……………………………………… 347

9 CHAPTER **第9章**

机械设备故障的诊断技术

Page 356

9.1 设备故障的信息获取和检测方法 ……………………………… 357

9.1.1 设备故障信息的获取方法 …………………………………… 357

9.1.2 设备故障的检测方法 ………………………………………… 358

9.1.3 机械设备故障诊断方法的分类 ……………………………… 359

9.2 振动监测与诊断技术 …………………………………………… 361

9.2.1 振动监测与诊断技术概述 …………………………………… 361

9.2.2 机械振动及其信号分析方法 ………………………………… 361

9.2.3 振动监测与诊断 ……………………………………………… 362

9.2.4 几种常见机械故障的振动诊断 ……………………………… 370

9.3 噪声监测与诊断技术 …………………………………………… 382

9.3.1 噪声及其测量 ………………………………………………… 382

9.3.2 噪声源与故障源识别 ………………………………………… 385

9.4 温度监测技术 …………………………………………………… 386

9.4.1 温度测量基础 ………………………………………………… 386

9.4.2 温度监测方法 ………………………………………………… 387

9.5 油液监测与诊断技术 …………………………………………… 392

9.5.1 润滑剂及其质量指标 ………………………………………… 392

9.5.2 油液性能分析 ………………………………………………… 394

9.5.3 油液监测与诊断技术 ………………………………………… 395

9.6 无损检测技术 …………………………………………………… 403

9.6.1 无损检测技术概述 …………………………………………… 403

9.6.2 超声检测 ……………………………………………………… 404

9.6.3　射线检测 …………………………………………………………… 409

9.6.4　涡流检测 …………………………………………………………… 411

9.6.5　磁粉检测 …………………………………………………………… 413

9.6.6　渗透检测 …………………………………………………………… 414

9.6.7　声发射检测 ………………………………………………………… 417

9.6.8　光学检测 …………………………………………………………… 417

9.6.9　无损检测方法的比较 ……………………………………………… 418

10 CHAPTER 第 10 章
设备修理的精度检验 ······· Page 421

10.1　设备修理几何精度的检验方法 …………………………………………… 421

10.1.1　主轴回转精度的检验方法 ……………………………………… 421

10.1.2　同轴度的检验方法 ……………………………………………… 422

10.1.3　导轨直线度的检验方法 ………………………………………… 424

10.1.4　平行度的检验方法 ……………………………………………… 428

10.1.5　平面度的检验方法 ……………………………………………… 429

10.1.6　垂直度的检验方法 ……………………………………………… 431

10.2　装配质量的检验和机床试验 ……………………………………………… 432

10.2.1　装配质量的检验内容及要求 …………………………………… 432

10.2.2　机床的空运转试验 ……………………………………………… 433

10.2.3　机床的负荷试验 ………………………………………………… 434

10.2.4　机床工作精度的检验 …………………………………………… 434

10.3　机床大修理检验的通用技术要求 ………………………………………… 439

10.3.1　零件加工质量 …………………………………………………… 439

10.3.2　机床装配质量 …………………………………………………… 440

10.3.3　机床液压系统的装配质量 ……………………………………… 441

10.3.4　润滑系统的装配质量 …………………………………………… 442

10.3.5　电气系统的质量 ………………………………………………… 442

10.3.6　机床外观质量 …………………………………………………… 444

10.3.7　机床运转试验 …………………………………………………… 444

参考文献 ………………………………………………………………………… 446

第1章

机械设备维修的理论基础

1.1 设备维修的基本概念

1.1.1 设备维修的定义及其作用

设备维修是对装备或设备进行维护和修理的简称。这里所说的维护是指为保持装备或设备完好工作状态所做的一切工作，包括清洗擦拭、润滑涂油、检查调校，以及补充能源、燃料等消耗品；修理是指恢复装备或设备完好工作状态所做的一切工作，包括检查、判断故障，排除故障，排除故障后的测试，以及全面翻修等。由此可见，维修是为了保持和恢复装备或设备完好工作状态而进行的一系列活动。

维修是伴随生产工具的使用而出现的。随着生产工具的发展，机器设备大规模的使用，人们对维修的认识也在不断地深化。维修已由事后排除故障发展为事前预防故障；由保障使用的辅助手段发展成为生产力和战斗力的重要组成部分；如今，维修已发展成为增强企业竞争力的有力手段，改善企业投资的有效方式，实行全系统、全寿命管理的有机环节，实施绿色再制造工程的重要技术措施。可以说，维修已从一门技艺发展成为一门学科。

(1) 维修是事后对故障和损坏进行修复的一项重要活动

设备在使用过程中难免会发生故障和损坏，维修人员在工作现场随时应付可能发生的故障和由此引发的生产事故，尽可能不让生产停顿下来，显然这对于保持正常生产秩序、保证完成生产任务是不可或缺的。

(2) 维修是事前对故障主动预防的积极措施

随着生产流水线的出现，设备自动化水平的提高，生产过程中一旦某一工序出现故障，迫使全线停工，则会给生产带来难以估量的损失；有的故障还会危及设备、环境和人身安全，造成严重的后果。对影响设备正常运转的故障，事先采取一些"防患于未然"的措施，通过事先采取周期性的检查和适当的维修措施，避免生产中的一些潜在故障以及由此可能引发的事故，则可减少意外停工损失，使生产有条不紊地按计划进行，保障生产的稳定性，还可节约维修费用。

(3) 维修是设备使用的前提和安全生产的保障

随着机器设备高技术含量的增加，新技术、新工艺、新材料的出现，智能系统的应用，导致设备越是现代化，对设备维修的依赖程度就越大。离开了正确的维修，离开了高级维修技术人员的指导，设备就不能保证正常使用并发挥其生产效能，就难以避免事故，所以维修是设备使用的前提和安全生产的保障。

（4）维修是生产力的重要组成部分

投资购买新设备的目的，是为了维持或扩大既定的生产力，完成规定的生产任务。然而就设备的新旧而言，新的并不意味着一定具有所要求的生产力，要达到要求往往需要经过一段时间的试运行，经过适当的维修；即使新设备从一开始或短期内就能够投产，也需要进行维护保养，将设备中旋转零部件在磨损后出现的"油泥"进行清洗，对配合间隙进行适当调整，对智能控制系统进行校验等，才能使新设备达到或者超越既定的生产力。

使用多年的旧设备的生产力，有的并不一定比新设备的生产力差，只要通过合理的维修或翻修，使它一如既往地或者更好地运转，其生产性能甚至超过新设备。这里起关键作用的是维修。所以，从某种意义上讲，维修是生产力的重要组成部分。

（5）维修是提高企业竞争力的有力手段

激烈的市场竞争迫使企业必须提高产品质量，降低生产成本，以增强竞争力。维修是提高企业竞争力的有力手段，具体体现在如下几个方面。

① 维修保证设备正常运转，维持稳定生产，从根本上保证了所投入的设备资金能够在生产中体现出效益。

② 在许多情况下，维修提高了设备的使用强度甚至提高了设备的使用精度，延长了设备的寿命，从而增强了设备的生产能力，有效地提高了生产力。

③ 维修提供的售后服务，不仅可以保证产品使用质量，维护用户利益，提高企业信誉，扩大销售市场，还能够通过反馈信息来进一步改进产品质量，增强企业竞争力。

（6）维修是企业一种有益的投资方式

企业投资是指固定资产的购买与投产。投资目的是形成一定的生产力。投资条件是所投入的资本能够在一定的周期内收回并增值。

维修投资是使固定资产的生产力得以维持下去的那一部分投资。与投资购买固定资产能够形成生产力相似，维修投资则能维持其生产力。在一定周期内，不仅可以收回维修投资成本，而且还能增值。一台设备，可能会因为使用操作不当而很快失去生产能力，使得人们不得不重新购买；如果通过认真和恰当的维修，能够使设备具有相当长的使用寿命，则可以延长设备的更新周期，通过维修替代了设备的投资。也就是说，维修可以替代用于扩大再生产和更新设备这两个方面的投资。传统观念把维修看成是一种资源和资金的消耗，显然是不恰当的。

（7）维修是实行产品全面质量管理的有机环节

产品质量的管理，既要重视设计、制造阶段的"优生"，又要重视使用、维修阶段的"优育"，需要实行全面质量管理。产品投入使用后，通过维修才能发现问题，才能为不断改进产品设计提供有用信息，所以说维修是实行产品全面质量管理的有机环节。

（8）维修是实施绿色再制造工程的重要技术措施

工业的发展和人口的增长，使自然资源的消耗急剧加快，为了缓解资源短缺与资源浪费的矛盾，保护环境，适应可持续发展，通过修复和改造，使废旧产品起死回生的绿色再制造新兴产业正在迅速发展壮大。

许多旧机器设备因磨损、腐蚀、疲劳、变形等而失去生产能力，通过采用一些新技术、新工艺、新材料等技术措施进行维修，不仅可以有效地修复和消除这些缺陷，恢复其性能，甚至可以改善技术性能，提高其耐高温、耐磨损、耐腐蚀、抗疲劳、防辐射以及导电等性能，延长设备的使用寿命，节省材料、能源和费用。所以，维修是实施绿色再制造工程的重要技术措施。

(9) 维修已从一门技艺发展为一门学科

传统观念认为维修是一种修理工艺，是一种操作技艺，大多凭眼睛看、耳朵听、手摸等直观判断或通过师傅带徒弟传授经验的办法来排除故障，缺乏系统的维修理论指导，这在早先机器设备简单的时期是符合当时客观实际的。随着生产日益机械化、电气化、自动化和智能化，设备故障的查找、定位和排除也复杂化，有时故障可能是多种因素例如机械的、液压的、气动的、电子的、计算机硬件或软件等综合引起的，仅凭直观判断或经验是难以发现问题的，而且现代维修不能只是出现故障后才排除，更要重视出现故障前的预防。如何避免维修实践中的盲目性，提高预防性维修的针对性和适用性，对科学维修产生了客观的需要。20世纪60年代以来，现代科学技术的新进展，特别是可靠性、维修性、测试性、保障性、安全性等技术要求的规范化，概率统计、故障物理、断裂力学和诊断技术的不断发展，以及多年维修实践数据资料的积累，为研究维修理论提供了实际的可能。这种客观需要与实际可能的结合，使维修这一事物不再是一些操作技艺的简单组合，而是建立在现代科学技术基础上的一门新兴学科，使维修从分散的、定性的、经验的阶段进入到系统的、定量的、科学的阶段，现代维修理论就此应运而生，而今维修已从一种操作技艺发展成为一门新的学科。

1.1.2　设备维修工作的分类

(1) 维修工作的种类

从不同的角度出发，维修工作可以有不同的分类方法，最常用的是按照维修的目的与时机，分为预防性维修、修复性维修、改进性维修和现场抢修四种维修工作。

① 预防性维修　是指通过对装备的检查、检测，发现故障征兆以防止故障发生，使其保持规定状态所进行的各种维修工作。预防性维修包括擦拭、润滑、调整、检查、更换和定时拆修或翻修等。这些工作是在故障发生前预先对设备进行的，目的是消除故障隐患。预防性维修主要用于故障后果会危及生产安全、影响生产任务完成或导致较大经济损失的情况。

预防性维修的内容和时机是事先加以规定并按照预定的计划进行的，因而也可称为计划维修。

② 修复性维修　是指设备发生故障后，使其恢复到规定状态所进行的维修工作，也称排除故障维修或修理。修复性维修包括故障定位、故障隔离、分解、更换、再装、调校、检验、记录、修复损坏件等。修复性维修因其内容和时机带有随机性，不能在事前做出确切安排，因而也可称为非计划维修。

③ 改进性维修　是在维修过程中对设备进行局部的技术改进，以提高其性能的工作。

在维修过程中，常常发现有些事故或故障的发生会和设计有关。为了消除隐患，往往需要采取一些措施对设备的原有技术状态，包括其物理状态和技术参数加以改进。例如，对易损坏的部位予以加强，或改变其应力条件，改变管线、线路的固定位置和固定方法，改变配合间隙，换用性能更好的材料等。这些工作既可以是预防性的，又可以是修复性的。同时由于其改动不大，不需要重新设计，不属于设备改装，由于它与设备改装不同，因而可以划为单独一类的维修工作，只有在维修过程中进行的并且与维修的目的一致的设备改进工作才属于改进性维修。

改进性维修主要针对的对象是：原设备部分结构不合理，新产品中已作改进的结构；故障频繁的结构；需要缩短辅助时间、减轻劳动强度、减少能耗和污染的结构；按新的工艺要求需要提高精度的结构。

④ 现场抢修　是指生产现场设备遭受损伤或发生故障后，在评估损伤的基础上，采用快速诊断与应急修复技术，对设备进行现场修理，使之全部或部分恢复必要功能或实施自救

的工作。这种抢修虽然属于修复性的，但是修理的速度、环境、条件、时机、要求和所采取的技术措施与一般修复性维修不同，也是单独一类的维修工作。

(2) 维修方式

维修方式是对设备及其机件维修工作内容及其时机的控制形式。一般来说，维修工作内容需要着重掌握的是拆卸维修和深度广度比较大的修理，因为它所需要的人力、物力和时间比较多，对装备的使用影响比较大。因此，实际使用中，维修方式是指控制拆卸、更换和大型修理时机的形式。在控制拆卸或更换时机的做法上，概括起来不外乎三种：第一种是规定一个时间，只要用到这个时间就拆下来维修和更换；第二种是不问使用时间多少，用到某种程度就拆卸和更换；第三种就是什么时候出了故障，不能继续使用了，就拆下来维修或更换。这三种做法分别称为定时方式、视情方式和状态监控方式。定时方式和视情方式属于预防性维修范畴，而状态监控方式则属于修复性维修范畴。

① 定时方式　是按规定的时间不问技术状况如何而进行拆卸工作的方式。此处的"规定的时间"可以是规定的间隔期、累计工作时间、日历时间、里程和次数等。拆卸工作的范围可以从将设备分解后清洗直到装备全面翻修。对于不同的设备，拆卸工作的技术难度、资源要求和工作量的差别都较大。拆卸工作的好处是可以预防那些不拆开就难以发现和预防的故障所造成的故障后果。工作的结果可以是设备或机件的继续使用或重新加工后使用，也可以是报废或更换。

定时方式以时间为标准，维修时机的掌握比较明确，便于安排计划，但针对性差，维修工作量大，经济性差。

② 视情方式　是当设备或其机件有功能故障征兆时即进行拆卸维修的方式。同样，工作的结果可以是设备或机件的继续使用或重新加工后使用，也可以是报废或更换。

大量的故障不是瞬时发生的，故障从开始发生到发展成为最后的故障状态，总有一段出现异常现象的时间，而且有征兆可查寻。因此，如果采用性能监控或无损检测等技术能找到跟踪故障迹象过程的办法，则就可能采取措施预防故障发生或避免故障后果。所以也称视情维修方式为预知维修或预兆维修方式。

视情方式能够有效预防故障，较充分利用机件的工作寿命，减少维修工作量，提高设备的使用效益。

在视情方式的基础上，20世纪90年代出现了主动维修方式和预测维修方式。主动维修方式是对重复出现的潜在故障根源进行系统分析，采用先进维修技术或更改设计的办法，从故障根源上预防故障的一种维修方式。预测维修方式是通过一种预测和状态管理系统向用户提供出正确的时间对正确的原因采取正确的措施的有关信息，可以在机件使用过程中安全地确定退化机件的剩余寿命，清晰地指示何时该进行维修，并自动提供使任何正在产生性能或安全极限退化的事件恢复正常所需的零部件清单和工具，这是一种真正的视情维修方式。

③ 状态监控方式　是在装备或其机件发生故障或出现功能失常现象以后进行拆卸维修的方式，也称为事后方式。

对不影响安全或完成任务的故障，不一定非进行预防性维修工作不可，机件可以使用到发生故障之后予以修复；但是也不能放任不管，仍需要在故障发生之后，通过所积累的故障信息，进行故障原因和故障趋势分析，从总体上对设备可靠性水平进行连续监控和改进。工作的结果除更换机件或重新修复外，还可采用转换维修方式和更改设计的决策。

状态监控方式不规定设备的使用时间，因此能最充分地利用装备寿命，使维修工作量达到最低，是一种最经济的维修方式，目前应用较为广泛。

表1-1列出了三种主要维修方式的异同点，供选用时参考。

表 1-1　三种主要维修方式的异同点

对 比 项 目	定　　时	视　　情	事　　后
维修判据	按时间标准更换或维修	按状况标准	不控制送修,而按数据分析结果采取相应的措施
维修性质	预防性的	预防性的	非预防性的
控制对象	一个具体项目	一个具体项目	某项目或某机种所有重要项目的总体状况和维修大纲的有效性
控制方式	定期更换或分解	事前不断监控项目的状态变化	事后不断监控项目总体的状况(可靠性)
所需的基本条件	数据和经验,用以确定寿命	视情设计、控制手段、检查参数、参数标准和视情资料	数据收集分析系统
检查方法	分解检查	不分解检查(定量)	—
适用范围	影响严重,对安全有危害而且发展迅速或无条件视情的耗损故障	影响严重、对安全有危害,且发展缓慢并有条件视情的耗损故障	对安全无直接危害的下列三类故障: ① 偶然故障 ② 规律不清楚的故障 ③ 故障损失小于预防维修费用的耗损故障

(3) 维修工作类型

维修工作类型是按所进行的预防性维修工作的内容及其时机控制原则划分的种类。预防性维修工作可以划分为定时拆修、定时报废、视情维修和隐患检测四种维修工作类型,也可以划分为保养、操作人员监控、使用检查、功能检测、定时拆修、定时报废和综合工作七种维修工作类型。

① 四种预防性维修工作类型

a. 定时拆修　是指装备使用到规定的时间予以拆修,使其恢复到规定状态的工作。

b. 定时报废　是指装备使用到规定的时间予以废弃的工作。定时报废较之定时拆修是一种资源消耗更大的预防性维修工作。

有时把定时拆修和定时报废这两类维修工作统称为定时维修。

c. 视情维修　是指经过一定的时间间隔后,将观察到的装备或机件运行状态与适用的标准进行比较的工作。

d. 隐患检测　是指在某一具体的时间间隔内,为发现设备或机件已存在的但对操作人员来说尚不明显的隐蔽性功能故障所进行的检测工作,也称为隐蔽功能检测或使用检查。

严格地讲,隐患检测不是预防性工作,这是因为在故障发生之后才寻找故障的。之所以认为是预防性的,是因为如果隐蔽功能故障没有被发现,就可能引起连锁性的第二次,甚至多次故障的发生,其目的是预防多重故障。

② 七种预防性维修工作类型

a. 保养　是为保持设备固有设计性能而进行的表面清洗、擦拭、通风、添加油液或润滑剂、充气等工作。它是对技术、资源的要求最低的维修工作类型。

b. 操作人员监控　是操作人员在正常使用设备时对其状态进行监控的工作,其目的是发现潜在故障。这类监控包括对设备所进行的使用前检查,对设备仪表的监控,通过气味、噪声、振动、温度、视觉、操作力的改变等感觉辨认潜在故障。但它对隐蔽功能不适用。

c. 使用检查　是按计划进行的定性检查工作,如采用观察、演示、操作手感等方法检查,以确定设备或机件能否执行其规定的功能。例如对火灾告警装置、应急设备、备用设备的定期检查等,其目的是发现隐蔽功能故障,减少发生多重故障的可能性。

d. 功能检测　是按计划进行的定量检查工作,以确定设备或机件的功能参数是否在规

第1章　机械设备维修的理论基础　　5

定的限度之内，其目的是发现潜在故障，通常需要使用仪表、测试设备。

e. 定时拆修　是指装备使用到规定的时间予以拆修，使其恢复到规定状态的工作。

f. 定时报废　是指装备使用到规定的时间予以废弃的工作。

g. 综合工作　是指实施上述的两种或多种类型的预防性维修工作。

(4) 维修等级

机械设备维修按设备技术状态劣化的程度、修理内容、技术要求和工作量大小可分为小修、项修、大修和定期精度调整等不同等级。

① 小修　是指工作量最小的局部修理。小修主要是根据设备日常检查或定期检查中所发现的缺陷或劣化征兆进行修复。

小修的工作内容是拆卸有关的设备零部件，更换和修复部分磨损较快和使用期限等于或小于修理间隔期的零件，调整设备的局部机构，以保证设备能正常运转到下一次计划修理时间的修理。小修时，要对拆卸下的零件进行清洗，将设备外部全部擦净。小修一般在生产现场进行，由车间维修工人执行。

② 项修　项目修理简称项修，是根据机械设备的结构特点和实际技术状态，对设备状态达不到生产工艺要求的某些项目或部件，按实际需要进行的针对性修理，只针对需要检修的部分进行拆卸分解、修复。修理时，一般要进行部分解体、检查，修复或更换失效的零件，必要时对基准件进行局部刮研，校正坐标，使设备达到应有的精度和性能。

项修包括如下主要内容。

a. 全面进行精度检查，确定需要拆卸分解、修理或更换的零部件。

b. 修理基准件，刮研或磨削需要修理的导轨面。

c. 对需要修理的零部件进行清洗、修复或更换。

d. 清洗、疏通各润滑部位，换油，更换油毡、油线。

e. 修理漏油部位。

f. 喷漆或补漆。

g. 按部颁修理精度、出厂精度或项修技术任务书规定的精度检验标准，对修完的设备进行全部检查。

③ 大修　设备大修是工作量最大、修理时间较长的一种计划修理。大修时，将设备的全部或大部分解体，修复基础件，更换或修复全部不合格的机械零件、电器元件；修理、调整电气系统；修复设备的附件以及翻新外观；整机装配和调试，从而全面消除大修前存在的缺陷，恢复设备规定的精度与性能。

大修包括如下主要内容。

a. 确编制大修技术文件，并做好修理前的各方面准备。

b. 对设备的全部或大部分部件解体检查，并做好记录。

c. 全部拆卸设备的各部件，对所有零件进行清洗并进行技术鉴定。

d. 更换或修复失效的全部零部件。

e. 刮研或磨削全部导轨面。

f. 修理电气系统。

g. 配齐安全防护装置和必要的附件。

h. 整机装配，并调试达到大修质量技术要求。

i. 翻新外观，重新喷漆、电镀等。

j. 整机验收，按设备出厂标准进行检验。

通常，在设备大修时还应考虑适当地进行相关技术改造，在不改变整机结构的情况下，按产品工艺要求局部提高个别主要部件的精度等。

对机械设备大修总的技术要求是：全面清除修理前存在的缺陷，大修后应达到设备出厂或修理技术文件所规定的性能和精度标准。

④ 定期精度调整　是指对精、大、稀设备的几何精度进行有计划的定期检查并调整，使其达到或接近规定的精度标准，保证其精度稳定以满足生产工艺要求。通常，该项检查的周期为1～2年，并应安排在气温变化较小的季节进行。

(5) 维修目标

维修的目标是以最少的经济代价，使设备经常处于完好和生产准备状态，保持、恢复和提高设备的可靠性，保障使用安全和环境保护的要求，确保生产任务的完成。

① 保障设备的完好状态，提高设备可用性　设备的完好状态是其可用性的主要标志。设备在使用过程中，需要进行预防性维修、修复性维修、改进性维修以及现场抢修，在这些维修工作实施期间，设备不能正常使用。因此，应尽量缩短维护、修理以及运输、等待器材备件所占用的时间，减少对使用的影响，以提高可用性或使用可用度。

② 保持、恢复和提高设备可靠性　维修的基本任务是保持和恢复设备设计时赋予的固有可靠性，在发现固有可靠性水平不足时，除了向工业部门反馈改进设计信息外，也需要通过改进性维修来提高可靠性。

③ 保障设备使用过程中的安全性和环境保护的要求　设备在使用过程中，一旦发生意外，不仅不能完成任务，还会给设备、人员和环境造成严重后果。因此必须保障使用过程中的安全性和环境保护的要求。有各种因素影响使用安全性和环境保护的要求，从维修方面来讲，主要是预防故障，特别是具有影响安全性和环境性的故障，同时尽力避免使用维修中的人为差错；对于出现的事故症状，应分析原因，找准根源，防患于未然。

④ 力求以最低的消耗取得最佳的维修效果　维修要实现上述可用性、可靠性、安全性的目标，需要消耗一定的人力、物力、财力，应进行维修的经济性分析，降低维修成本，力求以最低的消耗取得最佳的维修效果。

1.2　机械设备的故障

1.2.1　机械设备故障的概念及其判断准则

(1) 故障的定义

机械设备在使用过程中，不可避免地会发生磨损、断裂、腐蚀、疲劳、变形、老化等情形，使设备性能劣化而丧失规定的功能甚至生产能力，这种设备性能劣化而丧失规定的功能的现象即"故障"与"失效"。一般情况下，"故障"与"失效"是同义词。但严格来说，按照 GB 3187—82 规定，"失效是指产品丧失规定的功能，对于可修复产品通常称为故障"。

(2) 故障判断准则

以上已经明确了故障的含义，然而故障不能仅凭直观感觉来判定，必须依据一定的判断准则。

首先，要明确产品保持的"规定功能"是什么，或者说产品功能丧失到什么程度才算出了故障。有些规定的功能很明确，不会引起不同的认识，如发动机缸体损坏，迫使停机修理。有时规定的功能却难以确定，特别是故障的形成是由于功能逐渐降低的这种情况，例如发动机的磨损超过一定的限度，将会加剧磨损，引起功率降低，燃油消耗率增加，出现这种情况，可以算作故障。然而，磨损的限度使用中难以确定，像上述发动机情况，如果减小负荷，增加润滑油，有一定磨损的发动机，仍然是可以勉强继续使用的，也可以不算作故障，这就需要事先定出标准。

其次，在确定是否是故障，还要分析故障的后果，主要看故障是否影响产品的生产和设备及人身安全。除了以技术参数中的任一项不符合规定的允许极限作为故障判断的准则外，还要考虑若在这种状态下继续工作，是否会发生不允许的故障后果来判别。

因此，在判断产品故障时，不仅取决于产品的"规定功能"，而且还要考虑故障的后果。

一般来说，产品故障是指：在规定条件下，不能完成其规定的功能；产品在规定条件下，一个或几个性能参数不能保持在规定的上、下限值；产品在规定的应力范围内工作时，导致机械零件或元器件出现各种裂纹、渗漏、磨损、锈蚀、损坏等状态。

不同的产品有不同的故障判断标准，并且研究工作的出发点不同，所定义的故障也不同，难以做到统一。但是在同一使用部门之内，则应该有统一的标准。

总之，在确定故障判据时，应遵循以下原则：不能在使用条件下丧失功能；故障判断准则"根据可接受的性能来确定"；不同产品可按该产品的主要性能指标进行衡量。

1.2.2 机械设备故障的等级划分

(1) 故障模式

按 GB 3187—82 规定，故障模式是指产品的"故障（失效）的表现形式"。

故障模式是通过人的感官或测量仪器得到的。

一般研究产品的故障时，往往从产品故障的现象入手，进而通过现象找出故障的原因，因此有必要弄清产品在各功能级别上的故障模式。机械设备及其零部件的故障模式大致可分为以下几种。

① 损坏类型——断裂、开裂、裂纹、烧结击穿、短路、弯曲、过度变形、点蚀、熔融。

② 退化类型——老化、变质、绝缘劣化、油质劣化、剥落、腐蚀、早期磨损。

③ 松脱类型——松动、脱落、脱焊。

④ 失调类型——间隙不当、流量不当、压力不当、行程不当、响度不当、照度不当。

⑤ 堵塞与渗漏类型——堵塞、粘合、污染、不畅、泄油、渗油、漏气、漏水。

⑥ 整机及子系统——性能不稳、功能不正常、功能失效、启动困难、供油不足、怠速不稳、总成异响、刹车跑偏。

(2) 故障分类

在进行机械设备维修管理及故障分析时，应了解、掌握故障的分类，以便明确各种故障的物理概念，进一步分门别类地解决各种类型的故障。

故障的分类法多种多样，随着研究目的的不同而异。

① 按故障性质分为自然故障和人为故障。人为故障是由机器使用者有意或无意而造成的故障。

② 按故障部位分为整体故障和局部故障。故障大多发生在产品最薄弱的部位，对这些部位应该重视，予以加强或者改变其结构。

③ 按故障时间分为磨合期、正常使用期和耗损故障期。在产品的整个寿命周期内，产品通常在耗损故障期内发生故障的概率较多。

④ 按故障急慢程度分为突发性故障和渐进性故障。突发性故障是指机件在损坏前没有可以觉察的征兆，机件损坏是瞬时出现的。例如因润滑油中断而使零件产生热变形裂纹；因机器使用不当或超负荷现象而引起机件断裂等。突发性故障产生的原因是各种不利因素以及偶然的外界影响共同作用的结果，它具有偶然性、不可预测性和发生故障的概率与其使用时

间无关等特点。渐进性故障是由于机器某些零件的性能参数逐渐恶化，其参数超出允许范围（或极限）而引起的故障，例如机件的配合副磨损超过了允许极限等。大部分机械设备的故障都属于这类故障。产生这类故障的原因与产品材料的磨损、腐蚀、疲劳及蠕变等密切相关，出现故障的时间是在机件有效寿命的后期即耗损故障期，具有可预防性以及故障发生的概率与机械运转的时间有关的特点。

突发性和渐进性故障之间是有联系的。应该说所有的故障都是渐进的，因为事物的变化都是由量变到质变的过程。

⑤ 按故障的相关性分为非相关故障和相关故障。非相关故障是指产品的故障不是由机器其他机件的故障所引起的故障。相关故障则是由机器其他机件的故障所引起的故障。例如发动机的曲轴轴瓦的黏着是由于机油泵不供油的故障引起的，对于轴瓦来说这就属于相关故障；又如发动机配气机构的故障与变速器部件的故障无关，则属于非相关故障。

⑥ 按故障外部特征分为可见故障和隐蔽故障。用肉眼可以发现的故障称为可见故障，如漏油、漏水等，否则为隐蔽故障，如发动机气门断裂等。

⑦ 按故障程度分为完全故障和局部故障。故障程度是用该产品能否继续使用的可能性来衡量的。完全故障是产品性能超过某种确定的界限，以致完全丧失规定功能的故障。局部故障是指产品性能超过某种确定的界限，但没有完全丧失规定功能的故障。

⑧ 按故障原因分为设计方面、生产工艺方面和使用方面带来的故障。这些方面造成故障的原因是：设计或计算错误使产品结构不合理，计算强度或试验方法不合适等；机件的材料质量不合格，加工工艺方法不合理，加工设备精度不够，以及装配未达到技术条件要求等；使用过程中未遵守操作规程，或者未按技术要求进行维修、保养、运输和存放等。

⑨ 按故障后果可分为致命故障、严重故障、一般故障和轻微故障。故障后果的严重性主要是指对总成或系统或整机以及人身安全性的影响程度。致命故障是指危及设备和人身安全，引起主要部件报废，造成重大经济损失或对周围环境造成严重危害的故障；严重故障是指可能导致主要零部件严重损坏，或者影响生产安全，且不能用易损备件在较短时间内排除的故障；一般故障是指使设备性能下降，但不会导致主要部件严重损坏，并可用更换易损件在较短时间内排除的故障；轻微故障是指一般不会导致设备性能下降，不需要更换零件，能轻易排除的故障。

按故障后果还可分为功能故障和参数故障。功能故障是指使产品不能继续完成自己功能的故障，例如使减速器不能旋转和传递动力，发动机不能启动，油泵不供油等故障；参数故障是指使产品的参数或特性超出允许的极限值的故障，例如使机器加工精度破坏，机器最高速度达不到标准值等的故障。

（3）故障等级的划分

对故障进行定性或定量分析时，必须事先划分故障的等级，只有这样才能判断各机件每个失效模式对系统的影响及其后果如何。实际上，划分故障等级也就是运用故障后果对系统影响这一原则进行故障分类。通常将致命故障划分为Ⅰ级故障，将严重故障划分为Ⅱ级故障，将一般故障划分为Ⅲ级故障，将轻微故障划分为Ⅳ级故障。

划分故障等级所考虑的因素如下。

① 机件产生故障后，造成工作人员或公众的伤亡情况。

② 机件产生故障后，造成产品本身的损坏情况。

③ 机件产生故障后，造成设备不能完成其主要功能或不能执行任务的情况，即对完成规定功能影响的大小。

④ 机件产生故障后，恢复其功能，即排除故障采取措施的费用、劳动量及停机时间的长短，也就是维修的难易和所用维修时间的长短。

⑤ 机件产生故障后，造成设备失去功能而导致经济上的损失，即导致系统的损失情况。

综上所述，故障等级要综合考虑性能、费用、周期、安全性等诸方面的因素，即考虑机件故障带来的对人身安全、任务完成、经济损失等方面的综合影响。

1.3 设备故障的统计特征

1.3.1 故障统计理论在维修和可靠性工程中的应用

一个正常工作的产品在何时发生故障是难以预言的，因为任何一种产品，虽然在相同的工艺流程、相同的试验条件下生产出来，但是材料特性不是绝对均匀的，操作者技术状态也有波动，特别是产品投入使用后，使用的管理水平、环境条件会有很大的差异，所以同一种或同一批产品的寿命各不相同，具有离散性。例如，图 1-1 所示为某一产品性能参数随时间变化的情况，它表明同一种产品的寿命长短也是不一样的，也就是它们故障的时间不同。

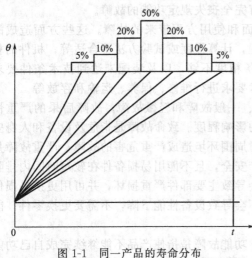

图 1-1 同一产品的寿命分布

随着科学技术的发展，尤其是可靠性理论应用于产品设计和制造以后，维修活动也提高到理论上进行研究，由定性向定量发展。因此无论对于可靠性工程还是维修工程来说，要定量地研究产品出现故障的规律，必须运用统计特征量。这些特征量也是可靠性工程中应用的指标，因为对于一个特定的产品来说，在某个特定时刻只能处于故障或非故障这两个状态，不存在其他中间状态。当产品的规定功能或判断产品是否处于故障状态的技术指标十分明确时，由概率论可知，在一定条件下可能发生和可能不发生的事件称为随机事件，随机事件发生与否带有随机性，因此在讨论机器故障的数量特征时就必须运用故障统计理论。故障统计理论可解释为：利用统计技术和方法对零部件或设备的故障模式、寿命特征量等进行描述和分析，使之在统计上呈现一定的规律性。

故障统计理论在维修中最重要的应用，是给产品设计和可靠性工程部门提供信息，以便这些部门能更确切地决定系统可靠性、有效利用率和平均寿命。其次，对于维修管理来说，通过故障统计也可以掌握设备的主要故障问题，使管理目标明确，及时采取相应改进措施。具体来说：对设备的重复故障予以改进、加强状态诊断；维修中如维修配件的供应、维修方式等管理工作，都是以故障统计作为基础的。

1.3.2 故障的统计特征

在考察机器的故障情况或者说在研究产品的可靠性时，往往关心产品从开始使用到丧失规定功能这段时间的长短，对于可修的产品则更关心它两次故障间的工作时间有多长，有时更需要了解产品在某个瞬间故障的概率是多少，以及各故障模式所占比例，各故障原因的重要程度等。产品的故障统计特征，就是以产品的故障统计数据为基础进行可靠性分析，并以数量化可靠性指标来表征。

(1) 可靠度与累积故障分布函数的关系

如果用随机变量 T 来表示产品从开始工作到发生故障的连续正常工作时间，用 t 表示某一指定时间，则产品在该时刻的可靠度 $R(t)$ 为随机变量 T 大于时间 t 的概率，即

$$R(t) = p(T > t) \tag{1-1}$$

对立事件的概率，即累积故障概率或故障分布函数 $F(t)$，为随机变量 T 小于或等于 t 的概率，

$$F(t) = p(T \leqslant t) \tag{1-2}$$

设

$$X(t) = \begin{cases} 1, & \text{表示 } t \text{ 时刻产品正常工作} \\ 0, & \text{表示 } t \text{ 时刻产品处于故障状态} \end{cases}$$

对于不可修产品，可靠度与故障分布函数还可以表示为

$$R(t) = p[X(t) = 1] \tag{1-3}$$

$$F(t) = p[X(t) = 0] \tag{1-4}$$

显然，产品在规定时间内发生故障与不发生故障是对立的，因此有时也把产品的故障分布函数 $F(t)$ 称为不可靠度。

可靠度 $R(t)$ 与故障分布函数 $F(t)$ 的关系，可用如下公式表示：

$$R(t) + F(t) = 1 \tag{1-5}$$

假设有同一种类的产品 N 个，在 $t = 0$ 时开始使用，该产品工作到一定的时间 t，有 N_f 个产品出了故障，余下 N_s 个（残存数）产品还继续工作。N_f 和 N_s 都是时间的函数，因此可以写成 $N_f(t)$ 和 $N_s(t)$。若在使用时间内，没有更换任何产品，则

$$N_f(t) + N_s(t) = N \tag{1-6}$$

由于某个事件的概率可用大量试验中该事件发生的频率来估计。因此，当 N 个产品从开始工作到 t 时刻的故障数为 $n(t)$，则当 N 足够大时，产品在该时刻的累积故障概率可近似地用到该时刻出了故障的产品数量与投入使用产品数量之比表示：

$$F(t) = \frac{N_f(t)}{N} \tag{1-7}$$

例 1-1 有 250 只电子管，工作到 500h 时，累计有 20 只失效；工作到 1000h 时，累计有 96 只失效。求该产品在 500h 和 1000h 时的累积失效概率大致为多少。

解 ⊝ $t = 500$，$N_f(500) = 20$

故 $F(500) = \dfrac{20}{250} = 8\%$

⊝ $t = 1000$，$N_f(1000) = 96$

故 $F(1000) = \dfrac{96}{250} = 38.4\%$

(2) 故障分布密度与可靠度的关系

通常把故障分布函数 $F(t)$ 的导数称为故障分布密度，记作 $f(t)$，用下述公式描述：

$$f(t) = \frac{\mathrm{d}F(t)}{\mathrm{d}t} \tag{1-8}$$

$$f(t) = -\frac{\mathrm{d}R(t)}{\mathrm{d}t} \tag{1-9}$$

$$R(t) + F(t) = 1$$

故障分布密度函数 $f(t)$ 和 $F(t)$、$R(t)$ 的关系为

$$R(t) = 1 - F(t) = \int_0^\infty f(t)\mathrm{d}t - \int_0^t f(t)\mathrm{d}t = \int_t^\infty f(t)\mathrm{d}t \qquad (1\text{-}10)$$

由此可知，可靠度 $R(t)$ 与累积故障分布函数 $F(t)$ 成互补关系，累积故障分布函数 $F(t)$ 与故障分布密度函数 $f(t)$ 成微积分关系。

在工程中确定故障分布密度 $f(t)$ 时，可以近似地用在 t 时刻给定的一段时间 Δt 内，同一种类产品单位时间内发生故障的数量（$\Delta Nf(t)/\Delta t$）与投入使用的或试验的总产品数量 N 之比表示，即

$$f^*(t) = \frac{1}{N} \times \frac{\Delta Nf(t)}{\Delta t} \qquad (1\text{-}11)$$

(3) 故障率与可靠度的关系

产品在 t 时间后的单位时间内故障的产品数，相对于 t 时还在工作的产品数的百分比，称为产品在该时刻的瞬时故障率 $\lambda(t)$，习惯上称为故障率。

假定 N 个产品的可靠度为 $R(t)$，那么产品在 t 时刻到 $t+\Delta t$ 时刻的故障数为

$$NR(t) - NR(t+\Delta t) \qquad (1\text{-}12)$$

又由于产品在 t 时刻正常工作的产品数为 $NR(t)$，因此瞬时故障率可以写成

$$\lambda(t) = \frac{N[R(t) - R(t+\Delta t)]}{NR(t)\Delta t} \qquad (1\text{-}13)$$

当 N 足够大，$\Delta t \to 0$ 时，利用极限概念就能化为求导数的形式，则

$$\lambda(t) = \frac{f(t)}{R(t)} \qquad (1\text{-}14)$$

在实际工程计算时可按下式

$$\lambda^*(t) = \frac{1}{N_s(t)} \times \frac{\Delta Nf(t)}{\Delta(t)} \qquad (1\text{-}15)$$

这样，故障率可以表示为产品在某段时间内的故障数与此段时间内的总工作时间之比，即

$$\lambda^*(t) = \frac{\text{某段时间内的故障数}}{\text{此段时间内的总工作时间}} \qquad (1\text{-}16)$$

例 1-2 有 200 只三极管，工作到 100h 时无失效，在 100～101h 内 2 只失效，在 101～102h 内 5 只失效，求该三极管在 101h 和 102h 时的失效率。

解 $\Theta t=100$ 时、$\Delta Nf(t)=0$，$\Delta Nf(100+1)=2$，$N=100$，$\Delta t=1$，故

$$\lambda(101) = \frac{2-0}{(200-0) \times (101-100)} = 1\%$$

用同法可求得

$$\lambda(102) = \frac{5-2}{(200-2) \times (102-101)} = 1.5\%$$

有了故障密度函数还要引进故障率这个概念有以下两个原因。

① 它们反映了不同概念。故障率 $\lambda(t)$ 表示的是某时刻 t 以后的单位时间内产品故障数与 t 时刻残存产品数之比，它反映了该时刻后单位时间内产品故障的概率。因此，有人把故障率称为故障强度。产品故障率愈高，其可靠性愈差。而故障密度 $f(t)$ 反映了某时刻 t 以后单位时间内产品故障数与 $t=0$ 时总产品数之比。因此故障分布密度反映产品在所有可能工作时间范围内的故障分布情况。

② 由故障率 $\lambda(t)$ 的图形容易用来区分产品的故障阶段。

(4) 平均寿命

① 平均寿命定义 平均寿命这个术语，对不可修产品和可修产品在概念上是不相同的。对不可修产品是指平均无故障工作时间，对可修产品是指平均故障间隔时间中的平均工作时

间，而不是指每个产品报废的时间。平均无故障工作时间是不可修复产品故障前工作时间的平均值或数学期望。平均故障间隔时间是可修复产品在相邻两次故障之间的时间的平均值或数学期望。

设可修复产品第一次工作时间为 t_1，随后出现故障，需要停止工作，修复一段时间后又工作一段时间 t_2，又修复一段时间……这样交替地进行下去。平均故障间隔时间为工作时间的平均值和修复时间的平均值之和。

有时只着眼于产品的工作时间，而不考虑修复工作所需的时间，认为故障是瞬间得到排除的。这时平均故障间隔时间即为相邻两次故障之间工作时间的平均值。平均无故障工作时间和平均故障间隔时间都是产品故障前工作时间的平均值。

② 平均寿命计算公式   平均无故障工作时间和瞬间修复条件下的平均故障间隔时间，都是工作时间的平均值。所以，不管是可修产品，还是不可修产品，其平均寿命在数学上的表达式是一致的。

设 N 个不可修产品在相同条件下进行使用或试验，测得全部寿命数据为 t_1，t_2，…，t_i，则其平均寿命为

$$\theta = 平均无故障时间 = \frac{1}{N} \sum_{i=1}^{N} t_i \tag{1-17}$$

如果 N 值很大，则可将数据分成 m 组，每组中的中值为 t_i，每组频数即故障数目为 ΔN_{fi}，则

$$\theta = \frac{1}{N} \sum_{i=1}^{m} t_1 \Delta N_{fi} \tag{1-18}$$

设第 i 组的频率 $p_i = \frac{\Delta N_{fi}}{N}$，则上式又可写成

$$\theta = \sum_{i=1}^{m} t_1 p_i \tag{1-19}$$

此式为离散型随机变量的数学期望。

设一个可修产品在使用期中，发生了 N 次故障，每次故障修复后又如新的一样继续工作，其工作时间分别为 t_1，t_2，…，t_N，则其平均寿命为

$$\theta = 平均故障间隔时间 = \frac{1}{N} \sum_{i=1}^{N} t_i \tag{1-20}$$

在工程实践中，对于可修产品，平均寿命是指一个或多个产品在它的使用寿命期中的某段时间内的总工作时间与故障数之比，即

$$\theta = \frac{某段时间的总工作时间}{此段时间的故障数} \tag{1-21}$$

值得注意的是，对统计一批数量为 N 的产品所求得的平均寿命 θ，仅仅是正常工作时间的数学期望。

1.3.3 产品故障的一般规律

通过大量使用和试验数据获知，大多数产品的故障率是时间的函数，如图 1-2 所示，产品的故障率曲线为两头高、中间低，图形有点像浴盆，通常称为浴盆曲线。

由图 1-2 可以看出，产品的故障率随时间的变化，大致可划分为三个阶段，即早期故障期、偶然故障期和耗损故障期。

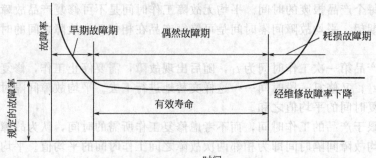
图 1-2　产品的故障率曲线

(1) 早期故障期

早期故障期出现在产品开始工作的较早时间,它的特点是故障率较高,且故障率随时间增加而迅速下降。故障的原因往往是设计、制造的缺陷或质量不佳引起的。对于刚修理过的产品来说,装配不当是发生故障的主要原因。对新出厂的或修理过的产品,可以在出厂前或投入使用初期的较短一段时间内进行磨合或调试,以便减少或排除这类故障,使产品进入偶然故障期。一般不认为早期故障是使用中总故障的一个重要部分。

(2) 偶然故障期

偶然故障期是指产品在早期故障期之后耗损故障期之前的这一时期。这是产品最良好的工作阶段,也称为有效寿命期。它的特点是故障率低而稳定,近似为常数。这一阶段的故障是随机性质的,与机器新旧无关。突发故障是由偶然因素,如材料缺陷、操作错误以及环境因素等造成的。偶然故障不能通过延长磨合期来消除,也不能由定期更换故障件来预防。一般来说,再好的维修工作也不能消除偶然故障。偶然故障什么时候发生是无法预测的。但是,人们希望在有效寿命期内故障率尽可能低,并且持续的时间尽可能长。因此,提高使用管理水平,适时维修以减少故障率,延长产品使用寿命是十分必要的。

(3) 耗损故障期

产品使用后期,故障率随时间的增加而明显增加。这是由于产品长期使用,产生磨损、疲劳、腐蚀、老化等造成的。防止耗损故障的唯一办法就是在产品进入耗损期前后及时进行维修。这样可以把上升的故障率降下来。如果产品故障太多,修理费用太高而不经济,则只好报废。可见,准确掌握产品何时进入耗损故障期,对维修工作具有重要意义。

并不是所有产品都有三个故障阶段,有的产品只有其中一个或两个故障期,甚至有些质量低劣的产品在早期故障后就进入了耗损故障期。

由于机件的工作条件和材质不同,其实际故障规律不尽相同;即使符合典型故障率曲线,但其故障率曲线的长短也不一样,这一点需要维修人员认真探索、研究解决。

上面介绍的浴盆曲线说明了产品的故障规律,按故障率 $\lambda(t)$ 随时间变化,可以归纳出故障有三种类型:递减型、恒定型和递增型。

1.4　设备故障发生的原因

1.4.1　设备自身缺陷的影响

机械设备发生故障的原因,有的来自设备自身缺陷的影响。有设计方面的问题,如原设计结构、尺寸、配合、材料选择不合理等;有零件材料缺陷的问题,如材料材质不匀、内部残余应力过大等；有制造方面的问题，如制造过程中的机械加工、铸锻、热处理、装配、标准件等存在工艺问题；有装配方面的问题，如零件的选配、调整不合理，安装不当等；还有检验、试车等方面的问题。

1.4.2　使用方面的原因

机械设备在使用中受到种种因素作用，逐渐损坏或老化，以致发生故障甚至失去应有的功能。涉及外部作用的因素主要有以下一些。

① 磨粒作用　大多数机械设备都受到周围环境中的粉尘磨粒作用，如果直接与磨粒接触或无任何防护措施，则机械设备寿命会在很宽范围内变化。

② 腐蚀作用　金属表面与周围介质发生化学及电化学作用而遭受破坏称为腐蚀。腐蚀和磨损大多同时存在，腐蚀过程伴有摩擦力作用，腐蚀使材料变质、变脆；摩擦使腐蚀层很快脱落。这种腐蚀与磨损的联合作用称为蚀损或腐蚀磨损。

③ 自然因素　自然气候除了湿度外，还有温度、大气压力、太阳辐射等，可能导致电气设备、塑料和橡胶制品的各种损坏。

④ 载荷状况　其对机械状况的影响是不一样的，不同大小的载荷所造成的磨损程度也不同。当载荷高于设计平均载荷时，则机件磨损过程加剧，甚至导致事故的发生；而减少载荷后，磨损则会减少。研究和实践还表明，间歇性载荷对机件的磨损影响很大。

1.4.3　设备维护与管理水平的影响

机械设备的维护与管理水平，在很大程度上决定着设备的故障率。这些大多是人为因素造成的。

① 未遵守制造和修理的技术规程　零件制造质量低劣，材料不合格，机件装配精度不够；缺乏严格的检验，未剔除有缺陷不符合技术条件的零件，而让其继续装配到机器上；在不具备必要的装配设施、缺乏装配检验仪器的情况下，实施违章装配。

② 保管运输不当　零件在运输、存放过程中管理制度不严，使机件产生某些缺陷，如发动机曲轴长期水平放置产生弯曲、零件无包装致使工作表面碰伤、电器元件受潮、橡胶制品因沾油或暴晒而老化等。

③ 维护保养不当　新机器或维修后的机器未进行必要的磨合，即投入大负荷生产；不按规定进行定期维护保养；冷却润滑油不符合要求，造成机件早期磨损；未对设备进行有效的监测，使潜在故障向整个机器扩展，波及其他零件，最终导致故障发生等。凡此种种，都容易使设备产生故障。

④ 操作者的技术水平和熟练程度　也直接影响设备故障的发生率。

以上所述均属于主观上的原因，是使用中的人为因素，可以通过建立合理的维修保养制度，制定技术操作规程，严格质量检验，加强人员培训等方法，以消除不利的影响，减少故障发生，延长机器使用寿命。

1.5　机械零件的失效形式及其对策

1.5.1　机械零件失效的分类

机械零件丧失规定的功能即称为失效。一个零件处于下列两种状态之一就认为是失效：

一是不能完成规定功能；二是不能可靠和安全地继续使用。

零件的失效是导致机械设备故障的主要原因。因此，研究零件的失效规律，找出其失效原因和采取改善措施，对减少机械故障的发生和延长机械的使用寿命有着重要意义。

零件失效的基本形式如图 1-3 所示。

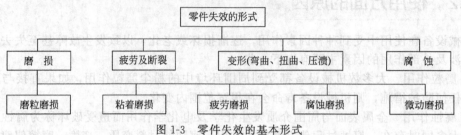

图 1-3　零件失效的基本形式

图 1-3 对零件失效形式所作的归纳和分类虽不够十分严密，但基本上能够概括说明生产实际问题。

机械零件失效的主要表现形式是零件工作配合面的磨损，它占零件损坏的比例最大。材料的腐蚀、老化等是零件工作过程中不可避免的另一类失效形式，但其比例一般要小得多。这两种形式的失效，基本上概括了在正常使用条件下机械零件的主要失效形式。其他形式的失效，如零件疲劳断裂、变形等虽然实际中也经常发生，且属于最危险的失效形式，但多属于制造、设计方面的缺陷，或者是对机器维护、使用不当引起的。

失效分析是指分析研究机件磨损、断裂、变形、腐蚀等现象的机理或过程的特征及规律，从中找出产生失效的主要原因，以便采用适当的控制方法。

失效分析的目的是为制定维修技术方案提供可靠依据，并对引起失效的某些因素进行控制，以降低设备故障率，延长设备使用寿命。此外，失效分析也能为设备的设计、制造反馈信息，为设备事故的鉴定提供客观依据。

1.5.2　零件的磨损

(1) 零件的磨损规律

众所周知，一台机器如汽车、拖拉机，其构成的基本单元是机件，许多零件构成的摩擦副，如轴承、齿轮、活塞-缸筒等，它们在外力作用下以及热力、化学等环境因素的影响下，经受着一定的摩擦、磨损直至最后失效，其中磨损这种故障模式，在各种机械故障中占有相当的比重。因此，了解零件及其配合副的磨损规律是非常必要的。

① 零件的典型磨损曲线　磨损这种故障模式属于渐进性故障。例如气缸由于磨损而产生的故障与风扇皮带的断裂、电容器被击穿等故障不同，后者属于突发性故障，而磨损产生的故障是耗损故障。使用经验表明，零件磨损及配合副间隙的增长是随使用时间的延长而增大的，零件磨损量与工作时间的关系，可用磨损曲线表示，如图 1-4 所示。

由图 1-4 可以看出，零件的磨损过程基本上可以分为 Ⅰ、Ⅱ、Ⅲ 三个阶段。

运转磨合阶段（曲线 OA_1 段）：零件在装配后开始运转磨合，它的磨损特点是在短时间内（OA 段）磨损量（OK）增长较快，经过一定的时间后趋于稳定。它反映了零件配合副初始配合的情况。在该阶段的磨损强度在很大程度上取决于零件表面的质量、润滑条件和载荷。随着表面粗糙度的变大以及载荷的增大，在零件初始工作阶段，都会加速磨损。零件配合副的间隙也由初始状态逐步过渡到稳定状态。

正常磨损阶段（曲线 A_1B_1 段）：零件及其配合副的磨损特点是磨损量慢慢增长，属于自然磨损，大多数零件的磨损量与工作时间呈线性关系，并且磨损量与使用条件和技术维护的好坏关系很大。使用保养得好，可以延长零件工作时间。

急剧磨损阶段（B_1 之后的曲线段）：零件自然磨损到达 B_1 点以后，磨损强度急剧增加，配合间隙加剧变大，磨损量超过 OK_1，破坏了零件正常的运转条件，摩擦加剧，零件过热，以致由于冲击载荷出现噪声和敲击，零件强度进入了极限状态，因此达到 B_1 点后，不能继续工作，否则将出现事故性故障。一般零件或配合副使用到一定时间（到达 B_1 点前后）就

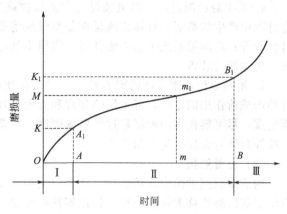

图 1-4 零件的典型磨损曲线

应该采取调整、维修和更换的预防措施，来防止事故性故障发生。

由于零件在整机中所处的位置及摩擦工况不同，以及制造质量及其功能等原因，并不是所有零件开始时都有磨合期和使用末期的急剧磨损期，例如密封件、燃油泵的精密偶件和其他一些零件，它们呈现不能继续使用的不合格情况，并不是因为在它们的末期出现了急剧磨损或者事故危险，而是由于它们的磨损量已经影响到不能完成自身的功能；另外一些元件，例如电器导线、蓄电池、各种油管、散热器管、油箱等，它们实际上没有初始工作磨损较快阶段。

② 允许磨损和极限磨损的概念　由零件或配合副的磨损曲线可以很容易地确定零件或配合副的极限磨损和允许磨损。例如，修理时测量零件尺寸，知其磨损量为 OM，作平行于横坐标的直线，与曲线交于 m_1 点。相对应时间为 Om。如果 mB 段等于或大于修理间隔期，则这时的磨损称为允许磨损。因此，允许磨损或极限磨损可以定义为：允许磨损是指磨损零件在修理时不需要修理（或更换）仍可继续使用一个修理间隔期的磨损量，磨损量一般在曲线 A_1B_1 段内；极限磨损是指零件或配合件由于磨损已经到了不能继续使用或不能使用一个修理间隔期的磨损量，极限磨损值在曲线 A_1B_1 段的 B_1 点附近。

(2) 磨料磨损

磨料磨损也称磨粒磨损，它是由于摩擦副的接触表面之间存在着硬质颗粒，或者当摩擦副材料一方的硬度比另一方的硬度大得多时，所产生的一种类似金属切削过程的磨损现象。它是机械磨损的一种，特征是在接触面上有明显的切削痕迹。在各类磨损中，磨料磨损约占50％左右，是十分常见且危害性最严重的一种磨损，其磨损速率和磨损强度很大，致使机械设备的使用寿命大大降低，能源和材料大量消耗。

根据摩擦表面所受的应力和冲击的不同，磨料磨损的形式又分为凿削式、高应力碾碎式和低应力擦伤式三类。

① 磨料磨损的机理　属于磨料颗粒的机械作用，一种是磨粒沿摩擦表面进行微量切削的过程；另一种是磨粒使摩擦表面层受交变接触应力作用，使表面层产生不断变化的密集压痕，最后由于表面疲劳而剥蚀。磨粒的来源有外界沙尘、切屑侵入、流体带入、表面磨损产物、材料组织的表面硬点及夹杂物等。

磨料磨损的显著特点是：磨损表面具有与相对运动方向平行的细小沟槽，有螺旋状、环状或弯曲状细小切屑及部分粉末。

② 减轻磨料磨损的措施　磨料磨损是由磨粒与摩擦副表面的机械作用引起的，因而减少或消除磨料磨损的对策可从如下两方面着手。

a. 减少磨料的进入 对机械设备中的摩擦副应阻止外界磨料进入并及时清除摩擦副磨合过程中产生的磨屑。具体措施是配备空气滤清器及燃油、机油过滤器；增加用于防尘的密封装置等；在润滑系统中装入吸铁石、集屑房及油污染程度指示器；经常清理更换空气、燃油、机油滤清装置。

b. 增强零件摩擦表面的耐磨性 一是可选用耐磨性能好的材料；二是对于要求耐磨又有冲击载荷作用的零件，可采用热处理和表面处理的方法改善零件材料表面的性质，提高表面硬度，尽可能使表面硬度超过磨料的硬度；三是对于精度要求不太高的零件，可在工作面上堆焊耐磨合金以提高其耐磨性。

(3) 黏着磨损

构成摩擦副的两个摩擦表面，在相对运动时接触表面的材料从一个表面转移到另一个表面所引起的磨损称为黏着磨损。根据零件摩擦副表面破坏程度，黏着磨损可分为轻微磨损、涂抹、擦伤、撕脱以及咬死五类。

① 黏着磨损机理 摩擦副在重载条件下工作，因润滑不良、相对运动速度高、摩擦等原因产生的热量来不及散发，摩擦副表面产生极高的温度，严重时表层金属局部软化或熔化，材料表面强度降低，使承受高压的表面凸起部分相互黏着，继而在相对运动中被撕裂下来，使材料从强度低的表面上转移到材料强度高的表面上，造成摩擦副的灾难性破坏，如咬死或划伤。

② 减少黏着磨损的措施

a. 控制摩擦副的表面状态 摩擦表面愈洁净、光滑，表面粗糙度过分小，愈易发生黏着磨损。金属表面经常存在吸附膜，当有塑性变形后，金属滑移，吸附膜被破坏，或者温度升高达到 $100 \sim 200℃$ 时吸附膜也会破坏，这些都容易导致黏着磨损的发生。为了减少黏着磨损，应根据其载荷、温度、速度等工作条件，选用适当的润滑剂，或在润滑剂中加入添加剂等，以建立必要的润滑条件。而大气中的氧通常会在金属表面形成一层保护性氧化膜，也能防止金属直接接触和发生黏着，有利于减少摩擦和磨损。

b. 控制摩擦副表面的材料成分与金相组织 材料成分和金相组织相近的两种金属材料之间最容易发生黏着磨损，这是因为两摩擦副表面的材料形成固溶体或金属间化合物的倾向强烈。因此，作为摩擦副的材料应当是形成固溶体倾向最小的两种材料，即应当选用不同材料成分和晶体结构的材料。在摩擦副的一个表面上覆盖铅、锡、银、铜等金属或者软的合金可以提高抗黏着磨损的能力，如经常用巴氏合金、铝青铜等作为轴承衬瓦的表面材料，可提高其抗黏着磨损的能力，钢与铸铁配对的抗黏着性能也不错。

c. 改善热传递条件 通过选用导热性能好的材料，对摩擦副进行冷却降温或采取适当的散热措施，以降低摩擦副相对运动时的温度，保持摩擦副的表面强度。

(4) 疲劳磨损

疲劳磨损是摩擦副材料表面上局部区域在循环接触应力周期性地作用下产生疲劳裂纹而发生材料微粒脱落的现象。根据摩擦副之间的接触和相对运动方式，可将疲劳磨损分为滚动接触疲劳磨损和滑动接触疲劳磨损两种形式。

① 疲劳磨损机理 疲劳磨损的过程就是裂纹产生和扩展、微粒形成和脱落的破坏过程。磨料磨损和黏着磨损都与摩擦副表面直接接触有关，有润滑剂将摩擦两表面分隔开，则这两类磨损机理就不起作用。对于疲劳磨损，即使摩擦表面间存在润滑剂，并不直接接触，也可能发生，这是因为摩擦表面通过润滑油膜传递而承受很大的应力。疲劳磨损与磨料磨损和黏着磨损不同，它不是一开始就发生的，而是应力经过一定循环次数后发生微粒脱落，以至摩擦副失去工作能力。根据裂纹产生的位置，疲劳磨损的机理有如下两种情况。

a. 滚动接触疲劳磨损 滚动轴承、传动齿轮等有相对滚动摩擦副表面间出现深浅不同的针状、痘斑状凹坑（深度在 0.1～0.2mm 以下）或较大面积的微粒脱落，都是由滚动接触疲劳磨损造成的，又称为点蚀或痘斑磨损。

b. 滑动接触疲劳磨损　两滑动接触物体在距离表面下 0.786b 处（b 为平面接触区的半宽度）切应力最大，该处塑性变形最剧烈，在周期性载荷作用下的反复变形会使材料表面出现局部强度弱化，并在该处首先出现裂纹。在滑动摩擦力引起的切应力和法向载荷引起的切应力叠加作用下，使最大切应力从 0.786b 处向表面深处移动，形成滑动疲劳磨损，剥落层深度一般为 0.2～0.4mm。

② 减少或消除疲劳磨损的对策　减少或消除疲劳磨损的对策就是控制影响裂纹产生和扩展的因素，主要有以下两方面。

a. 合理选择材质和热处理　钢中非金属夹杂物的存在易引起应力集中，这些夹杂物的边缘最易形成裂纹，从而降低材料的接触疲劳寿命。材料的组织状态、内部缺陷等对磨损也有重要的影响。通常，晶粒细小、均匀，碳化物成球状且均匀分布，均有利于提高滚动接触疲劳寿命。在未溶解的碳化物状态相同的条件下，马氏体中碳的质量分数在 0.4%～0.5% 左右时，材料的强度和韧性配合较佳，接触疲劳寿命高。对未溶解的碳化物，通过适当热处理，使其趋于量少、晶粒细小、均布，避免粗大的针状碳化物出现，都有利于消除疲劳裂纹。硬度在一定范围内增加，其接触疲劳抗力也将随之增大。例如，轴承钢表面硬度为 62HRC 左右时，其抗疲劳磨损能力最大；对传动齿轮的齿面，硬度在 58～62HRC 范围内最佳。此外，两接触滚动体表面硬度匹配也很重要，例如滚动轴承中，以滚道和滚动元件的硬度相近，或者滚动元件比滚道硬度高出 10% 为宜。

b. 合理选择表面粗糙度　实践表明，适当减小表面粗糙度值是提高抗疲劳磨损能力的有效途径。例如，将滚动轴承的表面粗糙度值从 Ra 0.40μm 减小到 Ra 0.20μm 时，寿命可提高 2～3 倍；从 Ra 0.20μm 减小到 Ra 0.10μm 时，寿命可提高 1 倍；而减小到 Ra 0.05μm 以下则对寿命的提高影响甚小。表面粗糙度要求的高低与表面承受的接触应力有关，通常接触应力大或表面硬度高时，均要求表面粗糙度值要小。

此外，表面应力状态、配合精度的高低、润滑油的性质等都会对疲劳磨损的速度产生影响。通常，表面应力过大、配合间隙过小或过大、润滑油在使用中产生的腐蚀性物质等都会加剧疲劳磨损。

(5) 腐蚀磨损

① 腐蚀磨损的机理　运动副在摩擦过程中，金属同时与周围介质发生化学反应或电化学反应，引起金属表面产生腐蚀物并剥落，这种现象称为腐蚀磨损。它是腐蚀与机械磨损相结合而形成的一种磨损现象，因此腐蚀磨损的机理与磨料磨损、黏着磨损和疲劳磨损的机理不同，它是一种极为复杂的磨损过程，经常发生在高温或潮湿的环境中，更容易发生在有酸、碱、盐等特殊介质的条件下。根据腐蚀介质及材料性质的不同，通常将腐蚀磨损分为氧化磨损和特殊介质腐蚀磨损两大类。

a. 氧化磨损　在摩擦过程中，摩擦表面在空气中的氧或润滑剂中的氧的作用下所生成的氧化膜很快被机械摩擦去除的磨损形式称为氧化磨损。工业中应用的金属绝大多数都能被氧化而生成表面氧化膜，这些氧化膜的性质对磨损有着重要的影响。若金属表面生成致密完整、与基体结合牢固的氧化膜，且膜的耐磨性能很好，则磨损轻微；若膜的耐磨性不好则磨损严重。例如，铝和不锈钢都易形成氧化膜，但铝表面氧化膜的耐磨性不好，不锈钢表面氧化膜的耐磨性好，因此不锈钢具有的抗氧化磨损能力比铝更强。

b. 特殊介质中的腐蚀磨损　在摩擦过程中，环境中的酸、碱等电解质作用于摩擦表面上所形成的腐蚀产物迅速被机械摩擦所除去的磨损形式称为特殊介质中的腐蚀磨损。这种磨损的机理与氧化磨损相似，但磨损速率较氧化磨损高得多。介质的性质、环境温度、腐蚀产物的强度、附着力等都对磨损速率有重要影响。这类腐蚀磨损出现的概率很高，如流体输送泵，当其输送带腐蚀性的流体，尤其是含有固体颗粒的流体时，与流体有接触的部位都会受到腐蚀磨损。

② 减少腐蚀磨损的对策

a. 合理选择材质和对表面进行抗氧化处理。可以选择含铬、镍、钼、钨等成分的钢材，提高运动副表面的抗氧化磨损能力。或者对运动副表面进行喷丸、滚压等强化处理，或者对表面进行阳极化处理等，使金属表面生成致密的组织或氧化膜，提高其抗氧化磨损能力。

b. 对于特定介质作用下的腐蚀磨损，可以通过控制腐蚀性介质的形成条件，选用合适的耐磨材料以及改变腐蚀性介质的作用方式来减轻腐蚀磨损速率。

(6) 微动磨损

两个固定接触表面由于受相对小振幅振动而产生的磨损称为微动磨损，主要发生在相对静止的零件结合面上，例如键连接表面、过盈或过渡配合表面、机体上用螺栓连接和铆钉连接的表面等，因而往往易被忽视。

微动磨损的主要危害是使配合精度下降，过盈配合部件的过盈量下降甚至松动，连接件松动乃至分离，严重者还会引起事故。微动磨损还易引起应力集中，导致连接件疲劳断裂。

① 微动磨损的机理　微动磨损是一种兼有磨料磨损、黏着磨损和氧化磨损的复合磨损形式。微动磨损通常集中在局部范围内，接触应力使结合表面的微凸体产生塑性变形，并发生金属的黏着；黏着点在外界的小振幅振动反复作用下被剪切，黏附金属脱落，剪切处表面被氧化；两结合表面永远不脱离接触，磨损产物不易往外排除，磨屑在结合表面因振动而起着磨料的作用，所以微动磨损兼有黏着磨损、氧化磨损和磨料磨损的作用。

② 减少或消除微动磨损的对策　实践表明，材质性能、载荷、振幅的大小以及温度的高低是影响微动磨损的主要因素。因而，减少或消除微动磨损的对策主要有以下几个方面。

a. 改善材料性能　选择适当材料配对以及提高硬度都可以减小微动磨损。一般来说，抗黏着性能好的材料配对对抗微动磨损能力也好，而铝对铸铁、铝对不锈钢、工具钢对不锈钢等抗黏着能力差的材料配对，其抗微动磨损能力也差。将碳钢表面硬度从 180HV 提高到 700HV 时，微动磨损可降低 50%。采用表面硫化处理或磷化处理以及镀上聚四氟乙烯表面镀层也是降低微动磨损的有效措施。

b. 控制载荷和增加预应力　在一定条件下，微动磨损量随载荷的增加而增加，但增大的速率会不断减少，当超过某临界载荷之后，磨损量则减小。因而，可通过控制过盈配合的预应力或过盈量来有效地减缓微动磨损。

c. 控制振幅　实验证明，振幅较小时，磨损率也比较小；当振幅在 $50\sim150\mu m$ 时，磨损率会显著上升。因此，应有效地将振幅控制在 $30\mu m$ 以内。

d. 合理控制温度　低碳钢在 0℃ 以上，磨损量随温度上升而逐渐降低；在 $150\sim200℃$ 时磨损量会突然降低；继续升高温度，则磨损量上升，温度从 135℃ 升高到 400℃ 时，磨损量会增加 15 倍。中碳钢在其他条件不变时，温度为 130℃ 的情况下微动磨损发生转折，超过此温度，微动磨损量大幅度降低。

e. 选择合适的润滑剂　实验表明，普通的液体润滑剂对防止微动磨损效果不佳；黏度大、滴点高、抗剪切能力强的润滑脂对防止微动磨损有一定的效果；效果最佳的是固体润滑剂，如 MoS_2 等。

(7) 磨损的控制

① 控制因素　影响磨损的因素是十分复杂的，但大体上有四个方面，即材料性能、运转条件、几何因素及工作环境，每一个方面又都包含很多具体内容。需要特别指出的是，并不是任何磨损过程的控制都必须全面考虑这些因素，对于一给定的磨损条件而言，有的因素

很重要，必须考虑，但有的因素却可能并不重要甚至无关。表1-2列出了常见的一些磨损条件下，哪些因素是必须特别考虑，哪些因素可不必特别注意或可以完全不予理会。应用这个表，无疑会使耐磨性设计更具有针对性。

表1-2 不同情况下的磨损控制因素

磨损类型 与条件	材料 选择	粗糙度	润滑剂 选择	润滑剂质 量及油 膜厚度	压力/ 面积比	表面 形状	污染 控制	安装及对 中情况	温度及 冷却 情况	运转 距离
干滑动磨损	√	√	×	×	△	△	×	√	√	√
有润滑的滑动磨损	√	√	√	√	√	√	√	√	√	√
干滚动磨损	√	√	×	×	√	√	△	△	△	√
有润滑的滚动磨损	√	√	√	√	√	√	√	√	√	√
冲击磨损	√	√	△	△	√	√	√	√	△	√
流体磨蚀	√	△	×	×	√	√	√	×	△	√
滚动磨粒磨损	√	√	△	△	√	√	△	△	△	√
滑动磨粒磨损	√	△	×	×	√	√	△	△	△	√
三体磨粒磨损	√	√	△	△	√	√	√	√	√	√
粒子磨蚀	√	△	×	×	√	√	√	√	√	△
汽蚀	√	√	×	×	√	△	√	√	√	√

注：√—有关的或是重要的；△—不太重要的；×—无关的。

② 磨损件选材的一般考虑 从表1-2可以看出，不论何种磨损条件，正确选材对控制零件的磨损，保证产品质量是十分重要的。正确选材的第一步必须对零件的工作条件及环境有详细的了解，在此基础上，确定对该零件的总的性能要求。一般来说，总的性能要求可以分为两大类：一类是属于非摩擦学性能要求；另一类是摩擦学性能要求。在非摩擦学性能要求中又可分成两类：一类是一般性能要求，另一类是特殊性能要求。这些要求分别列于表1-3中。

表1-3 磨损零件的性能要求

非摩擦学性质		摩擦学性质
一般性质	特殊性质	
强度	硬度	表面损伤倾向
拉伸或压缩	弹性	摩擦因数
疲劳	电导率	磨损率
断裂韧性	热学性质	运转限制
塑性	光学性质	
耐腐蚀性	强度/重量比	
制造的难易	耐火性	
成本	保险系数	
利用率		
空间约束		

以滑动轴承为例，作为机械零件，它必须具有一定的强度、一定的塑性、具有可加工性、成本低廉等，这些都属于对机械零件的一般要求。然而，作为滑动轴承，它还应具有合适的硬度、较好的导热性等，这是对滑动轴承非摩擦学性能中的特殊要求。当然，作为摩擦组件最重要的是摩擦学性能要求，因此把它单独列为一类。摩擦学性能要求一般包括表面损

伤情况、摩擦因数、磨损率与运转限制。

表面损伤情况或损伤倾向，对滑动磨损来说主要取决于配对材料间的相容性。如前所述，两个互溶度很高的金属材料间的黏着或焊合能力很强，容易造成擦伤或咬合，这点对铁基、镍基合金及钛合金、铝合金都适用；不过高硬度材料，例如硬度在60HRC以上的淬火钢则可以不受这种限制，也就是说它们可以在自配对的条件下使用。

关于摩擦因数，在有些情况下是必须特别加以考虑的，如刹车装置、夹紧装置及一些传动装置中。一般情况下，摩擦因数确定了系统的动力性能、材料表面的应力、表面温度及系统所要求的功率。

至于磨损率，它直接影响零件的使用寿命，在选材考虑中的重要地位是显而易见的。要特别强调的是，不同运转条件下的磨损机理可能很不相同，要使不同磨损机理或磨损类型的磨损率减少，对材料性能的要求是不完全相同的，因此在选择磨损件材料时，非常重要的一点是，必须首先确定占主导地位的是何种磨损机制。表1-4给出了几种不同的磨损类型中，为了减少磨损对材料性能的一般要求。

表1-4　不同磨损类型中为了耐磨对材料性能的要求

磨 损 类 型	为了耐磨对材料性质的要求
黏着磨损	配对表面材料间互溶度低；在运转时有高的耐热软化能力；低的表面能
磨料磨损	有比磨料更高的表面硬度，高的加工硬化系数
疲劳磨损	高硬度又具有一定韧性，能以精研磨作最后修整，高度纯净——没有硬的非金属夹杂物
腐蚀磨损	具有高的耐介质腐蚀能力
微动磨损	对环境有耐腐蚀性；与相配表面不相容；有高的耐磨料磨损能力

1.5.3　零件的腐蚀损伤

零件的腐蚀损伤是指金属材料与周围介质产生化学或电化学反应造成的表面材料损耗、表面质量破坏、内部晶体结构损伤，最终导致零件失效的现象。

金属零件的腐蚀损伤具有以下特点：损伤总是由金属表层开始，表面常常有外形变化，如出现凹坑、斑点、溃破等；被破坏的金属转变为氧化物或氢氧化物等化合物，形成的腐蚀物部分附着在金属表面上，如钢板生锈表面附着一层氧化铁。

(1) 腐蚀损伤的类型

按金属与介质作用机理，机械零件的腐蚀损伤可分为化学腐蚀和电化学腐蚀两大类。

① 机械零件的化学腐蚀　化学腐蚀是指金属和介质发生化学作用而引起的腐蚀，在这一腐蚀过程中不产生电流，介质是非导电的。化学腐蚀的介质一般有两种形式，一种是气体腐蚀，指在干燥空气、高温气体等介质中的腐蚀；另一种是非电解质溶液中的腐蚀，指在有机液体、汽油和润滑油等介质中的腐蚀，它们与金属接触时进行化学反应形成表面膜，在不断脱落又不断生成的过程中使零件腐蚀的。

大多数金属在室温下的空气中就能自发地氧化，但在表面形成氧化物层之后，如能有效地隔离金属与介质间的物质传递，就成为保护膜；如果氧化物层不能有效阻止氧化反应的进行，那么金属将不断地被氧化而受到腐蚀损伤。

② 金属零件的电化学腐蚀　电化学腐蚀是金属与电解质物质接触时产生的腐蚀，大多数金属的腐蚀都属于电化学腐蚀。金属发生电化学腐蚀的特点是，引起腐蚀的介质是具有导电性的电解质，腐蚀过程中有电流产生，电化学腐蚀比化学腐蚀普遍而且要强烈得多。

（2）减少或消除机械零件腐蚀损伤的对策

① 正确选材 根据环境介质和使用条件，选择合适的耐腐蚀材料，如含有镍、铬、铝、硅、钛等元素的合金钢；在条件许可的情况下，尽量选用尼龙、塑料、陶瓷等材料。

② 合理设计结构 设计零件结构时应尽量使整个部位的所有条件均匀一致，做到结构合理，外形简化，表面粗糙度合适，应避免电位差很大的金属材料相互接触，还应避免结构应力集中、热应力及流体停滞和聚集的结构以及局部过热等现象。

③ 覆盖保护层 在金属表面上覆盖耐腐蚀的金属保护层，如镀锌、镀铬、镀钼等，把金属与介质隔离开，以防止腐蚀。也可覆盖非金属保护层和化学保护层，如油基漆等涂料、聚氯乙烯、玻璃钢等。还可用化学或电化学方法在金属表面覆盖一层化合物薄膜，如磷化、发蓝、钝化、氧化等。

④ 电化学保护 电化学腐蚀是由于金属在电解质溶液中形成了阳极区和阴极区，存在一定的电位差，组成了化学电池而引起的腐蚀。电化学保护法就是对被保护的机械零件接通以直流电流进行极化，以消除电位差，使之达到某一电位时，被保护金属的腐蚀可以很小，甚至呈无腐蚀状态。这种方法要求介质必须导电和连续。

⑤ 添加缓蚀剂 在腐蚀性介质中加入少量能减少腐蚀速度的缓蚀剂，可减轻腐蚀。按化学性质的不同，缓蚀剂有无机缓蚀剂和有机缓蚀剂两类。无机类能在金属表面形成保护，使金属与介质隔开，如重铬酸钾、硝酸钠、亚硫酸钠等。有机化合物能吸附在金属表面上，使金属溶解并抑制还原反应，减轻金属腐蚀，如胺盐、琼脂、动物胶、生物碱等。在使用缓蚀剂防腐时，应特别注意其类型、浓度及有效时间。

⑥ 改变环境条件 这种方法是将环境中的腐蚀性介质去掉，如采用强制通风、除湿、除二氧化硫等有害气体，以减少腐蚀损伤。

1.5.4 零件的断裂

（1）断裂的类型

断裂是指零件在某些因素经历反复多次的应力或能量负荷循环作用后才发生的断裂现象。零件断裂后形成的表面称为断口。断裂的类型很多，与断裂的原因密切相关，工程中分为五种类型。

① 过载断裂 当外力超过了零件危险截面所能承受的极限应力时发生的断裂。其断口特征与材料拉伸试验断口形貌类似。对钢等韧性材料在断裂前有明显的塑性变形，断口有颈缩现象，呈杯锥状，称韧性断裂；分析失效原因应从设计、材质、工艺、使用载荷、环境等角度考虑问题。对铸铁等脆性材料，断裂前几乎无塑性变形，发展速度极快，断口平齐光亮，且与正应力垂直，称脆性断裂；由于发生脆性断裂之前无明显的预兆，事故的发生具有突然性，因此是一种非常危险的断裂破坏形式。目前，关于断裂的研究主要集中在脆性断裂上。

② 腐蚀断裂 零件在有腐蚀介质的环境中承受低于抗拉强度的交变应力作用，经过一定时间后产生的断裂。断口的宏观形貌呈现脆性特征，即使是韧性材料也如此。裂纹源常常发生在表面而且呈多发源。在断口上可看到腐蚀特征。

③ 低应力脆性断裂 有两种：一种是零件制造工艺不正确或使用环境温度低，使材料变脆，在低应力下发生脆断，常见的有钢材回火脆断和低温下脆断；另一种是由于氢的作用，零件在低于材料屈服极限的应力作用下导致的氢脆断裂，氢脆断裂的裂纹源在次表层，裂纹源不是一点而是一小片，裂纹扩展区呈氧化色颗粒状，与断裂区成鲜明对比，断口宏观上平齐。

④ 蠕变断裂　金属零件在长时间的恒温、恒应力作用下，即使受到小于材料屈服极限的应力作用，也会随着时间的延长，而缓慢产生塑性变形，最后导致零件断裂。在蠕变断裂口附近有较大变形，并有许多裂纹，多为沿晶断裂，断口表面有氧化膜，有时还能见到蠕变孔洞。

⑤ 疲劳断裂　金属零件经过一定次数的循环载荷或交变应力作用后引发的断裂现象称为疲劳断裂。在机械零件的断裂失效中，疲劳断裂占很大的比重，约为 50%～80%。轴、齿轮、内燃机连杆等都承受交变载荷，若发生断裂多半为疲劳断裂。

疲劳断裂断口的宏观特征明显分为三个区域，即疲劳源区、疲劳裂纹扩展区和瞬时破断区。疲劳源区是疲劳裂纹最初形成的地方，它一般总是发生在零件的表面，但若材料表面进行了强化或内部有缺陷，也在皮下或内部发生；疲劳源区往往是一表面光滑细洁、贝纹线不明显的狭小区域。疲劳裂纹扩展区最明显的特征是常常呈现宏观的疲劳弧带和微观的疲劳纹，疲劳弧带大致以疲劳源为核心，似水波形式向外扩展，形成许多同心圆或同心弧带，其方向与裂纹扩展方向相垂直。瞬时破断区是当疲劳裂纹扩展到临界尺寸时发生的快速破断区；其宏观特征与静载拉伸断口中快速破断的放射区及剪切唇相同。

各类断口的宏观形貌如图 1-5 所示。通过对断裂零件断口形貌的研究，推断出断裂的性质和类型，找出破坏原因，以便采取预防措施。

(2) 断裂失效分析及其对策

① 断裂失效分析　其步骤大致如下。

a. 现场调查　断裂发生后，要迅速调查了解断裂前后的各种情况并做好记录，必要时还应摄影、录像。对零件破断后的断口碎片应严加保护，防止氧化、腐蚀和污染，在未查清断口特征和照相记录之前，不允许移动碎片和清洗断口。另外，还应对当时的工作条件、运转情况及周围环境等进行详细调查记录。

b. 分析主导失效件　一个关键零件发生断裂失效后，往往会造成其他关联零件及构件的断裂。出现这种情况时，要理清次序，准确找出起主导作用的断裂件，否则会误导分析结果。主导失效件可能已经支离破碎，应搜集残块，拼凑起来，找出哪一条裂纹最先发生，这一条裂纹即为主导裂纹。

c. 断口分析　首先进行断口的宏观分析，用肉眼或 20 倍以下的低倍放大镜，对断口进行观察和分析；分析前可对破损零件的油污进行清洗，对锈蚀的断口可采用化学法、电化学法除锈，去除氧化膜；要仔细观察断口的形貌，裂纹的位置，断口与变形方向的关系，判断出裂纹与受力之间的关系及裂纹源位置，断裂的原因、性质等，为微观分析提供依据。然后进行断口的微观分析，用金相显微镜或电子显微镜进一步观察分析断口形貌与显微组织的关系；断裂过程中微观区域的变化；断口金相组织及夹杂物的性质、形状、分布以及显微硬度、裂纹起因等。

d. 进行检验　进行金相组织、化学成分、力学性能的检验，以便研究材料是否有宏观或微观缺陷，裂纹分布与发展以及金相组织是否正常等。复验金属化学成分是否符合要求，以及常规力学性能是否合格等。

e. 确定失效原因　确定零件的失效原因时，应对零件的材质、制造工艺、载荷状况、装配质量、使用年限、工作环境中的介质和温度、同类零件的使用情况等作详细的了解和分析，再结合断口的宏观特征、微观特征作出准确的判断，确定断裂失效的主要原因和次要原因。

② 确定失效对策　断裂失效的原因找出以后，可从以下几个方面考虑对策。

a. 设计方面　零件结构设计时，应尽量减少应力集中，根据环境介质、温度、负载性质合理选择材料。

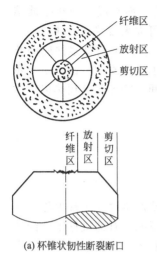

(a) 杯锥状韧性断裂断口

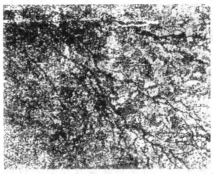

(b) 高锰奥氏体钢在海水中的应力腐蚀开裂(×100)

(c) H-11钢螺钉应力腐蚀断裂

(d) AISI4340钢发生氢脆断裂的宏观断口(×13)

(e) 燃气轮机叶片蠕变断裂

(f) 疲劳断裂断口上的疲劳辉纹(×5000)

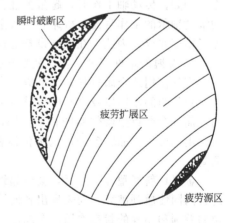

(g) 疲劳断口的宏观形貌

图 1-5　各类断口的宏观形貌

b. 工艺方面 表面强化处理可大大提高零件疲劳寿命，适当的表面涂层可防止杂质造成的脆性断裂。在对某些材料进行热处理时，在炉中通入保护气体可大大改善其性能。

c. 安装使用方面 第一，要正确安装，防止产生附加应力与振动，对重要零件应防止碰伤拉伤；第二，应注意正确使用，保护设备的运行环境，防止腐蚀性介质的侵蚀，防止零件各部分温差过大，如有些设备在冬季生产时需先低速空转一段时间，待各部分预热以后才能负载运转。

1.5.5 零件的变形

(1) 零件变形的基本概念

机械设备在作业过程中，由于受力的作用，使零件的尺寸或形状产生改变的现象称为变形。过量的变形是机械失效的重要类型，也是判断韧性断裂的明显征兆。有的机械零件因变形引起结合零件出现附加载荷、加速磨损或影响各零部件间的相互关系，甚至造成断裂等灾难性后果。例如，各类传动轴的弯曲变形、桥式起重机主梁下挠曲或扭曲、汽车大梁的扭曲变形、缸体或变速箱壳等基础零件发生变形等，相互间位置精度就会遭到破坏；当变形量超过允许极限时，将丧失规定的功能。

(2) 零件变形的类型

① 金属的弹性变形 弹性变形是指金属在外力去除后能完全恢复的那部分变形。弹性变形的机理，是晶体中的原子在外力作用下偏离了原来的平衡位置，使原子间距发生变化，从而造成晶格的伸缩或扭曲。因此，弹性变形量很小，一般不超过材料原来长度的0.10%～1.0%。而且金属在弹性变形范围内符合虎克定律，即应力与应变成正比。

许多金属材料在低于弹性极限应力作用下会产生滞后弹性变形。在一定大小应力的作用下，试样将产生一定的平衡应变。但该平衡应变不是在应力作用的一瞬间产生，而需要应力持续充分的时间后才会完全产生。应力去除后平衡变形也不是在一瞬间完全消失，而是需经充分时间后才完全消失。材料发生弹滞性变形时，平衡应变滞后于应力的现象称为弹性滞后现象，简称弹性后效。曲轴等经过冷校直的零件，经过一段时间后又发生弯陷，这种现象就是弹性后效所引起的。消除弹性后效的办法是长时间的回火，一般钢件的回火温度为300～450℃。

在金属零件使用过程中，若产生超过设计允许的超量弹性变形，则会影响零件正常工作。例如，传动轴工作时，超量弹性变形会引起轴上齿轮啮合状况恶化，影响齿轮和支承它的滚动轴承的工作寿命；机床导轨或主轴超量弹性变形，会引起加工精度降低甚至不能满足加工精度要求。因此，在机械设备运行中防止超量弹性变形是十分必要的。

② 金属的塑性变形 塑性变形是指金属在外力去除后，不能恢复的那部分永久变形。

实际使用的金属材料，大多数是多晶体，且大部分是合金。由于多晶体有晶界的存在，各晶粒位向的不同以及合金中溶质原子和异相的存在，不但使各个晶粒的变形互相阻碍和制约，而且会严重阻碍位错的移动。因此，多晶体的变形抗力比单晶体高，而且使变形复杂化。由此可见，晶粒愈细，则单位体积内的晶界愈多，因而塑性变形抗力也愈大，即强度愈高。

金属材料经塑性变形后，会引起组织结构和性能的变化。较大的塑性变形，会使多晶体的各向同性遭到破坏，而表现出各向异性；也会使金属产生加工硬化现象。同时，由于晶粒位向差别和晶界的封锁作用，多晶体在塑性变形时，各个晶粒及同一晶粒内部的变形是不均匀的。因此，外力去除后各晶粒的弹性恢复也不一样，因而在金属中产生内应力或残余应力。另外，塑性变形使原子活泼能力提高，造成金属的耐腐蚀性下降。

塑性变形导致机械零件各部分尺寸和外形的变化，将引起一系列不良后果。例如，机床主轴塑性弯曲，将不能保证加工精度，导致废品率增大，甚至使主轴不能工作。零件的局部塑性变形虽然不像零件的整体塑性变形那样明显引起失效，但也是引起零件失效的重要形式。如键连接、花键连接、挡块和销钉等，由于静压力作用，通常会引起配合的一方或双方的接触表面挤压而产生局部塑性变形，随着挤压变形的增大，特别是那些能够反向运动的零件将引起冲击，使原配合关系破坏的过程加剧，从而导致机械零件失效。

（3）引起零件变形的原因

引起零件变形的主要原因有如下几个。

① 工作应力　由外载荷产生的工作应力超过零件材料的屈服极限时，就会使零件产生永久变形。

② 工作温度　温度升高，金属材料的原子热振动增大，临界切变抗力下降，容易产生滑移变形，使材料的屈服极限下降；或零件受热不均，各处温差较大，产生较大的热应力，引起变形。

③ 残余内应力　零件在毛坯制造和切削加工过程中，都会产生残余内应力，影响零件的静强度和尺寸稳定性。这不仅使零件的弹性极限降低，还会产生减小内应力的塑性变形。

④ 材料内部缺陷　材料内部夹渣、有硬质点、应力分布不均等，造成使用过程中零件变形。值得指出的是，引起零件的变形，不一定在单因素作用下一次产生，往往是几种原因的共同作用，多次变形累积的结果。因此，要防止零件变形，必须从设计、制造工艺、使用、维护修理等几个方面采取措施，避免和消除上述引起变形的因素，从而把零件的变形控制在允许的范围之内。

使用中的零件，变形是不可避免的，因此在进行设备大修时不能只检查配合面的磨损情况，对于相互位置精度也必须认真检查和修复，尤其对第一次大修机械设备的变形情况更要注意检查、修复，因为零件在内应力作用下的变形，通常在12～20个月内完成。

（4）防止和减少机械零件变形的对策

实际生产中，机械零件的变形是不可避免的。引起变形的原因是多方面的，因此减轻变形危害的措施也应从设计、加工、修理、使用等多方面来考虑。

① 设计　在设计时不仅要考虑零件的强度，还要重视零件的刚度和制造、装配、使用、拆卸、修理等问题。

a. 正确选材，注意材料的工艺性能。如铸造的流动性、收缩性；锻造的可锻性、冷镦性；焊接的冷裂、热裂倾向性；机加工的可切削性；热处理的淬透性、冷脆性等。

b. 选择适当的结构，合理布置零部件，改善零件的受力状况。如避免尖角、棱角，将其改为圆角、倒角，厚薄悬殊的部分可开工艺孔或加厚太薄的部位；安排好孔洞位置，把盲孔改为通孔；形状复杂的零件尽可能采用组合结构、镶拼结构等。

c. 在设计中，还应注意应用新技术、新工艺和新材料，减少制造时的内应力和变形。

② 加工　在加工中要采取一系列工艺措施来防止和减少变形。

a. 对毛坯要进行时效处理，以消除其残余内应力。

b. 在制定机械零件加工工艺规程时，要在工序、工步的安排以及工艺装备和操作上采取减小变形的工艺措施。例如，按照粗、精加工分开的原则，在粗、精加工中间留出一段存放时间，以利于消除内应力。

c. 机械零件在加工和修理过程中要减少基准的转换，尽量保留工艺基准留给维修时使用，减少维修加工中因基准不统一而造成的误差。对于经过热处理的零件来说，注意预留加工余量、调整加工尺寸、预加变形非常必要。在知道零件的变形规律之后，可预先加以反向变形量，经热处理后两者抵消；也可预加应力或控制应力的产生和变化，使最终变形量符合要求，达到减少变形的目的。

③ 修理

a. 为了尽量减少零件在修理中产生的应力和变形，在机械大修时不能只是检查配合面的磨损情况，对于相互位置精度也必须认真检查和修复。

b. 应制定出合理的检修标准，并且应设计出简单可靠、易操作的专用工具、检具、量具，同时注意大力推广维修新技术、新工艺。

④ 使用

a. 加强设备管理，严格执行安全操作规程，加强机械设备的检查和维护，避免超负荷运行和局部高温。

b. 还应注意正确安装设备，精密机床不能用于粗加工，合理存放备品备件等。

1.6 机械设备的极限技术状态

1.6.1 确定机械设备极限技术状态的原则

机械设备的极限技术状态，一般指设备的使用极限状态。当设备到达极限技术状态时，应停止使用，进行修理。正确地确定设备的极限技术状态，对于修理是非常重要的。极限技术状态定得合适，不但使设备的潜在能力得到充分发挥，而且使修理的经济性也得到保证。

不同的设备有不同的功能，使用条件千差万别，极限技术状态的标准也会不同。对于同种设备，总成或整机的极限技术状态和配合副的也不同。根据不同的对象，判别其是否进入极限技术状态，主要应按照设备能不能继续工作的技术原则，应不应继续工作的运行安全原则，宜不宜继续工作的经济原则。根据这些原则，已提出了多种方法来判断设备极限技术状态到来的时刻，其中常用的有三种。

(1) 以设备无故障工作的概率为标志判别其极限技术状态

无故障工作概率的允许值能充分表示故障及其后果的全部特点。

由于机械设备的种类繁多，用途各异，对可靠性的要求各不相同。如对飞机的可靠性要求较高，对一般民用设备要求则较低。因此，无故障工作概率降低到什么数值，表明已进入极限技术状态是不一样的。根据现在的技术水平和要求，认为汽车无故障工作概率下降到0.5时，即达至极限技术状态，相应的运行里程为汽车进入极限技术状态的运行里程。

也可根据设备的瞬时故障率曲线，找出故障率超过正常故障率并开始明显增加的时刻。此时，可以作为制定设备极限技术状态的依据。

(2) 用技术经济分析的方法确定设备的极限技术状态

评定设备的极限技术状态，经济指标很重要。人们总是希望设备在使用过程中能以最少的消耗，获取尽可能大的效益。

例如，在汽车运输业常采用技术完好系数，结合工作日盈利和停运修理日的亏损来判别汽车的极限技术状态。

另一种方法是根据使用过程中，以购买设备与保持其正常工作状况的单位费用之和最小为准则。购买设备的单位费用为购买设备的价格除以设备的工作时间，随设备使用时间的增加逐渐下降。使用和修理的单位费用则随运行时间的增加而上升，其最小值对应的工作时间即是设备到达极限技术状态的时间。

(3) 以设备的主要质量指标劣化的程度来判别其极限技术状态

任何设备都有一定的输出参数。输出参数指标是根据设备的用途和对设备提出的不同要求而制定的。这些输出参数确定了设备的状态。

输出参数可以是工作精度、运动参数、动力参数和经济指标。例如发动机的主要输出参数是功率和耗油率；工艺设备主要输出参数为产品的质量和生产率。设备使用过程中输出参数的变化是设备自身宏观变化的过程，是其零件损伤的结果。现代设备极限技术状态一般用设备输出参数极限标准或其主要零件、配合副的损伤程度指标来决定。输出参数较易检测，技术文件中又常规定输出参数的极限值，因此用输出参数极限技术值判断设备的极限技术状态是经常采用的。

输出参数随时间变化一般有三种类型。其一是设备在开始工作的一段时期，输出参数变化较小，设备工作正常，但到某一临界值时，输出参数突然变化，设备丧失工作能力，在生产中贮液或贮气罐由于腐蚀失去密封或泄漏、配合副因磨损而卡死、零件出现裂纹而脆断等都是典型的例子，这种情况，一般用限制零件腐蚀、磨损、裂纹等损伤的程度来决定设备的极限技术状态。其二是输出参数随时间变化为非线性的，随着工作时间的延长，有一个激增区，例如由于磨损使配合副的间隙逐渐增大，当达到一定值时，动载荷、振动、温度急剧增加，此时动载荷值、振动幅值、温度等输出参数值为极限值，相应的配合间隙为极限间隙。其三是输出参数与时间的关系为线性，输出参数的极限值一般由设备的功用、使用要求来决定。

机床的输出参数之一是机床精度。当机床精度指标下降到一定值时，生产的产品就会不合格，经过调整仍不能恢复精度时，机床即进入极限技术状态。一些工厂常把机床精度劣化的程度作为确定其极限技术状态的依据，判断是否要停机修理。

能力指数 C_p 是衡量设备综合精度主要指标之一，它反映了设备适应技术要求的程度。当 $C_p < 1$ 时，说明设备的技术状态不好，进行检查、调整后若能力指数仍小于 1，则应安排修理。

应当指出，由于设备工作过程中性能恶化过程等的复杂性，实际中常会出现无根据地制定极限技术条件或者遗漏某些应该制定的极限技术条件，这就要求人们对其应不断认真研究、修改和补充。

1.6.2　动力装置极限技术状态的判别

动力装置的技术状况和工作能力主要取决于零件及配合关系。零件失效、配合关系被破坏，动力装置自然不能正常工作。如前所述，机械零件的主要失效形式是磨损、腐蚀、断裂和变形。长期使用证明，配合副的自然磨损是动力装置技术状况恶化的主要原因。

由于各个零件功能、工作条件以及材质不一，使用过程中磨损速度也不同，磨损以后对输出参数和工作能力的影响程度各异。究竟哪些配合副的失效决定了动力装置的极限技术状况？实践表明，它既不是各个配合副技术状况的平均，也不是由使用期限最长或最短的零件或配合副来确定，而是取决于对装置性能影响最大且修理更换比较困难的配合副的工作能力，例如发动机气缸活塞组和曲轴轴承组的技术状况就决定了发动机的极限技术状态。

诚然，动力装置的任何一个配合副或子系统进入极限技术状态或发生故障都会影响动力装置的正常工作，甚至使其失去工作能力，但不一定使其进入极限技术状态。例如汽油发动机的分电器触点烧损，柴油发动机的喷油泵和喷油器达到极限技术状态、配气机构调整不当、气门密封不良等都会使发动机难以正常工作，丧失工作能力，但经过相应的修理、更换和调整后，发动机很快就可恢复工作能力。因此，这类零件、总成的极限技术状态不能代表整台发动机的极限技术状态，尽管它们在发动机运行中起着重要作用。

动力装置的输出参数很多，这些参数的变化可以说都与磨损有关，但都难以用此来判断动力装置是否进入极限技术状态。实践证明，润滑油中含铁量、机油消耗量、主油道压力的变化最能反映配合副的磨损情况，因此常用它们的变化来判别动力装置的极限技术状态。

1.6.3　零件和配合副磨损极限的确定原则

(1) 确定零件和配合副磨损极限应考虑的因素

机器的磨损是使其逐渐走向极限技术状态的主要原因之一。在修理机器时，总要遇到这样的问题，已经磨损的零件是继续使用，还是更换？这就涉及磨损极限值和磨损允许值的确定。

对于修理来说。确定磨损极限值是很重要的。若不知道零件或配合副的磨损极限值，盲目地进行修理和更换，会引起停机时间加长和修理费用增加，有时甚至造成严重的后果。磨损极限值定得过小，零件的潜在能力不能充分发挥；定得太大时，在修理间隔期内，事故性修理将会增加。

一般来说，零件和配合副磨损极限值的确定应当从设备的极限技术状态总原则出发，考虑以下几个因素：机械设备的合理使用程度；继续使用的危险性；对周围环境的有害影响；修复的工作量。

(2) 确定零件和配合副磨损极限应遵循的原则

概括起来，确定零件或配合副磨损极限值应遵循以下四项原则。图 1-6 所示为确定磨损极限值的几个实例。

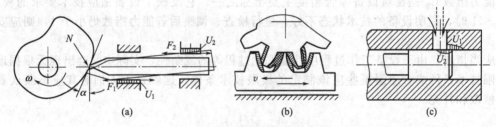

图 1-6　确定磨损极限值的实例

① 磨损极限值由机构动作的可靠条件决定。以图 1-5(a) 所示的凸轮机构为例，当导向杆与套筒配合处磨损量 U_1、U_2 磨损不均匀性达到一定值时，将引起导向杆歪斜，使压力角和支反力增加，从而使导向杆卡住而停止动作，因此导向杆动作的可靠性成为确定其配合间隙极限值的依据。

② 使机构的输出参数出现急剧增长的磨损临界值。输出参数的急剧增加破坏了机构的正常工作，如图 1-5(b) 所示的齿轮齿条机构，齿轮和齿条的齿面磨损后使啮合间隙变大，齿条运动方向每改变一次，就产生一次冲击，并且磨损量增加到某临界值时，这种冲击急剧上升，显然此时的动负荷剧增区就决定了齿轮齿条副的磨损极限值。

③ 引起输出参数超出允许范围的磨损量。随着磨损的积累，输出参数并未出现剧增区，但超过了规定的数值，如图 1-5(c) 所示的柴油发动机高压油泵柱塞副，当套筒和柱塞配合处磨损时，使燃油的泄漏量增大，燃油的泄漏对供油过程有很大影响，它使燃油喷入汽缸的持续时间缩短，使发动机性能变坏，因此燃油的泄漏量是决定磨损极限值的标准。

④ 根据对其他机构或配合副工作能力的影响程度作为磨损极限值的标准。例如发动机活塞上的第一道活塞环都是表面镀铬处理，工作中镀铬层磨去后，该环与环槽、缸筒的配合间隙并未进入丧失工作能力的极限值，但若继续使用，不仅该环迅速磨损，与其配合的汽缸磨损速度也增大，所以在确定环与环槽配合间隙的极限值时，不是从充分利用环的工作能力

出发，而是考虑它对汽缸磨损的影响，按此规定的极限值是经济极限值。所以当某配合副的磨损可能引起主要配合副性能恶化时，前一配合副的磨损极限值应当从保证后一配合副的正常工作和寿命来规定。

总之，每台机器都有许多配合副，由于它们的工作条件、材料和表面处理等不同，磨损速度也不同，极限磨损到来的时刻也有先有后，重要的是应找出那些易损件和最先进入极限磨损的配合副。

在同一配合副中，两个零件的磨损速度一般是不相同的，不应将配合副的磨损极限值平均分配给两个零件，作为它们的磨损极限值，也就是说虽然配合副的间隙已到极限值，但不等于相配合的两个零件都到了磨损极限值。

对主要的、贵重的配合副，磨损极限值的确定多从充分发挥其工作能力出发；而对次要的、便宜的配合副，则主要考虑经济因素以及对其他配合副工作能力的影响。有些配合副对设备的安全工作影响很大，如制动机构、起重机钢丝绳等，则应从安全生产的要求来决定磨损极限值。

1.6.4 机械设备极限技术状态的确定方法

在确定极限技术状态时，首先应明确研究的对象。对象可以是设备系统、机器、总成，也可以是配合副、零件。对象的复杂程度不同，研究的方法、测量的指标参数也不同。其次还应拟定判别极限技术状态的原则和标准，它直接影响收集资料的内容和试验的安排。

由上述可知，机器的极限技术状态与零件的损伤过程和特性以及机器、总成或配合副输出参数的变化特性有关，因此要研究这两类特性。零件的损伤形式很多，如磨损、腐蚀、变形、疲劳等。应特别注意观察和监测影响机器、总成、配合副、零件工作能力的主要损伤形式以及损伤的程度（如变形量、磨损量、麻点和凹坑的深度、尺寸等），在研究输出参数时，则把机器、配合副主要输出参数的劣化程度以及与此有直接关系的原因放在重要地位。

时间是重要因素，其含义要明确，区分是实际工作时间，还是包括运输、储存等时间。一般时间主要指机器的运行时间。

在通常情况下，确定机器、总成、配合副或零件的极限技术状态的方法有四种：总结经验、统计分析法，生产试验法，实验室研究法和计算法。

(1) 总结经验、统计分析法

对机器在使用、修理过程中所获得的信息加以汇集和正确处理，可得到关于机器的典型故障、故障率及其随时间变化的规律、零部件的使用期限、维修工作的内容、维修劳动量和维修费用等。从中找出零件损坏规律、机器技术状态变化规律和机器、零件的使用期限。

应用这种方法，多以机器的工作日记、故障报告、维修记录以及对现场有关人员的调查访问为基础。在工作中，合适的表格、真实的填写以及正确的数据处理是至关重要的。有些国家已制定了这方面的标准，如机器使用记录本标准、信息收集和计算程序标准、信息的统计处理方法标准等。

总结经验、统计分析法的数据大都来自实际使用着的机器，它反映了机器的真实信息。但由于各台机器工作条件不同，使用、维修水平各异，同批生产的机器所得数据可能有很大差异，只有通过认真调查研究，掌握丰富的资料，正确地处理，才能得出可靠的、合乎实际的结论。

(2) 生产试验法

生产试验法又称现场试验法。它是在属于同一总体中随机抽取一定数量的试验样机，在正常使用条件或给定使用条件下试验。试验之前，应根据目的要求，编制试验计划方案，并确定试验内容、测试方法、处理分析手段和评价标准，以及试验实施中的组织和管理方法。

为了达到试验目的，重要的是要掌握评价机器技术状态的方法和手段，以便确定机器距离极限状态的程度，查明机器、总成工作能力下降的原因，确认故障发生的部位和形式等。过去常常采用定期拆卸、观察和测量实际的机器损伤来获取上述信息，近些年来由于机器的检测诊断和仪表的发展，已有可能不拆卸或少拆卸，即可决定机器的技术状态。

这种方法属于研究性的，所获得的结果比较可靠。其缺点是试验时间长、费用高，需要相应的检测诊断设备。

(3) 实验室研究法

实验室研究法是在实验室条件下，研究整台机器、总成、配合副的极限技术状态。有时还要对材料性能，如磨损性能、腐蚀性能等进行试验，因为有时它们是评定机器极限技术状态的基础。

一般来说，在实验室试验时，试验条件和试验规范应尽可能和使用条件相同，但由于现代机器零部件的寿命比较长，从节约试验费和时间出发，缩短试验时间是非常重要的，因此出现了加速试验。加速试验通常采用以下办法。

① 试验规范的强化　试验时，采用比使用中还要高的载荷、速度、温度或其他工作规范，激化损坏过程，加速极限状态的到来。

② 劣化环境因素　尽量创造最恶劣的使用条件来考验机器、部件和零件的工作能力。如拖拉机发动机试验时在润滑油或空气中加入磨料，以加快磨料磨损的进程。

值得注意的是任何加速试验方法都应保持故障物理本质与正常使用条件下相同，破坏的种类和特征不变，同时明确加速试验时间与正常使用条件下的关系。

实验室研究法的主要优点是：可以把影响机器技术状态的许多因素分离开来单独研究，并便于观察、测量技术状态变化的过程和查明各因素影响的程度；能够模拟损坏条件并可以反复进行试验条件一定的试验；可以缩短试验周期，节省人力和物质消耗；能够使用较精密的测量仪器，因而测量精度较高。

实验室研究时的条件毕竟与实际使用中的条件不同，因此试验结果的正确性还应经过生产实际验证。

(4) 计算法

计算法是用数学模型来描述机器极限技术状态与各因素的关系，并通过数学运算，预测机器的状态。一台现代化的机器，实际上是由具有不同故障模式的、千百个零件构成的集合体，因而建立机器极限技术状态的计算公式比较困难和复杂，而组成机器的基本单元零件和配合副比较简单，其工作能力损耗过程的数学关系式容易得出，特别是有关学科如可靠性、摩擦学、断裂力学、疲劳理论的发展和电子计算机的应用，有关机械零件强度、润滑、疲劳等的计算技术不断完善，给配合副和零件的极限技术状态的计算创造了条件。

例如在动压润滑条件下工作的径向滑动轴承失去工作能力的判断标准主要是液体润滑条件的破坏，则可通过计算获得使承压油膜难于形成或破裂的条件；对于零件的断裂破坏，则可根据断裂力学理论，估计零件上裂纹的扩展速度，并判断裂纹处于允许使用的期限，预测零件的寿命。

上述几种方法，各有优缺点和局限性。应根据实际情况，相互配合、取长补短。现在我国确定机械设备、配合副极限技术状态的方法多以参考相似设备的有关数值或进行生产试验和统计分析使用数据来确定。

第2章

机械设备的维修管理

2.1 设备的维修性分析

维修贯穿于机械设备的整个寿命周期。做好维修需要三个条件，又称维修三要素，它们是：机械设备的维修性；维修工人和技术人员的素质和技术；维修保障系统，包括测试装置、工具、备件和材料供应等。

维修性表示维修的难易程度，是机械设备的固有设计特征。因此，维修性与维修的关系非常密切，可以说每项维修操作都受到设备的维修性的影响和制约。例如某种设备，其检查的机件很难看到，要更换的机件难于拆卸和装配，应检测的机件没有相应的测试点等，则它的维修性自然不好。因此，维修性是设备的一个重要性能参数。

2.1.1 维修性指标

(1) 维修性、维修度的概念

维修性是指"产品在规定条件下和规定的时间内，按规定的程序和方法进行维修时，保持或恢复到能完成规定状态的能力"。它反映了设备是否适宜通过维护和修理的手段，来预防故障，查找其原因和消除其后果的性质。对于设备的维修性要求主要体现在用于维修的时间、费用或人员、材料、设施、试验设备等其他资源较少，而维修之后，能够达到其规定的性能。

维修性的概率度量称为维修度，它是定量地度量维修性的指标。评价维修性的主要参数是维修的速度，即与由发生故障到恢复正常状态所花费的时间有关。由于故障的原因、发生的部位以及设备所处的具体环境不同，维修所需的时间是一个随机变量，因而给出一个描述维修时间的概率分布的尺度，即维修度来表示维修性。维修度是指"产品在规定条件下和规定的时间内，按规定的程序和方法进行维修时，保持或恢复到能完成规定状态的概率"。设时间 t 为规定的维修时间，τ 为实际维修所用的时间，维修度 $M(t)$ 就是在 $\tau \leqslant t$ 时间内，完成维修的概率。

$$M(t) = P(\tau \leqslant t) = \int_0^t m(t)\,\mathrm{d}t \tag{2-1}$$

式中，$m(t)$ 为维修概率密度函数或维修密度函数，表示在某一时刻 t 单位时间内完成维修的概率；$M(t)$ 是递增函数，随规定的维修时间 t 的增加而增大，其增大的速度可用维修概率密度函数来表示。显然，当 $t=0$ 时，即发生故障尚未修理，$M(t)=0$；$t \rightarrow \infty$ 时，即修理时间接近无限大，$M(t)=1$，全部修好。

在一定的时间内，维修度大说明维修的速度快；反之，维修速度慢。在维修度定义中，有了"规定条件"和"规定时间"的限定，就将影响维修工作的各方面因素作出明确的规定，便于对设备固有维修性进行比较。当维修同一种设备时，亦即维修性水平一定时，维修度也常用来评定维修企业的管理和技术水平。

(2) 维修性评定常用指标

为了实际生产中使用的方便，评定设备的维修性常用下述几类指标，这些指标与时间的关系密切，因而有必要对时间的分类和关系加以说明，如图 2-1 所示。全部时间包括生产活动时间和自由时间，而生产活动时间又分为能工作时间（U）和不能工作时间（D）。

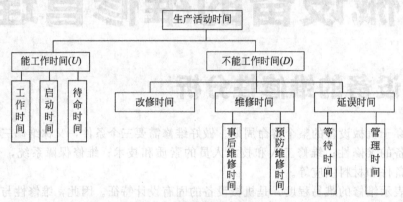

图 2-1　时间的分类和关系

其中，等待时间指不能立即得到维修所需要的备件、材料等，无法进行维修作业的时间；管理时间指由于行政管理等原因而延误的时间。

① 延续时间指标　维修包括诊断、预防或排除设备故障等作业。维修时间分为事后维修时间和预防维修时间。维修性是评价维修时的方便和快速程度，所以常用完成各项维修作业所需的时间来判别。

a. 平均事后维修时间（$\overline{M}_{ct}$）　在设备使用阶段内，可能会多次发生故障。每当发生故障时，都要采取一系列的措施，使之恢复到规定的完好状态。整个过程所需时间即为事后维修时间。平均事后维修时间 $\overline{M}_{ct}$（或平均修理时间 MTTR）则是多次事后维修时间的平均值。由于它只考虑有效的维修时间即直接对设备进行维修操作花费的时间，所以反映了设备固有的维修性。$\overline{M}_{ct}$ 可用下式计算：

$$\overline{M}_{ct} = \sum_{i=1}^{n} \frac{M_{cti}}{n} \tag{2-2}$$

式中，M_{cti} 为每一项事后维修作业所用的时间；n 为事后维修抽样数。

$\overline{M}_{ct}$ 的倒数称为修复率：

$$\mu = \frac{1}{\overline{M}_{ct}} \text{ 或 } \mu = \frac{1}{\text{MTTR}} \tag{2-3}$$

b. 平均预防维修时间（$\overline{M}_{pt}$）　这是完成预防维修项目所用的平均延续时间，其表达式为

$$\overline{M}_{pt} = \frac{\sum f_i M_{pti}}{\sum f_i} \tag{2-4}$$

式中，f_i 为第 i 项预防维修作业的频率；$M_{\text{pt}i}$ 为第 i 项预防维修作业所需的时间。

也可用下式来计算 $\overline{M}_{\text{pt}}$：

$$\overline{M}_{\text{pt}} = \frac{\text{预防维修总时间}}{\text{预防总次数}} \qquad (2\text{-}5)$$

同样，$\overline{M}_{\text{pt}}$ 只包括直接用于维修作业的时间，不包括后勤保障和行政管理延误的时间。

c. 平均维修时间（$\overline{M}$） 包括事后维修和预防维修所需的平均延续时间，其表达式为

$$\overline{M} = \frac{\lambda \overline{M}_{\text{ct}} + f \overline{M}_{\text{pt}}}{\lambda + f} = \frac{\text{维修总时间}}{\text{维修次数}} \qquad (2\text{-}6)$$

式中，λ 为在规定的时间内事后维修的次数；f 为在同一规定的时间内预防维修的次数。

维修时间随机变量分布形式有正态分布、对数正态分布、指数分布和威布尔分布。当为指数分布时，维修度 $M(t)$ 可用下式表示：

$$M(t) = 1 - e^{-\mu t} \qquad (2\text{-}7)$$

由式(2-7)可以看出维修度的大小取决于修复率 μ 和要求完成维修的时间 t。某些设备对维修时间要求不严格时，可用延长维修时间来提高 $M(t)$。但重要的设备或不允许停机时间长的设备，必须设法提高修复率来提高维修度。修复率 μ 的提高意味着维修速度高，这就要求有合适的工具、设备、熟练的技术工人和良好的维修组织和管理。

d. 后勤保障拖延时间（LDT） LDT 为图 2-1 中的等待时间。它是由于等待备件、等待材料、等待运输等所延误的时间。据实际统计，在总的维修停机时间中，LDT 常占很大的比重。

e. 行政管理拖延时间（ADT） ADT 为图 2-1 中的管理时间。它是指由于行政管理性质的原因，使维修工作不能进行而延误的时间。

f. 维修停机时间（MDT） 包括维修时间 $\overline{M}$、后勤保证拖延时间 LDT 和行政管理拖延时间 ADT。

$$\text{MDT} = \overline{M} + \text{LDT} + \text{ADT} \qquad (2\text{-}8)$$

② 工时指标 许多情况下，为了完成某项维修任务，可以通过增加人力资源等来缩短维修延续时间。因此，在评价维修性时，还应考虑维修所花费的劳动工时。工时指标是维修作业复杂性和维修频度的函数，常用的工时指标有四个。

a. 设备或系统每运行一小时的维修工时（工时/h）设备或系统每运行一小时的维修工时又称维修性指数 MI，它可用下式求出：

$$\text{MI} = \frac{\text{平均维修工时}}{\text{平均无故障工作时间}} \qquad (2\text{-}9)$$

维修性指数也可由事后维修性指数 MI_{c} 和预防维修性指数 MI_{p} 求出：

$$\text{MI} = \text{MI}_{\text{c}} + \text{MI}_{\text{p}} \qquad (2\text{-}10)$$

b. 设备或系统每运行一个月的维修工时（工时/月）。

c. 设备或系统每运行一个周期的维修工时（工时/周期）。

d. 设备或系统每项维修措施的维修工时（工时/项）。

③ 维修频率指标 它关系到能否使设备或系统对维修的要求减少到最低限度。可靠性指标 MTBF（平均无故障工作时间）和 λ（故障率）是确定事后维修频率的依据。

预防维修可以减少故障的发生、降低事后维修的频率，但如果对预防维修控制不当，不但使维修费用增加，也会在预防维修过程中留下故障隐患。因此，作为维修性的目标是在总费用最低的前提下，在事后维修和预防维修之间谋求适当的平衡。维修频率指标有平均维修间隔时间（MTBM）和平均更换间隔时间（MTBR）。

a. 平均维修间隔时间（MTBM） 它是各类维修活动（事后维修和预防维修）之间的平均工作时间。它是确定设备或系统有效度的主要参数。MTBM 可用下式表示：

$$MTBM = \cfrac{1}{\cfrac{1}{MTBM_u} + \cfrac{1}{MTBM_s}}$$

(2-11)

式中，$MTBM_u$ 为事后维修的平均间隔时间；$MTBM_s$ 为预防维修的平均间隔时间。$MTBM_u$ 和 $MTBM_s$ 的倒数表示维修率，即设备或系统每运行一小时的维修次数。

b. 平均更换间隔时间（MTBR） 它表示某零件或总成更换之间的平均时间。在有些情况之下，进行事后维修和预防维修作业并不需要更换零部件；但在另一些情况下，则可能需要更换零部件。因此，MTBR 是确定备件需要量的一个重要参数。

④ 维修费用指标 对于许多设备来说，维修费用在寿命周期费用中占的比重是很大的。设备维修性设计的最终目标是以最低的费用来完成维修工作。维修费用指标常用的有五个，可根据具体情况选用。

a. 每项维修措施的费用。

b. 设备或系统每运行一小时的维修费用。

c. 每月的维修费用。

d. 每项任务或任务中每个部分的维修费用。

e. 维修费用占寿命周期费用的比率。

(3) 影响维修性的主要因素

维修性是设备或系统的一项固有的设计特性，它关系到维修工作效率、维修质量以及维修费用等各项指标。为了满足对维修性的要求，人们根据研究工作、技术工艺实验和现场试验的成果，在设备的设计方面已编制了有关的指导准则，概括有以下几个方面。

① 设备的总体布局和结构设计，应使设备各部分易于检查，便于修理和维护。

② 良好的可达性。可达性指在维修时，能够迅速方便地进入和容易看到所需维修的部位，并能用手或工具直接操作的性能。可达性可分为安装场所的可达性、设备外部的可达性和机器内部的可达性。在考虑可达性时有两条原则：一是要设置便于检查、测试、更换等维修操作的通道，二是要有合适的维修操作空间。

③ 部件和连接件易拆易装，特别是在日常维修中要拆卸的那些部件、易损件要便于迅速更换。采用标准化、互换性和通用化的零部件、整体式安装单元（模块化）以及设置定位装置和识别标志，配备适合的专用拆装工具等，都有利于该目标的实现。

④ 简化维修作业，方便维修，包括尽可能减少维修次数和一般技术水平的工人即可完成维修工作。

⑤ 设备上应配置测定输出参数的仪表和检测点，以便于及时发现故障和对技术状态进行诊断。

⑥ 零部件的无维修设计。目前流行的不需维修的零部件主要有：不需润滑的，如固定关节、预封轴承、自润滑性能的合金轴承、塑料轴承等；不需调整的，如利用弹簧张力或液压等自调刹车闸等；将零部件设计为具有一定寿命的，到时就予以报废处理。

2.1.2 机械设备的有效度

有效度又称可利用度，是指可维修的设备在任一时刻 t，能维持其功能的概率，亦即无论什么时候，想要使用设备时，设备处于可以使用状态的百分数。假设设备的状态 $S(t) = 0$ 时，为正常状态，$S(t) = 1$ 时为故障状态，则有效度 $A(t)$ 用下式表示：

$$A(t)=P\{S(t)=0\} \tag{2-12}$$

$A(t)$ 是时间的函数，取决于设备的可靠度和维修度，它们之间的关系为

$$A(t,\tau)=R(t)+[1-R(t)]M(\tau) \tag{2-13}$$

式中，t 为给定的使用时间；τ 为维修时间；$R(t)$ 为在时间 t 时设备的可靠度；$M(\tau)$ 为维修时间为 t 的维修度。

式（2-13）中的第一项表示在时间 t 内不发生故障的概率，第二项包括在时间 t 内发生故障的概率 $[1-R(t)]$ 和在时间 τ 内修复的概率 $M(\tau)$。显然，对于不可修复的设备其有效度 $A(t)$ 等于其可靠度 $R(t)$。

由上述可知，有效度只描述设备在时刻 t 是否能正常工作的概率，并不关心在时刻 t 以前设备是否发生过故障。如果设备发生故障，只要在允许的时间内修好，不影响正常工作，就能保证要求的有效度。

如设备工作 450h 的有效度 $A(450)=0.90$，它表示的是 100 台设备在规定的 450h 工作时间内，当达到 450h 时有 90 台设备处于正常运转状态，它并不管设备是否出过故障，什么时间出过故障，中途是否经过维修。而可靠度 $R(450)=0.90$ 时，则表示要求 100 台设备中，有 90 台设备能无故障地工作 450h。

实际生产中，有效度常作为评价设备运行效果的指标，如完好率和运转率等。从设备的维修来看，有效度是设备的一项重要指标，使用该指标时所关心的并不是某个时刻的有效度，而是某一时间间隔的有效度。按维修时间不同的定义有三种有效度。

（1）固有有效度 A_i

固有有效度是指设备或系统在规定的使用条件和理想的可迅速得到适用工具、备件和人力的保证环境中，能在给定的时间内正常运行的概率。它不包括预防维修时间和后勤、行政管理拖延时间。

$$A_i=\frac{\text{MTBF}}{\text{MTBF}+\overline{M}_{ct}}=\frac{\text{MTBF}}{\text{MTBF}+\text{MTTR}} \tag{2-14}$$

式中，MTBF 为设备在给定时间内平均无故障工作时间；$\overline{M}_{ct}$、MTTR 为在同一时间内设备平均事后维修时间。

这种有效度是由设计赋予设备的，体现了设备的固有品质。

$$\Theta\ \text{MTBF}=\frac{1}{\lambda}$$

$$\text{MTTR}=\frac{1}{\mu}$$

故

$$A_i=\frac{\mu}{\lambda+\mu} \tag{2-15}$$

$$\frac{\text{MTTR}}{\text{MTBF}}=\alpha$$

$$A_i=\frac{1}{1+\alpha} \tag{2-16}$$

式中，λ 为故障率；μ 为修复率；α 为维修系数或维修时间比。

（2）可达有效度 A_α

可达有效度的定义与固有有效度相似，只是在设备的停机时间中不但包括事后维修时间 $\overline{M}_{ct}$，还包括预防维修时间 $\overline{M}_{pt}$。和固有有效度一样，停机时间除去后勤和行政管理拖延的时间。

$$A_\alpha=\frac{\text{MTBM}}{\text{MTBM}+\overline{M}}=\frac{T_{\text{工作}}}{T_{\text{工作}}+\sum_{i=1}^{n}T_{\text{修理}}} \tag{2-17}$$

式中，MTBM 为包括事后维修和预防维修在内的平均维修间隔期；$\overline{M}$ 为平均维修时间；$T_{工作}$ 为设备某一使用期内工作时间；$\sum T_{修理}$ 为设备在同一使用期内各次修理所用时间的总和。

可达有效度 A_α 也可用下式表示：

$$A_\alpha = \frac{1}{1 + \overline{M}(\lambda + f)} \tag{2-18}$$

其中

$$\lambda = \frac{1}{MTBF} = \frac{1}{MTBM_{ct}}, \quad f = \frac{1}{MTBM_{pt}}$$

由式(2-18)可以看出，A_α 与预防维修频数 f 有关，而预防维修频数受到预防维修制度的影响，所以 A_α 不仅受设计的制约，而且与维修制度有关。如预防维修周期太短，预防维修频数就大，从而使可达有效度降低。寻求设备的最大有效度是制定预防维修周期的一个重要原则。

(3) 工作有效度 A_0

工作有效度又称使用有效度，其定义为设备在规定的条件和实际运行环境中使用时，一旦需要就能良好运行的概率。其表达式为

$$A_0 = \frac{MTBM}{MTBM + MDT} = \frac{工作时间}{工作时间 + 停机时间} \tag{2-19}$$

式中，MDT 为平均停机时间，包括除了改修时间以外的全部停机时间 [参见式(2-8)]。

从式(2-19)可以看出，工作有效度不仅受设计、维修制度的影响，而且与维修企业的生产管理有关，因此 A_0 用来评价实际运行环境中的设备的利用率是比较适用的。

在计算有效度时，时间间隔期太短是不合适的，至少应考虑设备的一个使用周期。

根据不同的目的，在实际生产中也使用一些与有效度类似的指标，如运转率、作业率等。运转率定义为

$$运转率 = \frac{T}{T + D} \tag{2-20}$$

式中，T 为总工作时间；D 为不能工作的时间。

2.1.3 维修性分配与验证

(1) 维修性分配

设备或系统是由若干总成、部件或子系统组合而成的，它们通过相互作用而实现联系，以完成一定的功能。各总成或子系统本身也都要完成其各自的规定功能，并相互间发生联系。机械设备的维修性是建立在系统中各个组成部分之间的作用关系和它们所具有的维修性基础之上的，也就是说设备的维修性为其组成部分维修性的函数。

维修性分配就是将对设备或系统的维修性的要求，如维修间隔期 MTBM、平均事后维修时间 $\overline{M}_{ct}$、平均预防维修时间 $\overline{M}_{pt}$ 和每工作一小时的维修工时等分配到总成、部件或子系统中去。例如某种设备，要求其固有有效度 A_i 为 0.9989，平均无故障工作间隔期 MTBF 为 450h，事后维修工时指标 MI 为 0.2 工时/h，由 MTBF 和 A_i 可以计算出平均事后维修时间 $\overline{M}_{ct}$ 为

$$\overline{M}_{ct} = \frac{MTBF(1 - A_i)}{A_i} = \frac{450(1 - 0.9989)}{0.9989} = 0.5h$$

假设该设备由三个总成 A、B、C 组成，将对设备的 $\overline{M}_{ct} = 0.5h$，MI $= 0.2h$ 的要求，分配给各总成，其步骤如下。

① 各总成的故障率 λ_i 是事后维修时间 $\overline{M}_{ct}$ 的分配基础。故障率大的总成，所分配的事

后维修时间 $\overline{M}_{cti}$ 的值应小一些，反之则大一些。A、B、C 各总成的故障率分别为 0.246、1.866、0.110，按上述原则，初步分配给各总成的 $\overline{M}_{cti}$ 值分别为 0.9h、0.4h、1.0h。

② 求各总成故障率之和 $\sum\lambda_i$ 及其占总故障率的百分比 C_p。

$$\sum\lambda_i = \lambda_A + \lambda_B + \lambda_C = 0.246 + 1.866 + 0.110 = 2.222$$

$$C_p = \frac{\lambda_i}{\sum\lambda_i} \times 100\%$$

③ 由 λ_i 和 $\overline{M}_{cti}$ 算出事后维修总时间分担额 C_{ti} 并求和。

$$C_{ti} = \lambda_i \overline{M}_{cti}$$

$$\sum C_{ti} = \lambda_A \overline{M}_{ctA} + \lambda_B \overline{M}_{ctB} + \lambda_C \overline{M}_{ctC} = 0.221 + 0.746 + 0.110 = 1.077$$

④ 按上述分配值，计算设备的平均事后维修时间 $\overline{M}_{ct}$，验证是否满足要求。若不符合要求，则重新进行分配，直至计算出的 $\overline{M}_{ct}$ 值小于要求值为止。

$$\overline{M}_{ct} = \frac{\sum C_{ti}}{\sum\lambda_i} = \frac{1.077}{2.222} = 0.485\text{h} < 0.5\text{h（符合要求）}$$

为简明清晰，可将上述过程用表格形式列出，见表 2-1。

表 2-1   维修性分配计算

总　　成	故障率(次/1000h)λ_i	故障比率 $C_p = \lambda_i/\sum\lambda_i$	事后维修时间 $\overline{M}_{cti}$	事后维修总时间分担额 $C_{ti} = \lambda_i \overline{M}_{cti}$
A 总成	0.246	11%	0.9h	0.221
B 总成	1.866	84%	0.4h	0.746
C 总成	0.110	5%	1.0h	0.110
合计	$\sum\lambda_i = 2.222$			$\sum C_t = 1.077$
$\overline{M}_{ct} = \sum C_{ti}/\sum\lambda_i = 1.077/2.222 = 0.485\text{h}$				

总成或子系统的维修性分配完成之后，即可将各个总成的 $\overline{M}_{cti}$ 值用同样的方法分配到更低一级的项目中去。

单是确定 $\overline{M}_{ct}$ 的值是不够的，因为满足 $\overline{M}_{ct}$ 要求有多种方案，但在费用效果上则是不同的，如为了达到 $\overline{M}_{ct}$ 值，可采用增加从事维修工作人员的数量和使手工操作自动化等。因此，对重大的设备项目还要规定附加的约束条件，如每级维修人员的技术等级和设备每运行一小时的维修工时。

维修工时指标是根据设备或系统运行时数、预计的维修活动次数和每次维修活动所需的维修工时来确定的。在估计这些值时，应尽可能利用经验数据和试验数据。

（2）维修性验证

维修性验证的目的是为了实际检验维修性定性和定量的要求是否达到，也可评价各种维修作业后勤保证要求的条件，如测试和保障设备、备件、维修人员、技术文件等。

维修性验证一般在设计试制阶段的后期，即样机完成后进行。实施维修性验证是在模拟环境条件下测定平均事后维修时间 $\overline{M}_{ct}$、平均预防维修时间 $\overline{M}_{pt}$，由 $\overline{M}_{ct}$ 和 $\overline{M}_{pt}$ 计算出平均维修时间 $\overline{M}$，最大事后维修时间 M_{max}。将所得到的结果与要求值相比较，若满足要求则接收，不能满足要求则拒收。

模拟环境即模拟设备或系统中的一些典型故障，造成典型故障的维修内容，由维修人员在规定的维修条件下进行维修，直至修好为止，并记下所用的时间 M_{cti}。根据概率统计中的中心极限定理，样本量 n 通常确定为 50，这样对于维修时间的分布就不受限制，而且样本量的固定有利于维修费用的估算。

为了便于理解，现举例说明。假设某设备要求 $\overline{M}_{ct}=65\text{min}$，$\overline{M}_{pt}=110\text{min}$，$\overline{M}=75\text{min}$，$M_{max}=120\text{min}$，置信度为 80%。对该设备进行了 50 次事后维修作业，并将结果列于表 2-2。50 次修理所需时间的平均值为

$$\overline{M}_{ct}=\frac{\sum M_{cti}}{n}=\frac{3105}{50}=62.1\text{min}（取 62）$$

$$\sum M_{cti}=3105\text{min}，\sum (M_{cti}-\overline{M}_{ct})^2=15016\text{min}^2$$

表 2-2 维修性验证计算

维修作业号	记录的时间 M_{cti}	$M_{cti}-\overline{M}_{ct}$	$(M_{cti}-\overline{M}_{ct})^2$
1	58	−4	16
2	72	+10	100
3	32	−30	900
⋮	⋮	⋮	⋮
50	48	−14	196
$\sum M_{cti}=3105$		$\sum (M_{cti}-\overline{M}_{ct})^2=15016$	

由于这 50 次事后维修作业是随机抽取的，平均值为 62min。若另外抽取 50 次维修作业，得到的平均值会大于或小于 62min，所以需要利用标准差定出总体平均值 $\overline{M}_{ct}$ 的上限。

$$\text{上限}=\overline{M}_{ct}+Z\left(\frac{\sigma}{\sqrt{n}}\right) \tag{2-21}$$

$$\sigma=\sqrt{\sum_{i=1}^{n}\frac{(M_{cti}-\overline{M}_{ct})^2}{n-1}}=\sqrt{\frac{15016}{50-1}}=17.5$$

Z 值可由概率统计中的正态分布数值表查出，当置信度为 80%、85%、90%、95% 时，Z 分别为 0.84、1.04、1.28 和 1.65。

置信度为 80% 时，$Z=0.84$，则

$$\text{上限}=\overline{M}_{ct}+Z\left(\frac{\sigma}{\sqrt{n}}\right)=62+0.84\times\frac{17.5}{\sqrt{50}}=64.07\text{min}$$

要求的值为 65min，上限值为 64.07min，满足要求，该设备可以接收。否则，应该拒收。

对于预防维修，可以采用同样的方法进行 50 次预防维修作业，记录各项作业的时间 M_{pti}，按下式计算平均预防维修作业时间：

$$\overline{M}_{pt}=\frac{\sum M_{pti}}{n}$$

同时，求出平均预防维修时间 $\overline{M}_{pt}$ 的上限值：

$$\text{上限}=\overline{M}_{pt}+Z\left(\frac{\sigma}{\sqrt{n}}\right) \tag{2-22}$$

由 $\overline{M}_{ct}$ 和 $\overline{M}_{pt}$ 按式(2-6) 计算出平均维修时间 $\overline{M}$。

最大有效事后维修时间 M_{max} 可用下式求出：

$$M_{max}=\lg^{-1}(\overline{\lg M_{ct}}+Z\sigma\lg M_{cti}) \tag{2-23}$$

$$\sigma\lg M_{cti}=\sqrt{\frac{\sum_{i=1}^{n}(\lg M_{cti})^2-\dfrac{\left(\sum_{i=1}^{n}\lg M_{cti}\right)^2}{n}}{n-1}} \tag{2-24}$$

上述方法代表了一种常用的典型方法。根据对设备的要求和目的不同，维修性验证的方法也有不同，可参考有关文献。

式（2-23）中$\overline{\lg M_{ct}}$为M_{cti}的对数平均值，Z为M_{max}的某一百分位点相应的值。

修理时间的概率分布函数常见的形式有以下两种。

① 正态分布　通常适用于比较简单的维修作业和修理措施，如简单的拆卸和更换等作业，完成这些作业所需的时间一般都是固定的，变化较小。

② 对数正态分布　适用于维修作业时间和频率变化较大的复杂系统和设备，它们的一些维修作业项目所花费的时间较长，造成维修时间分布曲线向右偏斜。

2.2　设备的维修管理

2.2.1　维修原则

在机械设备修理工作中，正确地确定失效零件是修复还是更换，将直接影响设备修理的质量、内容、工作量、成本、效率和周期等，它由很多因素决定，处理前必须进行一定的技术经济分析。

（1）确定零件修复或更换应考虑的因素

① 零件对设备精度的影响　有些零件失效后影响设备精度，如机床主轴、轴承、导轨等基础件磨损将使被加工零件质量达不到要求，这时就应该修复或更换。一般零件的磨损未超过规定公差时，估计能使用到下一修理周期者可不更换；估计用不到下一修理周期或会对精度产生影响而拆卸不方便的，则应考虑修复或更换。

② 零件对完成预定使用功能的影响　当设备零件失效已不能完成预定的使用功能时，如离合器失去传递动力的作用，凸轮机构不能保证预定的运动规律，液压系统不能达到预定的压力和压力分配等，均应考虑修复或更换。

③ 零件对设备性能和操作的影响　当零件失效后虽能完成预定的使用功能，但影响了设备的性能和操作时，如齿轮传动噪声增大、效率下降、平稳性变差，运动部件运动阻力增大、启动和停止不能准确到位，零件间相互位置产生偏移等，均应考虑修复或更换。

④ 零件对设备生产率的影响　零件失效后致使设备的生产率下降，如机床导轨磨损，配合表面碰伤，丝杠副磨损和弯曲等，使机床不能满负荷工作，应按实际情况决定修复或更换。

⑤ 零件本身强度和刚度的变化　零件失效后，强度大幅下降，继续使用可能会引起严重事故，这时必须修复或更换；重型设备的主要承力件，发现裂纹必须更换；一般零件，由于磨损加重，间隙增大，而导致冲击负荷加重，从强度角度考虑应予以修复或更换。

⑥ 零件使用条件的恶化　失效零件继续使用可引起生产效率大幅下降，甚至出现磨损加剧，工作表面严重发热或者出现剥蚀等，最后引起卡死或断裂等事故，这时必须修复或更换，如渗碳或氮化的主轴支承轴颈磨损，失去或接近失去硬化层，就应修复或更换。

在确定失效零件是否应修复或更换时，必须首先考虑零件对整台设备的影响，然后考虑零件能否保证其正常工作的条件。

（2）修复零件应满足的要求

在保证设备精度的前提下，失效的机械零件能够修复的应尽量修复，要尽量减少更换新件。一般来说，对失效零件进行修复，可节约材料、减少配件的加工、减少备件的储备量，从而降低修理成本和缩短修理时间，但修复零件应满足如下要求。

① 准确性　零件修复后，必须恢复零件原有的技术要求，包括零件的尺寸公差、形位公差、表面粗糙度、硬度和其他技术条件等。

② 可能性　修理工艺是选择修理方法或决定零件修复、更换的重要因素。一方面应考虑工厂现有的修理技术水平，能否保证修理后达到零件的技术要求；另一方面应不断改进工厂的修理工艺。

③ 可靠性　零件修复后的耐用度至少应能维持一个修理间隔期。

④ 安全性　修复的零件必须恢复足够的强度和刚度，必要时要进行强度和刚度验算，如轴颈修磨后外径减小，轴套镗孔后孔径增大，都可能影响零件的强度与刚度不能满足设备的要求。

⑤ 时间性　失效零件采取修复措施，其修理周期一般应比重新制造周期短，否则应考虑更换新件，除非一些大型、精密的重要零件，一时无法更换新件的，尽管修理周期长些，也只能采取修复。

⑥ 经济性　决定失效零件是修理还是更换，还应考虑修理的经济性，要同时比较修复、更换的成本和使用寿命，当修理成本低于新制件成本时，应考虑修复，以便在保证维修质量的前提下降低修理成本。

2.2.2　维修制度

机械设备的维修制度是指在科学的维修思想指导下，选择一定的维修方式作为管理依据，为保证取得最优技术效果而采取的一系列组织、技术措施的总称。它包括维修计划、维修类别、维修方式、维修等级、维修组织、维修考核指标体系等。它直接关系到机械设备的技术状态、可靠性、使用寿命和运行维修费用。

目前世界上维修制度可分为两大体系：一个是在"以预防为主"的维修思想指导下，以磨损理论为基础的计划预防维修制；另一个是在"以可靠性为中心"的维修思想指导下，以故障统计理论为基础的预防维修制。计划预防维修制在我国机械行业比较普遍，并且在保持设备良好技术状态、保证企业的稳定生产方面发挥了积极的作用。随着技术的进步和生产的发展，机械设备日趋复杂、自动化程度也迅速提高，而经营者更注意追求高效益，使计划预防维修制受到很大的冲击，一种以"视情维修为主"的新的维修制度开始形成，不过两种维修制度将在一定时期内同时并存。计划预防维修制较适合于机械设备维修的宏观管理，而"以可靠性为中心"的维修制较适合于机械设备维修的微观管理。

(1) 计划预防维修制

计划预防维修制是在掌握设备磨损和损坏规律的基础上，根据各种零件的磨损速度和使用极限，贯彻防患于治的原则，相应地组织保养和修理，以避免零件的过早磨损，防止或减少故障，延长设备的使用寿命，从而能较好地发挥设备的使用效能和降低使用成本。

计划预防维修制的具体实施可概括为"定期检查、按时保养、计划修理"。

"定期检查、按时保养"是指检查和保养必须按规定的时间间隔严格地执行。它的内容包括清洁、润滑、紧固、调整、故障排除、易损零件及部位的检查、修理、更换等。它一方面是保证设备正常运转所必需的技术措施；同时也是一种可靠性检查，消灭了隐患，查明了设备的技术状态，使维修工作比较主动。

"计划修理"是指设备的修理是按计划进行的。设备修理分定期修理法和检查后修理法两类：定期修理法，即以修理间距定修理日期，具体修理内容在修理时根据设备分解检查后的实际技术状态来确定；检查后修理法，即按设备工作量编制修理计划，根据定期检查摸清设备的实际技术状态，参考修理间距，确定出具体修理日期、修理种类和修理内容。

实施计划预防维修制需要具备以下条件。

① 通过统计、测定、试验研究，确定总成、主要零部件的修理周期。

② 根据总成、主要零部件的修理周期，结合考虑基础零件的修理，合理地划分修理类别。

③ 制定一套相应的修理技术定额标准。

④ 具备按职能分工、合理布局的修理基地。

前面三项是必不可少的条件，也只有具备了这些条件，计划预防维修制的贯彻才能取得实际的效果。所以说计划预防维修制的基础是一套定额标准，其核心是修理周期结构。

修理周期的制定，是以配合件或零件的磨损规律为基础的，根据设备的磨损规律拟定保养维修计划。

计划预防维修制的主要缺点是较多从技术角度出发，经济性较差，因为定期维修常常会造成部分机件不必要的"过剩维修"。

(2)"以可靠性为中心"的维修制

"以可靠性为中心"的维修制是以可靠性理论为基础的，鉴于一些复杂设备一般只有早期和偶然故障，而无耗损期，因此定期维修对许多故障是无效的。现代机械设备的设计，只使少数项目的故障对安全有危害，因而应按各部分机件的功能、功能故障、故障原因和故障后果来确定需做的维修工作。20 世纪 60 年代美国联合航空公司提出"逻辑分析决断法"对重要维修项目逐项分析其可靠性特点及发生功能性故障的影响来确定应采用的维修方式，如图 2-2 所示。

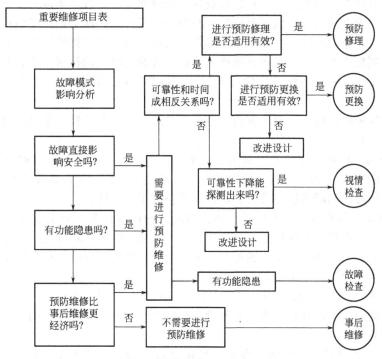

图 2-2　维修方式逻辑决断图

"逻辑分析决断法"分为以下三个步骤。

第一步是鉴定重要维修项目。它是以项目的功能故障对设备整体的影响为准的，凡会产生严重影响的应定为重要项目。严重影响是指故障会影响安全、工作质量明显下降、使用或维修费用昂贵等。鉴定是从高层（如发动机）自上而下地进行，到某一层的项目其故障影响不严重了，那么从它起以下的项目就不需要作分析了。

第二步是列出每个项目的所有功能、功能故障、故障影响和故障原因。

第三步是列出每个重要项目的所有功能故障所要求做的工作。

最后根据分析结果制定机械设备的维修项目、内容、方式、方法和等级。

实行"以可靠性为中心"的维修制应具备以下条件。

① 有充分的可靠性试验数据、资料和作为判别机件状态的依据。

② 要求产品设计制造部门和维修部门密切配合制定产品的维修大纲。

③ 具备必要的检测手段和标准。

"以可靠性为中心"的维修制在我国只有少数企业在研究试行，要在整个机械行业中推行，还需要结合不同的维修对象、不同的生产条件做大量的工作。

(3) 点检定修制

日本从 1950 年起从美国引进了生产维修制，经过消化改进，逐步地确定起一套设备管理的基本制度——点检定修制。在我国，它不仅适用于新型企业，老企业要实现设备维修管理现代化，推行点检定修制同样也是一项极为重要的措施。

① 点检制　就是对设备进行定时、定项、定点、定人、定量的检查，对设备运行进行监督，建立记录档案，及时了解设备的维护性能和劣化程度，并依靠经验和统计，判断设备劣化倾向，从而制定经济的检修计划，实行预防维修和预知维修。

点检制是一种完善的、科学的设备维修管理体制，是岗位工人、点检工、维修技术人员三位一体的工作制度，岗位工人既负责设备操作，又采取巡回检查的方法进行日常点检。精密点检和专业点检由专门点检人员和维修技术人员分别负责，按计划进行点检。三种点检按不同的要求，有重点地进行，做到有限的、必要的重复点检，而不是大量的重复点检。点检的核心是点检工，他们不同于维修工和维修技术人员，而是经过特殊训练的专职人员。点检制从岗位操作到精密点检，在实行分级维护检查设备的同时，把技术诊断和倾向管理结合起来，实现了严肃的、完善的设备现代技术和设备科学管理方法的统一，是技术和管理的综合体。

设备的点检根据点检的周期和方法，分为日常点检、定期点检、重点点检、总点检、精密点检和解体点检六种。

a. 日常点检　由岗位生产工人对所有设备，在 24h 内不断进行巡回检查。这种点检占设备总点检量的 20%～80%，是点检的基础。其目的是通过岗位操作工人的五官感觉发现异常，排除小故障，不断维护保养设备，保证设备的正常运转。

b. 定期点检　由专业点检人员凭借感官和简易的仪器仪表，对重点设备进行定期详细点检，这种点检是点检工作的核心部分，比日常点检技术性强、难度大。它不仅是靠经验而且靠仪器仪表和倾向管理、技术诊断相配合进行点检。定期点检的主要目的是测定设备性能劣化程度，调整主要部位，保持规定的设备性能。

c. 重点点检　指对主要设备不定期地将全部岗位工人集中起来，专门对一台设备进行一次比较彻底的点检。这种点检不仅是对设备彻底检查，更重要的是对岗位工人日常点检不完善处的良好补充。

d. 总点检　指对不同系统的设备不定期地进行一次由专业点检人员集中进行的检查，如液压系统设备或全部紧固件等。

e. 精密点检　指对比较关键的部位通过倾向管理的办法和技术诊断的手段进行的点检。这种点检是由技术人员和点检工用仪器不定期地对设备的精度认真测定、分析，保持设备规定的功能与精度。

f. 解体点检　指对主要设备进行部分或全部解体，由安检人员与专职点检人员配合一起对各主要零件的磨损、疲劳、损伤等状况进行定性、定量的检查。

② 定修制　就是每月按规定时间把设备停下来修理。定修的时间是固定的，每次定修时间一般不超过 16h，连续几天的定修称为年修。定修制与计划检修的不同在于：定修制是由点检站提出检修项目，并组织实施；而计划预防维修制是由设备维修部门提出计划，由专门检修部门组织实施；定修制是根据点检的科学判断，使机器的零件磨损到极限之前进行更换。

2.2.3　维修信息管理

设备维修管理现代化，就是在维修管理工作中逐步用定量的客观推理管理方式补充和代替定性的直觉判断管理方式。在管理过程中，决策者往往必须在复杂、动态和不确定的情况下，从许多行动方案中选择一项最优的可行方案。维修管理的基本任务是有效地管理维修过程中的人、物质、资金、设备和技术即"五 M"五种基本资源，在当今这个信息时代，五种基本资源就是通过这些资源的信息来进行有效管理的。

（1）维修决策与信息的关系

维修决策按其权限范围的不同大体可分为三个层次，即维修战略决策、战术决策和业务活动决策。维修体制的确定、维修方法的制定、维修网点的规划布局等，属维修战略决策；维修周期的调整、维修方针和维修手段的改革等，属维修战术决策；维修计划的制定、送修和报废、维修工艺的选择、配件材料的补充及人力设备的安排等属维修业务活动决策。

任何决策，必须事先通过各种方式收集与决策问题有关的信息，以作为决策的基础。决策者通过对信息的分析、判断和推理，得出各种解决问题的方案，从中择优作出决策并付诸实施；在实施过程中产生的新信息反馈回来，决策者据此再修改决策或重新制定决策。由此可见，决策过程同时也形成一个信息流程。信息系统是为支援决策系统而产生的，维修管理人员了解情况、调查研究、文电信函来往等，都是获取信息，这些收集和处理信息的工作直接增强了维修管理的效率，提高了维修管理的水平。总之，必须建立维修信息收集处理系统，才能适应管理现代化的要求。

（2）收集维修信息的作用

概括来说，收集信息会给维修管理带来以下效益。

① 根据信息可以摸清设备故障的规律，以便及时采取措施，保证设备正常运行。

② 使维修管理从定时维修或事后维修逐步过渡到视情维修。

③ 全面、准确地掌握设备运行状态和维修情况，帮助维修人员总结经验，不断提高维修水平。

④ 及时向设计制造部门反馈产品质量，为设计制造部门不断改进产品设计、提高产品质量提供可靠依据。

（3）维修信息的分类及收集内容

维修信息可分为技术信息和管理信息两类。维修技术信息指技术说明书、维护规程、技术标准、工艺要求、改装图纸以及涉及维修的各种技术数据如油耗、功率、温度、压力、间隙、振动等。维修管理信息则指故障、维修次数、寿命、维修工时、维修费用、备件需要量、材料消耗量等。

维修管理数据资料可分为以下七类。

① 设备状况　机械设备的型号、出厂日期、修理次数、最近修理日期、工作时间、寿命、检修原因等。

② 运行数据　运行时数、停机时间、从事何种作业等。

③ 维修工作数据　工时消耗、维修项目、修理类别、工作进度等。

④ 人员组织数据　维修人员和管理人员姓名、数量、技术等级等。

⑤ 材料供应数据　材料周转情况、备件及材料的品种和数量、零备件库存量、加工件及修复件入库量等。

⑥ 维修保障设备数据　维修设备状况、工作负荷、检测仪器校验等。

⑦ 维修资用数据　维修人员工资、设备折旧费、材料费、工时费等。

(4) 维修管理信息系统

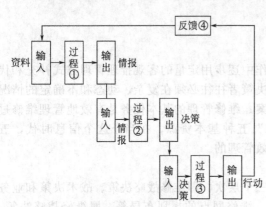

图 2-3　维修管理信息系统的基本模式

维修管理信息系统的基本模式如图 2-3 所示，它是在实施过程中通过信息处理的环节把维修管理职能连接起来而成的。维修单位收集外部和内部的资料并加以整理而获得情报信息，根据信息结合自己的条件制定出计划，并将计划的各项指标分解成新的信息，自上而下和自下而上反复落实，付诸行动，然后把执行情况与计划目标进行比较，产生出表示偏差的新信息并反馈回去，以便及时控制计划的执行。在这个信息流程中，过程①是资料加工处理过程，输出的是供决策用的情报；过程②是决策过程，输出的是决策后的结果；过程③是执行过程，如计划的执行，输出的结果是执行情况；过程④是反馈控制过程，将执行结果与计划目标对比获得表示偏差的新信息，反馈给输入部门以便及时进行调整控制。

2.2.4　维修计划管理

(1) 维修计划的编制

维修管理中的一个重要环节就是编制维修计划，合理的维修计划有利于合理地安排人力、物力和财力，保证生产顺利进行，并能缩短修理停歇时间，减少维修费用和停机损失，所以维修计划是搞好维修管理、增强预见性、减少盲目性的有效措施。

维修计划的目标是以最低的资源费用使机械设备能在规定的寿命期间内，按规定的性能运行，并达到最大的可利用率。

设备维修与产品生产不同，它受机械技术状态、作业安排、意外故障的发生以及维修资源的供应情况等条件的制约，往往给维修计划的制定带来许多困难，因而维修计划比产品生产计划更具有随机性、不均衡性和复杂性。

编制设备维修计划要符合国家的政策、方针，要有充分的设备运行数据、可靠的资金来源，还要同生产、设计以及施工条件等相平衡。具体编制时要注意以下几个问题。

① 计划的形成要有牢固的实践基础，要根据设备检查记录，列出设备缺陷表，提出大修项目申请表报主管部门审核，最后形成计划。

② 严格区分设备大、中、小修界限，分别编制计划，并逐步制定设备的检修规程和通用修理规范。

③ 要处理好年度修理计划与长远计划间的关系，设备检修计划与革新改造计划间的关系，设备长远规划与生产规划间的关系。

④ 设备修理计划的实施，必须依靠设计、施工、制造、物质供应等部门的配合，这是

实现设备修理计划的技术物质基础。因此，在编制设备修理计划的过程中，应做好同这些部门的协调工作。

⑤ 编制计划要以科学的、先进的数据和信息为依据，如检修周期、定额、修理复杂系数、备件更换和检修质量标准等。

编制设备维修计划是一项复杂的工作，必须统筹安排。可以运用网络技术编制检修计划，统筹全局，最优安排工作秩序，找出关键工序，从而达到缩短工期，节约人力、财力的目的。

(2) 设备维修的排队模型

在设备维修工作中，当设备修理的到达速度超过维修平均速度时，会出现排队待修的现象；即使平均维修速度比设备修理的到达速度高，也因设备维修到达间隔时间与维修时间的随机性，排队仍然是不可避免的。排队过长，设备停机损失大，维修部门也会失去部分顾客；若增添维修能力，除了要增加投资，还会因设备随机到达，造成人员、设备的空闲浪费。

为了解决上述问题，计划人员利用排队论的数学分析方法，定量地研究和分析机器维修排队系统的运行效率，估计维修服务的满足程度，确定系统参数的最优值，然后通过改变维修组数量和结构，修改排队规则，改变工作方法和维修装备，利用预防维修或无维修设计，降低维修任务输入速度等途径，提高维修服务的工作效率和总体经济效益。

① 维修排队系统　在研究设备维修排队问题时，按习惯把使用中的设备总体称为"顾客源"，将其中不能正常工作需排队修理的设备称为"顾客"，承担维修任务的组织、人员、设施则统称为服务机构。顾客由顾客源出发，到达服务机构，按一定的规则排队等待服务，服务结束后离去。排队规则和服务规则是说明顾客在排队系统中按怎样的规则、次序接受服务。

② 维修任务的到达过程　任务到达过程包括顾客源、顾客到达方式、顾客相继到达间隔三个基本特征。仅就设备维修而言，顾客源可能是有限的，也可能是无限的。比如说，面向社会服务的修理厂的顾客源可以看作是无限的，而一个企业或农场的修理间的顾客源显然是有限的。

由于设备发生故障是随机的，因而顾客到达的方式一般是单一的，但在总成换修和旧件修复中，顾客小批量到达的现象也是存在的。

顾客相继到达的间隔时间有确定型的，也有随机型的。按计划预防维修制强制保养修理的设备，其到达的间隔时间近似确定型，但实际上更多的是属于随机型。

③ 维修排队规则　在排队系统中，顾客按一定的规则和次序等待和接受服务，这个规则取决于服务机构状况和顾客意志。与维修有关的规则如下。

a. 等待制　顾客到达时，所有的服务台均被占用，顾客被迫排队等待，直到最终接受服务。在等待制中最常见的服务规则是按照排队的顺序，先到先服务，但也允许优先服务，如机器的小故障随到随修，生产线上的关键设备发生故障应立即排除，均属优先服务。

b. 及时制　顾客到达时，若服务机构的所有服务台均被占用，顾客不肯等待，立即离开转向他处。为减少停机损失，用户往往寻求最及时的服务。

c. 有限等待制　当顾客到达服务机构，不能马上接受服务，要排队等待，但队伍长、有限制，超过限制就不能再排，一方面是服务机构的服务空间和能力有限，不允许过多的顾客等待，另一方面是顾客权衡等待时间长短，太长则离去。

④ 服务机构的结构　在设备维修中，服务机构的结构与维修生产的组织方式有关。当采用小组包修方式，仅有一个包修组时，是单队单服务台结构；有两个以上包修组时，是单队多服务台并列结构。当按部件流水法作业时，可以近似地认为是单队多服务台串联的结

构。在此结构下，一些修理项目可以交叉进行，或是仅进行单一项目的服务，每个专业服务台前均可单独排队。由于各种作业时间的固有差别，把每个专业服务台看作子队列分别研究，能更有效地发挥各服务台的实际能力。为使问题简化，常将整个维修部门看作单队单服务台结构。

⑤ 排队系统的优化　利用排队方法研究设备维修问题，最终要达到系统优化的目的。系统优化的目标有两个：一是要使顾客等待费用与服务机构成本之和为最小；二是要使服务机构的利润为最大。

与系统优化有关的各种费用，在稳态情况下都按单位时间考虑。其中，服务费用（包括实际消耗和空闲浪费）与设备待修的停机损失是可以确切计算或估算的；至于因排队过长而失掉潜在顾客的损失，就只能根据统计的经验资料来估计。服务水平也可以由不同形式来表示，主要是平均服务率，其次是服务台个数，以及服务强度等。在取得上述数据之后，就可以用微分法求出费用的最小值和利润的最大值。

2.2.5　维修备件的库存管理

(1) 备件范围的确定

一台设备由许多零件、部件和总成组成，哪些应列为备件？这要视设备的类型、拥有量、使用条件、机修车间加工能力和地区供应情况而定，不同企业备件范围可能不同，所以备件的确定要区别情况，具体分析，一般可参照以下原则确定。

① 所有标准件和外购件，如轴承、密封件、紧固件、皮带、油封等。

② 消耗量大的易损件。

③ 消耗量不大，但制造周期长、加工复杂的零件。

④ 传动系统的部分零件，如变速箱的齿轮、花键轴、拨叉等。

⑤ 起保持机械设备功能作用的主要运动件，如曲轴、轴瓦、凸轮轴等。

由于机械设备种类繁多，型号复杂，必须在实际工作中注意积累资料，不断摸索，才能正确地确定哪些零件作为备件。

(2) 备件储备定额的计算与控制

① 备件储备定额的计算　备件存储的数量界限就是储备定额，经济合理的储备定额要满足下列三个条件。

a. 满足维修工作的需要，并便于适应备件市场需求的波动。市场需求量往往是不稳定的，而维修预测又不可能完全准确，这就会产生市场供求的矛盾，而这种矛盾可以通过合理的存储进行调节，以弥补维修预测的失误。

b. 具有应付意外变故的能力。也就是在必要的消耗量之外，适当多储备一些，以便在发生如验收不合格或不能如期交货等某种意外变故时，不致出现库存告罄的状况。

c. 不超量储备，避免积压。超过前两项要求而多余的储备量，便是积压。备件的积压占用了部分流动资金，影响资金周转和企业的效益。

最佳的存储额是在满足以上条件的前提下使备件存储费用最低。备件存储费用涉及下列几种费用。

a. 存储费　包括资金积压的利息，存储期内因物品流失和变质损坏的损失费，以及保管费、折旧费等。存储费随着存储量的多少和存储时间的长短而变化。

b. 备件订购费用　包括采购备件时所需差旅费、合同费等；自制备件时，所需的机具调整费。

c. 缺货损失费　由于备件短缺，使有故障的设备不能及时修复投入生产，不能按时完成生产计划所造成的损失，采取紧急措施所发生的费用以及延误工期或交货期的赔偿费用等。

② 备件的订货方式　要制定某种零件经济合理的储备定额，需要有一定的资料依据，如月平均消耗量、订货周期、订货费用、物资的保管费用等。这些资料的取得主要是根据以往的历史数据。储备定额的计算应依据不同的订货方式进行。通常的订货方式有以下三种。

a. 定量订货方式　凡不属国家统管定期订货即随时可以订货的零配件，而且每批的订货量大致相同，都可以采取这种方式。在这种情况下，经济订货批量是使订货费用与存储费用之和即总库存费用最小而得出的。

定量订货方式库存信息管理的关键是控制好"三量一点"，即安全库存量、经济订货量、最大库存量、订货点，使库存既不超量积压，又不至于供应紧张。这种方式虽不如一次订货省事，但经济效益较好。

b. 定期订货方式　该方式是指备件订货的时间是固定不变的，但订货的数量可根据需要量和库存情况而定，因此它没有经济批量的问题，这种订货方式适用于过去国家或地方统管，由配件供应公司组织集中订货会议的情况，一般维修企业常常按月或季度提出采购计划。

c. 维持库存方式　这种方式适用于一些使用量很少，需求随机性很大，价格高的备件，如汽车、拖拉机、工程机械的发动机机体、后桥壳体等。储备的原则是适当地确定一个储备量，不需要计算，既不要求定期订货也不要求定量订货，遇有急用随时补充，以维持一定数量的库存，以防用时短缺。

③ 库存控制的 ABC 分析法　维修备件种类繁多，而它们的价格幅度又大，其重要性不一，若将所有备件同等对待，势必造成库存费用过高的后果。有些周转速度快的备件，储存量虽然较大，但占用资金并不多，它们的总值在库存资金总额中只占很小的百分数；相反，有的备件库存量很少，可能只有一两件，而周转速度非常慢，价格又高，在库存资金总额中占的百分数很大。库存控制 ABC 法就是基于这样一个事实，把库存备件分为三类，分类标准取决于它们占库存资金总额的累积百分数，以及相关品种数占库存备件品种总数的累计百分数，其中：A 类备件品种大约占总品种数的 $5\%\sim10\%$，而累计资金占库存资金总额的 $60\%\sim70\%$；B 类备件品种大约占总品种数的 $25\%\sim30\%$，而累计资金占库存资金总额的 20% 左右；C 类备件品种大约占总品种数的 $60\%\sim70\%$，而累计资金只占库存资金总额的 $10\%\sim20\%$ 以下。

此法首先将备件按品种价格由高向低顺序排列，然后将其分为 A、B、C 三类，但应注意有些备件虽然价格不高，但在生产中属关键备件，也必须纳入 A 类。按上述分类，管理人员可用不同的方法对库存各类备件进行科学管理，库存管理和控制方法见表 2-3。

表 2-3　对 A、B、C 三类备件的库存管理和控制方法

控制方法　　　　类别　　控制项目	A	B	C
控制程度	严格控制	一般控制	稍加控制
存货量计算	详细计算	根据过去记录	不记录、低了即进货
进出记录	详细记录	有记录	无记录
存货情况检查	经常检查	偶尔检查	不检查
安全库存量	低	较大	大量

(3) 维修备件计划的编制与考核

① 备件计划的编制　年度备件计划是全年配件加工订货、申请采购和平衡资金来源的

依据，因此备件计划的编制是备件供应工作的一个重要环节。年度备件计划编制依据以下几方面。

　　a. 年度机械使用计划及大修计划。

　　b. 各使用单位提出的配件需用计划，再加上一定的安全储备量。

　　c. 通过计算求出的各类备件的储备定额。

　　d. 流动资金限额。

　　e. 现有的实际库存数量。

　　计划编制完成后，应根据流动资金限额加以平衡并作必要的调整，并根据年度计划编制季度和月计划。

　　② 考核库存控制的方法　　备件管理与控制的好坏，主要从其经济效益和准确程度两个方面加以考核，其方法如下。

　　a. 由备件资金的周转速度反映备件库存控制的水平，周转期的计算公式为

$$备件储备资金周转期(天)=\frac{期末库存占用资金(元)}{日平均备件消耗金额(元)} \tag{2-25}$$

备件资金周转期越短越好，速度越快越好。

　　b. 备件储备资金占用总额，在满足维修需要和减少停机损失的前提下应尽量减少。

　　c. 备件品种合格率。它是指当年领用备件品种数与当年平均库存备件品种数之比，用以考核备件的储备准确程度。

2.2.6　维修质量管理

(1) 维修质量标准

　　维修质量标准作为维修质量管理的依据。设备维修的质量标准主要是指技术标准和经济标准。这些标准在实施中，虽然常因对象不同，所选指标各有差异，但最终总要体现在适用性、可靠性、安全性、经济性等质量特性上。

　　一般来讲，设备所具有的质量特性是在设计阶段已经决定了的。在设备投入使用之后，一旦发生故障或性能劣化，通过维修能恢复到出厂时的性能水平，即可认为是达到了维修的质量标准。因此，习惯上是把设备出厂时所具有的技术经济标准，当作维修的质量标准。这种做法其实并不全面，因为从本质上看设备质量好坏的真正标准，并不完全只是技术经济条件，还应包含用户的满足程度。设备出厂时所具有的设计性能，终归是人为制定的，制定时或是参考类似的产品，或是凭以往的经验，或是按主观的判断，或是限于当时的技术、工艺条件，总之是包括了许多主观因素，未必有充分的依据。一旦投入使用，才可能发现存在的缺点和问题，这种"先天不足"的设备，即使通过修理，恢复到出厂标准，仍不能满足用户的实际需要。

　　技术是不断进步的，用户对设备质量的要求也是随时间、地点、条件而不断变化的，因而制定出的标准就不可能一成不变，要根据情况修改、提高完善。既然技术不断发展，维修过的设备即使达到出厂时的标准，也会因技术已陈旧落后，无法适应当前生产的需要。另外，设备在使用过程中，由于各部分之间的摩擦及材料的疲劳和老化，性能是逐渐劣化的，特别是经过多次大修的设备，其性能严重劣化，即使经过修理并更换了部分零件，也不可能全面恢复到出厂时的标准。

　　大部分通用设备在出厂时具备多项功能，但根据生产需要可能仅使用其部分功能，经常使用的部分磨损较多，不经常使用的部分磨损甚少，如果按照全面恢复设备出厂时的标准进行全面修理，修理之后某些不使用的部分仍旧不使用，这样的维修标准在经济上显然是不合

算的。

由此可见，合理地确定维修质量标准是一项十分复杂的工作，需要考虑多种因素，即需要针对设备的实际使用要求，制定出适合于设备大修理、改造性修理、视情修理、项目修理、维持性修理等多种内容的修理质量标准。

(2) 影响维修质量的因素

① 影响因素分析　人员素质、设备状态、工艺方法、检验技术、维修生产环境、配件质量、使用情况都是影响维修质量的潜在因素。前五种存在于维修企业内部，属于企业本身的可控因素；后两种则在企业控制之外，但对维修质量影响极大。比如，更换的配件质量低劣，除设备的性能和寿命难以保证，还会因突发事故造成人机伤亡；设备的使用保养差，损坏严重，即使经过大修也很难达到规定标准。可见，无论是企业内部或外部因素都不容忽视。这些因素所引起的质量波动可归纳为偶然原因和异常原因两类。

偶然原因是指引起质量微小变化，难以查明且难以消除的原因。如工人操作中的微小变化，配件性能、成分的微小差异，检测设备与测量读值的微小误差，环境条件的微小差异等。这类原因是不可避免的，但对质量影响不大，不必特别控制，随着管理水平的提高，会逐步得到改善。

异常原因是指引起质量异常变化，可以查明且可以消除的原因。如工人违反工艺规程或工艺方法不合理，设备和工装的性能、精度明显劣化，配件规格不符或质量低劣，检测误差过大等。这类原因是可以避免的，然而一旦发生将引起较大的质量波动，往往使工序质量失去控制。因此，应把这类原因作为质量控制的对象，及时查明消除。

② 确定影响因素的方法　根据统计数据，先运用排列图找出主要问题，再针对主要问题进行分层次的因果分析找出产生问题的主要原因，是确定影响质量因素的常用方法。

图 2-4 是分析某柴油机油耗高主要问题的排列图。从中发现清洁度、碰伤拉毛和缸盖变形三项所占比重最大，是造成油耗高的主要问题。

图 2-5 是查找变速箱漏油主要原因的因果分析图。围绕所有可能的影响因素逐层细查，

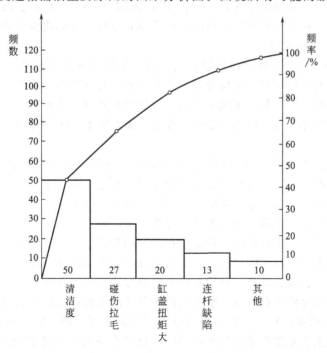

图 2-4　分析柴油机油耗高问题的排列图

画出状如鱼刺的因果图，最终发现螺钉不密封是漏油的主要原因。

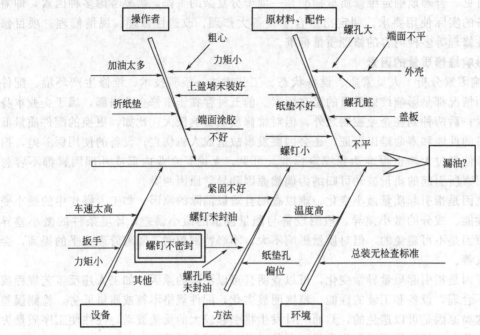

图 2-5　查找变速箱漏油原因的因果分析图

(3) 维修质量控制

① 维修配件的质量控制　鉴于大多数维修配件是来自维修企业外部的配件生产厂，维修企业应以预防为主，配件质量控制工作的重点应放在选择最好的供应单位和外购配件的质量验收两个方面。衡量配件供应单位好坏的标准是：能否提供质量好的配件；能否及时地供应配件；能否按正确的数量供应配件；能否保持低的有竞争力的价格；能否提供好的售后服务。外购配件的质量控制主要要做好样品质量检验和成批配件的质量检验。

② 维修过程的质量控制

a. 以日常预防为主的维修过程质量控制　首先是加强维修工艺管理，即制定正确的工艺标准和完整详细的作业规程，使操作者在作业过程中有章可循；其次是进行经常性的工序质量分析，随时掌握工序质量的现状及动向，以便及时发现和纠正偏差，使工序质量始终处于可以控制的稳定状态。分析的对象包括列入计划的质量指标和检验过程中发现的质量问题。

b. 关键工序的质量控制　抓维修过程的质量要从关键工序入手，因为质量不好并不是所有工序的质量都不好，往往只是某几道关键工序的质量不好。比如说，与设备主要性能、寿命、安全性有直接关系的工序；质量不稳定、返修率高的工序；经试验或用户使用后反馈意见大的工序；对后续工序质量影响大的工序等均属此类。针对维修作业过程中的这些薄弱环节和关键部位，应在一定时期内，建立重点控制的管理点，集中人力、物力和技术，首先对影响质量的诸因素进行深入的分析，展开到可以直接采取措施的程度，然后对展开后的每一因素确定管理手段、检验项目、检验频次和检验方法，并明确标准，制定管理图表，指定负责人。通过关键工序的重点管理，整个维修作业线的维修质量将得到明显的改善。

③ 维修过程的质量检验　检验是控制维修质量的重要手段，它是依据技术标准，对配件、总成、整机及工艺操作质量进行鉴定验收。机械和动力设备的验收是根据修理内容表，进行修理项目完成情况检查、更换件检查、精度和技术性能检查、空转和负荷试验。通过检

查验收，做到不合格的备件不使用，不合格的作业不转工序，不合格的总成不装配，不合格的整机不出厂。总成或整机装配的末道工序是检验的重点，应设立检验点，由专职检验人员把关。检验应选择合理的方式，既要能正确反映维修对象的质量情况，又要减少检验费用，缩短检验周期。

检验要有计划和必要的体系，实行自检、互检和专职人员检验相结合的制度，发挥每个人的积极性，形成全员管理质量的局面。检验应具备先进可靠的手段，测试设备要有定期检查、维修制度，以保证检测的准确性。检验应能反映质量状况，为质量管理提供信息，因此质量记录必须完整，具有科学性和追踪性。

④ 维修质量信息管理 设备维修质量信息包括与使用、维修有关的各种原始记录，如设备开动时的记录，故障类别、原因分析、修复方法、更换件清单的记录，保养内容、状况、技术问题等的记录，定期检测记录，事故记录，修前预检记录，修理内容、消耗、工序检验记录，试车验收记录等。有了这些信息就能够主动有效地指导维修作业，监督维修质量。

质量信息的收集、记录、统计、分析、传递、反馈等项工作是由图 2-6 所示的维修质量信息反馈系统按照一定的路线和程序完成的。这个系统既包括维修系统内的质量信息反馈，又包括用户对维修系统的质量信息反馈。反馈循环不止，维修质量在循环中不断得到改善和提高。

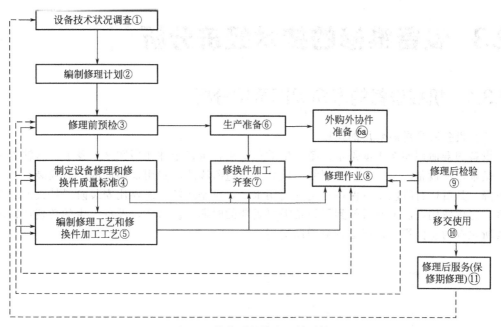

图 2-6 维修质量信息反馈系统

(4) 控制维修质量的统计方法

① 设备工程能力指数 设备工程能力是指设备在标准状态下稳定作业的能力。标准状态是指设备在规定的技术条件下进行作业，即把其他条件固定下来，只研究设备对作业质量的影响。这样就能通过对设备作业质量的统计分析，定量地判断设备的技术状态和修理质量，并确定设备的调整措施和修理类别。设备工程能力可用设备工程能力指数 C_{PM} 来表示：

$$C_{PM} = \frac{T}{8\sigma_M} \tag{2-26}$$

式中，T 为作业质量特性的允许范围；σ_M 为设备影响质量分布的标准差，约为作业质量特性值标准差 σ 的 3/4。

对于标准设备，$C_{PM} \geqslant 1.25$ 表明设备工程能力充裕；$1.25 > C_{PM} \geqslant 1.0$ 表明设备工程能力正常；$1.0 > C_{PM} \geqslant 0.75$ 表明设备工程能力不足，机器应进行调整或局部修理；$0.75 < C_{PM}$ 表明设备工程能力严重不足，机器应安排大修。修理后的机器 $C_{PM} \geqslant 1$ 表示维修质量达到标准；$C_{PM} < 1$ 表示维修质量未达到标准。

② 维修质量的统计方法　控制维修质量的统计方法有直方图法、控制图法等，这些方法与产品质量控制方法相同，请参阅《机械制造工艺学》等相关文献，在此不再赘述。

(5) 维修质量监督

为了明确维修质量的责任，维护用户的合法权益，除在企业内部建立严格的检验制度外，广泛的社会监督也是必不可少的。实行社会监督，首先是制定统一的维修质量标准以及检验、测试规范和办法；其次是制定有约束力的维修法规，法规应包括设备在使用中的维修界限、维修配件的质量标准、设备生产厂家在设备投入使用后的经济寿命周期内应负的维修责任、维修网点的维修质量责任制等条款。在维修标准和法规完备的条件下，由各级维修质量监督部门对设备的维修质量进行重点或不定时的抽检，承担修理质量认证检验和修理质量争议仲裁检验，并负责追究责任者的行政或经济责任，维护用户和有关各方的合法权益。

2.3　设备维修的技术经济分析

2.3.1　机械设备的寿命周期费用分析

(1) 设备寿命周期费用的构成

设备的寿命周期费用就是指设备一生的总费用，可以定性地用图 2-7 表示，纵轴表示费用，横轴表示设备的一生；一般规划、设计、制造阶段所花费用是递增的，到安装阶段开始时下降，其后运行阶段基本保持一定的费用水平，可是运转阶段要比安装阶段持续的时间长得多，之后费用再次上升时就到了设备需要更新的时期了。这样，设备一生的总费用即图中曲线所包围的总面积，这就是寿命周期费用。

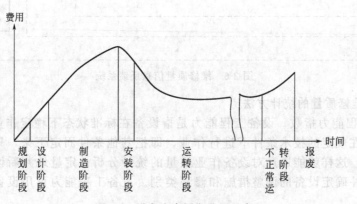

图 2-7　设备寿命周期费用示意

设备的寿命周期费用由设备的设置费即原值和设备的维持费组成，具体项目如图 2-8 所示，当然不同的机械设备其寿命周期费用的具体项目可能有所不同。一般设备的寿命周期费用可用下式表示：

全寿命周期费用＝研制费＋生产费＋安装运输费＋运行操作费＋维修费＝设置费＋维持费

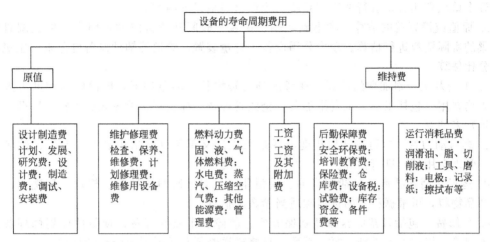

图 2-8　设备寿命周期费用的组成

(2) 设备寿命周期费用各因素的相互关系

研究设备寿命周期费用是以可靠性、维修性为基础的。提高设备的可靠性与维修性的目的在于提高设备的可利用率，从而达到寿命周期费用最经济。在设备性能已定的条件下，设备的可利用率和费用的关系是：可靠性、维修性好的设备可利用率高，但其原始费用（设置费或购价）也高，而使用费用便宜，即维修费支出少，设备劣化损失也少。在设备规划设计时必须分析和估算寿命周期费用，进行综合权衡，选取寿命周期费用的最佳点，来进行可靠性和维修性设计。

(3) 设备寿命周期费用的分析方法

为了支持设备设计、购置、维修使用诸项管理决策，目前已研究出若干种寿命周期费用的分析估算方法，这些方法大致分为两类，即相互关系费用估算法和工程监督费用估算法。

① 相互关系费用估算法　这种方法是以已有的机械设备为基础，将其与新的设备相比较。这就要求已有设备的性能和费用数据都较齐全。通过对这些数据的统计分析，提出新设备的寿命周期费用预测。在估算时，常常用以下几种方法：

a. 参数法　用于设备开发的初期阶段。利用已有的资料，制定出技术性能和费用方面的适当参数（如时间、重量、性能等）和全系统、各子系统费用之间的关系式，用此估算出全系统的费用。

b. 工业管理法　用于设备的设计研制阶段。将系统分解为各个子系统和组成部分，按适当的参数逐个估算，然后求出总额。

c. 类比法　用于设备系统开发研制的初期阶段。参照过去已有的相似系统或其组成部分，作类比后算出估算值。

相互关系费用估算法的优点是可用于设备初步设计阶段。因该方法是以粗略的性能参量与结构方案为基础的，不需要设计的细节，不需要花费太多的时间和费用；它对运用者个人偏见的敏感程度要比别的费用估算法低些；并且应用回归分析能够计算出置信区间。相互关系费用估算法的缺点是大多数相互关系费用模型不包括使用和保障费用，或者包括使用保障费用时采用了许多难以计算的参量；而且不适于对系统各要素单独估算，多适用于设备总体研制与设计时的综合权衡；也不适用于创新的设备，因无比较调整的依据。

② 工程监督费用估算法　这种方法又称费用项目分别估算法，是对构成设备系统总费用的许多单项费用分别进行估算。系统费用项目包括以下内容。

a. 原值或设置费的估算　考虑到运输、关税、时间和物价波动等因素，根据调研或过去积累的实际资料进行估算。动力公用设备、计量装置、管道等辅助设备可分别按主机费用的百分比估算。

b. 工资及工资附加费的估算　在考虑到工资增长率的条件下，按操作和辅助工人总数乘以人均费用（包括工资、工资附加费、企业管理费、福利费、退休人员工资、医药费、教育费等）来估算。

c. 燃料动力费　它可按计划年度消耗量乘以广义单价（包括供能设备费用、供能人员费用、管理费用等）进行估算。

d. 运行用消耗品费　包括润滑油、润滑脂、工具、磨料、砂布、棉丝、清洗剂、记录纸等杂品物料，可根据积累的资料和适当参数来估算。

e. 维修费　包括日常保养和计划保养费、故障和事故修理费、预防性计划修理费、改善修理费等，根据设备类别、复杂系数、自修或送修等费用的历史资料进行估算。

f. 后勤保障费　包括备件、器材库存费，设备税，保险费以及其他费用。

在估算寿命周期费用时会遇到价格波动的问题，主要是人工费、材料费、燃料动力费上涨，其年度增长率可按价格指数的年平均数计算。

工程监督费用估算法的优点是比前种方法准确，细分的各个项目的费用要素可由不同的人员进行深入的分析估算，并可独立地用于设备系统的各个部分。它包括了许多细节的费用差别，供使用者选择，或用于各种竞争性的任务投标；并且能够进行更为详细的模拟和分析，以便从多种方案中选择最佳方案。工程监督费用估算法的缺点是应用这种估算方法要求手头必须有详细的资料，花费时间和费用多，因为此法建立的费用模型复杂而详细，而且主观性的影响大，有些费用项目过去没有资料而是凭主观估计的，而且当时也无法检查和验证。

③ 设备寿命周期费用的权衡　评价设备的寿命周期费用时必须充分地对各项费用进行综合权衡，主要有以下几方面。

a. 设备效率与寿命周期费用间的权衡　追求的目标是费用有效度最高。费用有效度是指设备完成任务的情况和寿命周期费用之比，是衡量设备经济效果的重要尺度。

经过权衡应能达到下述效果：能力增大，产量提高；性能改善或精度提高，质量提高，售价和售量有大幅度上升；成本有大幅度下降；具有更多、更好的性能，售价和售量有大幅度提高；交货期有保证或提前；安全及环保性能好，工人愿意使用和精心保养。

b. 设置费与维修费之间的权衡　目的在于达到在改善系统效率的前提下，使寿命周期费用最经济。具体措施是：采用优质材料，提高设备零部件的强度，使故障率下降，从而使维修频度和费用大幅度下降；支出适当的后勤保障费，改善作业环境，使维修频度和费用下降；采用防振、防尘等措施，使设备可靠性提高；用节能技术和改进维修性设计，使能耗和工时费减少，使停产损失大幅度下降。

c. 设备建造时间与寿命周期费用之间的权衡　设备建造时间过短，可能使设置费提高、质量下降，而且维修费提高；建造时间过长，影响投产时间和竞争能力，从而影响使用部门的效益。

d. 设置费中各项费用之间的权衡　包括：进行充分调研，使制造费下降；采用状态监控，减少检查、预防维修和备件库存的费用；采用他人的成熟经验，减少设计、试验、试制等费用；采用合理结构，减少安装费用。

e. 维修费用中各项费用之间的权衡　包括：加强保养，减少维修；加强检查，减少盲目修理和停机损失；加强培训，提高维修人员素质。

2.3.2　维修措施的技术经济分析

(1) 技术经济分析方法

进行技术经济分析所用的方法很多，但基本上可以分成三种类型：第一类是方案比较法，这种方法是借助于一组能从各方面说明方案技术经济效果的指标体系，对实现同一目标的各个可行方案进行技术经济分析比较，从中选出最优方案；第二类是价值分析法，即通过对方案进行功能和成本分析，找出提高价值的途径；第三类是系统分析法，它是从整体出发，建立经济数学模型，对方案进行计算分析或模拟试验，求出最优解进行综合评价，找出最佳方案。

在技术经济分析中最常用的方法是方案比较法，对两个以上技术方案进行比较时，必须使它们具有可比性，所以方案比较法首要的环节是要使各方案的条件等同化，即满足条件的可比性，然后才能运用数学手段进行综合运算、分析对比，从中选出最优方案。由于各个方案涉及的因素是极其复杂多样的，所以不可能做到绝对的等同化，况且其中还包括一些不能定量表达的因素，因此在实际工作中只能做到对经济效果有较大影响的主要方面达到可比性。方案比较法的程序大致如下。

第一步，建立各种可行的技术方案，明确维修措施所要达到的目标。

第二步，分析各个可行方案在技术上、经济上的优缺点。这种分析是建立在对各个方案透彻了解的基础上的，所以专家评审法是经常采用的方法之一。

第三步，对技术方案进行经济评价，即建立反映技术方案各项技术经济指标和参数、变量之间关系的经济数学模型并求解。一般的数学模型都由反映经济效果的目标函数和约束条件组成。

第四步，对技术方案进行综合评价。在求得每个方案的目标函数值后，各方案之间即可进行比较，从中找出最优方案。但是每个方案的优缺点，并不都是能用数量表示的，或者说并非都能通过经济数学模型反映出来，因此必须同时考虑那些不能用数量表示的因素的影响，进行全面的分析和评价，才能优选出技术上先进、经济上合理的最佳方案。

(2) 技术经济评价指标

在分析不同方案的技术经济效果时，首先应确定评价的依据和标准，也就是要利用一系列技术经济指标来衡量方案的优劣。只用个别指标衡量它的技术经济效果，往往达不到全面和准确地进行评价的目的，以致造成盲目肯定或轻易否定的决策错误，所以必须考虑与维修措施方案有关的技术、资金、时间、效益等诸因素，建立一套相互联系、相互补充、并针对多种因素进行综合评价的指标体系，方能对方案的技术经济效果作出全面的评价。

构成技术经济评价指标体系的指标是多种多样的，下面对一些常用的指标，按劳动成果、劳动消耗、时间因素及其他综合关系进行分类，如图2-9所示。

(3) 技术方案经济评价方法

技术方案的经济评价方法很多，各有一定的优缺点和适用范围，根据国内技术经济学的研究和应用实践，这些方法大致可作表2-4所示的归纳分类。

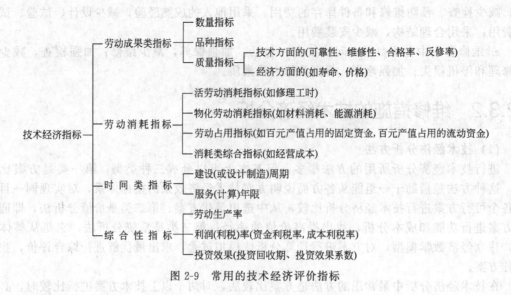

图 2-9　常用的技术经济评价指标

表 2-4　技术方案经济评价方法分类

投资效果计算与评价方法　时间因素　追求目标		静态	动态	
			按各年经营费用相同计算	按逐年现金流量计算
维修效果	投资回收期	• 投资回收期法 • 追加投资回收期法 • 财务报表法	投资回收期法(PB 法)	
	投资收益率法	简单投资收益率法	内部收益率法(IRR 法)	• 净现值法(NPV 法) • 现值指数法(NPVR 法)
维修耗费	总费用	总算法	现值总费用比较法(PW 法)	
	年费用	年计算费用法	年成本比较法(AC 法)	

2.3.3　设备大修及改造性维修的技术经济分析

(1) 设备大修时机的选择

设备大修是恢复和补偿设备有形磨损的主要手段。大修除了修复和更换失效的零部件外，还能够充分利用被保留下来的零部件，与购置新设备相比，具有明显的经济优势。因此，在设备使用期内大修是必不可少的。然而，要使大修在技术经济上合理，还必须解决两个问题：一是确定合理的大修时机，即在设备的每个使用期内，何时进行大修最适宜；二是确定合理的大修经济界限，即在设备的寿命周期内，大修几次最适宜。这两个问题集中反映了机器使用的技术经济效益。

确定设备在每个使用期内何时进行大修，实质上是一个经济优化问题。优化的目标是所确定的修理间隔期能使设备的单位作业成本最低。

设备在每一大修周期内单位作业成本可以由两次大修之间的总费用与该周期作业量之比来确定：

$$C_{zi}=\frac{K_{Li-1}+R_{i-1}+C_{Ei}-K_{Li}}{Q_i} \tag{2-27}$$

式中，C_{zi} 为每一大修周期内的单位作业成本；K_{Li-1} 为在上一次大修前的残值；K_{Li} 为设备在本次大修前的残值；R_{i-1} 为设备上一次大修的费用；C_{Ei} 为每一大修周期内的经营费用总额；Q_i 为每一大修周期内设备的作业量。

要确定各个大修周期内的最小单位作业成本，必须找出设备单位作业成本随大修周期变化的规律性，这就需要分析单位作业成本中各种因素与大修周期长度的关系。

由于不同使用周期内分摊的设备价值为

$$K_{mi} = K_{Li-1} + R_{i-1} - K_{Li} \qquad (2-28)$$

所以，设备在任何使用周期内的单位作业成本可由分摊到单位作业上的设备价值和经营费用两部分组成，即

$$C_{zi} = \frac{K_{mi}}{Q_i} + \frac{C_{Ei}}{Q_i} \qquad (2-29)$$

式（2-29）的第一部分是分摊到单位产品上的机器价值。它的分子 K_{mi} 对每个使用周期来说均可视为常数，它的分母 Q_i 则是变量，因此随着大修周期的增长，分摊到单位作业量上的设备价值是按双曲线关系递减的。

式（2-29）的第二部分是分摊到单位作业量上的经营费用。这部分费用与大修周期的变化关系按以下两部分来研究。

① 不随机器大修理周期变化的经营费用，以 C 表示。大修周期长度变化时，单位作业量中的 C 值不变，为一常数。

② 随机器大修周期变化的经营费用，以 C' 表示。主要包括：因设备生产率变化而引起生产费用的增加以及设备维修费、停工损失、废品损失、原材料及能源消耗等费用的增加。C' 为

$$C' = \frac{C_i{}'}{Q_i} \qquad (2-30)$$

$C_i{}'$ 是机器在第 i 个大修周期内经营费用的数额，可以来自统计资料，或是由下列经验公式计算：

$$C_i{}' = C_{ai}Q_i + b_iQ_i^{t_i} \qquad (2-31)$$

则 C' 为

$$C' = \frac{C_i{}'}{Q_i} = C_{ai} + b_iQ_i^{t_i-1} \qquad (2-32)$$

式中，C_{ai} 为第 i 个大修周期经营费用中可变部分 $C_i{}'$ 的初始值；b_i 为第 i 个大修周期经营费用的增长系数；t_i 为第 i 个大修周期经营费用的增长指数。

这时单位作业的使用成本可写为

$$C_{zi} = \frac{K_{mi}}{Q_i} + C + C_{ai} + b_iQ_i^{t_i-1} \qquad (2-33)$$

如前所述 C 为常数，C_{ai} 为经营费用 $C_i{}'$ 的初始值，在同一个周期内也是常数，故对某一个大修周期来说，其单位作业成本都有这两个常数之和，如令 $C + C_{ai} = a_i$，a_i 仍是一个常数，因此单位作业使用成本为

$$C_{zi} = \frac{K_{mi}}{Q_i} + a_i + b_iQ_i^{t_i-1} \qquad (2-34)$$

从式（2-34）可知，单位作业量成本是大修周期长度的函数。为找到设备在某一个大修周期内单位作业的最小使用成本 C_{zimin}，则对上式取导数：

$$\frac{dC_{zi}}{dQ_i} = -\frac{K_{mi}}{Q_i^2} + b_i(t_i-1)Q^{t_i-2} \qquad (2-35)$$

令其值为零，即可求得用作业量表示的设备在各个使用期内最适宜的使用期长度

值 Q_{i0}。

$$b_i(t_i-1)Q_{i0}^{t_i-2}=\frac{K_{mi}}{Q_{i0}^2} \tag{2-36}$$

$$b_i(t_i-1)Q_{i0}^{t_i}=K_{mi}$$

$$Q_{i0}=\sqrt[t_i]{\frac{K_{mi}}{b_i(t_i-1)}} \tag{2-37}$$

从式(2-37)可以看出，在该大修周期内单位作业量最小成本是随设备价值和经营费用增长系数的变化而变化的。

将已得到的 Q_{i0} 值代入使用成本公式，则可得到设备在某个大修周期内单位作业量最低使用成本公式：

$$C_{zimin}=\frac{K_{mi}}{\sqrt[t_i]{\frac{K_{mi}}{(t_i-1)b_i}}}+a_i+b_i\left[\sqrt[t_i]{\frac{K_{mi}}{(t_i-1)b_i}}\right]^{t_i-1} \tag{2-38}$$

经整理后得

$$C_{zimin}=a_i+\frac{t_i}{t_i-1}\sqrt[t_i]{b_i(t_i-1)K_{mi}^{t_i}} \tag{2-39}$$

(2) 设备大修的经济界限

大多数设备在其寿命周期内，总要经历几次大修，但修理总是有限度的，无止境地大修也会产生种种弊病。

其一，大修不能完全补偿和恢复机器的有形磨损。随着使用期限的延长和大修次数的增加，机器劣化的幅度加大、速度加快，设备的精度、效率越来越低，性能越来越差，能利用的零件越来越少，修理周期越来越短。这样的设备继续修理，必然成为发展生产的障碍。

其二，大修不能补偿设备的无形磨损。设备无形磨损的主要标志是技术落后，技术落后是随着时间的推移而不断加剧的，现有的机器通过大修即使能够恢复到原有水平，与技术进步了的新机器相比，仍然意味着落后，如果长期依靠维修，陈旧的设备势必阻碍技术的进步。

其三，长期大修导致维修和使用费用提高。对技术陈旧的设备，长期进行修理在经济上是不合算的，尽管机器在大修中可以利用原有的大部分零件，但大修的成本仍然是很高的，经过多次大修的设备，性能严重劣化，使用费用也将随之增加，表现为原材料、燃料、动力消耗的增加，日常保养、维修、中小修的频数增加，技术故障所造成的停工损失和废次品损失增加，因而继续使用旧设备，是十分不经济的。

为克服上述弊病，确定合理的设备大修经济界限是绝对必要的。

设备大修经济界限的起码条件是大修一台设备的费用不超过该种设备的制造成本，即

$$R<K_n-K_L \tag{2-40}$$

式中，K_n 为新设备的价值；K_L 为旧设备残值；R 为大修费用。

如果设备在大修之后，生产技术性能与同种新机器没有差别，则式(2-40)对衡量大修的经济性是合理的。但设备经长期使用和修理，性能是不断劣化的，与新设备相比，使用费用可能增加，在衡量时如果仅以修理费和购置费对比，显然是不全面的。为此，再给出设备大修经济界限的另一个条件，即用修过设备的单位作业成本高于用具有相同用途新设备的单位作业成本作为不再进行大修的经济界线，即

$$C_{zimin}<C_{zi} \tag{2-41}$$

式中，C_{zi} 为新机器第一次大修前的单位作业成本。

这一条件着眼于全部费用，并兼顾有形磨损和无形磨损的双重影响，具有广泛的可

比性。

（3）设备的改造性维修及综合决策

① 设备改造性维修的概念　传统的设备大修能够恢复和补偿设备的有形磨损，却无法克服设备由于技术上的陈旧落后所发生的无形磨损。设备的无形磨损一般要靠更新来解决，然而更新所有的陈旧设备经济上是不合算的，实际上也是行不通的。因此，又产生了设备更新的另一种方式，即设备的现代化改装。

设备的现代化改装是指根据生产需要，应用现代化的技术成就和先进经验，改变现有设备的结构，给旧设备装上新部件、新装置、新附件，改善现有设备的技术性能，使之完全或局部达到新设备的水平。由于设备的现代化改装往往是结合设备的大修一起进行的，所以现代化改装，又称设备的改造性维修。

设备的改造性维修，首先是针对那些能耗高、效率低、精度差和不能满足生产需要，并且随时都有可能危及人身安全的陈旧落后设备，或已严重污染环境的设备。通过改造性维修，或是提高设备所有技术特性使之达到现代新设备的水平，或是改善设备某些技术特性，使之局部达到现代新设备的水平，或是使设备的技术特性得到某些改善。

然而，设备的改造性维修并非在任何情况下都是可行的，这要通过具体的技术及经济可行性研究来确定。当出现完全不同于现有工作方式的新方法，而且这种新的工作方式比老工作方式又有很大的优越性时，通常要求采用新设备，这时对现有设备的改造性维修的技术可行性就不存在了。有时，工作方式虽然没有变化，但为了使设备现代化，设备结构要有重大改动，最后能保留的部分很少，甚至需要全部改动，这时对旧设备的改造性维修往往是不经济的。设备的役龄对改造性维修的可行性也有较大的影响，对役龄大的特别陈旧的设备进行改造性维修技术上往往是很困难的，所需费用也高，对这类设备应尽量采取更新的方针。

② 设备大修、更新或改造的综合经济决策

设备大修、更新或改造的综合经济决策，主要是确定旧设备是应该改造性维修，还是应该原封不动地继续使用，或是应该进行大修，或是应该更换相同结构的新设备，或是应该更换效率更高、结构更好的新设备，在对这些方案进行比较时，一般是优先选择经济上最合理的方案。设备大修、更新或改造的综合经济决策方法通常采用如下三种。

a. 总使用成本比较法　此法是通过下列公式，分别计算出各种方案的总使用成本，经过比较，从中选取总使用成本最小的方案作为最佳方案。

$$C_{Zo} = \frac{1}{\beta_o} \sum_{j=1}^{n} C_{oj} r_j \tag{2-42}$$

$$C_{Zn} = \frac{1}{\beta_n} \left(K_n + \sum_{j=1}^{n} C_{nj} r_j \right) - L \tag{2-43}$$

$$C_{Znn} = \frac{1}{\beta_{nn}} \left(K_{nn} + \sum_{j=1}^{n} C_{nnj} r_j \right) - L \tag{2-44}$$

$$C_{Zm} = \frac{1}{\beta_m} \left(K_m + \sum_{j=1}^{n} C_{mj} r_j \right) \tag{2-45}$$

$$C_{Zr} = \frac{1}{\beta_r} \left(K_r + \sum_{j=1}^{n} C_{rj} r_j \right) \tag{2-46}$$

式中，C_{Zo} 为旧设备的 n 年使用总成本；C_{Zn} 为相同结构新设备的 n 年使用总成本；C_{Znn} 为高效新设备的 n 年使用总成本；C_{Zm} 为改造性维修后设备的 n 年使用总成本；C_{Zr} 为大修后设备的 n 年使用总成本；K_n 为相同结构新设备的价值；K_{nn} 为高效率新设备的价值；K_m 为旧设备改造性维修的价值；K_r 为在方案比较年份旧设备大修的费用；L 为设备在更换年份的残值；C_{oj} 为旧设备在第 j 年的使用费用；C_{nj} 为相同结构新设备在第 j 年的使用费用；C_{nnj} 为高效率新设备在第 j 年的使用费用；C_{mj} 为改造性维修后的设备在第 j 年的使用费用；C_{rj} 为大修理后的设备在第 j 年的使用费用；β_m 为设备改造性维修后的劳动生产率系数；β_{nn} 为高效率新设备的劳动生产率系数；β_r 为大修理后设备的劳动生产率系数；β_0 为旧设备继续使用的劳动生产率系数；β_n 为相同结构新设备的劳动生产率系数；r_j 为第 j 年的现值系数，$r_j = \dfrac{1}{(1+i)^j}$，i 为折现率；j 为设备使用年限，$j=1，2，\cdots，n$。

b. 计算追加投资回收期法　设备是改造性维修，或是更新，或是大修理，还可以通过计算追加投资回收期来评价。各方案的投资、成本、生产率见表 2-5。

表 2-5　各维修方案指标

指标名称	方案		
	大修理	改造性维修	更　换
基本投资	K_r	K_m	K_n
机器年生产率	q_r	q_m	q_n
单位产量成本	C_r	C_m	C_n

在多数情况下，表 2-5 中各方案数据有下列关系：

$$K_r < K_m < K_n \tag{2-47}$$

$$q_r < q_m < q_n \tag{2-48}$$

$$C_r > C_m > C_n \tag{2-49}$$

因此，在选择方案时可根据下列标准决策。

i. 当 $\dfrac{K_r}{q_r} > \dfrac{K_m}{q_m}$ 及 $C_r > C_m$ 时，改造性维修具有较大的经济效果，不仅使用费用有节约，基本投资也有节约，但这种情况较少。

ii. 当 $\dfrac{K_r}{q_r} < \dfrac{K_m}{q_m}$ 但 $C_r > C_m$ 且产量相等时，可用追加投资回收期指标进行决策。

$$T = \frac{K_m/q_m - K_r/q_r}{C_r - C_m} \tag{2-50}$$

式中，T 为投资回收期。

如果 T 小于企业或部门规定的年数，则选择改造性维修。

iii. 当 $\dfrac{K_m}{q_m} > \dfrac{K_n}{q_n}$ 及 $C_m > C_n$ 时，更换旧设备是最佳方案。

iv. 当 $\dfrac{K_m}{q_m} < \dfrac{K_n}{q_n}$ 及 $C_m > C_n$ 且产量相等时，仍用投资回收期标准判断。即

$$T = \frac{K_n/q_n - K_m/q_m}{C_m - C_n} \tag{2-51}$$

当 T 小于或等于企业或部门规定的回收期标准时，更换是合理的；如果超过了回收期标准，则应选择改造性维修。

c. 效果系数法　对设备进行改造性维修，往往是由于对现有设备提出了新的使用要求。在这种情况下，分析改造方案的经济性时，主要是与能够满足新使用要求的新设备方案进行比较，并且由于改造同大修同时进行，故其经济上合理的条件是

$$K_{ri} + K_m + S_e < \alpha\beta K_n + S_a \tag{2-52}$$

或
$$E_m = 1 - \frac{K_{ri} + K_m + S_e}{\alpha\beta K_n + S_a}$$
(2-53)

式中，E_m 为改造性维修效果系数；K_{ri} 为与改造性维修同时进行的第 i 期大修费用；α 为反映改造性维修后设备生产率与新设备在一次大修之前的生产率之间的比例关系的系数；β 为反映改造性维修后设备的修理周期长度与新设备的第一个大修周期长度的比例关系的系数；S_e 为改造设备与新设备在一个修理周期内使用成本的总差额；S_a 为更换设备时，原设备未折旧完的费用损失。

当 $E_m > 0$ 时，表示改造性维修在经济上是合理的。

当 $E_m < 0$ 时，表示改造性维修在经济上并不优于更换新设备的方案。

当 $E_m = 0$ 时，表示两方案等值。

2.4 机械设备的维修保障系统

2.4.1 维修保障系统的结构与功能

维修保障系统是由若干保障要素构成的，这些保障要素包括了设备维修保障所需确定、安排与控制的各个工作项目。维修规划是系统的基本要素，其他要素在制定好规划的基础上进行决策，并形成一个有机的整体。

① 维修规划 它包括与拟定系统总体保障要求有关的全部规划和分析，即从维修概念的开发开始，到完成维修保障系统的全部计划工作。通过规划，提出对设备可靠性设计和可维修性设计方面的要求，确定合理的维修制度、维修方式和维修级别，以建立与此相适应的不同层次、不同类型、不同规模的维修网点和监测诊断网点，并对各级网点提出必要的人员、设备、设施及工作的基本要求。

② 维修供给保障 这一要素包括维修配件、材料、消耗品的供应及其购进、储存、维护、保管、发放等工作环节。供给保障的首要任务是组织好配件的生产和流通渠道，在品种、数量、质量上保证配件的供应。同时要制定备件消耗定额和合理的库存量，以便按预计的订货提前进行最经济的管理。

③ 试验和维修设备 包括全部维修工具、特殊工作条件监测设备、诊断和检验设备、计量和校准设备、维修工作台、旧件修复设备、进行流动维修的输送设备等。这些设备要依照维修、检测网点的等级进行合理的配置。这些设备中的大部分是由设备制造厂提供的，但也有一些是为维修保障系统的特殊需要而专门设计制造的。因此除了要做好采购工作外，还必须具有一定的研制能力。

④ 维修保证设施 这一要素是指系统运行和完成各级维修功能所需的修理、试验、储存场地，如土地、房屋、维修间、试验间、仓库、活动建筑等。基建设备和热、电、能供应，环境管理等公用设施一般也作为设施的一部分包括在内。在对设施的规划中，要说明其用途、动力、温度以及尘土控制等要求，附有插图或草图描述维修场地的布局，并概括地说明对于承担不同等级的维修任务设施的要求，以便使设施的规模和水平与维修网点的级别相适应。

⑤ 人员和培训 从事设备维修的人员数量和素质是这一保障要素的基本内容。维修人员包括修理工、工程技术人员，以及在维修保障系统内从事其他工作的人员。这些人员必须能够满足各个岗位所需数量，并具备相应的技术等级。人员的素质是靠培训来保证的。培训

有多种形式和层次，如新工人的上岗前培训，其他工人的岗位培训，专项新技术培训和工程技术人员的再学习等。通过各类培训，可以最大限度地开发维修人员的智能，使各岗位人员达到系统所需的技术水平，并适应新机型所要求的维修知识和技能的更新。

⑥ 维修技术资料　这一要素是对组织实施维修工作所需的多种资料和规程的收集、整理、分析、制定、分发及选用的系统性管理。技术资料包括设备的安装和检验步骤、运行和维修说明书、检查和校准步骤、大修步骤、改装说明、设施介绍、图纸和完成维修所必需的所有规程。资料不仅包括维修对象方面的，也包括试验和保障设备、运输和装卸设备、培训用设备和设施方面的。

⑦ 维修保障资源经费　各项保障要素都有资源和经费要求，因此必须制定一个维修保障系统的财务计划，指出所规划的维修保障实施的经费来源、分配及运用。财务计划含有关于保障资源经费项目的所有基本数据。

2.4.2　维修保障系统规划的原则

维修保障系统的规划，是指构成保障系统的各个要素的计划、实施。这一规划必须使具有不同功能和运行特点的各个构成要素相互协调一致，发挥整体保障作用。因此，需要制定一些共同遵循的规划原则。

① 需要与经济性统一的规划原则　满足设备维修的需要，同时使保障系统和保障对象的寿命周期费用最低，是规划维修保障系统的基本原则。满足需要，是指对系统的规划，如维修网点的分布、规模、供应保障的组织等，都要从设备维修的实际出发，既要保证设备能够得到及时、优质的维修服务，又要使保障系统高效率运行。保障系统和保障对象的寿命周期费用最低，是指保证系统本身的构成及其提供的服务必须是最经济的，不然保障系统就难以维持，满足需要也会成为一句空话。因此，在规划维修保障系统时，要以这一基本原则对多种备选的保障系统方案进行优化。

② 各构成要素一致性的规划原则　在对维修保障系统进行规划时，必须特别强调组成系统的各个要素之间的一致性原则。一致性就是测试和保障设备所应具备的功能和能力，要同规定等级的维修作业相匹配，指派人员的技术水平要与所承担的维修作业的复杂程度相匹配，维修规程应专门适应所需完成的作业等。遵循这一原则，有助于使维修保障系统的全部功能，以最经济、最合理的方式进行组合，从而保证系统能够处于良性循环的运行状态。为了能够实现一致性原则，要求在进行维修保障系统其他要素的规划之前，先做好维修规划，再以此为依据，指导和协调其他要素的组织规划工作。

③ 联系维修与设计的反馈性规划原则　维修保障系统的功能不能仅限于设备使用后的维修，还应对设备的设计、改进发挥积极的影响。在规划维修保障系统时，要及时了解保障对象的设计现状和考察审定各种模型、样品和原型硬件，对设计进行评审。在评审中，要专门致力于考察维修保障系统最为关注的设计特点，如设备的可靠性和维修性，并积极从维修保障的角度对上述特点的设计提出改进性的建议，以确保将最佳的可靠性和维修性方案结合到设计中去，达到节约保障费用，并简化和减少维修的目的。

④ 维修保障系统的动态性规划原则　维修保障系统的规划不是一次完成的，即使完成了也不是一成不变的。任何僵化的规划观点，都不利于维修保障系统的改善和发展。这主要是因为保障系统的各个构成要素虽然有机地结合为一个整体，但毕竟有其各自的职能和运行特点，即形成了一个个可以独立存在，并按各自特点运行的子系统。在维修规划阶段，只是对各个系统提出了基本要求，用于指导各个子系统的初步规划和设计，然而各个子系统的运行效果和经济性如何，要在子系统按照各自特点运行之后才能得到验证，并且各个子系统还

有其赖以生存的环境和条件，当环境和条件发生变化时，也需作出相应的调整。因此，应遵循动态原则，对维修保障系统不断地加以修整和完善。

2.4.3　维修基地的类型与规划

(1) 维修基地的类型

设备维修工作包括了设备的修理、维护保养、故障排除、技术诊断、维修配件的制造与供应、旧件的修复等。设备维修保障服务系统应由相应企业、工厂或服务站来完成上述各项工作。

设备维修基地，一般按职能可分为下列类型。

① 进行机械设备的恢复性和改造性修理的企业。

② 专业化总成修理企业。

③ 专业化旧件修复企业。

④ 进行设备局部拆卸和换件修理的企业。

⑤ 小型移动机械的维修企业。

⑥ 总成交换站。

⑦ 进行设备技术维护、故障诊断、故障排除的设备技术状态检测站。

应该看到，机械维修工作范围十分广，除了机械的维修工作外，在机械维修保障服务系统或维修网络中，尚要完成维修设备的修理、检测仪器的检修等工作。为了适应机械设备数量的增长，设备维修基地也要有较大的变革，应使各种类型的专业化修理企业实行专业化协作。

(2) 维修基地规划

维修基地的主要任务是全面完成设备的维护保养与修理工作。为此，要建立布局合理、具有不同职能、不同层次、不同规模、相互协作的各种维修基地，这些基地构成维修服务网。

在规划维修基地时应考虑以下几点。

① 机械设备修理内容的复杂与难易程度差别较大，对于保养和一些简易的修理以及不需要更多技术装备的日常修理，可适当分散，就近解决。对于修理难度大、技术要求高的，必须配有精密贵重的技术装备，要相对集中，才能保证大修质量。所以维修基地应合理分工与布局，充分利用人力、物力与财力，使之具有不同职能，以减少国家或地方的投资。因此，维修基地的构成应有能承担大型机械的恢复性和改造性修理的大修厂，又有可完成保养与小修和故障检修的修理厂，还有修复各种总成或旧件的专业化修理厂。这样，各种机械的维护保养与修理，都由相应的地点去完成，并能方便、及时、经济、优质地维修设备，保证机械设备处于良好的技术状态。

② 由于机械设备使用比较分散，维修基地必须合理布局。承担设备大修的修理厂应有一定的服务区域，使修建企业达到一定的生产规模，有利于集中修理，以便采用专用设备和先进的劳动组织方法，以缩短设备在厂的停修时间，取得较好的技术经济效益。进行设备保养与小修的修理厂，则应适当分散，以利做到保养及时，维修方便。

③ 有些机械作业具有季节性。如拖拉机及农业机械农闲期间修车量多，农忙期间修车量少，使修理厂负荷不易平衡。所以维修工作应做到既不误农时，又可使修理厂生产尽可能达到平衡，在生产淡季可安排修复旧件、总成和农用汽车等其他机械的修理。

随着机械设备保有量与日俱增，就有可能设置专业化程度较高的修理厂，如设置修理一两种型号发动机或底盘的专业化修理厂，或专门修理总成零部件的修理厂，以专业化协作原则组织修理生产，可以进一步提高劳动生产率，保证修理质量，降低修理成本。

第3章

设备维修前的准备工作

3.1 设备维修方案的确定

3.1.1 机械设备修理的一般过程

机械设备修理的工作过程一般包括：解体前整机检查、拆卸部件、部件检查、必要的部件分解、零件清洗及检查、部件修理装配、总装配、空运转试车、负荷试车、整机精度检验、竣工验收。在实际工作中应按大修作业计划进行并同时做好作业调度、作业质量控制以及竣工验收等主要管理工作。

机械设备的大修过程一般可分为修前准备、实施修理和修后验收三个阶段。

(1) 修前准备阶段

为了使修理工作顺利地进行，修理人员应对设备的技术状态进行调查和检测，了解设备的主要故障、磨损程度、精度丧失情况；熟悉设备使用说明书、设备的结构特点和传动系统、历次修理记录和有关技术资料、修理检验标准等；确定设备修理工艺方案；准备工具、检测器具和工作场地等；确定修后的精度检验项目和试车验收要求，这样就为整台设备的大修做好了各项技术准备工作。修前准备越充分，修理的质量和修理进度越能够得到保证。

(2) 实施修理阶段

实施修理一开始，首先应采用适当的方法对设备进行解体，按照与装配相反的顺序和方向，即"先上后下，先外后内"的方法，正确地解除零部件在设备中相互间的约束和固定形式，把它们有次序地、尽量完好地分解出来并妥善放置，做好标记，要防止零部件的拉伤、损坏、变形和丢失等。

对已经拆卸的零部件应及时进行清洗，对其尺寸和形位精度及损坏情况进行检验，然后按照修理的类别、修理工艺进行修复或更换。对修前的调查和预检进行核实，以保证修复和更换的正确性。对于具体零部件的修复，应根据其结构特点、精度高低并结合修复能力，拟定合理的修理方案和相应的修复方法，进行修复直至达到要求。

零部件修复后即可进行装配，设备整机的装配工作以验收标准为依据进行。装配工作应选择合适的装配基准面，确定误差补偿环节的形式及补偿方法，确保各零部件之间的装配精度，如平行度、同轴度、垂直度以及传动的啮合精度要求等。

机械设备大修的修理技术和修理工作量，在大修前难以预测得十分准确。因此，在施工阶段，应从实际情况出发，及时地采取各种措施来弥补大修前预测的不足，并保证修理工期按计划或提前完成。

（3）修后验收阶段

凡是经过修理装配调整好的设备，都必须按有关规定的精度标准或修前拟定的精度项目，进行各项精度检验和试验，如几何精度检验、空运转试验、载荷试验和工作精度检验等，全面检查衡量所修设备的质量、精度和工作性能的恢复情况。

设备修理后，应记录对原技术资料的修改情况和修理中的经验教训，做好修理后工作小结，与原始资料一起归档，以备下次修理时参考。

3.1.2 修理方案的确定

机械设备的修理不但要达到预定的技术要求，而且要力求提高经济效益。因此，在修理前应切实掌握设备的技术状况，制定经济合理、切实可行的修理方案，充分做好技术和生产准备工作。在实施修理的过程中要积极采用新技术、新材料和新工艺，以保证修理质量，缩短停修时间，降低修理费用。待修设备必须通过预检，在详细调查了解设备修理前的技术状况、存在的主要缺陷和产品工艺对设备的技术要求后，再确定修理方案，主要内容如下。

① 按产品工艺要求，确定设备的出厂精度标准能否满足生产需要。如果个别主要精度项目标准不能满足生产需要，能否采取工艺措施提高精度，哪些精度项目可以免检。

② 对多发性重复故障部位，分析改进设计的必要性与可能性。

③ 对关键零部件，如精密主轴部件、精密丝杠副、分度蜗杆副的修理，维修人员的技术水平和条件能否胜任。

④ 对基础件，如床身、立柱和横梁等的修理，采用磨削、精刨或精铣工艺，在本企业或本地区其他企业实现的可能性和经济性。

⑤ 为了缩短修理时间，哪些部件采用新部件比修复原有零件更经济。

⑥ 分析本企业的承修能力，如果有本企业不能胜任和不能实现对关键零部件、基础件的修理工作，应与外企业联系并达成初步协议，委托其他企业修理。

3.2 设备修理前的技术和物资准备

3.2.1 修理前的技术准备

机械设备修理前的准备通常指大修前的准备，包括修前技术准备和修前物质准备，其完善程度、准确性和及时性会直接影响到大修作业计划、修理质量、效率和经济效益。设备修理前的技术准备，包括设备修理的预检和预检的准备、修理图纸资料的准备、各种修理工艺的制定及修理工检具的制造和供应。各企业的设备维修组织和管理分工有所不同，但设备大修前的技术准备工作内容及程序大致相同，如图 3-1 所示。

（1）预检

为了全面深入地掌握设备的实际技术状态，在修前安排的停机检查称为预检。预检工作由主修技术人员主持，设备使用单位的机械员、操作工人和维修工人参加。预检的时间应根据设备的复杂程度确定。

预检既可验证事先预测的设备劣化部位及程度，又可发现事先未预测到的问题，从而结

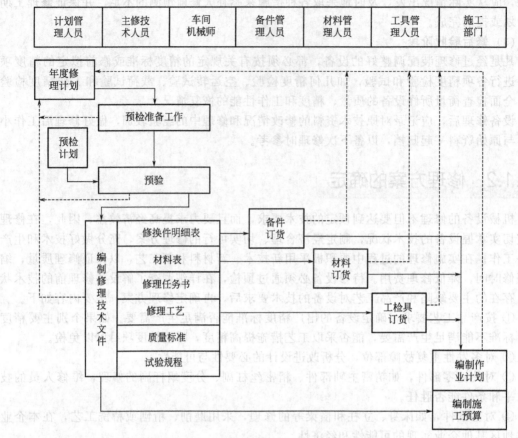

图 3-1 设备大修前的技术准备工作内容及程序

合已经掌握的设备技术状态劣化规律，作为制定修理方案的依据。

① 预检前的准备工作

a. 阅读设备使用说明书，熟悉设备的结构、性能和精度及其技术特点。

b. 查阅设备档案，着重了解设备安装验收（或上次大修理验收）记录和出厂检验记录；历次修理（包括小修、项修、大修）的内容，修复或更换的零件；历次设备事故报告；近期定期检查记录；设备运行中的状态监测记录；设备技术状况普查记录等。

c. 查阅设备图册，为校对、测绘修复件或更换件做好图样准备。

d. 向设备操作工和维修工了解设备的技术状态：设备的精度是否满足产品的工艺要求，性能是否下降；气动、液压系统及润滑系统是否正常和有无泄漏；附件是否齐全；安全防护装置是否灵敏可靠；设备运行中易发生故障的部位及原因；设备当前存在的主要缺陷；需要修复或改进的具体意见等。

将上述各项调查准备的结果进行整理、归纳，可以分析和确定预检时需解体检查的部件和预检的具体内容，并安排预检计划。

② 预检的内容 在实际工作中，应从设备预检前的调查结果和设备的具体情况出发，确定预检内容。下面为金属切削机床类设备的典型预检内容，仅供参考。

a. 按出厂精度标准对设备逐项检验，并记录实测值。

b. 检查设备外观。察看有无掉漆，指示标牌是否齐全清晰，操纵手柄是否损伤等。

c. 检查机床导轨。若有磨损，测出磨损量，检查导轨副可调整镶条尚有的调整余量，以便确定大修时是否需要更换。

d. 检查机床外露的主要零件如丝杠、齿条、光杠等的磨损情况，测出磨损量。

e. 检查机床运行状态。各种运动是否达到规定速度，尤其高速时运动是否平稳、有无振动和噪声，低速时有无爬行，运动时各操纵系统是否灵敏和可靠。

f. 检查气动、液压系统及润滑系统。系统的工作压力是否达到规定，压力波动情况，有无泄漏。若有泄漏，查明泄漏部位和原因。

g. 检查电气系统。除常规检查外，注意用先进的元器件替代原有的元器件。

h. 检查安全防护装置。包括各种指示仪表、安全联锁装置、限位装置等是否灵敏可靠，各防护罩有无损坏。

i. 检查附件有无磨损、失效。

j. 部分解体检查，以便根据零件磨损情况来确定零件是否需要更换或修复。原则上尽量不拆卸零件，尽可能用简易方法或借助仪器判断零件的磨损，对难以判断的零件磨损程度和必须测绘、校对图样的零件才进行拆卸检查。

③ 预检应达到的要求

a. 全面掌握设备技术状态劣化的具体情况，并做好记录。

b. 明确产品工艺对设备精度、性能的要求。

c. 确定需要更换或修复的零件，尤其要保证大型复杂铸锻件、焊接件、关键件和外购件的更换或修复。

d. 测绘或核对的更换件和修复件的图样要准确可靠，保证制造或修配的顺利进行。

④ 预检的步骤

a. 做好预检前的各项准备工作，按预检内容进行。

b. 在预检过程中，对发现的故障隐患必须及时加以排除，恢复设备并交付继续使用。

c. 预检结束要提交预检结果，在预检结果中应尽量定量地反映检查出的问题。如果根据预检结果判断无需大修，应向设备主管部门提出改变修理类别的意见。

(2) 编制大修技术文件

通过预检和分析确定修理方案后，必须准备好大修用的技术文件和图样。机械设备大修技术文件和图样包括：修理技术任务书，修换件明细表及图样，材料明细表，修理工艺，专用工、检、研具明细表及图样，修理质量标准等。这些技术文件是编制修理作业计划、指导修理作业以及检查和验收修理质量的依据。

① 编制修理技术任务书　修理技术任务书由主修人员编制，经机械师和主管工程师审查，最后由设备管理部门负责人批准。设备修理技术任务书包括如下内容。

a. 设备修前技术状况　包括说明设备修理前工作精度下降情况，设备的主要输出参数的下降情况，基础件、关键件、高精度零件等主要零部件的磨损和损坏情况，液压系统、润滑系统的缺损情况，电气系统的主要缺陷情况，安全防护装置的缺损情况等。

b. 主要修理内容　包括说明设备要全部或个别部件解体，清洗和检查零件的磨损和损坏情况，确定需要更换和修复的零件，扼要说明基础件、关键件的修理方法，说明必须仔细检查和调整的机构，结合修理需要进行改善维修的部位和内容。

c. 修理质量要求　对装配质量、外观质量、空运转试车、负荷试车、几何精度和工作精度检验进行逐项说明并按相关技术标准检查验收。

② 编制修换件明细表　修换件明细表是设备大修前准备备品配件的依据，应力求准确。

③ 编制材料明细表　材料明细表是设备大修准备材料的依据。设备大修材料可分为主材和辅材两类。主材是指直接用于设备修理的材料，如钢材、有色金属、电气材料、橡胶制品、润滑油脂、油漆等。辅材是指制造更换件所用材料、大修理时用的辅助材料，不列入材料明细表，如清洗剂、擦试材料等。

④ 编制修理工艺规程　机械设备修理工艺规程应具体规定设备的修理程序、零部件的修理方法、总装配与试车的方法及技术要求等，以保证大修质量。它是设备大修时必须认真遵守和执行的指导性技术文件。

编制设备大修工艺时，应根据设备修理前的实际状况、企业的修理技术装备和修理技术水平，做到技术上可行，经济上合理，切合生产实际要求。机械设备修理工艺规程通常包括下列内容。

a. 整机和部件的拆卸程序、方法以及拆卸过程中应检测的数据和注意事项。

b. 主要零部件的检查、修理和装配工艺，以及应达到的技术条件。

c. 关键部位的调整工艺以及应达到的技术条件。

d. 总装配的程序和装配工艺，应达到的精度要求、技术要求以及检查方法。

e. 总装配后试车程序、规范及应达到的技术条件。

f. 在拆卸、装配、检查测量及修配过程中需用的通用或专用的工具、研具、检具和量仪。

g. 修理作业中的安全技术措施等。

⑤ 大修质量标准　机械设备大修后的精度、性能标准应能满足产品质量、加工工艺要求，并要有足够的精度储备。大修质量标准主要包括以下几方面的内容。

a. 机械设备的工作精度标准。

b. 机械设备的几何精度标准。

c. 空运转试验的程序、方法及检验的内容和应达到的技术要求。

d. 负荷试验的程序、方法及检验的内容和应达到的技术要求。

e. 外观质量标准。

在机械设备修理验收时，可参照国家和有关部委等制定和颁布的一些机械设备大修通用技术条件，如金属切削机床大修通用技术条件、桥式起重机大修通用技术条件等。若有特殊要求，应按其修理工艺、图样或有关技术文件的规定执行。企业可参照机械设备通用技术条件编制本企业专用机械设备大修质量标准。没有以上标准，大修则应按照该机械设备出厂技术标准作为大修质量标准。

(3) 设备修理工作定额

设备修理工作定额是编制设备修理计划、组织修理业务的依据，是设备修理工艺规程的重要内容之一。合理制定修理工作定额能加强修理计划的科学性和预见性，便于做好修理前的准备，使修理工作更加经济合理。设备修理工作定额主要有设备修理复杂系数、修理劳动量定额、修理停歇时间定额、修理周期、修理间隔期、修理费用定额等。

① 设备修理复杂系数　又称为修理复杂单位或修理单位。修理复杂系数是表示机器设备修理复杂程度的一个数值，据以计算修理工作量的假定单位。这种假定单位的修理工作量，是以同一类的某种机器设备的修理工作量为其代表的，它是由设备的结构特点、尺寸、大小、精度等因素决定的，设备结构越复杂、尺寸越大、加工精度越高，则该设备的修理复杂系数越大。如以某一设备为标准设备，规定其修理复杂系数为1，则其他机器设备的修理复杂系数，便可根据它自身的结构、尺寸和精度等与标准设备相比较来确定。这样在规定出一个修理单位的劳动量定额以后，其他各种机器设备就可以根据它的修理单位来计算它的修理工作量了，同时也可以根据修理单位来制定修理停歇时间定额和修理费用定额等。

② 修理劳动量定额　是指企业为完成机器设备的各种修理工作所需要的劳动时间，通常用一个修理复杂系数所需工时来表示。

③ 修理停歇时间定额　是指设备交付修理开始至修理完工验收为止所花费的时间。它是根据修理复杂系数来规定的，一般来讲修理复杂系数越大，表示设备结构越复杂，而这些

设备大多是生产中的重要、关键设备，对生产有较大的影响，因此要求修理停歇时间尽可能短些，以利于生产。

④ 修理周期和修理间隔期 修理周期是相邻两次大修之间机器设备的工作时间。对新设备来说，是从投产到第一次大修之间的工作时间。修理周期是根据设备的结构与工艺特性、生产类型与工作性质、维护保养与修理水平、加工材料、设备零件的允许磨损量等因素综合确定的。修理间隔期则是相邻两次修理之间机器设备的工作时间。检查间隔期是相邻两次检查之间，或相邻检查与修理之间机器设备的工作时间。

⑤ 修理费用定额 是指为完成机器设备修理所规定的费用标准，是考核修理工作的费用指标。企业应讲究修理的经济效果，不断降低修理费用定额。

3.2.2 修理前的物质准备

设备修理前的物质准备是一项非常重要的工作，是保证维修工作顺利进行的重要环节和物质基础。实际工作中经常由于备品配件供应不上而影响修理工作的正常进行，延长修理停机时间，使企业生产受到损失。因此，必须加强设备修理前的物质准备工作。

主修技术人员在编制好修换件明细表和材料明细表后，应及时将明细表交给备件、材料管理人员。备件、材料管理人员在核对库存后提出订货。主修技术人员在制定好修理工艺后，应及时把专用工具、检具明细表和图样交给工具管理人员。工具管理人员经校对库存后，把所需用的库存专用工具、检具，送有关部门鉴定，按鉴定结果，如需修理提请有关部门安排修理，同时要对新的专用的工具、检具提出订货。

3.3 常用修理检具、量具的选用

修理前必须对设备的劣化程度进行预检，修理后还应对设备的恢复状况进行校验，这些检验工作都离不开检具、量具和检验仪器。以下介绍常用的检具、量具、量仪以及研具等。

3.3.1 常用检具

(1) 平尺

平尺主要作为测量基准，用于检验工件的直线度和平面度误差，也可作为刮研基准，有时还用来检验零部件的相互位置精度。平尺精度可分为 0 级、1 级、2 级三个等级，机床几何精度检验常用 0 级或 1 级精度平尺。平尺有桥形平尺、平行平尺和角形平尺三种，如图 3-2 所示。

① 桥形平尺 是刮研和测量机床导轨直线度的基准工具，只有一个工作面，即上平面。

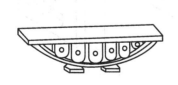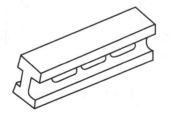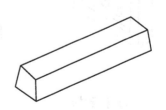

图 3-2 平尺的种类

用优质铸铁经时效处理后制成，刚性好，但使用时受温度变化的影响较大。用其工作面和机床导轨对研显点，达到相应级别要求的显点数时，表明导轨达到了相应精度等级。

②平行平尺　两个工作面都经过精刮且相互平行，常与仪表座配合使用来检验导轨间的平行度、平板的平面度和直线度等。因为平行平尺受温度变化的影响较小，使用轻便，所以应用比桥形平尺广泛。

③角形平尺　可用来检验工件的两个加工面的角度组合平面，如燕尾导轨的燕尾面。角度和尺寸的大小视具体导轨而定。

使用平尺时可根据工件情况来选用其规格。平尺工作面的精度较高，用完后应清洗、涂油并妥善放置，以防变形。

(2) 平板

平板用于涂色法检验工件的直线度、平行度，也可作为测量基准，检查零件的尺寸精度、平行度或形位误差，精度等级可分为000级、00级、0级、1级、2级、3级六个等级，机床几何精度检验用00级、0级或1级检验平板，2级、3级为划线平板。检验平板常用作测量工件的基准件，它的结构和形状如图3-3所示。

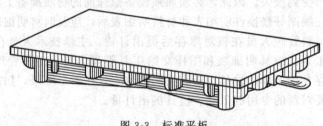

图 3-3　标准平板

与被检验的平面对研时，其研点数达到相应级别的显点数时，就可认为被检验的平面达到了相应精度等级。

铸铁平板用优质铸铁经时效处理并按较严格的技术要求制成，工作面一般经过刮研。目前，用大理石、花岗岩制造的平板应用日益广泛，其优点是不生锈、不变形、不起毛刺、易于维护，缺点是受温度影响、不能用涂色法检验工件、不易修理。

(3) 方尺和直角尺

方尺和直角尺是用来检查机床部件之间垂直度的工具，常用的有方尺、平角尺、宽底座角尺和直角平尺，一般采用合金工具钢或碳素工具钢并经淬火和稳定性处理制成，如图3-4所示。

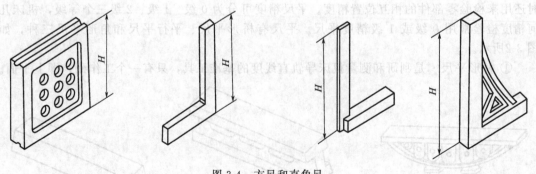

图 3-4　方尺和直角尺

(4) 检验棒

检验棒是检测机床精度的常备工具，主要用来检查主轴、套筒类零件的径向跳动、轴向窜动、相互间同轴度和平行度及轴与导轨的平行度等。

　　检验棒一般用工具钢经热处理及精密加工而成,有锥柄检验棒和圆柱检验棒两种。机床主轴孔都是按标准锥度制造的。莫氏锥度多用于中小型机床,其锥柄大端直径从0～6号逐渐增大。铣床主轴锥孔常用7∶24锥度,锥柄大端直径从1～4号逐渐增大。而重型机床则用1∶20公制锥度,常用的有80(80指锥柄大端直径为80mm)、100、110三种。检验棒的锥柄必须与机床主轴锥孔配合紧密,接触良好。为便于拆装及保管,可在棒的尾端做拆卸螺纹及吊挂孔。用完后要清洗、涂油,以防生锈,并妥善保管。

　　按结构形式及测量项目分类,常用的检验棒有如图3-5所示的几种。图3-5(a)所示的长检验棒用于检验径向跳动、平行度、同轴度;图3-5(b)所示短检验棒用于检验轴向窜动;图3-5(c)所示的圆柱检验棒用于检验机床主轴和尾座中心线连线对机床导轨的平行度及床身导轨在水平面内的直线度。

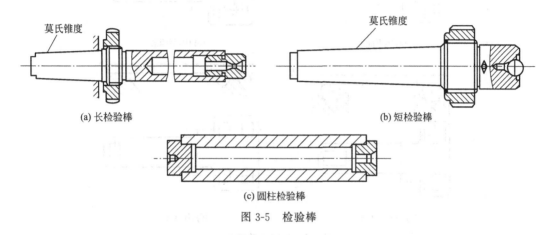

(a) 长检验棒　　　　　　　　　　　　　　　(b) 短检验棒

(c) 圆柱检验棒

图 3-5　检验棒

(5) 仪表座

　　在机床制造修理中,仪表座是一种测量导轨精度的通用工具,主要用作水平仪及百分表架等测量工具的基座。仪表座的平面及角度面都应精加工或刮研,使其与导轨面接触良好,否则会影响测量精度。材料多为铸铁,根据导轨的形状不同而做成多种形状,如图 3-6 所示。

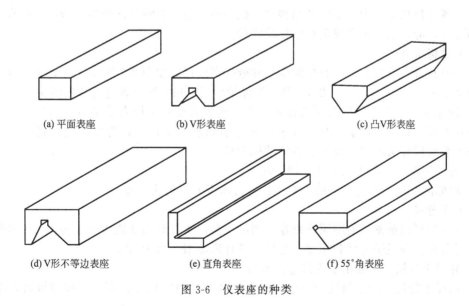

(a) 平面表座　　　　　　　　(b) V形表座　　　　　　　　(c) 凸V形表座

(d) V形不等边表座　　　　　　(e) 直角表座　　　　　　　(f) 55°角表座

图 3-6　仪表座的种类

（6）检验桥板

检验桥板用于检验导轨间相互位置精度，常与水平仪、光学平直仪等配合使用，按不同形状的机床导轨做成不同的结构形式，主要有 V-平面形、山-平面形、V-V 形、山-山形等，如图 3-7 所示。为适应多种机床导轨组合的测量，也可做成可更换桥板与导轨接触部分及跨度可调整的可调式检验桥板，如图 3-8 所示。

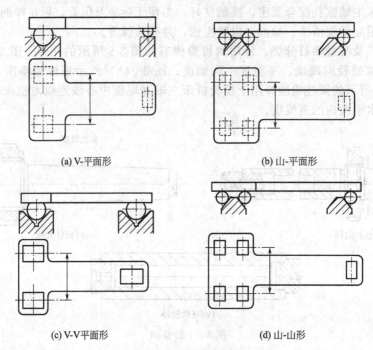

(a) V-平面形   (b) 山-平面形

(c) V-V平面形   (d) 山-山形

图 3-7　专用检验桥板

检验桥板的材料一般采用铸铁经时效处理精制而成，圆柱的材料采用 45 钢经调质处理。

3.3.2　常规量具

由于现代机械制造中，零件的品种多、数量少、加工对象经常变换，因此在技术要求允许的情况下，应尽量采用常规量具来检验零件。

（1）游标量具

游标量具分为游标卡尺、游标深度尺和游标高度尺，如图 3-9 所示。各类游标量具的分度值有 0.1mm、0.05mm、0.02mm 等。游标量具是利用游标原理进行读数的量具。

① 游标卡尺　用于测量内外直径和长度。根据需要其结构有单量爪、双量爪、带深度尺的三用卡尺等；在大测量范围的游标卡尺中有可转动量爪式；为提高测量精度及读数方便，还有装测微标头或数字显示装置的游标卡尺。

② 游标深度尺　用于测量孔、槽的深度。

③ 游标高度尺　主要在平板上对工件进行高度的测量或划线。

（2）千分尺

千分尺是利用精密螺旋副原理制作的测量工具，通常其刻度值为 0.01mm。按其用途分为外径千分尺、内径千分尺和深度千分尺，其外形如图 3-10 所示。

① 外径千分尺　一般用于外尺寸的测量。

② 内径千分尺　用于测量 50mm 以上孔径和其他内径尺寸，测量不同范围时需附加不

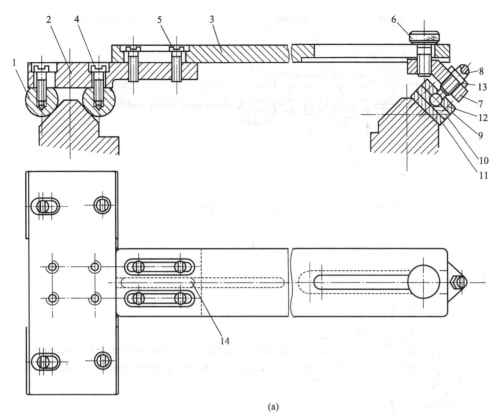

(a)

1—圆柱；2—丁字板；3—桥板；4、5—圆柱头螺钉；6—滚花螺钉；7—支承板；8—调整螺钉；
9—盖板；10—垫板；11—接触板；12—沉头螺钉；13—螺母；14—平键

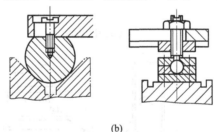

(b)

图 3-8　可调式检验桥板

同长度的接长杆。

③ 深度千分尺　主要测量不通孔、槽或台阶的深度。

（3）杠杆式卡规和杠杆式千分尺

① 杠杆式卡规　主要用于相对测量，又称比较测量。在有些场合，也能够直接测量工件的形状误差和位置误差，例如圆度、圆柱度、平行度等。

杠杆式卡规的外形及工作原理如图 3-11 所示。它是利用杠杆和齿轮传动将被测量值的误差加以放大并在刻度盘上示值来进行测量的，常用规格的刻度值有 0.002mm 和 0.005mm 两种。

杠杆式卡规的使用方法是：用于相对测量时，需用量块先进行调整；调整前，按被测工件的基本尺寸选定量规尺寸；调整时，先旋松套筒 6，然后转动滚花螺母 8，使带有梯形螺纹的可调测砧 10 左右移动，在活动测砧 11 和可调测砧 10 之间放入量块，使指针 5 对准刻度盘 4 上的零位；最后，旋紧套筒 6，将可调测砧 10 锁紧；为了能直观地反映被测工件的

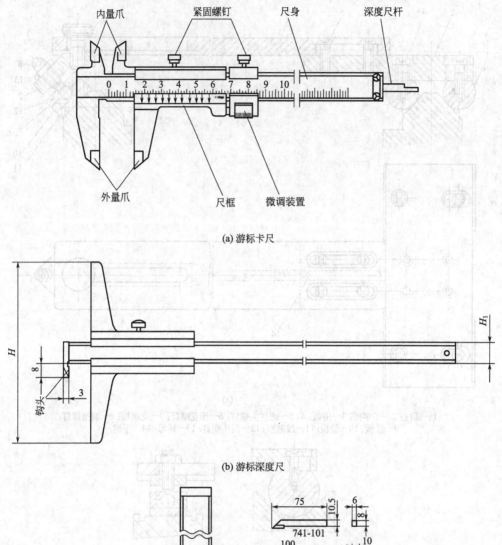

图 3-9 游标卡尺的种类

尺寸是否合格，可取下圆盖子 1，用专用扳手调整公差指示器 3 到所需的位置。

碟形弹簧 9 的作用是为了消除螺母与梯形螺纹间的间隙；螺钉 7 旋入可调测砧 10 的长槽中，是为了防止调整尺寸时可调测砧发生转动；退让按钮 2 用于测量前后装卸工件时消除

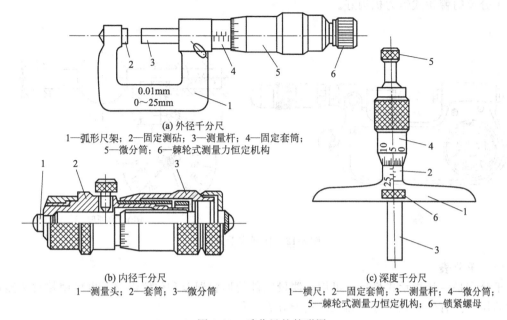

(a) 外径千分尺

1—弧形尺架；2—固定测砧；3—测量杆；4—固定套筒；
5—微分筒；6—棘轮式测量力恒定机构

(b) 内径千分尺

1—测量头；2—套筒；3—微分筒

(c) 深度千分尺

1—横尺；2—固定套筒；3—测量杆；4—微分筒；
5—棘轮式测量力恒定机构；6—锁紧螺母

图 3-10　千分尺的外形图

测砧对工件的测量力，使测量方便，并减少杠杆式卡规测量面的磨损。

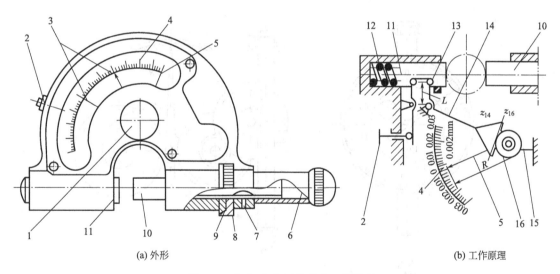

(a) 外形　　　　　　　　　　　　　　　(b) 工作原理

图 3-11　杠杆式卡规外形及工作原理

1—盖子；2—退让按钮；3—公差指示器；4—刻度盘；5—指针；6—套筒；7—螺钉；
8—滚花螺母；9—碟形弹簧；10—可调测砧；11—活动测砧；12—压缩弹簧
13—杠杆；14—扇形齿轮器；15—游丝；16—齿轮

②　杠杆式千分尺　　是由普通千分尺的微分筒和杠杆式卡规的指示机构两部分组成的精密量具，如图 3-12 所示。常用规格的刻度值为 0.001mm 和 0.002mm 两种，指示机构示值范围为 ±0.06mm。它既能用于相对测量，也可用于绝对测量。

与普通千分尺相比，杠杆式千分尺具有如下特点：测量快捷，作相对测量前，用等于被测工件基本尺寸的量块调整指示机构的零位，测量时根据指示机构的示值即可判断工件尺寸的合理性；测量力稳定，因为杠杆式千分尺的测量力由活动砧后端压缩弹簧产生，稳定性较普通千分尺的棘轮式恒力机构好。

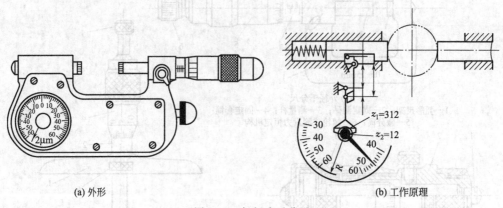

(a) 外形　　　　　　　　　　(b) 工作原理

图 3-12　杠杆式千分尺

(4) 千分表

千分表是一种指示式量具，可用来测量工件的形状误差和位置误差，也可用相对法测量工件的尺寸。有钟表式千分表和杠杆式千分表两种。

① 钟表式千分表　如图 3-13 所示。利用齿轮-齿条传动，将测量杆的微小位移转变为指针的角位移。其刻度值为 0.001mm 和 0.002mm 两种。

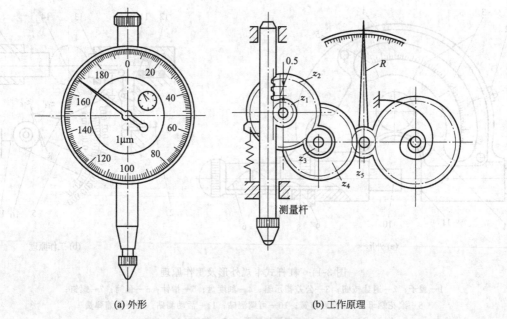

(a) 外形　　　　　　　　　　(b) 工作原理

图 3-13　钟表式千分表

② 杠杆式千分表　刻度值为 0.002mm 的杠杆式千分表如图 3-14 所示。当球面测量杆 7 向左摆动时，拨杆 6 推动扇形齿轮 5 上的圆柱销 C 使扇形齿轮 5 绕轴 B 逆时针转动，此时圆柱销 D 与拨杆 6 脱开。当球面测量杆 7 向右摆动时，拨杆 6 推动扇形齿轮 5 上的圆柱销 D 使扇形齿轮 5 绕轴 B 逆时针转动，此时圆柱销 C 与拨杆 6 脱开。这样，无论球面测量杆 7 向左或向右摆动，扇形齿轮 5 总是绕轴 B 逆时针转动。扇形齿轮 5 再带动小齿轮 1 以及同轴的端面齿轮 2，经小齿轮 4 由指针 3 在刻度盘上指示出数值。

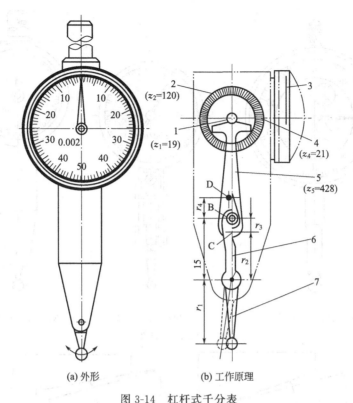

(a) 外形   (b) 工作原理

图 3-14　杠杆式千分表

1,4—小齿轮；2—端面齿轮；3—指针；5—扇形齿轮；6—拨杆；7—球面测量杆

（5）指示表

在测量形位误差时，中小型工件表面的测量常以平板为测量基准，用指示表在被测面各位置上进行测量，称为打表测量法。

常用的指示表有钟表式百分表（分度值 0.01mm）、钟表式千分表（分度值 0.001mm、0.005mm）、杠杆式百分表（分度值 0.01mm）和杠杆式千分表（分度值 0.002mm）等类型，各种指示表外形如图 3-15 所示。

（6）角度量具

角度和锥度的测量可直接测量，也可间接测量。直接测量的量具有角度样板和锥度量规、万能量角器、测角仪、光学分度头、投影仪等。间接测量的量具有正弦尺、钢球、圆柱、平板以及千分尺、指示表和万能工具显微镜，可用于测量精度要求较高的角度和锥度。

① 角度样板　图 3-16 所示的角度样板是检验外锥体用的角度样板，它是根据被测角度的两个角度的极限尺寸制成的，因此有通端和止端之分。检验工件角度时，若工件在通端样板中，光隙从角顶到角底逐渐减小，则表明角度在规定的两极限尺寸之内，被测角度合格。角度样板常用于检验零件上的斜面或倒角、螺纹车刀及成形刀具等。

② 锥度量规　图 3-17 所示为锥度量规结构，在量规的基面端处间距为 m 的两刻线或小台阶代表工件圆锥基面距公差。锥度量规一般用于批量零件或综合精度要求较高零件的检验。

使用锥度量规检验工件时，按量规相对于被检零件端面的轴向移动量判断，如果零件圆锥端面介于量规两刻线之间则为合格。对于锥体的直径、锥角和形状（如素线直线度和截面圆度）、精度有更高要求的零件检验时，除了要求用量规检验其基面距外，还要观察量规与零件锥体的接触斑点，即测量前在量规表面三个位置上沿素线方向均匀涂上一薄层如红丹粉

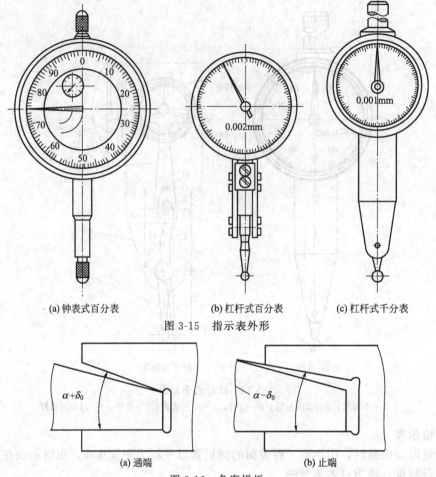

| (a) 钟表式百分表 | (b) 杠杆式百分表 | (c) 杠杆式千分表 |

图 3-15 指示表外形

图 3-16 角度样板

之类的显示剂，然后与被测工件一起轻研，旋转 1/3～1/2 转，观察量规被擦涂色或零件锥体的着色情况，判断零件合格与否。

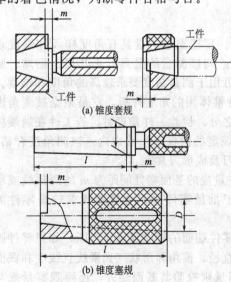

(a) 锥度套规

(b) 锥度塞规

图 3-17 角度量规结构

③ 正弦尺 是锥度测量常用量具，分宽型和窄型，如图 3-18 所示，主要由安置零件的工作台 1、两个圆柱 3 和支承板 2、4 组成。两圆柱中心距 L 有 100mm 和 200mm 两种。

用正弦尺测角的原理和方法如图 3-19(a) 所示。

首先按下式计算组合量块的尺寸：

$$h = L \sin\alpha \qquad (3-1)$$

式中，h 为量块组合尺寸；L 为正弦尺两圆柱中心距；α 为被测圆锥角的公称值。

然后按图 3-19(a) 所示方法将正弦尺和量块组安装在测量平板上，用指示表在被测圆锥母线两端相距 L 的 a、b 两点进行测量。设 a、b 点的指示表读数差为 Δ，则被测圆锥角的偏差为

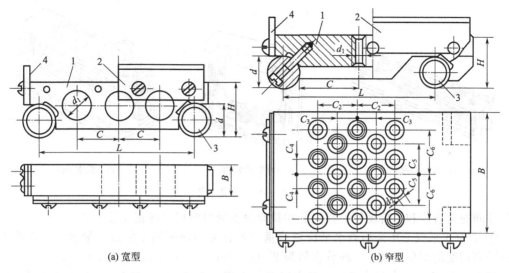

(a) 宽型   (b) 窄型

图 3-18　正弦尺

1—工作台；2,4—支承板；3—圆柱

$$\delta_\alpha = 206265 \frac{\Delta}{L} \approx \frac{\Delta}{L} \times 2 \times 10^5 \tag{3-2}$$

利用正弦尺和一个附加圆柱，可以测量圆锥的大端或小端直径，图 3-19（b）所示为测量外圆锥小端直径。

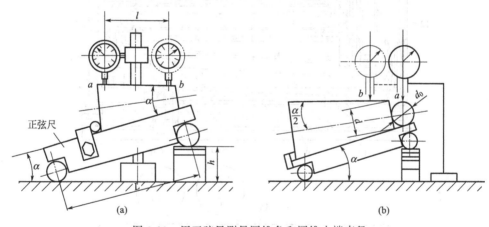

图 3-19　用正弦尺测量圆锥角和圆锥小端直径

3.3.3　常用量仪

（1）水平仪

水平仪可测量工件表面相对于水平面倾斜的微小角度值，主要用于测量直线度、平面度、垂直度和零部件间的平行度等，在调整和安装设备水平或垂直位置时使用。水平仪有条形水平仪、框式水平仪、合像水平仪和电子水平仪等，如图 3-20 所示。

①　条形水平仪　用来检验平面对水平位置的偏差，使用方便，但因受测量范围的限制，不如框式水平仪使用广泛。

②　框式水平仪　主要用来检验工件表面在垂直平面内的直线度、工作台面的平面度、

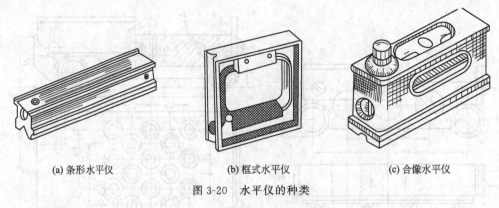

(a) 条形水平仪   (b) 框式水平仪   (c) 合像水平仪

图 3-20　水平仪的种类

零部件间的垂直度和平行度等，在安装和检修设备时也常用于找正安装位置。

③ 合像水平仪　用来检验水平位置或垂直位置微小角度偏差的角值量仪。合像水平仪是一种高精度的测角仪器，一般分度值为 2″（0.01mm/1000mm 或 0.01mm/m）

如图 3-21 所示，合像水平仪主要由三部分组成：由棱镜 5、放大镜 14 和水准管 4 组成的光学合像装置，由测微螺杆 12、杠杆 10、刻度盘 1 组成的精密测微机构，以及基座 9。

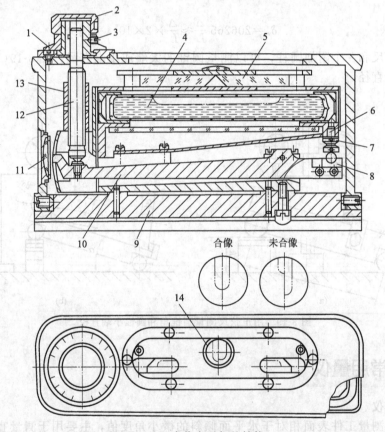

图 3-21　合像水平仪的结构

1—刻度盘；2—手轮；3—顶丝；4—水准管；5—棱镜；6—调整螺钉；7—锁紧螺母；8—滑块；
9—基座；10—杠杆；11—横刻度窗；12—测微螺杆；13—开口螺母；14—放大镜

合像水平仪的读数不是从水准管直接读得，而是气泡的两端由棱镜折射后汇聚，并由目镜放大，通过测微螺杆和杠杆调节水准管，使气泡两端的影像在目镜视场中合像后，从横刻度窗读出大数（1mm/1000mm），从刻度盘读出小数（0.01mm/1000mm）。合像水平仪的水准管只起定位作用，其分度值则完全由杠杆和测微螺杆来决定。

合像水平仪的优点是：水准管只起定位作用，因而曲率半径的误差对示值精度没有直接影响；因为水准管的曲率半径较小，所以气泡容易停下来，比较稳定；由于光学合像装置能把气泡的偏移量放大两倍，聚焦区的影像又被目镜放大5倍，所以观察容易，读数精确；量程大，一般有0～10mm/m和0～20mm/m两种规格；受环境温度变化的影响较小。其缺点是：使用时不如框式水平仪方便和直观，不能像框式水平仪那样测量垂直度；结构复杂，易损坏，价格高。

合像水平仪是一种以重力方向为基准的精密测角仪器，其主要组成部分是水准管。水准管是一个密封的玻璃管，内装精馏乙醚，并留有一定量的空气以形成气泡，当水平仪倾斜时，气泡永远保持在最上方，即液面永远保持水平。

（2）光学平直仪

光学平直仪又称自准直仪、自准直平行光管，用来检验工件如导轨等工作表面在垂直平面内和水平面内的直线度误差以及检验平板的平面度误差，测量精度高。图3-22(a)所示为其外形。

光学平直仪的工作原理如图3-22(b)所示，从光源5发出的光线，经聚光镜4照明分划板6上的十字线，由半透明棱镜10折向测量光轴，经物镜7、8成平行光束射出，再经目标反射镜9反射回来，把十字线成像于分划板上。由鼓轮通过测微螺杆移动，照准刻在可动分划板2上的双刻划线，由目镜1观察，使双刻划线与十字线像重合，然后在鼓轮上读数。测微鼓轮的示值读数每格为1″，测量范围为0～10′，测量工作距离为0～9m。

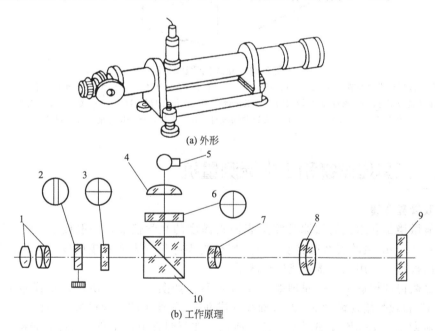

(a) 外形

(b) 工作原理

图 3-22　光学平直仪
1—目镜；2,3,6—分划板；4—聚光镜；
5—光源；7,8—物镜；9—目标反射镜；10—棱镜

（3）比较仪

比较仪又称测微仪，以量块作为长度基准，按相对比较测量法来测量各种工件的外部尺寸。根据比较仪上测微表原理与结构的不同，可分为机械式、光学杠杆式、电动比较仪等。

刻度值一般为 0.001～0.002mm，使用方法与普通千分表相似，但比较仪量程小、测量精度高，适用于精密测量。主要用于高精度的圆柱形、球形等零件的测量，也可测量形状误差和位置误差。

光学杠杆式比较仪也称光学比较仪，有立式和卧式两种。图 3-23 为立式光学比较仪，主要由底座、立柱、支臂、目镜及镜管体、光管、圆形工作台、测量头及测量头抬起杠杆组成。

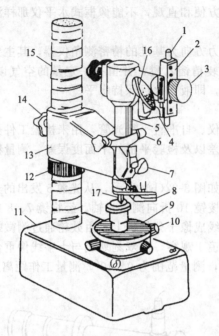

图 3-23　立式光学比较仪

1—公差极限样指示调节手柄；2—标尺外壳；3—目镜；4—微动螺钉；5—光管；6—光管上下微动凸轮；7—光管紧固螺钉；8—测量头提升杠杆；9—工作台；10—工作台调节螺钉；11—底座；12—支臂上下移动调节螺母；13—支臂；14—支臂紧固螺钉；15—立柱；16—反射镜；17—测量头

3.3.4　工具显微镜和三坐标测量机

(1) 双管显微镜

双管显微镜是利用光切法原理测量表面粗糙度的光学仪器，一般按 R_z（也可按 R_{max}）评定 R_z 50～1.6μm 级的表面粗糙度。对大型模具零件与内表面的粗糙度，可采用印模法复制被测表面模型，再用双管显微镜进行测量。

双管显微镜的构造及工作原理如图 3-24 所示。如图 3-24(a) 所示，双管显微镜有照明用光源管 15 和观察用物镜管 6，两管轴线互成 90°。显微镜的物镜可换，并由紧固螺钉 8 紧固。双管显微镜的工作原理如图 3-24(b) 所示，在照明管中，光源 1 通过聚光镜 2、窄缝 3、物镜 4，以 45°方向投射在被测工件表面 5 上，形成一窄细光带。由于工件表面轮廓高低不平，光带边缘的形状即工件在 45°截面上的表面形状。光带的波峰在工件截面 S 点产生反射，波谷在 S′点产生反射。通过观察管的物镜 8，将它们成像在测微目镜 7 的分划板 6 上的 a 点和 a' 点。

(2) 工具显微镜

按工具显微镜工作台的大小和可移动的距离、测量精度的高低以及测量范围的宽窄，一

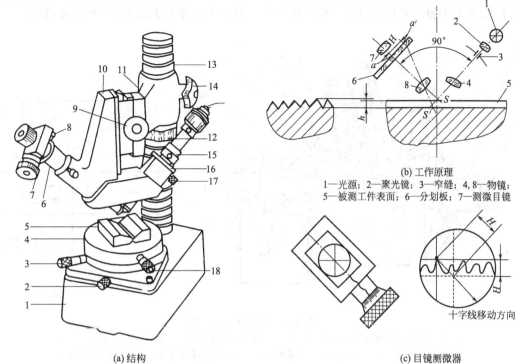

(a) 结构

(b) 工作原理
1—光源；2—聚光镜；3—窄缝；4,8—物镜；
5—被测工件表面；6—分划板；7—测微目镜

(c) 目镜测微器

1—底座；2—工作台紧固螺钉；3,18—工作台纵横移动螺钉；4—工作台；
5—V形块千分尺紧固螺钉；6—物镜管；7—目镜测微器；8—紧固螺钉；
9—物镜工作距离调节手轮；10—镜管支架；11—支臂；12—支臂升降
调节螺母；13—立柱；14—支臂紧固手柄；15—光源管；
16—集距调节环；17—光线投射位置调节螺钉

图 3-24　双管显微镜的构造及工作原理

般分为小型、大型、万能型和重型。它们的测量精度和测量范围虽然不同，但基本结构、测量方法大致相同。

工具显微镜是用来进行坐标测量的一种光学仪器，主要用于测量扁平工件的长度，光滑圆柱直径、锥度，工件的角度、圆弧半径、孔间距，各种刀具、工具的几何形状，普通外螺纹的中径、内径、牙型角、螺纹的形状以及圆锥外螺纹除中径以外的其他几何参数。

万能工具显微镜如图 3-25 所示。底座 12 上有互相垂直的纵、横导向柱，使纵向滑台 2、18 和横向滑台 9、15 可彼此独立地沿纵、横向粗动、微动和锁紧。纵向滑台 2 上装有纵向玻璃刻线尺和安放工件的玻璃工作台 10，玻璃刻线尺的移动量即被测工件移动量，可由固定在底座上的纵向读数显微镜 3 读出。横向滑台 9、15 上装有横向玻璃刻线尺和立柱 6，立柱的悬臂上装有瞄准用的主显微镜 7、17。主显微镜 7、17 在横向的移动量可通过横向刻线尺 14、16 及固定在底座上的另一横向读数显微镜 4 读出。被测工件放在工作台上或装在两顶针之间，由玻璃工作台下面射出一平行光束照明。主显微镜 7、17 可沿立柱升降以调焦距，因而可由此显微镜看到被测工件的轮廓影像。根据测量螺纹或特殊工件的需要，可使立柱倾斜一定的角度，使主显微镜的轴线与被测截面相垂直，便于精确观测，其倾斜角度可以从刻度筒上读出。

主显微镜 7、17 用于瞄准工件，其上部可装目镜头及投影器。目镜头的种类包括测量角度、螺纹及坐标的测角目镜头，测螺纹和测圆弧的轮廓目镜头，测孔间距或对称图形间距的双像目镜头等。投影器可将工件影像投影在影屏上，用相对法测量或利用工作台的移动、转动及读数显微镜测工件的尺寸。

万能工具显微镜的纵向导轨中部工作滑台可分为平工作台或圆工作台。平工作台上有玻璃台板和T形槽，可用螺钉和压板夹紧工件；圆工作台用于分度测量或极坐标测量。

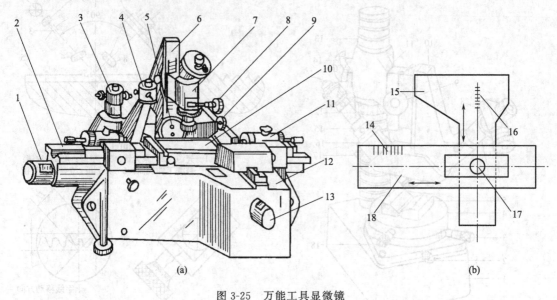

图 3-25　万能工具显微镜

1—纵向微动手轮；2,18—纵向滑台；3—纵向读数显微镜；4—横向读数显微镜；5—光
圈调节环；6—立柱；7,17—主显微镜；8—立柱倾斜调节手柄；9,15—横向滑台；
10—工作台；11—顶尖座；12—底座；13—横向微动手轮；14,16—刻度尺

(3) 三坐标测量机

三坐标测量机是近几十年发展起来的一种高效率的新型精密测量仪器，它广泛应用于机械制造、电子、汽车和航空航天等工业中。它可以进行零件和部件的尺寸、形状及相互位置的检测，还可用于划线、定中心孔、光刻集成线路，并可对连续曲面进行扫描及制备数控机床的加工程序等。由于它的通用性强、测量范围大、精度高、效率高、性能好、能与柔性制造系统相连接，已成为一类大型精密仪器，故有"测量中心"之称。

三坐标测量机作为现代大型精密仪器，已越来越显示出它的重要性和广阔的发展前景。它可方便地进行空间三维尺寸的测量，可实现在线检测及自动化测量。它的优点是通用性强，可实现空间坐标点位的测量，方便地测量出各种零件的三维轮廓尺寸和位置精度；测量精确可靠；可方便地进行数据处理与程控，因而它可纳入自动化生产和柔性加工线中，并成为其中一个重要的组成部分。

三坐标测量机的出现是标志计量仪器从古典的手动方式向现代化自动测试技术过渡的一个里程碑。三坐标测量机在以下几方面对三维测量技术发挥着重要作用。

① 解决了复杂形状表面轮廓尺寸的测量问题，例如箱体零件的孔径与孔位、叶片与齿轮、汽车与飞机等的外廓尺寸检测。

② 提高了三维测量的测量精度，目前高精度的三坐标测量机的单轴精度，每米长度内可达 $1\mu m$ 以内，三维空间精度可达 $1\sim2\mu m$。对于车间检测用的三坐标测量机，每米测量精度单轴也达 $3\sim4\mu m$。

③ 由于三坐标测量机可与数控机床和加工中心配套组成生产加工线或柔性制造系统，从而促进了自动生产线的发展。

④ 随着三坐标测量机的精度不断提高，自动化程度不断发展，促进了三维测量技术的进步，大大地提高了测量效率。尤其是电子计算机的引入，不但便于数据处理，而且可以完

成 CNC 的控制功能，可缩短测量时间达 95％以上。

三坐标测量机基于坐标测量原理，将被测物体置于三坐标测量机的测量空间，可获得被测物体上各测点的坐标位置，根据这些点的空间坐标值，经过数学运算，求出被测的几何尺寸、形状和位置。显然，对任何复杂的几何表面与形状，只要测量机的测量头能够瞄准或感受到的地方，无论接触与否，均可测出它们的几何尺寸和相互位置关系，并借助于计算机完成数据处理。这种三维测量方法几乎是万能的。

当前，除正在研制高精度、快速检测的三坐标测量机外，还在拓宽程序与自动化检测的功能，开发研制新型计量软件，以适应各式各样被测零部件的要求。同时，也在开发各种用途的可转位、高灵敏度、高精度的测量头，以完成复杂零件内、外形及难于检测部位的测量任务。在三坐标测量机上装置分度头、回转台或数控转台后，除采用直角坐标系测量外，还可采用极坐标、柱坐标系测量，因而扩大了测量范围。这种具有 X、Y、Z、C 四轴的坐标测量机称为四坐标测量机。按照回转轴的数目，也可有五坐标或六坐标即 X、Y、Z 三轴上各具有一回转轴测量机。

三坐标测量机种类繁多、形式各异、性能多样，所测对象和放置环境条件也不尽相同，但大体上均由若干具有一定功能的部分组合而成。作为一种测量仪器，三坐标测量机主要是比较被测量与标准量，并将比较结果用数值表示出来。三坐标测量机需要三个方向的标准器，利用导轨实现沿相应方向的运动，还需要三维测量头对被测量进行探测和瞄准。此外，测量机还具有数据处理和自动检测等功能，需由相应的电气控制系统与计算机软、硬件实现。尽管三坐标测量机的规格品种很多，但其基本组成主要包括测量机主体、测量系统、控制系统和数据处理系统。

① 三坐标测量机的主体　主体的运动部件如图 3-26 所示，包括沿 X 向移动的主滑架，沿 Y 向移动的副滑架，沿 Z 向移动的 Z 轴以及底座、测量工作台。其三向导轨为气浮结构；工作台多为花岗岩制造，具有稳定、抗弯曲、抗振动、不易变形等优点。

② 三坐标测量机的测量系统　包括标准器和测量头。其标准器大多为金属光栅，光学读数头用于读取各坐标轴的测量数据。其测量头用于工件的测量，按测量方法分为接触式和非接触式两类。接触式测量头又分为机械式和电气式。非接触式测量头主要由光学系统构成，如投影屏式显微镜、电视扫描头，适用于软、薄、脆工件的检测。图 3-27 所示为电触开关式单测量头及测量头座。图 3-27(a) 所示为点测量电触开关式单测量头；图 3-27(b) 所示为两轴可转角测量头

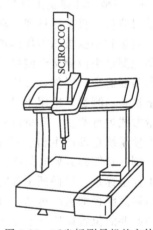

图 3-26　三坐标测量机的主体

其测量头座可使测量头以 7.5°的步长，在±180°之间的水平方向回转，在 0°～＋105°之间的垂直方向倾斜；图 3-26(c) 为多头测量头，其测量头座可同时安装五个测量头。

③ 三坐标测量机的计算机系统和软件　计算机是三坐标测量机的控制中心，用于控制全部测量操作、数据处理和输入输出。三坐标测量机的控制系统和数据处理系统包括通用或专用计算机、专用软件系统、专用程序或软件包。测量机提供的应用软件包括如下内容。

a. 通用程序。用于处理几何数据，按照功能分为求点的位置、尺寸、角度等的测量程序；求工件的工作坐标系，包括轴校正、面校正、原点转移程序等的系统设定程序；设定测量的条件，如测头直径的确定、测头数据的修正等的辅助程序。

b. 公差比较程序。先用编辑程序生成公差数据文件，再与实测数据进行比较，从而确定工件尺寸是否超出公差。监视器显示超出的偏差大小，打印机打印全部测量结果。

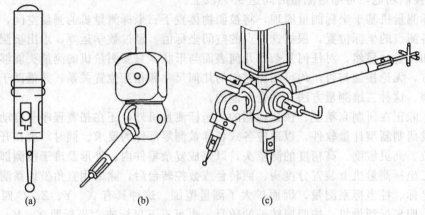

图 3-27 电触开关式单测量头及测量头座

　　c. 轮廓测量程序。测量头沿被测工件轮廓面移动，计算机自动按预定的节距采集若干点的坐标数据进行相关处理，给出轮廓坐标数据，检测零件各要素的几何特征和形位公差以及相关关系。

　　d. 自学习零件检测程序的生成程序、统计计算程序、计算机辅助编程程序等。

　　④ 三坐标测量机的分类　三坐标测量机按其工作方式分为点位测量方式和连续扫描测量方式，按测量范围分为大型、中型和小型，按其精度分为精密型和生产型，按其结构形式分为悬臂式、桥式、龙门式、立柱式、坐标镗床式等。

　　⑤ 三坐标测量机的测量方式　一般点位测量有三种测量方式：直接测量、程序测量和自学习测量。直接测量即手动测量，利用键盘由操作员将决定的顺序指令输入，系统逐步执行，测量时根据被测零件的形状调用相应的测量指令，以手动或 NC 方式采样，其中 NC 方式是把测量头拉到接近测量部位，系统根据给定的点数自动采点。程序测量是将测量一个零件所需要的全部操作，按照其执行顺序编程，以文件形式存入磁盘，测量时运行程序，控制测量机自动测量，适用于成批零件的重复测量。自学习测量是操作者对第一个零件执行直接测量方式进行测量，测量过程中，操作人员的每一个测量操作步骤都被记录下来，借助适当命令使系统自动产生相应零件的测量程序，对其余零件测量时重复调用。进行自学习编程时应特别注意编程开始时的坐标系，一般情况下首先要对坐标系进行初始化，或者提取已建好的工件坐标系，以保证编程时和运行时坐标系的一致性；此外，由于机器总是在相邻两点之间沿最短路径即直线运动，自学习编程过程中除了要进行测量所必需的操作外，还应在运动途中必要的位置设置一些过渡点，以保证程序运行时机器与工件不会发生碰撞。

3.3.5　常用研具

　　(1) 研具的作用和种类

　　研磨工具简称研具。在研具的表面嵌砂或敷砂，并把本身表面几何形状、精度传递给被研工件，因此对研具的材料、硬度和表面粗糙度均有较高的要求。按其使用范围，分为通用研具和专用研具。通用研具有研磨平板（见图 3-28）、研磨块等；专用研具用来研磨圆柱表面、圆柱孔及圆锥孔，有研磨环和研磨棒及螺纹研具等。

　　(2) 专用研具的结构与使用方法

　　① 研磨环　用来研磨工件的外圆柱表面的。图 3-29 所示为更换式研磨环。其中，图 3-29(a) 所示研磨环的开口调节圈 1 内径应比工件的外径大 0.025～0.05mm，外圈 2 上有调

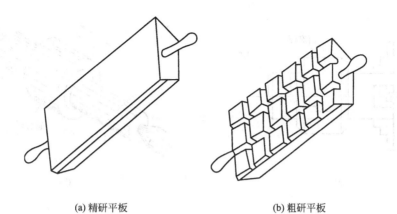

(a) 精研平板　　　　　　　　　　　(b) 粗研平板

图 3-28　研磨平板

节螺钉 3，当研磨一段时间后，若研磨环调节圈内孔磨损大，则拧紧调节螺钉 3，使其开口调节圈 1 的孔径缩小来达到所需要的间隙。图 3-29(b) 所示的研磨环其调节圈也是开口的，但在它的内孔上开有两条槽，使研磨环具有弹性，孔径由螺钉调节，研磨环的长度一般为孔径的 1～2 倍。

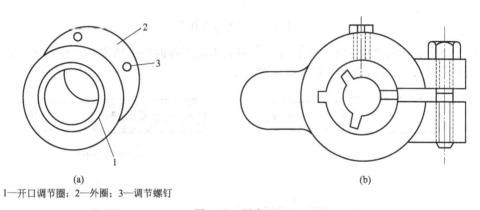

(a)　　　　　　　　　　　　　　　(b)

1—开口调节圈；2—外圈；3—调节螺钉

图 3-29　研磨环

外圆柱面在进行研磨时，工件可由车床带动，在工件上均匀涂上研磨剂，套上研磨环，其松紧程度应以手用力能转动为宜，通过工件的旋转运动和研磨环在工件上沿轴线方向作往复运动进行研磨，如图 3-30(a)、(b) 所示。一般工件的转速在直径小于 80mm 时为 100r/mm，直径大于 100mm 时为 50r/mm。研磨环往复运动的速度是根据工件在研磨环上研磨出来的网纹来控制的，如图 3-30(c) 所示。当往复运动速度适当时，工件上研磨出的网纹成 45°交叉线，太快则网纹与工件轴线夹角较小，太慢则网纹与工件轴线夹角较大。研磨环往复运动的速度无论太快还是太慢，都影响工件的精度和耐磨性。

　　② 研磨棒　用来研磨圆柱孔和圆锥孔。常用的有圆柱形和圆锥形两种，如图 3-31、图 3-32 所示。

　　工件圆柱孔的研磨是在圆柱研磨棒上进行的，研磨棒的形式有固定式和可调式两种。图 3-31(a) 所示为光滑的研磨棒，一般用于精研磨。图 3-31(b) 所示为带槽的固定式研磨棒，大多事先预制 2～3 个，适用于粗研，槽的作用是存放研磨剂，防止在研磨时把研磨剂全部从工件两端挤出。固定式研磨棒制造简单，但磨损后无法补偿，一般多在单件研磨或机修中使用。图 3-31(c) 所示为可调式研磨棒，有多种结构，但其原理大多是用芯棒锥体的作用来调节研磨套的直径。这种可调式研磨棒能在一定尺寸范围内进行调节，可延长使用寿命，应

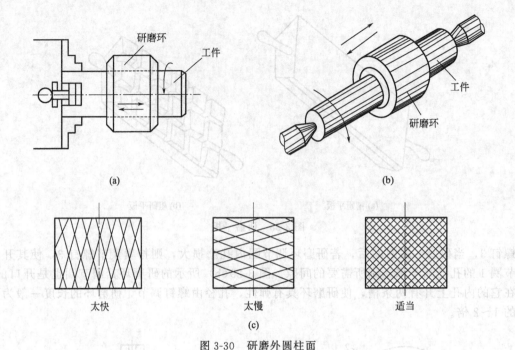

(a) (b)

太快 太慢 适当

(c)

图 3-30 研磨外圆柱面

用较广。研磨套的长度应大于工件长度，太短会影响工件的研磨精度，一般情况下是工件长度的 1.5～2 倍，具体长度可根据工件情况而定。

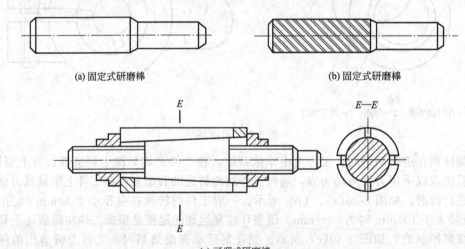

(a) 固定式研磨棒 (b) 固定式研磨棒

(c) 可调式研磨棒

图 3-31 圆柱研磨棒

　　研磨工件圆锥孔时，圆锥研磨棒必须与工件锥度相同，其结构有固定式和可调式两种。固定式研磨棒开有螺旋槽，有左向和右向两种，如图 3-32 所示。圆锥可调式研磨棒的结构原理和圆柱可调式研磨棒基本相同。

（3）研具材料

　　研具材料有很多种，现列举如下，可根据具体情况选用。

　　① 铸铁　广泛适应于不同性质的研磨工件，尤其球墨铸铁应用更加广泛。其硬度在 110～190HBS 范围内，化学成分要求严格，应无铸造缺陷。

　　② 低碳钢　韧性大，易变形，不宜制作精密研具。

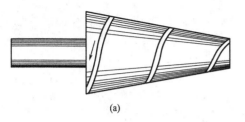
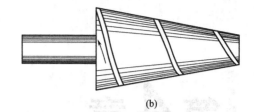

图 3-32　圆锥研磨棒

③ 铜　质软，易嵌入较大磨粒，主要用于余量较大的粗研磨。

④ 巴氏合金　主要用于抛光铜合金的精密轴瓦或研磨软质材料工件。

⑤ 铅　性能与用途和巴氏合金相近。

⑥ 玻璃　材质较硬，适用于敷砂研磨和抛光，特别是淬火钢的精研磨。

⑦ 皮革及毛毡　主要用于抛光工件。

第4章

机械设备的拆卸与装配

4.1 机械设备的拆卸与清洗

4.1.1 机械设备的拆卸

任何机械设备都是由许多零部件组成的，机械设备进行修理时，必须经过拆卸才能对失效零部件进行修复或更换。机械设备的拆卸是设备修理的重要一环。如果拆卸不当，往往会造成零部件损坏，设备的精度、性能降低，甚至无法修复。拆卸的目的是为了便于清洗、检查和修理。因此，为保证修理质量，在动手解体机械设备前，必须周密计划，对可能遇到的问题有所估计，做到有步骤地进行拆卸。

(1) 拆卸前的准备工作

① 了解机械设备的结构、性能和工作原理。在拆卸前，应熟悉机械设备的有关图样和资料，详细了解机械设备各部分的结构特点、传动系统以及零部件的结构特点和相互间的配合关系，明确其用途和相互间的作用。

② 选择适当的拆卸方法，合理安排拆卸步骤。

③ 选用合适的拆卸工具或设施。

④ 准备好清洁作业的工作场地，做到安全文明作业。

(2) 拆卸的一般原则

① 选择合理的拆卸步骤。机械设备的拆卸顺序应与装配顺序相反。在切断电源后，一般按"由附件到主机、由外到内、自上而下"的顺序进行，先由整机拆成部件，再由部件拆成组件，最后拆成零件。

② 选择合适的拆卸方法。为了减少拆卸工作量和避免破坏配合性质，可不拆的尽量不拆，需要拆的一定要拆。应尽量避免拆卸那些不易拆卸的连接或拆卸后将会降低连接质量和损坏一部分连接零件的连接，如对于密封连接、过盈连接、铆接和焊接等；但是，对于不拆开难以判断其技术状态而又可能产生故障的则一定要拆开。

③ 正确使用拆卸工具和设备。拆卸时，应尽量采用专用的或合适的工具和设备，避免乱敲乱打，以防零件损伤或变形。如拆卸联轴器、滚动轴承、齿轮、带轮等，应使用拔轮器或压力机；拆卸螺柱或螺母，应尽量采用尺寸相符的扳手等。

（3）拆卸时的注意事项

① 用手锤敲击零件时，应该在零件上垫好软衬垫或者用铜锤、木锤等敲击。敲击方向要正确，用力要适当，落点要得当，防止损坏零件的工作表面，给修复工作带来麻烦。

② 拆卸时特别要注意保护主要零件，防止损坏。对于相配合的两个零件，拆卸时应保存精度高、制造困难、生产周期长、价值较高的零件。

③ 零件拆卸后应尽快清洗，并涂上防锈油，精密零件还要用油纸包裹好，防止其生锈或碰伤表面。零件较多时应按部件分类存放。

④ 长径比较大的零件如丝杠、光杠等拆下后，应垂直悬挂或采取多支点支承卧放，以防止变形。

⑤ 易丢失的细小零件如垫圈、螺母等清洗后应放在专门的容器里或用铁丝串在一起，以防止丢失。

⑥ 拆下来的液压元件、油杯、油管、水管、气管等清洗后应将其进、出口封好，防止灰尘杂物侵入。

⑦ 拆卸旋转部件时，应注意尽量不破坏原来的平衡状态。

⑧ 对拆卸的不互换零件要做好标记或核对工作，以便安装时对号入位，避免发生错乱。

（4）常用的拆卸方法

① 击卸法　利用锤子或其他重物在敲击或撞击零件时产生的冲击能量，把零件拆卸下来。它是拆卸工作中最常用的一种方法，具有操作简单、灵活方便、适用范围广等优点，但如果击卸方法不正确容易损坏零件。

用锤子敲击拆卸时应注意以下事项。

a. 要根据被拆卸件的尺寸大小、重量及结合的牢固程度，选择大小适当的锤子。如果击卸件重量大、配合紧，而选择的锤子太轻，则零件不易击动，且容易将零件打毛。

b. 要对击卸件采取保护措施（见图 4-1），通常使用铜棒、胶木棒、木棒及木板等保护受击部位的轴端、套端及轮缘等。

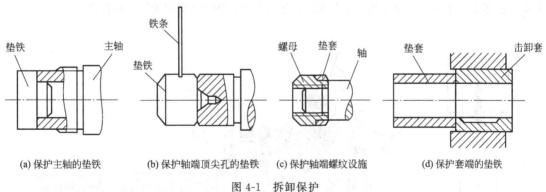

(a) 保护主轴的垫铁　(b) 保护轴端顶尖孔的垫铁　(c) 保护轴端螺纹设施　(d) 保护套端的垫铁

图 4-1　拆卸保护

c. 要选择合适的锤击点，且受力均匀分布。应先对击卸件进行试击，注意观察是否与拆卸方向相反或漏拆紧固件。发现零件配合面严重锈蚀时，可用煤油浸润锈蚀面，待其略有松动时再拆卸。

d. 要注意安全。击卸前应检查锤柄是否松动，以防猛击时锤头飞出伤人损物，要观察锤子所划过的空间是否有人或其他障碍物。

② 拉卸法　拉卸是使用专用拉卸器把零件拆卸下来的一种静力或冲击力不大的拆卸方

法。它具有拆卸比较安全、不易损坏零件等优点，适用于拆卸精度较高的零件和无法敲击的零件。

a. 锥销、圆柱销的拉卸。可采用拔销器拉出端部带内螺纹的锥销、圆柱销。

b. 轴端零件的拉卸。位于轴端的带轮、链轮、齿轮以及轴承等零件，可用各种顶拔器拉卸，如图 4-2 所示。拉卸时，首先将顶拔器拉钩扣紧被拆卸件端面，顶拔器螺杆顶在轴端，然后手柄旋转带动螺杆旋转而使带内螺纹的支臂移动，从而带动拉钩移动而将轴端的带轮、齿轮以及轴承等零件拉卸。

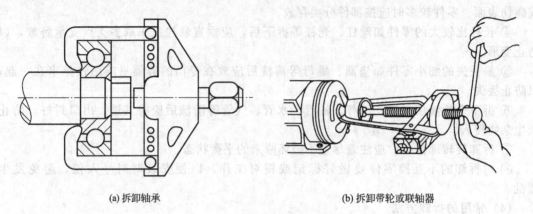

(a) 拆卸轴承　　　　　　　　　　　　　　(b) 拆卸带轮或联轴器

图 4-2　轴端零件的拉卸

c. 轴套的拉卸。轴套一般是以铜、铸铁、轴承合金等较软的材料制成，若拉卸不当易变形，因此不需要更换的套一般不拆卸，必须拆卸时需用专用拉具拉卸。

d. 钩头键在拉卸时常用锤子、錾子将键挤出，但易损坏零件。若用专用拉具则较为可靠，不易损坏零件。

拉卸时，应注意顶拔器拉钩与拉卸件接触表面要平整，各拉钩之间应保持平行，不然容易打滑。

③ 顶压法　是一种静力拆卸的方法，适用于拆卸形状简单的过盈配合件。常利用螺旋 C 形夹头、手压机、油压机或千斤顶等工具和设备进行拆卸，图 4-3 所示为压力机拆卸轴承。

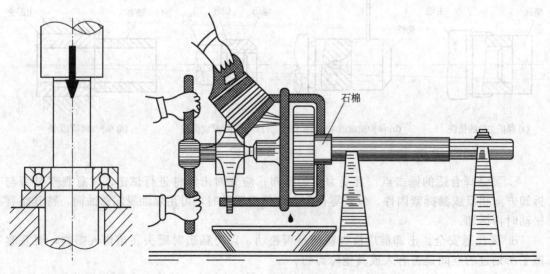

石棉

图 4-3　压力机拆卸轴承　　　　　　　　　图 4-4　轴承的加热拆卸

④ 温差法 是利用材料热胀冷缩的性能，加热包容件或冷却被包容件使配合件拆卸的方法，常用于拆卸尺寸较大、过盈量较大的零件或热装的零件。例如拆卸尺寸较大的轴承与轴时，对轴承内圈加热来拆卸轴承，如图 4-4 所示。加热前把靠近轴承部分的轴颈用石棉隔离开来，防止轴颈受热膨胀，用顶拔器拉钩扣紧轴承内圈，给轴承施加一定拉力，然后迅速将 100℃左右的热油倾倒在轴承内圈上，待轴承内圈受热膨胀后，即可用顶拔器将轴承拆卸。

⑤ 破坏法 是拆卸中应用最少的一种方法，只有在拆卸焊接、铆接、密封连接等固定连接件和相互咬死的配合件时才不得已采用保存主件、破坏副件的措施。破坏法拆卸一般采用车、铣、锯、錾、钻、气割等方法进行。

(5) 典型零部件的拆卸

① 螺纹连接的拆卸 螺纹连接在机械设备中应用最为广泛，它具有结构简单、调整方便和可多次拆卸装配等优点。其拆卸虽然比较容易，但有时因重视不够或工具选用不当、拆卸方法不正确等而造成损坏，因此应注意选用合适的扳手或螺丝刀，尽量不用活扳手；对于较难拆卸的螺纹连接件，应先弄清楚螺纹的旋向，不要盲目乱拧或用过长的加力杆；拆卸双头螺柱，要用专用的扳手。

a. 断头螺钉的拆卸 如果螺钉断在机体表面及以下时，可以用下列方法进行拆卸。

ⅰ. 在螺钉上钻孔，打入多角淬火钢杆，将螺钉拧出，如图 4-5 所示。注意打击力不可过大，以防损坏机体上的螺纹。

ⅱ. 在螺钉中心钻孔，攻反向螺纹，拧入反向螺钉旋出，如图 4-6 所示。

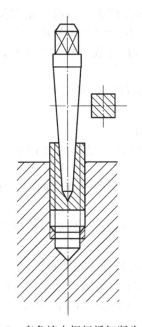

图 4-5 多角淬火钢杆拆卸断头螺钉

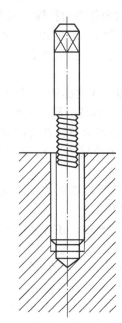

图 4-6 攻反向螺纹拆卸断头螺钉

ⅲ. 在螺钉上钻直径相当于螺纹小径的孔，再用同规格的螺纹刃具攻螺纹；钻相当于螺纹大径的孔，重新攻一个比原螺纹直径大一级的螺纹，并选配相应的螺钉。

ⅳ. 用电火花在螺钉上打出方形或扁形槽，再用相应的工具拧出螺钉。

如果螺钉的断头露在机体表面外一部分时，可以采用如下方法进行拆卸。

ⅰ. 在螺钉的断头上用钢锯锯出沟槽，然后用一字螺丝刀将其拧出或在断头上加工出扁头或方头，然后用扳手拧出。

ⅱ. 在螺钉的断头上加焊一弯杆［见图 4-7(a)］或加焊一螺母［见图 4-7(b)］拧出。

ⅲ. 断头螺钉较粗时，可用扁錾子沿圆周剔出。

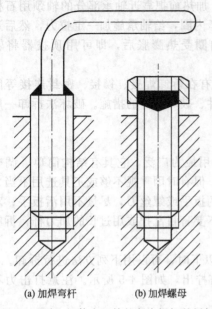

(a) 加焊弯杆　　(b) 加焊螺母

图 4-7　露出机体表面外的断头螺钉的拆卸

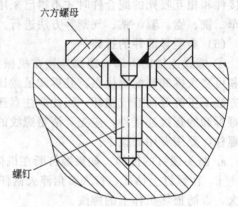

六方螺母

螺钉

图 4-8　拆卸打滑六角螺钉

b. 打滑六角螺钉的拆卸　六角螺钉用于固定连接的场合较多，当内六角磨圆后会产生打滑而不容易拆卸，这时用一个孔径比螺钉头外径稍小一点的六方螺母放在内六角螺钉头上，如图 4-8 所示，然后将螺母与螺钉焊接成一体，待冷却后用扳手拧六方螺母，即可将螺钉迅速拧出。

c. 锈死螺纹件的拆卸　锈死螺纹件有螺钉、螺柱、螺母等，当其用于紧固或连接时，由于生锈而很不容易拆卸，这时可采用下列方法进行拆卸。

ⅰ. 用手锤敲击螺纹件的四周，以震松锈层，然后拧出。

ⅱ. 可先向拧紧方向稍拧动一点，再向反方向拧，如此反复拧紧和拧松，逐步拧出为止。

ⅲ. 在螺纹件四周浇些煤油或松动剂，浸渗一定时间后，先轻轻锤击四周，使锈蚀面略微松动后，再拧出。

ⅳ. 若零件允许，还可采用快速加热包容件的方法，使其膨胀，然后迅速拧出螺纹件。

ⅴ. 采用车、锯、錾、气割等方法，破坏螺纹件。

d. 成组螺纹连接件的拆卸　除按照单个螺纹件的方法拆卸外，还要做到如下几点。

ⅰ. 首先将各螺纹件拧松 1～2 圈，然后按照一定的顺序，先四周后中间按对角线方向逐一拆卸，以免力量集中到最后一个螺纹件上，造成难以拆卸或零部件的变形和损坏。

ⅱ. 处于难拆部位的螺纹件要先拆卸下来。

ⅲ. 拆卸悬臂部件的环形螺柱组时，要特别注意安全。首先要仔细检查零部件是否垫稳，起重索是否捆牢，然后从下面开始按对称位置拧松螺柱进行拆卸。最上面的一个或两个螺柱，要在最后分解吊离时拆下，以防事故发生或零部件损坏。

ⅳ. 注意仔细检查在外部不易观察到的螺纹件，在确定整个成组螺纹件已经拆卸完后，方可将连接件分离，以免造成零部件的损伤。

② 过盈配合件的拆卸　拆卸过盈配合件，应根据零件配合尺寸和过盈量的大小，选择合适的拆卸方法、工具和设备，如顶拔器、压力机等，不允许使用铁锤直接敲击零部件，以

防损坏。在无专用工具的情况下，可用木锤、铜锤、塑料锤或垫以木棒、木块、铜棒、铜块用铁锤敲击。无论使用何种方法拆卸，都要检查有无销钉、螺钉等附加固定或定位装置，若有应先拆下；施力部位应正确，以使零件受力均匀，例如对轴类零件，作用力应在受力面的中心；要保证拆卸方向的正确性，特别是带台阶、有锥度的过盈配合件的拆卸。

滚动轴承的拆卸属于过盈配合件的拆卸，在拆卸时除遵循过盈配合件的拆卸要点外，还要注意尽量不用滚动体传递力。拆卸尺寸较大的轴承或过盈配合件时，为了使轴和轴承免受损害，可利用加热法来拆卸。

③ 不可拆连接件的拆卸　焊接件的拆卸可用锯割、等离子切割，或用小钻头排钻孔后再锯或錾，也可用氧炔焰气割等方法。铆接件的拆卸可用錾掉、锯掉或气割掉铆钉头，或用钻头钻掉铆钉等。操作时，应注意不要损坏基体零件。

4.1.2　机械设备的清洗和除污

设备及其零部件表面污物的清除是设备修理中的重要一环。它将直接影响修理质量、设备使用寿命及修理成本。

设备及零部件表面污物主要有油污、水垢、积炭、旧漆层和锈层等。

根据零件的材质、精密程度、污物性质不同，各种工序对清洁程度的要求不同，必须采用不同的清除方法，选择适宜的设备、工具、工艺和清洗介质，才能获得良好的清除效果。

清除污物的方法有机械法、物理法、化学法、电化学法或者这些方法的组合。

(1) 设备的外部清洗

设备在保养或维修前，均需要清除外部尘土、油污、泥沙等脏物。外部清洗一般采用1～10MPa压力的冷水进行冲洗，对于密度较大的厚层污物，可以加入适量的化学清洗剂并提高喷射压力和温度。

常见的外部清洗设备如下。

① 单枪射流清洗机　这种清洗机依靠高压连续射流或汽-水射流的冲刷作用或射流与洗涤剂的化学作用相配合来清除污物。

采用射流清洗，当压力不变时，其生产效率与清洗液的体积成正比；当喷嘴与被清洗表面距离为50～200mm时，射流压力最大，距离再增大，压力会急剧下降。图4-9为汽-水射流清洗机示意。

② 多喷嘴射流清洗机　有门框移动式和隧道固定式两种。喷嘴安装位置和数量，根据设备的用途不同而异。一般由喷嘴架、加压泵、泥水分离器、沉淀池及加热装置等组成。国外用于汽车的电脑全自动洗车机，所有洗车程序由电脑操控，可选择多种清洗功能，有特大的显示牌，用图显示工作过程。可选择的程序包括：普通清洗及吹干；附带车轮刷洗；添加化学洗涤剂；涂蜡；底盘清洗。各种程序可自由选配，以适合不同的清洗要求。

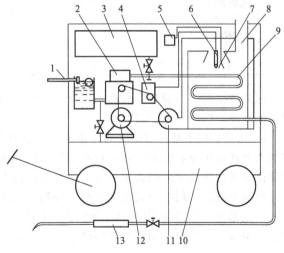

图 4-9　汽-水射流清洗机示意

1—供水管；2—水泵；3—燃料箱；4—燃料泵；5—高压变压器；6—喷嘴；7—火花塞；8—热交换器；9—热交换器蛇管；10—清洗剂箱；11—风机；12—电动机；13—水枪

(2) 零部件表面油污的清洗

① 清洗液

a. 碱性化合物清洗液　它是碱或碱性盐的水溶液。其除油机理主要靠皂化和乳化作用。油类有动植物油和矿物油两大类。前者和碱性化合物溶液可发生皂化作用生成肥皂和甘油而溶解于水中；矿物油在碱性溶液中不能溶解，清洗时需利用加入碱性化合物溶液中的乳化剂，使油脂形成乳浊液而脱离零件表面。常用的乳化剂是肥皂和水玻璃等。

清洗钢铁零件时，可以表4-1中的配方作参考；清洗铝合金零件时，可以表4-2中的配方作为参考。配方中苛性钠起皂化作用；碳酸钠起软化水的作用，并维持溶液有一定碱性；硅酸钠主要起乳化作用，它与肥皂混合使用时效果会更好；磷酸盐能增加溶液对零件的润湿能力，并有一定乳化和缓蚀作用，另外它与硬水的钙、镁离子结合生成难溶于水的、并以溶渣形式自溶液中析出的钙盐和镁盐，对水起软化作用。

表 4-1　清洗钢铁零件用的配方　　　　　　　　　　　　kg

成　　分	配方 1	配方 2	配方 3	配方 4
苛性钠	7.5	20	—	—
碳酸钠	50	—	5	—
磷酸钠	10	50	—	—
软肥皂	1.5	—	5	3.6
硅酸钠	—	30	2.5	—
磷酸三钠	—	—	1.25	—
磷酸二钠	—	—	1.25	—
偏硅酸钠	—	—	—	4.5
重铬酸钾	—	—	—	0.9
水	1000	1000	1000	450

表 4-2　清洗铝合金用的配方　　　　　　　　　　　　kg

成　　分	配方 1	配方 2	配方 3
碳酸钠	1.0	0.4	1.5~2.0
重铬酸钾	0.05	—	0.05
硅酸钠	—	0.15	—
磷酸钠	—	—	0.15~1.0
肥皂	—	—	0.2
水	100	100	100

碱液清洗时，一般将溶液加热到 80~90℃。零件除油后，需用热水冲洗，以去掉表面残留的碱液，防止零件被腐蚀。

b. 化学合成水基金属清洗剂　水基金属除油剂是以表面活性剂为主的合成洗涤剂，有些加有碱性电解液，以提高表面活性剂的活性，并加入磷酸盐、硅酸盐等缓蚀剂。表面活性物质能显著地降低液体的表面张力，增加润湿能力，其类型有离子型和非离子型两种。

合成水基清洗剂溶液清洗油污时，要根据油污的类别、污垢的厚薄和密实程度、金属性质、清洗温度、经济性等因素综合考虑，需选择不同的配方。合成洗涤剂温度在 80℃左右清洗效果较好。需要短期保存的零件，用含硅酸盐的合成洗涤剂清洗后不需进行辅助的防腐处理。

c. 有机溶剂　常见的有机溶剂有煤油、轻柴油、汽油、三氯乙烯、丙酮和酒精等。有机溶剂清除油污是以溶解污物为基础的。由于溶剂表面张力小，能够很好地使被清除表面润湿并迅速渗透到污物的微孔和裂隙中，然后借助于喷、刷等方法将油污去掉。

有机溶剂对金属无损伤，可溶解各类油、脂，清洗时一般不需加热，使用简便，清洗效果好。但有机类清洗液多数为易燃物，清洗成本高，主要适用于精密零件的清洗。目前使用最多的有机溶剂为煤油、轻柴油和汽油。

② 清洗机　零部件的清洗大多采用隧道式和箱式清洗机。隧道式清洗机采用多喷嘴压力喷射的方法对零部件进行冲洗，主要用于碱或碱性盐水溶液及水基金属清洗液。

箱式清洗机的清洗方式主要有多喷嘴连续射流或脉动射流清洗、浸渍-机械振动清洗、浸渍-超声波清洗。

a. 多喷嘴连续射流或脉动射流清洗　喷射压力约在 0.05～10MPa 范围内，具体采用多高压力，要根据污物密实程度、厚薄、性质及清洗液种类而定。对大中型零件表面牢固的污物，采用 2～10MPa 的压力射流；大多数情况下对中小型零件的薄层污物，采用压力为 0.05～1MPa 的连续射流或脉动射流，使用各种合成洗涤剂或碱性溶液可达到去污目的。采用脉动射流，断续地作用于污物表面时，其累积效应得到增强，因为在每次喷射的停歇间隔内，被清洗表面上的液体边界层被破坏，而这一边界层会削弱射流对污物的机械作用，清洗液的断续多次冲击作用，加强了射流的去污作用，当使用频率为 1Hz 的断续脉动射流时，可使清洗过程的生产能力提高 35%。

图 4-10 所示为脉动射流清洗机示意，图 4-11 所示为连续射流清洗机示意。

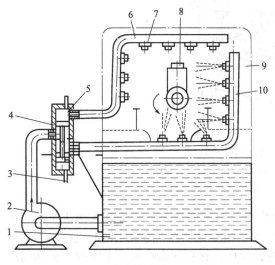

图 4-10　脉动射流清洗机示意
1—洗涤剂箱；2—泵；3—细管；4—分流阀；
5—分配装置；6,10—龙头系统；7—喷嘴；
8—试件；9—清洗室

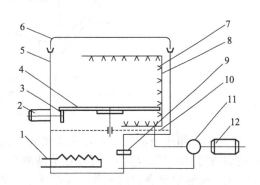

图 4-11　连续射流清洗机示意
1—加热电阻元件；2—驱动电机；3—摩擦轮；
4—旋转托架；5—清洗箱体；6—清洗箱盖；
7—喷嘴；8—喷管；9—温度传感器；10—滤
网；11—清洗液泵；12—电动机

清洗机中采用的喷嘴结构有圆筒形、圆锥形、锥筒形和锥体形，如图 4-12 所示。从流

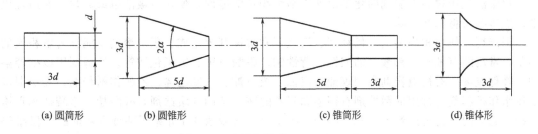

(a) 圆筒形　　　(b) 圆锥形　　　(c) 锥筒形　　　(d) 锥体形

图 4-12　喷嘴的类型（$\alpha=13°\sim15°$）

体力学性能来讲，锥体形最好，液体射流能量最大，但因结构复杂，清洗机中多采用简单的圆筒形、圆锥形或锥筒形。

b. 浸渍-机械振动清洗　它是将被清洗的部件放在料框或料架上浸没在清洗液中，并使其产生振动，模拟人工漂刷动作，并与洗涤剂的化学作用相配合，达到清除污物的目的。图 4-13 为浸渍-振动清洗机结构示意。

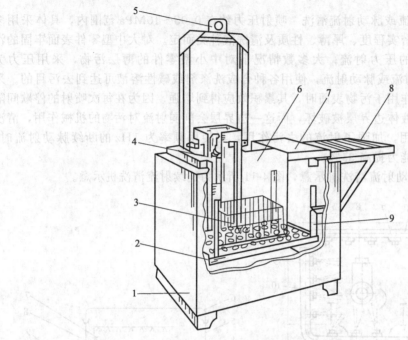

图 4-13　浸渍-振动清洗机结构示意
1—箱体；2—振动台；3—零件料筐；4—压气缸；5—温度表；
6—加热元件；7—顶盖；8—滚道；9—振动台挡板

c. 浸渍-超声波清洗　它是靠清洗液的化学作用与引入清洗液中的超声波振荡作用相配合达到去污目的。超声波可以使清洗液中产生大量的空化气泡，这些气泡的直径约为50～500μm，气泡中充满着溶液蒸汽及溶液中所溶解的气体，这些气泡在振动压缩的半波期间产生爆破，破裂时可产生几十兆帕的局部液压冲击波，冲击波促使污物汽蚀而产生裂纹，加速了清洗液的乳化和溶解作用，达到洁净零件的目的。

超声波发生器一般使用磁致伸缩式，有些小功率清洗机也采用压电陶瓷晶体式。

(3) 零件表面其他污物的清除

① 清除积炭　积炭是由于燃料燃烧不完全、并在高温作用下形成的一种由胶质、沥青质、焦油质和炭质等组成的复杂混合物。通常采用化学法并辅以机械法清除。

化学法是用称为退炭剂的化学溶液浸泡带积炭的零件，使积炭被溶解或软化，然后辅以洗、擦等办法将积炭清除。

退炭剂一般由积炭溶剂、稀释剂、活性剂和缓蚀剂等组成。积炭溶剂是能够溶解积炭的物质，常用的有苯酚、焦酸、油酸钾、苛性钠、磷酸三钠、氢氧化铵等。稀释剂用以稀释溶剂、降低成本，有机退炭剂常用煤油、汽油、松节油、二氯乙烯、乙醇作稀释剂，无机退炭剂用水作稀释剂。常用的活性剂有钾皂和三乙醇胺。常用的缓蚀剂有硅酸盐、铬酸盐和重铬酸盐，它们的含量占退炭剂的 0.1%～0.5%。表 4-3 及表 4-4 介绍了两种退炭剂配方供维修使用时参考。

表 4-3　常用退炭剂配方（一）　　　　　　　　　　　　　　　　　　　　　kg

成　分	钢件和铸铁件			铝合金件		
	配方 1	配方 2	配方 3	配方 1	配方 2	配方 3
苛性钠	2.5	10	2.5	—	—	—
碳酸钠	3.3	—	3.1	1.85	2.0	1.0
硅酸钠	0.15	—	1.0	0.85	0.8	—
软肥皂	0.85	—	0.8	1.0	1.0	1.0
重铬酸钾	—	0.5	0.5	—	0.5	0.5
水/L	100	100	100	100	100	100

表 4-4　常用退炭剂配方（二）（成分按体积）

成　分	%	备　注
醋酸乙酯	4.5	积炭零件浸泡 2～3h，取出用毛刷蘸汽油将积炭刷掉。效
丙酮	1.5	果好，方便，但对铜有腐蚀。对钢、铁、铝等均无腐蚀
乙醇	22	要有良好的通风
苯	40.8	
石蜡	1.2	
氨水	30	

② 清除水垢　在机械的冷却系统中，长期使用含有可溶性钙盐、镁盐较多的硬水后，在冷却器及管道内壁上会沉积一层黄白色的水垢，水垢的主要成分是碳酸盐、硫酸盐，有些还含有二氧化硅等。水垢的热导率为钢的 $1/20～1/50$，严重影响冷却系统的正常工作，必须定期清除。清除水垢的化学清除液可根据水垢成分和零件的金属材料选用。

a. 钢铁零件上的水垢

ⅰ. 对含碳酸钙和硫酸钙较多的水垢，首先用 8%～10% 的盐酸溶液加入 3～4g/L 的乌洛托品缓蚀剂，并加热至 50～80℃，处理 50～70min。然后取出零件或放出清洗液，再用含 5g/L 的重铬酸钾溶液清洗一遍；或再用 5% 浓度的苛性钠水溶液注入水套内，中和其中残留的酸溶液，最后用清水冲洗干净。

ⅱ. 对含硅酸盐较多的水垢，首先用 2%～3% 的苛性钠溶液进行处理，温度控制在 30℃ 左右，浸泡 8～10h，放出清洗液，再用热水冲洗几次，洗净零件表面残留的碱质。

ⅲ. 用 3%～5% 的磷酸三钠溶液，能清洗任何成分的水垢，溶液温度为 60～80℃，处理后用清水冲洗干净。

b. 清洗铝合金零件上的水垢　清洗液可采用下述配方：将磷酸 100g 注入 1L 水中，再加入 50g 铬酐，并仔细搅拌均匀，在 30℃ 左右的温度下浸泡 30～60min 后，用清水冲洗，最后用温度为 80～100℃ 的重铬酸钾含量为 0.3% 的水溶液清洗。

③ 清除旧漆层　可采用单独的溶剂，也可采用各种溶剂的混合液，清除漆层的各种溶液（俗称退漆剂）分为有机退漆剂和碱性退漆剂两种。

a. 有机退漆剂　主要由溶剂、助溶剂、稀释剂、稠化剂等组成。溶剂有芳烃、氯化衍生烃、醇类、醚类和酮类等。助溶剂可用乙醇、正丁醇等。稀释剂可用甲苯、二甲苯、轻石油溶剂等。加入稠化剂是为了延缓活性组分的蒸发，常用石蜡、乙基纤维素作稠化剂。表 4-5 是有关资料推荐的配方。

表 4-5　有机退漆剂配方（成分含量按质量）　　　　　　　　　　　　　　　　　%

成分	二氯甲烷	甲酸	硝棉胶	石蜡	乙基纤维素	乙醇	甲苯	缓蚀剂	备　注
配方一	83			3	6	8	10	0.02	后两种成分未计算在百分比内
配方二	70～80	6～7	5～6	1.2～1.8		8～10			

表 4-5 所列的退漆剂中，同时有低分子溶剂（二氯甲烷）及表面活性剂（甲酸和乙醇）可使退漆剂经漆膜很快扩散并使漆膜和底漆一起剥落，处理时间约为 20～40min，膨胀后用木刮板刮掉，再用稀释剂或汽油擦拭。

b. 碱性退漆剂　主要成分为溶剂、表面活性剂、缓蚀剂和稠化剂，配成水溶液使用。

碱性溶液主要用苛性钠、磷酸三钠和碳酸钠使漆层软化或溶解。表面活性剂采用脂肪酸皂、松香水、烷基芳香基磺酸酯等，缓蚀剂用硅酸钠，稠化剂用滑石粉、胶淀粉、乙醇酸钠等。表 4-6 为有关资料推荐的碱性退漆剂的配方。

表 4-6　碱性退漆剂配方

成　分	含　量		
	配方 1	配方 2	配方 3（成分按质量）
磷酸氢二钠	8g		
磷酸三钠	6g		
碳酸钠	3g		10％
软肥皂	0.5g		
水玻璃	3g		
水	1L		
苛性钠	5～10g	5％～10％的水溶液	77％
多羟醇			5％
甲酚钠			5％
表面活性物质（脂肪酸皂、石油磺酸酯、磺化蓖麻油）			3％
温度	90～95℃	90～100℃	6％～15％上述混合物加 85％～94％的水，将此溶液加热至 93℃
时间	煮泡 1～5h	20～30min	
配制	上述药品逐次溶于水中搅拌均匀		
退漆后的处理	取出零件后用 48℃温水刷洗、烘干	取出零件在 40～50℃热水中洗刷，再用自来水冲洗，室温下干燥	

④ 除锈　设备的各种金属零件，由于与大气中的氧、水分等发生化学与电化学作用，表面生成一层腐蚀产物，通常称为生锈或锈蚀。这些腐蚀产物主要是金属氧化物、水合物和碳酸盐等。Fe_2O_3 及其水合物是铁锈的主要成分。根据具体情况，除锈时可采用机械方法、化学方法或电化学方法。

a. 机械除锈　它是利用机械的摩擦、切削等作用清除锈层的，常用的方法有刷、磨、抛光、喷砂等，可依靠人力用钢丝刷、刮刀、砂布等刷、刮或打磨锈蚀层，也可用电动机或风动机作动力带动各种除锈工具清除锈层，如磨光、刷光、抛光和滚光等。

b. 化学除锈　它是利用金属的氧化物容易在酸中溶解的性质，用一些酸性溶液清除锈层，主要使用的有硫酸、盐酸、磷酸或几种酸的混合溶液，并加入少量缓蚀剂。因为溶液属酸性，故又称酸洗。

在酸洗过程中，除氧化物的溶解外，钢铁零件本身还会和酸作用，因此有铁的溶解与氢的产生和析出。而氢原子的体积非常小，易扩散到钢铁内部，造成相当大的内应力，从而使零件的韧性降低，脆性及硬度提高，这种现象称为氢脆。在酸液中加入石油磺酸钡或乌洛托品等缓蚀剂，能在清洁的钢铁表面吸附成膜，阻止零件表面金属的再腐蚀，并防止氢的侵入。

现介绍几种除锈配方。

ⅰ.硫酸液除锈　对于钢铁零件，用密度 1.84g/cm³ 的硫酸 65mL，溶于 1L 水中，加入缓蚀剂 3～4g 或每升水中加入密度为 1.84g/cm³ 的硫酸 200g。对于铜及其合金零件，采取每升水中加入密度为 1.84g/cm³ 的硫酸 10%～15%。

稀释硫酸时，切记"必须把硫酸缓缓倒入水中，并不断搅拌"，绝不能把水倒入硫酸中。

ⅱ.盐酸溶液除锈　对于钢铁零件，用密度为 1.19g/cm³ 的盐酸，在室温（20℃左右）条件下酸洗 30～60s。对于铜及其合金零件，在 1L 水中加 3～10g 缓蚀剂，与 1L 盐酸混合后在室温条件下使用。

ⅲ.磷酸溶液除锈　采用 80℃的浓度为 2%的磷酸水溶液清洗，洗后不用水冲洗，在钢铁表面生成一层磷酸铁。磷酸铁能防止零件继续腐蚀，能和漆层良好地结合。此法主要用于油漆、喷塑等涂装前除锈，但不适用于电镀前除锈。

对锈蚀不十分严重、精密度较高的中小型零件，可采用磷酸 8.5%、铬酐 15%、水 76.5%的溶液在 85～95℃温度下清洗 20～60min。

c.电化学除锈　又称电解腐蚀或电解浸蚀除锈，分为阳极除锈法和阴极除锈法两种。

阳极除锈是将锈蚀件作阳极，用镍、铅作阴极，置于硫酸溶液中，通电后依靠阳极金属的溶解和阳极表面析出氧气的搅动作用而除锈。常用电解液配方为：硫酸（密度 1.84g/cm³）；5～10g/L；硫酸亚铁；200～300g/L；硫酸镁 50～60g/L。

阳极电流密度为 5～10A/dm³，电解液温度为 20～60℃。阳极除锈容易浸蚀过度，只适应于外形简单的零件。

阴极除锈是把零件作阴极，铅或铅锑合金作阳极，通电后主要靠大量析出的氢把氧化铁还原及氢对氧化铁膜的机械剥离作用来清除金属锈层。阴极除锈无过蚀问题，但氢容易渗入金属中产生氢脆。电解液中加入铅或锡的离子后可克服氢脆问题。阴极除锈常用电解液配方为：水 1L；硫酸 44～50g；盐酸 25～30g；食盐 20～22g。阴极电流密度为 7～10A/dm³，电解液温度为 60～70℃。

4.2 机械零件的技术鉴定

机械零件的技术鉴定分修前鉴定、修后鉴定和装配鉴定。修前鉴定在机械设备拆卸后进行，对已确定需要修复的零件，可根据零件损坏情况及生产条件确定适当的修复工艺，并提出修理技术要求；对报废的零件，要提出需要补充的备件型号、规格和数量，没有备件的需提出零件工作图或进行测绘。修后鉴定是指检验零件加工后或修理后的质量是否达到了规定的技术标准，以确定是成品、废品或是返修品。装配鉴定是指检查所有待装零件的质量是否合格、能否满足装配技术要求。在装配过程中，对每道工序进行检验，以免中间工序不合格而影响装配质量。组装后，检验累积误差是否超过装配技术要求。机械设备总装后进行试运转，检验工作精度、几何精度及其他性能，以检查修理质量是否合格，同时进行相应调整。

4.2.1 机械零件检验的分类及其技术条件

机械维修过程中，零件的检验是一道重要工序。它不仅影响维修质量，也影响修理成本。

零件从设备上拆下后，通过检验和测量确定其技术状态，便可将其划分为可用的、需要修理的和需要报废的三大类。

可用零件是指其所处技术状态仍能满足规定要求，可不经任何修理便直接进行装配的零件。如果零件所处技术状态已超过规定要求，则属于需要修理的零件。不过有些零件虽然通过修理能达到技术要求，但费用高、不经济，此时通常不修理而换用新零件。当零件出现如材料变质、强度不足等技术状态已无法修复时，应作报废处理。

机械零件检验和分类时，必须综合考虑下列技术条件。

① 零件的工作条件与性能要求，如零件材料的力学性能、热处理及表面特性等。

② 零件可能产生的如龟裂、裂纹等缺陷对其使用性能的影响，掌握其检测方法与标准。

③ 易损零件的极限磨损及允许磨损标准。

④ 配合件的极限配合间隙及允许配合间隙标准。

⑤ 零件的其他特殊报废条件，如镀层性能、轴承合金与基体的结合强度、平衡性和密封件的破坏等。

⑥ 零件工作表面状态异常，如精密零件工作表面的划伤、腐蚀等。

4.2.2　机械零件的检验方法

目前，机械零件常用的检测方法有检视法、测量法和隐蔽缺陷的无损检测法等。一般根据生产具体情况选择相应的检测方法，以便对零件的技术状态作出全面、准确的鉴定。

(1) 检视法

它主要是凭人的眼、手和耳等器官感觉或借助于放大镜、手锤等简单工具、标准块等量具进行检验、比较和判断零件的技术状态的一种方法。此法简单易行，不受条件限制，因而普遍采用。虽然检验的准确性主要依赖于检查人员的生产实践经验，且只能作定性分析和判断，但仍然是不可缺少的重要检测手段。

(2) 测量法

用测量工具和仪器对零件的尺寸精度、形状精度及位置精度进行检测。该方法是应用最多、最基本的检查方法。

(3) 隐蔽缺陷的无损检测法

无损检测主要是确定零件隐蔽缺陷的性质、大小、部位及其取向等，因此在具体选择无损检测方法时，必须结合零件的工作条件，综合考虑其受力状况、生产工艺、检测要求及经济性等。

目前在生产中常用的无损检测方法主要有磁粉法、渗透法、超声波法和射线法等。

① 磁粉法　此法设备简单，检测可靠，操作方便，但仅适用于铁磁性材料及其合金的零件表面和表面下 2～5mm 以内的近表面缺陷的检测。其原理是：利用铁磁材料在电磁场作用下能够产生磁化的现象，被测零件在电磁场作用下，由于其表面或近表面存在缺陷，磁力线只得绕过缺陷产生磁力线泄漏或聚集形成局部磁极吸附磁粉，从而显示出缺陷的位置、形状和走向。图 4-14 所示为磁粉法探伤的原理。

采用磁粉法检测时，必须注意磁化方法的选择，使磁力线方向尽可能垂直或以一定角度穿过缺陷的走向以获得最佳的检测效果，同时应注意检测后必须退磁。

② 渗透法　用渗透法可检测出任何材料制作的零件和零件任何形状表面上约 $1\mu m$ 左右宽度的微裂纹，此法检测简单、方便。其原理和过程是：在清洗后的零件表面上涂上渗透剂，渗透剂通过表面缺陷的毛细管作用进入缺陷中，这时可利用缺陷中的渗透剂在紫外线照射下能够产生荧光的特点将缺陷的位置和形状显示出来。渗透检测法的原理和过程如图 4-15所示。

③ 超声波法　此法的主要特点是穿透能力强、灵敏度高，适用范围广，不受材料限制，

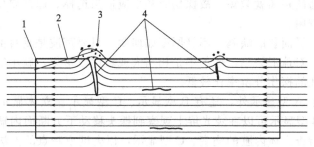

图 4-14 磁粉法探伤原理

1—零件；2—磁力线；3—磁粉；4—缺陷（裂纹）

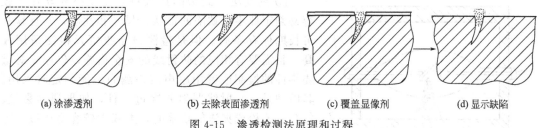

(a) 涂渗透剂   (b) 去除表面渗透剂   (c) 覆盖显像剂   (d) 显示缺陷

图 4-15 渗透检测法原理和过程

设备轻巧，使用方便，可到现场检测，但仅适用于零件的内部缺陷的检测。其原理是：利用石英、钛酸钡等物质的压电效应产生的超声波在介质中传播时，遇到零件内部裂纹、夹渣和缩孔等缺陷会产生反射、折射等特性，通过检测仪器可将超声波在缺陷处产生的反射、折射波显示在荧光屏上，从而确定零件内部缺陷的位置、大小和性质等。超声波探伤 A 型显示原理如图 4-16 所示。

超声波频率越高，方向性越好，就能以很狭窄的波束向介质中传播，这样就容易确定缺陷的位置，而且频率愈高，波长就愈短，能检测的陷缺尺寸就愈小。然而频率愈高，传播时

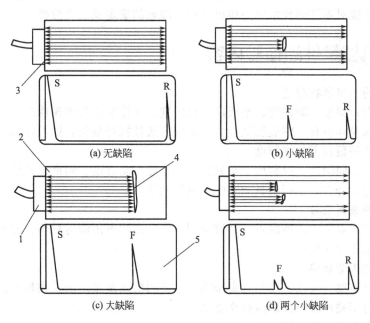

(a) 无缺陷   (b) 小缺陷

(c) 大缺陷   (d) 两个小缺陷

图 4-16 超声波探伤 A 型显示原理

1—探头；2—被检零件；3—声波示意；4—缺陷；5—荧光屏

的衰减也愈大，传播的距离就愈短，故探伤时频率应适当选择。通常要使材料晶粒度尺寸在检测的声波波长范围内。

超声波探伤对于平面状的缺陷，不管厚度如何薄，只要声波是垂直的射向它，就可得到很高的缺陷反射波。对球形缺陷，假如不是相当大或者比较密集，就不能得到足够的缺陷回波。所以对单个气孔的探伤分辨率比较低。

超声波探伤除了 A 型显示外，还有 B 型显示、C 型显示、立体显示、超声波电视法及超声全息技术等。B 型显示可以在荧光屏上观察到探头移动下方断面内缺陷分布情况，此法目前多用于医学上检查人体内脏的病变。C 型显示可以亮度或暗点的方法在荧光屏上显示探头下方是否有缺陷，即显示缺陷的投影；最近已有了用颜色（如蓝、绿、红）显示缺陷深度的方法。立体显示是 B 型和 C 型的组合。

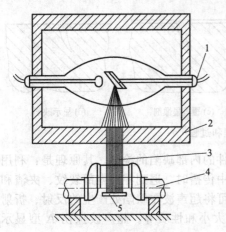

图 4-17 射线检测原理
1—射线管；2—保护箱；3—射线；
4—零件；5—感光胶片

④ 射线法　此法的最大特点是从感光软片上较容易判定此零件缺陷的形状、尺寸和性质，并且软片可长期保存备查。但是检测设备投资及检测费用较高，且需要有相应的防射线的安全措施，仅用于对重要零件的检测或者用超声波检测尚不能判定时采用。其原理是：X 射线照射并穿过零件，如果遇到裂纹、气孔、疏松或夹渣等缺陷时，射线则较容易透过，这样从被测零件缺陷处透过的射线能量较其他地方多；当这些射线照射到软片上，经过感光和显影后，形成不同的黑度（反差），利用这一特点，从而分析判断出零件缺陷的形状、大小和位置。图 4-17 所示为射线检测原理。

必须指出，零件检测分类时，还必须注意结合零件的特殊要求进行相应的特殊试验，如高速运动的平衡试验、弹性件的弹性试验以及密封件的密封试验等，只有这样才能对零件的技术状态作出全面、准确的鉴定及正确分类。

4.2.3　机械零件的检验内容

(1) 零件的几何形状精度
检验项目有：圆度、圆柱度、平面度、直线度、线轮廓度和面轮廓度。检验时，一般采用通用量具，如游标量具、螺旋测微量具、量规、机械杠杆量仪，以及浮标式气动量仪等。

(2) 零件的表面相互位置精度
检验项目有：同轴度、对称度、位置度、平行度、垂直度、斜度以及跳动。检验一般采用心轴、量规与百分表等通用量具相互配合进行测量。

(3) 零件的表面质量
主要检查疲劳剥落、腐蚀麻点、裂纹及刮痕等。裂纹可用渗透探伤、磁粉探伤、涡流探伤及超声波探伤等方法检查。

(4) 零件的内部缺陷
内部缺陷有裂纹、气孔、疏松、夹杂等。主要用射线及超声波探伤检查。对于近表面的缺陷，有些也可用磁粉探伤和涡流探伤查出。

(5) 零件的力学物理性能
硬度、硬化层深度、磁导率等，可用电磁感应法进行无损检验。硬度也可用超声波、剩磁等方法进行无损检验。零件的表面应力状态可采用 X 射线、光弹性、磁性及超声波等方法测量。

（6）零件的重量与平衡

如活塞、活塞连杆组的重量差需要检查。一些高速转动的零部件，如曲轴飞轮组、汽车传动轴以及小汽车的车轮等需要进行动平衡检查。高速转动的零件，零件不平衡将引起机器的振动，并将给零件本身和轴承造成附加载荷，从而加速零件的磨损和其他损伤。动平衡需要在专门的动平衡机上进行。如曲轴动平衡机、小汽车车轮动平衡机等。在没有动平衡检验设备时，若进行拆卸和加工修理，要注意不破坏原来的组装状态，例如带有平衡块的曲轴，不要随便拆下平衡块，若必须拆开时，应预先做好记号。

4.2.4　典型机械零件的检验

（1）矩形花键的检验

花键的基本尺寸，如外径、内径、键宽等，用万能量具进行测量。它的形位误差用综合量规进行检验，如图 4-18 所示。其中图（a）适用于外径和键宽定心的内花键，它的前端有一导向圆柱面；图（b）有两个导向圆柱面，它适用于内径定心的内花键；图（c）为外花键综合量规，它是用量规后端面的圆柱孔直径来检验外花键的外径。

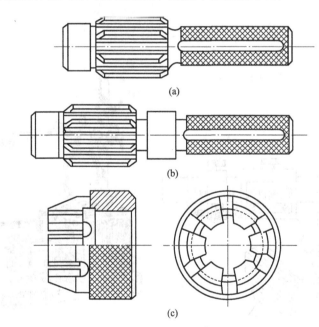

图 4-18　矩形花键量规

（2）滚动轴承的检验

一般先观察其座圈、滚珠或滚子表面有无裂纹、疲劳麻点及金属脱层等缺陷，然后用百分表在检验架上检查其径向和轴向间隙，如图 4-19 所示。

（3）齿轮的检验

齿轮常见的损坏有疲劳裂纹、疲劳麻点和剥落、齿表面磨损、断齿、轴孔及键槽磨损等。齿表面磨损一般用齿轮游标卡尺测量分度圆齿厚的偏差，如图 4-20 所示。

（4）螺旋压缩弹簧及活塞环弹力的检验

弹性金属零件，由于受热退火或疲劳，使其弹性减弱或产生疲劳裂纹。压缩弹簧及活塞

(a) 测量径向间隙　　　　　　　　　　　(b) 测量轴向间隙

图 4-19　滚动轴承的检验

环弹力，可用弹力检查仪检验，如图 4-21 所示，将弹簧压缩到规定的长度或将活塞环开口间隙压缩到规定的大小，然后测量其弹力，需达到规定的技术要求。

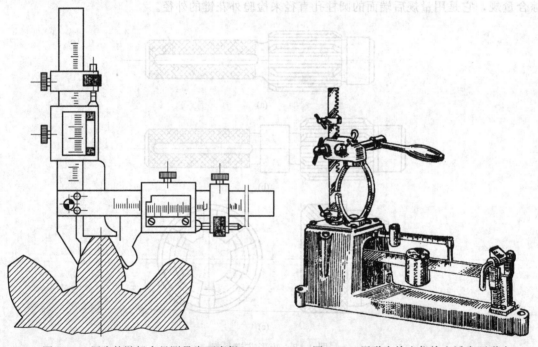

图 4-20　用齿轮游标卡尺测量齿面磨损　　　　　图 4-21　用弹力检查仪检查活塞环弹力

4.3　机械设备的装配

　　装配是整个机械设备检修过程中的最后一个环节。装配工作对机械设备的质量影响很大。若装配不当，即使所有零件加工合格，也不一定能够装配出合格的高质量的机械设备；反之，当零件制造质量不十分良好时，只要装配中采用合适的工艺方案，也能使机械设备达到规定的要求。因此，装配质量对保证机械设备质量起到了极其重要的作用。

4.3.1 机械装配的基本概念和工作内容

(1) 机械设备的组成

一台机械设备往往由上千至上万个零件组成，为了便于组织装配工作，必须将产品分解为若干个可以独立进行装配的装配单元，以便按照单元次序进行装配并有利于缩短装配周期。装配单元通常可划分为五个等级。

① 零件　是组成机械和参加装配的最基本单元。大部分零件都是预先装成合件、组件和部件再进入总装。

② 合件　是比零件大一级的装配单元。下列情况均属合件。

a. 两个以上零件，由铆、焊、热压装配等不可拆卸的连接方法连接在一起。

b. 少数零件组合后还需要合并加工，如齿轮减速箱体与箱盖、柴油机连杆与连杆盖，都是组合后镗孔的，零件之间对号入座，不能互换。

c. 以一个基准零件和少数零件组合在一起。

③ 组件　是一个或几个合件与若干个零件的组合。

④ 部件　由一个基准件和若干个组件、合件和零件组成，如主轴箱、进给箱等。

⑤ 机械设备　是由上述全部装配单元组成的整体。

(2) 装配过程

装配过程分为组件装配、部件装配和总装配。

① 组件装配　简称组装。组装就是将若干个零件安装在一个基础零件上而构成组件的过程。组件可作为基本单元进入装配。

② 部件装配　简称部装。部装就是将若干个零件、组件安装在另一个基础零件上而构成部件的过程。部件是装配中比较独立的部分。

③ 总装配　简称总装。总装就是将若干个零件、组件、部件安装在机器的基础零件上而构成一台完整的机器的过程。

(3) 装配工作内容

机械设备装配不是将合格零件简单地连接起来，而是要通过一系列工艺措施，才能最终达到产品质量要求。常见的装配工作有以下几项。

① 清洗　目的是去除零件表面或部件中的油污及机械杂质。

② 连接　连接的方式一般有两种，可拆连接和不可拆连接。可拆连接在装配后可以很容易拆卸而不致损坏任何零件，且拆卸后仍可重新装配在一起，例如螺纹连接、键连接等；不可拆连接，装配后一般不再拆卸，如果拆卸就会损坏其中的某些零件，例如焊接、铆接等。

③ 调整　包括校正、配作、平衡等。校正是指产品中相关零部件间相互位置找正，并通过各种调整方法，保证达到装配精度要求等。配作是指两个零件装配后确定其相互位置的加工，如配钻、配铰；或为改善两个零件表面结合精度的加工，如配刮及配磨等。配作是与校正调整工作结合进行的。平衡是指为了防止使用中出现振动，装配时对其旋转零部件进行的静平衡或动平衡。

④ 检验和试车　机械设备装配完毕，应根据有关技术标准和规定，对产品进行较全面的检验和试车，合格后才能准予出厂。

除上述装配工作外，油漆、包装等也属于装配工作。

4.3.2 机械装配的一般工艺原则和要求

机械设备修理后质量的好坏，与装配质量的高低有密切的关系。机械设备修理后的装配工艺是一个复杂细致的工作，是按技术要求将零部件连接或固定起来，使机械设备的各个零部件保持正确的相对位置和相对关系，以保证机械设备所应具有的各项性能指标。若装配工艺不当，即使有高质量的零件，机械设备的性能也很难达到要求，严重时还可造成机械设备或人身事故。因此，修理后的装配必须根据机械设备的性能指标，严肃认真地按照技术规范进行。做好充分周密的准备工作，正确选择并熟悉和遵从装配工艺是机械设备修理装配的两个基本要求。

(1) 装配的技术准备工作

① 研究和熟悉机械设备及各部件总成装配图和有关技术文件与技术资料，了解机械设备及零部件的结构特点、作用、相互连接关系及其连接方式，对于那些有配合要求、运动精度较高或有其他特殊技术条件的零部件，尤其应当引起特别的重视。

② 根据零部件的结构特点和技术要求，确定合适的装配工艺、方法和程序，准备好必备的工、量具及夹具和材料。

③ 按清单检测各备装零件的尺寸精度与制造或修复质量，核查技术要求，凡有不合格者一律不得装配，对于螺柱、键及销等标准件稍有损伤者，应予以更换，不得勉强留用。

④ 零件装配前必须进行清洗，对于经过钻孔、铰削、镗削等机械加工的零件，要将金属屑末清除干净；润滑油道要用高压空气或高压油吹洗干净；相对运动的配合表面要保持洁净，以免因脏物或尘粒等混杂其间而加速配合件表面的磨损。

(2) 装配的一般工艺原则

设备维修后装配时的顺序应与拆卸顺序相反。要根据零部件的结构特点，采用合适的工具或设备，严格仔细按顺序装配，注意零部件之间的方位和配合精度要求。

① 对于过渡配合和过盈配合零件的装配，如滚动轴承的内、外圈等，必须采用相应的铜棒、铜套等专门工具和工艺措施进行手工装配，或按技术条件借助设备进行加温、加压装配，遇到装配困难的情况，应先分析原因，排除故障，提出有效的改进方法，再继续装配，千万不可乱敲乱打、鲁莽行事。

② 对油封件必须使用心棒压入；对配合表面要经过仔细检查和擦净，若有毛刺应经修整后方可装配；螺柱连接按规定的扭矩值分次均匀紧固；螺母紧固后，螺柱的露出螺牙不少于两个且应等高。

③ 凡是摩擦表面，装配前均应涂上适量的润滑油，如轴颈、轴承、轴套、活塞、活塞销和缸壁等；各部件的纸板、石棉、钢皮、软木垫等密封垫应统一按规格制作，自行制作时应细心加工，切勿让密封垫覆盖润滑油、水和空气的通道；机械设备中的各种密封管道和部件，装配后不得有渗漏现象。

④ 过盈配合件装配时，应先涂润滑油脂，以利于装配和减少配合表面的初磨损；另外，装配时应根据零件拆卸下来时所做的各种安装记号进行装配，以防装配出错而影响装配进度。

⑤ 对某些有装配技术要求的零部件，如装配间隙、过盈量、灵活度、啮合印痕等，应边安装边检查，并随时进行调整，以避免装配后返工。

⑥ 在装配前，要对有平衡要求的旋转零件按要求进行静平衡或动平衡试验，合格后才能装配，这是因为某些旋转零件如带轮、飞轮、风扇叶轮、磨床主轴等新配件或修理件可能会由于金属组织密度不匀、加工误差、本身形状不对称等原因，使零部件的重心与旋转轴线不重合，在高速旋转时会因此而产生很大的离心力，引起机械设备的振动，加速零件磨损。

⑦ 每一个部件装配完毕，必须严格仔细地检查和清理，防止有遗漏或错装的零件，严防将工具、多余零件及杂物留存在箱体之中，确信无疑之后，再进行手动或低速试运行，以防机械设备运转时引起意外事故。

4.3.3　典型零部件的装配工艺

(1) 螺纹连接的装配

① 螺纹连接的预紧　为了得到可靠、紧固的螺纹连接，必须保证螺纹副具有一定的摩擦力矩，此摩擦力矩是由施加拧紧力矩后使螺纹副产生一定的预紧力而获得的。控制螺纹拧紧力矩的方法如下。

a. 利用专门的装配工具控制拧紧力矩的大小，如测力扳手、定扭矩扳手、电动扳手、风动扳手等。这类工具在拧紧螺栓时，可在读出所需拧紧力矩的数值时终止拧紧，或达到预先设定的拧紧力矩时便自行终止拧紧。

b. 测量螺栓的伸长量，控制拧紧力矩的大小。

c. 采用扭角法。扭角法的原理与测量螺栓伸长量法相同，只是将伸长量折算成螺母与各被连接件贴紧后再拧转的角度。

② 螺纹连接的防松　螺纹连接一般都具有自锁性，受静载荷或工作温度变化不大时，不会自行松脱。但在冲击、振动以及工作温度变化很大时可能产生松脱。为了保证连接可靠，必须采用防松装置。常用的防松装置有摩擦防松装置和机械防松装置两大类。摩擦防松又分为弹簧垫圈防松、对顶螺母防松、自锁螺母防松；机械防松又分为槽形螺母和开口锁联合防松、圆螺母带翅片防松、止动片防松。另外，还可以采用铆冲防松和粘接防松等方法。

③ 常用螺纹连接种类

a. 在机械制造中广泛应用的普通螺栓连接。

b. 主要用于不经常拆卸的部位，而上面的连接件可以经常拆卸，方便修理和调整的双头螺栓连接。

c. 用于受力不大、重量较轻的机件上的机用螺栓连接。

d. 广泛用于箱体及夹具中的定位板、齿条及密封装置中的内六角螺栓连接等。

④ 装拆螺栓连接的常用工具　装拆螺栓连接的主要工具有活扳手、呆扳手、内六角扳手、套筒扳手、棘轮扳手、螺丝刀等。在装拆双头螺栓时应采用专用工具，如图 4-22 所示。

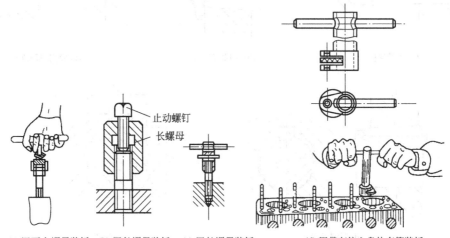

(a)用两个螺母装拆　(b)用长螺母装拆　(c)用长螺母装拆　　(d)用带有偏心盘的套筒装拆

图 4-22　装拆双头螺栓的工具

⑤ 螺纹连接的装配要求

a. 双头螺栓与机体螺纹连接应有足够的紧固性，连接后的螺栓轴线必须和机体表面垂直。

b. 为了润滑和防锈，在连接的螺纹部分均应涂润滑油。

c. 螺母拧入螺栓紧固后，螺栓应高出螺母 1.5 个螺距。

d. 拧紧力矩要适当。太大时，螺栓或螺钉易被拉长，甚至断裂或使机件变形；太小时，不能保证工作时的可靠性。

e. 拧紧成组螺栓或螺母时，应按一定的顺序进行，如图 4-23 所示。

f. 连接件在工作中受振动或冲击时，要装好防松装置。

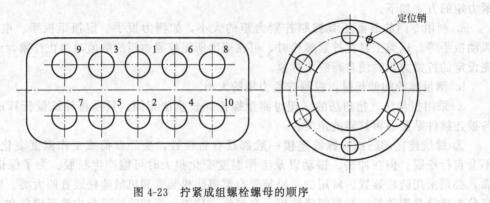

图 4-23　拧紧成组螺栓螺母的顺序

(2) 键连接的装配

键的连接可分为松键连接、紧键连接和花键连接三种。

① 松键连接的装配　松键连接应用最广泛，分为普通平键连接、半圆键连接、导向平键连接，如图 4-24(a)、(b)、(c) 所示。其特点是只承受转矩而不能承受轴向力。其装配要点如下。

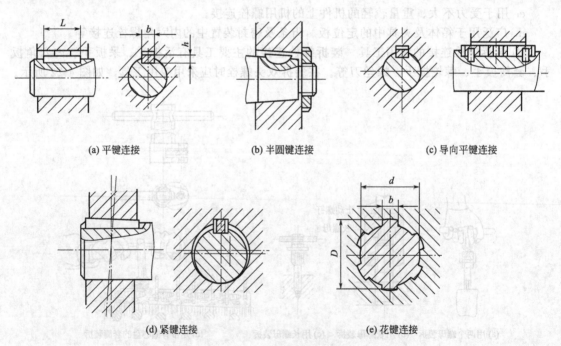

图 4-24　键的连接形式

a. 消除键和键槽毛刺，以防影响配合的可靠性。

b. 对重要的键，应检查键侧直线度、键槽对轴线的对称度和平行度。

c. 用键的头部与轴槽试配，保证其配合。然后锉配键长，在键长方向普通平键与轴槽留有约 0.1mm 的间隙，但导向平键不应有间隙。

d. 配合面上加机油后将键压入轴槽，应使键与槽底贴平。装入轮毂件后半圆键、普通平键、导向平键的上表面和毂槽的底面应留有间隙。

② 紧键连接的装配　紧键连接主要指楔键连接，楔键连接分为普通楔键连接和钩头楔键连接两种。图 4-24(d) 所示为普通楔键连接。键的上表面和毂槽的底面有 1∶100 的斜度，装配时要使键的上、下工作面和轴槽、毂槽的底部贴紧，而两侧面应有间隙。键和毂槽的斜度一定要吻合。钩头键装入后，钩头和套件端面应留有一定距离，供拆卸用。

紧键连接装配要点是：装配时，用涂色法检查接触情况，若接触不好，可用锉刀或刮刀修整键槽底面。

③ 花键连接的装配　花键连接如图 4-24(e) 所示。按工作方式，花键连接分为静连接和动连接两种形式。

花键连接的装配要点是：花键精度较高，装配前稍加修理就可以装配。静连接的花键孔与花键轴有少量的过盈，装配时可用铜棒轻轻敲入。动连接花键的套件在花键轴上应滑动自如，灵活无阻滞，转动套件时不应有明显的间隙。

(3) 销连接的装配

销有圆柱销、圆锥销、开口销等种类。圆柱销一般依靠过盈配合固定在孔中，因此对销孔尺寸、形状和表面粗糙度 Ra 值要求较高。被连接件的两孔应同时钻、铰，Ra 值不大于 $1.6\mu m$。装配时，销钉表面可涂机油，用铜棒轻轻敲入。圆柱销不宜多次装拆，否则会降低定位精度或连接的可靠性。

圆锥销装配时，两连接件的销孔也应一起钻、铰。在钻、铰时按圆锥销小头直径选用钻头（圆锥销的规格用销小头直径和长度表示），应用相应锥度的铰刀。铰孔时用试装法控制孔径，以圆锥销能自由插入 $80\%\sim85\%$ 为宜。最后用手锤敲入，销钉的大头可稍露出，或与被连接件表面齐平。

销的装配要求如下。

① 圆柱销按配合性质有间隙配合、过渡配合和过盈配合，使用时应按规定选用。

② 销孔加工一般在相关零件调整好位置后，一起钻削、铰削，其表面粗糙度为 $Ra\,3.2\sim1.6\mu m$。装配定位销时，在销子上涂机油，用铜棒垫在销子头部，把销子打入孔中，或用 C 形夹将销子压入。对于盲孔，销子装入前应磨出通气平面，让孔底空气能够排出。

③ 圆锥销装配时，锥孔铰削深度宜用圆锥销试配，以手推入圆锥销长度的 $80\%\sim85\%$ 为宜。圆锥销装紧后大端倒角部分应露出锥孔端面。

④ 开尾圆锥销打入孔中后，将小端开口扳开，防止振动时脱出。

⑤ 销顶端的内、外螺纹，便于拆卸，装配时不得损坏。

⑥ 过盈配合的圆柱销，一经拆卸就应更换，不宜继续使用。

(4) 过盈连接的装配

过盈连接是依靠包容件和被包容件配合后的过盈值达到紧固连接的连接方式。装配后，配合面间产生压力。工作时，依靠此压力产生摩擦力来传递转矩和轴向力。

过盈连接按结构形式可分为圆柱面过盈连接、圆锥面过盈连接以及其他形式的过盈连接。

① 过盈连接装配技术要求

a. 应有足够、准确的过盈值，实际最小过盈值应等于或稍大于所需的最小过盈值。

b. 配合表面应具有较小的表面粗糙度，一般为 $Ra\,0.8\mu m$，圆锥面过盈连接还要求配合接触面积达到 75% 以上，以保证配合稳固性。

c. 配合面必须清洁，配合前应加油润滑，以免拉伤表面。

d. 压入时必须保证孔和轴的轴线一致，不允许有倾斜现象。压入过程必须连续，速度不宜太快，一般为 2～4mm/s，不应超过 10mm/s，并准确控制压入行程。

e. 细长件、薄壁件及结构复杂的大型件过盈连接，要进行装配前检查，并按装配工艺规程进行，避免装配质量事故。

② 圆柱面过盈连接装配

a. 采用压入法，当过盈量较小、配合尺寸不大时，在常温下压入。压入方法和设备如图 4-25 所示。

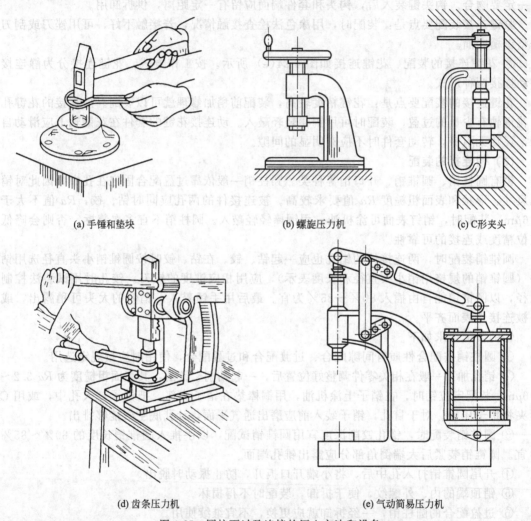

(a) 手锤和垫块　　　　　　　(b) 螺旋压力机　　　　　　　(c) C形夹头

(d) 齿条压力机　　　　　　　(e) 气动简易压力机

图 4-25　圆柱面过盈连接的压入方法和设备

b. 采用热胀配合法时，将过盈连接的孔加热，使之胀大，然后将常温下的轴装入胀大的孔中，待孔冷却后，轴孔就形成过盈连接。加热设备有沸水槽（80～100℃）、蒸汽加热槽（120℃）、热油槽（90～320℃）、电阻炉、红外线辐射加热箱、感应加热器等，可根据工件尺寸大小和所需加热的温度选用。

c. 冷缩配合法将轴经低温冷却，使之尺寸缩小，然后与常温的孔装配，得到过盈连接。对于过盈量较小的小件采用干冰冷却，可冷却至 -78℃；对于过盈量较大的大件采用液氮冷却至 -195℃。

③ 圆锥面过盈连接装配　圆锥面是利用锥轴和锥孔在轴向相对位移互相压紧而获得过

盈。其常用的装配方法如下。

a. 在如图 4-26(a) 所示的螺母拉紧圆锥面过盈连接中，拧紧螺母，使轴孔之间接触之后获得规定的轴向相对位移。此法适用于配合锥度为（1∶30）～（1∶8）的圆锥面过盈连接。

b. 液压装拆圆锥面的过盈连接，以及对于配合锥度为（1∶50）～（1∶30）的圆锥面的过盈连接，如图 4-26(b) 所示，将高压油从油孔经油沟压入配合面，使孔的小径胀大，轴的大径缩小，同时施加一定的轴向力，使之互相压紧。

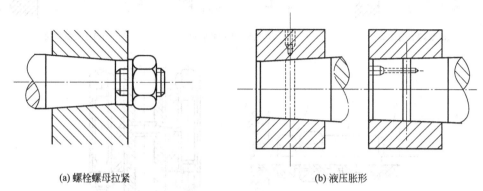

(a) 螺栓螺母拉紧　　　　　　　　　　　　　(b) 液压胀形

图 4-26　圆锥面过盈连接装配

利用液压装拆过盈连接时，配合面不易擦伤。但对配合面接触精度要求较高时，需要高压油泵等专用设备。这种连接多用于承载较大且需多次装拆的场合，尤其适用于大型零件。利用液压装拆圆锥面过盈连接时，要注意以下几点。

ⅰ．严格控制压入行程，以保证规定的过盈量。

ⅱ．开始压入时，压入速度要低。此时配合面间有少量油渗出是正常现象，可继续升压。如油压已达到规定值而行程尚未达到时，应稍停压入，待包容件逐渐扩大后，再压入到规定行程。

ⅲ．达到规定行程后，应先消除径向油压，再消除轴向油压，否则包容件常会弹出而造成事故。拆卸时也应注意。

ⅳ．拆卸时的油压应比套合时低。每拆卸一次再套合时，压入行程一般稍有增加，增加量与配合面锥度的加工精度有关。

ⅴ．套装时，配合面要保持洁净，并涂以经过滤的轻质润滑油。

(5) 管道连接的装配

管道由管、管接头、法兰、密封件等组成。常用管道连接形式如图 4-27 所示。

图 4-27(a) 所示为焊接式管接头，将管子与管接头对中后焊接；图 4-27(b) 所示为薄壁扩口式管接头，将管口扩张，压在接头体的锥面上，并用螺母拧紧；图 4-27(c) 所示为卡套式管接头，拧紧螺母时，由于接头体尾部锥面作用，使卡套端部变形，其尖刃口嵌入管子外壁表面，紧紧卡住管子；图 4-27(d) 所示为高压软管接头，装配时先将管套套在软管上，然后将接头体缓缓拧入管内，将软管紧压在管套的内壁上。图 4-27(e) 所示为高压锥面螺纹法兰接头，用透镜式垫圈与管锥面形成环形接触面而密封。

管道连接装配的技术要求如下。

① 管子的规格必须根据工作压力和使用场合进行选择。应有足够的强度，内壁光滑、清洁，无砂眼、锈蚀等缺陷。

② 切断管子时，断面应与轴线垂直。弯曲管子时，不要把管子弯扁。

③ 整个管道要尽量短，转弯次数少。较长管道应有支撑和管夹固定，以免振动。同时，要考虑有伸缩的余地。系统中任何一段管道或元件应能单独拆装。

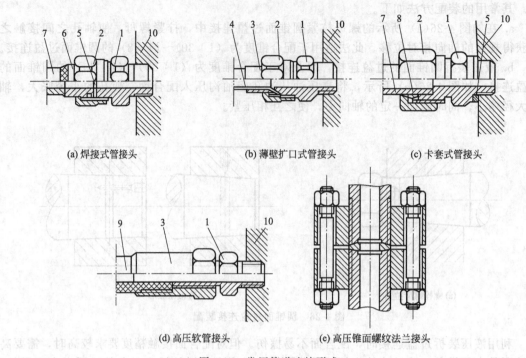

(a) 焊接式管接头　　　　　(b) 薄壁扩口式管接头　　　　　(c) 卡套式管接头

(d) 高压软管接头　　　　　(e) 高压锥面螺纹法兰接头

图 4-27　常用管道连接形式

1—接头体；2—螺母；3—管套；4—扩口薄壁管；5—密封垫圈；6—管接头；
7—钢管；8—卡套；9—橡胶软管；10—液压元件

④ 全部管道安装定位后，应进行耐压强度试验和密封性试验。对于液压系统的管路系统还应进行二次安装，即对拆下的管道经清洗后再安装，以防止污物进入管道。

(6) 带传动装配

V 带传动、平带传动等带传动形式都是依靠带和带轮之间的摩擦力来传递动力的。为保证其工作时具有适当的张紧力，防止打滑，减小磨损，确保传动平稳，装配时必须按带传动机构的装配技术要求进行。

① 带轮对带轮轴的径向圆跳动量应为（$0.0025 \sim 0.005$）D、端面圆跳动量应为（$0.0005 \sim 0.001$）D（D 为带轮直径）。

② 两轮的中间平面应重合，其倾斜角一般不大于 $10°$，倾斜角过大会导致带磨损不均匀。

③ 带轮工作表面粗糙度要适当，一般为 $Ra\ 3.2\mu m$。表面太光洁带容易打滑；过于粗糙则带磨损加快。

④ 对于 V 带传动，带轮包角不小于 $120°$。

⑤ 带的张紧力要适当。张紧力太小，不能传递一定的功率；张紧力太大，则轴易弯曲，轴承和带都容易磨损并降低效率。张紧力通过调整张紧装置获得。对于 V 带传动，合适的张紧力也可根据经验来判断，以用大拇指在 V 带切边中间处能按下 15mm 左右为宜。

⑥ 带轮孔与轴的配合通常采用 H7/k6 过渡配合。

(7) 链传动装配

为保证链传动工作平稳、减少磨损、防止脱链和减小噪声，链传动装配时必须按照以下技术要求进行。

① 链轮两轴线必须平行。否则将加剧磨损、降低传动平稳性并增大噪声。

② 两链轮的偏移量小于规定值。中心距小于或等于 500mm 时，允许偏移量为 1mm；中心距大于 500mm 时，允许偏移量为 2mm。

③ 链轮径向、端面圆跳动量小于规定值。链轮直径小于 100mm 时，允许跳动量为 0.3mm；链轮直径为 100～200mm 时，允许跳动量为 0.5mm；链轮直径为 200～300mm 时，允许跳动量为 0.8mm。

④ 链的下垂度适当。下垂度为 f/L（f 为下垂量，mm；L 为中心距，mm）。允许下垂度一般为 2%，目的是减少链传动的振动和脱链故障。

⑤ 链轮孔和轴的配合通常采用 H7/k6 过渡配合。

⑥ 链接头卡子开口方向和链运动方向相反，避免脱链事故。

(8) 齿轮传动机构的装配与调整

① 齿轮传动机构的装配技术要求

a. 齿轮孔与轴的配合符合要求，不得有偏心和歪斜现象。

b. 保证齿轮副有正确的安装中心距和适当的齿侧间隙。

c. 齿面接触部位正确，接触面积符合规定要求。

d. 滑移齿轮在轴上滑动自如，不应有啃住或阻滞现象，且轴向定位准确。齿轮的错位量不得超过规定值。

e. 对于转速高的大齿轮，应进行静平衡测试。

齿轮传动的装配工作包括：将齿轮装在传动轴上，将传动轴装进齿轮箱体，保证齿轮副正常啮合。装配后的基本要求有：保证正确的传动比，达到规定的运动精度；齿轮齿面达到规定的接触精度；齿轮副齿轮之间的啮合侧隙应符合规定要求。

渐开线圆柱齿轮传动多用于传动精度要求高的场合。如果装配后出现不允许的齿圈径向跳动，就会产生较大的运动误差。因此，首先要将齿轮正确地安装到轴颈上，不允许出现偏心和歪斜。对于运动精度要求较高的齿轮传动，在装配一对传动比为 1 或整数的齿轮时，可采用圆周定向装配，使误差得到一定程度的补偿，以提高传动精度。如果齿轮与花键轴连接，则尽量分别将两齿轮齿距累积误差曲线中的峰谷靠近来安装齿轮；如果用单键连接，就需要进行选配。在单件小批量生产中，只能在定向装配好之后，再加工出键槽。定向装配后，必须在轴与齿轮上打上径向标记，以便正确地装卸。

齿轮传动的接触精度是以齿面接触斑痕的位置和大小来判断的，它与运动精度有一定的关系，即运动精度低的齿轮传动，其接触精度也不高。因此，在装配齿轮副时，常需检查齿面的接触斑痕，以考核其装配是否正确。

装配圆柱齿轮时，齿轮副的啮合侧隙是由各种有关零件的加工误差决定的，一般无法通过装配调整。侧隙大小的检查方法有下列两种：用铅丝检查，在齿面的两端平行放置两条铅丝，铅丝的直径不宜超过最小侧隙的 3 倍。转动齿轮挤压铅丝，测量铅丝最薄处的厚度，即为侧隙的尺寸；用百分表检查，将百分表测头同一齿轮面沿齿圈切向接触，另一齿轮固定不动，手动摇摆可动齿轮，从一侧接触转到另一侧接触，百分表上的读数差值即为侧隙的尺寸。

② 圆柱齿轮传动机构的装配要点

a. 选择装配方法　齿轮与轴装配时，要根据齿轮与轴的配合性质，采用相应的装配方法，对齿轮、轴进行精度检查，符合技术要求才能装配。装配后，常见的安装误差是偏心、歪斜、端面未靠贴轴肩等，如图 4-28

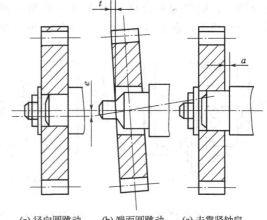

(a) 径向圆跳动　　(b) 端面圆跳动　　(c) 未靠紧轴肩

图 4-28　齿轮安装误差

所示。精度要求高的齿轮副，应进行径向圆跳动量检查，如图 4-29(a) 所示。另外还要进行端面圆跳动量检查，如图 4-29(b) 所示。

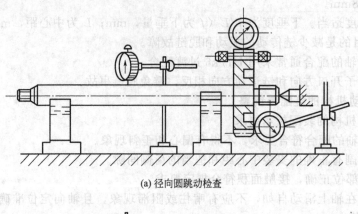

(a) 径向圆跳动检查

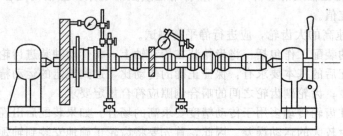

(b) 端面圆跳动检查

图 4-29　齿轮径向跳动量和端面圆跳动量检查

b. 装配前检查　装配前应对箱体各部位的尺寸精度、形状精度、相互位置精度、表面粗糙度及外观质量进行检查。

箱体上孔系轴线的同轴度可以用心棒检验，也可用带百分表的心棒插入孔系检查。

其次，还要进行孔距测量以及两孔轴线垂直度、相交程度的检查。同一平面内相垂直的两孔垂直度检查方法如图 4-30(a) 所示，在百分表心棒 1 上装有定位套筒，以防止心棒 1 轴向窜动，旋转心棒 1，百分表在心棒 2 上 L 长度的两点读数差即为两孔在 L 长度内的垂直度误差。图 4-30(b) 所示为两孔轴线相交程度检查，心棒 1 的测量端做成叉形槽，心棒 2 的测量端为台阶形，即为过端和止端，检查时若过端能通过叉形槽，而止端不能通过，则相交程度合格，否则即为不合格。不在同一平面内垂直两孔轴线的垂直度的检查如图 4-30(c) 所示，箱体用千斤顶支撑在平板上，用 90°角尺找正，将心棒 2 调整在垂直位置，此时测量心

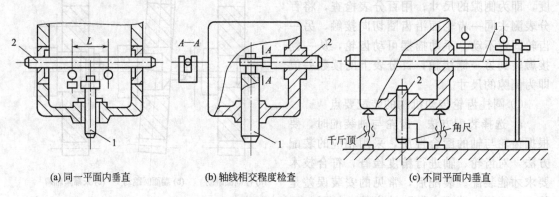

(a) 同一平面内垂直　　(b) 轴线相交程度检查　　(c) 不同平面内垂直

图 4-30　两孔轴线垂直度和相交程度的检查

棒 1 对平板的平行度误差，即为两孔轴线垂直度误差。

此外，还要进行轴线与基面尺寸及平行度的检查以及轴线与孔端面垂直度的检查。

c. 啮合质量检查　齿轮装配后，应进行啮合质量检查。齿轮的啮合质量包括：适当的齿侧间隙；一定的接触面积；正确的接触部位。侧隙可用压铅丝法测量，如图 4-31 所示，在齿面接近两端处平行放置 2 条铅丝，宽齿放置 3～4 条铅丝，铅丝直径不超过最小间隙的 4 倍，转动齿轮，测量铅丝被挤压后最薄处的尺寸，即为侧隙。对于传动精度要求较高的齿轮副，其侧隙用百分表检查，如图 4-32 所示，将百分表测头与轮齿的齿面接触，另一齿轮固定，把接触百分表测头的轮齿从一侧啮合转到另一侧啮合，百分表的读数差值即为直齿轮侧隙。

图 4-31　用铅丝检查齿轮侧隙

图 4-32　用百分表检查齿轮侧隙

如果被测齿轮为斜齿轮或人字齿轮，法面侧隙 C_n 按下式计算：

$$C_n = C_k \cos\beta\cos\alpha_n \qquad (4-1)$$

式中，C_k 为端面侧隙；β 为螺旋角；α_n 为法面压力角。

接触面积和接触部位的正确性用涂色法检查。检查时，转动主动轮，从动轮应轻微制动。对双向工作的齿轮副，正、反向都应检查。轮齿上接触印痕的面积，在轮齿高度上的接触斑点应不少于 30%～60%，在轮齿的宽度上不少于 40%～90%（随齿轮的精度而定）。通过涂色法检查，还可以判断产生误差的原因，如图 4-33 所示。

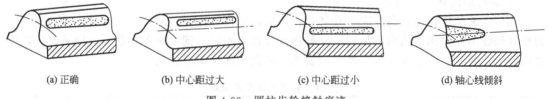

(a) 正确　　　　　(b) 中心距过大　　　　　(c) 中心距过小　　　　　(d) 轴心线倾斜

图 4-33　圆柱齿轮接触痕迹

d. 噪声检查　齿轮的跑合对于传递动力为主的齿轮副，要求有较高的接触精度和较小的噪声。装配后进行跑合可提高齿轮副的接触精度并减小噪声。通常采用加载跑合，即在齿轮副输出轴上加一负载力矩，在运转一定时间后，使轮齿接触表面相互磨合，以增加接触面积，改善啮合质量。跑合后的齿轮必须清洗，重新装配。

③ 圆锥齿轮传动机构的装配与调整　装配圆锥齿轮传动机构的步骤和方法同装配圆柱齿轮传动机构步骤和方法相似，但两齿轮在轴上的定位和啮合精度的调整方法不同。

a. 两圆锥齿轮在轴上的轴向定位如图 4-34 所示，圆锥齿轮 1 的轴向位置用改变垫片厚度来调整；圆锥齿轮 2 的轴向位置则可通过调整固定圈位置确定。调好后根据固定圈的位置，配钻定位孔并用螺钉或销固定。

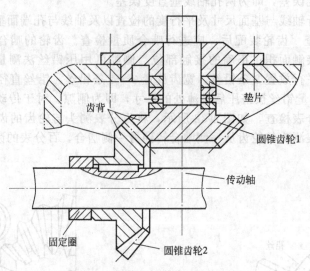

图 4-34　圆锥齿轮机构的装配调整

（图中标注：齿背、垫片、圆锥齿轮1、传动轴、固定圈、圆锥齿轮2）

b. 啮合精度的调整在确定两圆锥齿轮正确啮合的位置时，用涂色法检查其啮合精度。根据齿面着色显示的部位不同，进行调整。

（9）蜗杆传动机构的装配与调整

① 蜗杆传动机构装配的技术要求

a. 保证蜗杆轴线与蜗轮轴线相互垂直，距离正确，且蜗杆轴线应在蜗轮轮齿的对称平面内。

b. 蜗杆和蜗轮有适当的啮合侧隙和正确的接触斑点。

② 蜗杆传动机构的装配顺序

a. 将蜗轮装在轴上，装配和检查方法与圆柱齿轮装配相同。

b. 把蜗轮组件装入箱体。

c. 装入蜗杆，蜗杆轴线位置由箱体安装孔保证，蜗轮轴向位置可通过改变垫圈厚度调整。

③ 装配后的检查与调整

蜗轮副装配后，用涂色法来检查其啮合质量，如图 4-35 所示。图 4-35(a)、图 4-35(b)为蜗杆轴线不在对称平面内的情况。一般蜗杆位置已固定，则可按图示箭头方向调整蜗轮的轴向位置，使其达到图 4-35(c) 所示的要求。其接触面积要求见表 4-7。

表 4-7　蜗轮齿面接触面积

精度等级	接触长度		精度等级	接触长度	
	占齿长/%	占齿宽/%		占齿长/%	占齿宽/%
6	75	60	8	50	60
7	65	60	9	35	50

侧隙检查时，采用塞尺或压铅丝法比较困难。一般对不太重要的蜗轮副，凭经验用手转动蜗杆，并根据其空程角判断侧隙大小。对于运动精度要求比较高的蜗轮副，要用百分表测量，如图 4-36 所示。

通过测量蜗杆空程角，可以计算出齿侧间隙。空程角与侧隙有如下近似关系（蜗杆升角影响忽略不计）：

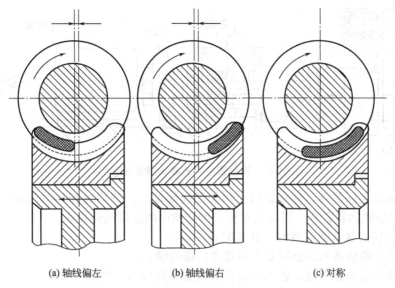

(a) 轴线偏左　　　　(b) 轴线偏右　　　　(c) 对称

图 4-35　蜗轮齿面涂色检查的顺序

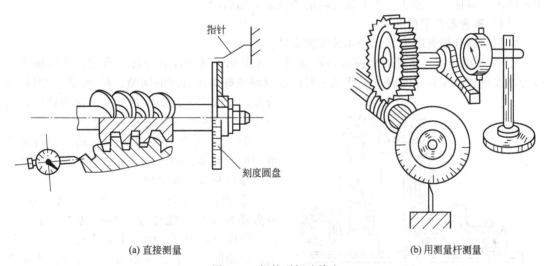

(a) 直接测量　　　　　　　　　　(b) 用测量杆测量

图 4-36　蜗轮副侧隙检查

$$\alpha = C_n \frac{360 \times 60}{\lambda z_1 m \times 1000} \approx 6.9 \frac{C_n}{z_1 m} \tag{4-2}$$

式中，α 为空程角，($°$)；z_1 为蜗杆头数；m 为模数，mm；C_n 为侧隙，mm。

(10) 联轴器的装配

联轴器按结构形式不同，可分为锥销套筒式、凸缘式、十字滑块式、弹性圆柱销式、万向联轴器等。

① 弹性圆柱销式联轴器的装配　如图 4-37 所示，其装配要点如下。

a. 先在两轴上装入平键和半联轴器，并固定齿轮箱。按要求检查其径向圆跳动量和端面圆跳动量。

b. 将百分表固定在半联轴器上，使其测头触及另外半联轴器的外圆表面，找正两个半联轴器之间的同轴度。

c. 移动电动机，使半联轴器上的圆柱销少许进入另外半联轴器的销孔内。

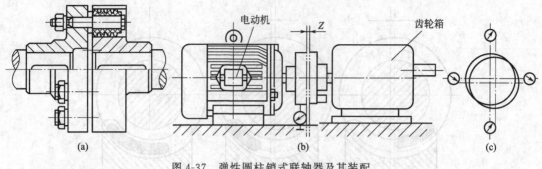

图 4-37 弹性圆柱销式联轴器及其装配

d. 转动轴及半联轴器，并调整两半联轴器间隙使之沿圆周方向均匀分布，然后移动电动机，使两个半联轴器靠紧，固定电动机，再复检同轴度以达到要求。

② 十字滑块式联轴器的装配　其装配要点如下。

a. 将两个半联轴器和键分别装在两根被连接的轴上。

b. 用尺检查联轴器外圆，在水平方向和垂直方向应均匀接触。

c. 两个半联轴器找正后，再安装十字滑块，并移动轴，使半联轴器和十字滑块间留有少量间隙，保证十字滑块在两半联轴器的槽内能自由滑动。

(11) 离合器的装配

常用的离合器有摩擦离合器和牙嵌离合器。

① 摩擦离合器　常见的摩擦离合器如图 4-38 所示。对于片式摩擦离合器，要解决摩擦离合器发热和磨损补偿问题，因此装配时应注意调整好摩擦面间的间隙。对于圆锥式摩擦离合器，要求用涂色法检查圆锥面接触情况，色斑应均匀分布在整个圆锥表面上。

② 牙嵌离合器　如图 4-39 所示，由两个带端齿的半离合器组成。端齿有三角形、锯齿形、梯形和矩形等多种。

③ 离合器的装配要求　离合器要求接合、分离动作灵敏，能传递足够的转矩，工作平稳。装配时，把固定的一半离合器装在主动轴上，滑动的一半装在从动轴上。保证两半离合器的同轴度，可滑动的一半离合器在轴上滑动时应无阻滞现象，各个啮合齿的间隙相等。

(12) 轴的结构及其装配

① 轴的结构　轴类零件是组成机器的重要零件，它的功用是支撑齿轮、带轮、凸轮、叶轮、离合器等传动件，传递转矩及旋转运动。因此，轴的结构具有以下特点。

a. 轴上加工有对传动件进行径向固定或轴向固定的结构，如键槽、轴肩、轴环、环形槽、螺纹、销孔等。

b. 轴上加工有便于安装轴上零件和轴加工制造的结构，如轴端倒角、砂轮越程槽、退刀槽、中心孔等。

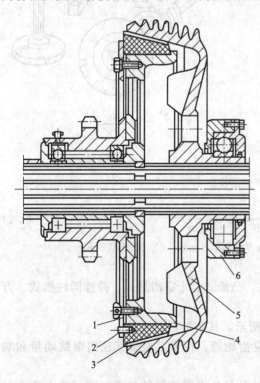

图 4-38 单摩擦锥盘离合器
1—连接圆盘；2—圆柱销；3—摩擦衬块；
4—外锥盘；5—内锥盘；6—加压环

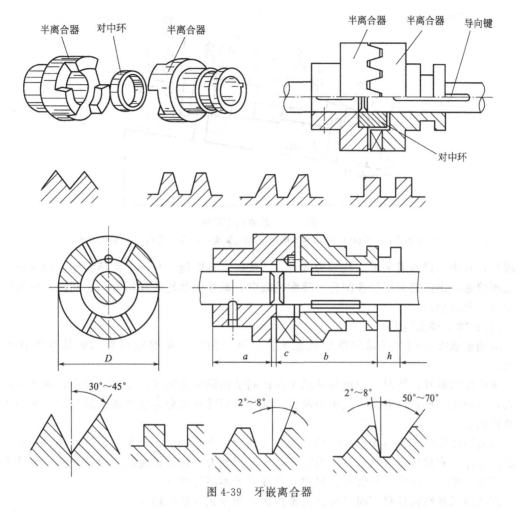

图 4-39 牙嵌离合器

c. 为保证轴及其他相关零件能正常工作，轴应具有足够的强度、刚度和精度。

② 轴的精度　主要包括尺寸精度、几何形状精度、相互位置精度和表面粗糙度。

a. 轴的尺寸精度指轴段、轴径的尺寸精度。轴径尺寸精度差，则与其配合的传动件定心精度就差；轴段尺寸精度差，则轴向定位精度就差。

b. 轴颈的几何形状精度指轴的支撑轴颈的圆度、圆柱度。若轴颈圆度误差过大，滑动轴承运转时就会引起振动。轴颈圆柱度误差过大时，会使轴颈和轴承之间油膜厚度不均，轴瓦表面局部负荷过重而加剧磨损。以上各种误差反映在滚动轴承支撑时，将引起滚动轴承的变形而降低装配精度。

c. 轴颈轴线和轴的圆柱面、端面的相互位置精度指对轴颈轴线的径向圆跳动量和端面圆跳动量。若其误差过大，则会使旋转零件装配后产生偏心和歪斜，以致运转时造成轴的振动。

d. 机械运转的速度和配合精度等级决定轴类零件的表面粗糙度值。一般情况下，支撑轴颈的表面粗糙度为 $Ra\ 0.8\sim0.2\mu m$，配合轴颈的表面粗糙度为 $Ra\ 3.2\sim0.8\mu m$。

轴的精度检查采用的方法是：轴径误差、轴的圆度误差和圆柱度误差可用千分尺对轴径测量后直接得出，轴上各圆柱面对轴颈的径向圆跳动量误差以及端面对轴颈的垂直度误差可按图 4-40 所示的方法确定。

③ 轴、键、传动轮的装配　齿轮、带轮、蜗轮等传动轮与轴一般采用键连接传递运动

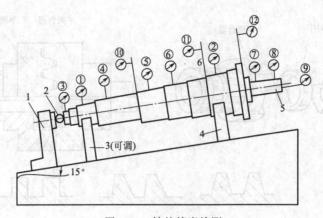

图 4-40　轴的精度检测

1—左挡板；2—钢球；3—可调支座；4—固定支座；5—检验心轴；6—轴颈端面

及转矩，其中又以普通平键连接最为常见。装配时，选取键长与轴上键槽相配，键底面与键槽底面接触，键两侧采用过渡配合。装配轮毂时，键顶面和轮毂间留有一定间隙，但与键两侧配合不允许松动。

(13) 滑动轴承装配

滑动轴承按其相对滑动的摩擦状态不同，可分为液体摩擦轴承和非液体摩擦轴承两大类。

液体摩擦轴承运转时，轴颈与轴承工作面间被油膜完全隔开，摩擦因数小，轴承承载能力大，抗冲击，旋转精度高，使用寿命长。液体摩擦轴承又分为动压液体摩擦轴承和静压液体摩擦轴承。

非液体摩擦轴承包括干摩擦轴承、润滑脂轴承、含油轴承、尼龙轴承等，轴和轴承的相对滑动工作面直接接触或部分被油膜隔开，摩擦因数大，旋转精度低，较易磨损。但结构简单，装拆方便，广泛应用于低速、轻载和精度要求不高的场合。

滑动轴承按结构形状不同又可分为整体式、剖分式等结构形式。

滑动轴承的装配工作，是保证轴和轴承工作面之间获得均匀而适当的间隙、良好的位置精度和应有的表面粗糙度值，在启动和停止运转时有良好的接触精度，保证运转过程中结构稳定可靠。

① 轴套式滑动轴承的装配　轴套式滑动轴承如图 4-41(a) 所示，轴套和轴承座为过盈配合，可根据尺寸的大小和过盈量的大小，采取相应的装配方法。尺寸和过盈量较小时，可用锤子加垫板敲入。尺寸和过盈量较大时，宜用压力机或螺旋拉具进行装配。压入时，轴套应涂润滑油，油槽和油孔应对正。为防止倾斜，可用导向环或导向心轴导向。压入后，检查轴套和轴的直径，如果因变形不能达到配合间隙要求，可用铰削或刮削研磨的方法修整。在安装紧固螺钉或定位销时，应检查油孔和油槽是否错位，图 4-41(b) 所示为轴套的定位方法。

② 剖分式滑动轴承的装配　剖分式滑动轴承如图 4-42(a) 所示，其装配工作的主要内容如下。

a. 轴瓦与轴承体的装配　上、下轴瓦与轴承盖和轴承座的接触面积不得小于 40%～50%，用涂色法检查，着色要均布。如不符合要求，对厚壁轴瓦应以轴承座孔为基准，刮研轴瓦背部。同时应保证轴瓦台肩能紧靠轴承座孔的两端面，达到 H7/f7 配合要求，如果太紧则应刮轴瓦。薄壁轴瓦的背面不能修刮，只能进行选配。为达到配合的紧固性，厚壁轴瓦或薄壁轴瓦的剖分面都要比轴承座的剖分面高出 0.05～0.1mm，如图 4-42(b) 所示。轴瓦

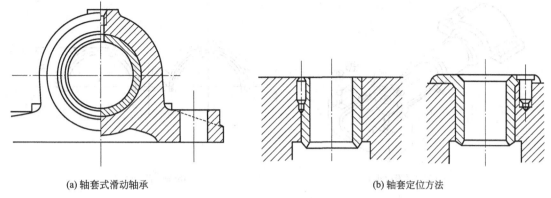

(a) 轴套式滑动轴承　　　　　　　　　　　　　　　(b) 轴套定位方法

图 4-41　轴套式滑动轴承的装配

装入时，为了避免敲毛剖分面，可在剖分面上垫木板，用锤子轻轻敲入，如图 4-42(c) 所示。

　　b. 轴瓦的定位　用定位销和轴瓦上的凸肩来防止轴瓦在轴承座内作圆周方向转动和轴向移动，如图 4-42(d) 所示。

　　c. 轴瓦的粗刮　上、下轴瓦粗刮时，可用工艺轴进行研点。工艺轴的直径要比主轴直径小 0.03～0.05mm。上、下轴瓦分别刮削。当轴瓦表面出现均匀研点时，粗刮结束。

　　d. 轴瓦的精刮　粗刮后，在上、下轴瓦剖分面间配以适当的调整垫片，装上主轴合研，进行精刮。精刮时，在每次装好轴承盖后，稍微紧一紧螺母，再用锤子在轴承盖的顶部均匀地敲击几下，使轴瓦盖更好地定位，然后再紧固所有螺母。紧固螺母时，要转动主轴，检查其松紧程度。主轴的松紧可以随着刮削的次数，用改变垫片尺寸的方法来调节。螺母紧固后，主轴能够轻松地转动且无间隙，研点达到要求，精刮即结束。合格轴瓦的研点分布情况如图 4-42(e) 所示。刮研合格的轴瓦，配合表面接触要均匀，轴瓦的两端接触点要实，中部 1/3 长度上接触稍虚，且一般应满足如下要求：高精度机床，直径≤120mm，20 点/(25×25)mm^2，直径＞120mm，16 点/(25×25)mm^2；精密机床，直径≤120mm，16 点/(25×25)mm^2，直径＞120mm，12 点/(25×25)mm^2；普通机床，直径≤120mm，12 点/(25×25)mm^2，直径＞120mm，10 点/(25×25)mm^2。

　　e. 清洗轴瓦　将轴瓦清洗后重新装入。

　　f. 轴承间隙　动压液体摩擦轴承与主轴的配合间隙可参考国家标准数据调整。

　　(14) 滚动轴承装配

　　滚动轴承是一种滚动摩擦轴承，由内圈、外圈、滚动体和保持架组成。内、外圈之间有光滑的凹槽滚道，滚动体可沿着滚道滚动。保持架的作用是使滚动体沿滚道均匀分布，并将相邻的滚动体隔开，以免其直接接触而增加磨损。

　　① 装配要点

　　a. 滚动轴承上标有代号的端面应装在可见部位，以便于将来更换时查对。

　　b. 轴颈或壳体孔台阶处的圆弧半径应小于轴承的圆弧半径，以保证轴承轴向定位牢靠。

　　c. 为了保证滚动轴承工作时有一定的热胀余地，在同轴的两个轴承中，必须有一个轴承的外圈或内圈可以在热胀时产生轴向移动。

　　d. 轴承的固定装置必须可靠，紧固适当。

　　e. 装配过程严格保持清洁，密封严密。

　　f. 装配后，轴承运转灵活，无噪声，工作温升不超过规定值。

　　g. 将轴承装到轴颈上或支撑孔中时，不能通过滚动体传力，要先装紧配合后装松配合。

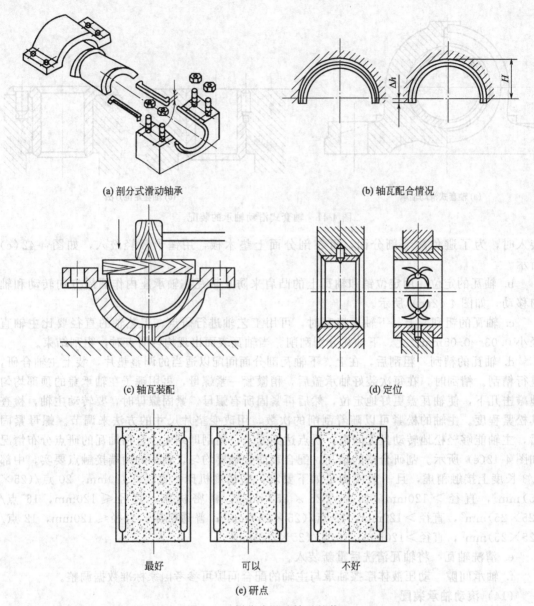

(a) 剖分式滑动轴承   (b) 轴瓦配合情况

(c) 轴瓦装配   (d) 定位

最好   可以   不好

(e) 研点

图 4-42　剖分式滑动轴承的装配

② 装配方法　滚动轴承的装配方法常用的有敲入法、压入法、温差法等。

在一般情况下，滚动轴承内圈随轴转动，外圈固定不动，因此内圈与轴的配合比外圈与轴承座支撑孔的配合要紧一些。滚动轴承的装配大多为较小的过盈配合，常用手锤或压力机压装。为了使轴承圈压力均匀，需用垫套之后加压。轴承压到轴上时，通过垫套施力于内圈端面，如图 4-43（a）所示；轴承压到支撑孔中时，施力于外圈端面，如图 4-43（b）所示；若同时压到轴上和支撑孔中时，则应同时施力于内、外圈端面，如图 4-43（c）所示。

滚动轴承在装配过程中应根据轴承的类型和配合确定装配方法和装配顺序。

③ 向心球轴承装配　向心球轴承属于不可分离型轴承，采用压入法装入机件，不允许通过滚动体传递压力。若轴承内圈与轴颈配合较紧，外圈与壳体孔配合较松，则先将轴承压入轴颈，如图 4-43（a）所示，然后连同轴一起装入壳体中。外圈与壳体配合较紧，则先将轴承压入壳体孔中，如图 4-43（b）所示。轴装入壳体后，两端要装两个向心球轴承。当一个

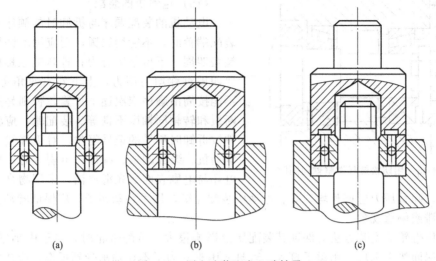

图 4-43　压入法装配向心球轴承

轴承装好后装第二个轴承时，由于轴已装入壳体内部，可以采用如图 4-43(c) 所示的方法装入。还可以采用轴承内圈热胀法、外圈冷缩法或壳体加热法以及轴颈冷缩法装配，其加热温度一般在 60～100℃ 范围内的油中热胀，其冷却温度不得低于 −80℃。

　④ 圆锥滚子轴承和推力轴承装配　圆锥滚子轴承和推力轴承内、外圈是分开安装的。圆锥滚子轴承的径向间隙 e 与轴向间隙 c 有一定的关系，即 $e=c\tan\beta$，其中 β 为轴承外圈滚道母线对轴线的夹角，一般为 11°～16°。因此，调整轴向间隙亦即调整了径向间隙。推力轴承不存在径向间隙的问题，只需要调整轴向间隙。这两种轴承的轴向间隙通常采用垫片或防松螺母来调整，图 4-44 所示为采用垫片调整轴向间隙的例子。调整时，先将端盖在不用垫片的条件下用螺钉紧固于壳体上。对于图 4-44(a) 所示的结构，左端盖垫将推动轴承外圈右移，直至完全将轴承的径向间隙消除为止。这时测量端盖与壳体端面之间的缝隙 a_1（最好在互成 120° 三点处测量，取其平均值）。轴向间隙 c 则由 $e=c\tan\beta$ 求得。根据所需径向间隙 e，即可求得垫片厚度 $a=a_1+c$。对于图 4-44(b) 所示的结构，端盖 1 紧贴壳体 2，可来回推拉轴测得轴承与端盖之间的轴向间隙。根据允许的轴向间隙大小可得到调整垫片的厚度 a。图 4-45 所示为用防松螺母调整轴向间隙的例子，先拧紧螺母至将间隙完全消除为止，再拧松螺母，退回 $2c$ 的距离，然后将螺母锁住。

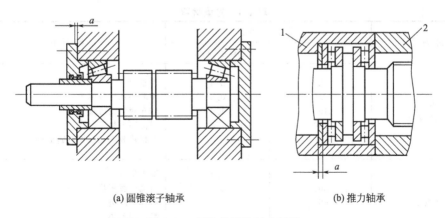

(a) 圆锥滚子轴承　　　　　　　　　　　　　(b) 推力轴承

图 4-44　用垫片调整轴向间隙
1—端盖；2—壳体

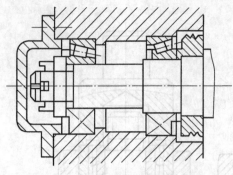
图 4-45 用防松螺母调整轴向间隙

(15) 电动机的装配

电动机的装配顺序与拆卸时的顺序相反。在装配端盖时，不能用铁锤，而应用木锤均匀敲击端盖四周，不可单边着力；拧紧端盖螺栓时，也要四周对称均匀用力，上下左右对角逐个拧紧，不能按周沿顺序依次逐个拧紧，否则易造成耳攀断裂和转轴同轴度不良等。装配时，应将各零部件按拆卸时所做的记号复位。对于绕线转子异步电动机，装配刷架、刷握、电刷等时，应注意集电环与电刷表面要光滑清洁，密切吻合，刷握内壁应清洁，弹簧压力应调整均匀等。电动机装配完毕，用手转动转子，应保证转动灵活、均匀，无停滞或偏重现象。

电动机带轮的安装方法对保证其装配质量影响很大。装配带轮时，对于中小型电动机，可在带轮端面垫上木块，用锤子打入。若打入困难，为了不让轴承受到损伤，应在轴的另一端垫上木块后，顶在墙上再打入带轮。对于较大型电动机，其带轮或联轴器可用千斤顶顶入，但要用固定支持物顶住电动机的另一端和千斤顶底部。

(16) 密封装置的装配

为了阻止液体、气体等工作介质或润滑剂的外泄，防止外部灰尘、水分等杂质侵入设备内部和润滑部位，有关部件上均设置了较完整的密封装置。在使用过程中，由于密封装置的装配不良，密封件磨损、变形、老化、腐蚀等，常出现漏油、漏水、漏气等"三漏"现象。这种现象轻则造成物质浪费、环境污染、设备的技术性能降低，重则可能造成严重事故。因此，保持机械设备的良好密封性能极为重要。

机械设备的密封结构可分为固定连接密封（如箱体结合面、法兰盘等的密封）和活动连接密封（如填料密封、轴头油封等）两种。

① 固定连接密封 被密封部位的两个偶合件之间不存在相对运动的密封装置称为固定连接密封，也称为静密封。固定连接密封包括密合密封、衬垫密封和防漏密封胶密封三种。

a. 密合密封 由于配合的要求，在结合面之间不允许加衬垫或密封胶时，常依靠机件的加工精度和小的表面粗糙度值的密合表面进行密封。在此情况下，装配时注意不要损伤其配合表面。

b. 衬垫密封 只适用于静密封，衬垫材料的选择见表 4-8。

表 4-8 衬垫材料

密封对象	工作条件（小于）		密封材料
	温度/℃	压力/MPa	
水 中性盐溶液	120	0.4	厚纸垫
	60	0.6	橡胶垫和橡胶绳
	150	1.0	带布衬的橡胶垫
	100	1.6	浸油厚纸垫
	30	16.0	石棉橡胶垫和石棉金属板垫
蒸汽	120	0.4	厚纸垫
	300	4.0	石棉金属板垫
	450	5.0	石棉橡胶垫
	—		紫铜或铅垫
	470	10.0	低碳钢垫

密封对象	工作条件（小于）		密封材料
	温度/℃	压力/MPa	
空气和稀有气体	60 150 450 — 120	0.6 1.0 5.0 — 30.0	橡胶垫和橡胶绳 带布衬的橡胶垫 石棉橡胶垫 铅油纸垫 紫铜垫 低碳钢垫
石油产品			厚纸垫 石棉橡胶垫 耐油橡胶垫 紫铜垫

图 4-46 为衬垫密封，衬垫在装配时应处在连接表面中间，不得歪斜或错位。在螺栓连接预紧力作用下，使衬垫产生变形，从而得到良好的密封。衬垫在装配前，要注意其密封表面的平整和清洁，以保证装配后在连接表面处不泄漏。在装配过程中，衬垫应有适当的预紧度，若预紧度不足，容易引起泄漏；预紧度过大，会使垫片丧失弹性，引起早期失效。在维修时，发现垫片失去弹性或已经破裂，则必须予以更换。

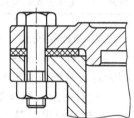

图 4-46　衬垫密封

c. 防漏密封胶密封　密封胶是一种新型高分子材料，它的初始形态是一种具有流动性的黏稠物，能容易地填满两个结合面间的空隙，用于各种连接部位上，如各种平面、法兰连接、螺纹连接等。在使用密封胶之前，应将各结合面清理干净，经除锈、去油污后可用丙酮清洗，最好能露出新的金属基体。涂胶前必须将密封胶搅拌均匀，涂胶厚度视结合面的加工精度、平面度和间隙不同而确定，还要做到涂胶层厚薄均匀。

按其作用机理和化学成分密封胶可分为液态密封胶和厌氧密封胶两种。

液态密封胶又称液态垫圈。是一种呈液态的密封材料。其特点和分类方法见表 4-9。

表 4-9　液态密封胶的特点与分类

分类依据	类型及特点	
按化学成分	树脂型、橡胶型、油改性型	
按应用范围和使用场所	耐热型，耐寒型，耐压型，耐油型，耐水型，耐溶剂型，绝缘型，耐化学型	
按涂敷后成膜形态	干性附着型	涂覆后，溶剂挥发而牢固附着于结合面。有较好的耐热、压性，可拆性差，耐振、耐冲击性差
	干性可剥型	涂覆后，溶剂挥发形成柔软有弹性的薄膜，附着严密，耐振好，可剥性好，可用于间隙较大和有坡度的结合面，但不适于结合面积较大处
	非干性黏型	涂覆后，长期不硬，且保持黏性，所以耐振动、冲击。具有良好的可拆性 可分为有溶剂、无溶剂两种，有溶剂为液态，无溶剂为膏状。无溶剂的可在涂覆后，不经干燥，立即连接。也可在涂覆后数日、数周后再行连接
	非干性黏弹型	介于干性和非干性之间，兼备两者优点 涂覆后形成薄膜，长期不硬，永久保持黏弹性，具有耐压和柔软的特点，易拆卸。目前应用最普遍

厌氧密封胶又称厌氧性密封黏合剂、嫌气性密封剂等。它可以用于螺纹防松、轴承固定、管螺纹密封。

根据配制胶液的单体不同（使用者以颜色区别）及胶接强度和应用范围的不同，厌氧密封胶可以分成胶黏剂和密封剂两种。按其用途，厌氧密封胶又可分为管道工程通用型、液压系统专用型、冷冻设备专用型、塑料垫片型、管筒胶接型等。

密封胶的使用工艺见表 4-10。

表 4-10　密封胶的使用工艺

步　骤	液态密封胶	厌氧密封胶
预处理	若结合面有油污、水、灰尘等应擦干净。若结合面上有锈，应用砂布、钢丝刷等去锈	去除结合面油污杂物或锈蚀等，对耐压要求高，则预处理也应严格一些
涂敷	用刷子、竹板、刮刀等涂敷最简单。必要时用喷枪等，一般两面各涂 0.06～0.1mm	涂胶使密封面间隙足以填满。对平面密封间隙最好在 0.1mm 之内，最大不超过 0.3mm。间隙再大者用密封胶和垫片联合使用
干燥	无溶剂型不需要干燥时间，溶剂型要给干燥时间	涂敷后，把零件合上并固紧，在室温固化，固化时间不等例如，Y-150 压氧胶在 25℃ 固化一天，当加用加速剂时，数分钟开始固化，1h 后即可使用
紧固	紧固力越大，耐压性越高	

② 活动连接密封　被密封部位的两个偶合件之间具有相对运动的密封装置称为活动连接密封，也称为动密封。活动连接密封包括填料密封、油封密封、O 形密封圈密封、唇形密封圈密封、机械密封五种。

a. 填料密封　结构如图 4-47 所示。其装配工艺要点如下。

ⅰ. 软填料可以是一圈圈分开的，各圈在轴上不要强行张开，以免产生局部扭曲或断裂。相邻两圈的切口应错开 180°。软填料也可制成整条，在轴上缠绕成螺旋形。

ⅱ. 当壳体为整体圆筒时，可用专用工具把软填料推入孔内。

ⅲ. 软填料由压盖 5 压紧。为了使压力沿轴向分布尽可能均匀，以保证密封性能和均匀磨损，装配时应由左到右逐步压紧。

ⅳ. 压盖螺钉至少有两个，必须轮流逐步拧紧，以保证圆周力均匀；同时用手转动主轴，检查其接触的松紧程度，要避免压紧后再行松出。此类密封在负荷运转时，允许有少量泄漏。运转后继续观察，如泄漏增加，应再缓慢均匀拧紧压盖螺钉（一般每次再拧进 1/6～1/7 圈），但不要压得太紧，以免摩擦功率消耗太大而发热烧坏。填料密封是允许极少量泄漏的。

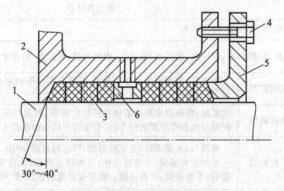

图 4-47　填料密封
1—主轴；2—壳体；3—软填料；4—螺钉；5—压盖；6—孔环

b. 油封密封　结构如图 4-48 所示，是广泛用于旋转轴的一种密封装置。按其结构可分为骨架式和无骨架式两类。装配时应防止唇部受伤，并使压紧弹簧有合适的压紧力。其装配要点如下。

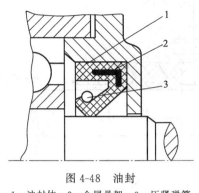

图 4-48　油封
1—油封体；2—金属骨架；3—压紧弹簧

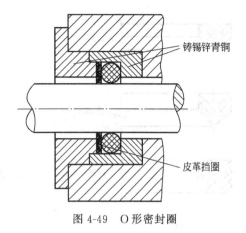

铸锡锌青铜

皮革挡圈

图 4-49　O 形密封圈

ⅰ．检查油封孔和轴的尺寸、轴的表面粗糙度是否符合要求，密封唇部是否损伤。在唇部和轴上涂以润滑油脂。

ⅱ．用压入法装配时，要注意使油封与壳体孔对准，不可偏斜。孔边倒角要大一些，在油封外圈或壳体内涂少量润滑油。

ⅲ．油封的装配方向，应使介质工作压力把密封唇部紧压在轴上，不可反装。如用作防尘时，则应使唇部背向轴承。如需同时解决防漏和防尘，则应采用双面油封。

ⅳ．当轴端有键槽、螺钉孔、台阶时，为防止油封唇部被划伤，可采用装配导向套。此外，要严防油封弹簧脱落。

c. O 形密封圈密封　O 形密封圈是用橡胶制成的断面为圆形的实心圆环。用它填塞在泄漏的通道上，可阻止流体泄漏，如图 4-49 所示。O 形圈既可用于动密封，也可用于静密封。在装配时要注意以下几方面。

ⅰ．装配前应检查 O 形圈装入部位的尺寸、表面粗糙度和引入角大小及连接螺栓孔的深度。

ⅱ．装配时必须在 O 形圈处涂上润滑油，如果要通过螺纹或键槽时，可借助导向套，然后依靠连接螺栓的预紧力，使 O 形圈产生变形，来达到密封作用。

ⅲ．装配时要有合适的压紧度，否则会引起泄漏或挤坏 O 形圈。另外，当工作压力较大需用挡圈时，还要注意挡圈的装配方向，即在 O 形圈受压侧的另一侧面装上挡圈。

d. 唇形密封圈密封　唇形密封圈应用范围很广，既适用于大、中、小直径的活塞和柱塞的密封，也适用于高、低速往复运动和低速旋转运动的密封。它的种类很多，有 V 形、Y 形、U 形、L 形和 T 形等。图 4-50 所示为 V 形密封圈装置，它由一个压环、数个重叠的密封环和一个支承环组成。装配前，应检查密封圈的质量、装入部位的尺寸、表面粗糙度及引入角大小；装配时密封圈处要涂以润滑脂，并避免过大的拉伸引起塑性变形；装配后要有合适的压紧度。此外，当受较大的轴向力时，需加挡圈以防密封圈从间隙挤出，挡圈均应装在唇形圈的根部一侧。

e. 机械密封　图 4-51 所示的机械密封装置是用于旋转轴的一种密封装置。它是由两个在弹簧力和密封介质静压力作用下互相贴合并作相对转动的动、静环构成的密封；可以在高压、高真空、高温、高速、大轴径以及密封气体、液化气体等条件下很好地工作；具有寿命长、磨损量小、泄漏量小、安全、动力消耗小等优点。

机械密封是比较精密的装置。如果安装和使用不当，容易造成密封元件损坏而出现泄漏事故。因此，在安装机械密封装置时，必须注意下列事项。

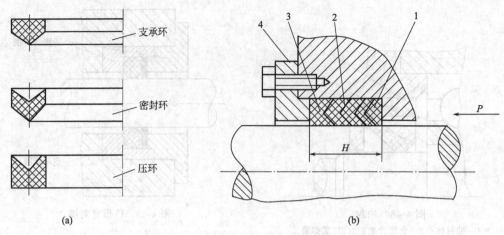

图 4-50　V形密封装置
1—支承环；2—密封环；3—压环；4—调整垫圈

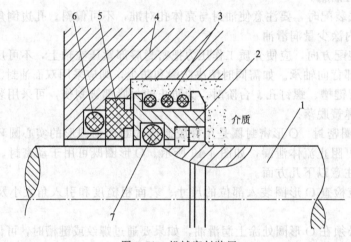

图 4-51　机械密封装置
1—轴；2—动环；3—弹簧；4—壳体；5—静环；6—静环密封圈；7—动环密封圈

ⅰ. 动、静环与相配的元件之间不得发生连续的相对运动，不得有泄漏。

ⅱ. 必须使动、静环具有一定的浮动性，以便在运转中能适应影响动、静环端面接触的各种偏差，这是保证密封性能的主要条件。浮动性取决于密封圈的准确装配、与密封圈接触的主轴或轴套的粗糙度、动环与轴的径向间隙以及动、静环接触面上摩擦力的大小，而且还要求有足够的弹簧力。

ⅲ. 要使主轴的轴向窜动、径向跳动和压盖与主轴的垂直度误差均在规定范围内，否则将导致泄漏。

ⅳ. 在装配过程中应保持清洁，特别是主轴装置密封的部位不得有锈蚀，动、静环端面及密封圈表面应无任何异物或灰尘，并在动、静环端面上涂一层清洁的润滑油。

ⅴ. 在装配过程中，不允许用工具直接敲击密封元件。

③ 密封装置常见失效形式及预防措施　在使用密封装置时，由于密封圈的根部受高温、高压的影响，常会出现变形、损伤等情况，图 4-52 即为油封唇部被咬入间隙的情况；图 4-53为油封根部被挤出的情况，这是由于油封安装处空隙太大，轴向压力过大，密封件材料的硬度偏低等导致的油封变形，破坏密封效果。

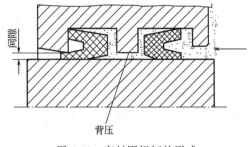

图 4-52　密封圈损坏的形式

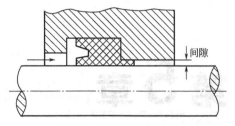

图 4-53　油封根部被挤出

图 4-54 所示为预防密封装置失效的措施。图 4-54(a) 为使用支撑环的方法，即在油封根部处加一支撑环；图 4-54(b) 为采用合适的间隙，即根据轴向压力的大小，可按图查取合适的间隙。

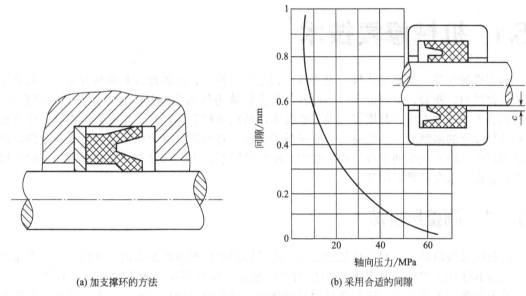

(a) 加支撑环的方法

(b) 采用合适的间隙

图 4-54　预防密封装置失效的措施

对于油封的老化问题，主要是由于高温和油中含有水分等原因所引起。一般可通过加强油质管理，备用的润滑装置避免放置在高温、日晒、湿气场所等措施，来防止油封的老化。

对于毛毡密封填料的失效，可从设备运转中闻出毛毡冒烟气味，密封处严重漏油等来判断。造成失效的主要原因是轴颈线速度大于 5m/s，毛毡弹性降低，密封处轴颈温度高于 70℃，轴向压力大于 0.1MPa 等。为此可更换密封填料，以适用较大的线速度和较高的温度；毛毡填料要剪切均匀，且不允许有局部凸起；装配毛毡的槽部尺寸要严格按照标准尺寸进行加工。

第5章

机械零件的修复技术

5.1 机械修复技术

利用机械连接，如螺纹连接、键连接、销连接、铆接、过盈连接和机械变形等各种机械方法，使磨损、断裂、缺损的零件得以修复的方法称为机械修复法，例如镶补、局部修换、金属扣合等，这些方法可利用现有设备和技术，适应多种损坏形式，不受高温影响，受材质和修补层厚度的限制少，工艺易行，质量易于保证，有的还可以为以后的修理创造条件，因此应用很广。缺点是受到零件结构和强度、刚度的限制，工艺较复杂，被修件硬度高时难以加工，精度要求高时难以保证。

5.1.1 调整尺寸法

对机械设备的动配合副中较复杂的零件进行修理时可不考虑原来的设计尺寸，而采用切削加工或其他加工方法恢复其磨损部位的形状精度、位置精度、表面粗糙度和其他技术条件，从而得到一个新尺寸，这个新尺寸对轴来说比原来的设计尺寸小，对孔来说则比原来的设计尺寸大，这个尺寸即称为修理尺寸。而与此相配合的零件则按这个修理尺寸制作新件或修复，保证原有的配合关系不变，这种方法即称为调整尺寸法。

例如轴、传动螺纹、键槽和滑动导轨等结构都可以采用这种方法修复。但必须注意，修理后零件的强度和刚度仍应符合要求，必要时要进行验算，否则不宜使用该法修理。对于表面热处理的零件，修理后仍应具有足够的硬度，以保证零件修理后的使用寿命。

调整尺寸法的应用极为普遍，为了得到一定的互换性，便于组织备件的生产和供应，大多数修理尺寸均已标准化，各种主要修理零件都规定有它的各级修理尺寸，如内燃机汽缸套的修理尺寸通常规定了几个标准尺寸，以适应尺寸分级的活塞备件。

零件修复中，机械加工是最基本、最重要的方法。多数失效零件需要经过机械加工来消除缺陷，最终达到配合精度和表面粗糙度等要求。它不仅可以作为一种独立的工艺手段获得修理尺寸，直接修复零件，而且还是其他修理方法的修前工艺准备和最后加工必不可少的手段。修复旧件的机械加工与新制件加工相比较具有不同的特点：它的加工对象是成品；旧件除工作表面磨损外，往往会有变形；一般加工余量小；原来的加工基准多数已经破坏，给装夹定位带来困难；加工表面性能已定，一般不能用工序来调整，只能以加工方法来适应它；

多为单件生产，加工表面多样，组织生产比较困难等。了解这些特点，有利于确保修理质量。

要使修理后的零件符合制造图样规定的技术要求，修理时不能只考虑加工表面本身的形状精度要求，而且还要保证加工表面与其他未修表面之间的相互位置精度要求，并使加工余量尽可能小。必要时，需要设计专用的夹具。因此要根据具体情况，合理选择零件的修理基准和采用适当的加工方法来加以解决。

加工后零件表面粗糙度对零件的使用性能和寿命均有影响，如对零件工作精度、疲劳强度、耐腐蚀性、零件之间配合性质以及保持稳定性等的影响。对承受冲击和交变载荷、重载、高速的零件更要注意表面质量，同时还要注意轴类零件的圆角半径，以免形成应力集中。另外，对高速运转的零件修复时还要保证其应有的静平衡和动平衡要求。

使用机械加工的修理方法，简便易行，修理质量稳定可靠，经济性好，在旧件修复中应用十分广泛。缺点是零件的强度和刚度削弱，需要更换或修复相配件，使零件互换性复杂化。应加强修理尺寸的标准化工作。

5.1.2 镶加零件法

配合零件磨损后，在结构和强度允许的条件下，增加一个零件来补偿由于磨损及修复而夫掉的部分，以恢复原有零件精度，这样的方法称为镶加零件法。常用的有扩孔镶套、加垫等方法。

图 5-1 所示为在零件裂纹附近局部镶加补强板，一般采用钢板加强，螺栓连接。脆性材料裂纹应钻止裂孔，通常在裂纹末端钻直径为 $\phi 3\sim 6mm$ 的孔。

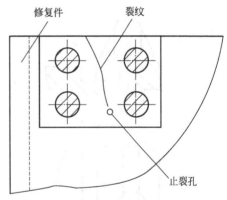

图 5-1 镶加补强板

图 5-2 所示为镶套修复法。对损坏的孔，可镗大镶套，孔尺寸应镗大，保证有足够刚度，套的外径应保证与孔有适当的过盈量，套的内径可事先按照轴径配合要求加工好，也可留有加工余量，镶入后再切削加工至要求的尺寸。对损坏的螺纹孔，可将旧孔扩大，再切削螺纹，然后加工一个内外均有螺纹的螺纹套拧入螺孔中，螺纹套内螺纹即可恢复原尺寸。对损坏的轴颈也可用镶套法修复。

镶加零件法在维修中应用很广，镶加件磨损后可以更换。有些机械设备的某些结构，在设计和制造时就应用了这一原理。对一些形状复杂或贵重零件，在容易磨损的部位，预先镶装上零件，以便磨损后只需更换镶加件，即可达到修复的目的。

例如车床上的丝杠、光杠、操纵杠与支架配合的孔磨损后，可将支架上的孔镗大，然后压轴套。轴套磨损后可再进行更换。汽车发动机的整体式汽缸，磨损到极限尺寸后，一般都采用镶加零件法修理。箱体零件的轴承座孔，磨损超过极限尺寸时，也可以将孔镗大，用镶加一个铸铁或低碳钢套的方法进行修理。

图 5-3 所示为机床导轨的凹坑，可采用镶加铸铁塞的方法进行修理。先在凹坑处钻孔、铰孔，然后制作铸铁塞，该塞子应能与铰出的孔过盈配合。将塞子压入孔后，再进行导轨精加工。如果塞子与孔配合良好，加工后的结合面非常光整平滑。严重磨损的机床导轨，可采用镶加淬火钢镶条的方法进行修复，如图 5-4 所示。

应用这种修复方法时应注意：镶加零件的材料和热处理一般应与基体零件相同，必要时

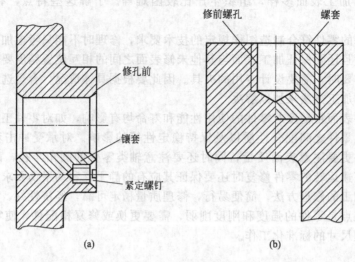

图 5-2　镶套修复法

选用比基体性能更好的材料；为了防止松动，镶加零件与基体零件配合要有适当的过盈量，必要时可在端部加胶黏剂、止动销、紧定螺钉、骑缝螺钉或采用点焊固定等方法定位。

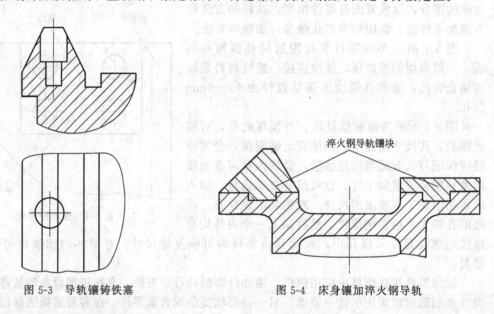

图 5-3　导轨镶铸铁塞　　　　　　图 5-4　床身镶加淬火钢导轨

5.1.3　局部修换法

有些零件在使用过程中，往往各部位的磨损量不均匀，有时只有某个部位磨损严重，其余部位尚好或磨损轻微。在这种情况下，如果零件结构允许，可将磨损严重的部位切除，将这部分重制新件，用机械连接、焊接或粘接的方法固定在原来的零件上，使零件得以修复，这种方法称为局部修换法。

图 5-5(a) 所示为将双联齿轮中磨损严重的小齿轮的轮齿切去，重制一个小齿圈，用键连接，并用骑缝螺钉固定的局部修换；图 5-5(b) 是在保留的轮毂上，铆接重制的齿圈的局部修换；图 5-5(c) 是局部修换牙嵌式离合器以粘接法固定。该法应用很广泛。

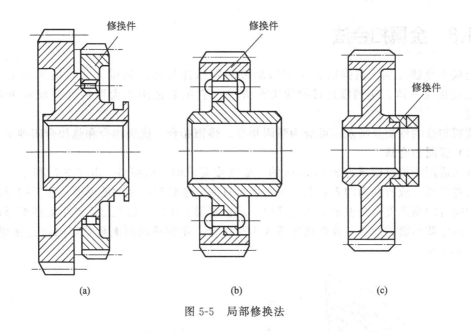

(a)　　　　　　　　　(b)　　　　　　　　　(c)

图 5-5　局部修换法

5.1.4　塑性变形法

塑性材料零件磨损后，为了恢复零件表面原有的尺寸精度和形状精度，可采用塑性变形法修复，如滚花、镦粗、挤压、扩张、热校直等方法。

5.1.5　换位修复法

有些零件局部磨损可采用调头转向的方法，如长丝杠局部磨损后可调头使用；单向传力齿轮翻转180°，利用未磨损面将它换一个方向安装后继续使用。但必须结构对称或稍为加工即可实现时才能进行调头转向。

如图 5-6 所示，轴上键槽重新开制新槽。如图 5-7 所示，连接螺孔也可以转过一个角度，在旧孔之间重新钻孔。

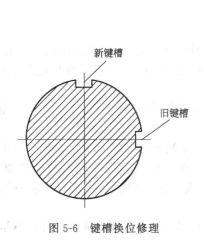

图 5-6　键槽换位修理

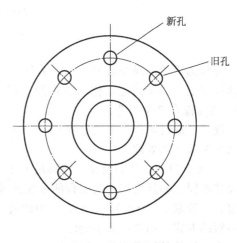

图 5-7　螺孔换位修理

5.1.6 金属扣合法

金属扣合法是利用高强度合金材料制成的特殊连接件以机械方式将损坏的机件重新牢固地连接成一体，达到修复目的的工艺方法。它主要适用于大型铸件裂纹或折断部位的修复。

按照扣合的性质及特点，可分为强固扣合、强密扣合、优级扣合和热扣合四种工艺。

(1) 强固扣合法

该法适用于修复壁厚为 8～40mm 的一般强度要求的薄壁机件。其工艺过程是：先在垂直于机件的裂纹或折断面的方向上，加工出具有一定形状和尺寸的波形槽；然后把形状与波形槽相吻合的高强度合金波形键镶入槽中，并在常温下铆击，使波形键产生塑性变形而充满槽腔，这样波形键的凸线与波形槽的凹部相互扣合，使损坏的两面重新牢固地连接成一体，如图 5-8 所示。

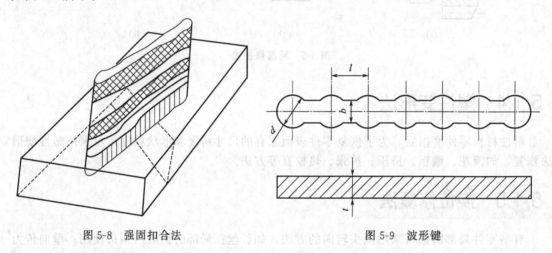

图 5-8 强固扣合法   图 5-9 波形键

① 波形键的设计和制作　如图 5-9 所示，通常将波形键的主要尺寸凸缘直径 d、宽度 b、间距 l（波形槽间距 t）规定成标准尺寸，根据机件受力大小和铸件壁厚决定波形键的凸缘个数、每个断裂部位安装波形键数和波形槽间距等。一般取 b 为 3～6mm，其他尺寸可按下列经验公式计算：

$$d=(1.4～1.6)b \tag{5-1}$$

$$l=(2～2.2)b \tag{5-2}$$

$$t \leqslant b \tag{5-3}$$

通常选用的凸缘个数为 5、7、9 个。一般波形键材料常采用 1Cr18Ni9 或 1Cr18Ni9Ti 奥氏体镍铬钢。对于高温工作的波形键，可采用线胀系数与机件材料相同或相近的 Ni36 或 Ni42 等高镍合金钢制造。

波形键成批制作的工艺过程是：下料→挤压或锻压两侧波形→机械加工上、下平面和修整凸缘圆弧→热处理。

② 波形槽的设计和制作　波形槽尺寸除槽深 T 大于波形键厚度 t 外，其余尺寸与波形键尺寸相同，而且它们之间配合的最大间隙可达 0.1～0.2mm。槽深 T 可根据机件壁厚 H 而定，一般取 $T=(0.7～0.8)H$。为改善工件受力状况，波形槽通常布置成一前一后或一长一短的方式，如图 5-10 所示。

小型机件的波形槽加工可利用铣床、钻床等加工成形。大型机件因拆卸和搬运不便，因

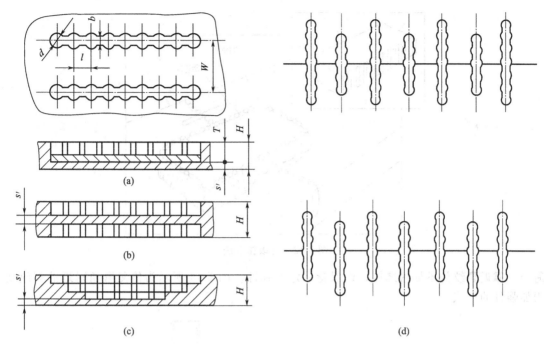

图 5-10 波形槽的尺寸与布置方式

而采用手电钻和钻模横跨裂纹钻出与波形键的凸缘等距的孔,用锪钻将孔底锪平,然后钳工用宽度等于 b 的錾子修正波形槽宽度上的两平面,即成波形槽。

③ 波形键的扣合与铆击 波形槽加工好后,清理干净,将波形键镶入槽中,然后从波形键的两端向中间轮换对称铆击,使波形键在槽中充满最后铆裂纹大的凸缘。一般以每层波形键铆低 0.5mm 左右为宜。

(2) 强密扣合法

在应用了强固扣合法以保证一定强度条件之外,对于有密封要求的机件,如承受高压的气缸、高压容器等防渗漏的零件,应采用强密扣合法,如图 5-11 所示。它是在强固扣合法的基础上,在两波形键之间、裂纹或折断面的结合线上,加工缀缝栓孔,并使第二次钻的缀缝栓孔稍微切入已装好的波形键和缀缝栓,形成一条密封的"金属纽带",以达到阻止流体受压渗漏的目的。

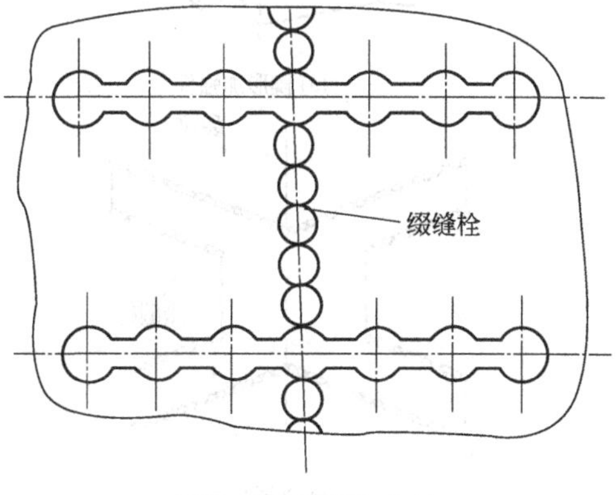

缀缝栓可用直径为 $\phi 5 \sim 8mm$ 的低碳钢或纯铜等软质材料制造,便于铆紧,缀缝栓与机件的连接与波形键相同。

图 5-11 强密扣合法

缀缝栓

(3) 优级扣合法

该法主要用于修复在工作过程中要求承受高载荷的厚壁机件,如水压机横梁、轧钢机主梁、辊筒等。为了使载荷分布到更多的面积和远离裂纹或折断处,必须在垂直于裂纹或折断面的方向上镶入钢制的砖形加强件,用缀缝栓连接,有时还用波形键加强,如图 5-12 所示。

加强件除砖形外还可制成其他形式,如图 5-13 所示。图 5-13(a) 用于修复铸钢件;图 5-13(b)用于多方面受力的零件;图 5-13(c) 可将开裂处拉紧;图 5-13(d) 用于受冲击载

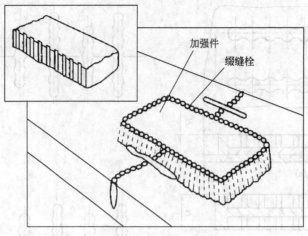

图 5-12　优级扣合法

荷处，靠近裂纹处不加缀缝栓，以保持一定的弹性。图 5-14 所示为修复弯角附近的裂纹所用加强件的形式。

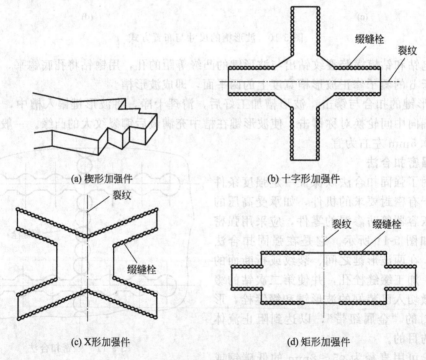

(a) 楔形加强件

(b) 十字形加强件

(c) X形加强件

(d) 矩形加强件

图 5-13　加强件

(4) 热扣合法

热扣合法是利用加热的扣合件在冷却过程中产生收缩而将开裂的机件锁紧。该法适用于修复大型飞轮、齿轮和重型设备机身的裂纹及折断面，如图 5-15 所示，圆环状扣合件适用于修复轮廓部分的损坏，工字形扣合件适用于修复机件壁部的裂纹或断裂。

综上所述，可以看出金属扣合法的优点是：使修复的机件具有足够的强度和良好的密封性；所需设备、工具简单，可现场施工；修理过程中机件不会产生热变形和热应力等。其缺点主要是厚度小于 8mm 薄壁铸件不宜采用，波形键与波形槽的制作加工较麻烦等。

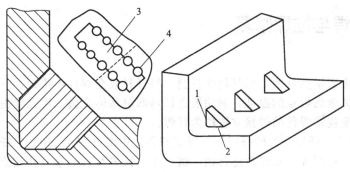

图 5-14　弯角裂纹的加强

1,2—凹槽底面；3—加强件；4—缀缝栓

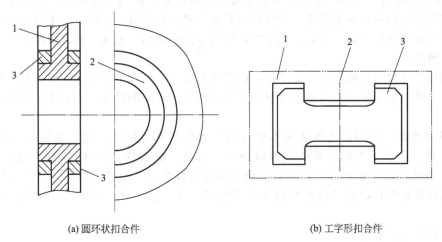

(a) 圆环状扣合件　　　　　　　　　(b) 工字形扣合件

图 5-15　热扣合法

1—机件；2—裂纹；3—扣合件

5.2　焊接修复技术

　　利用焊接技术修复失效零件的方法称为焊接修复法。用于修补零件缺陷时称为补焊。用于恢复零件的几何形状及尺寸，或使其表面获得具有特殊性能的熔敷金属时称为堆焊。焊接修复法在设备维修中占有很重要的地位，应用非常广泛。

　　焊接修复法的特点如下。

　　① 结合强度高。

　　② 可以修复大部分金属零件因为磨损、缺损、断裂、裂纹、凹坑等各种原因引起的损坏。

　　③ 可局部修换，也能切割分解零件，用于校正形状，对零件预热和热处理。

　　④ 修复质量好，生产效率高，修理成本低，灵活性大，多数工艺简便易行，不受零件尺寸、形状和场地以及修补层厚度的限制，便于野外抢修。

　　但焊接方法也有不足之处，主要是热影响区大，容易产生焊接变形和应力以及裂纹、气孔、夹渣等缺陷。对于重要零件焊接后应进行退火处理，以消除内应力，不宜修复较高精度、细长、薄壳类零件。

5.2.1 钎焊与堆焊修复

(1) 钎焊

采用比基体金属熔点低的金属材料作钎料，将钎料放在焊件连接处，一同加热到高于钎料熔点、低于基体金属熔点的温度，利用液态钎料润湿基体金属，填充接头间隙并与基体金属相互扩散，实现连接焊件的焊接方法称为钎焊。

① 钎焊的种类 钎焊分为硬钎焊和软钎焊两种。用熔点高于450℃的钎料进行钎焊称为硬钎焊，如铜焊、银焊等，硬钎料还有铝、锰、镍、钛等及其合金。用熔点低于450℃的钎料进行钎焊称为软钎焊，也称为低温钎焊，如锡焊等，软钎料还有铅、铋、镉、锌等及其合金。

② 特点及应用 钎焊较少受基体金属可焊性的限制，加热温度较低，热源较容易解决而不需特殊焊接设备，容易操作。但钎焊较其他焊接方法焊缝强度低，适于强度要求不高的零件的裂纹和断裂的修复，尤其适用于低速运动零件的研伤、划伤等局部缺陷的补修。

(2) 堆焊

采用堆焊法修复机械零件时，不仅可以恢复其尺寸，而且可以通过堆焊材料改善零件的表面性能，使其更为耐用，从而取得显著的经济效果。常用的堆焊方法有手工堆焊和自动堆焊两类。

① 手工堆焊 是利用电弧或氧乙炔火焰来熔化基体金属和焊条，采用手工操作进行的堆焊方法。由于手工电弧堆焊的设备简单、灵活、成本低，因此应用最广泛。它的缺点是生产率低、稀释率较高，不易获得均匀而薄的堆焊层，劳动条件较差。手工堆焊方法适用于工件数量少且没有其他堆焊设备的条件下，或工件外形不规则、不利于机械堆焊的场合。

手工堆焊工艺要点如下。

a. 正确选用合适的焊条。根据需要选用合适的焊条，应避免成本过高和工艺复杂化。

b. 焊前应进行除污和清洗。有的零件焊前还需要退火以减少残余应力，焊后还需要进行热处理以增加硬度或强度。

c. 防止堆焊层硬度不符合要求。焊缝被基体金属稀释是堆焊层硬度不够的主要原因，可采取适当减小堆焊电流或采取多层焊的方法来提高硬度。此外，还应注意控制好堆焊后的冷却速度。

d. 提高堆焊效率。应在保证质量的前提下，提高熔敷率，如适当加大焊条直径和堆焊电流、采用填丝焊法以及多条焊等。

e. 防止裂纹。可采取改善热循环和堆焊过渡层的方法来防止产生裂纹。

② 自动堆焊 与手工堆焊相比，具有堆焊层质量好、生产效率高、成本低、劳动条件好等优点，但需专用的焊接设备。

a. 埋弧自动堆焊 又称焊剂层下自动堆焊，其特点是生产效率高、劳动条件好等。堆焊时所用的焊接材料包括焊丝和焊剂，两者必须配合使用以调节焊缝成分。埋弧自动堆焊工艺与一般埋弧焊工艺基本相同，堆焊时要注意控制稀释率和提高熔敷率。埋弧自动堆焊适用于修复磨损量大、外形比较简单的零件，如各种轴类、轧辊、车轮轮缘和履带车辆上的支重轮等。

b. 振动电弧堆焊 主要特点是堆焊层薄而均匀，耐磨性好，工件变形小，熔深浅，热影响区窄，生产效率高，劳动条件好，成本低等。

振动电弧堆焊的工作原理如图 5-16 所示。工件夹持在专用机床上，并以一定的速度旋转，堆焊机头沿工件轴向移动；焊丝以一定频率和振幅振动而产生电脉冲。焊嘴 2 受交流电磁铁 4 和调节弹簧 9 的作用而产生振动；堆焊时需不断向焊嘴供给冷却液（一般为 4％～6％碳酸钠水溶液），以防止焊丝和焊嘴熔化黏结或在焊嘴上结渣。

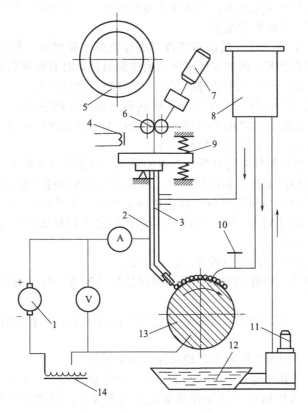

图 5-16　振动电弧堆焊工作原理

1—电源；2—焊嘴；3—焊丝；4—交流电磁铁；5—焊丝盘；6—送丝轮；
7—送丝电动机；8—水箱；9—调节弹簧；10—冷却液供给开关；
11—水泵；12—冷却液沉淀箱；13—工件；14—电感线圈

③ 堆焊工艺　一般堆焊工艺过程为：工件的准备→工件预热→堆焊→冷却与消除内应力→表面加工。

焊接材料主要指焊丝和焊剂。焊丝是直接影响堆焊层金属质量的一个最主要因素，一般应选择优于母材材质的焊丝。焊剂在堆焊过程中不仅使熔池与空气隔绝，而且可以调节堆焊层的化学成分，因此也是影响堆焊层金属质量的关键因素。为了获得符合要求的焊缝，可以采用以下两种搭配方式：高硅高锰焊剂配合低碳钢焊丝 H08A，重要零件可用中锰焊丝 H08MnA；高硅低锰或无锰焊剂与高锰焊丝 H08MnA 配合。

影响埋弧堆焊焊缝质量的参数主要有电流、电压、堆焊速度、送丝速度和堆焊螺距。

5.2.2　机械零件的补焊修复

机械零件补焊比钢结构焊接困难。由于机械零件多为承载件，除对其材料有物理性能和化学成分要求外，还有尺寸精度和形位精度要求。在焊修时，还要考虑材料的焊接性以及焊后的加工性要求。加之零件损伤多是局部损伤，焊修时要保持未损伤部位的精度和物理、化学性能，焊修后的部位要保持设计规定的精度和材料性能。由于电弧焊能量集中、效率高，能减少对母材组织的影响和零件的热变形，涂药焊条品种多，容易使焊缝性能与母材接近，所以是目前应用最广泛的方法。

(1) 钢制零件的补焊

机械零件所用的钢材种类繁多，其可焊性差异很大。一般而言，钢中含碳量越高、合金元素种类和数量越多，可焊性就越差。

① 低碳钢零件的补焊 由于低碳钢零件可焊性良好，补焊时一般不需要采取特殊的工艺措施。只有在特殊情况下，例如零件刚度很大或低温补焊时有出现裂纹的可能，这时要注意选用抗裂性优质焊条，同时采用合理的焊接工艺以减少焊接应力。

② 中、高碳钢零件的补焊 由于中、高碳钢零件钢中含碳量的增高，焊接接头容易产生焊缝内的热裂纹、热影响区内由于冷却速度快而产生的低塑性淬硬组织引起的冷裂纹、焊缝根部主要由于氢的渗入而引起的氢致裂纹等。

为了防止中、高碳钢零件补焊过程中产生的裂纹，可采取以下措施。

a. 加强焊接区的清理工作，彻底清除油、水、锈以及可能进入焊缝的任何氢的来源。

b. 焊前预热。焊件的预热温度根据含碳量或碳当量、零件尺寸及结构来确定。中碳钢一般为 150~250℃，高碳钢为 250~350℃。某些在常温下保持奥氏体组织的钢，例如高锰钢，无淬硬情况下可不预热。

c. 尽可能选用低氢焊条以增强焊缝的抗裂性能。

d. 设法减少母材熔入焊缝的比例，例如焊接坡口的制备，应保证便于施焊但要尽量减少填充金属。

e. 选用多层焊。多层焊的优点是前层焊缝受后层焊缝热循环作用使晶粒细化，可改善性能。

f. 用对称、交叉、短段等焊接工艺均可提高焊接质量。

g. 焊接时应尽量采用小电流、短弧，熄弧后马上用锤头敲击焊缝以减小焊缝内应力。

h. 焊后热处理。其作用在于消除焊接部位的残余应力，改善焊接接头的韧性和塑性，同时加强扩散氢的逸出，减少延迟裂纹的产生。一般中、高碳钢焊后先采取缓冷措施，再进行高温回火，推荐温度为 600~650℃。

(2) 铸铁零件的补焊

铸铁零件在机械设备零件中所占的比例较大，而且多数铸铁零件是重要的基础件。由于它们一般体积大、结构复杂、制造周期长、有较高精度要求，而且不作为备件储备，所以一旦损坏很难更换，只有通过修复才能使用。焊接是铸铁件修复的主要方法之一。

① 铸铁零件补焊的特点 铸铁含碳量高、组织不均匀、强度低、脆性大，是一种对焊接温度较为敏感而且焊接性差的材料。其补焊的特点如下。

a. 焊缝处易产生白口组织（指熔合区呈现白亮的一片或一圈），它脆而硬，难以切削加工。产生原因是焊接中母材吸热使冷却迅速，石墨来不及析出而形成 Fe_3C。防止白口的措施有调整焊缝的化学成分、焊前预热和焊后缓冷、采用小电流焊接减少母材熔深等。

b. 由于许多铸铁零件的结构复杂、刚性大，补焊时容易产生大的焊接应力，在零件的薄弱部位就容易产生裂纹。裂纹的部位可能在焊缝上，也可能在热影响区内。防止产生裂纹的原则是减小焊接应力，可以从减小补焊区和工件整体之间的温度梯度或改善补焊区的膨胀和收缩条件等几方面采取措施。

c. 焊接时，焊缝易产生气孔或咬边。铸铁件原有气孔、砂眼、缩松等缺陷也易造成焊接缺陷。

② 铸铁零件补焊的方法 铸铁零件常用的补焊方法如表 5-1 所示，可供选用和参考。

表 5-1　铸铁零件常用的补焊方法

补焊方法	分　类	特　　点
气焊	热焊法	焊前预热至 600℃ 左右,在 400℃ 以上施焊,焊后在 650~700℃ 保温缓冷,采用铸铁填充料,焊件内应力小,不易裂,可加工
	冷焊法	也称不预热气焊法,焊前不预热,只用焊炬烘烤坡口周围或加热减应区,焊后缓冷,填充料同上。焊后不易裂,可加工,但减应区选择不当时则有开裂危险
电弧焊	热焊法	采用铸铁芯焊条,温度控制同气焊热焊法,焊后不易裂,可加工
	半热焊法	采用钢芯石墨型焊条,预热至 400℃ 左右,焊后缓冷,强度与母材相近,但加工性不稳定
	冷焊法	采用非铸铁组织的焊条,焊前不预热,要严格执行冷焊工艺要点,焊后性能因焊条而异
钎焊		用气焊火焰加热,铜合金作钎料,母材不熔化,焊后不易裂,加工性好,强度因钎料而异

铸铁零件常用的国产冷焊焊条如表 5-2 所示,可供选用和参考。

表 5-2　常用的国产铸铁冷焊焊条

焊条名称	统一牌号	焊芯材料	药皮类型	焊缝金属	主要用途
氧化型钢芯铸铁焊条	Z100	碳钢	氧化型	碳钢	一般灰铸铁件的非加工面焊补
高钒铸铁焊条	Z116	碳钢或高钒钢	低氢型	高钒钢	高强度铸铁件焊补
高钒铸铁焊条	Z117	碳钢或高钒钢	低氢型	高钒钢	高强度铸铁件焊补
钢芯石墨化型铸铁焊条	Z208	碳钢	石墨型	灰铸铁	一般灰铸铁件焊补
钢芯球墨铸铁焊条	Z238	碳钢	石墨型（加球化剂）	球墨铸铁	球墨铸铁件焊补
纯镍铸铁焊条	Z308	纯镍	石墨型	镍	重要灰口铸铁薄壁件和加工面焊补
镍铁铸件焊条	Z408	镍铁合金	石墨型	镍铁合金	重要高强度灰口铸铁件及球墨铸铁焊补
镍铜铸件焊条	Z508	镍铁合金	石墨型	镍铜合金	强度要求不高的灰口铸铁件加工面焊补
铜铁铸铁焊条	Z607	紫铜	低氢型	铜铁混合物	一般灰口铸铁非加工面焊补
铜包铜芯铸铁焊条	Z612	铁皮包铜芯或铜包铁芯	钛钙型	铜铁混合物	一般灰口铸铁非加工面焊补

5.2.3　有色金属的焊接修复

设备维修中常用的有色金属材料有铜及铜合金、铝合金等,与黑色金属相比其可焊性差。由于它们的导热性好、线胀系数大、熔点低,高温时脆性较大、强度低,很容易氧化,因此焊接比较复杂、困难,要求具有较高的操作技术,并采取必要的技术措施来保证焊修质量。

铜及铜合金的焊修工艺要点如下。

① 焊修时首先要做好焊前准备,对焊丝和工件进行表面处理,并开出坡口。

② 施焊时要对工件预热,一般温度为 300~700℃。

③ 应注意焊修速度,按照焊接规范进行操作,及时锤击焊缝。

④ 气焊时一般选择中性焰;手工电弧焊则要考虑焊修方法。

⑤ 焊修后需要进行热处理。

5.2.4　塑料零件的焊接修复

硬聚氯乙烯塑料具有良好的化学稳定性，可用来制造化学工业装备，例如各种容器、塔、通风装置和管道等。在新装备制造和旧装备检修时都会遇到硬聚氯乙烯塑料的焊接问题。它的焊接，与金属材料的焊接相比，有本质的区别。它是利用热空气加热焊接区，使母材和焊条软化，然后在一定压力下粘合而成。其接头具有满意的力学性能，并有良好的气密性。焊接时设备多数是由空气压缩机、空气过滤器、焊枪、调压变压器及其附件组成。

5.3　熔覆修复技术

熔覆修复技术包括热喷涂、喷焊和熔结技术，它们不仅能够恢复机械零件磨损的尺寸，而且通过选用合适的喷涂、喷焊材料，还能够改善和提高包括耐磨性和耐腐蚀性等在内的零件表面的性能，用途极为广泛，在零件的修复技术中占有重要的地位。

5.3.1　热喷涂修复

(1) 热喷涂技术原理

利用氧-乙炔火焰或者电弧等热源，将呈粉末状或丝材状的喷涂材料加热到熔融状态，在氧-乙炔火焰或者压缩空气等高速气流推动下，喷涂材料被雾化并被加速喷射到制备好的工件表面上。喷涂材料呈圆形雾化颗粒喷射到工件表面即受阻变形成为扁平状。最先喷射到工件表面的颗粒与工件表面的凹凸不平处产生机械咬合，随后喷射来的颗粒打在先前到达工件表面的颗粒上，也同样变形并与先前到达的颗粒互相咬合，形成机械结合。这样大量的喷涂材料颗粒在工件表面互相挤嵌堆积，就形成了喷涂层。

(2) 热喷涂技术种类

按照所用热源不同，热喷涂技术可分为氧-乙炔火焰喷涂、电弧喷涂、高频喷涂、等离子喷涂、激光喷涂和电子束喷涂等。其中氧-乙炔火焰喷涂以其设备投资少、生产成本低、工艺简单容易掌握、可进行现场维修等优点，在设备维修领域得到广泛的应用。

(3) 热喷涂技术特点

① 适用范围广　涂层材料可以是金属、工程塑料和陶瓷等非金属以及复合材料，被喷涂工件也可以是金属和非金属材料。正因为如此，表面具有各种涂层材料，使表面具有各种功能，例如耐腐蚀性、耐磨性、抗氧化性、耐高温性、导电性、绝缘性、导热性、隔热性等。

② 工艺灵活　施工对象小到 10mm 内孔，大到桥梁、铁塔等大型结构。喷涂既可在整体表面上进行，也可在指定区域内进行；既可在真空或控制气氛中喷涂活性材料，也可在现场作业。

③ 喷涂层减摩性能良好　喷涂层的多孔组织具有储油润滑和减摩性能，而且喷涂层的厚度可从几十微米到几毫米，表面光滑，加工量少。

④ 工件受热影响小　热喷涂工件受热温度低，故工件热变形较小，材料组织不发生变化。

⑤ 生产率高　大多数喷涂技术的生产率可达到每小时喷涂数千克喷涂材料，有些工艺方法更高。

热喷涂技术的缺点是：喷涂层与工件基体结合强度较低，不能承受交变载荷和冲击载荷；对于工件基体表面制备要求高，表面粗糙化处理会降低零件的刚性；涂层质量靠严格实施工艺来保证，涂层质量尚无有效的检测方法。

（4）氧-乙炔火焰喷涂技术

该技术是以氧-乙炔火焰为热源，借助高速气流将喷涂粉末吸入火焰区，加热到熔融状态后再喷射到制备好的工件表面，形成喷涂层。

氧-乙炔火焰喷涂设备主要包括喷枪、氧气和乙炔储存器或发生器、喷砂设备、电火花拉毛机、表面粗化用工具及测量工具等。

中小型喷枪的典型结构如图 5-17 所示，主要用于中小型和精密零件的喷涂和喷焊，适应性较强，生产效率高。

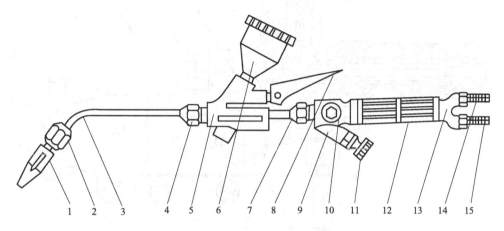

图 5-17　中小型喷枪的典型结构

1—喷嘴；2—喷嘴接头；3—混合气管；4—混合气管接头；5—粉阀体；6—粉斗；7—气接
头螺母；8—粉阀开关阀柄；9—中部主体；10—乙炔开关阀；11—氧气开关阀；
12—手柄；13—后部接体；14—乙炔接头；15—氧气接头

大型喷枪主要用于对大型零件的喷焊，图 5-18 所示为一种大型喷枪的结构。

各种喷枪都配有 2～3 个不同孔径的喷嘴，以适应对火焰功率和生产率的不同要求。

氧-乙炔火焰喷涂技术包括喷涂前的准备、喷涂表面预处理、喷涂及喷涂后处理等过程。

① 喷涂前的准备　准备工作内容有工艺制定，材料、工具和设备的准备两大方面。在工艺制定中主要考虑：确定喷涂层的厚度；确定喷涂层材料；确定喷涂参数。

② 喷涂表面预处理　为了提高涂层与基体表面的结合强度，在喷涂前对基体表面进行清洗、脱脂和表面粗糙化、预热等预处理是喷涂技术的一个重要环节。

③ 喷涂　对预处理后的零件应立即喷涂结合粉。涂层厚度应控制在 Ni/Ae 层为 0.1～0.2mm，Ae/Ni 层为 0.08～0.1mm。但因涂层薄较难测量，故一般考虑用单位喷涂面积的喷粉量来确定，即为 0.08～0.15g/cm^2。喷粉时喷射角度要尽量垂直于喷涂表面，喷涂距离一般掌握在 180～200mm。结合层喷完后，用钢丝刷去除灰粉和氧化膜后，即更换粉斗喷工作层。

④ 喷涂后处理　喷涂后处理包括封孔、机械加工等工序。当喷涂层的尺寸精度和表面粗糙度不能满足要求时，需对其进行机械加工，可采用车削或磨削加工。

5.3.2　喷焊修复

喷焊是指对经预热的自熔性合金粉末喷涂层再加热至 1000～1300℃，使喷涂层颗粒熔

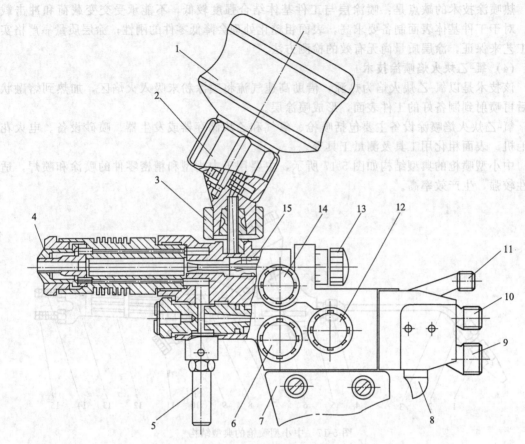

图 5-18　一种大型喷枪的结构

1—粉斗；2—粉斗座；3—锁紧环；4—喷嘴；5—支柱；6—乙炔阀；7—手柄；
8—气体快速关闭阀；9—乙炔进口；10—氧进口；11—送粉气进口；
12—氧阀；13—粉阀柄；14—气体控制阀；15—本体

化，造渣上浮到涂层表面，生成的硼化物和硅化物弥散在涂层中，使颗粒间和基体表面润湿达到良好黏结，最终质地致密的金属结晶组织与基体形成 $0.05\sim0.10\mathrm{mm}$ 的冶金结合层。喷焊层与基体结合强度约为 400MPa，它的耐磨、耐腐蚀、抗冲击性能都较好。这一加热过程称为重熔。

(1) 喷焊技术的适用范围

由于喷焊时基体局部受热温度高，会产生热变形，所以喷焊工件金属材料大体上可分为以下几种类型。

① 无需特殊处理就可喷焊的材料。这类材料有 $w_C<0.25\%$ 的一般碳素结构钢，锰、钼、钒总的质量分数小于 3％ 的结构钢，18-8 型不锈钢和镍不锈钢，灰口铸铁、可锻铸铁和珠墨铸铁，纯铁等。

② 需预热 $250\sim375\,℃$ ，喷焊后要缓冷的材料。这类材料指 $w_C\geqslant0.4\%$ 的碳钢，锰、钼、钒总的质量分数大于 3％ 的结构钢，$w_C\geqslant2\%$ 的结构钢等。

③ 喷焊后需等温退火的材料。这类材料指 $w_C\geqslant11\%$ 的马氏体不锈钢，$w_C\geqslant0.4\%$ 的铬钼结构钢等。

④ 不适于喷焊的材料。这类材料指比喷焊用合金粉末的熔点还要低的材料，例如铝、镁及其合金，以及某些铜合金；$w_C\geqslant18\%$ 的马氏体高铬钢等。需要说明的是，设法改进工

艺后上述不易喷焊的材料有可能变为易喷焊的材料。

与喷涂层相比，喷焊层组织致密、耐磨、耐腐蚀，与基体结合强度高，可承受冲击载荷。所以喷焊技术适用于承受冲击载荷、要求表面硬度高、耐磨性好的磨损零件的修复，例如混砂机叶片、破碎机齿板、挖掘机铲斗齿等。但在用喷焊技术修复大面积磨损或成批零件时，因合金粉末价格高，故应考虑经济性。

(2) 氧-乙炔火焰喷焊技术

喷焊技术过程与喷涂技术过程基本相同。喷焊技术是在喷涂后加有重熔工序，而且由于操作顺序的不同，分为一步法喷焊和两步法喷焊。喷焊过程还应注意以下事项：如果工件表面有渗碳层或渗氮层，预处理时必须清除，否则喷焊过程会生成碳化硼或氮化硼，这两种化合物很硬、很脆，易引起翘皮，导致喷焊失败；在对工件预热时，一般碳钢预热温度为200～300℃，对耐热奥氏体钢可预热至350～400℃，预热时火焰采用中性或弱碳化焰，避免表面氧化；重熔后，喷焊层厚度减小25%左右，在设计喷焊层厚度时要考虑。

下面简单叙述一步法喷焊和两步法喷焊。

① 一步法喷焊　就是指喷粉和重熔同时进行的操作方法。也就是说边喷粉边重熔，使用同一支喷枪即可完成喷涂、喷焊过程。

首先工件预热后喷 0.2mm 左右的薄层合金粉，以防止表面氧化。接着断续按动送粉开关进行送粉，同时将喷上去的合金粉重熔。根据熔融情况及对喷焊层厚薄的要求，决定火焰的移动速度。火焰向前移动的同时，再断续送粉并重熔。这样，喷粉→重熔→移动，周期地进行，直到整个工件表面喷焊完成。

一步法喷焊对工件输入热量少，工件变形小。适用于小型零件或小面积喷焊，喷焊层厚度在 2mm 以内较合适。

② 两步法喷焊　就是喷粉和重熔分两步进行。不一定使用同一喷枪，甚至可以不使用同一热源。

首先对工件进行大面积或整体预热，接着喷预保护层，之后继续加热至 500℃ 左右，再在整个表面多次均匀喷粉，每一层喷粉厚度不超过 0.2mm，多次薄层喷粉有利于控制喷层厚度及均匀性。达到预计厚度后停止喷粉，然后开始重熔。

重熔是两步法喷焊的关键工序，对整个喷焊层质量有很大的影响。若有条件，最好使用重熔枪，火焰应调整成中性焰或弱碳化焰的大功率柔软火焰，将涂层加热至固-液相线之间的温度。重熔速度应掌握适当，即涂层出现"镜面反光"时，即向前移动火焰进行下个部位的重熔。最终的喷焊层厚度可控制在 2～3mm。

由于喷焊合金的线胀系数较大，重熔后冷却不当会产生变形，甚至引起裂纹，所以应在喷焊后视具体情况采用不同的冷却措施。对于中低碳钢、低合金钢的工件和薄喷焊层、形状简单的铸铁件采用空气中自然冷却的方法；对于喷焊层较厚、形状复杂的铸铁件，锰、钼、钒合金含量较大的结构钢件、淬硬性高的工件等，可采取在石灰坑中缓冷或用石棉材料包裹缓冷的方法。

根据工件的需要，可对喷焊层进行精加工，用车削或磨削即可，但是需注意所用刀具、砂轮和切削规范。

5.3.3　喷涂层、喷焊层的质量测试

目前我国尚无关于喷涂层、喷焊层的质量检测标准。在实际工作中，喷涂层、喷焊层的质量是指它的硬度、组织、机械强度、抗磨性和耐蚀性等。

① 喷涂层、喷焊层的硬度检测　对于喷涂层、喷焊层宏观硬度的检测一般采用洛氏硬

度测定，其中薄层的检测使用洛氏表面硬度计。GB 9790—88 中，对于金属覆盖层及其他有关覆盖层，规定使用维氏（HV）和努氏（HK）硬度试验方法，可参考使用。

② 喷涂层、喷焊层组织的定性检查　喷涂层的正常组织应是均匀细致的层状组织，外观为均匀分布的细砂状表面，表层硬实。镍基涂层颜色为银灰色，铁基涂层为灰黄色，铜基涂层为深黄色，镍铝复合涂层为银黄色。

喷焊层的正常组织应是金属结晶组织，与金属堆焊组织相同。表面焊渣去掉后，焊层表面光滑坚实。除铜基喷焊层颜色为银黄色外，其余镍、钴、铁基喷焊层均是呈金属光泽的银灰色，略有深浅之分。

喷涂层组织粗加工后，表面不应有裂纹、空洞、针孔等缺陷。喷焊层组织经直接检查后，表面应无漏底、裂纹、夹渣、空洞、针孔等。

③ 喷涂层、喷焊层的强度、耐磨性、耐腐蚀性的检测　可参考材料的测试取样进行。

5.3.4　熔结修复

熔结技术可以制备各种玻璃陶瓷或合金涂层。熔结涂层工艺可以单独采用，也可与电镀、喷涂等其他工艺配合使用。早在 20 世纪 40 年代就发表了用火焰或加热炉来熔结处理火焰喷涂的 NiCrBSi 合金涂层，使之致密化并与基体结合牢固的方法。自此以后，熔结工艺逐步发展成为独立的涂层工艺。这里主要介绍真空熔结技术。

(1) 真空熔结的基本原理

真空熔结合金涂层工艺是一种现代表面冶金新技术，其作用是改变基体材料工作表面的成分与组织，从而得到能够满足耐磨、耐蚀等各种使用要求的物理化学性能。形成涂层的过程是在一定真空度条件下，把足够而集中的热能作用于基体金属的涂覆表面，在很短的时间内使预先涂覆在基体表面上的涂层合金料熔融并浸润基体表面，开始了涂层与基体之间的扩散互溶与界面反应，待扩散互溶到一定程度后就会在涂层与基体的内界面形成一条狭窄的互溶区。冷凝时涂层与互溶区一起重结晶，并与基体牢固结合在一起。从熔融、浸润、扩散、互溶以至重结晶的整个过程就是表面冶金的全部过程。

(2) 真空熔结的工艺过程

① 零件待修表面的准备。零件待修表面需预加工、清洗、除油、去污，以改善零件表面与涂层的润湿性。

② 调制料浆、涂覆。料浆是由一定的涂层材料与胶黏剂混合而成。胶黏剂必须采用不含灰分的有机物，如汽油橡胶溶液、树脂、糊精或松香油等。例如用松香油作胶黏剂的料浆的成分是由 94％的合金粉与 6％的松香油（松香油是由 1 份质量的松香溶解在 3 份质量的松节油中）调制而成。调制好的料浆涂覆到零件的表面，在 80℃的烘箱中烘干，出炉后整修外形。

③ 在非氧化气氛中或低真空（$10^{-6} \sim 10^{-5}$ MPa）的钼丝炉中熔结，以便获得致密的合金涂层。

④ 熔结后加工。

(3) 熔结方法

① 炉熔法　在真空或氧气中以电阻元件为辐射加热源的炉中熔结是应用较多的一种熔结方法。真空环境不仅对涂层合金与金属基体有防氧化保护作用，而且在涂层合金粉熔化时容易排除熔融体中的气体夹杂而得到比较致密的合金涂层。当涂层粉料中含有 Al 或 Ti 等活性元素时，真空度需高于 1×10^{-8} MPa（1×10^{-5} mmHg）；而熔结一般粉料时真空度只需 1×10^{-5} MPa（1×10^{-2} mmHg）。炉熔法的优点是简便易行，适用于对各种形状金属部件进

行高质量涂层，缺点是对基体有中等程度的热影响。

图 5-19 是钼丝加热炉真空系统示意，它包括电动机、真空泵、电磁阀、隔离阀等。

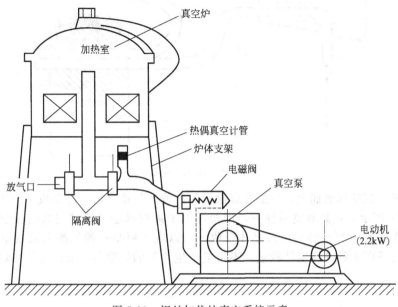

图 5-19　钼丝加热炉真空系统示意

真空加热炉的电源可根据涂层和修复零件的需要选用一般加热炉用变压器。按低真空熔结工艺要求选定：交流输入 220V，50Hz；交流输出，空载 0～40V，工作电压 0～35V，电流调节范围 0～500A。

控制系统是真空加热炉、真空系统的控制中枢，设有各种开关及保护装置等。

② 感应熔结法　例如把 20 钢内燃机挺杆的顶部置于直径 40mm 的感应圈中，顶部凹槽内盛满化学组成（质量分数）为 C 0.95%、B 3.5%、Cr 26%、Si 4%、Fe 1%、其余 Ni 的 NiCrBSi 合金粉，在合金粉上再覆盖硼砂，如图 5-20 所示。当挺杆顶部受感应加热时，硼砂首先熔融起到了焊剂的保护作用，继续升温至 1200℃ 左右时，涂层合金粉熔融，数秒钟后即对挺杆淬冷。冷凝后合金涂层的硬度可高达 60～62HRC。如用合金铸铁粉（质量分数）C 3.3%、Si 2.3%、Cr 1.0%、Ni 0.45%、Mn 0.75%、Mo 0.5%、S<0.1%、P<0.1% 代替 NiCrBSi，也可得到 60HRC 左右的硬度。感应熔结法一般只适用于较小圆形部件的上表面进行熔结，涂层质量也难免有少量气孔夹杂，但对基体的热影响较小。

③ 装盒熔结法　在 F-48Nb 合金或 Ta-20W 合金基体上先电镀一层 Ag，再浸涂 Al-11Si 料浆，待干燥后悬置在一个因康镍盒子中，待盒内充满氧气或抽成真空之后，送入炉中加热到 1038℃ 进行熔结，形成 NbAl 或 TaAl₃ 合金涂层，而 Ag 和 Si 则以固溶体方式取代了 MAl₃ 中的部分 Al 原子。这种涂层克服了一般 Al 基涂层的脆性，而且有很高的抗氧化寿命。镀 Ag 层还可避免盒内残余氧气对基体的氧化浸蚀。

④ 电子束或激光熔结法　能够产生极高热流的高密度能源，如电子束或激光束已逐步应用于熔结工艺，并有效克服了对基体的热影响问题。用一台 10kW 的 CO_2 激光装置，聚焦激光束的熔化带宽度调节为 11.4mm，在钢板基体上熔结厚约 0.25mm 的 NiCrPSi 合金涂层，只要合理地确定激光束的功率与扫描速度，就可熔结涂层而使基体受热影响极小。激光熔结速率极高，涂层中的气孔率和氧化物夹杂也少得多，而且涂层的厚度与密度均匀性也好得多。

激光束除了可对已经喷涂好的涂层进行熔结处理之外，也可把载有涂层合金粉的氧气流

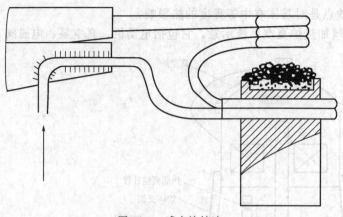

图 5-20　感应熔结法

与激光束一起打到基体表面上,形成合金涂料的熔池,扫描之后,冷凝成结合牢固的合金涂层,如图 5-21 所示。在高真空条件下,用聚焦电子束扫描也可熔结类似的合金涂层。由于注入电子束能量的 85%～95%可被基体吸收,所以电子束是一种比激光束效率更高的聚焦能源。但因电子束能量的稳定性较差,不可能产生均匀的熔融带,所以电子束熔结不如激光熔结均匀。

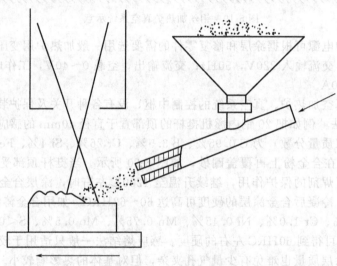

图 5-21　激光熔结法

5.4　电镀和化学镀修复技术

5.4.1　电镀修复

(1) 电镀

① 电镀的基本知识　电镀是指在含有欲镀金属的盐类溶液中,以被镀基体金属为阴极,通过电解作用,使镀液中欲镀金属的阳离子在基体金属表面沉积,形成镀层的一种表面加工技术。电镀技术形成的金属镀层可补偿零件表面磨损和改善表面性能,它是最常用的修复技术。

常用的电镀技术有槽镀和电刷镀等。

电镀用的电镀液由主盐、络合剂、附加盐、缓冲剂、阳极活化剂、添加剂等组成。主盐是指镀液中能在阴极上沉积出所要求镀层金属的盐，它的作用是提供金属离子。当镀液中主盐的金属离子为简单离子时，为保证镀层晶粒质量，需加入络合剂，它的作用是能络合主盐中的金属离子形成络合物。附加盐的作用是提高电镀液的导电能力。缓冲剂是指用来稳定溶液酸碱度的物质，它一般由弱酸和弱酸盐或弱碱和弱碱盐组成，可使镀液在遇到碱或酸时，溶液的 pH 值变化幅度较小。阳极活化剂是指在镀液中能促进阳极活化的物质，它的作用是提高阳极开始钝化时的电流密度，从而保证阳极处于活化状态而能正常地溶解。添加剂是指那些不会明显改善镀层导电性，但能显著改变镀层性能的物质。

② 电镀的工艺过程　电镀过程是镀液中的金属离子在外电场的作用下，经电极反应还原成金属原子并在阴极上进行金属沉积的过程，完成金属的电沉积过程必须经过以下三个步骤。

a. 液相传质　是指镀液中的水化金属离子或络离子从溶液内部向阴极界面迁移，到达阴极的双电层溶液一侧。液相传质有三种方式，即电迁移、对流和扩散。

b. 电化学反应　水化金属离子或络离子通过双电层，并去掉它周围的水化分子或配位体层，从阴极上得到电子生成金属原子。

c. 电结晶　金属原子沿金属表面扩散到达结晶生长点，以金属原子态排列在晶格内，形成镀层。

电镀时，以上三个步骤是同时进行的。

影响电镀质量的因素很多，包括镀液的成分以及电镀工艺参数，主要影响因素有 pH 值、添加剂、电流密度、电流波形、电镀温度、搅拌等。

电镀前要进行预处理。电镀前预处理的目的是为了使待镀面呈现干净新鲜的金属表面，以便获得高质量镀层。首先通过表面磨光、抛光等方法使表面粗糙度达到一定要求，再采用溶剂溶解或化学、电化学方法使表面脱脂，接着用机械、酸洗以及电化学方法除锈，最后把表面在弱酸中浸蚀一定时间进行镀前活化处理。

电镀后要进行镀后处理。电镀后处理包括钝化处理和除氢处理。钝化处理是指把已镀表面放入一定的溶液中进行化学处理，在镀层上形成一层坚实致密的、稳定性高的薄膜的表面处理方法。钝化处理使镀层耐腐蚀性大大提高，并增加表面光泽和抗污染能力。有些金属，例如锌，在电沉积过程中，除自身沉积出来外，还会析出一部分氢，这部分氢渗入镀层中，使镀件产生脆性甚至断裂，称为氢脆。为了消除氢脆，往往在电镀后，使镀件在一定的温度下热处理数小时，称为除氢处理。

③ 电镀金属　槽镀时的金属镀层种类很多，设备维修中常用的有镀铬、镀镍、镀铁、镀铜及其合金等。

a. 镀铬　在黑色金属或有色金属基体上可以镀铬。不带底镀层镀铬后直接使用，可作为抛光或珩磨精饰后表面。当厚度小于 $12\mu m$ 时，常用于模具镀层、切削刀具刃口镀层；厚度为 $12\sim50\mu m$ 时，用于液压装置中的柱塞、内燃机汽缸套镀层；铬层厚度在 $50\mu m$ 以上时，可用于防腐、耐磨但并不重要的表面。带底镀层的镀铬可用于修复时补偿较厚的尺寸，一般底层镀镍或铜，磨光后再镀铬层，最终磨削。

铬镀层的特点如下。

ⅰ. 耐磨损　镀层的硬度随工艺规范不同而不同，可获得硬度 $400\sim1200HV$，$300℃$ 以下时硬度无明显下降。滑动摩擦因数小，约为钢和铸铁的 50%，抗黏附性好，可提高耐磨性 $2\sim50$ 倍。

ⅱ. 耐腐蚀　在轻微的氧化作用下表面钝化，可保护镀层。除盐酸、热浓硫酸外，对其他酸碱有耐腐蚀能力。

ⅲ. 与基体结合强度高 铬镀层与基体结合强度高于自身晶间结合强度。但铬镀层不耐集中载荷与冲击，不宜承受较大的变形。

b. 镀镍 维修零件时表面镀镍厚度一般为 0.2～3mm，镍镀层的有些力学性能和耐氯化物腐蚀性能优于铬镀层，所以应用更为广泛。它用于提高新表面的零件表面某些性能，例如滑动摩擦副表面镀镍可防擦伤，造纸、皮革、玻璃等制造业用轧辊表面镀镍可耐腐蚀、抗氧化等。另外，还用于维修时补偿零件尺寸。

c. 镀铁 铁镀层的成分是纯铁，它具有良好的耐腐蚀性和耐磨性，适宜对磨损零件作尺寸补偿。其特点如下。

ⅰ. 铁镀层的硬度高，最高可达 500～800HV。

ⅱ. 铁镀层与基体结合强度较高，可达 450MPa。

ⅲ. 铁镀层表面呈网状，有较好的储油性能，加之硬度高，具有优良的耐磨性。

镀铁采用不对称交-直流低温镀铁工艺，沉积效率高，成本低，应用广泛。

d. 镀铜 铜镀层较软，富有延展性，导电和导热性能好，对于水、盐溶液和酸在没有氧化条件下具有良好的耐蚀性。常用于作铬镀层或镍镀层的底层、热处理时的屏蔽层、减摩层等。

e. 电镀合金 电镀时，在阴极上同时沉积出两种或两种以上金属，形成结构和性能符合要求的镀层的工艺过程，称为电镀合金。通过电镀合金可以制取高熔点和低熔点金属组成的合金，以及获得许多单金属镀层所不具备的优异性能。在待修零件表面上可电镀铜-锡合金（青铜）、铜-锌合金（黄铜）、铅-锡合金等，作为补偿尺寸和耐磨层用。

(2) 电刷镀

① 电刷镀基本知识 电刷镀是在被镀零件表面局部快速电沉积金属镀层的技术，其本质是依靠一个与阳极接触的垫或刷提供电镀所需的电解液的电镀。所以电刷镀也称快速镀、无槽镀、涂镀等。

与槽镀相比，电刷镀具有设备简单、工艺简单、可现场修复、镀层种类多、可满足各种维修性能要求、沉积速度快等优点。

电刷镀主要用于修复磨损零件表面，并使表面具有更好的性能，例如耐磨性、导电性、耐腐蚀性等。

电刷镀和槽镀一样，都是一种电化学沉积过程，其基本原理如图 5-22 所示。将表面处理好的工件与刷镀电源的负极相连，作为电刷镀的阴极，将镀笔与电源的正极相连，作为电刷镀的阳极。刷镀时，用棉花和针织套包套的镀笔浸满电刷镀液，镀笔以一定的相对运动速度在被镀零件表面上移动，并保持适当的压力。于是，在镀笔与被镀零件接触的那些部分，电刷镀镀液中的金属离子在电场力的作用下扩散到零件表面，在表面获得电子被还原成金属原子，这些金属原子沉积结晶就形成了刷镀层。随着镀笔在零件表面不断移动，镀层逐渐增厚，直至达到需要的厚度。

电刷镀设备比较简单，由电刷镀电源、镀笔和辅助装置组成。

电刷镀溶液是电刷镀技术的关键部分。根据其作用可分为四大类：预处理溶液、镀液、钝化液和退镀液。

a. 预处理溶液 其作用是除去待镀件表面油污和氧化膜，净化和活化需电刷镀的表面，保证电刷镀时金属离子电化学还原顺利进行，获得结合牢固的刷镀层。预处理溶液有电净液和活化液。电净液为碱性，其主要成分是一些具有皂化能力和乳化能力的化学物质（如 $NaOH$、Na_3PO_4），它们用来化学脱脂，如果用电解方法脱脂，效果更佳。活化液均为酸性，主要成分为常用的无机酸，也有一些是有机酸。活化液具有化学溶解金属表面的氧化物

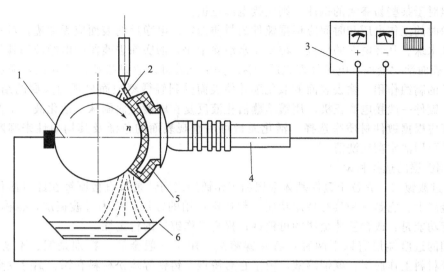

图 5-22　电刷镀工作原理
1—工件；2—镀液；3—电源；4—镀笔；5—棉套；6—容器

和锈蚀产物的能力，用电解方法可增强去除表面氧化膜的能力，使金属表面得到活化。

b. 镀液　电刷镀时使用的金属镀液很多，有上百种，根据获得镀层的化学成分可分为三类：单金属镀液、合金镀液和复合金属镀液。镀液的主要成分是各类金属主盐，此外溶液中还加入某些其他特定盐类和若干添加剂，它们分别起提高溶液的导电性、稳定溶液的 pH 值、与主盐形成络合物、改善镀层的光亮度以及增强溶液对金属表面的润湿能力等作用。

电刷镀溶液在工作过程中性能稳定，中途不需调整成分，可以循环使用。它无毒、不燃、腐蚀性小。

c. 钝化液和退镀液　钝化液是指用在铝、锌、镉等金属表面，生成能提高表面耐腐蚀性的钝态氧化膜的溶液，常用的有铬酸盐、硫酸盐及磷酸盐等溶液。退镀液是指用于退除镀件不合格镀层或多余镀层的溶液，退镀液品种较多，成分较为复杂，主要由不同的酸类、碱类、盐类、金属缓蚀剂、缓冲剂和氧化剂等组成。退镀时一般是采用电化学方法，在镀件接正极情况下操作。使用退镀液时应注意退镀液对基体的腐蚀问题。

② 电刷镀工艺过程　主要包括镀前预处理、刷镀层的选择和设计、镀件刷镀和镀后处理等。

a. 镀前预处理　镀件镀前预处理是电刷镀顺利进行和获得成功的必要条件。它包括镀件表面整修、表面清理、表面的电净处理和活化处理。

ⅰ. 表面整修　镀件表面存在的毛刺、磨损层和疲劳层，都要用切削机床修整或用砂布打磨，以使表面平滑，并获得正确的几何形状和暴露出基体金属的表面组织。

ⅱ. 表面清理　它是指采用化学及机械的方法对镀件表面的油污、锈斑等进行清理。当镀件表面有大量油污时，可先用汽油、煤油、丙酮等有机溶剂去除绝大部分油污，然后再用化学脱脂溶液除去残留油污，并用清水洗净。若表面有较厚的锈蚀物，可用砂布打磨、钢丝刷刷除或喷砂处理，以除去锈蚀物。对于表面所沾油污和锈斑很少的镀件，可直接用电净处理和活化处理来清防油污和锈斑。

ⅲ. 表面电净处理　它是指采用电解方法去除表面油脂。镀件经表面修整和表面清理后，用镀笔蘸电净液，在刷镀表面上反复刷抹，通电后在表面上形成的气泡机械地把油膜撕破，成为细碎油粒。油粒被电净液中的乳化剂、皂化剂分别乳化和皂化，并被镀笔和镀液带走。由于阴极上产生的氢气泡多于阳极，撕破油膜的作用加强，所以镀件电净时通常接电源负极。但对于某些易渗氢的钢件，则应接电源正极。

电净时的工作电压和时间应根据镀件的材质而定。电净后的表面应无油迹，对水润湿良好，不挂水珠。凡经电净的部位，都要用水清除干净，彻底除去残留的电净液和其他污物。

ⅳ. 表面活化处理　电净处理之后紧接着是活化处理。它是指使用活化液，通过化学的和电化学的腐蚀作用，除去表面的氧化膜并使表面受到轻微刻蚀而呈现出金属的结晶组织。活化时，镀件一般接电源正极，用镀笔蘸活化液反复在刷镀表面刷抹。活化液、工作电压和处理时间应根据镀件材质来选择。活化质量可用直观表面的色泽及其均匀性来判断。活化后，表面要用清水彻底洗清。

b. 刷镀层的选择和设计

ⅰ. 过渡镀层　它位于镀件基体金属和工作镀层之间，是被直接刷镀在经过活化处理后的基体金属上。它是一种具有特定功能、起特殊作用的镀层，称为过渡镀层，也称底镀层。它的特定功能是：改善基体金属的可镀性；提高工作镀层的稳定性。

常用的过渡镀层有以下两种：特殊镍溶液，用于一般金属、特别是钢、不锈钢、铬、铜、镍等材料上作底层；碱铜溶液，由于它对铸钢、铸铁等疏松材料和锡、铝等软金属的腐蚀性比特殊镍小，所以常用在铸钢、铸铁、锡、铝等材料上作底层。

ⅱ. 工作镀层　它作为镀件的工作表面，直接承受工作载荷、运动速度、温度等工况。选择工作镀层时应考虑以下要求：与基体金属或过渡层金属有良好的结合性能；能满足工况要求；在满足以上要求的前提下，工作镀层的刷镀液沉积速率要高，而且经济。

ⅲ. 镀层设计　在设计镀层时，要注意控制同一种镀层一次连续刷镀的厚度。因为随着镀层厚度的增加，镀层内残余应力也随之增大，同种镀层厚度过大可能使镀层产生裂纹或剥离。因此，同一镀层一次连续刷镀存在一个"安全厚度"限制，即指这时所允许的镀层最大厚度值。单一刷镀一次连续刷镀的安全厚度可参考相关电镀手册。

当需要刷镀较厚的镀层时，可以采用分层刷镀的方法，即在一种刷镀层达到一定厚度之后，换用另一种刷镀层加厚，交替刷镀来增加镀层厚度，直至达到所需的厚度为止。这种镀层称为组合镀层或复合镀层。

c. 镀件刷镀　镀件刷镀表面经预处理后，应及时进行刷镀。首先刷镀过渡层，例如在钢、不锈钢等材质镀件上用特殊镍作过渡层，厚度在 $2\mu m$ 左右。先不通电流，用蘸满特殊镍溶液的镀笔在待镀表面上擦拭，时间 $3\sim5s$。然后在较高工作电压下刷镀 $3\sim5s$，随后转入正常规范刷镀。刷镀好过渡层后，把残存的镀液用清水冲洗干净。最后选用工作层镀液，按工艺规范刷镀至所需厚度。若厚度超过安全厚度，可进行组合镀层设计，但要保证组合镀层的最外一层必须是所选用的工作镀层。

d. 镀后处理　刷镀完毕要立即进行镀后处理。清洗干净镀件表面的残存镀液并进行干燥处理，然后用肉眼检查镀层色泽，有无起皮、脱层等缺陷，测量镀层厚度。若镀件不再加工，需采取必要的保护方法，如抛光、涂油等。

5.4.2　化学镀修复

化学镀是指在没有电流通过的情况下，利用化学方法使溶液中的金属离子还原为金属原子并沉积在基体表面，形成镀层的一种表面加工方法。当被镀件浸入镀液中时，化学反应剂在溶液中提供电子使金属离子还原沉积在镀件表面。

化学镀是一个催化的还原过程，还原作用仅仅发生在催化表面上。如果被镀金属本身是反应的催化剂，则化学镀的过程就具有自动催化作用。反应生成物本身对反应的催化作用，使反应不断继续下去。

与电镀相比，化学镀具有以下特点。

① 化学镀无需电解设备。

② 不管零件形状如何复杂，其镀层厚度都很均匀。

③ 镀层外观良好，晶粒细，无孔隙，耐腐蚀性更好。

④ 被镀零件材质可以是塑料、玻璃、陶瓷等非金属。

但化学镀存在溶液稳定性差，使用温度高，温度过高会引起镀液的分解等缺点。

由于化学镀镍层、化学镀铜层具有耐磨、耐蚀、高硬度等性能，化学镀在工业生产和设备修复中得到广泛应用。

5.4.3 复合电镀修复

复合电镀是在电镀溶液中加入适量的金属或非金属化合物的固态微粒，并使其与金属原子一起均匀地沉积，形成具有某些特殊性能电镀层的一种电镀技术。

复合电镀工艺与槽镀大体相同，不同之处主要在于复合电镀液的制备和电镀规范上。

随镀层的应用目的不同，电镀时使用不同的物质颗粒。耐磨镀层用 SiC、Al_2O_3、WC、SiB、TiO_2 和人造金刚石等；润滑镀层用 MoS_2、氟化石墨等；减摩镀层用塑料粉末，如尼龙和其他聚合物等；合金镀层用 Cr、Ni、Co 等，形成以铬、镍、钴为基的镀层。

在金属上镀金属与非金属粒子的复合材料比较困难。其技术关键是选择材料、颗粒物的添加方式和搅拌。

首先，非金属微粒应是悬浮体。它能在镀液-粉末物体系中构成正常的电镀条件。要求粉末微粒具有湿润性，以便均匀分布在镀液中。其次是化学稳定性，不使镀液成分改变以及不污染镀液等。添加物颗粒度也是很重要的参数，一般直径不能超过 $40\mu m$，常用直径小于 $5\mu m$。

上述非金属微粒可加入镀铁、镀镍溶液中。其电镀规范和常规电镀相同。

根据电镀种类所用不同的镀液，确定搅拌的方式、速度，如镀铁溶液采用机械式搅拌，镀铜可用空气搅拌。

镀液中非金属微粒物的浓度对其在镀层中的含量有很大的影响。一般随着添加物的增多，在镀层中的含量也增多。

复合电镀层具有优良的耐磨性，因此应用很广泛。加有尼龙等减摩性微粒的复合层具有良好的减摩性，摩擦因数低，已用于修复和强化设备零件上。例如，修复发动机气门、摇臂轴、活塞等零件的磨损表面。与聚四氟乙烯等颗粒共沉积的复合镀层具有良好的润滑性。如镍-聚四氟乙烯复合镀层，硬度为 $500\sim600HV$，可在 $290℃$ 连续工作，其耐磨性与减摩性比镀硬铬好得多。这种镀层已用在耐磨滑动的配合件、塑料模具上。

5.5 粘接与表面粘涂修复技术

5.5.1 粘接修复

凡是能把各种材料紧密粘合在一起的物质，称为胶黏剂。采用胶黏剂来进行连接达到修复目的的技术就是粘接修复技术。粘接修复技术可部分代替焊接、铆接、过盈连接和螺栓连接，将各种金属和非金属零件牢固地连接起来，可达到较高强度要求。

(1) 粘接的基本原理

胶黏剂之所以能牢固粘接两种相同或不同材料，是由于它们之间必须形成粘接力。但是，粘接是个复杂的过程，它包括表面浸润，胶黏剂分子向被粘物表面移动、扩散和渗透，胶黏剂与被粘物形成物理和机械结合等问题，所以人们通过长期的研究，提出不少理论来解释粘接原理。目前有如下几种较公认的理论。

① 机械理论　该理论认为被粘物表面都有一定的微观不平度，胶黏剂渗透到这些凹凸不平的沟痕和孔隙中，固化后便形成无数微小的"销钉"，在界面区产生了啮合力。在粘接多孔材料、布、织物及纸等时，这种作用力是很重要的。

② 吸附理论　该理论认为粘接是在表面上产生类似吸附现象的过程。胶黏剂中的有机大分子通过链段与分子的运动逐渐向被粘物表面迁移，极性基团靠近，当距离小于 $0.5\mu m$ 时，能够相互吸引产生分子间力，也就是范德华力和氢键形成粘接。分子间作用力是粘接力的最主要来源，它广泛存在于粘接体系中。

③ 扩散理论　该理论认为分子或链段的热运动（微布朗运动）产生了胶黏剂和被粘物分子之间的相互扩散，由于扩散，胶黏剂和被粘物中间的界面逐渐消失，相互"交织"而牢固地结合。扩散理论在解释聚合物的自粘作用方面已得到公认，但对不同聚合物之间的粘接，是否存在穿越界面的扩散作用，目前尚存争议。

④ 化学键理论　该理论认为胶黏剂与被粘物表面产生化学反应而在界面上形成化学键结合，因为化学键力比分子间力要大 1~2 个数量级，所以能获得高强度的牢固粘接。化学键力包括离子键力、共价键力等。离子键力可能存在于无机胶黏剂与无机材料表面之间的界面区内；共价键力可能存在于带有化学活性基团的胶黏剂分子与带有活性基团的被粘物分子之间。

⑤ 静电理论　该理论认为胶黏剂和被粘物之间存在双电层，由于静电的相互吸引而产生粘接力。当被粘物金属材料表面与高分子胶黏剂密切接触时，由于金属对电子的亲和力低，容易失去电子，而非金属对电子的亲和力高，容易得到电子，故电子可以从金属向非金属移动，使界面两侧产生接触电势，并形成双电层。双电层电荷性质相反，从而产生了静电引力。总之，当胶黏剂与被粘物体系是一种电子接受体与供给体的组合形式时，都可能产生界面静电引力。

上述是产生粘接力的五种理论，显然不同的胶黏剂与不同的被粘物粘接时，其粘接原理各不相同，人们可用其中某一种理论加以解释，因而不可能有统一的能够解释所有粘接现象的粘接理论。在各种产生粘接力的因素中，只有分子间作用力是普遍存在于所有的粘接体系中，其他作用仅在某些情况下成为产生粘接力的因素。

(2) 粘接工艺的特点

粘接工艺具有以下优点。

① 粘接力较强，可粘接各种金属或非金属材料，且可达到较高的强度要求。

② 粘接的工艺温度不高，不会引起基体金属金相组织的变化和热变形，不会产生裂纹等缺陷。因而可以粘补铸铁件、铝合金件和薄壁件、细小件等。

③ 粘接时不破坏原件强度，不易产生局部应力集中。与铆接、螺纹连接、焊接相比，减轻结构重量 20%~25%，表面美观平整。

④ 胶缝有密封、耐磨、耐腐蚀和绝缘等性能，有的还具有隔热、防潮、防震减振性能。两种金属间的胶层还可防止电化学腐蚀。

⑤ 工艺、设备简单，操作方便，成本低，工期短，便于现场修复。

其缺点是：不耐高温（一般只能耐 150℃，最高 300℃，无机胶除外）；抗冲击、抗剥离、抗老化的性能差；粘接强度不如焊接、铆接高；粘接质量的检查较为困难，因而限制了它的应用。

（3）胶黏剂

① 胶黏剂的分类　胶黏剂品种繁多，用途不同，组成各异。常见的分类方法如下。

a. 按照胶黏剂的基本成分性质分为有机胶黏剂（又分为合成胶黏剂、天然胶黏剂）和无机胶黏剂。

b. 按照固化过程的变化分为反应型、溶剂型、热熔型、压敏型等胶黏剂。

c. 按照胶黏剂的用途可分为结构胶、非结构胶、特种胶三大类。

② 胶黏剂的组成　天然胶黏剂的组成比较简单，多为单一组分；无机胶黏剂主要是由磷酸盐、硫酸盐、硅酸盐、硼酸盐、氧化锌、氧化镁等配制而成，具有独特的耐高温性能。有机合成胶黏剂则较为复杂，它由多种组分配制而成，以获得优良的综合性能。它通常由具有黏性和弹性体的改性天然高分子化合物或合成高分子化合物为基料，加入诸如固化剂填料、增韧剂、稀释剂等组成一种混合物质，这些添加的组成是否需要加入，主要取决于胶黏剂的性能要求。

③ 胶黏剂的选择

a. 选择胶黏剂，首先应熟悉胶黏剂的性能。不同类型的胶黏剂，由于具有不同的性能，所以它们的用途也不同。

b. 其次应弄清楚被粘物的性质。必须根据被粘物的具体特性去选择合适的胶黏剂。

c. 应明确粘接的用途和目的。粘接具有多种用途，可实现多重目的，包括连接、紧固、密封、耐油等。任何一种胶黏剂的使用都会同时达到几个目的，应以其中之一为主去选用。

d. 应注意胶黏剂使用时工作条件。粘接都要在一定的工作条件下使用，如温度、湿度、化学介质等，选用时必须考虑。

e. 还应考虑工艺实施的可能。各种不同的胶黏剂，都需要不同的工艺条件，所以选用时还必须考虑工艺条件是否允许。

f. 最后，应尽量兼顾经济性。采用粘接技术收益是很大的，往往使用很少的胶黏剂就会解决大问题，而且节约材料和人力，但仍要尽量兼顾经济性，在用胶黏剂量大的情况下，尤其要注意，在保证性能的前提下，尽量选用便宜的胶黏剂。

机械设备维修中常用的胶黏剂见表 5-3。

表 5-3　机械设备维修中常用的胶黏剂

类别	牌　号	主要成分	主要性能	用　处
通用胶	HY-914	环氧树脂,703 固化剂	双组分,室温快速固化,中强度	60℃以下金属和非金属材料粘补
	农机 2 号	环氧树脂,二乙烯三胺	双组分,室温固化,中强度	120℃以下各种材料
	KH-520	环氧树脂,703 固化剂	双组分,室温固化,中强度	60℃以下各种材料
	JW-1	环氧树脂,聚酰胺	三组分,60℃、2h 固化,中强度	60℃以下各种材料
	502	α-氰基丙烯酸乙酯	单组分,室温快速固化,低强度	70℃以下受力不大的各种材料
密封胶	Y-150 厌氧胶	甲基丙烯酸	单组分,隔绝空气后固化,低强度	100℃以下螺纹堵头和平面配合处紧固密封堵漏
	7302 液体密封胶	聚酯树脂	半干性,密封耐压 3.92MPa	200℃以下各种机械设备平面法兰螺纹连接部位的密封
	W-1 密封耐压胶	聚醚环氧树脂	不干性,密封耐压 0.98MPa	
结构胶	J-19C	环氧树脂,双氰胺	单组分,高温加压固化,高强度	120℃以下受力大的部位
	J-04	钡酚醛树脂丁腈橡胶	单组分,高温加压固化,高强度	250℃以下受力大的部位
	204(JF-1)	酚醛-缩醛有机硅酸	单组分,高温加压固化,高强度	200℃以下受力大的部位

(4) 粘接工艺

为了得到性能优良的粘接接头，除了应合理选择胶黏剂、采用适当的接头设计外，采用正确合理的粘接工艺也是十分重要的。常规的粘接工艺过程如下。

① 确定粘接部位　对粘接部位的情况，例如材料、表面状态、清洁程度及损伤程度、粘接位置等，要认真观察与检查，为施行具体的粘接工艺做准备。

② 处理被粘物表面　粘接接头的连接主要是表面吸附作用，因此，被粘物的表面处理是决定粘接接头的强度和耐久性的主要因素之一。通过表面处理可除去表面污物及疏松层，增加表面积，提高表面能。表面处理的方法有：溶剂、碱液和超声波脱脂；机械加工、打磨和喷砂；化学腐蚀进一步去除表面上的残留油污，而且更重要的是使表面活化或钝化；涂底胶以有效地防止金属表面被污染或被腐蚀，而且还可改善粘接性能。

③ 配胶　表面处理之后进行调胶配胶。单组分胶黏剂，一般可以直接使用，但一些相容性差、填料多、存放时间长的胶黏剂会沉淀或分层，使用之前按规定的比例严格称取后，必须搅拌均匀。配胶时随用随配，配胶的容器和工具必须配套购置，使用前用溶剂清洗干净。配胶场所宜明亮干燥、通风。

④ 涂胶　就是用适当的方法和工具将胶黏剂涂布在被粘物表面。涂胶操作质量对粘接质量有很大影响。在用粘接技术对零件磨损或划伤修复时，一般胶层要达到尺寸要求并留出一定的加工余量。对于结构件胶接，在胶层完全浸湿被粘物表面的情况下，胶层越薄越好。因为胶层越薄，缺陷越少，变形、收缩、内应力越小，粘接强度也越高。所以，结构件粘接时，在保证不缺胶原则的前提下，胶层应尽量薄。一般胶层厚度控制在 0.08～0.15mm 为宜。

涂胶的方法因胶黏剂的形态不同而异，对于液态、糊状或膏状胶黏剂可用刷胶、喷涂、刮涂、滚涂、注入等方法。

a. 刷胶法　是用各种尺寸的中等硬度的毛刷将胶黏剂沿一个方向涂于被粘物的待粘表面上，它的优点是使用方便、无需特殊设备，能适用于各种复杂零件的粘接；缺点是胶层厚度难控制，会出现涂刷不均和斑痕，生产效率低，手工劳动强度大。

b. 喷涂法　是用涂胶枪把胶液喷涂在被粘物的表面上，该法生产效率高，胶层厚薄均匀，易实现自动化，适于大面积涂胶。近年出现了静电喷涂方法，它是利用高压静电场内的静电引力作用，使带电胶粒从喷枪的放电边缘落在被粘物的表面。该方法胶层厚度一致，胶液损失少，胶液利用率高达 80%～90%。

c. 刮涂法　是将胶黏剂放在被粘物的表面，用可以调整的刀片和刀杆来控制从刀片下通过的胶层厚度。该法简便，但胶层厚度不容易均匀。

d. 滚涂法　是将滚筒先浸到胶液中，再转移到所需粘接的表面。它适于压敏胶和热熔胶的涂布。该法涂胶均匀，涂胶效率高。

e. 注入法　是将胶黏剂装入注射针管并注入接缝外围处。这种方法简单适用，节约用胶。

需要说明的是，无论采取何种方法涂胶，都要求涂胶均匀，应避免空气混入，达到无漏胶、不缺胶、无气孔、不堆积，粘接后有适当厚度的胶层。

⑤ 晾置　溶剂型胶黏剂涂胶后晾置，其目的是使溶剂挥发，黏度增大，促进固化。对于无溶剂的环氧胶黏剂，一般无需晾置，涂胶后即可叠合。

⑥ 粘合　是将涂胶后经适当晾置的表面叠合在一起的过程。粘合后适当按压、锤压或滚压，以赶出空气，使胶层密实。粘合后以挤出微小胶圈为好，表示不缺胶。如果发现有缝隙或缺胶应补胶填满。

⑦ 固化　是使胶黏剂通过溶剂挥发、熔体冷却、乳液凝聚的物理作用或交联、接枝、缩聚、加聚的化学作用变为固体并具有一定强度的过程。固化是获得良好粘接性能的关键过

程。为了获得固化良好的胶层，固化过程必须在适当的温度、时间、压力条件下进行。

⑧ 胶层检验　粘接之后，应对胶层质量认真检验。目前简单的检验方法主要有目测法、敲击法、溶剂法、水压或油压试压法等。近年来一些先进技术方法如超声波法、X射线法、声阻法、激光法等也应用于胶层的质量检验。

⑨ 修整或后加工　对于检验合格的粘接件，为满足装配要求需修整，刮掉多余的胶，将粘接表面修整得光滑平整。也可进行机械加工，达到装配要求。但要注意，在加工过程中要尽量避免胶层受到冲击力和剥离力。

图 5-23 列举了一些粘接修复实例，供参考。

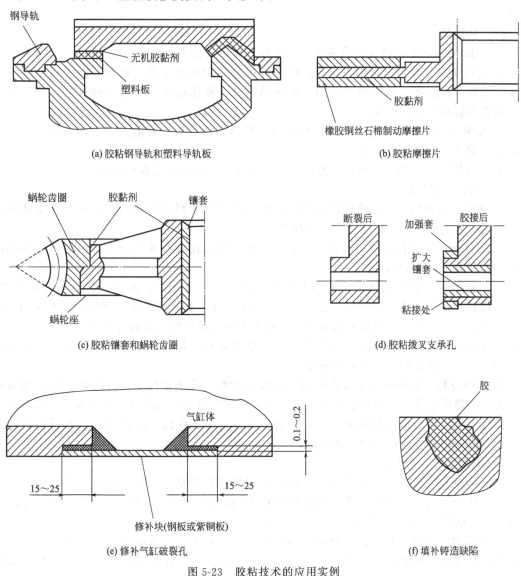

(a) 胶粘钢导轨和塑料导轨板

(b) 胶粘摩擦片

(c) 胶粘镶套和蜗轮齿圈

(d) 胶粘拨叉支承孔

(e) 修补气缸破裂孔

(f) 填补铸造缺陷

图 5-23　胶粘技术的应用实例

5.5.2　粘涂修复

表面粘涂修复技术是指以高分子聚合物与特殊填料（如石墨、二硫化钼、金属粉末、陶瓷粉末和纤维）组成的复合材料胶黏剂涂敷于零件表面，赋予零件某种特殊功能（如耐磨、耐腐蚀、绝缘、导电、保温、防辐射等）的一种表面强化和修复的技术。它是粘接技术的一个最新发展分支，粘接主要是通过胶黏剂实现各种零件的连接，表面粘涂则是指通过特种胶黏剂在零件表面形成功能涂层。

(1) 表面粘涂修复技术的特点

表面粘涂修复技术具有粘接修复技术的优点，如粘涂层应力分布均匀，又具有耐腐蚀、导电、绝缘等功能，可以满足表面强化和修复的需要。而且，粘涂工艺简便，不需专门设备，不会使零件产生热影响区和热变形，粘涂层厚度可以从几十微米到几十毫米，与基体金属具有良好的结合强度，可以解决用其他表面修复技术如焊修、热喷涂等难以解决的技术难题。

(2) 粘涂层

① 粘涂层的分类　粘涂层品种较多，组分各异，目前尚无统一的分类方法。

a. 按化学成分分类　若按基料分，粘涂层可分为无机涂层和有机涂层；有机涂层又可分为树脂型、橡胶型、复合型三大类。若按填料分，粘涂层可分为金属修补层、陶瓷修补层、陶瓷金属修补层三大类。

b. 按用途分类　按用途可分为填补涂层、密封堵漏涂层、耐磨涂层、耐腐蚀涂层、导电涂层、耐高（低）温涂层等。

c. 按应用状态分类　按应用状态可分为一般修补涂层和紧急修补涂层。

② 粘涂层的组成

a. 基料　也称粘料，它的作用是把粘涂层中的各种材料包容并牢固地黏着在基体表面形成涂层。种类有热固性树脂类、合成橡胶类等。

b. 固化剂　它的作用是与基料产生化学反应，形成网状立体聚合物，把填料包络在网状体中，形成三向交联结构。

c. 特殊填料　它在粘涂层中起着非常重要的作用，如耐磨、耐腐蚀、导电、绝缘等。粘涂层填料包括一种或多种具有一定大小的粉末或纤维，如金属粉末、氧化物、碳化物、氮化物、石墨、二硫化钼、聚四氟乙烯等，可根据不同粘涂层的功能选择不同的填料。这些填料是中性或弱碱性的，与基料亲和性好，不吸附液体和气体；有足够的耐热性和一定的纯度；密度小，分散性好，在树脂中沉降小。

d. 辅助材料　它的作用是改善粘涂层性能如韧性、抗老化性等，以及降低胶黏剂的黏度、提高涂敷质量等。它包括增韧剂、增塑剂、固化促进剂、消泡剂、抗老剂、偶联剂等。

按照不同的使用条件和性能要求，根据上述各组分的作用，经过试验，选择合适的组分，配制成适合各种使用条件的粘涂层。

③ 粘涂层的主要性能

a. 黏着强度　粘涂层的黏着强度是指粘涂层与被粘物基体的结合强度，它与粘涂层材料性能、粘涂工艺、基体的材质、表面粗糙度和清洁度等有关。一般要求粘涂层与基体的抗剪强度在 10MPa 以上，抗拉强度在 30MPa 以上。

b. 耐磨性　粘涂层的耐磨性要求包括两个方面，首先是要求粘涂层应保护配对表面不被磨损，其次要求粘涂层本身要具有尽可能高的耐磨性。粘涂层的耐磨性主要取决于填料性质。

c. 摩擦特性　粘涂层的摩擦特性是指粘涂层与基体金属之间的摩擦因数随运动速度改变而变化的特性。

d. 耐化学腐蚀性　粘涂层的耐化学腐蚀性是指粘涂层抵抗化学变化的能力，它包括耐介质腐蚀性和耐溶剂性。和金属相比，粘涂层具有较好的耐化学腐蚀性。大多数粘涂层可耐浓度 10% 的酸碱，有些耐腐蚀粘涂层可耐浓度为 50% 甚至更高的酸碱腐蚀。

e. 绝缘性和导电性　一般粘涂层都不导电，绝缘性极好。绝缘性最好的是陶瓷修补涂层。只有导电涂层才能导电。

f. 抗压强度　粘涂层的抗压强度是指粘涂层固化后，为保证粘涂层在外来压力的作用下不会产生塑性变形，粘涂层所能承受的最大压力。一般粘涂层抗压强度在 80MPa 以上，高的可达 200MPa。

g. 硬度　粘涂层的硬度说明粘涂层抵抗其他较硬物体压入的性能。粘涂层的硬度与耐磨性、抗压强度等有一定的关系。与金属相比，粘涂层的硬度较低。

h. 冲击强度　粘涂层的冲击强度是指粘涂层抵抗冲击能所消耗的功。它反映了粘涂层承受载荷的能力，与粘涂层的韧性有关。与金属相比，粘涂层的韧性还较低，橡胶修补剂冲击强度较高。

i. 耐温性　粘涂层的耐温性是指粘涂层耐高温和低温的能力。有机粘涂层耐热温度一般为 60～200℃，个别可在 500℃ 以下使用；无机粘涂层耐热温度一般在 500℃ 以上。

(3) 粘涂层涂敷工艺

粘涂层材料一般是双组分糊状物质，使用时必须按规定配方比例称取，混合均匀，涂敷在处理后的基体表面上。

粘涂层材料从混合开始到失去黏性、不能涂敷止经历的时间称为它的适用期。环氧粘涂层在常温下（25℃）适用期通常在 1h 以内，固化时间则需要几小时到几十小时。固化时间与环境温度有密切关系，温度低则固化慢，温度高则固化快。因此，粘涂层涂敷前必须事先做好准备，操作必须熟练、正确，各个环节必须安排妥当，配合周密。正确而熟练地掌握粘涂层涂敷工艺是取得修复成功的关键。

粘涂层涂敷工艺一般归纳为以下几个步骤。

① 表面处理　包括初清洗、预加工、最后清洗及活化处理。初清洗是用汽油、柴油或煤油粗洗，再用丙酮清洗，除掉待修表面的油污、锈迹。预加工是指涂胶前对表面进行机械加工，将其加工成粗糙表面，可以增加粘接面积，提高粘接质量。最后清洗是用丙酮或专用清洗剂如三氯乙烯、亚甲基氯等来彻底清除表面油污或其他污染物。通过喷砂、化学处理等方法，不仅能彻底清除表面氧化层，还能提高表面活性。

② 配胶　粘涂层材料必须严格按所规定的配合比称取并充分混合，在混合过程中要尽量避免产生气泡，并注意环境温度。完全搅拌均匀之后，立即进行涂敷操作。

③ 涂敷　具体施工方法有刮涂法、刷涂压印法、模具成形法。选择哪种方法必须根据涂层设计方式、涂敷面大小以及零件形状、施工现场的工作条件等来确定。

a. 刮涂法　此法是先将少量胶涂敷于处理好的待修表面，用刮板反复按压、刮擦，使胶和基体充分浸润，然后再涂上工作层，获得平整的修补表面。它适用于轴颈表面的修复，操作简单，需后续加工。

b. 刷涂压印法　此法是先把胶涂敷在清理好的表面上，例如机床下导轨表面，再用制好的上导轨压制成形。它适用于大中型机床导轨面的制造和修复，操作简单，不用后加工。

c. 模具成形法　此法包括模具涂敷成形法和模具注射成形两种。模具加工成被修复面要求的精度，施工时模具上先涂脱模剂，然后涂敷或注胶，固化后脱模，一次成形，不需后加工。图 5-24 为模具成形法涂胶。

模具上使用脱膜剂可以防止固化后脱模困难，使用时必须十分小心，避免脱膜剂污染已处理好的表面和施工工具。模具成形法适用于批量修复孔类零件。

④ 固化　涂层在规定的固化条件下固化。胶的固化反应速度与环境温度有关，温度高则固化快。

⑤ 修整、清理或后加工　对于不需后续加工的涂层，可用锯片、锉刀等修整零件边缘

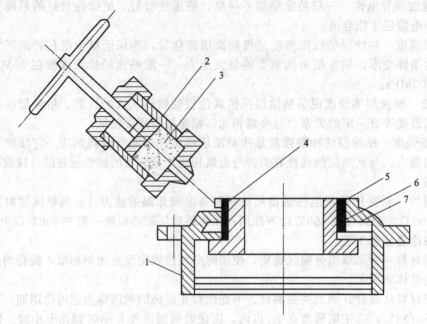

图 5-24　模具成形法涂胶

1—待修零件；2—注射枪；3—胶；4—入料孔；5—工艺轴；6—排气孔；7—涂层

多余的胶。对于需后加工的涂层，可用车削或磨削的方法进行加工以达到修复尺寸和精度的要求。

5.6　表面强化技术

零件修复，不仅仅是补偿尺寸，恢复配合关系，还要赋予零件表面更好的性能，如耐磨性、耐高温性等。采用表面强化技术可以使零件表面获得更好的性能。

表面强化技术是指采用某种工艺手段使零件表面获得与基体材料的组织结构、性能不同的一种技术，它可以延长零件的使用寿命，节约稀有、昂贵材料，对各种高新技术发展具有重要作用。

5.6.1　表面机械强化

表面机械强化的基本原理是，通过滚压、内挤压和喷丸等机械手段使零件金属表面产生压缩变形，表面形成形变硬化层，其深度可达 0.5～1.5mm，这种表层组织结构产生的变化，有效地提高了金属表面强度和疲劳强度。

表面机械强化成本低廉，强化效果显著，在机械设备维修中常用。

（1）滚压强化

滚压强化的原理是利用球形金刚石滚压头或者表面有连续沟槽的球形金刚石滚压头以一定的滚压力对零件表面进行滚压，使表面形变强化产生硬化层。目前滚压强化用的滚轮、滚压力大小等工艺规范尚无标准。

（2）内挤压

内挤压是指使孔的内表面获得形变强化的工艺方法。

(3) 喷丸

喷丸是利用高速弹丸强烈冲击零件表面，使之产生形变硬化层并引进残余应力的一种机械强化工艺方法。该方法已广泛用于弹簧、齿轮、链条、轴、叶片等零件的强化，显著提高了它们的抗弯曲疲劳、抗腐蚀疲劳、抗微动磨损等性能。

5.6.2　表面热处理强化和表面化学热处理强化

(1) 表面热处理强化

表面热处理是通过对零件表层加热、冷却，表层发生相变，从而改变表层组织和性能而不改变成分的一种技术，它是最基本、应用最广泛的表面强化技术之一。当零件表面层快速加热时，零件截面上的温度分布是不均匀的，表层温度高而且由表及里逐渐降低。当表面的温度超过相变点以上达到奥氏体状态时，随后的快冷使表面获得马氏体组织，而零件的心部仍保留原组织状态，表面得到硬化层，这样就达到强化零件表面的目的。

常用的表面热处理强化包括高频和中频感应加热表面淬火、火焰加热表面淬火、接触电阻加热表面淬火、高温盐浴炉加热表面淬火等。以上除接触电阻加热表面淬火外，其他均为常规的热处理方法。

接触电阻加热表面淬火工艺方法是利用铜滚轮或碳棒和零件间接触电阻使零件表面加热，并依靠自身热传导来实现冷却淬火。这种方法设备简单，操作灵活，零件变形小，淬火后不需回火。它可以显著提高零件的耐磨性和抗擦伤能力，但是淬硬层较薄，只有 0.15～0.30mm，金相组织及硬度的均匀性较差。多用于机床铸铁导轨的表面淬火，还有气缸套、曲轴等的表面淬火。

(2) 表面化学热处理强化

表面化学热处理强化是利用合金元素扩散性能，使合金元素渗入到零件金属表层的一种热处理方法。它的基本原理是：工件置于含有渗入元素的活性介质中，加热到一定温度，使活性介质通过扩散并释放出欲渗入元素的活性原子。活性原子被表面吸附并溶入表面，溶入表面的原子向金属表层扩散渗入形成一定厚度的扩散层，从而改变表层的成分、组织和性能。

表面化学热处理强化可以提高金属表面的强度、硬度和耐磨性，提高表面疲劳强度，提高表面的耐腐蚀性，使金属表面具有良好的抗黏着能力和低的摩擦因数。

常用的表面化学热处理强化方法有如下几种。

① 渗硼　可提高表面硬度、耐磨性和耐腐蚀性。

② 渗碳、渗氮、碳氮共渗　可提高表面硬度、耐磨性、耐腐蚀性和疲劳强度。

③ 渗金属　渗入金属大多数为 W、Mo、V、Cr 等，它们与碳形成碳化物，硬度极高，耐磨性很好，抗黏着能力强，摩擦因数小。

5.6.3　电火花强化

电火花强化是以直接放电的方式向零件表面提供能量，并使之转化为热能和其他形式的能量以达到改变表面层的化学成分和金相组织的目的，从而使表面性能提高。

(1) 电火花强化原理

电火花强化机主要由脉冲电源和振动器两部分组成。较简单的脉冲电源，采用 CR 弛张式脉冲发生器。其中直流电源、限流电阻 R 和储能电容器 C 组成充电回路，而电容器 C、电极、工件及其连接线组成放电回路。通常，电极接电容器 C 正极，而工件接负极。电极与振动器的运动部分相连接，振动的频率由振动器的振动电源频率来决定，振动电源和脉冲电源组成一体，成为设备的电源部分。

电火花强化一般是在空气介质中进行，强化过程如图5-25所示，图中箭头表示当时电极的运动方向。其中图5-25(a)表示电极并未接触到工件时，强化机直流电源经电阻 R 对储能电容器 C 充电；图5-25(b)表示电极向工件运动而无限接近工件时，间隙击穿而产生火花放电，强化机电容 C 上所储存的能量以脉冲形式瞬时输入火花间隙，形成放电回路通道，这时产生高温，使电极和工件上的局部区域熔化甚至汽化，随之发生电极材料向工件迁移和化学反应过程；图5-25(c)表示电极仍向下运动接触工件，在接触处流过短路电流，使电极和工件的接触部分继续加热；图5-25(d)表示电极以适当的压力压向工件，使熔化了的材料相互熔接、扩散，并形成新合金或化合物；图5-25(e)表示电极离开工件，除了有电极材料熔渗进入工件表层深部以外，还有一部分电极材料涂覆在工件表面。这时放电回路被断开，电源重新对强化机电容器 C 充电。至此，一次电火花强化过程完成。重复这个充放电过程并移动电极的位置，强化点相互重叠和融合，在工件表面形成一层强化层。

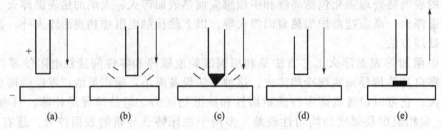

图 5-25　电火花强化过程

在强化过程中，由于火花放电所产生的瞬时高温，使放电微区的电极材料和工件表面的基体材料瞬间被高速熔化，发生了高温物理化学冶金过程。在此冶金过程中，电极材料和被电离的空气中的氮离子等，熔渗、扩散到工件表层，使其重新合金化。它的化学成分也随着发生明显变化。同时，由于熔化微区体积极小，脉冲放电瞬时停止之后，在基体材料上的被熔化的金属微滴因快速冷却凝固而被高速淬火，大大改变了工件表面层的组织结构和性能。所以，用适当的电极材料强化工件，能在工件表面形成一层高硬度、高耐磨性和耐腐蚀性的强化层，显著地提高被强化工件的使用寿命。

(2) 电火花强化过程

① 强化前准备　首先应了解工件材料硬度、工件表面状况、工作性质及经强化后希望达到的技术要求，以便确定是否可以采用该工艺。其次确定强化部位，并给予清洁。选择设备和强化规范，对于要求较低粗糙度的中小型模具和刀具强化以及量具的修复通常选用D9105A、D9110A、D9110B等小功率的强化机；对于粗糙度较高而需要较厚强化层的大型工件的强化和修复，可选用D9130强化机。强化规范的选择要根据工件对粗糙度和强化层厚度的要求进行。一般为了同时保证厚度和粗糙度，往往采取多规范强化的方法。在选择电极材料上最常用的是YG8硬质合金材料。

② 实施强化　它是电火花强化的重要环节，它包括调整电极与工件强化表面的夹角，选择电极移动方式和掌握电极移动速度等。

③ 强化后处理　包括表面清理和表面质量检查。

(3) 电火花强化在机械设备维修中的应用

电火花强化层具有一定的增厚层，所以该工艺除了可应用于模具、刀具和机械零件易磨损表面的强化外，还可广泛地应用于修复各种模具、量具、轧辊、零件的已磨损表面，修复质量较好，经济性也较佳。

必须指出，电火花强化工艺由于其强化层较薄，最厚仅达0.06mm，经强化后零件表面较粗糙，强化机多数为手工操作，生产效率低等原因，其应用受到一定限制。

5.6.4 激光表面强化

激光表面处理是高能密度表面处理技术中的一种主要手段，在一定条件下它具有传统表面处理技术或其他高能密度表面处理技术不能或不易达到的特点，它已用于汽车、冶金、石油、机床以及刀具、模具等的生产和修复中，正显示出越来越广泛的应用前景。

激光表面处理的目的是改变表面层的成分和显微结构，从而提高表面性能。

(1) 激光的特点

① 高方向性激光光束的发散角很小，小到一至几毫弧度，所以可以认为光束基本上是平行的。

② 高功率密度激光器发射出来的光速非常强，通过聚焦集中到一个极小的范围内，可以获得极高的功率密度，可达到$10^{14}W/cm^2$。集斑中心温度可达几千度到几万度。

③ 高单色性激光具有相同的位相和波长，单色性好。激光的频率范围非常窄。

(2) 激光表面处理原理

激光表面处理的基本原理是：激光束向金属表面层进行热传递，金属表层及其所吸引的激光进行光热转换。由于光子能穿过金属的能力极低，仅能使金属表面的一薄层温度升高，加之金属导带电子的平均自由时间只有$10^{-3}s$左右，因此这种交换和热平衡的建立是非常迅速的。从理论上分析，在激光加热过程中，金属表面极薄层的温度在微秒（$10^{-6}s$）级，甚至纳秒（$10^{-9}s$）级或皮秒（$10^{-12}s$）级内就能达到相变或熔化温度。

(3) 激光表面强化技术

激光表面强化技术包括激光表面强化、激光表面涂敷、激光表面非晶态处理、激光表面合金化、激光气相沉积等。

① 激光表面强化　是用激光使零件表面加热，在极短的时间内，零件表面极薄层就达到相变或熔化温度，使表面耐磨性等性能提高。

② 激光表面涂敷　用激光进行表面陶瓷涂敷，可避免热喷涂方法使涂层内有过多的气孔、熔渣夹杂、微观裂纹和涂层结合强度低等缺点。用激光涂敷陶瓷，涂层质量高，零件使用寿命长。激光还可用来在有色金属表面涂敷非金属涂层，如在铝合金表面用激光涂敷硅粉和MoS_2，可获得薄达$0.10\sim0.20$mm的硬化层，但硬度大大高于基体。但要注意对铝合金的预热温度宜为$300\sim500℃$。

③ 激光表面非晶态处理　激光加热金属表面至熔融状态后，以大于一定临界冷却速度快速冷却至某一特征温度以下，防止了金属材料的晶体成核和生长，从而获得表面非晶态结构，这种表面也称为金属玻璃，这种方法称为激光表面非晶态处理。激光表面非晶态处理可减少表层成分偏析，消除表面的缺陷和可能存在的裂纹，具有良好的韧性，高的屈服点，非常好的耐腐蚀性、耐磨性以及优异的磁性和电学性能。

④ 激光表面合金化　这是一种既改变表面的物理状态，又改变其化学成分的激光表面处理技术。它是预先用电镀或喷涂等技术把所需合金元素涂敷在金属表面，再用激光照射该表面。也可以涂敷与激光照射同时进行。由于激光照射使涂敷层合金元素和基体表面薄层熔化、混合，而形成物理状态、组织结构和化学成分不同的新的表层，从而提高表层的耐磨性、耐腐蚀性和高温抗氧化性等。

⑤ 激光气相沉积　是以激光束作为热源在金属表面形成金属膜，通过控制激光的工艺参数可精确控制膜的形成。用这种方法可以在普通材料上涂敷与基体完全不同的具有各种功

能的金属或陶瓷，节省资源效果明显。例如，采用 CO_2 连续激光照射 $TiCl_4 + H_2 + CO_2$ 或 $TiCl_4 + CH_4$ 的混合气体，由于激光的分解作用，在石英板等材料上可化学气相沉积 TiO_2 或 TiC 薄层。

5.6.5　电子束表面强化

当高速电子束照射到金属表面时，电子能深入金属表面一定深度，与基体金属的原子核发生弹性碰撞，而与基体金属的电子碰撞可看作主要能量传递，这种能量传递立即以热能形式传给金属表层原子，使金属表层温度迅速升高。电子束加热的金属深度和尺寸都比激光大，因为激光加热与电子束加热不同，激光加热时金属表面吸收光子能量，激光并未穿过金属表面。

(1) 电子束表面处理主要特点

① 加热和冷却速度快　电子束将金属材料表面由室温加热至奥氏体相变温度或熔化温度仅需几分之一到千分之一秒。其冷却速度可达 $10^6 \sim 10^8 ℃/s$。

② 能量利用率高　电子束能量利用率远高于激光。能量控制比激光方便，它通过灯丝电流和加速电压很容易实施准确控制。

③ 熔化层厚　电子束加热时熔化层至少几微米厚。加热时液相温度低于激光，温度梯度较小。

④ 与激光相比使用成本低　电子束设备一次性投资约为激光的三分之一，实际使用成本也只有激光的一半。

⑤ 设备结构简单　电子束靠磁偏转动、扫描，而不需要工件转动、移动和光传输机构。

(2) 电子束表面强化技术

① 电子束表面相变强化　采用散焦方式的电子束轰击金属工件表面，控制加热速度为 $10^3 \sim 10^5 ℃/s$，使金属表面加热到相变点以上，随后高速冷却产生马氏体，使表面强化。这种方法适用于碳钢、中碳低合金钢、铸铁等材料的表面强化。

② 电子束表面重熔　在真空条件下利用电子束轰击工件表面，使表面产生局部熔化并快速凝固，从而细化组织，提高或改善表面性能。电子束重熔主要用于工、模具的表面处理方面。

③ 电子束表面合金化　预先将具有特殊性能的合金粉末涂敷在金属表面上，再用电子束轰击加热熔化，或在电子束作用的同时加入所需合金粉末使其熔融在工件表面上，在工件表面上形成一层新的，具有耐磨、耐腐蚀、耐热等性能的合金表层。

④ 电子束表面非晶态处理　与激光表面非晶态处理相似，只是热源不同。由于聚焦的电子束的功率密度高以及作用时间短，使工件表面在极短的时间内迅速熔化，又迅速冷却，冷却速度高达 $10^4 \sim 10^8 ℃/s$。这时工件表面几乎保留了熔化时液态金属的均匀。

5.7　刮研修复技术

刮研是利用刮刀、拖研工具、检测器具和显示剂，以手工操作的方式，边刮研加工，边研点测量，使工件达到规定的尺寸精度、几何精度和表面粗糙度等要求的一种精加工工艺。

5.7.1　刮研修复的特点

刮研技术具有以下一些优点。

① 可以按照实际使用要求将导轨或工件平面的几何形状刮成中凹或中凸等各种特殊形

状，以解决机械加工不易解决的问题，消除由一般机械加工所遗留的误差。

② 刮研表面接触点分布均匀，接触精度高，如采用宽刮法还可以形成油楔，润滑性好，耐磨性高。

③ 手工刮研掉的金属层可以小到几微米以下，能够达到很高的精度要求。

④ 刮研是手工作业，不受工件形状、尺寸和位置的限制。

⑤ 刮研中切削力小，产生热量小，不易引起工件受力变形和热变形。

尽管刮研法工效低、劳动强度较大，但在机械设备修理中刮研法仍占有重要地位。如导轨和相对滑行面之间、轴和滑动轴承之间、导轨和导轨之间、部件与部件的固定配合面、两相配零件的密封表面等，都可以通过刮研而获得良好的接触率，增加运动副的承载能力和耐磨性，提高导轨和导轨之间的位置精度，增加连接部件间的连接刚性，使密封表面的密封性提高。因此，刮研法广泛地应用在机械制造及修理中。对于尚未具备导轨磨床的中小型企业，需要对机床导轨进行修理时，仍可采用刮研修复法。

5.7.2　刮研工具和检测器具

刮研工作中常用的工具和检测器具有刮刀、平尺、角尺、平板、角度垫铁、检验桥板、水平仪、光学平直仪（自准直仪）、塞尺和各种量具等。

(1) 刮刀

刮刀是刮研的主要工具。为适应不同形状的刮研表面，刮刀分为平面刮刀和内孔刮刀两种。平面刮刀主要用来刮研平面，内孔刮刀主要用来刮研内孔，如刮研滑动轴承、剖分式轴承或轮套等。

刮刀一般采用碳素工具钢或轴承钢制作。在刮研表面较硬的工件时，也可采用硬质合金刀片镶在45钢刀杆上的刮刀。刮刀经过锻造、焊接，在砂轮上进行粗磨刀坯，然后进行热处理。刮刀淬火时，温度不能过高。淬硬后的刮刀，再在砂轮上进行刃磨。但砂轮上磨出的刃口还不很平整，需要时可在油石上进行精磨。刮研过程中，为了保持锋利的刃口，要经常进行刃磨。

(2) 基准工具

基准件是用以检查刮研面的准确性、研点多少的工具。各种导轨面、轴承相对滑动表面都要用基准件来检验。常用于检查研点的基准件有以下几种。

① 检验平板　由耐磨性较好、变形较小的铸铁经铸造、粗刨、时效处理、精刨、粗刮、精刮制作而成。一般用于检验较宽的平面。

② 检验平尺　用来检验狭长的平面。桥形平尺和平行平尺均属检验平尺，其中平行平尺的截面有工字形和矩形两种。由于平行平尺的上下两个工作面都经过刮研且互相平行，因此还可用于检验狭长平面的相互位置精度。角形平尺也属于检验平尺，它的形成相交角度的两个面经过精刮后符合所需的标准角度，如55°、60°等。用于检验两个组成角度的刮研面，如用于机床燕尾导轨的检验等。

各种检验平尺用完后，应清洗干净，涂油防锈，妥善放置和保管好。可垂直吊挂起来，以防止变形。

③ 基准轴　内孔刮研质量的检验工具一般是与之相配的轴，或定制的一根基准轴，如检验心轴等。

(3) 显示剂

显示剂是用来反映工件待刮表面与基准工具互研后，保留在其上面的高点或接触面积的一种涂料。

① 种类　常用的显示剂有红丹粉、普鲁士蓝油、松节油等。

红丹粉有铁丹（氧化铁呈红色）和铅丹（氧化铅呈橘黄色）两种，使用全损耗系统用油调和而成，多用于黑色金属刮研。

普鲁士蓝油是由普鲁士蓝粉和全损耗系统用油调和而成，用于刮研铜、铝工件。

烟墨油是由烟墨和全损耗系统用油调和而成，用于刮研有色金属。

松节油用于平板刮研，接触研点白色发光。

酒精用于校对平板，涂于超级平板上，研出的点子精细、发亮。

油墨与普鲁士蓝油用法相同，用于精密轴承的刮研。

② 使用方法　显示剂使用正确与否，直接影响刮研表面质量。

使用显示剂时，应注意避免砂粒、切屑和其他杂质混入而拉伤工件表面。显示剂容器必须有盖，且涂抹用品必须保持干净，这样才能保证涂布效果。粗刮时，显示剂可调得稀些，均匀地涂在研具表面上，涂层可稍厚些。这样显示的点子较大，便于刮研。精刮时，显示剂应调得干些，涂在研件表面上要薄而均匀，研出的点子细小，便于提高刮研精度。

（4）刮研精度的检查

① 用贴合面的研点数表示　刮研精度的检查一般以工件表面上的显点数来表示。无论是平面刮研还是内孔刮研，工件经过刮研后，表面上研点的多少和均匀与否直接反映了平面的直线度和平面度，以及内孔面的形状精度。一般规定用边长为 25mm×25mm 的方框罩在被检测面上，根据方框内显示的研点数的多少来表示刮研质量。在整个平面内任何位置上进行抽检，都应达到规定的点数。

各类机械中的各种配合面的刮研质量标准大多不同，对于固定结合面或设备床身、机座的结合面，为了增加刚度，减少振动，一般在每刮方（即 25mm×25mm 面积）内有 2～10点；对于设备工作台表面、机床的导轨及导向面、密封结合面等，一般在每刮方内有 10～16点；对于高精度平面，如精密机床导轨、测量平尺、1 级平板等，每刮方内应有 16～25点；而 0 级平板、高精度机床导轨及精密量具等超精密平面，其研点数在每刮方内应有 25点以上。

② 用框式水平仪检查精度　工件平面大范围内的平面度误差和机床导轨面的直线度误差等，一般用框式水平仪进行检查，也可用百分表和其他测量工具配合来检查刮研平面的中凸、中凹或直线度等。

有些工件除了用框式水平仪检查研点数以外，还要用塞尺检查配合面之间的间隙大小。

5.7.3　平面刮研

（1）刮研前的准备工作

刮研前，工件应平稳放置，防止刮研时工件移动或变形。刮研小工件时，可用虎钳或辅助夹具夹持。待刮研工件应先去除毛刺和表面油污、锐边倒角，去掉铸件上的残砂，防止刮研过程中伤手和拖研时拉毛工件表面。

（2）刮研的工艺过程

平面刮研的常用方法有两种，一种是手推式刮研，另一种是挺刮式刮研。工件的刮研过程如下。

① 粗刮　用粗刮刀进行，并使刀迹连成一片。第一遍粗刮时，可按着刨刀刀纹或导轨纵向的 45°方向进行，第二遍刮研则按上一遍的垂直方向即进行 90°交叉刮，连续推刮工件表面。在整个刮研面上刮研深度应均匀，不允许出现中间高、四周低的现象。当粗刮到每刮方内的研点数有 2～3 点时即可进行细刮。

② 细刮 用细刮刀进行，在粗刮的基础上进一步增加接触点。刮研时，刀迹宽度应在 6～8mm，长 10～25mm，刮深 0.01～0.02mm。按一定方向依次刮研。刀迹按点子分布且可连刀刮。刮第二遍时应在与上一遍交叉 45°～60°的方向上进行。在刮研中，应将高点的周围部分也刮去，以使周围的次高点容易显示出来，可节省刮研时间。同时要防止刮刀倾斜，在回程时将刮研面拉出深痕。细刮后的点子一般在每刮方内有 12～15 点即可。

③ 精刮 细刮后，为进一步提高工件的表面质量，需要进行精刮。刮研时，要用小型刮刀或将刀口磨成弧形，刀迹宽度约 3～5mm，长在 3～6mm 左右，每刀均应落在点子上。点子可分为 3 种类型刮研，刮去最大最亮的点子，挑开中等点子，小点子留下不刮。这样连续刮几遍，点子会越来越多。在刮到最后两三遍时，交叉刀迹大小要一致、排列应整齐，以增加刮研面美观。精刮后的表面要求在每刮方内的研点应有 20～25 点以上。

④ 铲花 可增加刮研面的美观，或能使滑动表面之间形成良好的润滑条件，并且还可以根据花纹的消失来判断平面的磨损程度。一般常见的花纹有斜花纹、鱼鳞花纹和半月形花纹等，如图 5-26 所示。

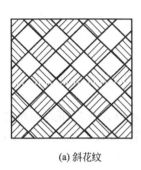 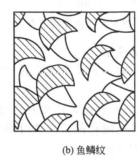 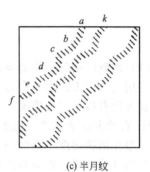

(a) 斜花纹　　　　　　　　(b) 鱼鳞纹　　　　　　　　(c) 半月纹

图 5-26　铲花的花纹

在平面刮研时工件的研点方法应随工件的形状不同和面积大小而异。对中小型工件，一般是基准平板固定，工件待刮面在平板上拖研。当工件面积等于或略超过平板时，则拖研时工件超出平板的部分不得大于工件长度的 1/4，否则容易出现假点子；对大型工件，一般是将平板或平尺在工件被刮研面上拖研；对重量不对称的工件，拖研时应单边配重或采取支托的办法解决，才能反映出正确的研点。

当刮研面上有孔或螺纹孔时，应控制刮刀不将孔口刮低。一般要求螺纹孔周围的研面要稍高些。如果刮研面上有窄边框时，应掌握刮刀的刮研方向与窄边夹角应小于 30°，以防止将窄边刮低。

5.7.4　内孔刮研

内孔刮研的原理和平面刮研一样。但内孔刮研时，刮刀在内孔面上作螺旋运动，且以配合轴或检验心轴作研点工具。研点时，将显示剂薄而均匀地涂布在轴的表面上，然后将轴在轴孔中来回转动显示研点。

（1）内孔刮研的方法

图 5-27(a) 所示为一种内孔刮研方法，右手握刀柄，左手用四指横握刀身，刮研时右手作半圆转动，左手顺着内孔方向作后拉或前推刀杆的螺旋运动。另一种刮研内孔的方法如图 5-27(b) 所示，刮刀柄搁在右手臂上，双手握住刀身，刮研时左右手的动作与前一种方法一样。

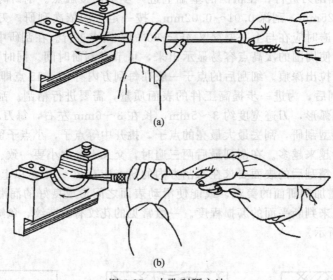

图 5-27　内孔刮研方法

(2) 刮研时刮刀的位置与刮研的关系

当用三角刮刀或匙形刮刀刮内孔时，要及时改变刮刀与刮研面所成的夹角。刮研中刮刀的位置大致有以下三种情况。

① 有较大的负前角　如图 5-28(a) 所示，由于刮研时切屑较薄，故刮研表面粗糙度较低。一般在刮研硬度稍高的铜合金轴承或在最后修整时采用。刮研硬度较低的锡基轴承时，不宜采用这种位置，否则易产生啃刀现象。

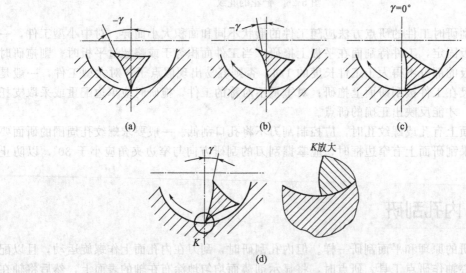

图 5-28　三角刮起刀的位置

② 有较小的负前角　如图 5-28(b) 所示，由于刮研的切屑极薄，能将显示出的高点较顺利地刮去，并能把圆孔表面集中的点子改变成均匀分布的点子。但在刮研硬度较低的轴承时，应注意用较小的压力。

③ 前角为零或不大的正前角　如图 5-28(c)、(d) 所示，这时刮研的切屑较厚，刀痕较深，一般适合粗刮。当内孔刮研的对象是较硬的材料，则应避免采用图 5-28(d) 所示的产

生正前角的刮刀位置，否则易产生振痕。振痕深则修正困难。而对较软的巴氏合金轴承的刮研，用这种位置反而能取得较好的刮研效果。

内孔刮研时，研点应根据轴在轴承内的工作情况合理分布，以取得良好的效果。一般轴承两端的研点应硬而密些，中间的研点可软而稀些，这样容易建立油楔，使轴工作稳定；轴承承载面上的研点应适当密些，以增加其耐磨性，使轴承在负荷情况下保持其几何精度。

5.7.5 机床导轨的刮研

机床导轨是机床移动部件的基准。机床有不少几何精度检验的测量基准是导轨。机床导轨的精度直接影响到被加工零件的几何精度和相互位置精度。机床导轨的修理是机床修理工作中最重要的内容之一，其目的是恢复或提高导轨的精度。未经淬硬处理的机床导轨，如果磨损、拉毛、咬伤程度不严重，可以采用刮研修复法进行修理。一般具备导轨磨床的大中型企业，对于与"基准导轨"相配合的零件，如工作台、溜板、滑座等，导轨面以及特殊形状导轨面的修理通常也不采用精磨法，而是采用传统的刮研法。

(1) 导轨刮研基准的选择

配刮导轨副时，选择刮研基准应考虑：采用变形小、精度高、刚度好、主要导向的导轨；尽量减少基准转换；便于刮研和测量。

(2) 导轨刮研顺序的确定

机床导轨随着各自运动部件形式的不同，而构成各种相互关联的导轨副。它们除自身有较高的形状精度要求外，相互之间还有一定的位置精度要求，修理时就要求有正确的刮研顺序。一般可按以下方法确定。

① 先刮与传动部件有关联的导轨，后刮无关联的导轨。

② 先刮形状复杂即控制自由度较多的导轨，后刮简单的导轨。

③ 先刮长的或面积大的导轨，后刮短的或面积小的导轨。

④ 先刮研施工困难的导轨，后刮容易施工的导轨。

⑤ 对于两件配刮时，一般先刮大工件，配刮小工件；先刮刚度好的，配刮刚度较差的；先刮长导轨，后刮短导轨。要按精度稳定、搬动容易、节省工时等因素来确定顺序。

(3) 导轨刮研的注意事项

① 要求有适宜的工作环境。工作场地清洁，周围没有严重振源的干扰，环境温度尽可能变化不大。避免阳光的直接照射。因为在阳光照射下机床局部受热，会使机床导轨产生温差而变形，刮研显点会随温度的变化而变化，易造成刮研失误。特别是在刮研较长的床身导轨和精密机床导轨时，上述要求更要严格些。如果能在温度可控制的室内刮研最为理想。

② 刮研前机床床身要安置好。在机床导轨修理中，床身导轨的修理量最大，刮研时如果床身安置不当，可能产生变形，造成返工。床身导轨在刮研前应用机床垫铁垫好，并仔细调整，以便在自由状态下尽可能保持最好的水平。垫铁位置应与机床实际安装时的位置一致，这一点对长度较长和精密机床的床身导轨尤为重要。

③ 机床部件的重量对导轨精度有影响。机床各部件自身的几何精度是由机床总装后的精度要求决定的。大型机床各部件重量较大，总装后可能有关部件对导轨自身的原有精度产生一定影响（因变形所引起），如龙门刨床、龙门铣床、龙门导轨磨床等床身导轨精度将随立柱的装上和拆下而有所变化，横梁导轨精度将随刀架或磨架的装上和拆下而有所变化，因此拆卸前应对有关导轨精度进行测量，记录下来，拆卸后再次测量，经过分析比较，找出变化规律，作为刮研各部件及其导轨时的参考。这样便可以保证总装后各项精度一次达到规定要求，从而避免刮研返工。对于精密机床的床身导轨，精度要求很高，在精刮时应把可能影

响导轨精度变化的部件预先装上，或采用与该部件形状、重量大致相近的物体代替，例如在精刮立式齿轮磨床床身导轨时，预先装上齿轮箱，精刮精密外圆磨床床身导轨时，预先装上液压操纵箱等。

④ 导轨磨损严重或有深伤痕的应预先加工。机床导轨磨损严重或伤痕超过 0.5mm 时，应先对导轨表面进行刨削或车削加工后再进行刮研。另外，有些机床，如龙门刨床、龙门铣床、立式车床等工作台表面冷作硬化层的去除，也应在机床拆修前进行，否则工作台内应力的释放会导致工作台微量变形，可能使刮研好的导轨精度发生变化。所以这些工序，一般应安排在精刮导轨之前。

⑤ 刮研工具与检测器具要准备好。机床导轨刮研前，刮研工具和检测器具应准备好，在刮研过程中，要经常对导轨的精度进行测量。

(4) 导轨的刮研工艺

导轨刮研一般分为粗刮、细刮和精刮几个步骤，并依次进行。导轨的刮研工艺过程大致如下。

① 首先修复机床部件移动的"基准导轨"。该导轨通常比沿其表面移动的部件导轨长，例如床身导轨、滑座溜板的上导轨、横梁的前导轨和立柱导轨等。

② V-平面导轨副，应先修刮 V 形导轨，再修刮平面导轨。

③ 双 V 形、双平面（矩形）等相同形式的组合导轨，应先修刮磨损量较小的那条导轨。

④ 修刮导轨时，如果该部件上有不能调整的基准孔，如丝杠、螺母、工作台、主轴等的装配基准孔等，应先修整基准孔后，再根据基准孔来修刮导轨。

⑤ 与"基准导轨"配合的导轨，如与床身导轨配合的工作台导轨，只需与"基准导轨"进行合研配刮，用显示剂和塞尺检查与"基准导轨"的接触情况，可不必单独进行精度检查。

5.8 机械零件修复技术的选择

5.8.1 选择修复技术的基本原则

(1) 技术合理

技术合理指的是该技术应满足待修机械零件的技术要求。为此，要作如下各项考虑。

① 考虑所选择的修复技术对机械零件材质的适应性。由于每一种修复技术都有其适应的材质，所以在选择修复技术时，首先应考虑待修复机械零件的材质对修复技术的适应性。

例如，喷涂技术在零件材质上的适用范围较宽，金属零件如碳钢、合金钢、铸铁件和绝大部分有色金属件及它们的合金件等几乎都能喷涂。在金属中只有少数的有色金属及其合金喷涂比较困难，例如纯铜，由于热导率很大，当粉末熔滴撞击纯铜表面时，接触温度迅速降低，不能形成起码的熔合，常导致喷涂的失败。另外，以钨、钼为主要成分的材料喷涂也较困难。

再如，喷焊技术对材质的适应性较复杂。通常把金属材料按喷焊的难易分成四类：容易喷焊的金属，例如低碳钢、$w_C < 0.4\%$ 的中碳钢、铬镍基不锈钢、灰铸铁等，这些金属不经特殊处理就可以喷焊；$w_C > 0.4\%$ 的中碳钢等则需要进行喷焊前预热、重熔后需缓冷的特殊处理后才可喷焊；铬的质量分数大于 11% 的马氏体不锈钢等重熔后需要等温退火处理；目前还不适于进行喷焊加工的材质有铝、镁及其合金以及青铜、黄铜等。

② 考虑各种修复技术所能提供的覆盖层厚度。每个机械零件由于磨损等损伤情况不一，修复时要补偿的覆盖层厚度也不一样，因此在选择修复技术时，必须了解各种技术修复所能达到的覆盖层厚度。下面推荐几种主要修复技术能达到的覆盖层厚度：镀铬，0.1～0.3mm；镀铁，0.1～5mm；喷涂，0.2～3mm；喷焊，0.5～5mm；电振动堆焊，1～2.5mm；等离子堆焊，0.25～6mm；埋弧堆焊，厚度不限；手工耐磨堆焊，厚度不限。

③ 考虑覆盖层的力学性能。覆盖层的强度、硬度、覆盖层与基体的结合强度以及机械零件修理后表面强度的变化情况等是评价修理质量的重要指标，也是选择修复技术的重要依据。

例如，铬镀层硬度可高达800～1200HV，其与钢、镍、铜等机械零件表面的结合强度可高于其本身晶格间的结合强度；铁镀层硬度可达500～800HV（45～60HRC），与基体金属的结合强度为200～350MPa。又如喷涂层的硬度范围为150～450HB，喷涂层与工件基体的抗拉强度为20～30MPa，抗剪强度为30～40MPa。喷焊层的硬度范围是25～65HRC，喷焊层与工件基体的抗拉强度为400MPa左右。

在考虑覆盖层力学性能时，也要考虑与其有关的问题。如果修复后覆盖层硬度较高，虽有利于提高耐磨性，但加工困难；如果修复后覆盖层硬度不均匀，则会引起加工表面不光滑。

机械零件表面的耐磨性不仅与表面硬度有关，而且与表面金相组织、表面吸附润滑油能力、两表面磨合情况均有关。如采用镀铬、镀铁、金属喷涂及振动电弧堆焊等修复技术均可以获得多孔隙的覆盖层，这些孔隙中储存润滑油使机械零件即使在短时间内缺油也不会发生表面研伤现象。

④ 考虑修复技术应满足机械零件的工作条件。机械零件的工作条件包括承受的载荷、温度、运动速度、工作面间的介质等，选择修复技术时应考虑其必须满足机械零件工作条件的要求。例如，所选择的修复技术施工时温度高，则会使机械零件退火，原表面热处理性能被破坏，热变形及热应力均增加，材料力学性能下降。再如气焊、电焊等补焊和堆焊技术，在操作时机械零件受到高温的影响，其热影响区内金属组织及力学性能均发生变化，故这些技术只适于修复焊后需加工整形的机械零件、未淬火的机械零件以及焊后需热处理的机械零件。

机械零件工作条件不同，所采用的修复工艺也应不同。例如在滑动配合条件下工作的机械零件两表面，承受的接触应力较低，从这点考虑，各种修复技术都可适应；而在滚动配合条件下工作的机械零件两表面，承受的接触应力较高，则只有镀铬、喷焊、堆焊等技术可以胜任。

⑤ 考虑对同一机械零件不同的损伤部位所选用的修复技术尽可能少。例如，某机械设备的减速器被动轴经常损伤的部位是渐开线花键和自压油挡配合面。对于渐开线花键目前只能用手工电弧堆焊技术进行修复，而自压油挡配合面则可以用手工电弧堆焊、振动电弧堆焊、等离子喷涂等多种技术进行修复。当两个损伤部位同时出现时，为了避免机械零件往复周转，缩短修复过程，这两个损伤部位可全用手工电弧堆焊技术进行修复。

⑥ 考虑下次修复的便利。多数机械零件不只是修复一次，因此要照顾到下次修复的便利。例如专业修理厂在修复机械零件时应采用标准尺寸修理法及其相应的技术，而不宜采用修理尺寸法，以免给送修厂家再修复时造成互换、配件等方面的不方便。

（2）经济性好

在保证机械零件修复技术合理的前提下，应考虑到所选择修复技术的经济性。但单纯用修复成本衡量经济性是不合理的，还需考虑用某技术后机械零件的使用寿命。因此，必须两方面同时结合起来考虑，综合评价。同时还应注意尽量组织批量修复，这有利于降低修复成本，提高修复质量。

在一般情况下，只要旧件修复后的单位使用寿命的修复费用低于新件的单位使用寿命的制造费用，即可被认为修复是经济的。在实际生产中，还必须考虑到会出现因备品配件短缺而停机停产使经济蒙受损失的情况。这时即使是所采用的修复技术使得修复旧件的单位使用寿命所需的费用较大，但从整体的经济方面考虑还是可取的。

(3) 生产可行

许多修复技术需配置相应的技术装备、一定数量的技术人员，也涉及整个维修组织管理和维修生产进度。所以选择修复技术要结合企业现有修复用的装备状况和修复水平进行。但是应指出，要注意不断更新现有修复技术，通过学习、开发和引进，结合实际采用较先进的修复技术。组织专业化机械零件修复，并大力推广先进的修复技术是保证修复质量、降低修复成本、提高修理技术的发展方向。

5.8.2 选择机械零件修复技术的方法与步骤

① 了解和掌握待修机械零件的损伤形式、损伤部位和程度；了解机械零件的材质及物理、力学性能和技术条件；了解机械零件在机械设备中的功能和工作条件。为此，需查阅机械零件的鉴定单、图册或制造技术文件、部装图及其工作原理等。

② 考虑和对照本单位的修复技术装备状况、技术水平和经验，并估算旧件修复的数量。

③ 按照选择修复技术的基本原则，对待修机械零件的各个损伤部位选择相应的修复技术。如果待修机械零件只有一个损伤部位，则到此就完成了修复技术的选择过程。

④ 全面权衡整个机械零件各损伤部位的修复技术方案。实际上，一个待修机械零件往往同时存在多处损伤，尽管各部位的损伤程度不一，有的部位可能处于未达极限损伤状态，但仍应当全面加以修复。此时按照步骤③确定机械零件各单个损伤的修复技术之后，就应当加以综合权衡，确定其全面修复的方案。为此，必须按照下述原则全面权衡修复方案。

a. 在保证修复质量前提下力求修复方案中采用的修复技术种类最少。

b. 力求避免各修复技术之间的相互不良影响，例如热影响。

c. 尽量采用简便而又能保证质量的技术。

⑤ 最后择优确定一个修复方案。当待修机械零件全面修复技术方案有多个时，最后需要再次根据修复技术选择基本原则，择优选定其中一个方案作为最后采纳的方案。

5.8.3 机械零件修理工艺规程的拟订

拟订机械零件修理工艺规程的目的是为了保证修理质量以及提高生产率和降低修理成本。

(1) 拟订机械零件修理工艺规程的依据

拟订机械零件修理工艺规程的依据主要是机械零件的工作条件和技术要求、有关技术文件、技术试验总结、本单位设备状况和技术水平、生产经验等。

(2) 拟订机械零件修理工艺规程时应考虑的一些问题

机械零件的修理工艺比新件的制造工艺复杂，在拟订修理工艺规程时应考虑如下问题。

① 修理的对象不是毛坯，而是有损伤的旧机械零件，同时损伤形式各不相同。因此修理时，既要考虑修理损伤部件，又要考虑保护不修理表面的精度和材料的力学性能不受影响。

② 机械零件制造时的加工定位基准往往被破坏，为此加工时需预先修复定位基准或给

出新的定位基准。

③ 需修理的磨损的机械零件，通常其磨损不均匀，而且需补偿的尺寸一般较小。

④ 机械零件需修理表面在使用中通常会产生冷作硬化，并沾有各种污物，修理前需有整理和清洗工序。

⑤ 修复过程中采用各种技术方法较多，批量较小，辅助工时比例较高，尤其对于非专业化维修单位而言，多是单件修复。

⑥ 修复高速运动的机械零件，其原来平衡性可能受破坏，应考虑安排平衡工序，以保证其平衡性的要求。

⑦ 有些修复技术可能导致机械零件材料内部和表面产生微裂纹等，为保证其疲劳强度，要注意安排提高疲劳强度的工艺措施和采取必要的探伤检验等手段。

⑧ 焊接或堆焊等修复技术会引起机械零件变形，在安排工序时，应注意把会产生较大变形的工序安排在前面，并增加校正工序，对于精度要求较高、表面粗糙度值要求小的工序应安排在后面。

（3）机械零件修理工艺规程内容

机械零件修理工艺规程的内容包括：名称、图号、硬度、损伤部位指示图、损伤说明、修理技术的工序及工步，每一工步的操作要领及应达到的技术要求、工艺规范，修复时所用的设备、夹具、量具，修复后的技术质量检验内容等。

技术规程常以卡片的形式规定下来，必要时可加以说明。

（4）编制机械零件修理工艺规程的过程

① 熟悉机械零件的材料及其力学性能、工作条件和技术要求；了解损伤部位、损伤性质（磨损、断裂、变形、腐蚀）和损伤程度（如磨损量大小、磨损不均匀程度、裂纹深浅及长度等）；了解本单位的设备状况和技术水平；明确修复的批量。

② 根据修复技术的选择原则确定修复技术方法，分析该机械零件修复中主要技术问题，并提出相应的措施。安排合理的技术顺序，提出各工步的技术要求、工艺规范以及所用的设备、夹具、量具等。

③ 听取有关人员意见并进行必要的试修，对试修件进行全面的质量分析和经济指标分析，在此基础上正式填写技术规程卡片，并报请主管领导批准后执行。

④ 在技术规程中既要把住质量关，对一些关键问题作出明确规定；又不要把一些不重要的操作方法规定太死，这样可便于修理工人根据自己的经验和习惯灵活掌握，充分发挥修理工人的积极性和创造性。

第6章

机械设备的润滑与密封

6.1 机械设备的润滑

6.1.1 机械设备润滑的作用及方式

(1) 机械设备润滑的作用

许多机械设备是在高温、高压、高速等恶劣条件下工作的。为了延长机器寿命，需要对运动部件进行合理的润滑，减少机件的摩擦和磨损。因此，必须根据摩擦机件的构造特点及其工作条件，周密考虑和正确选择所需的润滑材料、润滑方法、润滑装置和系统，严格按照规程所规定的润滑部位、润滑材料的质量和数量以及润滑周期进行润滑，并妥善保管润滑材料，以便使用时保证其质量。

机械设备润滑的主要作用和目的如下。

① 减少摩擦和磨损 在机器或机构的摩擦表面之间加入润滑材料，使相对运动的机件摩擦表面不发生或尽量减少直接接触，从而降低摩擦因数，减少磨损。这是机器润滑最主要的目的。

② 冷却 机器在运转过程中，因摩擦而消耗的功通常全部转化为热量，引起摩擦部件温度升高。当采用润滑油进行润滑时，润滑油会不断从摩擦表面吸取热量加以散发，或供给一定的油量将热量带走，使摩擦表面的温度降低。

③ 防止锈蚀 摩擦表面的润滑油层使金属表面和空气隔开，保护金属层不产生锈蚀。

④ 冲洗 润滑油的流动油膜将金属表面由于摩擦或氧化而形成的碎屑和其他杂质冲洗掉，以保证摩擦表面的清洁。

(2) 机械设备润滑的方式

机械设备通常采用稀油润滑和干油润滑两种方式。

稀油润滑采用矿物润滑油（简称润滑油）作为润滑材料。在下列情况下通常采取稀油润滑。

① 除减少摩擦和磨损外，摩擦表面尚需排除由摩擦产生的热或位于高温区吸收的大量热量。

② 摩擦表面可能实现液体摩擦时。

③ 能实现紧密密封的齿轮传动和轴承。

④ 摩擦表面除润滑外尚需冲洗保持清洁时。

⑤ 其他由于结构上的原因难以实现干油润滑时。

干油润滑采用润滑脂作为润滑材料。在下列情况下采取干油润滑。

① 低速下工作，经常逆转或重复短时工作的重负荷滑动轴承。

② 工作环境潮湿或灰尘较多、必须保护摩擦表面不落入氧化铁皮和水且难以密封的轴承或导轨。

③ 长期停止工作无法形成润滑油膜的滚动轴承。

④ 长期正常工作而不需经常更换润滑脂的密封的滚动轴承。

除了上述两种主要润滑方式外，摩擦机件在高温、高压、高速的工作条件下，当矿物润滑油和润滑脂都不能正常工作时，则采用固体润滑材料，采用合成树脂布胶的轴承，可以用水进行润滑和冷却。

6.1.2 机械设备润滑的状态与原理

(1) 机械润滑的状态

机械润滑的状态分为以下几种。

① 无润滑 在具有相对运动的两表面间完全没有任何润滑介质存在，处于干摩擦状态下，称为无润滑。由于干摩擦因数可以高达 0.1～0.5 以上，接触面产生剧烈的摩擦和磨损，这种状态除摩擦传动或机械的制动以外，一般是应尽量避免的。由于润滑系统的故障或维护使用不当而出现润滑的失效或流失，也会出现这种无润滑状态，这种状态的出现将会造成机械设备的损坏，应及时消除。

② 流体润滑 流体状态的润滑剂在相对运动的两摩擦表面之间形成一层润滑膜，把两摩擦表面完全隔开，称为流体润滑。这是一种理想的润滑状态。由于两摩擦表面不直接接触，摩擦副内只存在流体膜分子之间的内摩擦，因而摩擦因数很低。流体润滑包括流体动压润滑、流体静压润滑、流体动静压润滑和弹性流体动压润滑四种形式。

③ 边界润滑 是处于有润滑和无润滑之间的一种临界状态的润滑形式，它由润滑剂中牢固地吸附在金属表面的极性分子或润滑剂中的活性元素与金属表面生成的反应膜而形成一层极薄的润滑膜，这层膜有时甚至不到 $0.1\mu m$ 厚，但却能承受高达数百帕的压强而不破裂。边界润滑时的摩擦因数在 0.03～0.1 之间，比干摩擦因数小得多。

④ 半液体润滑与半干润滑 在摩擦副中出现的润滑状态是很复杂的，并不都处于一种单一的润滑状态。由于摩擦表面的粗糙度不同，载荷、速度的变化（如启动、制动、反转、冲击及变载等）等因素的影响，有时可能有两种甚至三种润滑状态同时或先后在一个摩擦副内出现，使摩擦因数在很大的范围内变动，呈现一种不稳定状态。此时，若流体膜遭受破坏的比例较小，则属于流体润滑与边界润滑之间的一种状态，称为半液体润滑。动压润滑的滑动轴承设计或使用不当时，或在启动、制动时，则处于这种状态。在边界润滑状态下，若边界膜遭到破坏的程度还不太严重，就出现边界润滑与干摩擦之间的一种润滑状态，称为半干润滑。这种状态会使摩擦因数上升较多，发热和磨损加剧，是应当尽力避免的。

(2) 机械润滑的原理

① 流体动压润滑原理 在工程上，流体动压可以在曲面及平面摩擦副中形成。在曲面接触的摩擦副中，动压的形成是在一定的压力和速度下，使曲面间形成油楔，油楔作用在轴上的总压力和轴上的负载相平衡时，轴与轴承表面之间完全被油膜隔开，实现了流体润滑。图 6-1 为滑动轴承摩擦副建立流体动压润滑的过程。

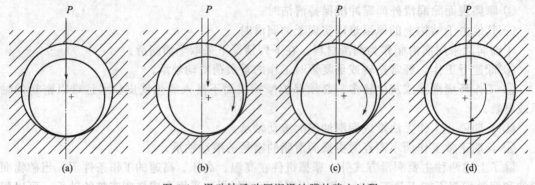

图 6-1　滑动轴承动压润滑油膜的建立过程

动压流体润滑轴承径向及轴向的油膜分布如图 6-2(a)、(b) 所示,在楔形间隙出口处油膜厚度最小。

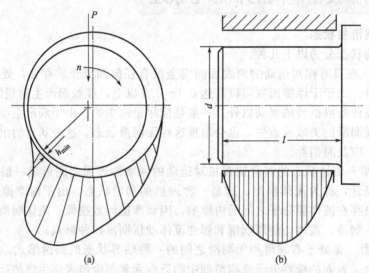

图 6-2　滑动轴承动压流体润滑油膜的压力分布

在平面接触的摩擦副中,若两摩擦表面平行,如图 6-3(a) 所示,在载荷和相对运动的联合作用下,单位时间流入两平面的流量低于流出的流量,不可能产生油楔效应,也就不可能实现流体动压润滑。如果平面 CD 相对于平面 AB 倾斜一个角度,如图 6-3(b) 所示,这时入口截面的流量将大于出口截面的流量,类似于曲面接触的情况,即可以产生油楔效应,因而可以实现流体动压润滑。值得注意的是,如果倾斜方向或相对运动方向与图示方向相反,则不可能实现动压润滑,这说明倾斜方向与相对运动方向有关。

由上面的分析可知,实现流体动压润滑必须具备以下条件。

a. 两相对运动的摩擦表面,必须沿运动的方向形成收敛的楔形间隙。

b. 两摩擦面必须具有一定的相对速度。

c. 润滑油必须具有适当的黏度,并且供油充足。

d. 外载荷必须小于油膜所能承受的极限值。

e. 摩擦表面的加工精度应较高,使表面具有较小的粗糙度值,这样可以在较小的油膜厚度下实现流体动压润滑。

影响流体动压润滑形成的因素很多。油的黏度和两摩擦表面相对运动速度增加,则最小油膜厚度增加;当外负荷增加时则最小油膜厚度减小;温度的影响是通过引起油的黏度变化

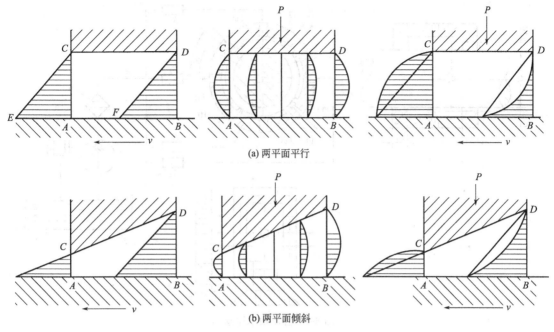

(a) 两平面平行

(b) 两平面倾斜

图 6-3　两平面间油液的流动情况

从而影响最小油膜厚度的。还应注意的是，流体动压轴承的进油口不能开在油膜的高压区，否则进油压力低于油膜压力，油就不能连续供入，破坏了油膜的连续性。

② 流体静压润滑原理　从外部将高压流体经节流阻尼器送入运动副的间隙中去，使两摩擦表面在未开始运动之前就被流体的静压力强行分隔开，由此形成的流体润滑膜使运动副能承受一定的工作载荷而处于流体润滑状态，称为流体静压润滑。

图 6-4 为具有四个对称油腔的径向流体静压轴承。轴承上开有四个对称的油腔 9、周向封油面 11 和回油槽 10，在油腔的轴向两端也有封油面。从供油系统送来的压力油，经四个节流阻尼器 2 后分别供给相应的油腔。从各封油面与轴颈间的泄油间隙流出的油液经回油槽返回油箱。

轴未受载时，由于各油腔的静压力相等，轴浮在轴承中央（忽略轴的自重），此时各泄油间隙相等。轴颈受外载荷 P 作用后，沿 P 力作用方向产生一个位移，下部泄油间隙减小，上部泄油间隙增大，使下部泄油阻力增大而上部泄油阻力减小，导致下部泄油量减小，上部泄油量增大。由于节流阻尼器的作用，使上部油腔压力 p_{b1} 减小而下部油腔压力 p_{b3} 增大，在轴颈上下两面出现了压力差 $p_{b3} - p_{b1}$，正是这个压力差与外载荷 P 产生的压强平衡而保持轴承的流体润滑状态。

理论研究表明，流过节流阻尼器的流量与节流阻尼器前后的压力差成正比。受载后，轴颈下部泄油量减小时，节流阻尼器 p_3 前后的压力差也减小，即 p_3 增大；另一方面，轴颈上部的泄油量增大，使 R_1 前后的压力差也增大，即 p_1 减小，从而使轴颈上下两面出现压力差 $p_{b3} - p_{b1}$。如果不设节流阻尼器，则 $p_{b3} = p_{b1} = p_s$，就不会在轴颈上下两面出现压力差。

流体静压润滑与流体动压润滑相比较有如下特点。

a. 应用范围广、承载能力强。因流体膜的形成与摩擦面的相对速度无关，故可用于各种速度的摩擦副。承载能力决定于供油压力，故可有较强的承载能力。

b. 摩擦因数比其他形式的轴承都低并且稳定。

c. 几乎没有磨损，所以寿命极长。

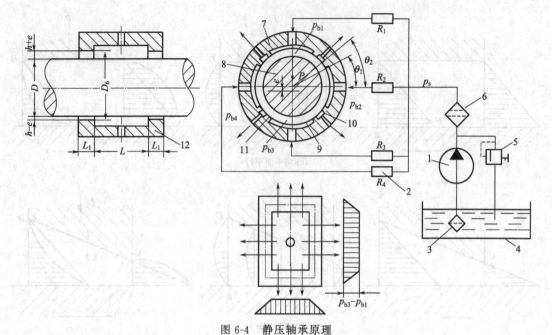

图 6-4 静压轴承原理

1—油泵；2—节流器；3—粗过滤器；4—油箱；5—溢流阀；6—精过滤器；7—轴承套；
8—轴颈；9—油腔；10—回油槽；11—周向封油面；12—轴向封油面

d. 由于不直接接触，所以对轴承材料要求不高，只需比轴颈稍软即可。缺点是需要一整套昂贵的供油系统，油泵一直工作，增加了能耗。

③ 流体动静压润滑原理 流体静压润滑的优点很多，但是油泵长期工作要耗费大量能源。流体动压润滑在启动、制动过程中，由于速度低不能形成足够厚度的流体动压膜，轴承的磨损增大，严重影响动压轴承的使用寿命。如果在启动、制动时采用流体静压润滑，而在达到额定转速后，高压油泵停止供油，轴承靠流体动压润滑，这样就克服了动压润滑的缺点，又避免了静压系统长期工作的大量能源消耗。因此，流体动静压润滑近年来已经得到工业上的应用。

④ 边界润滑原理 除干摩擦和流体润滑外，几乎各种摩擦副在相对运动时都存在着边界润滑状态。可见边界润滑是一种极为普遍的润滑状态。一般机械的摩擦副自不必说，就是精心设计的流体动压润滑轴承，在启动、制动、负载变化、高温和反转时也都出现边界润滑状态。在边界润滑状态下，如果温度过高、负载过大、受到振动冲击，或者润滑剂选用不当、加入量不足、润滑剂失效等，均会使边界润滑膜遭到破坏，导致磨损加剧，使机械寿命大大缩短，甚至马上导致设备损坏。良好的边界润滑虽然比不上流体润滑，但是比干摩擦的摩擦因数低得多，相对来说可以有效地降低机械的磨损，使机械的使用寿命大大提高。一般来说，机械的许多故障多是由于边界润滑问题解决不当引起的。

在边界润滑状态下，摩擦力的大小不单纯决定于润滑油的黏度，而与润滑油的"油性"有关。在润滑油中，某些有机物分子在分子引力和静电引力作用下能够牢固地附着在摩擦副的金属表面，这种现象称为润滑油的油性。边界润滑时的油膜，就是由这种牢固地吸附在摩擦副表面的有机物分子构成的。这层油膜能抗高达几百兆帕的压强，被压至 $0.1\mu m$ 这种极薄状态也不易破裂，即使个别地方油膜被压破，只要润滑剂能得到及时补充，很快可以恢复。一般动物脂肪的油性最好，植物油次之，矿物油最差。所以，矿物油用于边界润滑是不好的，必须加入油性添加剂以改善其油性。

靠油性起润滑作用的边界油膜只能在摩擦副处于较低或中等温度及中等以下的载荷时才能保持。在温度较高时，润滑油中的油性分子在金属表面附着的牢度下降，油膜容易破裂，称为"脱附"现象。另一种情况，即在低速重载或有冲击载荷的条件下，摩擦副中的边界油膜不能承受这样高的压力，油膜易被压破而产生瞬时局部高温。这种高温、低速重载或有冲击振动的恶劣工作条件，称为极压状态。在极压状态下，靠润滑油的油性已不能维持正常的边界润滑，但是如果在润滑油中加入含硫、磷、氯等活泼元素的称为极压添加剂的物质，则能在这种条件下与摩擦副的金属表面起化学反应而生成一层牢固附着的化学反应膜，这层膜具有较低的摩擦因数和较高的抗压性能。如果在过高的载荷下局部的反应膜被压破，又能立即再生成新的反应膜，因而能在极压状态下有效地防止摩擦副的金属直接接触。所以，处在极压状态下的边界润滑必须采用含极压添加剂的润滑油。极压添加剂对金属有一定的腐蚀作用，如果摩擦副对耐腐蚀要求高，则不能采用含极压添加剂的润滑油，而要采取其他办法来解决。另一个要注意的问题是，如果摩擦副不处在极压状态，则不要采用含极压添加剂的润滑油，因为在这种条件下反应膜不易生成，极压添加剂不起作用。

改善边界润滑的措施如下。

a. 减小表面粗糙度。金属表面各处边界膜承受的真实压强的大小与金属表面状态有关。摩擦副表面粗糙度愈大，则真实接触面积愈小，同样的载荷作用下，接触处的压强就大，边界膜易被压破。减小粗糙度可以增加真实接触面积，降低负载对油膜的压强，使边界膜不易压破。

b. 合理选用润滑剂。根据边界油膜工作温度高低、负载大小是否工作在极压状态，应选择合适的润滑油品种和添加剂，以改善边界膜的润滑特性。

c. 改用固体润滑材料等新型润滑材料，改变润滑方式。

6.1.3　润滑材料

(1) 润滑材料的分类及要求

① 润滑材料的分类及其应用　凡是能够在相对运动的、相互作用的表面间起到抑制摩擦、减少磨损的物质，都可以算作润滑材料。润滑材料通常可分为四类。

a. 气体润滑材料　如气体轴承中使用的空气、氮气、二氧化碳等。

b. 液体润滑材料　如各种动、植物油及矿物油、乳化液及水等。近年来性能优异的合成润滑油发展很快。

c. 塑性体及半流体润滑材料　如动物脂、矿物润滑脂以及近年来试制的半流体润滑脂等。

d. 固体润滑材料　如石墨、二硫化钼、二硫化钨、氮化硼及四氟乙烯等塑料基或金属基自润滑复合材料等。

气体润滑材料目前主要用于航空、航天及某些精密仪表的气体静压轴承。在液体及塑性体润滑材料中，矿物润滑油及矿物油稠化而制得的润滑脂应用最广，原因是来源稳定而且价格低廉。动、植物油脂主零用作润滑油脂的添加剂和某些有特殊要求的润滑部位。乳化液主要用于机械加工和冷轧带材时的冷却润滑液。而水只用于胶木等某些塑料轴瓦的冷却润滑。固体润滑材料是一种新型的很有发展前途的润滑材料，可以单独使用或作润滑油脂的添加剂。

② 润滑材料的基本要求

a. 较低的摩擦因数，从而减少动力消耗，降低磨损速度，提高设备使用寿命。

b. 具有良好的吸附及楔入能力，以便能渗入摩擦副微小的间隙内，并能牢固地黏附在摩擦表面上，不易被相对运动形成的剪切力刮掉。

c. 有一定的内聚力（黏度），以便能抵抗较大的压力而不致被从摩擦副中挤出，从而能保持足够的润滑膜厚度。

d. 具有较高的纯度及抗氧化安定性，没有研磨和腐蚀性，不致因迅速与水或空气接触生成酸性化合物或胶质沥青而变质。

通常，制造厂对其生产的设备都附有润滑保养规程，其中规定了采用的润滑材料和润滑方式。但是，当设备的安装、使用条件改变时，原规定的润滑材料和润滑方法就不一定合适了。另一方面，随着科学技术的发展，特别是近年来摩擦学的研究和发展很快，新型润滑材料和润滑方式不断出现，为满足设备润滑和润滑设计的需要，要求我们学习和掌握各种润滑材料的性能、选用和使用方法。

(2) 润滑油

目前使用的润滑油主要是由石油提炼过程中蒸馏出的高沸点物质再经精炼而成。原油经过初馏常压蒸馏提取汽油、煤油和柴油以后剩下的称为常压渣油，再经过减压蒸馏，按沸点范围不同而依次切取一线、二线、三线、四线馏分油，经精制而获得黏度较低的润滑油。这种油含沥青质少，油性分子含量低，因而油性也差。对减压蒸馏后残留下来的减压渣油进行精制，获得高黏度润滑油。这种油胶质沥青含量较多，油性比前一种润滑油好。将各线馏分油、减压渣油按不同比例调配而获得各种不同牌号、黏度的润滑油。

除矿物润滑油外，还有以软蜡、石蜡为原料用人工合成方法生产的合成润滑油。

① 润滑油的物理化学性能及主要质量指标

a. 黏度　反映了润滑油的稀稠程度。黏度愈高则稠度愈大，流动性也愈差，不易流入间隙小的摩擦副中去。但是黏度高的润滑油不易从摩擦面间被挤出来，因而油膜的承载能力强。黏度低的润滑油则正好相反。所以，黏度是润滑油的一项很重要的性能指标。在选择润滑油时通常以黏度为主要依据。

黏度可以用绝对黏度和相对黏度表示。

ⅰ. 绝对黏度　有动力黏度和运动黏度两种表示方法。

动力黏度实质上反映内摩擦阻力的大小。在两平行平板间有黏性流体，当一块板以速度 u 相对于另一块板平行移动时，黏附在上下两表面的流体的速度与该表面相同。在层流状态时，中间各相邻层的速度近似呈线性递减。

在同一温度下，液体的动力黏度与密度的比值称为运动黏度。

运动黏度的工程实用单位为 mm^2/s，$1mm^2/s = 10^{-6} m^2/s$。过去国内测定运动黏度时的温度规定为 50℃ 和 100℃，现在采用 ISO 标准，其测定温度为 100℉（37.8℃），我国规定为 40℃（误差不超过 10%）。50℃ 和 100℃ 的运动黏度与 40℃ 的运动黏度可参照相关润滑油手册进行换算。

ⅱ. 相对黏度　也称条件黏度。各国测定条件黏度使用的黏度计不同，因而条件黏度有恩氏、赛氏、雷氏黏度等几种。国内采用恩氏黏度。

在规定的温度下让体积为 200mL 的油液从恩氏黏度计流出所需的时间与同体积蒸馏水在 20℃ 时从恩氏黏度计流出的时间的比值即为恩氏黏度，用符号 $°E_t$ 表示。$°E_t$ 表示测定温度为 t 度时的恩氏黏度。

各种黏度的符号、单位、换算公式及使用的国家见表 6-1。

工程上多用图表来换算各种黏度（请查阅相关润滑油手册）。各种黏度在相同的测定温度下在同一水平上的值是相对应的。

应当注意的是，因为润滑油的黏度是随温度的变化而变化的，温度升高黏度下降，所以表示黏度时必须指明是什么温度下测定的黏度；另一方面，在选择润滑油时也必须注意表中标明的黏度是什么温度下测定的；而且比较两种润滑油的黏度时，必须用同一温度下测定的黏度值才有意义。

表 6-1　各种黏度单位及换算公式

黏度名称		符号	单位	采用国家	与运动黏度 ν 的换算公式
绝对黏度	动力黏度 运动黏度	η ν	Pa·s mm²/s	俄罗斯 中国、俄罗斯、美国、英国、日本	$\eta = \nu\rho$ $\nu = \eta/\rho$
相对黏度	恩氏黏度(条件黏度)	°E	°	中国、欧洲	$\nu = 7.31°\mathrm{E} - \dfrac{6.31}{°\mathrm{E}}$
	赛氏黏度(通用赛氏秒)	SSU	s	美国、日本	$\nu = 0.22(\mathrm{SSU}) - \dfrac{180}{(\mathrm{SSU})}$
	雷氏黏度(雷氏 1 号秒)	″R	s	英国	$\nu = 0.26″\mathrm{R} - \dfrac{172}{″\mathrm{R}}$
	巴氏度(巴洛别度)	°B	°	法国	$\nu = \dfrac{4580}{°\mathrm{B}}$

润滑油的黏度也随压力变化而变化。通常随压力的增大黏度也增大，不过当压力低于5MPa 时，这种变化不显著，而当压力超过 5MPa 时，随压力的升高黏度会呈不同程度的增加。润滑油黏度随压力的变化也与温度和自身黏度有关，一般在高温下比在低温下的变化小；低黏度润滑油比高黏度润滑油的黏度变化小。

b. 黏度指数　润滑油的黏度随温度而变化的特性称为黏温特性，黏度指数就是用来定量表示黏温特性的参数。黏度指数高，表示润滑油的黏度随温度的变化小。摩擦副的工作温度变化范围较宽时，要求润滑油的黏度指数要高。黏度指数的符号用 VI 表示。

在实际运用中可以从各种有关手册中查到黏度指数的计算图表，根据试验油 40℃和100℃时的运动黏度，很容易查到试验油的黏度指数。

c. 润滑油的其他性能指标

ⅰ. 闪点　在规定条件下加热润滑油，油蒸气与空气的混合气体同火焰接触时发生闪火现象的最低温度称为闪点。闪点是润滑油的一项安全指标，要求润滑油的工作温度低于闪点20～30℃。

润滑油在常温下工作，其闪点一般不易变化。但是在设有电加热器的润滑系统中，往往由于操作不当使油裂化而产生大量的挥发物，油的闪点显著降低。如果油中混入燃料油，其闪点也会降低。一般轻质润滑油闪点降低 10℃，重质润滑油闪点降低 8℃，就应当换油。

ⅱ. 凝点　润滑油在规定条件下冷却到失去流动性的最高温度称为凝点。我国北方冬季，特别是那些在室外工作的设备，应注意选择凝点比环境温度低的润滑油。

ⅲ. 抗乳化度　润滑油与水接触并搅拌后能迅速分离的能力称为抗乳化度。对工作在潮湿环境或水有可能进入的摩擦副润滑用油，应考虑此项指标。

ⅳ. 抗氧化安定性　润滑油在使用和储存过程中，抵抗氧化变质的能力，称为抗氧化安定性。油受到氧化作用会使颜色变深、黏度和酸值增大，并析出胶质沉淀，使油的润滑性能变差。

ⅴ. 热氧化安定性　润滑油膜在较高的工作温度下易与空气中的氧化合生成胶质膜，使润滑油迅速变质。热氧化安定性反映了润滑油在高温下抑制胶质膜生成的能力。胶质膜不仅反映油的变质，而且极易使循环润滑系统的管路堵塞，所以在循环润滑系统和高温润滑部位使用的润滑油，要求其热氧化安定性要好。

ⅵ. 抗磨性　反映边界润滑状态下油膜的承载能力，它包括油性和极压性两个方面。油性对非极压工作状态的中温中等负载的边界润滑膜的形成和润滑性能影响极大。而在极压状态下，油的极压性能对边界膜的润滑性能起关键作用。油的抗磨性可以在专门的梯姆肯试验机上测定。

② 常用润滑油的性能和用途　过去国产的润滑油均按 50℃和 100℃的运动黏度划分标号，现在采用 ISO 标准一律按 40℃的运动黏度划分油的标号，标号的数值就是润滑油在 40℃时的运动黏度的中心值。例如新标号 N32 的运动黏度中心值就是 32mm²/s，其误差范围为±10%，即为 28.8～35.2mm²/s。为了与旧标号相区别，新标号前都加字母"N"作为一种过渡，以后这个"N"将逐渐自动取消。国产润滑油新旧标号的对照可查相关的润滑油手册。

a. 普通机械油　是没有添加油性或极压添加剂的润滑油，它仅适用于载荷、转速及温度都不高的一般无特殊要求的轴承、纺织机锭子、齿轮及其他工作条件类似的机械的润滑。其中 N5、N7、N10 三种是高速机械油，用于高速轻载的机械的润滑。普通机械油润滑性能、抗氧化、抗泡沫及防锈性能均较差，这是由于几乎没有添加什么改善性能的添加剂的缘故。这类低性能的润滑油今后将逐步被淘汰。普通机械油的标号及主要质量指标见表 6-2。

表 6-2　普通机械油的牌号和性能

名称	新标号	旧标号	运动黏度(40℃)/mm²·s⁻¹	凝点/℃ ≤	闪点(开口)/℃ ≥	残炭/% ≤	灰分/% ≤	机械杂质/% ≤	酸值 KOH/mg·g⁻¹ <
高速机械油	N5	(HJ4)	4.14～5.06	−10	110	—	0.005	无	0.04
	N7	(HJ5)	6.12～7.48	−10	110		0.005	无	0.04
	N10	(HJ7)	9.0～11.0	−10	125		0.005	无	0.04
机械油	N15	(HJ10)	13.5～16.5	−15	165	0.15	0.007	0.005	0.14
	N22	无	19.8～24.2	−15	170	0.15	0.007	0.005	0.14
	N32	(HJ20)	28.8～35.2	−15	170	0.15	0.007	0.005	0.16
	N46	(HJ30)	41.4～50.6	−10	180	0.25	0.007	0.007	0.20
	N68	(HJ40)	61.2～74.8	−10	190	0.25	0.007	0.007	0.35
	无	(HJ50)							
	N100	无	90.0～11.0	0	210	0.5	0.007	0.007	0.35
	无	(HJ70)							
	N150	(HJ90)	135～165	0	220	0.5	0.007	0.007	0.35

b. 通用型机床工业用润滑油（H-L 液压油）　由于加入了一定量的油性及抗氧防锈等添加剂，所以抗氧化、防锈、抗乳化等性能均优于普通机械油，比起使用普通机械油来，机械的磨损小、油的温升低，说明其抗磨及减摩性能均优于普通机械油。可防止设备锈蚀及延长机床的加工精度保持性，而且润滑油的使用寿命也比普通机械油提高一倍。这是新推出的用以取代普通机械油的新油品。

通用型机床工业用润滑油适用于一般的机床主轴箱、液压箱和齿轮箱等，或工作条件类似的其他机械设备的油浴、溅油和循环润滑。通用型机床工业用润滑油的标号及主要质量指标见表 6-3。

表 6-3　通用型机床工业用润滑油的牌号和性能

标号	运动黏度中心值[(40℃)±10%]/mm²·s⁻¹	黏度指数(大于)	运动黏度到1500mm²/s时温度/℃(小于)	倾点/℃(小于)	闪点(开口)/℃(大于)	灰分/%(小于)	机械杂质/%(小于)	氧化安定性酸值到 2mg KOH/g/h(小于)
N15	15	90	0	−9	160	0.005	0.005	1000
N22	22	90	0	−9	160	0.005	0.005	1000
N32	32	90	0	−6	180	0.005	0.005	1000
N46	46	90	0	−6	180	0.005	0.005	1000
N68	68	90	0	−6	200	0.005	0.005	1000
N100	100	90	5	−6	200	0.005	0.005	1000

c. 工业齿轮油　分普通工业齿轮油和极压工业齿轮油两种。普通工业齿轮油是在机械油中加入了防锈抗氧添加剂制成的，今后将被通用型机床工业用润滑油取代，用于一般齿轮传动的润滑。极压工业齿轮油分铅型和硫磷型两类。其中硫磷型极压工业齿轮油是重点推广的齿轮润滑油。硫磷型极压工业齿轮油加有抗氧、极压抗磨、减摩、防锈抗泡沫等多种添加剂，具有良好的极压抗磨性和热氧化安定性，抗乳化抗泡沫性能也好，适用于齿面应力在600MPa以上或低速重载并有冲击振动及工作温度较高的齿轮润滑，或处于类似极压状态工作条件的其他机械设备的润滑。其标号及主要质量指标见表6-4。

表 6-4　硫磷型极压工业齿轮油的牌号和性能

项　　目		N100	N150	N220	N320	N460	N680	试验方法
		50 号	70，90 号	120 号	150 号	200，250 号	300，350 号	
运动黏度(40℃)/mm² · s⁻¹		90～110	135～165	198～242	288～352	414～506	612～748	GB265
黏度指数(不小于)		70	70	70	70	70	70	GB1995
闪点(开口)/℃(不低于)		180	200	200	200	200	220	GB267
凝点/℃(不高于)		−8	−8	−8	−8	−8	−5	GB510[①]
铜片腐蚀(100℃,3h)/级(不大于)		1	1	1	1	1	1	ASTMD130[②]
氧化安定性(95℃,12h)100℃时运动黏度增长/%(不大于)		10	10	10	10	10	10	ASTMD2893
梯姆肯 OK 值/lb(不小于)		45	45	45	45	45	45	SY2685
FZG 通过负荷级		11	11	11	11	11	11	DIN51354
液相锈蚀试验(15 号铜棒)蒸馏水		无锈	无锈	无锈	无锈	无锈	无锈	SY2674
合成海水		同　　上						
抗泡沫性/(mL/mL)(不大于)	24℃	75/10	75/10	75/10	75/10	75/10	75/10	SY2669
	93℃	同　　上						
	后 24℃	同　　上						
抗乳化性(82℃)/min(不大于)		60	60	60	60	60	60	SY2683

① 各号齿轮油均允许加降凝剂，在寒冷地区根据使用需要，凝点可另行协商。
② 铜片腐蚀按 ASTMD130 方法的文字叙述或标准色板判断。

　　此外，还有新研制的用于汽车发动机和车辆齿轮的多级 QB 汽油机油、30 号 CC-1 柴油机油以及多级普通车辆齿轮油（GL-3）等。

（3）润滑脂

润滑脂是用基础油加入稠化剂稠化，再加入各种添加剂制成的。基础油一般为各种黏度的机械油。用于一般工作温度及载荷的润滑脂用较低黏度的油作基础油；用于高温高负荷的润滑脂用较高黏度的油作基础油。稠化剂为各金属的脂肪酸皂、地蜡、膨润土、硅胶和某些新型合成材料。不过用得最多的还是各种脂肪酸金属皂。

① 润滑脂的主要物理化学性能

a. 针入度　表示润滑脂的软硬程度。它是用测定 150g 的标准圆锥体在 5s 内沉入温度为 250℃的润滑脂试样中的深度表示的，以 0.1mm 为单位来计量沉入深度。针入压愈大润滑脂愈软，泵送性能也愈好，但在高的负荷下容易从摩擦面挤出；针入度愈小，表示润滑脂愈硬，泵送性不好。针入度是选择润滑脂的一项重要指标，类似于润滑油的黏度。

b. 滴点　润滑脂装在试管中按规定的方法加热，当开始熔化滴下第一滴油时的温度称为滴点。滴点反映了润滑油的耐热性能。选用润滑脂时应使滴点高于工作温度 20～30℃。

c. 稠化剂 对润滑脂的性能影响极大,例如钙皂稠化出的钙基脂不耐高温,而钠皂稠化出的钠基脂不耐潮湿环境。稠化剂还是润滑脂命名的依据,例如钠基脂是用单一钠皂稠化的,钙钠基脂则是用钙、钠两种皂稠化的,复合钙基脂则是钙皂再加复合剂稠化的,二硫化钼锂基脂则是用锂皂稠化再加极压添加剂二硫化钼制成的。还有合成润滑脂,如合成锂基脂是用合成脂肪酸锂皂作稠化剂。还有另一类合成润滑脂是以合成润滑油加稠化剂制成的。稠化剂的含量与润滑脂的软硬程度有一定的关系,稠化剂的加入量愈多,一般来说润滑脂的针入度愈小。

润滑脂的其他理化指标还有水分、机械杂质、抗水性、安定性和抗磨性等,一般在国家标准和有关标准中均有规定,石油化工厂也按这些指标的要求生产。如使用上无特殊要求时,可以不考虑这些指标。

② 润滑脂的种类及用途 国产常用润滑脂的牌号及性能见表6-5。目前国内多数企业使用的润滑脂还是以钙基、钠基等低性能的润滑脂为主,这两大类润滑脂虽然相对来说价廉,但由于性能差、润滑效果不好、换油周期短,耗量大,设备寿命低,降低了设备的作业率,增加了零配件的消耗,从经济效益的角度来衡量是不合算的。而锂基脂的性能则比较好,特别是采用12-羟基硬脂酸锂皂稠化的锂基脂,滴点较高、抗水性好,对各种添加剂的感受性也较好,尤其是机械安定性优异,而且对金属表面的黏附力也较强。由于针入度适中,因而泵送性好,是目前较为理想的一种多用途长寿命润滑脂。除锂基脂外,合成复合铝基脂与膨润土脂在近年来的应用中也显示出较好的润滑性能,特别是由于具有良好的泵送性和加入了极压添加剂,适合于集中干油润滑系统使用。

表 6-5 常用润滑脂的牌号和性能

名　　称	牌号	滴点/℃(大于)	针入度(25℃,150g)/0.1mm	水分/%(小于)	外　　观	主要性能和用途	备　注
钙基脂(GB491—65)	ZG-1 ZG-2 ZG-3 ZG-4 ZG-5	75 80 85 90 95	310~340 265~295 220~250 175~205 130~160	1.5 2.0 2.5 3.0 3.5	从淡黄色到暗褐色均匀膏状	适于70℃以下工作温度的摩擦部位和中、低速轴承,ZG-1用于55℃以下的自动给脂系统,ZG-2用于轻负荷,ZG-3用于中负荷,ZG-4、ZG-5用于低速重负荷	曾用俗名:黄干油
复合钙基脂(SYB1407—59)	ZFG-1 ZFG-2 ZFG-3 ZFG-4	180 200 220 240	310~350 260~300 210~250 160~220	0.1 0.1 0.1 0.1	从淡黄色到褐色光滑透明膏状	使用温度应比滴点低40~60℃。适于轧钢炉前设备、染色、造纸、塑料、橡胶加热滚筒等以及电机、车辆的滚动轴承和滑动轴承等	可用复合铝基脂代替
石墨钙基脂	ZG-S	80		2	黑色均匀膏状	具有良好的抗水、抗磨性。适于压延机,起重机,各种齿轮,汽车弹簧,石油机械、钢丝绳等低速高负荷机械	可用1号润滑脂或齿轮脂代替
石墨复合钙基脂	ZFG-S	180~240	160~350	0.1	黑色均匀膏状	性能及用途同上。主要特点是工作温度高于石墨钙基脂	(无锡炼油厂)
二硫化钼复合钙基脂	ZFG-E	180~240	160~350	0.1	灰黑色膏状	性能及用途同上,而抗磨抗极压性更好	(无锡炼油厂)

名　　称	牌号	滴点 /℃ (大于)	针入度 (25℃,150g) /0.1mm	水分 /% (小于)	外　观	主要性能和用途	备　注
钠基脂(GB492—65)	ZN-2 ZN-3 ZN-4	140 140 150	265～295 220～250 175～205	0.4 0.4 0.4	从淡黄色到暗褐色膏状	耐温高于钙基脂,但不耐水湿,不能用于有水及潮湿的环境。用于各种机械的摩擦部位如车轮及电机轴承,农业机械等	可用合成钠基脂或锂基脂代替
合成钠基脂(SYB1410—60S)	ZN-1H ZN-2H	130 150	225～275 175～225	0.5 0.5	暗褐色膏状	特点与用途同上,但工作温度偏低一些	
钙钠基脂(SYB1043—59)	ZGN-1 ZGN-2	120 135	250～290 200～240	0.7 0.7	从黄色到深棕色	耐温、耐水湿。用于各种机械的摩擦部位和各种轴承	曾称为轴承脂,可用锂基脂代替
滚珠轴承脂(SYB1514—65)		120	250～290	0.75	从黄色到棕褐色均匀膏状	具有良好的胶体安定性和机械安定性。适于90℃以下的各种滚珠轴承,性能优于钙钠基脂	可用钙钠基脂或锂基脂代替
压延机脂(GB493—65)	ZGN40-1 ZGN40-2	80 85	310～355 250～295	0.5～2 0.5～2	从黄色到棕褐色均匀膏状	具有良好的泵送性及抗极压性,适于压延机及类似工作条件的机械集中润滑系统	
复合铝基脂(Q/SY1105—66)	ZFU-0 ZFU-1 ZFU-2 ZFU-3 ZFU-4	140 180 200 220 240	360～400 310～350 260～300 210～250 160～200	痕迹 痕迹 痕迹 痕迹 痕迹	从淡黄到暗褐色半透明膏状	具有良好的流动性、抗水性、机械安定性和耐高温的特点。适于各种电动机,发动机,鼓风机,铁路运输及各种工业设备,也适用于冶金、化工、航运,采矿机械。使用时应使工作温度低于滴点40℃	可用合成复合铝基脂或复合钙基脂代替(营口润滑油脂厂,成都石油化学厂,无锡炼油厂)
合成复合铝基脂(Q/SY1111—65)	ZFU-1H ZFU-2H ZFU-3H ZFU-4H	180 200 220 240	310～340 265～295 220～250 175～205	痕迹 痕迹 痕迹 痕迹	褐色或深褐色透明膏状	具有熔点高、机械安定性和胶体安定性强等特点。适用于铁路机车,汽车,水泵,电机等的轴承润滑	可用复合铝基脂或复合钙基脂代替
二硫化钼合成复合铝基脂(Q/SY1116—70)	ZFU-0EH ZFU-1EH ZFU-2EH ZFU-3EH ZFU-4EH	140 180 200 220 240	340～380 310～340 265～295 200～250 175～205	痕迹 痕迹 痕迹 痕迹 痕迹	从褐色到银灰色软膏	除具有前两种脂的特点外,由于加了二硫化钼而具有优良的润滑性能。适于冶金、煤炭、纺织、化工及其他高温潮湿的设备上	(营口润滑油脂厂)
锂基脂(SY1412—75)	ZL-1 ZL-2 ZL-3 ZL-4	170 175 180 185	310～340 265～295 220～250 175～205	痕迹 痕迹 痕迹 痕迹	从淡黄色到暗褐色均匀膏状	具有一定的抗水性,较好的机械安定性。适于-20～120℃范围的各种滚动及滑动轴承	可用合成锂基脂或复合铝基脂、复合钙基脂代替
合成锂基脂(Q/SY1114—70)	ZL-1H ZL-2H ZL-3H ZL-4H	170 180 190 200	310～340 265～295 220～250 175～205	痕迹 痕迹 痕迹 痕迹	从淡黄色到暗褐色均匀膏状	具有一定的抗水性,较好的机械安定性。适于-20～120℃范围的各种滚动及滑动轴承	

名　　称	牌号	滴点 /℃ (大于)	针入度 (25℃,150g) /0.1mm	水分 /% (小于)	外　观	主要性能和用途	备　注
二硫化钼锂基脂（企业标准）	ZL-1E	175	310～340	无	灰黑色均匀膏状	除具有锂基脂的性能外，由于加入了二硫化钼，具有优良的润滑性能和抗极压性	可用二硫化钼复合铝基脂、合成复合铝基脂代替（无锡炼油厂，成都石油化学厂）
	ZL-2E	175	265～295	无			
	ZL-3E	175	220～250	无			
	ZL-4E	175	175～205	无			
	ZL-5E	175	130～160	无			
二硫化钼合成锂基脂（Q/SY1115—70）	ZL-0EH	170	340～380	痕迹	灰黑色均匀膏状	除具有锂基脂的性能外，由于加入了二硫化钼，具有优良的润滑性能和抗极压性	（营口润滑油脂厂）
	ZL-1EH	170	310～340	痕迹			
	ZL-2EH	180	265～295	痕迹			
	ZL-3EH	190	220～250	痕迹			
	ZL-4EH	200	175～205	痕迹			
精密机床主轴脂（锂基）	2#	180	265～295	无	淡黄色均匀膏状	具有抗氧化安定性、胶体安定性和机械安定性，适于各种精密机床	
	3#	180	220～250	无			
合成高温压延机脂（Q/SY1112—66）	ZL6-1H	170	295～335	痕迹	暗褐色均匀膏状	具有良好的泵送性及抗极压性，适于冶金机械的干油润滑系统	（营口润滑油脂厂）
	ZL6-2H	180	265～295	痕迹			
钡基脂（SYB1403—59）	ZB-3	150	200～260	无	从黄褐色到褐色膏状	具有耐水、耐高温、耐高压性能，适于抽水机、船舶推进器及高温、高压、潮湿环境中的机械设备润滑	
膨润土脂（吉林油脂厂企业标准）	ZW-1	250	310～340	0.5	从黄褐色到黑色光亮均匀膏状	滴点高，平稳，黏温性能良好，机械安定性和抗水性好，适于各种高温、潮湿环境中的机械润滑	
	ZW-2	250	265～295	0.5			
	ZW-3	250	220～250	0.5			

（4）高性能合成润滑油脂

前面提到的合成润滑脂是指在石油基的润滑油中加入合成脂肪酸皂稠化制成的润滑脂。这里介绍的是高性能的合成润滑油和由合成润滑油作基础油加入合成皂基或皂基稠化剂制得的高性能润滑脂。

合成润滑油是似油的中性润滑材料，它并不直接由矿物油处理得来，而是用有机物合成的方法制得。由于它具有特定的分子结构，所以它具有比矿物油更好的润滑性能。而且用作合成润滑油的化合物或聚合物有一个突出的特点，就是可以根据使用的需要而调整其有关的性能。例如从某种化合物或聚合物的基本结构式中采用不同的取代基或改变其分子量，就常有可能在其中个别环节引起相当大的变化，利用这种方法就有可能制成化学和热氧化安定性好，或沸点高、凝点低及黏温性能很好的合成润滑油，而且改变合成润滑油的分子链结构或分子量，就能调整其黏度或理化性能，如加入添加剂，则在调整合成润滑油性能上更具灵活性。综上所述，可见合成润滑油的发展具有非常广阔的前景，它可满足在苛刻的润滑条件下其他润滑油无法满足的性能要求。

合成润滑油的种类繁多，能适应多种多样的特殊用途。合成润滑脂是利用前面介绍的具有优异性能的合成润滑油稠化成的，因此也具有其他润滑脂所没有的独特优点。

① 通用润滑脂　以酯类合成油为基础油稠化制成。适用于各种微型电机、齿轮操纵机构、高速电动机、仪器仪表的润滑。其中 7007 为通用型，7008 为防锈型，7011 为极压通用型。

② 高低温润滑脂　用对苯二酸酰胺的钠盐或锂盐或者两者的混合物为稠化剂，基础油为硅酮或硅酮与酯类油的混合油。具有良好的高低温性能、抗水性和机械安定性。7014 适于各种高温高负荷下工作的滚动轴承和齿轮的润滑。7015、7016、7017 适于各种高温轻负荷滚动轴承的润滑，但不适于低速重负荷的滑动轴承或齿轮的润滑。

③ 7018 高转速润滑脂　用有机合成稠化剂稠化酯类油并加抗氧化、防腐等添加剂制成，适于 $(3\sim18)\times10^4$ r/min 的各种超高速轴承的润滑，如磨床上的磨头轴承及在航天工业上使用。

④ 7019、7019-1 高温润滑脂　由新型合成复合稠化剂稠化优质矿物油制成，并加入抗氧、防锈、防腐添加剂配制而成，其中 7019-1 还加入了极压添加剂，适于工作温度在 $-20\sim150\,℃$ 之间的机械的滚动轴承和齿轮润滑。

⑤ 7020 窑车轴承润滑脂　是用稠化硅油加入添加剂制成的，具有高滴点、低挥发性、良好的热稳定性、良好的极压润滑性和防护性。经实际使用证明在 $300\,℃$ 以下的高温摩擦副中有良好的润滑性能。

⑥ 高温极压轧钢机润滑脂　采用蒙脱石经脂肪酸氨基酰胺表面活性剂处理后，用于稠化合成汽缸油制得。具有良好的机械安定性。适于轧辊及轧机前后辊道的滚动轴承的润滑。

⑦ 7407 齿轮润滑脂　由复合稠化剂稠化高黏度油，并加抗氧、极压等添加剂制成。这种脂在 5~125t 吊车减速箱、专用铣床齿轮箱的齿轮上试用，取得了满意的效果，在齿面薄薄涂一层 7407 脂，可以使用半年以上，有的甚至两年未换过。

⑧ BLN 半流体脂　由有机稠化剂稠化合成油并加入多种添加剂制成，具有良好的高低温性能、热稳定性，同时还具有优良的润滑性能和极压性。由于半流体脂介于润滑油和润滑脂的中间状态，具有一定的流动性能，而且润滑效果又好，所以可代替润滑油用于各种闭式蜗轮蜗杆减速器的润滑，而且解决了闭式减速器漏油的难题。

(5) 固体润滑材料

两个具有负荷作用的相互滑动的表面间，采用粉末状或薄膜状的固体材料作为润滑剂，以降低摩擦和磨损，这种润滑材料称为固体润滑材料。

固体润滑材料的优点是：可以在高负荷和低速度下工作；使用温度范围较广，能够用于低温和高温下的润滑；可以在无封闭有尘土的环境中使用；可以简化润滑系统和润滑设备，使维护工作简单；和环境介质不起反应。缺点是摩擦因数稍高，不易散热，在防锈、排除磨屑等性能方面也较差。

固体润滑材料的种类较多，我国常用的有无机物质（石墨）、金属硫化物（二硫化钼 MoS_2、二硫化钨 WS_2）、有机物质（酚醛、尼龙、聚四氟乙烯等塑料抗磨材料）等。

① 石墨为呈黑色鳞片状晶体物质，干燥的情况下摩擦因数较大，但当吸附空气特别是潮气后，摩擦因数大大下降，其值为 0.05~0.19。石墨具有良好的导热性和热稳定性，速度对摩擦性能影响不大，但随着负荷的增加，摩擦因数变大，故适于低负荷、高速度的工作条件。石墨具有良好的耐温性能，在 $426\,℃$ 下可以长期工作。石墨抗辐射的性能特别好，在强辐射下，其摩擦因数可降低一个数量级。

氟化石墨是氟和碳的无机化合物，呈白色粉末状。它改善了石墨在没有水汽存在时的润滑性能，摩擦因数比石墨低，耐磨性也更好。适于在高负荷、高速度及高温条件下工作，在某些情况下取代了石墨和二硫化钼。

② 氮化硼也是近年来发展起来的一种新型润滑材料，颜色呈白色，具有近似石墨的结晶和性能，尤其是在 $900\,℃$ 的高温下仍具有良好的润滑性能，被认为是目前唯一耐如此高温的润滑材料。

③ 二硫化钼是从辉钼矿中经化学提纯，多级粉碎获得的黑灰色固体粉末，具有良好的

黏附性、抗压性和减摩性。摩擦因数为 0.03～0.15，能在 350℃ 高温或 −180℃ 甚至更低的低温下使用，对酸、碱、石油和水等不溶解，与金属表面不产生化学反应，也不侵蚀橡胶材料，为良好的固体润滑材料。

二硫化钨粉末具有抗压、抗氧化、耐高温性能，摩擦因数为 0.11～0.13，也是一种良好的固体润滑材料。

④ 聚四氟乙烯是一种热塑性自润滑材料，由于它软而韧，因此用它制成的轴承即使嵌入硬粒也不会研伤轴颈，而且在深冷温度下仍能保持其韧性。其抗热抗化学腐蚀性特强，其应用温度为 −270～260℃，间断高温可达 315℃。其摩擦因数特低，对钢为 0.04。最为可贵的特性是，在高负荷下其摩擦因数反而更低，可低达 0.016。其缺点是热膨胀率高，导热性差，在常温下受负荷作用就会发生蠕变（称为"冷流"），故一般都不单独使用，而是与其他材料组成自润滑复合材料或作表面涂层用。

(6) 润滑油脂的选择和使用

在工矿企业的设备事故中，润滑事故占很大的比重，而润滑材料选用不当又是引起这些事故的一个重要因素。对机械设备的各种摩擦副来说，由于工作条件（如负荷的大小和是否有冲击振动、工作温度的高低及相对运动速度的大小、工作环境等）千差万别，必须根据具体情况具体分析，这里只能提出一些原则性的建议。

① 润滑材料种类的选择

a. 在各种润滑材料中，润滑油的内摩擦较小，形成油膜比较均匀，特别是对摩擦副具有冷却和冲洗作用，清洗换油和补充加油又比较方便，废油还能再生利用，所以对多数摩擦副应优先选用润滑油。

b. 长期工作、不易经常换油加油的部位或不易密封的部位，应尽可能选用润滑脂；摩擦面处于垂直或非水平方向要选用高黏度润滑油或选用润滑脂；摩擦表面粗糙的，特别是冶金、矿山的开式齿轮传动应优先选用润滑脂。

c. 对不适于采用润滑油脂的地方，如负荷过重或有剧烈的冲击、振动，工作温度范围较宽或极高、极低，相对运动速度低而又需要减少爬行现象，真空或有强烈辐射等这些极端或苛刻的条件下，最适合采用固体润滑材料。近年来的经验证明，在许多设备上都可以采用固体润滑材料来代替润滑油脂而取得更好的润滑效果。

② 润滑油脂牌号的选择原则

a. 考虑润滑材料的性能。有关手册（如机械零件手册、机修手册）的润滑材料表上均对润滑油脂的使用范围作了说明。在选择润滑油脂时，首先要了解其性能和应用范围。有专用名称的润滑油脂，一般都适用于该种机械或摩擦副的润滑，也可用于其他工作条件类似的摩擦副的润滑。

b. 考虑负荷大小及负荷特性。一般来说，润滑油的黏度愈大，润滑脂的针入度愈小则承载能力愈强。但在重负荷、有振动冲击的情况下，还要求润滑油脂的油性和极压性能要好。

c. 考虑运动速度。速度高易形成动压油膜，选低黏度的油可以减少摩擦损耗。而速度低常与重载相联系，所以应选高黏度的润滑油。高速转动的滚动轴承，易因离心力作用将油甩出而不能保证良好的润滑，应适当提高油的黏度。如用润滑脂，则速度愈高要求脂的针入度愈大；速度低，针入度应小。

d. 考虑工作温度。高温条件下工作的摩擦副，应选用黏度高、闪点高的润滑油（其闪点应高于工作温度 20～30℃），或针入度较小、滴点高的润滑脂，同时还应考虑油脂的极压性、抗氧化及热氧化安定性。对在低温下工作的润滑油，要使凝点低于工作温度10℃左右。

e. 考虑周围环境。在有水的条件下，应考虑润滑油的抗乳化度和选用抗水性好的润滑脂，有腐蚀介质存在的环境还要求润滑油脂具有良好的抗腐蚀性能。

f. 摩擦副的结构特点及润滑方式。摩擦副间隙小，要求润滑油的黏度小和润滑脂的针入度大，以利进入间隙小的摩擦副；摩擦副表面愈粗糙，要求的润滑油膜愈厚，选用润滑油的黏度就愈高，润滑脂的针入度也愈小；对于稀油循环润滑系统，要求采用经精制的、杂质少的和抗氧化安定性好的润滑油；对飞溅和油雾润滑，油接触空气的机会多，要求油的抗氧化性能要好。对干油集中循环润滑系统，则要求润滑脂具有良好的可泵送性，故应选针入度较大的润滑脂。一台机械设备，采用集中润滑或集中循环润滑时，应根据设备主要机构的需要来选择润滑材料。

③ 润滑油脂的代用　由于某种油品供应偶尔短缺，而又必须保证生产进行，不得已的情况下临时采用代用油，同时应尽快恢复原来的用油。润滑油的代用原则是：

a. 代用油应与原用油的黏度相等或稍高。

b. 代用油的性能应与原用油的性能相近，特别是高温代用油要求有足够高的闪点、良好的氧化安定性与油性。低温代用油应有足够低的凝点；宽的温度范围代用油应有良好的黏温性能；含有动、植物油的复合油不允许用在循环系统或有显著氧化倾向的地方；对极压润滑的摩擦副，代用油应具有相同或更高的极压性能。

润滑脂的代用原则是：

a. 主要考虑针入度和滴点。应使代用脂的针入度、滴点与原用脂相等或针入度稍小、滴点高于摩擦副工作温度 20～30℃。

b. 对有水的环境，代用脂应具有耐水性。

c. 代用脂最好是性能更好的润滑脂。如用锂基脂代替钙基或钠基脂，用加入了极压添加剂的脂代替没有极压添加剂的脂，而不宜反过来代用。如果原来用的脂具有抗极压性而又暂时找不到这样的润滑脂，可考虑在低性能的脂中加入极压添加剂，如加入 5% 的二硫化钼粉。

④ 润滑油脂添加剂　为了改善润滑油脂的某些性能，以满足不同工作条件下机械对润滑性能的要求，常常加入各种添加剂。这些添加剂通常在石油化工厂就已经按配方加入。

a. 油性添加剂。在上述关于边界油膜的形成机理中已提到润滑油的油性对边界膜的抗压性能影响很大。而矿物油的油性差，常需加入油性添加剂以改善油性。油性添加剂的品种有猪油、鲸鱼油、油酸、三甲酚磷酸酯、硬脂酸等。

b. 极压及抗磨添加剂。含硫、磷、氯等活泼元素的化合物在较高温度的条件下，可以在金属表面生成化学反应膜起到润滑作用。但是，这种反应是不可逆的，所以对金属有腐蚀作用，同时随着使用时间增长，油中的极压添加剂含量减少，润滑性能下降，有时需要在现场定期补加。极压及抗磨添加剂主要有硫化油、二甲基苯磷酸酯、氯化石蜡、二烷基二硫代磷酸锌等。

c. 抗泡沫添加剂。在循环系统中的润滑油，由于泡沫会使油路出现断油现象，通常可加入二甲基硅油或苯甲基硅油消泡，一般加入量为 0.0001%～0.001%，加入时先用煤油稀释后再加入搅匀。

其他的添加剂种类繁多，主要有黏度指数添加剂、抗氧添加剂、防锈添加剂、抗乳化剂、降凝剂（起降低油凝点的作用）和清静分散剂（抑制漆膜生成和防止金属表面积垢）等。

⑤ 油脂的添加更换周期　在有关润滑的书或手册中，都列表介绍了加油和换油周期的参考数据，或给出了计算换油周期的公式。但是，这些都是在过去使用低性能润滑油脂（如普通机械油和钙、钠基润滑脂）的基础上积累的经验数据，只可供使用这些低性能油脂时作

参考，对于国内近年来研制的高性能油脂来说是不适用的。根据许多试用的资料介绍，它们比普通油脂的添加、更换周期长几倍甚至十几倍，而且每次添加量也少得多。由于机械设备多种多样，工作环境、工作条件及开动率又各不相同，采用的润滑剂的性能也各不相同，短期内还无法积累大量的经验数据，需要使用单位对高性能润滑油脂的消耗定额和换油周期探索规律性的东西。如果使用得当，添加及更换周期和添加量管理得当，则采用价昂的高性能油脂的费用并不比采用低性能油脂贵多少，甚至更便宜。但是，如果使用、添加、更换不当，甚至按低性能油脂的耗量及周期更换，则造成很大的浪费，增加了润滑成本。

对于换油周期问题，目前确定的方法主要有以下几种。

a. 根据经验换油。

b. 固定周期换油，即季节换油，按不同类型设备规定换油期和按修理周期换油。

c. "定检、采样分析"的方法。以上两种方法都不够科学，造成油料及物力、人力的浪费。所以，应当有一种科学的换油方法，以充分发挥润滑剂的效能，直到确需添加或更换时才添加、更换。目前有的工厂采用"定检、采样分析"的方法就是一种科学的从实际出发的好方法。这种方法的具体做法是，对各润滑部位的润滑状况定期巡回检查，并对各台设备或润滑系统的润滑剂采样化验分析，并以检查和分析的结果作为是否添加和更换润滑剂的依据。这种方法和现在维修方法上推广的点检定修制度结合起来，再加上先进的故障诊断在线，即24h连续的、动态的检测技术，将使我国传统的维修与润滑管理出现崭新的面貌。

⑥ 固体润滑材料的使用方法

a. 固体粉末润滑剂。这种方法是固体润滑材料简单的直接应用，可以将粉末用涂擦或机械加压等方法固定在摩擦表面上，或将粉末和挥发性溶剂混合后，喷在摩擦表面上。也可以在机器运转中将粉末随气体输送到摩擦表面上进行润滑。如果将粉剂和润滑油配成油剂，例如石墨油剂、二硫化钼油剂；和润滑脂配成脂剂，如二硫化钼润滑脂、二硫化钼油膏等，都可用于机械设备的稀油和干油润滑。

b. 黏结固体润滑膜。由于无黏结剂的固体粉末润滑膜的耐磨寿命不能完全满足润滑的要求，因此发展了有黏结剂的固体润滑膜。常用的黏结剂有环氧树脂、酚醛树脂、硅酸钠等。黏结固体润滑膜的成膜配方工艺很多，主要根据具体条件和试验的总结选择确定。其中以环氧-酚醛树脂和淡金水膜在使用中比较能够耐高温、耐高负荷以及高速下有较好的润滑性能。涂膜工艺主要包括零件处理、成膜喷涂、保膜等，详细的涂膜工艺步骤和操作方法，需要参阅有关资料。

c. 自润滑复合材料。由两种或多种物质形成的复合材料所制成的具有自润滑作用的机件，在没有外部润滑剂供给下，具有低的摩擦和磨损的性能。这种自润滑复合材料有金属基、石墨基和塑料基三类，例如由粉末冶金制成的铁-铜-石墨复合材料轴承，有较高的抗磨性能。塑料具有优异的自润滑性能，有一定的承载能力，应用较早作为自润滑材料的是尼龙、聚四氟乙烯和热固性的酚醛树脂。聚四氟乙烯是已应用的塑料自润滑材料中摩擦性能最好的一种，只是它的力学性能太差，限制了其应用。近年来采用加入适量的填充剂，如石墨、二硫化钼、石英砂、青铜粉等，以改善其性能。

6.1.4 稀油润滑

(1) 稀油润滑方式

习惯上称润滑油润滑为稀油润滑。根据润滑剂供往摩擦副的方式，可划分为分散润滑和集中润滑、间歇润滑和连续润滑、无压润滑和压力润滑。根据对润滑剂的利用方式又可分为流出润滑和循环润滑；流出润滑的润滑剂只利用一次，流过摩擦副以后就流失了，而循环润滑的润滑剂可反复循环使用。此外，油雾润滑、油气润滑方式也归入稀油润滑。

(2) 常用稀油润滑装置

① 流出润滑　有旋套注油杯润滑、球阀注油杯润滑、油芯润滑（油芯油杯和填料油杯）、滴油润滑（针阀油杯）等。旋套和球阀油杯属于单独式间歇无压润滑，油芯润滑和滴油润滑为单独式无压连续润滑，主要应用于不重要的摩擦部件。

② 循环润滑　包括油环润滑、油池润滑（浴油润滑和飞溅润滑）和压力循环润滑。

油环润滑是一种简单的循环润滑，主要用于润滑滑动轴承。油池润滑是由装置在密闭箱体中的机械零件（齿轮传动、轴承等）浸入油池中进行润滑，属于单独式循环润滑。油环润滑和油池润滑的装置比较简单，在此不予介绍。下面主要叙述压力循环润滑。

压力循环润滑是一种比较完善和可靠的润滑，它可以润滑具有多摩擦部件的复杂机械，或集中润滑具有大量润滑点的多台机器和机组。润滑系统是一个闭合的回路，润滑油沿着回路输送至各摩擦部件进行润滑，并且进行冲洗和冷却。在不断循环的过程中，润滑油经过沉淀、过滤和冷却，使润滑油在很大程度上恢复原来的润滑性能。

压力循环润滑分为下列三种类型。

a. 第一种是导入式循环润滑系统。如图 6-5 所示，由于油箱和摩擦部件位置差别所产生的压力，润滑油由油箱直接导入润滑点，然后流回机构底部的储油槽中，经过沉淀，再用油泵将润滑油压送至高置的油箱中，循环进行润滑。

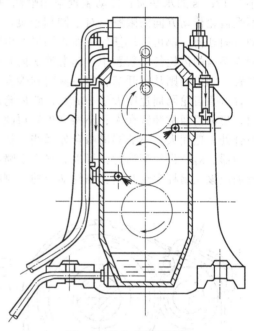

图 6-5　导入式循环润滑

b. 第二种是流油式循环润滑系统。如图 6-6 所示，摩擦部件的润滑采用油池润滑，压油管（进油管）1 和压力循环润滑系统相连接，使油池中的润滑油不断地得到更新和排散热量。为保证油池润滑，回油管（排油管）2 的位置必须保持一定的油位，或采用绕行管 3，排污油管 5 排污时将截止阀 4 打开。一些本来可以用油池润滑，但是由于环境温度较高的齿轮传动，可以采用流油式循环润滑。这种方式也用于油环润滑的主传动电机或其他电机的轴承。

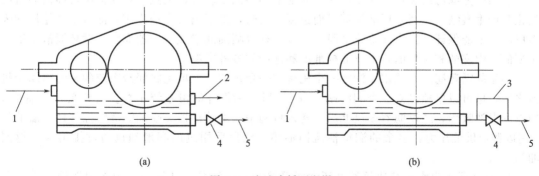

(a)　　　　　　　　　　　　　　(b)

图 6-6　流油式循环润滑

1—压油管；2—回油管；3—绕行管；4—截止阀；5—排污油管

c. 第三种是喷油式循环润滑系统（又称强制式）。这种喷油润滑利用油泵产生的压力，保证不断将所需的、净化过的润滑油输送到摩擦表面上，向润滑点供油采用强制喷油的方法，并不断地将由于摩擦损失产生的热量随同润滑油一起排走。圆周速度超过 12m/s 的密闭齿轮和蜗杆传动，应该采用具有压力的喷油润滑。由于传动功率大、不易散热，虽然速度不超过这一值，但也常采用喷油润滑。如图 6-7 所示，由压油管引入传动装置的壳体中连接喷油器 1，引入处装有压力表 2 和截止阀 3，喷油器用管子制成，上面有一排小孔，要求进行丰富的润滑时，可以采用喷嘴，喷嘴的构造形状是出口压扁的无缝钢管。当齿轮圆周速度小于 12m/s 的水平齿轮传动装置采用喷油润滑时，经常是从上方引入润滑油到啮合处，而不受齿轮传动方向的限制。对于圆周速度小于 12m/s 的垂直齿轮传动装置，不论齿轮的转动方向如何，都可以从任何一面将润滑油引到齿轮的啮合处。在更大的圆周速度下，在斜齿和人字齿的齿轮传动装置中，润滑油从齿开始啮合的一侧引到啮合处，而对直齿的齿轮传动装置，润滑油则从离开啮合的一侧引到啮合处，以避免产生点蚀现象。高速传动的齿轮传动装置（直齿轮圆周速度大于 20m/s、斜齿轮圆周速度大于 40m/s）对两个齿轮分别喷射润滑油。喷油器通常装置在大、小两个齿轮顶圆交点的切线形成的平分角中线上，将润滑油引向啮合处，速度大，喷油器离啮合处远些。如果齿轮是可逆转动的，应该在齿轮的两侧都装置喷油器。对宽齿轮喷油时，可以装置几个喷嘴，如图 6-8 所示。蜗杆传动在喷油润滑时，润滑油应该从蜗杆螺纹开始和蜗轮啮合的一侧喷入。

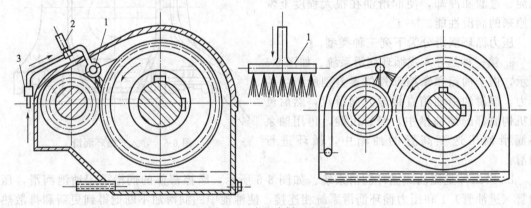

图 6-7　喷油式循环润滑
1—喷油器；2—压力表；3—截止阀

使用循环润滑系统时，润滑油通过给油指示器以微小的油流进入齿轮传动装置的滚动轴承内，对滑动轴承以足够排散热量的润滑油在 30～100Pa 的压力下送入轴承内。

喷油压力润滑的优点是简单可靠，润滑油的使用期较长，缺点是在喷油中可能使润滑油汽化和产生凝结水。当采用油池润滑而速度过大时，由于离心力的作用，油就要从轮齿的表面甩出，不能保证轮齿表面形成油膜，所以必须以喷油润滑代替油池润滑。循环润滑系统有小型的、中型的和大型的，也有非标准的和标准的各种类型。

小型的循环润滑系统用于润滑一个机构或一台机器，一般是将润滑系统的装置附属于机器之中，也可以单独设立一个润滑站。图 6-9 所示为循环润滑系统示意。齿轮泵 4 从油箱 1 中将润滑油吸出，经过滤器 3 过滤后，送入机构中，由喷油器 2 喷油润滑摩擦部件。溢油阀 5 用以调定供油压力，多余的润滑油流回油箱，润滑后用过的润滑油也通过排出管 6 返回油箱。

图 6-10 所示为大型减速机的循环润滑系统示意。油泵 2 从油箱 1 中将润滑油吸出，通过冷却过滤器 4 将油分别送齿轮啮合处和轴承中。溢油阀 3 调定供油压力，多余的润滑油

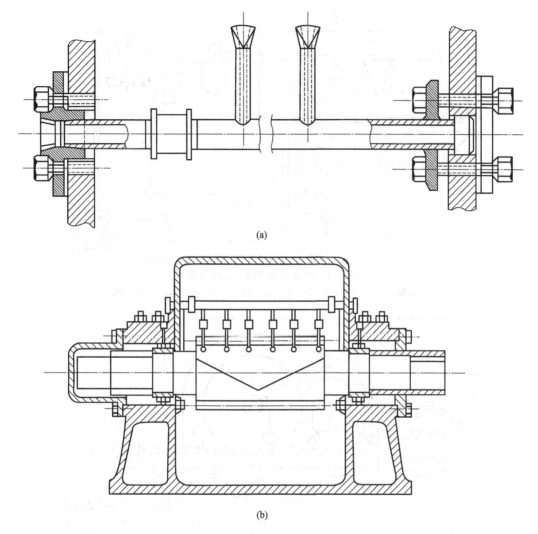

(a)

(b)

图 6-8　宽齿轮的喷油润滑

流回油箱。供给摩擦部件的油量由给油指示器 5 调节，三通旋阀 6 和截止阀 7 用来控制油路，箱体下部用过的润滑油由排油管输送返回油箱。

（3）新型稀油润滑方式简介

① 油雾润滑　是近年来才开始应用的一种新型高效能的润滑方式，适用于封闭的齿轮、蜗轮、链条、导轨以及各种轴承的润滑。目前多用于大型、高速、重载的滚动轴承润滑。

油雾润滑原理包括雾化和凝缩两个过程。首先，润滑油在雾化器中被清洁、干燥的压缩空气粉碎成粒度为 $2\mu m$ 以下的油雾，并送往摩擦副。而这种油雾还不能在摩擦副表面生成油膜，还需经过凝缩嘴使油雾凝聚成较大的油滴，喷到摩擦副上进行润滑，废气经专设的排气孔排至大气。

油雾润滑与其他润滑方式比较，具有以下独特的优点。

a. 润滑效果好。油雾能随压缩空气弥散到整个摩擦副（即使间隙最小的部位），因而可获得良好的润滑效果。

b. 散热效果好。压缩空气比热容小，流速高，能很好地带走摩擦副的热量，特别对高速滚动轴承，可以提高极限转速和延长寿命。

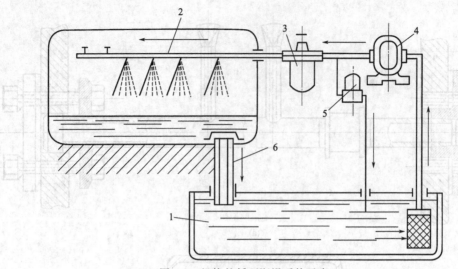

图 6-9　机构的循环润滑系统示意

1—油箱；2—喷油器；3—过滤器；4—齿轮泵；5—溢油阀；6—排出管

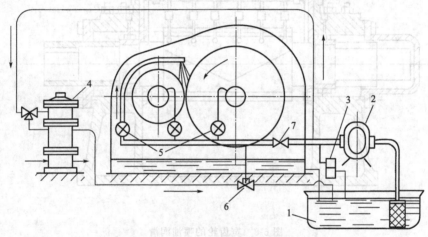

图 6-10　大型减速机的循环润滑系统示意

1—油箱；2—油泵；3—溢油阀；4—冷却过滤器；

5—给油指示器；6—截止阀；7—三通旋阀

c. 大幅度降低润滑油的消耗。

d. 密封作用好。由于油雾有一定的压力，可防止外界的杂质和水分侵入摩擦副。

油雾润滑的主要缺点是排出的废气中含有一定量的油雾，影响空气质量和工人健康，因此必须加装抽气装置。由于油雾会降低电机绕组的绝缘，故油雾润滑不宜用于电机轴承。此外，油雾润滑对油温有严格要求，管路一般宜在 30m 以内，而且还要有压缩空气源。尽管如此，由于它的独特优点，仍获得了愈来愈广泛的应用。

图 6-11 为油雾发生器的结构及工作原理。图 6-12 为凝缩嘴的各种结构。油雾润滑的选择计算及凝缩嘴的安装位置，可参阅其他有关资料。

② 油气润滑　是最近才发展起来的一种用于滚动轴承的新型润滑方式。

油气润滑系统分为以下三个部分。

a. 供油部分：由油箱、油泵、步进式给油器、电子监测装置组成。

b. 供气部分：包括压缩空气源、气水分离器、空气过滤器、电磁阀、减压阀等。

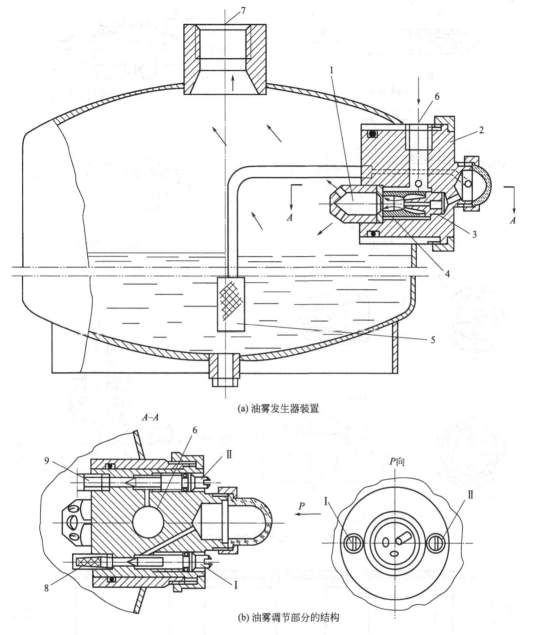

(a) 油雾发生器装置

(b) 油雾调节部分的结构

图 6-11 油雾发生器的结构及工作原理

1—喷雾头；2—阀体；3—喷油嘴；4—文氏管；5—过滤网；6—压缩空气进口；
7—油雾出口；8,9—滤气网；Ⅰ,Ⅱ—针阀

c. 油气混合部分：主要有油气混合器和油路分配器。

油气润滑的工作原理是：首先，压缩空气经气水分离器和空气过滤器后，由减压阀供出 $(3\sim4)\times10^5$ Pa 恒定压力的清洁、干燥的空气。同时，由油泵和步进式给油器间歇地供油。油和气均送往油气混合器。在油气混合器里，压缩空气把油粉碎成油滴，并使其附着于管壁上形成油膜。油膜随着压缩空气向前流动，厚度逐渐减薄，如图 6-13 所示。在管内流动的油气混合体，在到达各摩擦副之前，还需用油路分配器把油气均匀地分配并输往各摩擦副。

油气润滑的优点如下。

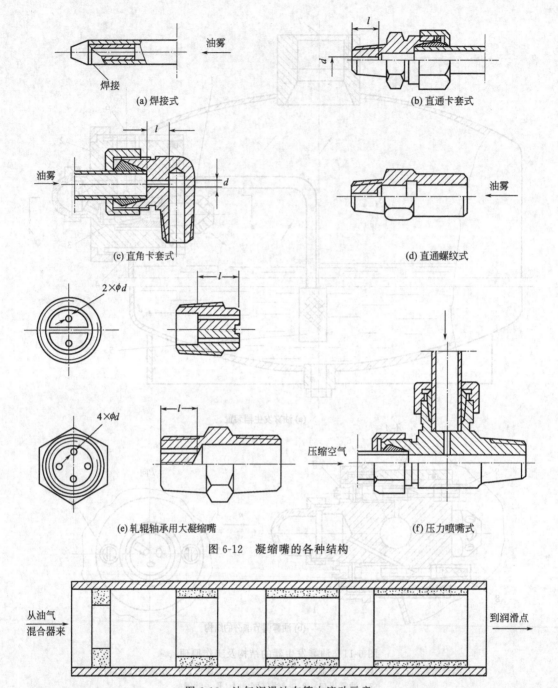

图 6-12　凝缩嘴的各种结构

图 6-13　油气润滑油在管中流动示意

　　a. 不产生油雾，因而不会污染环境和影响工人健康。

　　b. 计量精确。油和气可分别精确地计量，按照需要输送到各润滑点，因而非常经济。

　　c. 与油的黏度无关。凡能流动的油都可以输送，不存在高黏度油雾化困难的问题，因此可以使用带固体极压添加剂的润滑油。

　　d. 可以实现自动监控。

　　e. 特别适用于滚动轴承，尤其是重负荷的轧钢机辊颈轴承，气冷效果好，可提高轴承寿命数倍。

6.1.5 干油润滑

(1) 干油润滑及其分类

习惯上称润滑脂润滑为干油润滑。此外，根据所使用的润滑剂，把干油喷溅润滑也归入干油润滑。

干油润滑虽然比稀油润滑的阻力稍大，但由于密封简单，不易泄漏和流失，所以在稀油容易泄漏和不适宜稀油润滑的地方，特别具有优越性。如轴承、开式齿轮传动、链条、某些导轨和机械上各种不适于稀油润滑的摩擦副，特别是滚动轴承上用得最多。近年来，由于新型润滑脂的研制和润滑方法的发展，在闭式齿轮、蜗轮传动中，使用带 MoS_2 等添加剂的润滑脂也日益增多。

干油润滑的分类方法如下。

① 按润滑方式可分为干油分散润滑和干油集中润滑。

② 按压油的动力来源可分为手动干油润滑和自动干油润滑。

③ 按给油器的结构可分为单线和双线干油润滑。采用片式给油器的单线干油集中润滑系统只使用一根主油管，而采用双线给油器的双线干油集中润滑系统要使用两根主油管。

④ 按主油管的布置方法又可分为环式和流出式干油集中润滑。环式系统的主油管从油泵及换向阀出来，终端又回到换向阀，形成闭环。环式不如流出式简单好用，故目前国内厂家主要生产流出式干油集中润滑系统设备。

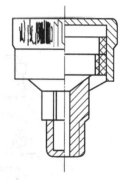

图 6-14　旋盖式油杯

(2) 干油分散润滑方式及设备

这种润滑方式主要靠人工加脂，使用的设备为手动加脂的旋盖式油杯和用脂枪加脂的压注式油杯，如图 6-14、图 6-15 所示。

(3) 手动干油集中润滑装置

手动干油集中润滑系统如图 6-16 所示。它由手动干油站、滤油器、给油器、主油管和支油管组成。从干油站用手动压出的润滑脂经滤油器过滤后，经主油管输至给油器，由给油器依次供给各摩擦副。手动干油润滑系统适用于润滑点数量较少、不需经常加油或较分散的润滑点处，也常用于不需经常加油的单台设备的润滑。

(4) 单线流出式干油集中润滑装置

单线流出式干油集中润滑系统常用于不需经常加油或比较分散的润滑点，也常用于单台设备的润滑。这种系统属于小型干油集中润滑系统，可在一些场合取代手动干油润滑站。系统的主油管长度一般不超过 17m，系统主要由电动干油泵、滤油器、主油管、支油管、片式给油器组成。其工作原理与手动干油集中润滑系统相同，所不同的是，单线流出式干油系统只用一根主油管，所以称为"单线"。配用的给油器为片式给油器。油泵的结构也与手动干油泵不同。

图 6-17 所示为某种单线电动干油泵的结构，其工作原理是，由电机驱动的蜗杆 7 带动蜗轮 8 转动，与蜗轮一起装在配油轴 10 上的盘形凸轮 9 嵌入柱塞 11 末端凹槽中，当盘形凸轮与蜗轮一起转动时，将带动四个柱塞做往复运动。配油轴上有进油和压油通道，配油轴转动一圈，依次将各油缸与储油器不同出油口分别接通一次，实现吸油和压油。储油器的油从加油滤油器 13 加入。5 为放气螺钉，15 是出油口，旁边是回油口，当需组成单线环式系统时作回油口用，采用流出式时应将回油口堵死。单线电动干油泵可以安装在手推车上，称为单线电动干油泵装置，并配有输油管和注油枪，用于润滑周期较长的分散润滑点代替人工注油，以提高效率和减轻体力劳动。

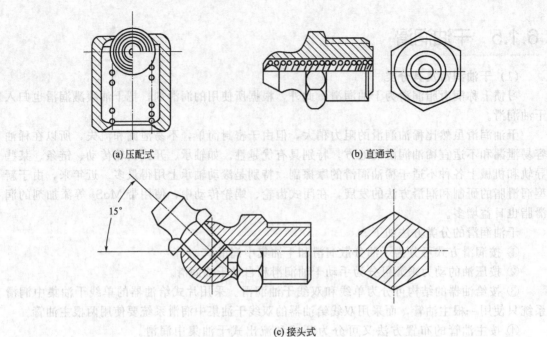

(a) 压配式

(b) 直通式

(c) 接头式

图 6-15　压注式油杯

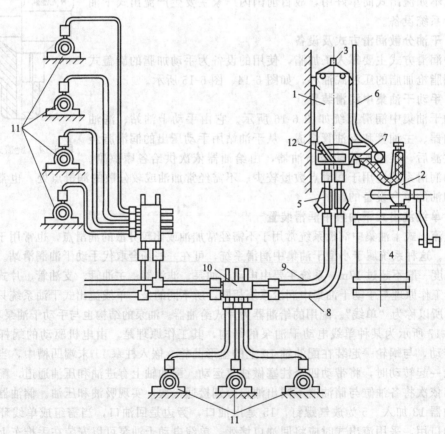

图 6-16　手动干油集中润滑系统

1—储油器；2—手摇泵；3—活塞杆；4—油筒；5—滤油器；6—手柄；
7—换向阀；8,9—油管；10—给油器；11—润滑点；12—压力计

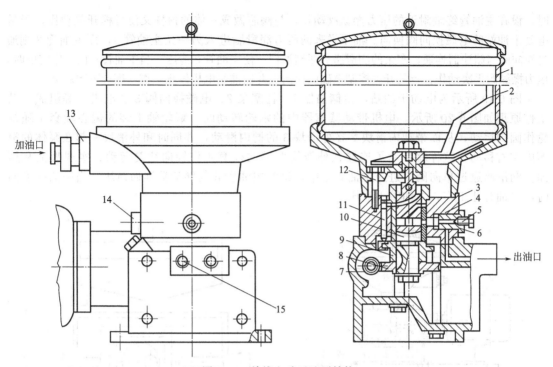

图 6-17　单线电动干油泵结构

1—储油筒；2—刮板；3—壳体；4—过滤网；5—放气螺钉；6—放气螺塞；7—蜗杆；8—蜗轮；9—盘形凸轮；

10—配油轴；11—柱塞；12—固定螺钉；13—加油滤油器；14—泄压阀；15—出油口

（5）双线流出式自动干油集中润滑装置

双线流出式自动干油集中润滑系统组成如图 6-18 所示，由电动干油泵 1 压出的润滑脂，经滤油器 2 沿主油管 3、支油管 5 送入各双线给油器 6，再由给油器送至各润滑点。当各给油器工作完毕，主油管 3 中润滑脂的通路均被切断，主油管压力升高。当压力升到某一给定值

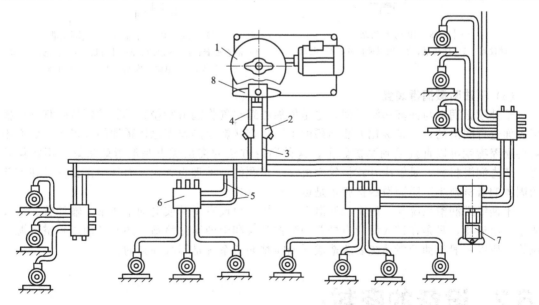

图 6-18　双线流出式干油集中润滑系统

1—电动干油泵；2—滤油器；3,4—主油管；5—支油管；

6—双线给油器；7—压力操纵阀；8—电磁换向阀

时，设在主油管终端附近的压力操纵阀动作，与阀芯做成一体的顶杆又使行程开关动作，于是电动干油站的电磁换向阀换向。油泵送来的压力润滑脂进入另一条主油管 4，而主油管 3 则通过换向阀与储油器连通，多余的润滑脂流回储油器，使主油管 3 泄压。当主油管 4 也工作完毕时，压力操纵阀再次动作，行程开关控制电磁阀换向，并使油泵电机停止工作，等待下次启动。

图 6-19 所示为电动干油站，由储油器 1、柱塞泵 2、电磁换向阀 3 和电机 4 等组成。其工作原理如图 6-20 所示，电机带动减速器中的蜗轮转动时，蜗轮轴上装的偏心轴套 1 随蜗轮作圆周运动，从而带动内滑块 2 在外滑块 3 的槽内滑动，并同时和外滑块一起在泵体的滑槽内左右移动，这样就带动了连接在外滑块两端的柱塞 4 作轴向往复运动，实现吸油和压油。润滑脂通过单向阀 5 进入主油管 I 中，这时主油管 II 与储油器连通泄压。当换向阀换向时，主油管 II 工作，主油管 I 泄压。

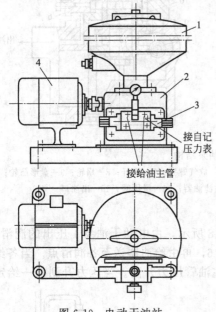

图 6-19 电动干油站
1—储油器；2—柱塞泵；3—电磁换向阀；4—电机

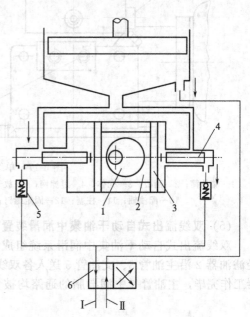

图 6-20 电动干油站的工作原理
1—偏心轴套；2—内滑块；3—外滑块；4—柱塞；5—单向阀；6—电磁换向阀；I，II—主油管

（6）干油喷溅润滑装置

干油喷溅润滑与油雾润滑类似，也是依靠压缩空气将润滑脂粉碎成雾状颗粒喷溅到摩擦副表面进行润滑的，只是雾化方法与稀油不同，雾状颗粒的粒度也比稀油的大得多，因而不需要凝缩嘴就可以直接喷到摩擦副上。这种润滑方法的突出优点是润滑效果好，不污染环境，节省润滑材料，是解决开式齿轮润滑这个难题的一种理想方式，而且用作目前正在实验的固体润滑材料半干膜润滑的保膜也是极理想的方式。

干油喷溅润滑系统与一般干油润滑系统一样，也设有手动或电动干油站、输油管、双线或单线给油器，只是在进入润滑点处要加装控制阀和干油雾化喷嘴，还要增加压缩空气源和风管。所以一般干油润滑系统要改造成干油喷溅润滑系统是不难办到的。

6.2 设备的密封

密封装置是机械设备的重要部件，密封失效与泄漏是机械设备常见故障之一。泄漏降低机械设备的工作效率，增大磨损概率，污染环境，并经常导致设备停机。因此，研究机械设备密封装置的维修及泄漏治理技术很有必要。

6.2.1 机械密封的使用与维修

机械端面密封是一种应用广泛的旋转轴动密封，简称机械密封，又称端面密封。

机械密封按国家有关标准定义为：由至少一对垂直于旋转轴线的端面在流体压力和补偿机构弹力或磁力的作用以及辅助密封的配合下保持贴合并相对滑动而构成的防止流体泄漏的装置。

（1）机械密封的基本结构、作用原理及特点

① 基本结构与作用原理　机械密封一般主要由以下四大部分组成。

a. 由静止环（静环）和旋转环（动环）组成的一对密封端面，该密封端面有时也称为摩擦副，是机械密封的核心。

b. 以弹性元件或磁性元件为主的补偿缓冲机构。

c. 辅助密封机构。

d. 使动环和轴一起旋转的传动机构。

机械密封的结构多种多样，最常见的结构如图 6-21 所示。

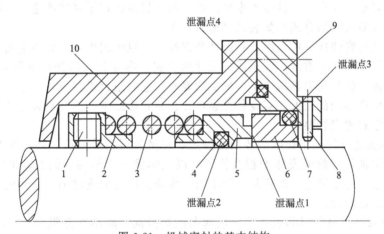

图 6-21　机械密封的基本结构

1—紧定螺钉；2—弹簧座；3—弹簧；4—动环辅助密封圈；5—动环；
6—静环；7—静环辅助密封圈；8—防转销；9—端盖；10—密封腔

从结构上看，机械密封主要是将极易泄漏的轴向密封，改变为不易泄漏的端面密封。由动环端面与静环端面相互贴合而构成的动密封，是决定机械密封性能和寿命的关键。据统计，机械密封的泄漏大约有 $80\%\sim95\%$ 是由于密封端面摩擦副造成的。因此，对动环和静环的接触端面要求很高，我国机械行业标准 JB/T 4127.1—1999《机械密封技术条件》中规定：密封端面平面度不大于 0.0009mm；金属材料密封端面粗糙度 Ra 值应不大于 $0.2\mu m$，非金属材料密封端面粗糙度 Ra 值不大于 $0.4\mu m$。

② 主要特点　机械密封与其他形式的密封相比，具有以下特点。

a. 密封性好。在长期运转中密封状态很稳定，泄漏量很小，据统计约为软填料密封泄漏量的 1% 以下。

b. 使用寿命长。机械密封端面由自润滑性及耐磨性较好的材料组成，还具有磨损补偿机构。因此，密封端面的磨损量在正常工作条件下很小，一般的可连续使用 1～2 年，特殊的可用到 5～10 年以上。

c. 运转中不用调整。由于机械密封靠弹簧力和流体压力使摩擦副贴合，在运转中即使摩擦副磨损后，密封端面也始终自动地保持贴合。因此，正确安装后就不需要经常调整，使用方便，适合连续化、自动化生产。

d. 功率损耗小。由于机械密封的端面接触面积小，摩擦功率损耗小，一般仅为填料密封的 20％～30％。

e. 轴或轴套表面不易磨损。由于机械密封与轴或轴套的接触部位几乎没有相对运动，因此对轴或轴套的磨损较小。

f. 耐振性强。机械密封由于具有缓冲功能，因此当设备或转轴在一定范围内振动时，仍能保持良好的密封性能。

g. 密封参数高，适用范围广。在合理选择摩擦副材料及结构，加之设置适当的冲洗、冷却等辅助系统的情况下，机械密封可广泛适用于各种工况，尤其在高温、低温、强腐蚀、高速等恶劣工况下，更显示出其优越性。目前机械密封技术参数可达到如下水平：轴径 5～1000mm；使用压力 10^{-6}～42MPa；使用温度 -200～1000℃；机器转速可达 50000r/min；密封流体压力 p 与密封端面平均线速度 v 的乘积 pv 值可达 1000MPa·m/s。

h. 结构复杂、拆装不便。与其他密封比较，机械密封的零件数目多，要求精密，结构复杂。特别是在装配方面较困难，拆卸时要从轴端抽出密封环，必须把机器部分（联轴器）或全部拆卸，要求工人有一定的技术水平。这一问题目前已作了某些改进，例如采用拆装方便并可保证装配质量的剖分式和集装式机械密封等。

一些流体具有腐蚀性、可燃性、易爆性及毒性，一旦密封失效，介质泄漏，不仅污染环境，影响人体健康和产品质量，而且还可能导致火灾、爆炸和人身伤亡等重大事故。因此，机械密封是流体机械和动力机械中不可缺少的要素，它对整台机器设备、整套装置甚至对整个工厂的安全生产影响都很大，对设备可靠运转、装置连续生产具有重大意义。

(2) 机械密封的安装要求

① 安装机械密封的工作长度由装配图确定，弹簧的压缩量取决于弹簧座在轴上的定位尺寸。首先固定轴与密封腔壳体的相对位置（以壳体垂直于轴的端面为基准），并做记号，然后计算弹簧座的定位尺寸。若安装位置不当，弹簧比压过大或过小，易使机械密封早期磨损、烧伤或泄漏量增大。

② 在轴上安装机械密封的表面涂一层薄薄的润滑油，减小摩擦阻力。若不宜用油，可涂肥皂水。

③ 非补偿环与压盖一起装到轴上时，注意不要与轴相碰，以免密封环受损伤，然后将补偿环组件装入。弹簧座的紧固螺钉应分几次均匀拧紧。

④ 在未固定压盖之前，应检查是否有异物黏附在摩擦副的接触端面上，用手推补偿环作轴向压缩，松开后补偿环能自动弹回，无卡滞现象，然后将压盖螺钉均匀地锁紧。

⑤ 不要损伤密封圈及密封端面，注意弹簧座不要偏斜，保证静环密封端面与轴的同轴度。

(3) 机械密封的维护

① 维护液膜的稳定性。输送原油过程中，原油的黏度大、润滑性好，可提高动、静环两端面的液膜形成的稳定性；但是纯水则降低了两端面的液膜形成的稳定性，易发生泄漏。在条件许可时，增加机械密封的润滑，提高防泄漏效果，延长机械密封使用寿命。

② 维持冷却系统的效能。机械密封依靠动、静端面形成液膜形成密封，因而切忌端面干磨，否则两端面间的液膜就会汽化，使摩擦产生的热量无法散失，造成动、静环破裂。因此机械密封在使用中应绝对保证冲洗冷却液的供应及畅通。如依靠输送介质降低机械密封的

温度时，应保证输送介质的充足。

③ 合理使用机械密封。机械密封经过一段时间使用后，静泄漏量增大，为减少静泄漏量，操作人员有时会人为排空密封箱体内液体，造成短时间内动、静环干磨，违反机械密封使用规程，因而大大降低机械密封的使用寿命。

④ 适当更换机械密封。机械密封泄漏很大程度上是由于密封箱体的内部间隙、工况发生变化，而密封本身并没有损坏，因此在实际中需要分析，是机械密封损坏还是箱体的工况发生变化，有的可能只需要对旧密封件进行清洗，重新安装使用即可。当旧机械密封损坏，选用新密封的材质、端面粗糙度不达标时，使用效果也可能会不如旧密封的使用效果。

（4）漏损原因及其消除方法

机械设备的密封装置种类繁多，但泄漏点不外乎以下几处：动、静环间密封；动环与轴套间的密封；轴套与轴间的密封；静环与静环座间的密封；密封端盖与密封箱体间的密封。

常见的机械密封漏损的类别与造成的原因及其消除方法介绍如下。

① 周期性漏损　原因如下：转子轴向窜动，动环来不及补偿位移；操作不稳，密封箱内压力经常变动及转子周期性振动等。

消除的办法为：尽可能减少轴向窜动，使轴向窜动尽量在允差范围内；使操作稳定，消除振动。

② 经常性漏损　原因如下：

a. 动、静环密封面变形。有可能是端面比压过大，从而产生过多的摩擦热量，使密封面受热变形；机械密封的安装结构不合理，刚性不足，受压后产生变形；安装不妥，受力不均而造成变形等。

消除的办法为：使端面比压在允差范围内；采取合理的零部件结构，增加刚性；应按规定的技术要求正确安装机械密封。

b. 组合式的动环及静环镶嵌缝隙不佳。

消除的办法为：动环座、静环座的加工应符合要求，正确安装，确保动、静环镶嵌的严密性。

c. 摩擦副不能跑合，密封面受伤。

消除的办法为：摩擦副应研磨，达到正确跑合；严防密封面的损伤，如已损坏应及时研修。

d. 密封副内有杂物侵蚀。

消除的办法为：保护密封副的清洁。如有杂物侵蚀，则应及时消除。

e. 密封面的比压过小，不能形成端面密封。

消除的办法为：采取适当措施，如调节并紧弹簧、适当增加比压。

f. 密封圈的密封性不好。造成的原因可能有：V 形密封圈本身有缺陷存在；O 形密封圈材质不好、老化或有伤痕、过盈不够等；V 形密封圈安装方向不符合要求。

消除的办法为：对于 V 形密封圈，安装方向应正确，不能搞错，使其在介质的压力下能胀开并且其质量应符合要求；对于 O 形密封圈，其材质应符合规定要求，并有适当的过盈量。

g. 静环或动环的密封面与轴垂直度误差太大，密封面不能补偿调整。

消除的办法为：应使其垂直度误差符合规定的技术要求。

h. 防转销端部顶住防转槽。

消除的办法为：应使防转销不顶住防转槽。

i. 弹簧旋向不对或弹簧偏心。

消除的办法为：应使弹簧的旋向在轴转动时越旋越紧，消除弹簧偏心或更换弹簧，使其符合要求。

j. 转子振动。

消除的办法为：根据振动的原因，有针对性地采取措施以消除转子振动。

k. 轴套表面上的水垢堆积过多，使动环不能自由滑动。

消除的办法为：应清除轴套上的水垢，使其在轴向能自由移动。

l. 轴套表面在密封圈部位有轴向沟槽、凹坑等。

消除的办法为：更换或修补轴套，降低其表面粗糙度值，符合技术要求。

③ 突然性漏损　机械设备在运转中突然泄漏，少数是因正常磨损或已达到使用寿命，而大多数是由于工况变化较大引起的；高温加剧密封箱体内油气分离，导致密封失效。造成的原因有：抽空、弹簧折断、防转销切断、静环损伤、环的密封表面擦伤或损坏、泄漏液形成的结晶物质等使密封副损坏。

消除的办法为：及时调换损坏的密封零部件；防止抽空现象发生；采取有效措施消除泄漏液所形成的结晶物质的影响等。

④ 停车后启动漏损　造成的原因有：弹簧锈住失去作用、摩擦副表面结焦或产生水垢等。

消除的办法为：更换弹簧或擦去弹簧的锈渍，采取有效措施消除结焦及水垢的形成。

⑤ 安装静试时发生泄漏　机械密封安装调试好后，一般要进行静试，观察泄漏量。如泄漏量小于 10 滴/min，则可认为在正常范围内；如泄漏量比 10 滴/min 大，一般为动环或静环密封圈存在问题；泄漏量较大时，且向四周喷射，则表明动、静环摩擦副间存在问题。在初步观察泄漏量、判断泄漏部位的基础上，再手动盘车观察。若泄漏量无明显变化，则静、动环密封圈有问题；如盘车时泄漏量有明显变化，则可断定是动、静环摩擦副存在问题。如泄漏介质沿轴向喷射，则动环密封圈存在问题居多；泄漏介质向四周喷射或从水冷却孔中漏出，则多为静环密封圈失效。此外，泄漏通道也可同时存在，但一般有主次区别，只要观察细致，熟悉结构，就一定能正确判断。

⑥ 运转过程中泄漏　机械密封经过静试后，运转时高速旋转产生的离心力，会抑制介质的泄漏。排除静密封点泄漏外，运转过程中泄漏主要是由于动、静环液膜受破坏所致。引起此类密封失效的原因主要有：密封箱体内抽空造成箱体内无液体，使动、静环面无法形成完整的液膜；安装过程中动环面压缩量过大，导致运转过程中，短时间内动、静环两端面严重磨损、擦伤，无法形成密封液膜；动环密封圈制造安装过紧，轴向力无法调整动环的轴向浮动量，动、静环之间液膜厚度不随箱体内的工况发生变化，造成液膜不稳定；工作介质中有颗粒状物质，运转中进入动、静环端面，损伤动、静环密封端面，无法形成稳定液膜；颗粒状物质进入动环弹簧元件或波纹管时，造成动环无法调整轴向浮动量，造成动、静环端面间隙过大，无法形成稳定液膜；设计选型有误，密封端面比压偏低或密封材质冷缩性较大等；旋转轴轴向窜动量超过标准，转轴发生周期性振动及工艺操作不稳定，密封腔内压力经常变化均会导致密封周期性泄漏；摩擦副损伤或变形而不能跑合引起泄漏；密封圈材料选择不当，溶胀失弹；设备运转时振动太大；动、静环与轴套间形成水垢，使弹簧失弹而不能补偿密封面的磨损等。

在现场中出现上述问题时，大多需要重新拆装机械密封，有时需要更换机械密封，有时仅需清洗机械密封。

(5) 密封失效

密封失效的原因如下。

① 由于两密封端面失去润滑膜而造成的失效。因端面密封载荷的存在，在密封腔缺乏液体时启动旋转轴而发生干摩擦；介质的压力低于饱和蒸气压，使端面液膜发生闪蒸，丧失

润滑；如介质为易挥发性产品，在机械密封冷却系统出现结垢或阻塞时，由于端面摩擦及旋转元件搅拌液体产生热量而使介质的饱和蒸气压上升，也造成介质压力低于其饱和蒸气压的状况。

② 由于腐蚀而引起的机械密封失效。密封面点蚀，甚至穿透；由于碳化钨环与不锈钢座焊接，使用中不锈钢座易产生晶间腐蚀；焊接金属波纹管、弹簧等在应力与介质腐蚀的共同作用下易发生破裂。

③ 由于高温效应而产生的机械密封失效。热裂是高温机械密封最常见的失效现象，在密封面处由于干摩擦、冷却水突然中断、杂质进入密封面和抽空等情况下，都会导致环面出现径向裂纹；石墨炭化是使用碳石墨环时密封失效的主要原因之一，在使用中如果石墨环一旦超过许用温度（一般在-105～250℃）时，其表面会析出树脂，摩擦面附近树脂会发生炭化，当有胶黏剂时会发泡软化，使密封面泄漏增加，密封失效；氟橡胶、乙丙橡胶等辅助密封件在超过许用温度后，将会迅速老化、龟裂、变硬失弹，现在所使用的柔性石墨耐高温、耐腐蚀性较好，但其回弹性差，而且易脆裂，安装时容易损坏。

④ 由于密封端面的磨损而造成的密封失效。摩擦副所用的材料耐磨性差、摩擦因数大、端面比压（包括弹簧比压）过大等，都会缩短机械密封的使用寿命，对常用的材料，按耐磨性排列的次序为碳化硅-碳石墨、硬质合金-碳石墨、陶瓷-碳石墨、喷涂陶瓷-碳石墨、氮化硅陶瓷-碳石墨、高速钢-碳石墨、堆焊硬质合金-碳石墨；对于含有固体颗粒介质密封面，进入固体颗粒是导致密封失效的主要原因，固体颗粒进入摩擦副端面起研磨剂作用，使密封发生剧烈磨损而失效，密封面合理的间隙、机械密封的平衡程度、密封端面液膜的闪蒸都是造成端面打开而使固体颗粒进入的主要原因；机械密封的平衡程度 β 也影响着密封的磨损，一般情况下平衡程度 $\beta=75\%$ 左右最适宜，$\beta<75\%$ 时磨损量虽然降低，但泄漏增加，密封面打开的可能性增大，对于高负荷（高 pv 值）的机械密封，由于端面摩擦热较大，β 一般取 $65\%\sim70\%$ 为宜，对低沸点的烃类介质等，由于温度对介质汽化较敏感，为减少摩擦热的影响，β 取 $80\%\sim85\%$ 为好。

⑤ 因安装、运转或设备本身所产生的误差而造成的机械密封泄漏。动、静环接触表面不平，安装时碰伤、损坏；动、静环密封圈尺寸有误、损坏或未被压紧；动、静环表面有异物；动、静环Ⅴ形密封圈方向装反或安装时反边；轴套处泄漏，密封圈未装或压紧力不够；弹簧力不均匀、单弹簧不垂直、多弹簧长短不一；密封腔端面与轴垂直度不够；轴套上密封圈活动处有腐蚀点；泵在停一段时间后再启动时发生泄漏，这主要是因为摩擦副附近介质的凝固、结晶，摩擦副上有水垢，弹簧腐蚀、阻塞而失弹；泵轴挠度太大。

（6）机械密封使用维修中的注意事项

评定机械密封优劣的主要指标为泄漏量和使用寿命，这两项指标贯穿在机械密封的造型或设计、制造、安装以及使用诸环节中，任一环节出现问题都对密封性能产生不良影响。一般来说，都由制造厂为机械设备配备机械密封，即机械密封的造型和制造环节在制造厂中完成，而安装和使用这两个环节则由用户完成。据有关专家对密封失效原因统计，由于密封本身原因仅占 34.5%，而由于安装和使用方面的原因占了 41.6%。由此可见，密封失效排第一位的原因并非密封本身的问题，很大程度上取决于安装和使用方面的原因。

机械密封主要是依靠介质压力和弹簧力使动、静环之间的密封端面紧密贴合，从而阻止介质的泄漏，在工作中动、静环不断摩擦产生热量，使密封端面温度升高，磨损加剧，泄漏量增大，从而造成机械密封的直接损坏。因此温度升高是机械密封的大敌，只有通过辅助设施才能减少不希望的温度升高，从而保持密封端面间良好润滑，使机械密封正常工作，提高其使用寿命。机械密封在使用过程中必须要经常检查辅助设施是否顺畅流通，否则机械密封将很容易损坏。如果机械密封在使用过程中没有冲洗，短时间内看不出弊端，长期使用就会发现以下一些问题：机械杂质存入密封腔中，易进入密封端面，出现沟纹失效；摩擦热不能及时导走，摩擦副温度高，密封端面间易汽化，工作不稳定，易失效；由于没有冲洗，传动座内在弹簧周围淤积杂质，堵塞弹簧，使弹簧不能补偿。

机械密封在使用过程中大都离不开辅助设施（主要工作方式是冲洗）。设置辅助设施的目的就是减少不需要的温度升高，保持密封端面间的良好润滑状态，使机械密封各零件良好正常地工作。正确、合理地选用辅助设施，对密封的稳定性和延长使用寿命都有重要意义，对安全生产及减少漏损、减少维修工作量和降低生产成本有一定的作用，必须给予足够的重视。

有的机械设备使用机械密封较多，大多是安装时配备好的，因此拆卸机械密封是工作中的首要问题。拆卸时应直接校核原密封传动座安装位置是否正确。安装过程中静环向压盖上组装时一定要压到位，并且要压平。弹簧座定位时，弹簧压力要适中，过大则加剧密封面之间的磨损，过小则不能使密封面紧密贴合，从而造成泄漏。

要延长机械密封的使用寿命，关键是改善机械密封的工作介质环境，将冷却密封的污水改为清水，从根本上解决机械密封因弹簧结垢、机械磨损严重造成的泄漏失效问题。因此，有的设备还专门设计一套独立的清水冷却系统，用低温清洁水对密封进行冲洗。

机械密封维修中应注意以下几个误区：

① 弹簧压缩量越大密封效果越好。弹簧压缩量过大，会导致石墨环龟裂、摩擦副急剧磨损，瞬间烧毁。过度的压缩使弹簧失去调节动环的能力，会导致密封失效。

② 动环密封圈越紧越好。其实动环密封圈过紧有害无益，一是加剧密封圈与轴套间的磨损；二是增大了动环轴向调整的阻力，在工况变化频繁时，无法适时进行调整；三是使弹簧过度疲劳，易损坏，动环密封圈变形，影响密封效果。

③ 静环密封圈越紧越好。静环密封圈基本处于静止状态，相对较紧时，密封效果会好些，但过紧也是有害的，如引起静环变形，静环材料以石墨居多，一般较脆，过度受力则碎裂，安装、拆卸时困难，极易损坏静环。

④ 叶轮锁母越紧越好。机械密封泄漏中，轴套与轴之间的泄漏是比较常见的。一般认为，轴间泄漏就是叶轮锁母没有锁紧。其实，导致轴间泄漏的因素较多，如轴间垫失效、偏移、轴间有杂质、轴与轴套配合处有较大的形位误差、接触面破坏、轴上各部件有间隙、轴头螺纹过长等都会导致轴间泄漏。锁母锁紧过度，只会导致轴间垫过早失效，相反适度锁紧锁母，使轴间垫始终保持一定的压缩弹性，在运转中锁母会自动适时锁紧，使轴间始终处于良好的密封状态。

⑤ 新的比旧的好。相对而言，新机械密封的效果好于旧的。但新机械密封的质量或材料选择不当、配合尺寸误差较大时，会影响密封效果。在聚合性和渗透性介质中，静环如无过度磨损，还是不更换为好。因为静环长时间处于静止状态，聚合物和杂质的沉积使其与静环座融为一体，有较好的密封作用。

⑥ 拆修总比不拆好。一旦出现机械密封泄漏便急于拆修是不合适的，其实有时密封并没有损坏，只需调整工况或适当调整密封就可消除泄漏。机械密封泄漏部位的判断，只有通过仔细观察并多实践，积累经验，才能得出正确结论。

(7) 根据机械密封摩擦副磨损情况分析其故障原因

① 摩擦副端面的磨损痕迹大于软环宽度　组成摩擦副的两个密封面宽度是不相等的。一般情况下，硬密封面较宽，软面较窄。经过一段时间的运转后，在硬密封面上有清晰的摩擦痕迹，可根据此痕迹的宽度判断故障的原因。造成密封端面上摩擦痕迹大于软环宽度的原因如下。

a. 设备振动大，使动环运转中产生径向和轴向振摆，液膜厚度变化较大，有时密封面被推开，造成泄漏增大。

b. 动、静环不同心。在一般的旋转型密封中，静环安装在压盖上，压盖和密封腔配合时的同轴度靠止口保证。实际上止口间隙往往过大，使静环下沉，造成动、静环不同心。在静止式波纹管密封中，由于静环组件重量促使静环下沉，也造成动、静环不同心。此外，轴承箱的配合间隙过大、轴弯曲等都能使摩擦痕迹过宽。

克服上述缺陷的方法，首先消除设备的振动，将转子进行动平衡；采用不易引起振动的联轴器；校正设备和电机的同轴度；检查设备各止口间隙是否过大；在静止式波纹管中采取在静环下方加支承的方法防止下沉。

② 摩擦痕迹小于密封面的宽度 产生这种故障现象的原因有以下几方面。

a. 静环密封端面不平行的第一种现象是沿密封面内缘连续的接触痕迹，即收敛型缝隙。这种密封拆检时往往查不出其他磨损迹象。运转起来就是泄漏量大。有人认为摩擦痕迹窄了，密封面积减小了，比压增大了，似乎不应该漏。事实恰好相反，当内缘接触时，密封的缝隙呈收敛形状，破坏了密封面的平行，液膜压力大大增加，将密封面推开，泄漏量增大。

b. 静环端面不平行的第二种摩擦痕迹是密封面外缘接触，即摩擦痕迹的内径大于静环密封面的内径，密封面间呈喇叭状，这种缝隙形状因液膜压力减小，造成比压增大，磨损加剧，容易出现沟纹，泄漏量增大，无法正常运行。

c. 在动环端面上的摩擦痕迹是不连续的，或局部接触，有时大圆或点状接触，显然这是由动环面不平所致。解决这些缺陷的方法是：检查动、静环的平面度，对不符合要求的要进行研磨，直到合格。为减小密封面的变形，静环密封圈的过盈量不要太大，以免静环变形，高温密封要采取有效的辅助措施，如冲洗、冷却等，尽量减少密封本身温度差。

③ 密封面上没有摩擦痕迹而出现泄漏 有时密封面上没有摩擦痕迹，其原因有以下几方面。

a. 传动装置打滑。有的传动座由顶丝固定在轴套上，这种传动方式常温下尚可使用，如果有温度和离心力的作用，则顶丝打滑，传动会失效。

b. 静环与动环没有接触，属于安装失误。

c. 在采用镶嵌式动环时，碳化钨环松脱。

处理办法：传动座由顶丝传动改为键传动或其他可靠的传动方式；为解决安装失误，应仔细复查压缩量；采用线胀系数小的材料制造环座，并适当加大镶装的过盈量。

④ 摩擦痕迹等于密封面的宽度而出现泄漏 这种现象在机械密封的故障中是十分普遍的。这时密封端面有磨损的沟纹，金属环表面变色，甚至出现裂纹等缺陷。如密封面上无缺陷，问题可能出在其他零件上，如波纹管裂纹等。

⑤ 石墨环表面出现均匀的环状沟纹 这是机械密封常见的失效形式。原因如下。

a. 密封面间出现汽化，有的介质工作温度较高，摩擦产生的热量很容易使密封面间的液体汽化。

b. 在高温时采用浸渍合成树脂的石墨，超过了允许使用的温度，性能下降。

c. 采用了非平衡型密封，载荷系数太大，pv 值高，产生大量的摩擦热，使介质汽化，在某些润滑性不良的介质中，如液态烃、热水等，尽管温度不很高，有时也出现沟纹。

d. 抽空和汽蚀使密封面上出现干摩擦或半干摩擦，其沟纹要深些。

另外，介质不清洁或出现结晶及结焦等时，也会出现沟纹，但这种沟纹较粗。其解决办法如下。

ⅰ. 采用冲洗和冷却，降低密封温度。

ⅱ. 选用平衡型密封，降低 pv 值，改善密封端面的润滑状况。

ⅲ. 选用热导率高的硬质材料制造密封环，如碳化钨、碳化硅等。

ⅳ．减少抽空和汽蚀。

⑥ 石墨环表面中间有一条深沟　这种密封故障经常发生在温度较高的机械密封中，尤其是无冲洗的非平衡型密封为多，石墨环表面被撕裂下来一小片，在压力和温度的作用下黏结在动环表面上，该黏结的凸物运转时磨损石墨环，表面出现深沟。解决办法：改为平衡型密封，采用冷却和冲洗，降低温度。

⑦ 石墨环内边缘磨损　这种情况多发生在高温机械密封中。压盖有冷却水，冷却水多数为循环水或新鲜水，高温下冷却水结垢，将石墨环内边缘磨损，同时动环和轴套之间也被水垢塞满后失去补偿能力。解决办法：将现用的冷却水改用软化水或低压水蒸气。

⑧ 石墨环的承磨台被磨掉　作为软环的石墨环，有一个承磨台和动环接触。其高度为2～3mm，超过预计划工作使用寿命（800～1000h）后，承磨台会被磨掉，但是在没能达到预计的使用寿命时，承磨台有时就被磨掉了。一般情况下，其表面较为光洁，如弹簧不能补偿，那么动、静环还处于贴合状态，由于此时的接触面积扩大，同时弹力减小，端面比压大大减小，泄漏量增大。解决办法：选用优质石墨制造静环，将非平衡型密封改为平衡型密封；增设自冲洗装置。

⑨ 石墨环断裂　这种故障常发生在烃类直径较大的密封中，由于机械密封未采用冲洗等辅助设施，pv 值较大，摩擦热不易散失，密封面间介质汽化，使石墨环温度升高。因石墨环导热性良好，使静环辅助密封圈温度也升高。聚四氟乙烯的线胀系数为钢铁的 10 倍左右，但向外径伸长已不可能，因为压盖是钢的，只好向内径方向膨胀，结果对密封圈附近的石墨环形成一个很大的挤压力。与此相反，密封端面附近存在一个使外径膨胀的热应力，在上述两种力的作用下，使石墨环最终产生断裂。处理措施：加自冲洗装置。

⑩ 硬质合金表面灼烧和裂纹　当密封腔中的介质已经汽化或抽空，即摩擦副处于干或半干摩擦状态，密封表面温度急剧升高，摩擦副过热，一旦液体重新出现，摩擦副被急剧冷却，产生大的温度应力。对于导热性好和强度高的材料出现擦亮和变色的痕迹，对于导热性差和强度低的材料则在其表面出现径向裂纹。解决办法：稳定操作，防止抽空；加自冲洗装置。

6.2.2　填料密封的使用与维修

填料密封是在轴和壳体之间用弹塑性材料或具有弹性结构的元件堵塞泄漏通道的密封装置，可分为软填料（盘根）密封、硬填料密封、成形填料密封及油封等。

(1) 填料密封泄漏的原因及其消除方法

① 当填料使用一段时间后就会失去弹性及润滑作用，从而造成泄漏。消除的办法是定期更换填料。

② 填料的材质不符合要求或安装填料不良而发生严重泄漏。解决的办法是合理选择填料材质，使其符合要求并正确安装填料。

③ 安装填料的轴套等零件磨损严重，或填料箱与轴套等零件的径向间隙过大而造成泄漏。解决的办法是及时调换轴套或采用轴套表面上镀铬等方法。

④ 若在轴套的端面安装橡胶圈，有可能破损而造成严重泄漏。解决办法是及时更换橡胶圈。

⑤ 新装轴套偏心较大。应使轴套的同轴度提高并符合要求。

⑥ 填料日久腐烂。可调换填料，并使其材质符合要求。

⑦ 填料、压盖、填料套、填料环等零件损坏，在启动时填料密封泄漏，并且漏损很快增大，虽不断上紧填料压盖，但仍泄漏不止，最后无法工作。解决的办法是立即调换损坏的

填料密封零部件。

⑧ 泵的较长时期振动也会引起填料密封的泄漏，并且漏损严重。解决的办法是及时查明振动原因，根据不同情况分别采取相应措施。

此外，漏装或少装填料、轴弯曲、转子不平衡等也会造成填料密封的泄漏。

(2) 盘根密封的故障、排除方法及案例

盘根密封的主要优点是结构简单、成本低、适用范围广，主要缺点是使用寿命短、密封性能差。

① 填料挤进轴和挡圈、轴和压盖之间的间隙时，多因为设计的间隙过大或偏心。可通过减小间隙、检查同轴度来解决。

② 填料外表面被研伤，可能是由于填料压盖外侧泄漏时，填料外径太小。可通过检查填料箱和填料尺寸来解决。

③ 填料圈挤入邻近的圈内，是因为填料圈切得太短。可通过更换正确尺寸的填料解决。

④ 介质沿填料压盖泄漏，是因为填料装配不当或挡圈有破损。首先应检查挡圈的情况再重新安装。

⑤ 靠近压盖一段的填料压得太紧，是由于填料装配不当造成的。应仔细重新安装。

⑥ 填料焦化或变黑，是因为润滑失效。应更换带有适当润滑剂的填料，或装入能补给润滑剂的填料环。

⑦ 沿轴的轴向上有严重磨损或划痕，是因为润滑失效或内部存在杂质。应更换带有润滑剂的填料或装入能补给润滑剂的填料环，同时应仔细清洗填料箱。

⑧ 泄漏过大，已无法调节。是因为填料膨胀或破坏或填料切得太短或装配错误或润滑剂被冲掉或偏心。可通过更换能抵抗密封液体作用的填料，检查轴或阀杆的同轴度来解决。

6.2.3 间隙密封的使用与维修

(1) 间隙密封的原理及特点

间隙密封是依靠柱面环形间隙截流的流体静压效应，达到减少泄漏的目的。具体应用如离心泵的叶轮密封环。

间隙密封属非接触密封，具有寿命长、维护保养容易、不发生固相摩擦、相对填料密封来说其功耗小的优点。

(2) 填充尼龙在离心泵密封环上的应用

密封环是离心泵中叶轮与泵体之间必不可少的密封、摩擦件。密封环的摩擦特性及寿命直接影响离心泵的经济性与可靠性。目前，工艺用离心泵密封环的材质普遍采用铸铁HT200，其有较好的力学性能和摩擦特性，但工艺用离心泵的铸铁密封环在实际运行中还存在介质腐蚀及汽蚀等问题。为此，综合考虑选择尼龙作密封环的材质，并在尼龙中填充30％的玻璃纤维、10％的二硫化钼和石墨等，使其综合性能提高。

根据实验测试结果，将常用材质铸铁、填充尼龙对磨的摩擦特性及滑动摩擦因数进行分析对比，填充尼龙摩擦特性优异，所消耗的摩擦功率少。在一定条件下，填充尼龙是制作密封环较理想的材料。

实际应用表明，密封环采用填充尼龙后，离心泵运行稳定，延长了泵的运行周期，没有再发生因密封环失效而停车的事故。使用效果为：

① 填充尼龙密封环使用寿命长。铸铁密封环平均使用寿命仅2000h，而采用填充尼龙的密封环，使用寿命达8000h以上。

② 填充尼龙密封环摩擦特性好。有一定的自润滑性，摩擦因数小，摩擦功率低。

③ 填充尼龙密封环耐磨性好。经过运行一年后拆检，磨损正常，磨损量甚微，尺寸及摩擦表面基本无明显改变。

④ 填充尼龙密封环抗汽蚀性好。在原失效的铸铁密封环上可明显地看到金属表面的麻点及直径不等的蜂窝状的麻坑和许多轴向沟槽等典型的汽蚀特征，而采用填充尼龙作密封环的材质有效地避免了汽蚀。

⑤ 填充尼龙制作离心泵的密封环，机械强度较高，成本低，加工成形方便。

6.2.4　迷宫密封的使用与维修

(1) 迷宫密封原理

迷宫密封也称梳齿密封，属于非接触型密封。主要用于密封气体介质，在机械设备中作为级间密封、轴端密封或其他动密封的前置密封，有着广泛的用途。迷宫密封还可作为防尘密封的一种结构形式，用于密封油脂和润滑油等，以防灰尘进入。

双级迷宫密封是一种非接触气体动力密封，密封面与轴之间有在锯齿形间隙，工作时通入外接密封气，密封气与泵送液体汽化的气体达成一个压力平衡区，从而阻止液体泄漏，并尽量减少气体的泄漏量，从而起到密封的作用。

(2) 迷宫密封维护中应注意的问题

① 润滑。应使密封箱内的油保持合理的黏度及清洁。

② 进口过滤器。经常观察进口过滤器的压降，压降上升说明过滤器阻塞，则应立即关闭装置，清洁过滤器。

③ 轴的旋向。轴的旋转方向应与迷宫方向匹配，通过点动电机（不超过1s）检查泵的运转方向是否正确，以防润滑油甩出。

④ 吊装作业。检修等吊装中，不要对轴有应力作用，以免轴弯曲改变迷宫密封间隙，否则不仅影响密封，甚至会损坏密封箱体。

⑤ 迷宫密封的更换。理论上讲，只要有充足的密封气来维持密封内的压力平衡，迷宫密封的寿命是无限的。但由于种种原因，迷宫密封也会损坏，需要及时更换。更换迷宫密封时密封的间隙在0.013～0.075mm之间，同时应保证密封的有效长度是轴径的1.2～1.8倍。由于新的迷宫密封有一个磨合过程，因此在开机的前几十分钟内可能发出尖锐的金属摩擦声，这是正常的。

⑥ 拆卸与安装。泵体一定要在室温下拆除，零件拆卸后要摊放在干净的地方，并在组装前严格清洗，确保零件不受外物污染。为便于安装，可在垫片和O形圈上薄薄地抹一层氧气介质使用的润滑油。安装过程中要检查轴端间隙、轴的径向跳动、壳体的同轴度及垂直度。轴端间隙不应超过0.0762mm；垂直度、同轴度均不应超出0.0762mm，要拧紧螺栓。经过以上调整，超出范围的应更换轴。

⑦ 轴承更换与管路连接。通常每5年应更换一次轴承。安装时，必须使轴与管路法兰面平行。螺栓孔要充分对准后，在两法兰间放上垫片。连接进、出口管时不要扭曲管路，连接后要用手轻轻转动轴，确保旋转自如。

(3) 机械密封的迷宫改造

机械密封具有密封性能可靠、泄漏少、寿命长、功率消耗少等优点，所以得到广泛应用。但机械密封在应用的过程中，由于受介质温度、压力、物化特性的影响，并不像人们想象的那样经久耐用。

鉴于迷宫密封的性能和优点，将迷宫密封加在机械密封上，即在机械密封前利用填料箱内剩余的空间增加迷宫密封，由于填料箱尺寸有限，不能过多地放置迷宫密封，但是为提高密封的效果，可采用动、静环迷宫密封，如图 6-22 所示。

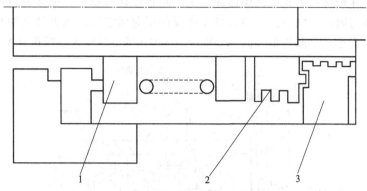

图 6-22　动、静环迷宫密封
1—机械密封；2—动环；3—静环

机械密封的迷宫改造具体方法如下。

静环用铸铁加工，采用内迷宫式，即在静环孔的内表面上加工出齿，静环固定在填料箱上，使它的内齿与旋转的轴套形成迷宫密封，它们之间的间隙为 0.1～0.2mm。

动环用 Q235 钢加工，采用外迷宫式，即在动环的外表面上加工出齿，动环用顶丝固定在轴套上，使它与轴套一起旋转，使动环外表面的齿与填料箱内壁形成迷宫密封，它们之间的间隙为 0.3～0.5mm。

动环和静环的接触面处采用插入式迷宫密封，即在动、静环端面上分别加工一个环形齿、一个环形槽，使之配合，迫使介质沿轴和齿之间的间隙多次转折，改变运行方向，使介质的能量损失加大。

机械密封经过迷宫密封改造后，在运行过程中，作用于机械密封动、静端面上的介质压力明显减少并趋于稳定，冲洗系统以低压对机械密封进行冲洗、冷却、润滑，使泵不抽空，大大改善了机械密封的工作环境，使机械密封使用寿命从改造前的 2 个月左右延长到 6 个月。

石化产品等易燃易爆，机械密封的泄漏不仅造成能源浪费、污染环境，而且还是安全隐患。机械密封的技术改造大大改善了工况，很好地解决了因介质压力波动而造成机械密封易损、泄漏的技术难题。机械密封的迷宫改造是成功的，机械密封使用周期明显延长 2～3 倍，使设备维修频次大大减少，节省大量的维修费用和配件费用，对节能降耗极有意义。

6.2.5　浮环密封的使用与维修

浮环密封也是一种非接触型密封，在现代密封技术中占有重要地位，是高速、高压、防爆、防毒等苛刻使用条件下的常用密封类型。

(1) 浮环密封的结构

浮环密封主要用于机壳的两端作为轴封，以防止机内气体逸出或空气吸入机内，密封由几个浮环组成，其结构简图见图 6-23，高压密封油由孔口注入，并向左右两边流出，图中左侧为高压端，右侧为低压端。流入高压端的密封油通过高压浮环、挡油环 6 及甩油环 7，由回油孔排到油气分离器。因为密封油压力一般是控制在比密封气压力高约 0.05MPa，压差非常小，故向高压端的泄漏量也很少。但密封油压与低压侧的压差则很大，甚至可达几十兆帕，故流入低压端的油是很多的。流入低压端的油通过低压浮环经回油管排至回油箱。这部分油没有与压缩机气体接触，故是干净的，称为外回环油。但由高压侧回油孔 11 流出的油是与高压气体相混的，要经过油气分离处理后才有可能再使用，这部分油称为内回环油。浮环是活动的，在轴转动时它被油膜浮起。为了防止浮环转动，环中装有销钉 3，浮环密封装置为了使浮环与固定环间贴住，用弹簧 4 将浮环压向固定环，轴上装有轴套 5，轴套与浮环间的径向间隙很小，一般为轴径的 0.0005～0.0010 倍，具体大小按设计要求定出。

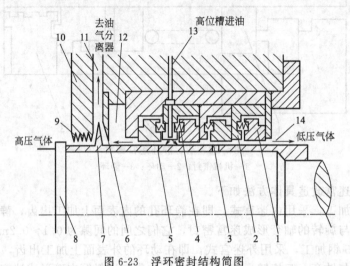

图 6-23　浮环密封结构简图

1—浮环；2—L 形固定环；3—销钉；4—弹簧；5—轴套；6—挡油环；
7—甩油环；8—轴；9—高压侧预密封梳齿；10—梳齿座；11—高
压侧回油孔；12—空腔；13—进油孔；14—低压侧回油空腔

(2) 浮环密封的原理

浮环密封的原理是靠高压密封油在浮环与轴套间形成油膜，产生节流降压，阻止高压侧气体流向低压侧。因为主要是油膜起作用，故又称为油膜密封。在工作时，浮环受力情况与轴承相似。所不同的是，对轴承而言，轴浮动而轴瓦固定不动，因此当轴转动而产生油膜力时，会将轴抬起；而对浮环来说，由于浮环重量很小，故轴转动而在浮环与轴的间隙中产生油膜浮力时，浮起的将是浮环，轴是相对固定的。根据轴承油膜原理知道，浮环与轴完全同心，则不会产生油膜浮力。反之，如浮环与轴承偏心，则轴转动时会产生油膜浮力，此浮力使浮环浮起而使偏心减小。当偏心减小到一定程度，即对应产生的浮力正好与浮环重量相等时，便达到了动态平衡。由于浮环很轻，因此这个动态平衡时的偏心是很小的，即浮环会自动与轴保持基本同心，这是浮环的优点。

(3) 浮环密封失效的原因

① 从浮环密封的结构和原理可知，密封效果与浮环间隙有直接关系，从减少密封油泄漏、提高密封效果来看，浮环间隙尽量减小，但间隙太小又会导致浮环工作条件的恶化，导致浮环抱轴；浮环间隙过大，泄油量增加，使密封油、润滑油互窜，密封油跑损、稀释。所以，浮环间隙的选取范围一般是：内浮环半径间隙 $S=(0.0005～0.0010)D$；外浮环半径间隙 $S=(0.001～0.002)D$（D 为浮环公称直径）。

② 润滑油流入机器时压力高或润滑油温度高，导致润滑油窜到密封油中，密封失效。

③ 密封气带液体或压力差不符合要求，有两种情况发生：一种是封不住密封油，密封油窜到机内，密封油跑损；另一种是密封气窜到密封油中，造成密封油和润滑油污染，密封油稀释。

④ 密封油质量太差，黏度达不到要求值，流动性太强，油膜形成不好，密封点泄油量增加。

⑤ 运转密封油泵出现故障，使密封油压力降低，密封油流量减小，油膜形成不理想，密封油、润滑油受污染，甚至密封油中断，导致烧损。

⑥ 由于机组检修时装配质量问题或零件损坏，使浮环卡死，形成带缺陷的油膜，使润滑油窜入密封油中，密封油失效。

⑦ 由于装置操作波动大，导致压缩机流量波动频繁，也会影响浮环密封油膜的形成，使密封失效。

(4) 减少浮环密封密封油损耗的措施

浮环密封主要用于机壳两端作轴封使用，以防止机内气体逸出或空气被吸入机体。浮环密封具有结构简单、性能稳定、工作可靠、寿命长等特点。其缺点是靠近介质侧的密封油易受污染，从而导致密封件失效。为了减少密封油污染，必须注入阻塞气（干气或氮气），所以需设密封油和密封气控制系统，这就增加了浮环密封的技术复杂性和设备成本。在实际操作过程中，密封油的损耗量大威胁机组的安全平稳运行，因而应特别注意。以下分析密封油异常损耗的原因及处理措施。

① 密封油流程所属设备、管道、阀门、仪表、法兰等中存在泄漏点，密封油漏出表面或渗入设备的另一侧介质中。这种问题通过定期排查，查出问题的部位，修复即可。

② 密封油通过浮环密封处向外泄漏，轴向通过润滑油的油封进入润滑油中，即密封油的外回油窜向润滑油。这种问题一般可通过检查外回油的状态，如回油量、温度、颜色等进行判断。外回油回油管道一般比较畅通，不易堵塞。这种问题可通过改进注气和密封油的控制方案，降低密封油压力，改进回油系统，增设平衡管平衡前后注气腔压力，改造浮环结构等手段来解决。

③ 密封油内回油不畅，低压侧内回油克服梳齿密封阻力和干气压力，轴向进入机体一级入口，随富气压缩排出；高压侧内回油也有可能经过平衡管进入机体入口，这种情况比较常见，也较隐蔽，应经常检查油的冷却、过滤设备及密封油各控制参数是否正常，如密封油压力、油气压差、高位油罐液位、油气分离器液位，有关机泵、电气、仪表、阀门等的使用情况，内外回油的状况，尤其是内外回油的流量、温度、颜色等。也可以现场取证，测量出密封油损耗量与正常密封油损耗量的差；降低两油气分离器液位后，手动关闭液位控制阀、手阀及副线阀，用液位记录线的斜率或一段时间内液位变化值和油气分离器的内径计算各自内回油的量以及它们的和，与正常值对比，看是否与油箱液位下降值相近，从而判断内回油的跑损量。这种问题可用下列两种方法加以解决：将油气分离器憋满后，用快速放空的办法将液体排空，反复几次，恢复正常后再观察内回油跑损情况；通过改跨线，双重抽内回油进油气分离器一段管道内油气，或改善内回油管路压差，实现高压差快速油气分离。

④ 油气分离器排油不畅，一般是油气分离器排油管道不畅、液位控制阀卡住或控制仪表失灵所致。排油不畅导致油气分离器液位高，内回油由油气分离器上部分离出气体回机体管路跑损。这种问题的解决方法很简单：改走副线，用仪表副线阀控制油气分离器液位，使密封油正常回脱气槽，检查并修理调节阀或控制系统；如果密封油回脱气槽管路不畅，可拆管路清洗，密封油人工接回脱气槽内。

⑤ 密封油脱气槽氮气搅拌系统出现问题。由于氮气中窜入煤油、汽油等其他介质，进入脱气槽，脱气槽液位高后，自流进入油箱，将整个密封油箱及系统内密封油稀释、污染，待密封油箱液位满后，从密封油箱排气孔处流到外面，这种情况比较危险，将使密封油大量跑损且密封油质量迅速变差。应通过排查，及时切断氮气搅拌系统氮气的来源，逐步退油并补充新鲜油置换，直至油箱内密封油合格为止。

⑥ 密封油通过密封油高位罐上部参考气取压管进入机体入口。这种情况一般发生在高位罐液位控制失灵的情况下，尤其在停机时，入口压力降低，油气压差控制不稳，更易造成

高位罐液控失灵。解决这种问题很容易：检查处理高位罐液位，关闭其去机体入口取压管阀门或将密封油泵停运，保持高位罐液位稳定即可。

6.2.6　动力密封的使用与维修

动力密封是近几十年发展起来的一种新型转轴密封形式，已成功地用它解决了许多如高速、高温、强腐蚀、含固体颗粒等苛刻条件下的液体介质密封问题。

动力密封原理是在泄漏部位增设一个或几个做功元件，工作时依靠做功元件对泄漏液做功所产生的压力将泄漏液堵住或将其顶回去，从而阻止液体泄漏。这种动力密封结构无任何直接接触的摩擦件，因此寿命长，密封可靠，只要正确设计可以做到零泄漏。特别适合于其他密封结构难以胜任的场合。但这种密封只能在轴运转时起密封作用。一旦停车或转速降低便失去密封功能，故必须辅以停车密封。动力密封目前应用较多的主要形式有两种：离心密封和螺旋密封。

(1) 离心密封

① 离心密封及其结构　离心密封是利用所增设的做功元件旋转时所产生的离心力来防止泄漏的装置。在离心泵的轴封中，离心密封主要有两种形式：背叶片密封和副叶轮密封。两者密封原理相同，所不同的只是所增设的做功元件不同。背叶片只增设背叶片一个做功元件，而副叶轮密封则增设背叶片和副叶轮两个做功元件。

副叶轮动力密封通常由副叶轮、副叶片（又称背叶片）、固定导叶和停车密封装置等组成，如图 6-24 所示。

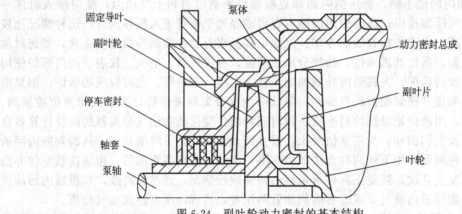

图 6-24　副叶轮动力密封的基本结构

② 主要部件的作用

a. 副叶片的作用是降低密封腔的压力，达到平衡轴向力和防止颗粒进入密封装置的目的，常用于抽送含有杂质的泵。

b. 副叶轮实际是一个小离心泵叶轮，靠它产生的压头顶住工作叶轮出口的高压液体向外泄漏。

c. 固定导叶的作用是消除液体的旋转，在无固定导叶时，副叶轮光背侧的液体以角速度旋转，压力呈抛物线规律分布。副叶轮光背侧下部的压力小于副叶轮外径处的压力。如果有固定导叶，则可防止液体旋转。光背侧下部的压力和副叶轮外径处的压力差不多，这就提高了副叶轮的封堵压力。

d. 油封（停车密封）的作用。因为副叶轮只在设备运行时起密封作用，停车密封装置可以在设备停车时，挡住余压液体往外泄漏。因此，停车密封应具备两种功能：当停车时应确保及时封堵，以防泄漏；而运行时则应能及时松开，以免密封面磨损而耗能。

③ 动力密封装置整体工作原理　在运转时，工作叶轮与起密封作用的副叶轮同轴旋转，工作叶轮泄漏出来的液体流到副叶轮后，通过副叶轮作用产生的压力，与泄漏液体的压力在副叶轮顶端与密封总成内端面处达到平衡，从而起到密封作用。

在停车时，副叶轮动力密封不起作用，密封腔内液体压力较小，泄漏到副叶轮的液体通过油封进行密封。

④ 副叶轮动力密封的特点

a. 性能可靠，运转时无泄漏。离心密封为非接触型密封，主要密封件不存在机械相互磨损，只要耐介质腐蚀及耐磨损，就能保证周期运转，密封性能可靠，无需维护。

b. 平衡轴向力，降低静密封处的压力，减少泵壳与叶轮的磨损。

c. 功率消耗大，离心密封是靠背叶片及副叶轮产生反压头进行工作的，它势必要消耗部分能量。

d. 仅在运转时密封，停车时需要另一套停车密封装置。

⑤ 副叶轮动力密封应用注意事项

a. 采用副叶轮密封，无需考虑冷却措施，若用于气体密封，则需设置旁通回路，从外部引入封液进行冷却。

b. 副叶轮密封消耗的附加功率与其外径的五次方成正比，因此一般不采用外径过大的方案，而应该同时设副叶片和副叶轮，以便减小外径，减少功耗。

c. 副叶轮动力密封及停车密封装置材料的选择要根据使用介质的要求来决定，否则要影响使用寿命，特别是停车密封还要考虑冷却和润滑等。

d. 因为副叶轮叶片的进口角同副叶轮的密封能力无关，所以叶片形状可以用径向直叶片以便加工制造。叶片数可根据副叶轮大小而定，以提高密封能力。

⑥ 应用范围　副叶轮密封有一定的优越性，但也有缺点，当密封腔的进口处于负压或常压时，采用副叶轮密封较为合适，若密封腔进口压力较高，采用副叶轮密封，则除使用背叶片外，还需增加副叶轮个数和加大副叶轮直径，导致密封腔结构加大，密封消耗的功率急剧上升，长期运行经济较差。副叶轮密封的应用范围如下。

a. 对于处理高温介质、强腐蚀性介质、颗粒含量大的介质、易结晶介质的设备，如砂浆泵、泥浆泵、灰渣泵、渗水泵等都可以使用副叶轮密封。

b. 副叶轮密封最适宜用于小轴径、高速度的单级离心泵。

应用副叶轮密封还要考虑如下问题。

a. 考虑泵的使用工况。

b. 考虑节约能源。副叶轮密封消耗功率大，尽管其一次性投资小于机械密封，但长周期运转，能耗费用也十分可观，所以建议该种密封用于机械密封或填料密封不易解决的场合，也可将背叶片、副叶轮与机械密封或填料密封配合使用。

（2）螺旋密封

① 螺旋密封的结构及原理　螺旋密封是一种利用流体动压反输的径向非接触式转轴动力密封装置。其形式是在密封部位的轴或孔的表面（或同时在两者上）切出螺旋槽。若螺旋槽开在转动轴上，则为螺杆式螺旋密封；若螺旋槽开在孔上，则为螺套式螺旋密封。这两种形式的螺旋密封，都能消除引起介质泄漏的压差，使轴封无泄漏，而且工作时无磨损、寿命长，特别适用于含颗粒等条件苛刻的介质密封。螺旋密封的基本结构如图 6-25 所示。

螺旋密封的工作原理是当轴转动时，密封螺纹对充满在密封间隙内的黏性流体产生泵送压头，与被密封的介质压力相平衡，从而阻止流体泄漏。螺旋密封由以下三种流体状态相平衡：一是高压端的液体沿着轴上的螺旋槽向外端泄漏；二是高压端的液体沿转动轴与固定套

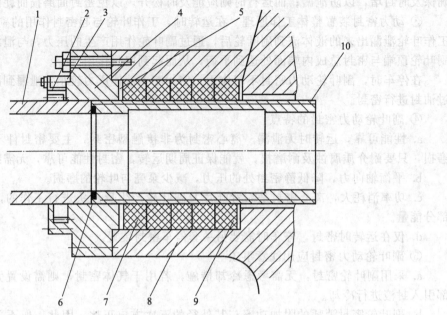

图 6-25 螺旋密封的基本结构

1—轴套；2—油封压盖；3—油封；4—密封压盖；5—垫片；6—O 形
密封圈；7—石墨密封环；8—泵体；9—螺旋套；10—转轴

间的环形间隙向外泄漏；三是外端（低压端）的液体，由于螺旋槽的转动带动向高压端反输运动。在密封装置中，当螺旋槽的反输能力在阻止介质沿螺旋槽的外泄流动之后，还能把沿环形间隙泄漏的液体泵回高压端，使介质不产生外泄漏而达到密封的目的。

　　② 螺旋密封的应用　螺旋密封被成功地推广到许多苛刻条件的场合，如高温、深冷、腐蚀和带颗粒等液体介质密封。近几十年来，国内首先在核动力、空间装置等尖端技术领域内，以及在离心式压缩机上成功地应用了螺旋密封，进而在一般技术领域的油泵、酸碱泵及其他化学溶液泵上采用了螺旋密封，获得了良好的效果。

第7章

典型机械零部件的维修

7.1 轴的修理

7.1.1 轴的磨损或损伤情况分析

轴类零件是组成机械设备的重要零件，也是最容易失效的零件。随着轴的结构形式、工作性质及条件各不相同，失效的形式和程度也不相同。轴类零件常见的失效形式及原因如下。

① 磨损。因低速重载或高速运转，润滑不良引起胶合；或者较硬杂质介入；或受应力作用且润滑不良，引起疲劳磨损。

② 腐蚀。受氧化性、腐蚀性较强的气体、液体作用。

③ 弯曲。长期受到弯矩的作用，或突然受到一个很大弯矩的作用，超过轴的抗弯强度，以致不能变形恢复。

④ 断裂。交变应力作用、局部应力集中、微小裂纹扩展等引起疲劳断裂；温度过低、快速加载、电镀等使氢渗入轴中，引起脆性断裂；过载、材料强度不够、热处理使韧性降低及低温、高温等引起韧性断裂。

⑤ 变形。轴的刚度不足、过载或轴系结构不合理引起弹性变形；轴的强度不足、过量过载、设计结构不合理、高温导致材料强度降低甚至发生蠕变引起塑性变形。

⑥ 轴上的键槽、螺纹等损坏。键槽因受到较强冲击力作用或经常拆卸，螺纹因锈蚀或拆卸时操作不当，使得键槽和螺纹损坏。

7.1.2 轴的修理方法

(1) 轴颈的修复

轴颈因磨损而失去原有的尺寸精度和形状精度，变成椭圆形或圆锥形，此时常用以下方法修复。

① 按规定尺寸修复。当轴颈磨损量小于 0.5mm 时，可用机械加工方法使轴颈恢复正确的几何形状，然后按轴颈的实际尺寸选配新轴衬。这种用镶套进行修复的方法可避免轴颈的变形，在实践中经常使用。

② 堆焊法修复。几乎所有的堆焊工艺都能用于轴颈的修复。堆焊后不进行机械加工的，堆焊层厚度应保持在 1.5~2.0mm；若堆焊后仍需进行机械加工，堆焊层的厚度应使轴颈比其名义尺寸大 2~3mm，堆焊后应进行退火处理。

③ 电镀或喷涂修复。当轴颈磨损量在 0.4mm 以下时，可镀铬修复，但成本较高，只适于重要的轴。为降低成本，对于不重要的轴应采用低温镀铁修复，此方法效果很好，原材料便宜，成本低，污染小，镀层厚度可达 1.5mm，有较高的硬度。磨损量不大的也可采用喷涂修复。

④ 粘接修复。把磨损的轴颈车小 1mm，然后用玻璃纤维蘸上环氧树脂胶，逐层地缠在轴颈上，待固化后加工到规定的尺寸。

(2) 中心孔损坏的修复

修复前，首先除去孔内的油污和铁锈，检查损坏情况，如果损坏不严重，用三角刮刀或油石等进行修整；当损坏严重时，应将轴装在车床上用中心钻加工修复，直至完全符合规定的技术要求。

(3) 圆角的修复

圆角对轴的使用性能影响很大，特别是在交变载荷作用下，常因轴颈直径突变部位的圆角被破坏或圆角半径减小导致轴折断。因此，圆角的修复不可忽视。

圆角的磨伤可用细锉或车削、磨削加工修复。当圆角磨损很大时，需要进行堆焊，退火后车削至原尺寸。圆角修复后，不可有划痕、擦伤或刀迹，圆角半径也不能减小，否则会减弱轴的性能并导致轴的损坏。

(4) 螺纹的修复

当轴表面上的螺纹碰伤、螺母不能拧入时，可用圆板牙或车削加工修整。若螺纹滑牙或掉牙，可先把螺纹全部车削掉，然后进行堆焊，再车削加工修复。

(5) 键槽的修复

当键槽只有小凹痕、毛刺或轻微磨损时，可用细锉、油石或刮刀等进行修整。若键槽磨损较大，可扩大键槽或重新开槽，并配大尺寸的键或阶梯键；也可在原槽位置上旋转 90°或 180°重新按标准开槽，开槽前需先把旧键槽用气焊或电焊填满。

(6) 花键轴的修复

① 当键齿磨损不大时，先将花键部分退火，进行局部加热，然后用钝錾子对准键齿中间，手锤敲击，并沿键长移动，使键宽增加 0.5~1.0mm。花键被挤压后，劈成的槽可用电焊焊补，最后进行机械加工和热处理。

② 采用纵向或横向施焊的自动堆焊方法。纵向堆焊时，把清洗好的花键轴装到堆焊机床上，机床不转动，将振动堆焊机头旋转 90°，并将焊嘴调整到与轴中心线成 45°角的键齿侧面。焊丝伸出端与工件表面的接触点应在键齿的节径上，由床头向尾架方向施焊。横向施焊与一般轴类零件修复时的自动堆焊相同。为保证堆焊质量，焊前应将工件预热，堆焊结束时，应在焊丝离开工件后断电，以免产生端面弧坑。堆焊后要重新进行铣削或磨削加工，以达到规定的技术要求。

③ 按照规定的工艺规程进行低温镀铁，镀铁后再进行磨削加工，使其符合规定的技术要求。

(7) 裂纹和折断的修复

轴出现裂纹后若不及时修复，就有折断的危险。

对于轻微裂纹还可采用粘接修复：先在裂纹处开槽，然后用环氧树脂填补和粘接，待固化后进行机械加工。

对于承受载荷不大或不重要的轴，其裂纹深度不超过轴直径的 10% 时，可采用焊补修复。焊补前，必须认真做好清洁工作，并在裂纹处开好坡口。焊补时，先在坡口周围加热，然后再进行焊补。为消除内应力，焊补后需进行回火处理，最后通过机械加工达到规定的技术要求。

对于承受载荷很大或重要的轴，其裂纹深度超过轴直径的10%或存在角度超过10°的扭转变形，应予以调换。

当载荷大或重要的轴出现折断时，应及时调换。一般受力不大或不重要的轴折断时，可用图7-1所示的方法进行修复。其中图（a）所示为用焊接法把断轴两端对接起来。焊接前，先将两轴端面钻好圆柱销孔，插入圆柱销，然后开坡口进行对接，圆柱销直径一般为（0.3～0.4）d（d为断轴外径）；图（b）所示为用双头螺柱代替圆柱销。若轴的过渡部分折断，可另加工一段新轴代替折断部分，新轴一端车出带有螺纹的尾部，旋入轴端已加工好的螺孔内，然后进行焊接。

有时折断的轴其断面经过修整后，使轴的长度缩短了，此时需要采用接段修理法进行修复，即在轴的断口部位再接上一段轴颈。

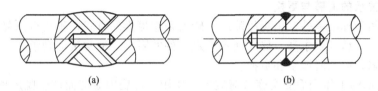

(a)   (b)

图7-1　断轴修复

(8) 弯曲变形的修复

对弯曲量小于长度的8/1000的轴，可用冷校法进行校正。通常普通的轴可在车床上校正，也可用千斤顶或螺旋压力机进行校正。这些方法的弯曲量能达到1m长0.05～0.15mm，可满足一般低速运行的机械设备要求。对要求较高、需精确校正的轴或弯曲量较大的轴，则用热校法进行校正。通过加热使轴的温度达到500～550℃，待冷却后进行校正。加热时间根据轴的直径大小、弯曲量及具体的加热设备确定。热校后应使轴的加热处退火，恢复到原来的力学性能和技术要求。

(9) 其他失效形式的修复

外圆锥面或圆锥孔磨损，均可用车削或磨削方法加工到较小或较大尺寸，达到修配要求，再另外配相应的零件；轴上销孔磨损时，也可将尺寸铰大一些，另配销子；轴上的扁头、方头及球头磨损可采用堆焊或加工、修整几何形状的方法修复；当轴的一端损坏时，可采用局部修换法进行修理，即切削损坏的一段，再焊上一段新的后，加工到要求的尺寸。

7.2　轴承的修理

7.2.1　滚动轴承的修理

(1) 滚动轴承常见的故障特征、产生原因及维修措施

① 特征：轴承温升过高，接近100℃。产生原因：润滑中断；用油不当；密封装置、垫圈、衬套间装配过紧；安装不正确，间隙调整不当；超载、超速。维修措施：及时加油或疏通油路或换油；调整或重新装配密封装置、垫圈、衬套并磨合；控制载荷和速度。

② 特征：轴承声音异常。产生原因：轴承保持架碎裂；轴承因磨损而配合松动；轴承

间隙太大；润滑不良。维修措施：调整、修复或更换轴承；加强润滑。

③ 特征：轴承内、外圈有裂纹。产生原因：装配过盈量太大，配合不当；受到较大的冲击载荷；制造质量不良，轴承材料内部有缺陷。维修措施：更换轴承，修复轴颈。

④ 特征：轴承金属剥落。产生原因：冲击力或交变载荷使滚道和滚动体产生疲劳剥落；内、外圈安装歪斜造成过载；间隙调整过紧；配合面间有铁屑或硬质杂物；选型不当。维修措施：找出过载原因予以排除；重新安装、调整；保持洁净，加强密封；按规定重新选型。

⑤ 特征：轴承表面出现点蚀麻坑。产生原因：油液黏度过低，抗极压能力低；超载。维修措施：更换黏度高的油或采用极压齿轮油；找出超载原因予以排除。

⑥ 特征：轴承咬死。产生原因：严重发热造成局部高温。维修措施：清洗、调整，找出发热原因并采取相应改善措施。

⑦ 特征：轴承磨损。产生原因：润滑不良；超载、超速；装配不良、间隙调整过紧；轴承制造质量不高。维修措施：加强润滑；限制速度和载荷；重新装配、调整间隙；更换轴承。

(2) 滚动轴承的调整与更换

滚动轴承属于标准零件，出现故障后一般均采用更换的方式，不进行修复，这是因为它的构造比较复杂，精度要求高，修复受到一定条件的限制。通常滚动轴承在工作过程中如发现以下各种缺陷，应及时调整和更换。

① 滚动轴承的工作表面受交变载荷应力的作用，金属因疲劳而产生脱皮现象。

② 由于润滑不良、密封不好、灰尘进入，造成工作表面被腐蚀，初期产生具有黑斑点的氧化层，进而发展形成锈层而剥落。

③ 滚动体表面产生凹坑，滚道表面磨损或鳞状剥落，使间隙增大，工作时发出噪声且无法调整。如果继续使用，就会出现振动。

④ 保持架磨损或碎裂，使滚动体卡住或从保持架上脱落。

⑤ 轴承因装配或维护不当而产生裂纹。

⑥ 轴承因过热而退火。

⑦ 内、外圈与轴颈和轴承座孔配合松动，工作时，两者之间发生相互滑移，加速磨损；或者它们之间配合过紧，拆卸后轴承转动仍过紧。

(3) 滚动轴承的修复

在某些情况下，如使用大中型轴承、特殊型号轴承，购置同型号的新轴承比较困难，或轴承个别零件磨损，稍加修复即可使用，并能满足性能要求等，从解决生产急需、节约的角度出发，修复旧轴承还是非常必要的。这时需要根据轴承的大小、类型、缺陷的严重程度、修复的难易、经济效益和本单位的实际条件综合考虑。滚动轴承的修复有如下方法。

① 选配法　它不需要修复轴承中的任何一个零件，只要将同类轴承全部拆卸，并清洗、检验，把符合要求的内、外圈和滚动体重新装配成套，恢复其配合间隙和安装精度即可。

② 电镀法　凡选配法不能修复的轴承，可对外圈和内圈滚道镀铬，恢复其原来的尺寸后再进行装配。镀铬层不宜太厚，否则容易剥落，降低力学性能。也可镀铜、镀铁。

③ 电焊法　圆锥或圆柱滚子轴承的内圈尺寸若能确定修复，可采用电焊修补。修补的工艺过程是：检查、电焊、车削整形、抛光、装配。

④ 修整保持架　轴承保持架除变形过大、磨损过度外，一般都能使用专用夹具和工具进行整形。若保持架有裂纹，可用气焊修补。为了防止保持架整形和装配时断裂，应在整形前先进行正火处理，正火后再抛光待用。若保持架有小裂纹，也可在校正后用胶黏剂修补。

(4) 滚动轴承的代用

如果在维修过程中需要更换的轴承缺货，且又不便于修复，这时可考虑代用。代用的原则是必须满足同种轴承的技术性能要求，特别是工作寿命、转速、精度等级。代用的方法主要有：直接代用、加垫代用、以宽代窄、内径镶套改制代用、外径镶套改制代用、内外径同时镶套代用、用两套轴承代替一套轴承等。

7.2.2 滑动轴承的修理

(1) 滑动轴承常见的故障特征、产生原因及维修措施

① 特征：磨损及刮伤。产生原因：润滑油中混有杂质、异物及污垢；检修方法不妥、安装不对中；润滑不良；使用维护不当；质量指标控制不严；轴承或轴变形、轴承与轴颈磨合不良。维修措施：清洗轴颈、油路、过滤器并换油；修刮轴瓦或新配轴瓦；注意检修质量和安装质量。

② 特征：疲劳破裂。产生原因：由于不平衡引起的振动或轴的连续超载等造成轴承合金疲劳破裂；轴承检修和安装质量不高；轴承温度过高。维修措施：提高安装质量，减少振动；防止偏载、过载；采用适当的轴承合金及结构；严格控制轴承温度。

③ 特征：温度过高。产生原因：轴承冷却不好；润滑不良；过载、超速；装配不当、磨合不够；润滑油中杂质过多；密封不好。维修措施：加强润滑；加强密封；防止过载、超速；提高安装质量；调整间隙并磨合。

④ 特征：胶合。产生原因：润滑不良、轴承过热；负载过人；操作不当或操作系统失灵；安装不对中。维修措施：加强润滑；加强检查，防止过热、过载；重新安装，保证安装对中；胶合较轻则可刮研修复。

⑤ 特征：拉毛。产生原因：大颗粒污垢带入轴承间隙并嵌藏在轴衬上，使轴承与轴颈接触形成硬块，运转时刮伤轴的表面，从而拉毛轴承。维修措施：注意润滑油的洁净；检修时注意清洗，防止污物带入。

⑥ 特征：变形。产生原因：超载、超速，使轴承局部的应力超过弹性极限，出现塑性变形；轴承装配不好；润滑不良，油膜局部压力过高。维修措施：防止超载、超速；加强润滑，防止过热；安装应对中。

⑦ 特征：穴蚀。产生原因：轴承结构不合理；轴的振动；油膜中形成紊流，使油膜压力变化，形成蒸气泡，蒸气泡破裂，轴瓦局部表面产生真空，引起小块剥落，产生穴蚀破坏。维修措施：增大供油压力；改进轴承结构；减少轴承间隙；更换合适的轴承材料。

⑧ 特征：电蚀。产生原因：由于绝缘不好或接地不良，或产生静电，使轴颈与轴瓦之间形成一定的电压，穿透轴颈与轴瓦之间的油膜而产生电火花，将轴瓦打成麻坑状。维修措施：增大供油压力；检查绝缘状况，特别是接触状况；电蚀不严重时可刮研轴瓦；检查轴颈，电蚀不严重时可磨削。

⑨ 特征：机械故障。产生原因：相关机械零件发生损坏或有质量问题，导致轴承损坏，如轴承座错位、变形、孔歪斜、轴变形等；超载、超速、使用不当。维修措施：提高相关零件的制造质量；保证安装质量；避免超载、超速；正确使用，加强维护。

(2) 常见的维修方法

① 整体式轴承

a. 当轴承孔磨损时，一般用调换轴承并通过镗削、铰削或刮削加工轴承孔的方法修复；也可用塑性变形法，即以缩短轴承长度和缩小内径的方法修复。

b. 没有轴套的轴承内孔磨损后，可用镶套法修复，即把轴承孔镗大，压入加工好的衬套，然后按轴颈修整，使之达到配合要求。

② 剖分式轴承

a. 更换轴瓦。一般在下述条件下需要更换新轴瓦：严重烧损、瓦口烧损面积大、磨损深度大，用翻研与磨合的方法不能挽救；瓦衬的轴承合金减薄到极限尺寸；轴瓦发生碎裂或裂纹严重；磨损严重，径向间隙过大而不能调整。

b. 刮研轴承。在运转中擦伤或严重胶合（即烧瓦）的事故是经常见到的。通常的维修方法是清洗后刮研轴瓦内表面，然后再与轴颈配合刮研，直到重新获得需要的接触精度为止。对于一些较轻的擦伤或某一局部烧伤，可以通过清洗并更换润滑油，然后用在运转中磨合的方法来处理，而不必再进行拆卸刮研。

c. 调整径向间隙。轴承因磨损而使径向间隙增大，从而出现漏油、振动、磨损加快等现象。在维修时经常用增减轴承瓦口之间的垫片重新调整径向间隙，改善上述缺陷。修复时若撤去轴承瓦口之间的垫片，则应按轴颈尺寸进行刮配。如果轴承瓦口之间无调整垫片，可在轴衬背面镀铜或垫上薄铜皮，但必须垫牢防止窜动。轴衬上合金层过薄时，要重新浇注抗磨合金或更换新轴衬后刮配。

d. 缩小接触角度、增大油楔尺寸。轴承随着运转时间的增加，磨损逐渐增大，形成轴颈下沉，接触角度增大，使润滑条件恶化，加快磨损。在径向间隙不必调整的情况下，可用刮刀开大瓦口，减小接触角度，缩小接触范围，增大油楔尺寸的方法来修复。有时这种修复与调整径向间隙同时进行，将会得到更好的修复效果。

e. 补焊和堆焊。对磨损、刮伤、断裂或有其他缺陷的轴承，可用补焊或堆焊修复。一般用气焊修复轴瓦。对常用的巴氏合金轴承采用补焊，主要的修复工艺如下。

ⅰ．用扁錾、刮刀等工具对需要补焊的部位进行清理，做到表面无油污、残渣、杂质，并露出金属的光泽。

ⅱ．选择与轴承材质相同的材料作为焊条，用气焊对轴承补焊，焊层厚度一般为 2～3mm，较深的缺陷可补焊多层。

ⅲ．补焊面积较大时，可将轴承底部浸入水中冷却，或间歇作业，留有冷却时间。

ⅳ．补焊后要再加工，局部补焊可通过手工修整与刮研完成修复，较大面积的补焊可在机床上进行切削加工。

f. 重新浇注轴承瓦衬。对于磨损严重而失效的滑动轴承，补焊或堆焊已不能满足要求，这时需要重新浇注轴承合金，它是非常普遍的修复方法。其主要工艺过程和注意要点如下。

ⅰ．做好浇注前的准备工作，包括必要的工具、材料与设备，例如固定轴瓦的卡具和平板、按图纸要求同牌号的轴承合金、挂锡用的锡粉和锡棒、熔化轴承合金的加热炉、盛轴承合金的坩埚等。

ⅱ．浇注前应将轴瓦上的旧轴承合金熔掉，可以用喷灯火烤，也可以把旧瓦置于熔化合金的坩埚上使合金熔掉。

ⅲ．检查和修正瓦背，使瓦背内表面无氧化物，呈银灰色；使瓦背的几何形状符合技术要求；使瓦背在浇注之前扩张一些，保证浇注后因冷却收缩能和瓦座很好贴合。

ⅳ．清洗、除油、去污、除锈、干燥轴瓦，使它在挂锡前保持清洁。

ⅴ．挂锡，包括将锌溶解在盐酸内的氯化锌溶液涂刷在瓦衬表面，将瓦衬预热到 250～270℃；再一次均匀地涂上一层氯化锌溶液，撒上一些氯化铵粉末并成薄薄的一层；将锡条或锡棒用锉刀锉成粉末，均匀地撒在处理好的瓦衬表面上，锡受热即熔化在上面，形成一层薄而均匀且光亮的锡衣；若出现淡黄色或黑色的斑点，说明质量不好，需重新挂锡。

ⅵ．熔化轴承合金，包括对瓦衬预热；选用和准备轴承合金；将轴承合金熔化，并在合金表面上撒一层碎木炭块，厚度在 20mm 左右，减少合金表面氧化，注意控制温度，既不要过高，也不能过低，一般锡基轴承合金的浇注温度为 400～450℃，铅基轴承合金的浇注温度为 460～510℃。

ⅶ. 浇注轴承合金，浇注前最好将瓦衬预热到150～200℃；浇注的速度不宜过快，不能间断，要连续、均匀地进行；浇注温度不宜过低，避免砂眼的产生；要注意清渣，将浮在表面的木炭、熔渣除掉。

ⅷ. 质量检查，通过断口来分析判断缺陷，若质量不符合技术要求则不能使用。

有条件的单位要采用离心浇注。其工艺过程与手工浇注基本相同，只是浇注不用人工而在专用的离心浇注机上进行。离心浇注是利用离心力的作用，使轴承合金均匀而紧密地粘合在瓦衬上，从而保证了浇注质量。这种方法生产效率高，改善了工人的劳动条件，对成批生产或维修轴瓦来说比较经济。

g. 塑性变形法。对于青铜轴套或轴瓦还可采用塑性变形法进行修复，主要有镦粗、压缩和校正等方法。

ⅰ. 镦粗法是用金属模和芯棒定心，在上模上加压，使轴套内径减小，然后再加工其内径。它适用于轴套的长度与直径之比小于2的情况。

ⅱ. 压缩法是将轴套装入模具中，在压力的作用下使轴套通过模具把其内、外径都减小，减小后的外径用金属喷涂法恢复原来的尺寸，然后再加工到需要的尺寸。

ⅲ. 校正法是将两个半轴瓦合在一起，固定后在压力机上加压成椭圆形，然后将半轴瓦的接合面各切去一定厚度，使轴瓦的内、外径均减小，外径用金属喷涂法修复，再加工到所要求的尺寸。

7.3 孔的修理

7.3.1 连杆轴瓦的镗削

为了保证连杆轴瓦孔的轴心线与连杆小端衬套孔轴心线平行，选择与大端销孔相配合的活动销外圆作定位基准。即把活动销伸出的两端放在镗瓦机的专用V形铁上，连杆小端放在能调节的顶尖上，然后压紧，完成装卡定位。

为了保证镗削后的轴瓦合金厚度均匀一致和大、小端中心距基本保持不变化，镗杆应该找正对中心。转动镗杆，使刀尖在轴瓦表面上下左右四个位置的划痕深度一致。找正后的夹紧力不宜过大。

镗削连杆轴瓦时，因为轴瓦精加工余量很小，所以要求对刀尺寸误差小。常使用带V形架的对刀百分尺进行对刀，如图7-2所示。

对刀尺寸可用下面公式计算：

$$A = B + \frac{D+d}{2} \tag{7-1}$$

式中　A——对刀尺寸；

　　　D——轴瓦镗削尺寸；

　　　d——刀杆尺寸；

　　　B——用对刀百分尺测量刀杆的读数。

7.3.2 主轴瓦的镗削

主轴瓦镗削在专用轴瓦镗床上进行。镗杆找正对中以前后两道主轴承座孔为基准，找正

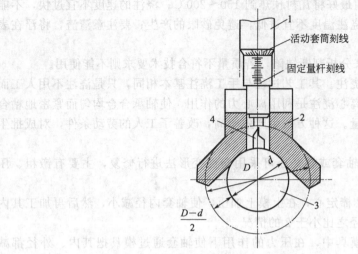

活动套筒刻线

固定量杆刻线

$\frac{D-d}{2}$

图 7-2 对刀百分尺
1—活动套筒；2—V 形架；3—镗杆；4—镗刀

后夹紧试镗，检查镗削尺寸，进一步调整镗刀尺寸。为了保证各主轴承镗削尺寸一致，生产中常使用活动刀盘，当镗完一道轴瓦后，只需松开固定螺钉，将活动刀盘移至另一道轴瓦处进行加工。

主轴瓦镗削同连杆轴瓦镗削一样，要求尽可能小的表面粗糙度值和尽可能高的尺寸精度。圆度误差也要尽可能小。轴瓦镗削是保证发动机修理质量的关键工序，应选派技术等级较高的技工进行。

7.3.3 镗缸与珩磨

(1) 镗缸

缸筒或气缸磨损后应该进行镗缸修理。镗缸应在镗缸机上进行。镗缸有同心镗法和偏心镗法两种方法。同心镗法以气缸未磨损的气缸口表面作为找正基准；偏心镗法以气缸最大磨损处作为找正定心基准，偏心镗法的偏移方位在连杆摆动平面内最好。

镗缸时应尽可能减少由于镗杆受力弯曲和刀头磨损可能引起上大下小的锥度偏差。粗镗时主要注意恢复缸筒的几何形状，精镗时应提高尺寸精度和降低表面粗糙度值。

对于高硬度的缸筒，应使用 YG_6 或 YG_3 硬质合金刀头。

(2) 珩磨

为进一步提高缸筒或气缸的表面质量，镗削后应进行珩磨。珩磨加工同时有两个运动，一个是磨头的旋转运动，另一个是磨头的往复运动，如图 7-3 所示。

磨头上装有绿色碳化硅砂条。粗珩磨时用中软硬度、粒度为 40～200 目的砂条，精珩磨时用较软硬度、粒度为 300～500 目的砂条。

磨头两种运动的合成运动使磨头磨粒在缸壁上形成的加工网纹夹角应不小于 30°。所以一般磨头圆周速度为 50～75m/min，往复运动速度为 6～15m/min。磨头砂条在气缸中作上下运动时，磨条伸出缸筒两端长度要相等，约为砂条长度的 1/3。因为伸出过长或过短会使气缸出现喇叭口状和腰鼓状。

为了进一步降低珩磨表面粗糙度值，在磨条珩磨之后，有的还用珩磨刷再进行精整加工。珩磨刷是在尼龙杆顶端装有一个尼龙小球，球上黏着碳化硅磨料，如图 7-4 所示。珩磨刷与普通磨头的运动是一样的。

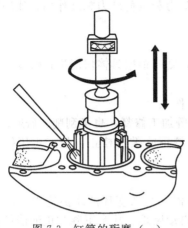

图 7-3 缸筒的珩磨（一）

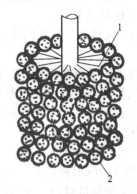

图 7-4 缸筒的珩磨（二）
1—尼龙杆；2—尼龙球

7.4 壳体零件的修理

壳体零件是机械设备的基础件之一。由它将一些轴、套、齿轮等零件组装在一起，使其保持正确的相对位置，彼此能按一定的传动关系协调地运动，构成机械设备的一个重要部件。因此，壳体零件的修复对机械设备的精度、性能和寿命都有直接的影响。壳体零件的结构形状一般都比较复杂，壁薄且不均匀，内部呈腔形，在壁上既有许多精度较高的孔和平面需要加工，又有许多精度较低的紧固孔需要加工。下面简要介绍几种壳体零件的修复工艺要点。

7.4.1 气缸体的修理

(1) 气缸体裂纹的修复

① 产生裂纹的部位和原因

气缸体的裂纹一般发生在水套薄壁、进排气门垫座之间、燃烧室与气门座之间、两气缸之间、水道孔及缸盖螺钉固定孔等部位。产生裂纹的原因主要有以下几个。

a. 急剧的冷热变化形成内应力。

b. 冬季忘记放水而冻裂。

c. 气门座附近局部高温产生热裂纹。

d. 装配时因过盈量过大引起裂纹。

② 常用修复方法 主要有焊补、粘补、栽铜螺钉填满裂纹、用螺钉把补板固定在气缸体上等。

(2) 气缸体和气缸盖变形的修复

① 变形的危害和原因

a. 变形不仅破坏了几何形状，而且使配合表面的相对位置偏差增大，例如破坏了加工基准面的精度，破坏了主轴承座孔的同轴度、主轴承座孔与凸轮轴承孔中心线的平行度、气缸中心线与主轴承孔的垂直度等。

b. 变形还引起密封不良、漏水、漏气，甚至冲坏气缸衬垫。

变形产生的原因主要有：制造过程中产生的内应力和负荷外力相互作用、使用过程中缸体过热、拆装过程中未按规定操作等。

② 变形的修复

如果气缸体和气缸盖的变形超过技术规定范围，则应根据具体情况进行修复，主要方法如下。

a. 气缸体平面螺孔附近凸起，用油石或细锉修平。

b. 气缸体和气缸盖平面不平，可用铣、刨、磨等加工修复，也可刮削、研磨。

c. 气缸盖翘曲，可进行加温，然后在压力机上校正或敲击校正，最好不用铣、刨、磨等加工修复。

(3) 气缸磨损的修复

① 磨损的原因和危害　磨损通常是由腐蚀、高温和与活塞环的摩擦造成的，主要发生在活塞环运动的区域内。磨损后会出现压缩不良、启动困难、功率下降和机油消耗量增加等现象，甚至发生缸套与活塞的非正常撞击。

② 磨损的修复　气缸磨损后可采用修理尺寸法，即用镗削和磨削的方法，将缸径扩大到某一尺寸，然后选配与气缸相符合的活塞和活塞环，恢复正确的几何形状和配合间隙。当缸径超过标准直径直至最大限度时，可用镶套法修复，也可用镀铬法修复。

(4) 其他损伤的修复

主轴承座孔同轴度偏差较大时，需进行镗削修整，其尺寸应根据轴瓦瓦背镀层厚度确定；当同轴度偏差较小时，可用加厚的合金轴瓦进行一次镗削，弥补座孔的偏差；对于单个磨损严重的主轴承座孔，可将座孔镗大，配上钢制半圆环，用沉头螺钉固定，镗削到规定尺寸；座孔轻度磨损时，可使用刷镀方法修复，但要保证镀层与基体的结合强度和镀层厚度均匀一致，并不得超出规定的圆柱度范围。

7.4.2　变速箱体的修理

(1) 变速箱体的缺陷与检查

① 箱体变形

箱体变形后将破坏轴承座孔之间、孔与箱体平面之间的位置精度。最主要的是同一根轴前后轴承座孔的同轴度和第一轴、第二轴、中间轴三者之间的平行度，其次是箱体的后端面与轴承座孔轴线的垂直度。上述各项位置精度降低后，将使变速箱传递扭矩的不均匀性加大，齿轮轴向分力增大。

箱体变形情况可用图7-5所示的辅助心轴进行检查。

a. 两心轴外侧间的距离减去两心轴半径之和是中心距。变速箱体两端中心距之差即为两轴的平行度误差。这种利用心轴的测量方法，只有当两根心轴轴线在同一平面内时才比较准确。

b. 检查轴心线与端面垂直度时，用图7-5中左侧的百分表进行测量。将其轴轴向位置固定，转动一周，表针摆动量即为所测圆周上的垂直度误差大小。

c. 测量箱体上平面与轴心线平行度误差时，可在上平面搭放一横梁，在横梁中部心轴上方安放一百分表，使表的触头触及轴上表面，横梁由一端移至另一端时，表针摆动大小即反映了上平面对轴心线的平行度误差以及上平面本身平面度误差或翘曲程度。此项检查看图7-5中的百分表4。

无定位套与心轴时也可以用图7-6所示的方法进行间接测量检查。

d. 将箱体上平面倒置于平台之上，用高度游标卡尺及百分表测量同一轴线上两端孔的下缘高度，其高度差即为上平面相对孔的轴心线的平行度误差。用同样的方法测量同一平面内的上下轴孔的高度时，即可得到上下孔间在垂直方向的距离 L_1，再将箱体与上述位置相垂直放置（即将箱体转动 90°），并以同样的方法测量，可得到另一垂直方向上的孔心距离 L_2，由 L_1 和 L_2 可计算出实际孔心距 L，$L = \sqrt{L_1 + L_2}$。根据两端的孔心距可以算出它的差值，就可得到孔的轴心线间的平行度误差大小。

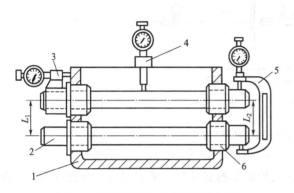 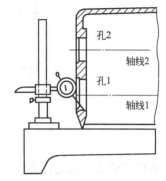

图 7-5 箱体变形检查（带辅助心轴）   图 7-6 箱体变形检查（无辅助心轴）

1—箱体；2—辅助心轴；3,4—百分表；5—表架；6—定心衬套

c. 用塞规测试上平面与平台之间的间隙，即可知道箱体上平面的翘曲程度或平面度误差。

② 轴承孔的磨损 轴承孔一般不易产生磨损。只有当轴承进入脏物或滚道严重磨损后，滚动阻力增大，或因缺油轴承烧蚀时有可能会引起轴承外座圈磨损或轴瓦相对座孔产生轻微转动而磨损。轴向窜动量过大也有可能加快轴承座孔的磨损。

③ 箱体裂纹 一般情况属制造缺陷，有时因工作受力过大而引起裂纹。箱体应清洗干净后，以眼或放大镜仔细观察表面有无裂纹。必要时可以用煤油渗漏方法检查。

(2) 箱体的修理

① 箱体变形的修正。若上平面翘曲或平面度误差较小时，可将箱体倒置于研磨平台上，用气门砂研磨修平。翘曲较大时，应该用磨削或铣削加工方法修平，此时应以孔的轴心线为基准找平，以保证加工后的平面与轴心线的平行度。

② 若孔心距之间的平行度误差超限时，可用镗孔镶套的方法修复，以恢复各轴孔间的位置精度。

③ 裂纹焊补时应尽量减少箱体的变形和焊道产生白口组织。

④ 若箱体的轴承孔磨损，可用修理尺寸法和镶套法修复。当套筒壁厚为 7～8mm 时，压入镶套之后应再次镗孔，直至符合规定的技术要求。此外，也可采用局部电镀、喷涂或刷镀等方法进行修复。

7.4.3 机床主轴箱的修理

机床主轴箱滚动轴承经长期工作后，轴承滚道严重磨损，滚柱与外环之间的摩擦力增大，当摩擦力增大到足以克服外环与座孔之间的摩擦力时，迫使轴承外环在座孔内转动，座孔渐渐磨损，使轴承与座孔配合松动，影响主轴精度，加工误差增大。

严重磨损的轴承座孔常用镗孔镶套的方法进行修理。镗孔要求在精密镗床上加工。镗孔前要对镗杆找正对中心，找正基准应该是轴承座孔未磨损的表面。套筒壁厚应为 7～8mm。压入镶套之后再次镗孔，此次要求尺寸精度和形状精度都较高，达到规定的标准。

将修理合格的床头箱安装在床身导轨上，在主轴锥孔内插入检验棒1，并利用表架2上的千分表3检查床头箱主轴线在水平平面内和垂直平面内的平行度，此时要将带千分表的桥板沿床身导轨移动，移动距离为检验棒全长，如图7-7所示。

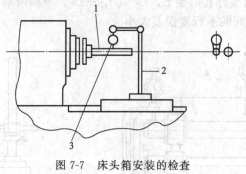

图7-7　床头箱安装的检查
1—检验棒；2—千分表架；3—千分表

　　检验后若偏差超过允许值时，要刮削床头箱底部的支承面，减少偏差。刮削以后，研点在25mm×25mm的面积上应不少于10个。

7.5　传动零件的修理

7.5.1　丝杠的修理

　　多数丝杠由于长期暴露在外，极容易产生磨料磨损，并在全长上不均匀；由于床身导轨磨损，使得溜板箱连同开合螺母下沉，造成丝杠弯曲，旋转时产生振动，影响机床加工质量。因此必须对丝杠进行修复。

　　丝杠中的螺纹部分和轴颈磨损时，一般可以采用以下方法解决。

　　① 掉头使用。

　　② 切除损坏的非螺纹部分，焊接一段新轴后重新车削加工，使之达到原有的技术要求。

　　③ 堆焊轴颈并进行相应的处理。

7.5.2　齿轮的修理

(1) 齿轮的测绘

　　凡齿轮失去使用能力，为配换、更新齿轮所进行的测绘称为修理测绘。设备维修时，齿轮的测绘是经常遇到的一项比较复杂的工作，要在没有或缺少技术资料的情况下，根据齿轮实物而且往往是已经损坏了的实物测量出部分数据，然后根据这些数据推算出原设计参数，确定制造时所需的尺寸，画出齿轮工作图。以下仅介绍渐开线直齿圆柱齿轮的测绘。

　　测绘渐开线直齿圆柱齿轮的主要任务是确定基本参数 m（或 p）、n、z、h_a^*、c^*、x。为此，需对被测量的齿轮作一些几何尺寸参数的测量。

　　① 齿数 z 的测量　通常情况下，见到的齿轮多为完整齿轮，整个圆周都布满了轮齿，只要数一下有多少个齿就可以确定其齿数 z。对于扇形齿轮或残缺的齿轮，只有部分圆周，无法直接确定一周应有的齿数。为此，这里介绍两种方法，即图解法和计算法。

　　a. 图解法　如图7-8(a)所示，以齿顶圆直径 d_a 画一个圆，根据扇形齿轮实有齿数多少而量取跨多少齿距的弦长 A，见图 7-8(b)，再以此弦长 A 截取圆 d_a，对小于 A 的剩余部分 DF，再以一个齿距的弦长 B 截取，最后即可算出齿数 z。图中，以 A 依次截取 d_a 为 3 份，即 CD、CE 和 EF，剩余部分 DF 正好被 B 一次截取。设弦长 A 包含 n 个齿，则

$$z = 3n + 1 \tag{7-2}$$

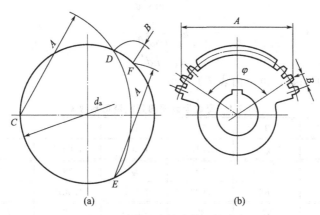

图 7-8 不完整齿轮齿数 z 的确定

b. 计算法 量出跨 n 各齿的齿顶圆弦长 A，如图 7-8(b) 所示，求出 n 个齿所含的圆心角 φ，再求出一周的齿数 z。

$$\varphi = 2\arcsin\frac{A}{d_a} \tag{7-3}$$

$$z = 360°\frac{n}{\varphi} \tag{7-4}$$

② 齿顶圆直径 d_a 和齿根圆直径 d_f 的测量 如图 7-9 所示，对于偶数齿齿轮，可用游标卡尺直接测量得到 d_a 和 d_f；而对奇数齿齿轮则不能直接测量得到，可按下述方法进行。

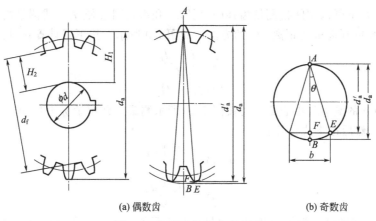

(a) 偶数齿   (b) 奇数齿

图 7-9 齿顶圆直径 d_a 的测量

a. 仍用游标卡尺直接测量，但此时卡尺的一侧在齿顶，另一侧在齿间，测得的不是 d_a，而是 d_a'，需通过几何关系推算获得。从图 7-9(b) 可看出，在 $\triangle ABE$ 中

$$\cos\theta = \frac{AE}{AB} = \frac{AE}{d_a}$$

在 $\triangle ABF$ 中

$$\cos\theta = \frac{AF}{AE} = \frac{d_a'}{AE}$$

将以上两式相乘则得到

$$\cos^2\theta=\frac{AE}{d_a}\times\frac{d_a'}{AE}=\frac{d_a'}{d_a}$$

$$d_a=\frac{d_a'}{\cos^2\theta} \tag{7-5}$$

令

$$k=\frac{1}{\cos^2\theta}$$

则

$$d_a=kd_a' \tag{7-6}$$

其中 k 称为校正系数，也可由表 7-1 查得。

表 7-1 奇数齿齿顶圆直径校正系数 k

z	7	9	11	13	15	17	19
k	1.02	1.0154	1.0103	1.0073	1.0055	1.0043	1.0034
z	21	23	25	27	29	31	33
k	1.0028	1.0023	1.0020	1.0017	1.0015	1.0013	1.0011
z	35	37	39	41,43	45	47~51	53~57
k	1.0010	1.0009	1.0008	1.0007	1.0006	1.0005	1.0004

b. 对于中间有孔的齿轮，也可用间接测量的方法，即测量内孔直径 d，内孔壁到齿顶的距离 H_1 或内孔壁到齿根的距离 H_2，如图 7-9(a) 所示，计算得到

$$d_a=d+2H_1 \tag{7-7}$$

$$d_f=d+2H_2 \tag{7-8}$$

③ 全齿高 h 的测量

a. 全齿高 h 可采用游标深度尺直接测量，这种方法不够精确，测得的数值只能作为参考。

b. 全齿高 h 也可以用间接测量齿顶圆直径 d_a 和齿根圆直径 d_f，或测量内孔壁到齿顶的距离 H_1 和内孔壁到齿根的距离 H_2 的方法，如图 7-9 所示，按下式计算获得：

$$h=\frac{d_a-d_f}{2} \tag{7-9}$$

$$h=H_1-H_2 \tag{7-10}$$

④ 中心距 a 的测量   中心距 a 可按图 7-10 所示测量，即用游标卡尺测量 A_1 和 A_2，孔径 ϕd_1 和 ϕd_2，然后按下式计算：

$$a=A_1+\frac{d_1+d_2}{2} \tag{7-11}$$

或

$$a=A_2-\frac{d_1+d_2}{2} \tag{7-12}$$

测量时要力求准确，为了使测量值尽量符合实际值，还必须考虑孔的圆度、锥度及两孔轴线的平行度对中心距的影响。

⑤ 公法线长度 W_k 的测量   公法线长度 W_k 可用精密游标卡尺或公法线千分尺测量，如图 7-11 所示。

依据渐开线的性质，理论上卡尺在任何位置测得的公法线长度都相等，但实际测量时以分度圆附近的尺寸精度最高。因此，测量时应尽可能使卡尺切于分度圆附近，避免卡尺接触齿尖或齿根圆角。测量时，如切点偏高，可减少跨测齿数 k；如切点偏低，可增加跨测齿数 k。跨测齿数 k 值可按公式(7-13) 计算或直接查表 7-2。如测量一标准直齿圆柱齿轮，其齿

形角 $\alpha=20°$，齿数 $z=30$，则公法线的跨测齿数 k 为 4。

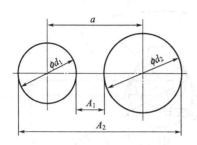

图 7-10　中心距 a 的测量

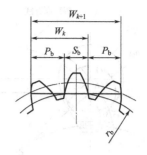

图 7-11　公法线长度 W_k 的测量

$$k=z\frac{\alpha}{180°}+0.5 \tag{7-13}$$

表 7-2　测量公法线长度时的跨测齿数 k

齿形角 α	跨测齿数 k							
	2	3	4	5	6	7	8	9
	被测齿轮齿数 z							
14.5°	9～23	24～35	36～47	48～59	60～70	71～82	83～95	96～100
15°	9～23	24～35	36～47	48～59	60～71	72～83	84～95	96～107
20°	9～18	19～27	28～36	37～45	46～54	55～63	64～72	73～81
22.5°	9～16	17～24	25～32	33～40	41～48	49～56	57～64	65～72
25°	9～14	15～21	22～29	30～36	37～43	44～51	52～58	59～65

⑥ 基圆齿距 p_b 的测量（即旧标准基节 p_b 的测量）

a. 用公法线长度测量　从图 7-12 中可见，公法线长度每增加 1 个跨齿，即增加 1 个基圆齿距，所以基圆齿距 p_b 可通过公法线长度 W_k 和 W_{k+1} 的测量计算获得：

$$p_b=W_{k+1}-W_k \tag{7-14}$$

式中，W_k 和 W_{k+1} 分别为跨 k 和 $k+1$ 个齿时的公法线长度。

考虑到公法线长度的变动误差，每次测量时，必须在同一位置，即取同一起始位置、同一方向进行测量。

b. 用标准圆棒测量　图 7-12 所示为用标准圆棒测量基圆齿距的原理，图中两直径分别为 d_{p1} 和 d_{p2} 的标准圆棒切于两相邻齿廓。另外，为了减少测量误差的影响，两圆棒直径的差值应尽可能取得大一些，通常差值可取 0.5～3mm。过基圆作两条假想的渐开线，使其分别通过圆棒中心 O_1、O_2。依据渐开线的性质，从图 7-12 中可看出，圆棒半径等于基圆上相应的一段弧长，即

$$\frac{d_p}{2}=r_b\text{inv}\alpha$$

从而可得到下式

$$\frac{d_{p2}-d_{p1}}{2}=\pm r_b(\text{inv}\alpha_2-\text{inv}\alpha_1)$$

等式右端的"＋"号用于外齿轮，"－"号用于内齿轮。

再依据几何关系

$$\alpha_1=\arccos\frac{r_b}{R_{x1}}$$

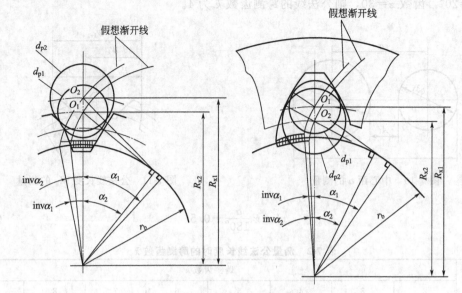

图 7-12　用标准圆棒测量基圆齿距

$$\alpha_2 = \arccos \frac{r_b}{R_{x2}}$$

将 α_1 和 α_2 值代入前式得

$$d_{p2} - d_{p1} = \pm 2r_b \left(\text{invarccos} \frac{r_b}{R_{x2}} - \text{invarccos} \frac{r_b}{R_{x1}} \right) \tag{7-15}$$

公式中的 r_b 为基圆半径，无法用简单的代数方法求出。为此，可采用试算法，即以不同的 r_b 值代入式中，使等式成立的 r_b 值即为所求的值。

求得 r_b 值后，就可按下式求得 p_b。

$$p_b = 2\pi \frac{r_b}{z} \tag{7-16}$$

c. 用基圆齿距仪测量　可以用基圆齿距仪或万能测齿仪直接测量，基圆齿距仪的测量原理如图 7-13 所示。

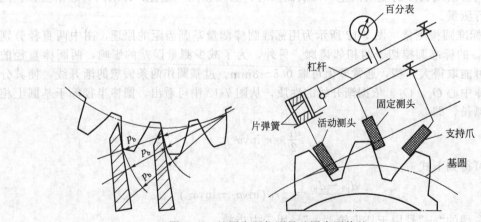

图 7-13　基圆齿距仪测量基圆齿距偏差

⑦ 分度圆弦齿厚及固定弦齿厚的测量　测量弦齿厚可用齿厚游标卡尺，如图 7-14 所示。齿厚游标卡尺由水平、垂直两尺组成。测量时将垂直尺调整到相应弦齿高的位置，即分

度圆弦齿高或固定弦齿高,再用水平尺测量分度圆弦齿厚或固定弦齿厚。

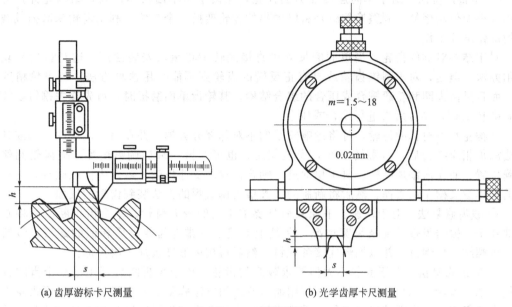

(a) 齿厚游标卡尺测量　　　　　　　　　　(b) 光学齿厚卡尺测量

图 7-14　齿厚测量

为了减少被测齿轮齿顶圆偏差对测量结果的影响,应在分度圆弦齿高或固定弦齿高的表值基础上加上齿顶圆半径偏差值。齿顶圆半径偏差值为实测值与公称值之差。

(2) 齿轮的修理

对因磨损或其他故障而失效的齿轮进行修复,在机械设备维修中甚为多见。齿轮的类型很多,用途各异。齿轮常见的失效形式、损伤特征、产生原因和维修方法如表 7-3 所示。

表 7-3　齿轮常见的失效形式、损伤特征、产生原因及维修方法

失效形式	损伤特征	产生原因	维修方法
轮齿折断	整体折断一般发生在齿根,局部折断一般发生在轮齿一端	齿根处弯曲应力最大且集中,载荷过分集中、多次重复作用、短期过载	堆焊、局部更换、栽齿、镶齿
疲劳点蚀	在节线附近的下齿面上出现疲劳点蚀坑并扩展,呈贝壳状,可遍及整个齿面,噪声、磨损、动载加大,在闭式齿轮中经常发生	长期受交变接触应力作用,齿面接触强度和硬度不高,表面粗糙度大一些、润滑不良	堆焊、更换齿轮、变位切削
齿面剥落	脆性材料、硬齿面齿轮在表层或次表层内产生裂纹,然后扩展,材料呈片状剥离齿面,形成剥落坑	齿面受高的交变接触应力,局部过载、材料缺陷、热处理不当,润滑油黏度过低、轮齿表面质量差	堆焊、更换齿轮、变位切削
齿面胶合	齿面金属在一定压力下直接接触发生黏着,并随相对运动从齿面上撕落,按形成条件分为热胶合和冷胶合	热胶合发生于高速重载,引起局部瞬时高温,导致油膜破裂,使齿面局部粘焊;冷胶合发生于低速重载,局部压力过高、油膜压溃,产生胶合	更换齿轮、变位切削、加强润滑
齿面磨损	轮齿接触表面沿滑动方向有均匀重叠条痕,多见于开式齿轮,导致失去齿形、齿厚减薄而断齿	铁屑、尘粒等进入轮齿的啮合部位引起磨粒磨损	堆焊、调整换位、更换齿轮、换向、塑性变形、变位切削、加强润滑
塑性变形	齿面产生塑性流动,破坏了正确的齿形曲线	齿轮材料较软,承受载荷较大、齿面间摩擦力较大	更换齿轮、变位切削、加强润滑

常用的齿轮修理方法如下。

① 调整换位法 对于单向运转受力的齿轮，轮齿常为单面损坏，只要结构允许，可直接用调整换位法修复。调整换位就是将已磨损的齿轮变换一个方位，利用齿轮未磨损或磨损轻的部位继续工作。

对于结构对称的齿轮，当单面磨损后可直接翻转 180°重新安装使用，这是齿轮修复的通用办法。但是，对于圆锥齿轮或具有正反转的齿轮则不能采用这种方法。若齿轮精度不高，而且是由齿圈和轮毂铆合或压合的组合结构，其轮齿单面磨损时，可先除去铆钉，拉出齿圈翻转 180°，换位后再进行铆合或压合。

结构左右不对称的齿轮，可将影响安装的不对称部分去掉，并在另一端用焊、铆或其他方法添加相应结构后，再翻转 180°，安装使用；也可在另一端加调整垫片，把齿轮调整到正确位置，而无需添加结构。对于单面进入啮合位置的变速齿轮，若发生齿端碰缺，可将原有的换挡拨叉槽车削去掉，然后将新制的拨叉槽用铆或焊的方法装到齿轮的反面。

② 栽齿修复法 对于低速、平稳载荷且要求不高的较大齿轮，单个齿折断后可将断齿根部锉平，根据齿根高度及齿宽情况，在其上面栽上一排与齿轮材质相似的螺钉，包括钻孔、攻螺纹、拧螺钉，并以堆焊连接各螺钉，然后再按齿形样板加工出齿形。

③ 镶齿修复法 对于受载不大但要求较高的齿轮，单个齿折断后可用镶单个齿的方法修复。如果齿轮有几个齿连续损坏，可用镶齿轮块的方法修复。若多联齿轮、塔形齿轮中有个别齿轮损坏，用齿圈替代法修复。重型机械的齿轮通常把齿圈以过盈配合的方式装在轮芯上，成为组合式结构。当这种齿轮的轮齿磨损超限时，可把坏齿圈拆下，换上新的齿圈。

④ 堆焊修复法 当齿轮的轮齿崩坏，齿端、齿面磨损超限，或存在严重表层剥落时，可以使用堆焊法进行修复。齿轮堆焊的一般工艺为：焊前退火、焊前清洗、施焊、焊缝检查、焊后机械加工与热处理、精加工、最终检查及修整。

a. 轮齿局部堆焊 当齿轮的个别齿断齿、崩牙，遭到严重损坏时，可以用电弧堆焊法进行局部堆焊。为防止齿轮过热、避免热影响，可把齿轮浸入水中，只将被焊齿露出水面，在水中进行堆焊。轮齿端面磨损超限，可采用熔剂层下粉末焊丝自动堆焊。

b. 齿面多层堆焊 当齿轮少数齿面磨损严重时，可用齿面多层堆焊。施焊时，从齿根逐步焊到齿顶，每层重叠量为 2/5～1/2，焊一层经稍冷后再焊下一层。如果有几个齿面需堆焊，应间隔进行。

对于堆焊后的齿轮，要经过加工处理以后才能使用。最常用的加工方法有如下两种。

a. 磨合法 按应有的齿形进行堆焊，以齿形样板随时检验堆焊层厚度，基本上不堆焊出加工余量，然后通过手工修磨处理，除去大的凸出点，最后在运转中依靠磨合磨出光洁表面。这种方法工艺简单、维修成本低，但配对齿轮磨损较大、精度低。它适用于转速很低的开式齿轮修复。

b. 切削加工法 齿轮在堆焊时留有一定的加工余量，然后在机床上进行切削加工。此种方法能获得较高的精度，生产效率也较高。

⑤ 塑性变形法 此法是用一定的模具和装置并以挤压或滚压的方法将齿轮轮缘部分的金属向齿的方向挤压，使磨损的齿加厚，如图 7-15 所示。

将齿轮加热到 800～900℃放入下模 3 中，然后将上模 2 沿导向杆 5 装入，用手锤在上模四周均匀敲打，使上、下模互相靠紧。将销子 1 对准齿轮中心以防止轮缘金属经挤压后进入齿轮轴孔的内部。在上模 2 上施加压力，齿轮轮缘金属即被挤压流向齿的部分，使齿厚增大。齿轮经过模压后，再通过机械加工铣齿，最后按规定进行热处理。图 7-15 中 4 为修复的齿轮。

塑性变形法只适用于修复模数较小的齿轮。由于受模具尺寸的限制，齿轮的直径也不宜

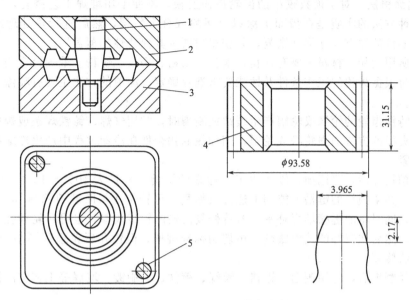

图 7-15　用塑性变形法修复齿轮

1—销子；2—上模；3—下模；4—被修复的齿轮；5—导向杆

过大。需修复的齿轮不应有损伤、缺口、剥蚀、裂纹以及用此法修复不了的其他缺陷；材料要有足够的塑性，并能成形；结构要有一定的金属储备量，使磨损区的齿轮得到扩大，且磨损量应在齿轮和结构的允许范围内。

⑥ 变位切削法　齿轮磨损后可利用变位切削，将大齿轮的磨损部分切去，另外配换一个新的小齿轮与大齿轮相配，齿轮传动即可恢复。大齿轮经过负变位切削后，它的齿根强度虽有所降低，但仍比小齿轮高，只要验算出轮齿的弯曲强度在允许的范围内便可使用。

若两齿轮的中心距不能改变时，与经过负变位切削后的大齿轮相啮合的新小齿轮必须采用正变位切削。它们的变位系数大小相等，符号相反，形成高度变位，使中心距与变位前的中心距相等。

如果两传动轴的位置可调整，新的小齿轮不用变位，仍采用原来的标准齿轮。若小齿轮装在电机轴上，可移动电机来调整中心距。

采用变位切削法修复齿轮，必须进行有关方面的验算，包括如下几点。

a. 根据大齿轮的磨损程度，确定切削位置，即大齿轮切削最小的径向深度。

b. 当大齿轮齿数小于 40 时，需验算是否会有根切现象，若大于或等于 40，一般不会发生根切，可不验算。

c. 当小齿轮齿数小于 25 时，需验算齿顶是否变尖，若大于或等于 25，一般很少会使齿顶变尖，不需验算。

d. 必须验算轮齿齿形有无干涉现象。

e. 对闭式传动的大齿轮经负变位切削后，应验算轮齿表面的接触疲劳强度，开式传动可不验算。

f. 当大齿轮的齿数小于 40 时，需验算弯曲强度，大于或等于 40 时，因强度减少不大，可不验算。

变位切削法适用于传动比大、大模数的齿轮传动因齿面磨损而失效，成对更换不合算的情况，采取对大齿轮进行负变位修复而使齿轮得到保留，只需配换一个新的正变位小齿轮，即可使传动得到恢复。它可减少材料消耗，缩短修复时间。

⑦ 金属涂覆法　对于模数较小的齿轮齿面磨损，不便于用堆焊工艺修复，可采用金属涂覆法。这种方法的实质是在齿面上涂以金属粉或合金粉层，然后进行热处理或者机械加工，从而使零件的原有尺寸得到恢复，并获得耐磨及其他特性的覆盖层。

涂覆时所用的粉末材料主要有铁粉、铜粉、钴粉、钼粉、镍粉、堆焊合金粉、镍硼合金粉等，修复时根据齿轮的工作条件及性能要求选择确定。涂覆的方法主要有喷涂、压制、沉积和复合等。

此外，铸铁齿轮的轮缘或轮辐产生裂纹或断裂时，常用气焊、铸铁焊条或焊粉将裂纹处焊好，用补夹板的方法加强轮缘或轮辐，用加热的扣合件在冷却过程中产生冷缩将损坏的轮缘或轮辐锁紧。

齿轮键槽损坏后，可用插、刨或钳工把原来的键槽尺寸扩大 10%～15%，同时配制相应尺寸的键。如果损坏的键槽不能用上述方法修复，可转位在与旧键槽成 90°的表面上重新开一个键槽，同时将旧键槽堆焊补平；若待修复齿轮的轮毂较厚，也可将轮毂孔以齿顶圆定心进行镗大，然后在镗好的孔中镶套，再切制标准键槽，但镗孔后轮毂壁厚小于 5mm 的齿轮不宜用此法修复。

齿轮孔径磨损后，可用镶套、镀铬、镀镍、镀铁、电刷镀、堆焊等工艺方法修复。

7.5.3　蜗轮蜗杆的修理

(1) 蜗杆传动的失效形式

蜗杆传动的失效形式与齿轮传动相同，有齿面点蚀、胶合、磨损、轮齿折断及塑性变形，其中尤以胶合和磨损更易发生。由于蜗杆传动相对滑动速度大、效率低，并且蜗杆齿是连续的螺旋线，且材料强度高，所以失效总是出现在蜗轮上。在闭式传动中，蜗轮多因齿面胶合或点蚀失效；在开式传动中，蜗轮多因齿面磨损和轮齿折断而失效。

(2) 蜗轮蜗杆副的修理

① 更换新的蜗杆副　如图 7-16 所示，机床的分度蜗杆副装配在工作台 1 上，除蜗杆副本身的精度必须达到要求外，分度蜗轮 2 与上回转工作台 1 的环行导轨还需满足同轴度要求。为了消除在更换新蜗轮时，由于安装蜗轮螺钉的拉紧力对导轨引起的变形，蜗轮齿坯应首先在工作台导轨的几何精度修复以前装配好，待几何精度修复后，再以下环行导轨为基准对蜗轮进行加工。

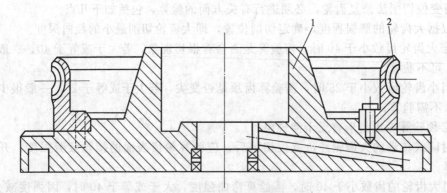

图 7-16　回转工作台及分度蜗轮
1—工作台；2—分度蜗轮

② 采用珩磨法修复蜗轮　珩磨法是将与原蜗杆尺寸完全相同的珩磨蜗杆装配在原蜗杆的位置上，利用机床传动使珩磨蜗杆转动，对机床工作台分度蜗轮进行珩磨。珩磨蜗杆是将

120#金刚砂用环氧树脂胶合在珩磨蜗杆坯件上，待粘接结实后再加工成形。珩磨蜗杆的安装精度应保证蜗杆回转中心线对蜗轮啮合的中间平面平行及与啮合中心平面重合。啮合中心平面的检查可用着色检验接触痕迹的方法。

7.5.4　曲轴连杆的修理

(1) 曲轴的修复

曲轴是机械设备中一种重要的动力传递零件，它的制造工艺比较复杂，造价较高，因此修复曲轴是维修中的一项重要工作。

曲轴的主要失效形式有曲轴的弯曲、轴颈的磨损、表面疲劳裂纹和螺纹的损坏等。

① 曲轴弯曲校正　将曲轴置于压力机上，用 V 形铁支承两端主轴颈，并在曲轴弯曲的反方向对其施压，产生弯曲变形。若曲轴弯曲程度较大，为防止折断，校正可分几次进行。经过冷压校正的曲轴，因弹性后效作用还会使其重新弯曲，最好施行自然时效处理或人工时效处理，消除冷压产生的内应力，防止出现新的弯曲变形。

② 轴颈磨损修复　主轴颈的磨损主要是失去圆度和圆柱度等形状精度，最大磨损部位是在靠近连杆轴颈的一侧。连杆轴颈磨损成椭圆形的最大磨损部位是在各轴颈的内侧面，即靠近曲轴中心线的一侧。连杆轴颈的锥形磨损，最大部位是在机械杂质偏积的一侧。

曲轴轴颈磨损后，特别是圆度和圆柱度误差超过标准时需要进行修理。没有超过极限尺寸（最大收缩量不超过 2mm）的磨损曲轴，可按修理尺寸进行磨削，同时换用相应尺寸的轴承，否则应采用电镀、堆焊、喷涂等工艺恢复到标准尺寸。

为利于成套供应轴承，主轴颈与连杆轴颈一般应分别修磨成同一级修理尺寸。特殊情况下，如个别轴颈烧蚀并发生在大修后不久，则可单独将这一轴颈修磨到另一等级。曲轴磨削可在专用曲轴磨床上进行，并遵守磨削曲轴的规范。在没有曲轴磨床的情况下，也可用曲轴修磨机或在普通车床上修复，此时需配置相应的夹具和附加装置。

磨损后的曲轴轴颈还可采用焊接剖分式轴套的方法进行修复。具体做法是：先把已加工的轴套剖切分开，然后焊接到曲轴磨损的轴颈上，并将两个半套也焊在一起，再用通用的方法加工到公称尺寸。

不同直径的曲轴和不同的磨损量所采用的剖分式轴套的壁厚也不一样。当曲轴的轴颈直径为 $\phi50\sim100$mm 时，剖分式轴套的厚度可取 $4\sim6$mm；当轴颈直径为 $\phi150\sim220$mm 时，剖分式轴套的厚度为 $8\sim12$mm。剖分式轴套在曲轴的轴颈上焊接时，应先将半轴套铆焊在曲轴上，然后再焊接其切口，轴套的切口可开 V 形坡口。为了防止曲轴在焊接过程中产生变形或过热，应使用小的焊接电流，分段焊接切口、多层焊、对称焊。焊后需将焊缝退火，消除应力，再进行机械加工。

曲轴的这种修复方法使用效果很好，并可节省大量的资金，广泛用于空压机、水泵等机械设备的维修。

③ 曲轴裂纹修复　曲轴裂纹一般出现在主轴颈或连杆轴颈与曲柄臂相连的过渡圆角处或轴颈的油孔边缘。若发现连杆轴颈上有较细的裂纹，经修磨后裂纹能消除，则可继续使用。一旦发现有横向裂纹，则必须予以调换，不可修复。

(2) 连杆的修复

连杆是承载较复杂作用力的重要部件。连杆螺栓是该部件的重要零件，一旦发生故障，可能导致设备的严重损坏。连杆常见的故障有连杆大端变形、螺栓孔及其端面磨损、小头孔磨损等。出现这些现象时，应及时修复。

① 连杆大端变形的修复　连杆大端变形如图 7-17 所示。产生大端变形的原因主要是大

端薄壁瓦瓦口余面高度过大、使用厚壁瓦的连杆大端两侧垫片厚度不一致或安装不正确。在上述状态下，拧紧连杆螺栓后便产生大端变形，螺栓孔的精度也随之降低。因此，在修复大端孔时应同时检修螺栓孔。

② 修复大端孔　将连杆体和大端盖的两结合面铣去少许，使结合面垂直于杆体中心线，然后把大端盖组装在连杆体上。在保证大、小孔中心距尺寸精度的前提下，重新镗大孔到规定尺寸及精度。

③ 检修两螺栓孔　如两螺栓孔的圆度、圆柱度、平行度和孔端面对其轴线的垂直度不符合规定的技术要求，应镗孔或铰孔修复。采用铰孔修复时，孔的端面可用人工修刮达到精度要求。按修复后的实际尺寸配制新螺栓。

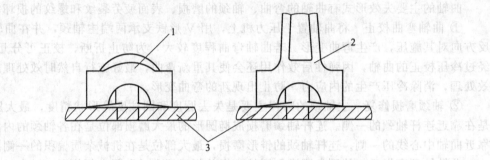

图 7-17　连杆大端变形
1—瓦盖；2—连杆体；3—平板

第8章

典型机械设备的维修

8.1　普通机床类设备的维修

8.1.1　卧式车床的修理

(1) 车床修理前的准备工作

卧式车床是加工回转类零件的金属切削设备，属于中等复杂程度的机床，在结构上具有一定的典型性。下面以 CA6140 为例加以说明。

卧式车床在经过一个大修周期的使用后，由于主要零件的磨损、变形，使机床的精度及主要力学性能大大降低，需要对其进行大修理。卧式车床修理前，应仔细研究车床的装配图，分析其装配特点，详细了解其修理要求和存在的主要问题，如主要零部件的磨损情况，机床的几何精度、加工精度降低情况，以及运转中存在的问题。据此提出预检项目，预检后确定具体的修理项目及修理方案，准备专用工具、检具和测量工具，确定修理后的精度检验项目及试车验收要求。

(2) 机床导轨的修理

机床床身导轨的截面如图 8-1 所示，导轨既是机床运动零件的基准，又是很多结构件的测量基准，因此导轨的精度直接影响机床的工作精度和机床构件的相互位置精度。一般情况下，导轨的损伤或其精度的下降程度决定了机床是否要进行大修。导轨修理是机床修理中最重要的内容之一。

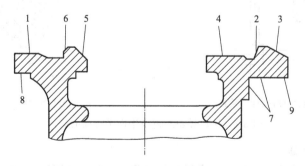

图 8-1　车床床身截面

1～3—溜板导轨表面；4～6—尾座导轨表面；7—齿条安装面；8,9—下导轨平面由于导轨副的运动导轨和床身导轨直接接触并作相对运动，它们在工作过程中受到重力、切削力等载荷的作用，不可避免地会产生非均匀磨损。尤其在启动或静止过程中，难以形成流体摩擦状态，加上部分导轨暴露在外，防屑、防尘条件较差，长期使用后会导致局部磨损、拉毛、咬伤、变形等损伤，结果是导轨的精度下降。如果导轨在垂直和水平平面内的直线度、平面度或导轨之间的平行度和垂直度等下降，必须及时进行修理。

① 床身导轨修理前的检测　着手修理前，应对导轨进行清理和检测。导轨的检测，一是可用肉眼检查表面是否拉毛、咬伤、碰伤以及局部磨损，二是可对导轨各项精度的实际状况进行技术测量。对导轨进行测量前，应对机床床身进行正确的安装，如图 8-2 所示。测量导轨的测量内容包括 V 形导轨对齿条平面平行度的测量，如图 8-3 所示；床身导轨在水平面的直线度的测量，如图 8-4 所示；尾座导轨对床鞍导轨的平行度测量，如图 8-5 所示；测量导轨对床鞍导轨的平行度误差，如图 8-6 所示。

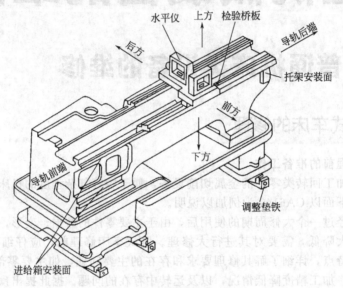

图 8-2　车床床身的安装与测量

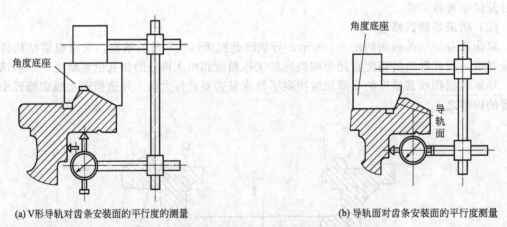

(a) V形导轨对齿条安装面的平行度的测量　　　　　　(b) 导轨面对齿条安装面的平行度测量

图 8-3　V 形导轨对齿条平面平行度的测量

② 床身导轨的刮研

a. 粗刮溜板导轨表面 1、2、3　溜板导轨表面 1、2、3 如图 8-1 所示。刮研前，首先测量导轨面 2、3 对齿条安装面 7 的平行度误差，测量方法见图 8-3，分析该项误差与床身导轨直线度误差之间的相互关系，从而确定刮研量及刮研部位。然后用平尺拖研及刮研表面 2、3。在刮研时，随时测量导轨面 2、3 对齿条安装面 7 之间的平行度误差，并按导轨形状修刮好角度底座。粗刮后导轨全长上需呈中凸状，直线度误差应不大于 0.1mm，并且接触点应均匀分布，使其在精刮过程中保持连续表面。在 V 形导轨初步刮研至要求后，再次按图 8-3 所示测量导轨对齿条安装平面平行度，在同时考虑此精度的前提下，用平尺拖研并粗刮表面 1，表面 1 的中凸应低于 V 形导轨。

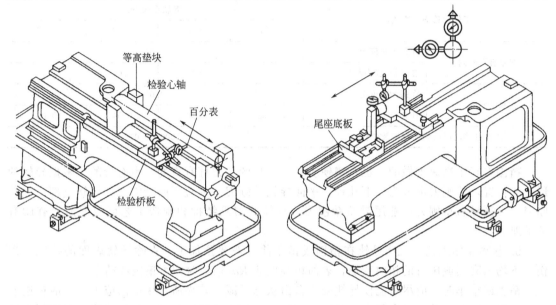

图 8-4　床身导轨在水平面的直线度的测量　　　　图 8-5　尾座导轨对床鞍导轨的平行度测量

　　b. 精刮溜板导轨表面 1、2、3　先按床身导轨精度最佳的一段配刮床鞍，利用配刮好的床鞍与粗刮后的床身相互配研，精刮导轨面 1、2、3。精刮时按图 8-4 所示方法测量床身导轨在水平面的直线度。

　　c. 刮研尾座导轨面 4、5、6　尾座导轨面 4、5、6 如图 8-1 所示。用平行平尺拖研及刮研表面 4、5、6，粗刮时按图 8-5、图 8-6 所示的方法测量每条导轨面对床鞍导轨的平行度误差。在表面 4、5、6 粗刮达到全长上平行度误差为 0.05mm 的要求后，用尾座底板作为研具进行精刮，接触点在全部表面上要均匀分布，使导轨面 4、5、6 在刮研后达到修理要求。精刮时测量方法如图 8-5、图 8-6 所示。

　　③ 床身导轨的精刨或精车修理 导轨刮研的工作量很大，尤其是大型、重型机床床身导轨又长又宽，圆锥或圆环形导轨直径大，人工刮研法劳动强度大、工效低，必须设法用机床加工方法代替刮研。对于未经淬硬处理

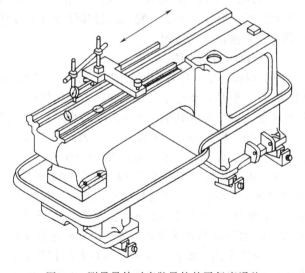

图 8-6　测量导轨对床鞍导轨的平行度误差

的导轨面，可采用精刨直导轨或精车圆导轨的方法修理，精刨法和精车法的精度，一般低于刮研法和精磨法。

a. 工作母机运动精度的调整和刀具的选择　由于导轨的精度直接取决于刨床或车床的精度，因此在修理前要根据导轨的精度要求来调整精刨或精车机床的精度。一般可按表 8-1 的要求对精刨机床进行调整和修刮。

表 8-1　精刨机床工作台的运动精度　　　　　　　　　　　　　　　　　mm

工作台移动的直线度		导轨全长/m			
		≤4	≤8	≤12	≤16
在垂直平面内	在每米长度上	0.01			
	在全长上(中凸)	0.02	0.03	0.04	0.06
在水平面内	在每米长度上	0.01			
	在全长上	0.02	0.03	0.04	0.06
工作台移动时的倾斜每米及全长上		1000：0.01			

精刨刀有用高速钢做的，也有镶硬质合金刀片的。刀杆有直的，也有弯的。根据导轨的形状和位置，精刨刀可分为以下几种：平面导轨精刨刀；垂直平面精刨刀；导轨下部滑面精刨刀；V 形导轨精刨刀；燕尾导轨精刨刀。具体的刀具结构和制造工艺可根据需要查阅有关手册。

b. 基本操作工艺　机床导轨在精刨或精车前一般要预加工，去除导轨表面的拉毛、划伤、不均匀磨损或床身的扭曲变形，表面粗糙度达 $Ra\,5\mu m$ 时即可精刨或精车。

精刨或精车时，应尽可能使导轨处于自由状态，减少装夹所产生的内应力。一般精刨或精车三刀或四刀，总加工余量为 0.08～0.10mm。切削速度为 3～5m/min，第一刀切削深度为 0.04mm，第二、三刀切削深度为 0.02～0.03mm，最后在无进给下往复两次。为了正确掌握进给深度，必须用百分表测量，以控制刀架的进给深度。

在精刨或精车时，用洁净的煤油不间断地润滑刀具，中途不允许停车，以免产生刀痕。

精刨或精车法修理导轨，去除的金属层比刮研法和精磨要多，多次修理会影响机床导轨的刚度，因此要尽量控制切削量。

④ 机床导轨的精磨修理　"以磨代刮"是除"以刨代刮"外，在机床导轨表面精加工时常用的另一种工艺方法，特别是经淬硬处理的导轨面的修复加工，一般均采用磨削工艺，刮研和精刨法都难以适用。

a. 导轨的磨削方法

ⅰ. 端面磨削　砂轮端面磨削的设备，磨头结构较简单，万能性较强，目前在机修上应用较广泛。但其缺点是生产效率和加工表面粗糙度都不如周边磨削，且难于实现采用冷却液进行湿磨，需要采取其他冷却措施来防止工件的发热变形。磨削时工件的进给速度：粗磨为 5～7m/min，精磨为 0.8～2m/min。表面粗糙度可达到 $Ra\,1.25\mu m$。若磨头和机床的精度高，且操作掌握得好，也能达到 $Ra\,0.63\mu m$。

ⅱ. 周边磨削　其生产效率和精度虽然比较高，但磨头结构复杂，要求机床刚度好，且万能性不如端面磨削，因此目前在机修中应用较少。磨削时工件进给速度：粗磨可达 20m/min，精磨为 1.8～2.5m/min。表面粗糙度可达到 $Ra\,1.25\mu m$，较高精度的磨头可达 $Ra\,0.32\mu m$。磨削时可加大量切削液，因此可避免工件的发热变形。

b. 导轨磨削的设备　导轨磨床按其结构特点，可分为双柱龙门式、单柱工作台移动式和单柱落地式。此外，利用原有龙门刨床加装磨头也可进行磨削。其中龙门式主要采用周边磨削法，落地式主要采用端面磨削法。落地式导轨磨床主要有两个优点：一是在落地式和龙门式导轨磨床的床身长度相等情况下，前者可磨削导轨的长度几乎是后者的两倍；二是落地式导轨磨床的适用性更加广泛，如在某地平台中设置地坑，地坑的上部装有可随时拆装的与地平台结构基本相同的构件，则可磨削大型立式车床、龙门刨床、龙门铣床等机床的立柱。因此维修企业大多采用落地式导轨磨床，对各类机床的床身、工作台、溜板、横梁、立柱、滑枕等导轨进行修理。

c. 导轨磨削工艺

ⅰ. 工件的装夹　工件装夹的原则是：尽可能使工件处于自由状态，减少装夹产生的内应力。对于一些细长形床身零件，由于刚度不够好，在装夹时要采用多点支承，垫铁位置应和说明书上规定的安装用机床垫铁位置一致，并使各垫铁支承点受力均匀。对于长工作台的装夹，为了防止自重及磨削变形，还应增加一定数量的"千斤顶"作辅助支承。对于小床身或其他零件，装夹时一般采用三点支承，在工件的侧向另加 6 个夹紧螺钉，既可用来找正工件，又可防止工件在磨削过程中发生水平方向的位移。对某些刚度差的床身，在磨削时应尽可能接近于装配后的情况，将有关部件或配重装上后再进行磨削，如磨床类床身要将操纵箱装上后进行磨削或按等力矩原则装上配重，以保证总装后的精度。

ⅱ. 床身或其他工件的找正　找正的原则是：以机床床身上移动部件的装配面或基准孔（如轴承孔）的轴心线为基准，在水平和垂直方向分别找正。在磨削导轨时，既要恢复移动部件的直线移动，又要保持导轨与移动部件的位置关系，不能仅考虑最小磨削量而忽略它们。否则，在总装时往往会影响到装配质量甚至发生故障。例如车床床身，应考虑导轨与进给箱安装平面（即水平方向）和齿条安装平面（即垂直方向）的关系，否则可能造成导轨面与三杆平行度的超差。

ⅲ. 防止磨削时的热变形　各类磨床在磨削工件时，都要向砂轮切削工件处喷射冷却液，以带走切削热、冲刷砂轮和带走切屑，即"湿磨法"。但对于一般企业来说，常用的落地式导轨磨床难以实现。若采用"干磨法"，工件磨削发热后中间凸起，被多磨去一些，冷却后就变成中凹。针对这种情况，常可采用以下措施来防止热变形：在磨削中采用风扇吹风，使零件冷却；或在粗磨后在导轨上擦酒精，使酒精蒸发，带走床身上的热量后再精磨；此外，在磨削导轨的过程中，常常在磨削一段时间后，就停机等待自然冷却或吹冷后再进行磨削。

ⅳ. 砂轮的选择　磨削导轨对砂轮的要求是：发热少、自砺性好、具有较高的切削性和能获得较小的粗糙度值。为此，推荐选用以下砂轮。

端面磨削用：GC，$36^\#$，$R_1 \sim R_3$，V

　　　　　　WA，$36^\#$，$R_1 \sim R_3$，V

周边磨削用：WA，$60 \sim 80^\#$，ZR_2，V

⑤ 导轨的镶装、粘接等方法修理　在导轨上镶装、粘接、涂覆各种耐磨塑料和夹布胶木或金属板，也是实际工作中常用的导轨修复方法。由于镶装的这些材料摩擦因数小，耐磨性好，使部件运行平稳，大大减少了低速爬行现象，还可以补偿导轨磨损尺寸，恢复原机床尺寸链。例如，龙门刨床和立式车床工作台导轨，通常采用镶装、粘接夹布胶木和铜-锌合金板的方法修复；平面磨床和外圆磨床工作台导轨通常采用粘接聚四氟乙烯（PTFE）薄板的方法修复；普通车床拖板导轨通常采用涂覆 HNT 耐磨涂料的方法修复。

近年来，国内外在机床制造和维修中还广泛采用了导轨的软带修复这一先进技术。软带是一种以聚四氟乙烯为基料，添加适量青铜粉、二硫化钼、石墨等填充剂所构成的高分子复合材料，或称填充聚四氟乙烯导轨软带。将软带用特种粘接剂粘接在导轨面上，就能大大地改善导轨的工作性能，延长使用寿命。因为所粘接的软带具有特别高的耐磨性能和很低的滑动阻力，吸振性能好，耐老化，不受一般化学物质的腐蚀（除强酸和氧化剂外），自润滑性好。如果修复后的软带导轨又磨损至不能满足工作要求时，可将原软带剥去，胶层清除干净后，重新粘接新的软带即可，非常简便。

⑥ 导轨面局部损伤的修复　导轨面常见的局部损伤有碰伤、擦伤、拉毛、小面积咬伤等，有些伤痕较深。此外，有时还存在砂眼、气孔等铸造缺陷。如果按传统方法将整个导轨面刨去一层，再进行刮研或精磨，工作量太大又缩短导轨使用寿命。此时采用焊、镶、补的方法及时进行修复，可防止其恶化。

a. 焊接　例如可采用黄铜丝气焊、银-锡合金钎焊、锡-铋合金钎焊、特制镍焊条电弧冷焊、奥氏体铁铜焊条堆焊、锡基轴承合金化学镀铜钎焊等。

b. 粘接　用有机或无机粘接剂直接粘补，例如用 AR 系列机床耐磨粘接剂，KH-501 合金粉末粘补，HNT 耐磨涂料涂覆等。粘接工艺简单，操作方便，应用较多。

c. 刷镀　当机床导轨上出现 1～2 条划伤或局部出现凹坑时，采用刷镀修复，不仅工艺简单，而且修复质量好。

(3) 溜板部件的修理

溜板部件由床鞍、中滑板和横向进给丝杠螺母副等组成，它主要担负着机床纵、横向进给的切削运动，它自身的精度及其与床身导轨面之间配合状况良好与否，将直接影响加工零件的精度和表面粗糙度。

① 溜板部件修理的重点

a. 保证床鞍上、下导轨的垂直度要求　修复上、下导轨的垂直度实质上是保证中滑板导轨对主轴轴线的垂直度。

b. 补偿因床鞍及床身导轨磨损而改变的尺寸链　由于床身导轨面和床鞍下导轨面的磨损、刮研或磨削，必然引起溜板箱和床鞍倾斜下沉，使进给箱、托架与溜板箱上丝杠、光杠孔不同轴，同时也使溜板箱上的纵向进给齿轮啮合侧隙增大。改变了以床身导轨为基准的与溜板部件有关的几组尺寸链精度。

② 溜板部件的刮研工艺　卧式车床在长期使用后，床鞍及中滑板各导轨面均已磨损，需修复，如图 8-7 所示。在修复溜板部件时，应保证床鞍横向进给丝杠孔轴线与床鞍横向导

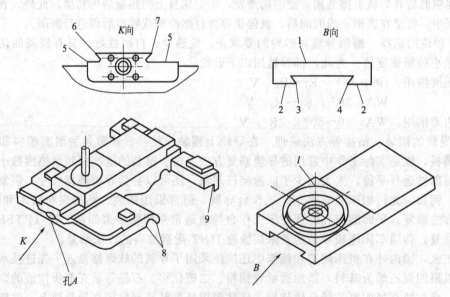

图 8-7　溜板部件

1—中滑板转盘安装面；2—床鞍接触导轨面；3,4—中滑板导轨面；
5,6—床鞍导轨面；7—横向导轨面；8,9—纵向导轨面

轨平行，从而保证中滑板平稳、均匀地移动，使切削端面时获得较小的表面粗糙度值。因此，床鞍横向导轨在修刮时，应以横向进给丝杠安装孔为修理基准，然后再以横向导轨面作为转换基准，修复床鞍纵向导轨面，其修理过程如下。

a. 刮研中滑板表面 1、2　用标准平板作研具，拖研中滑板转盘安装面 1 和床鞍接触导轨面 2。一般先刮好表面 2，当用 0.03mm 塞尺不能插入时，观察其接触点情况，达到要求后，再以平面 2 为基准校刮表面 1，保证 1、2 表面的平行度误差不大于 0.02mm。

b. 刮研床鞍导轨面 5、6　将床鞍放在床身上，用刮好的中滑板为研具拖研表面 5，并进行刮削，拖研的长度不宜超出燕尾导轨两端，以提高拖研的稳定性，表面 6 采用平尺拖研，刮研后应与中滑板导轨面 3、4 进行配刮角度，在刮研表面 5、6 时应保证与横向进给丝杠安装孔 A 的平行度，测量方法见图 8-8 所示。

c. 刮研中滑板导轨面 3　以刮好的床鞍导轨面 6 与中滑板导轨面 3 互研，通过刮研达到精度要求。

d. 刮研床鞍横向导轨面 7　配置塞铁，利用原有塞铁装入中滑板内配刮表面 7，刮研时保证导轨面 7 与导轨面 6 的平行度误差，使中滑板在溜板的燕尾导轨全长上移动平稳、均匀，刮研中用图 8-9 所示方法测量表面 7 对表面 6 的平行度。如果由于燕尾导轨的磨损或塞铁磨损严重，塞铁不能用时，需重新配置塞铁，可更换新塞铁或对原塞铁进行修理，修理塞铁时可在原塞铁大端焊接一段使之加长，再将塞铁小头截去一段，使塞铁工作段的厚度增加；也可在塞铁的非滑动面上粘一层尼龙板、聚四氟乙烯胶带或玻璃纤维板，恢复其厚度。配置塞铁后应保持大端尚有 10～15mm 的调整余量，在修刮塞铁的过程中应进一步配刮 7 面，以保证燕尾导轨与中滑板的接触精度，要求在任意长度上用 0.03mm 塞尺检查，插入深度不大于 20mm。

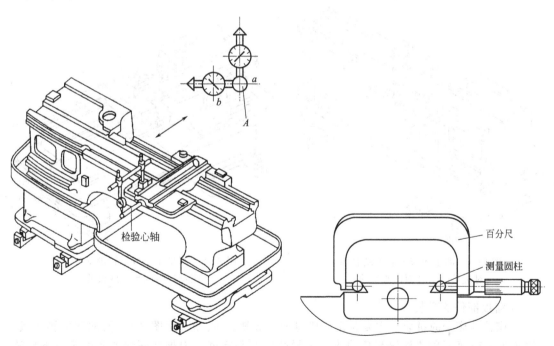

| 图 8-8　测量床鞍导轨对丝杠安装孔的平行度 | 图 8-9　测量床鞍两横向导轨面的平行度 |

e. 修复床鞍上、下导轨的垂直度　将刮好的中滑板在床鞍横向导轨上安装好，检查床鞍上、下导轨垂直度误差。若超过允差，则修刮床鞍纵向导轨面 8、9（见图 8-7），使之达到垂直度要求。在修复床鞍上、下导轨垂直度误差时，还应测量床鞍上溜板结合面对床身导

轨的平行度（见图 8-10）以及该结合面对进给箱结合面的垂直度（见图 8-11），使之在规定的范围内，以保证溜板箱中的丝杠、光杠孔轴线与床身导轨平行，使其传动平稳。

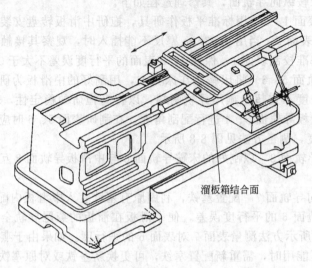

图 8-10　测量床鞍上溜板结合面对床身导轨的平行度

f. 校正中滑板导轨面 1　采用图 8-12 所示的方法测量中滑板上转盘安装面与床身导轨的平行度误差，测量位置接近床头箱处，此项精度误差将影响车削锥度时工件母线的正确性，若超差则用小平板对表面 1 刮研至要求。

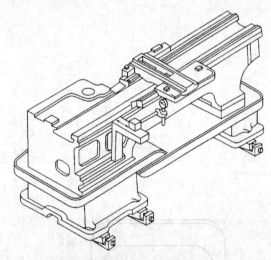

图 8-11　测量床鞍上溜板结合面
对进给箱结合面的垂直度

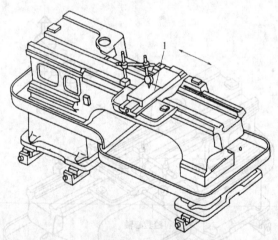

图 8-12　测量中滑板上转盘安装面与
床身导轨的平行度误差

③ 溜板部件的拼装

a. 床鞍与床身的拼装　主要是刮研床身的下导轨面 8、9（见图 8-1）及配刮两侧压板。首先按图 8-13 所示的方法测量床身上、下导轨的平行度，根据实际误差刮削床身下导轨面 8、9，使之达到对床身上导轨面的平行度误差在 1000mm，长度上不大于 0.02mm，全长不大于 0.04mm。然后配刮压板，使压板与床身下导轨面的接触精度为 6～8 点/25mm×25mm，刮研后调整紧固压板全部螺钉，应满足如下要求：用 250～360N 的推力使床鞍在床身全长上移动无阻滞现象，用 0.03mm 塞尺检验接触精度，端部插入深度小于 20mm。

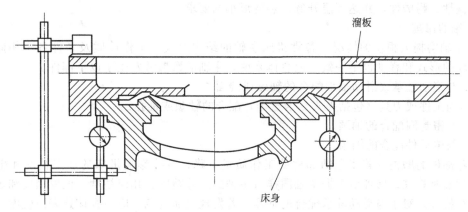

图 8-13　测量床身上、下导轨面的平行度

b. 中滑板与床鞍的拼装　包括塞铁的安装及横向进给丝杠的安装。塞铁是调整中滑板与床鞍燕尾导轨间隙的调整环节，塞铁安装后应调整其松紧程序，使中滑板在床鞍上横向移动时均匀、平稳。

横向进给丝杠一般磨损较严重，而丝杠的磨损会引起横向进给传动精度降低、刀架窜动、定位不准，影响零件的加工精度和表面粗糙度，一般应予以更换，也可采用修丝杠、配螺母、修轴颈、更换或镶装铜套的方式进行修复。丝杠的安装过程如图 8-14 所示，首先垫好螺母垫片（可估计垫片厚度 Δ 值并分成多层），再用螺钉将左、右螺母及楔块挂住，先不拧紧，然后转动丝杠，使之依次穿过丝杠右螺母、楔块、丝杠左螺母，再将小齿轮及键、法兰盘及套、刻度盘、双锁紧螺母，按顺序安装在丝杠上。旋转丝杠，同时将法兰盘压入床鞍安装孔内，然后锁紧螺母。最后紧固左、右螺母的调节螺钉。在紧固左、右螺母时，需调整垫片的厚度 Δ 值，使调整后达到转动手柄灵活，转动力不大于 80N，正反向转动手柄空行程不超过回转轴的 1/20r。

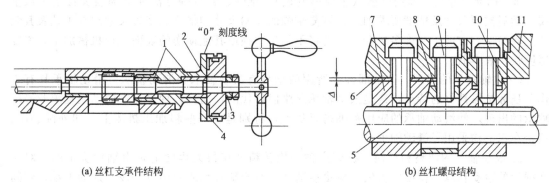

(a) 丝杠支承件结构　　　　　　　　　　　　　　(b) 丝杠螺母结构

图 8-14　横向进给丝杠安装

1—镶套；2—法兰盘；3—锁紧螺母；4—刻度环；5—横向进给丝杠；6—垫片；
7—左半螺母；8—楔块；9—调节螺钉；10—右半螺母；11—刀架下滑座

（4）机床主轴部件的修理

主轴部件是机床实现旋转运动的执行体，由主轴、主轴轴承和安装在主轴上的传动件、密封件等组成，钻、镗床还包括轴套和镗杆等。除直线运动机床外，各种旋转运动机床都有主轴部件，带动工件或刀具旋转，都要传递动力和直接承受切削力，要求其轴心线的位置准确稳定。其回转精度决定了工件的加工精度，旋转速度在很大程度上影响机床的生产率。因此主轴部件是机床上的一个关键部件，其修理的目的是恢复或提高主轴部件的回转精度、刚度、抗振性、耐磨性，并达到温升低、热变形小的要求。

① 轴的修理

a. 主轴磨损或损伤的情况　各类机床主轴的结构形式、工作性质及条件各不相同，磨损或损坏的形式和程度也不一致，但总体来说，主轴的磨损常发生于以下部件。

ⅰ. 与滚动轴承或滑动轴承配合的轴颈或端面。

ⅱ. 与工件或刀具（包括夹头、卡盘等）配合的轴颈或锥孔。

ⅲ. 与密封圈配合的轴颈。

ⅳ. 与传动件配合的轴颈。

这些部位的磨损，若使主轴部件的工作质量下降，直接影响机床的加工精度和生产率时，必须及时修理。修理前根据主轴图样对主轴的尺寸精度、几何精度、位置精度和表面粗糙度进行检查。对于与滑动轴承配合的轴颈，若发现表面变色，应检查该处表面硬度。对于高速旋转的主轴，必要时应进行探伤检查。

经检查后，主轴有下列缺陷之一者，应予修复。

ⅰ. 有配合关系的轴颈表面有划痕或其粗糙度值比图样要求的大一级或大于 $Ra\ 0.8\mu m$。

ⅱ. 与滑动轴承配合的轴颈，其圆度和圆柱度超过原定公差。

ⅲ. 与滚动轴承配合的轴颈，其直径尺寸精度超过原图样配合要求的下一级配合公差，或其圆度和圆柱度超过原定公差。

ⅳ. 有配合关系的轴颈孔、端面之间的相对位置误差超过原图样规定公差。

b. 主轴的修理方法　如上所述，主轴的损伤主要是发生在有配合关系的轴颈表面，以下几种方案常用于修理主轴的这些部位。

ⅰ. 修理尺寸法　即对磨损表面进行精磨加工或研磨加工，恢复配合轴颈表面几何形状、相对位置和表面粗糙度等精度要求，而调整或更换与主轴配合的零件（如轴承等），保持原来的配合关系。采用此法时，要注意被加工后的轴颈表面硬度不低于原图样要求，以保证零件修后的使用寿命。

ⅱ. 标准尺寸法　即用电镀（主要是刷镀）、堆焊、粘接等方法在磨损表面覆盖一层金属，然后按原尺寸及精度要求加工，恢复轴颈的原始尺寸和精度。修理尺寸法在工艺及其装备上较简单、方便，在许多场合下只需将不均匀磨损或其他损伤的表面进行机械加工，修复速度快、成本低。

② 主轴轴承的修理　主轴部件上所用的轴承有滚动轴承和滑动轴承。滑动轴承具有工作平稳和抗振性好的特点，这是滚动轴承所难以替代的，而且各种多油楔的动压轴承及静压轴承的出现，使滑动轴承的应用范围得以扩大，特别是在一些精加工机床上，如外圆磨床、精密车床上均采用了滑动轴承。

a. 滚动轴承的调整和更换　机床主轴的旋转精度在很大程度上是由轴承决定的。对于磨损后的滚动轴承，精度已丧失，应更换新件。对于新轴承或使用过一段时期的轴承，若间隙过大则需调整，以恢复精度，直至轴承损坏不能使用为止。

在滚动轴承的装配和调整中，保持合理的轴承间隙或进行适当的预紧（负间隙），对主轴部件的工作性能和轴承寿命有重要的影响。当轴承有较大的径向间隙时，会使主轴发生轴心位移而影响加工精度，且使轴承所承受的载荷集中于加载方向的一两个滚子上，这就使内、外圈滚道与该滚子的接触点上产生很大的集中应力，发热量和磨损变大，使用寿命变短，并降低了刚度。当滚动轴承正好调整到零间隙时，滚子的受力状况较为均匀。当轴承调整到负间隙即过盈时，例如在安装轴承时预先在轴向给它一个等于径向工作载荷 20%～30%的力，使它不但消除了滚道与滚子之间的间隙，还使滚子与内、外圈滚道产生了一定的弹性变形，接触面积增大，刚度也增大，这就是滚动轴承的预紧或预加载荷。当受到外部载荷时，轴承已具备足够的刚度，不会产生新的间隙，从而保证了主轴部件的回转精度和刚度，提高了轴承的使用寿命。值得注意的是，在一定的预紧范围内，轴承预紧量增加，刚度随之增加，但预加载荷过大对提高刚度的效果不但不显著，而且磨损和发热量还大为增加，大大地降低了轴承的使用寿命。一般来说，滚子轴承比滚珠轴承允许的预加载荷要小些；轴承精度越高，达到同样的刚度所需要的预加载荷越小；转速越高，轴承精度越低，正常工作所要求的间隙越大。滚动轴承的调整和预紧方法，基本上都是使其内、外圈产生相对轴向位移，通常通过拧紧螺母或修磨垫圈来实现。

主轴常用的 3182100 型圆锥孔圆柱滚子轴承的径向间隙，一般是用螺母通过中间隔套压着轴承内圈来实现调整，以免直接挤压内圈而引起内圈偏斜。

高速、轻载、精加工机床的主轴部件经常采用角接触球轴承，一般采用如图 8-15 所示的几种方法调整。图 8-15(a) 所示是将内圈或外圈侧面磨去一个根据预加载荷量确定的厚度 a，当压紧内圈或外圈时，即得原定的预紧量。此结构要求侧面垂直于轴线，且重调间隙时必须把轴承从主轴上拆下，很不方便。图 8-15(b) 所示是在两个轴承之间装入两个厚度差为 $2a$ 的垫圈，然后用螺母将其夹紧，缺点同上。图 8-15(c) 所示是在两个轴承之间放入一些沿圆周均布的弹簧，靠弹簧力保持一个固定不变的、不受热膨胀影响的预加载荷，它可持久地获得可靠的预紧，但对几根弹簧的要求比较高，此结构常见于内圆磨头。图 8-15(d) 所示则是在两轴承外圈之间放入一适当厚度的外套，靠装配技术使内圈受压后移动一个 a 的量，它操作方便，在装配时的初调和使用中的重调中都可用，但要求较高的装配技术。

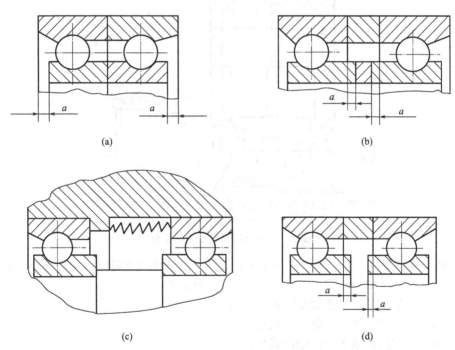

图 8-15　角接触球轴承游隙的调整

在主轴部件的一个支承上，常有两个或两个以上的轴承分别承受径向载荷和轴向载荷，需要分别控制径向和轴向间隙。因此，在结构上应尽可能做到在两个方向上分别调整。图 8-16(a) 所示是两个轴承共用一个螺母调整，图 8-16(b) 所示则采用两个螺母分别调整，当然结构复杂些。

此外，在用螺母调整轴承时，还应考虑到防松措施和尽量减少或避免拧紧螺母时主轴产生弯曲变形的问题。具体结构可参看有关手册。

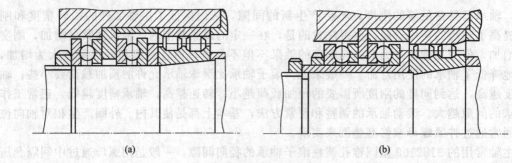

(a)   (b)

图 8-16 轴承间隙调整机构

b. 轴承预紧量的确定方法

ⅰ. 测量法　装置如图 8-17 所示。在平板上放置一个专用的测量支体，再在轴承的外圈上加压一重锤，其重量为所需的预加负荷值。轴承在重锤的作用下消除了间隙，并使滚子与滚道产生一定的弹性变形。用百分表测量轴承内、外圈端面的尺寸差 Δh，即为单个轴承的内、外圈厚度差。对于机床主轴承常见的、成对使用的轴承，两个轴承内、外圈厚度差值的总和，即为两轴承之间内、外垫圈厚度的差值 ΔL。

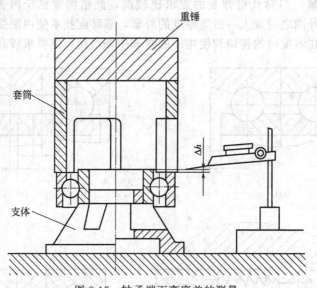

图 8-17 轴承端面高度差的测量

其中的预加负荷值一般要大于或等于工作载荷，最小预加负荷值可按下列经验公式计算

$$A_{Dmin} = 1.58R\tan\beta \pm 0.5A \tag{8-1}$$

式中　A_{Dmin}——轴承的最小预加负荷量；

　　　　R——作用在轴承上的径向载荷；

　　　　A——作用在轴承上的轴向载荷；

　　　　β——轴承的计算接触角。

成对使用的轴承中，每个轴承都按这个公式计算。式中"＋"号用于轴间工作载荷使预加过盈值减小的那个轴承；"－"号用于轴间工作载荷使预加过盈值加大的那个轴承。A_{Dmin}按所求得两个值中的大者选取。

此外，预加负荷值也可以按表 8-2 推荐的数值选用。

ⅱ. 感觉法　此类方法不需要任何测量仪器，只根据修理人员的实际经验来确定内、外隔圈的厚度差，应用也较广泛。常见的有下列几种方法。

表 8-2　角接触球轴承的预加负荷量　　　　　　　　　　　　　N

最高转速/r·min⁻¹　　轴承内径/mm	10	20	25	30	35	40	45	50
<1000	137.28 (14)	176.5 (18)	205.73 (22)	313.79 (22)	441.27 (45)	468.74 (58)	617.77 (63)	666.8
1000～2000	98.06 (10)	117.67 (12)	147.09 (15)	205.92 (21)	254.18 (30)	372.62 (38)	411.85 (42)	441.27 (45)
>2000	68.64 (7)	88.25 (9)	107.86 (11)	156.89 (16)	225.53 (23)			

注：表中括号内数值单位为 kg。

方法一：如图 8-18 所示，将成对选好的轴承以背对背方式或面对面同向排列安放，中间垫好内、外隔圈，下部再放一内隔圈，上部压上相当于预加负荷量的重物，重约 5～20kg（具体值可由上述经验公式计算或查表得出）。外隔圈事先在 120°三个方向上分别钻三个直径为 ϕ2～4mm 的小孔，用直径 ϕ1.5mm 左右的钢丝依次通过小孔触动内隔圈，检查内、外隔圈在两轴承端面的阻力，要求凭手的感觉使内、外隔圈的阻力相等。如果阻力不等，应将阻力大的隔圈的端面通过研磨，减小厚度直至感觉到阻力一致为止。

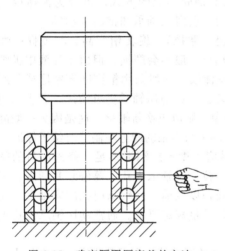

图 8-18　确定隔圈厚度差的方法一

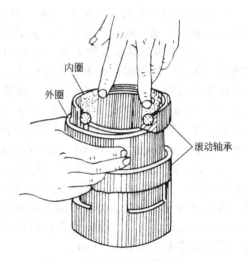

图 8-19　确定隔圈厚度差的方法二

方法二：如图 8-19 所示，左手以两只手指消除两只轴承的全部间隙并加压紧力（一般相当于 5kg 左右的预加负荷值重物），右手以手指分别拨动内、外隔圈，检查其阻力是否相等，如果阻力不等，则研磨隔圈至规定要求。

方法三：如图 8-20 所示，用双手的大拇指及食指消除两只轴承的全部间隙，另以一只中指伸入轴承内孔拨动原先放入的内隔圈，检查其阻力是否与外隔圈相似。

c. 装配　轴承的装配除按上述方法确定好预紧负荷和内、外隔圈的厚度外，还要注意以下几点。

ⅰ. 轴承必须经过仔细的选配，以保证内圈与主轴、外圈与轴承孔的间隔适中。

ⅱ. 严格清洗轴承，切勿用压缩空气吹转轴承，否则压缩空气中的硬性微粒会将滚道拉毛。清洗后用锂基润滑脂作润滑材料为好，但润滑材料量不宜过多，以免温升过高。

ⅲ. 装配时严禁直接敲打轴承。可使用液压推拔轮器，也可用铜棒或铜管制成的各种专用套筒或手锤均匀敲击轴承的内圈或外圈；配合过盈量较大时，可用机械式压力机或油压机装压轴承；除内部充满润滑油脂、带防尘盖或密封圈的轴承外，有些轴承还可采用温差法装

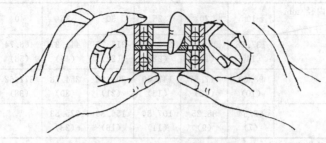

图 8-20　确定隔圈厚度差的方法三

配，即将轴承放在油浴中加热 80～100℃，然后进行装配。

ⅳ．轴承定向装配可减少轴承内圈偏心对主轴回转精度的影响。其方法是：在装配前先找出前、后滚动轴承（或轴承组）内圈中心对其滚道中心偏心方向的各最高点（即内环径向跳动最高点），并做出标记。再找出主轴前端锥孔（或轴颈）轴线偏心方向的最低点，也做出标记。装配时，使这三点位于通过主轴轴线的同一平面内，且在轴线的同一侧。尽管主轴和滚动轴承均存在一定的制造误差，但这样装配的结果使主轴在其检验处的径向圆跳动量可达到最小。

d. 滑动轴承的修理、装配与调整　滑动轴承按其油膜形成的方式，可分为流体或气体静压轴承和流体动压轴承；按其受力的情况，可分为径向滑动轴承和推力滑动轴承。

ⅰ．静压轴承具有承载能力大、摩擦阻力小（流体摩擦）、旋转精度高、精度保持性好等优点，因此广泛应用在磨床及重型机床上。静压轴承一般不会磨损，但由于油液中极细微的机械杂质的冲击，主轴轴颈仍会产生极细的环形丝流纹，一般采用精密磨床精磨或研磨至 $Ra\ 0.16～0.04\mu m$。若修磨后尺寸减小量在 0.02mm 之内，原静压轴承仍可使用；若主轴与轴承间隙超过了允差范围，或轴承内孔拉毛或有损伤现象，则应更换新轴承，这是因为一般静压轴承与主轴的间隙是无法调整的。在更换新轴承时，轴承与主轴的间隙在制造时给予保证。

ⅱ．动压轴承磨损的主要原因是润滑油中有机械磨损微粒或润滑不足。修理的目的就是恢复轴承的几何精度和承载刚度。对已磨损或咬伤、拉毛的轴承内孔，要修复其圆度、圆柱度、表面粗糙度、与主轴配合的轴颈和端面的接触面积以及前、后轴承内孔的同轴度；同时还要检查轴承外圆与主轴箱体配合孔的接触精度是否满足规定要求。通常动压轴承内孔表面的粗糙度值应不大于 $Ra\ 0.4\mu m$。

动压轴承内孔与主轴轴颈的配合间隙直接影响主轴的回转精度和承载刚度。间隙越小，承载能力越强，回转精度越高。但间隙过小也受到润滑和温升等因素的限制。动压轴承的径向间隙一般按如下选取：高速和受中等载荷的轴承，取轴颈直径尺寸的 0.025%～0.04%；高速和受重载的轴承，取轴颈直径尺寸的 0.02%～0.03%；低速和受中等载荷的轴承，取轴颈直径尺寸的 0.01%～0.012%；低速和重载的轴承，取轴颈直径尺寸的 0.007%～0.01%。

由于磨损，轴承内孔与主轴轴颈间的配合间隙将逐渐变大。绝大多数动压滑动轴承的间隙是可调整的，只要轴承没有损坏，且有一定修理和调整余量，就可不必更换轴承，而只需进行必要的修理和调整即可继续使用。

轴承间隙的调整方式有径向和轴向两种。

径向调整间隙的轴承一般为剖分式、单油楔动压轴承和多油楔（三瓦或五瓦式）自动调位轴承。剖分式轴承旋转不稳定、精度低，多用于重型机床主轴。修理时，先刮研剖分面或调整剖分面处垫片的厚度，再刮研或研磨轴承内孔直至得到适当的配合间隙和接触面，并恢复轴承的精度。单油楔动压轴承和多油楔（三瓦或五瓦式）自动调位轴承旋转精度高，刚度好，多用于磨床砂轮主轴。修理时，可采用主轴轴颈配刮或研磨方法修复轴承内孔，用球面螺钉调整径向间隙至规定的要求。

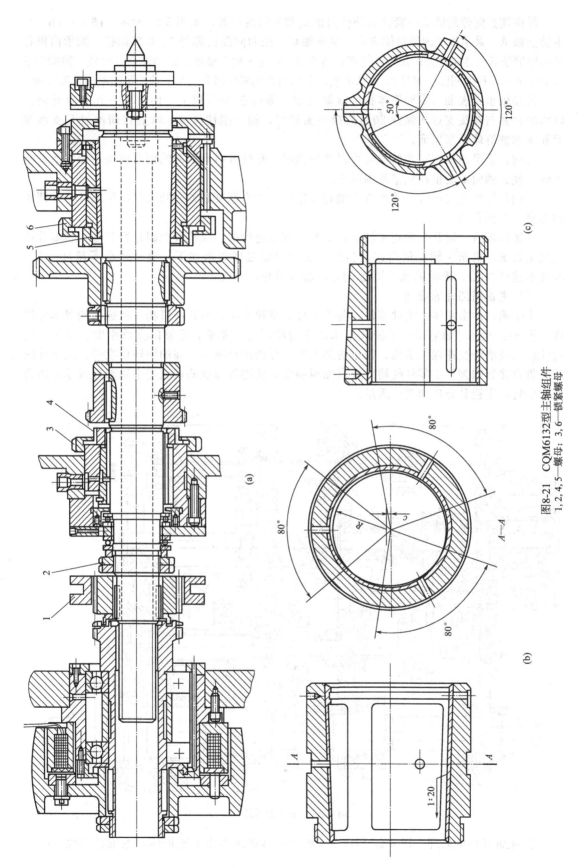

图8-21 CQM6132型主轴组件
1,2,4,5—螺母；3,6—锁紧螺母

轴向调整间隙的轴承一般分为外柱内锥式和外锥内柱式，如图 8-21 所示。图 8-21（b）为主轴前轴承，采用外柱内锥整体成形多油楔轴承，径向间隙由螺母 5、6 来调整，轴承内锥孔可用研磨法或与主轴轴颈配刮方法修理；图 8-21(c) 为主轴后轴承，采用外锥（内柱）薄壁变形多油楔轴承，径向间隙由螺母 3、4 来调整，轴承内孔也采用研磨或与主轴轴颈配刮的方法修理。

滑动轴承外表面与主轴箱体孔的接触面积一般应在 60％ 以上。而活动三瓦式自动调位轴承的轴瓦与球头支点间保持 80％ 的接触面积时，轴承刚性较高，常通过研磨轴瓦支承球面和支承螺钉球面来保证。

轴向止推滑动轴承精度的修复可以通过刮研、精磨或研磨其两端面来解决。修复后调整主轴，使其轴向窜动量在允差范围以内。

主轴部件修理完毕后，要检查主轴有关精度，如有精度超差，则应找出原因并进行调整和返修，直到合格。

机床修理后，需开车检查主轴运转温升，如超过标准，应检查原因进行调整，使温升达到规定要求。机床主轴在最高速运转时，主轴规定温度要求如下：滑动轴承不超过 60℃，温升不超过 30℃；滚动轴承不超过 70℃，温升不超过 40℃。

（5）主轴箱部件的修理

主轴箱部件由箱体、主轴部件、各传动件、变速机构、离合器机构、操纵机构等部分组成。图 8-22 所示主轴箱部件是卧式车床的主运动部件，要求有足够的支承刚度、可靠的传动性能、灵活的变速操纵机构、较小的热变形、低的振动噪声、高的回转精度等。此部件的性能将直接影响到加工零件的精度及表面粗糙度，此部件修理的重点是主轴部件及摩擦离合器，要特别重视其修理和调整质量。

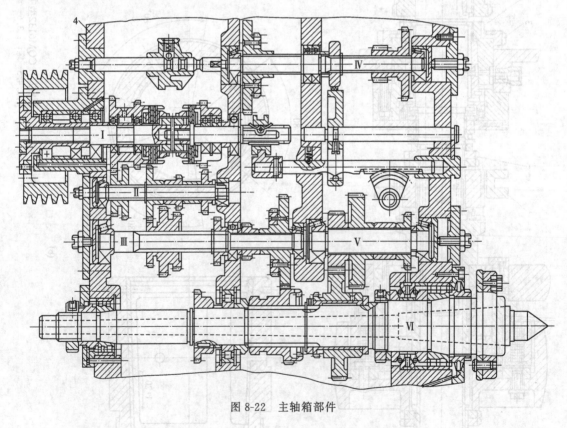

图 8-22 主轴箱部件

① 主轴箱体的修理 图 8-23 所示为 CA6140 型卧式车床主轴箱体，主轴箱体检修的主

要内容是检修箱体前、后轴承孔的精度，要求 φ160H7 主轴前轴承孔及 φ115H7 后轴承孔圆柱度误差不超过 0.012mm，圆度误差不超过 0.01mm，两孔的同轴度误差不超过 0.015mm。卧式车床在使用过程中，由于轴承外圈的游动，造成了主轴箱体轴承安装孔的磨损，影响主轴回转精度的稳定性和主轴的刚度。

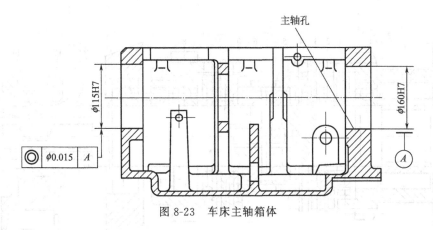

图 8-23　车床主轴箱体

　　修理前可用内径千分表测量前、后轴承孔的圆度和尺寸，观察孔的表面质量，是否有明显的磨痕、研伤等缺陷，然后在镗床上用镗杆和杠杆千分表测量前、后轴承孔的同轴度，如图 8-24 所示。由于主轴箱前、后轴承孔是标准配合尺寸，不宜研磨或修刮，一般采用镗孔镶套或镀镍修复。若轴承孔圆度、圆柱度超差不大时，可采用镀镍法修复，镀镍前要修正孔的精度，采用无槽镀镍工艺，镀镍后经过精加工恢复此孔与滚动轴承的公差配合要求；若轴承孔圆度、圆柱度误差过大时，则采用镗孔镶套法来修复。

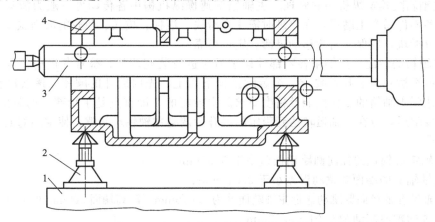

图 8-24　镗床上用镗杆和杠杆千分表测量前、后轴承孔的同轴度

　　② 主轴开停及制动机构的修理　主轴开停及制动操纵机构主要包括双向多片摩擦离合器、制动器及其操纵机构，实现主轴的启动、停止和换向。由于卧式车床频繁开停和制动，使部分零件磨损严重，在修理时必须逐项检验各零件的磨损情况，视情况予以更换和修理。

　　a. 在图 8-25 所示的双向多片摩擦离合器中，修复的重点是内、外摩擦片，当机床切削载荷超过调整好的摩擦片所传递的力矩时，摩擦片之间就产生相对滑动现象，多次反复其表面就会被研出较深的沟槽。当表面渗碳层被全部磨掉时，摩擦离合器就失去功能，修理时一般更换新的内、外摩擦片。若摩擦片只是翘曲或拉毛，可通过延展校直工艺校平和用平面磨床磨平，然后采取吹砂打毛工艺来修复。

　　元宝形摆块 12 及滑套 10 在使用中经常作相对运行，在两者的接触处及元宝形摆块与拉杆 9 接触处产生磨损，一般是更换新件。

b. 卧式车床的制动机构如图 8-26 所示，当摩擦离合器脱开时，使主轴迅速制动。由于卧式车床的频繁开停使制动机构中制动钢带 6 和制动轮 7 磨损严重，所以制动带的更换、制动轮的修整、齿条轴 2 凸起部位（图 8-26 中 b 部位）的焊补是制动机构修理的主要任务。

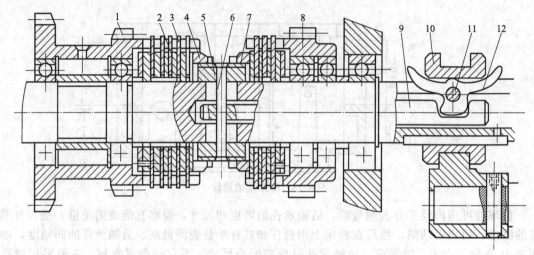

图 8-25　双向多片摩擦离合器
1—双联齿轮；2—内摩擦片；3—外摩擦片；4,7—螺母；5—压套；6—长销；
8—齿轮；9—拉杆；10—滑套；11—销轴；12—元宝形摆块

③ 主轴箱变速操纵机构的修理　主轴箱变速操纵机构中各传动件一般为滑动摩擦，长期使用中各零件易产生磨损，在修理时需注意滑块、滚柱、拨叉、凸轮的磨损状况。必要时可更换部分滑块，以保证齿轮移动灵活、定位可靠。

④ 主轴箱的装配　主轴箱各零部件修理后应进行装配调整，检查各机构、各零件修理或更换后能否达到组装技术要求。组装时按先下后上、先内后外的顺序，逐项进行装配调整，最终达到主轴箱的工作性能及精度要求。主轴箱的装配重点是主轴部件的装配与调整，主轴部件装配后，应在主轴运转达到稳定的温升后调整主轴轴承间隙，使主轴的回转精度达到如下要求。

a. 主轴定心轴颈的径向圆跳动误差小于 0.01mm。

b. 主轴轴肩的端面圆跳动误差小于 0.015mm。

c. 主轴锥孔的径向圆跳动靠近主轴端面处为 0.015mm，距离端面 300mm 处为 0.025mm。

d. 主轴的轴向窜动为 0.01～0.02mm。

除主轴部件调整外，还应检查并调整使齿轮传动平稳，变速操纵灵敏准确，各级转速与铭牌相符，开、停机可靠，箱体温升正常，润滑装置工作可靠等。

⑤ 主轴箱与床身的拼装　主轴箱内各零件装配并调整好后，将主轴箱与床身拼装。然后按图 8-27 所示的方法测量床鞍移动对主轴轴线的平行度，通过修刮主轴箱底面，使主轴轴线达到下列要求。

a. 床鞍移动对主轴轴线的平行度误差在垂直面内 300mm 长度上不大于 0.03mm，在水平面内 300mm 长度上不大于 0.015mm。

b. 主轴轴线的偏斜方向：只允许心轴外端向上和向前偏斜。

（6）刀架部件的修理

刀架部件包括转盘、小滑板和方刀架等零件，如图 8-28 所示。刀架部件是安装刀具、直接承受切削力的部件，各结合面之间必须保持正确的配合；同时，刀架的移动应保持一定的直线性，避免影响加工圆锥工件母线的直线度和降低刀架的刚度。因此，刀架部件修理的重点是刀架移动导轨的直线度和刀架重复定位精度的修复。刀架部件的修理主要包括小滑板、转盘和方刀架等零件主要工作面的修复，如图 8-29 所示。

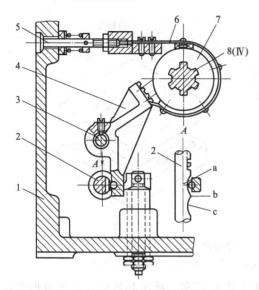

图 8-26　卧式车床的制动机构
1—箱体；2—齿条轴；3—杠杆支承轴；4—杠杆；5—调
节螺钉；6—制动钢带；7—制动轮；8—花键轴

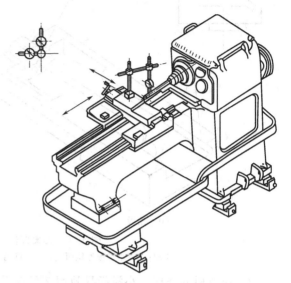

图 8-27　测量床鞍移动对主轴轴线的平行度

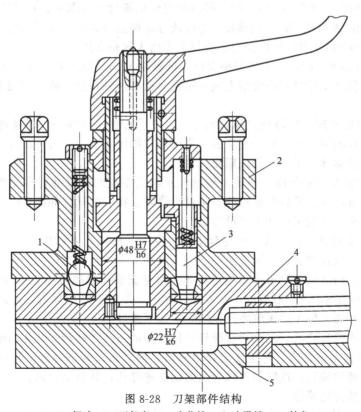

图 8-28　刀架部件结构
1—钢球；2—刀架座；3—定位销；4—小滑板；5—转盘

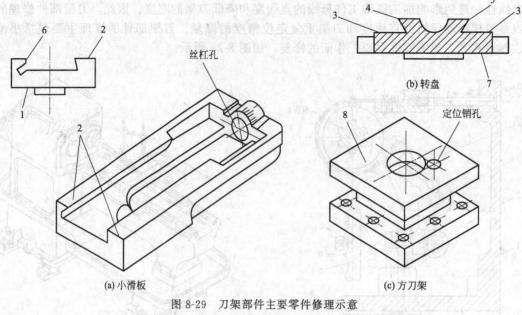

图 8-29　刀架部件主要零件修理示意

1—表面；2—小滑板导轨面；3～6—燕尾导轨面；7—挂盘底面；8—方刀架底面

① 小滑板的修理　小滑板导轨面 2 可在平板上拖研修刮；燕尾导轨面 6 采用角形平尺拖研修刮或与已修复的刀架转盘燕尾导轨配刮，保证导轨面的直线度及与丝杠孔的平行度；表面 1 由于定位销的作用留下一圈磨损沟槽，可将表面 1 车削后与方刀架底面 8 进行对研配刮，以保证接触精度；更换小滑板上的刀架转位定位销锥套（见图 8-28），保证它与小滑板安装孔 $\phi22\text{mm}$ 之间的配合精度；采用镶套或涂镀的方法修复刀架座与方刀架孔（见图 8-28）的配合精度，保证 $\phi48\text{mm}$ 定位圆柱面与小滑板上表面 1 的垂直度。

② 方刀架的刮研　配刮方刀架与小滑板的接触面 8、1 ［见图 8-29(a)、(c)］，配刮方刀架上的定位销，保证定位销与小滑板上定位销锥套孔的接触精度，修复刀架上的刀具夹紧螺纹孔。

③ 刀架转盘的修理　刮研燕尾导轨面 3、4、5 ［见图 8-29(b)］，保证各导轨面的直线度和导轨相互之间的平行度。修刮完毕后，将已修复的镶条装上，进行综合检验，镶条调节合适后，小滑板的移动应无轻、重或阻滞现象。

④ 丝杠螺母的修理和装配　调整刀架丝杠及与其相配的螺母都属易损件，一般采用换丝杠配螺母或修复丝杠、重新配螺母的方法进行修复。在安装丝杠和螺母时，为保证丝杠与螺母的同轴度要求，一般采用如下两种方法。

a. 设置偏心螺母法　在卧式车床花盘 1 上装专用三角铁 6（见图 8-30），将小滑板 3 和转盘 2 用配刮好的塞铁楔紧，一同安装在专用三角铁 6 上，将加工好的实心螺母体 4 压入转盘 2 的螺母安装孔内（实心螺母体 4 与转盘 2 的螺母安装孔为过盈配合）；在卧式车床花盘 1 上调整专用三角铁 6，以小滑板丝杠安装孔 5 找正，并使小滑板导轨与卧式车床主轴轴线平行，加工出实心螺母体 4 的螺纹底孔；然后再卸下螺母体 4，在卧式车床四爪卡盘上以螺母底孔找正加工出螺母螺纹，最后再修螺母外径以保证与转盘螺母安装孔的配合要求。

b. 设置丝杠偏心轴套法　将丝杠轴套做成偏心轴套，在调整过程中转动偏心轴套使丝杠螺母达到灵活转动位置，这时做出轴套上的定位螺钉孔，并加以紧固。

(7) 进给箱部件的修理

① 进给箱部件修理　进给箱部件的功用是变换加工螺纹的种类和导程，以及获得所需

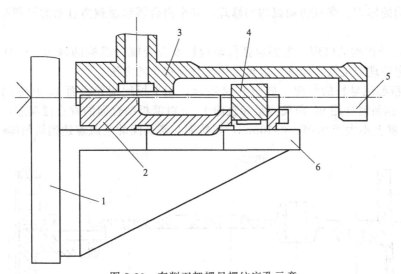

图 8-30　车削刀架螺母螺纹底孔示意

1—花盘；2—转盘；3—小滑板；4—实心螺母体；5—丝杠安装孔；6—三角铁

的各种进给量，主要由基本螺距机构、倍增机构、改变加工螺纹种类的移换机构、丝杠与光杠的转换机构以及操纵机构等组成。其主要修复的内容如下。

a. 基本螺距机构、倍增机构及其操纵机构的修理　检查基本螺距机构、倍增机构中各齿轮、操纵机构、轴的弯曲等情况，修理或更换已磨损的齿轮、轴、滑块、压块、斜面推销等零件。

b. 丝杠连接法兰及推力球轴承的修理　在车削螺纹时，要求丝杠传动平稳，轴向窜动小。丝杠连接轴在装配后轴向窜动量不大于 0.008～0.010mm，若轴向窜动超差，可通过选配推力球轴承和刮研丝杠连接法兰表面来修复。丝杠连接法兰修复如图 8-31(a) 所示，用刮研心轴进行研磨修正，使表面 1、2 保持相互平行，并使其对轴孔中心线垂直度误差小于 0.006mm，装配后按图 8-31(b) 所示测量其轴向窜动。

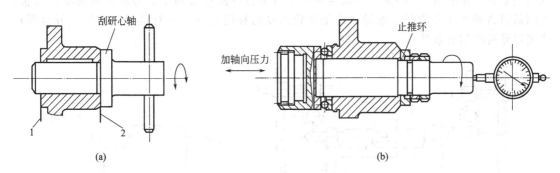

图 8-31　丝杠轴向窜动的修复与测量

c. 托架的调整与支承孔的修复　床身导轨磨损后，溜板箱下沉，丝杠弯曲，使托架孔磨损。为保证三支承孔的同轴度，在修复进给箱时，应同时修复托架。托架支承孔磨损后，一般采用镗孔镶套来修复，使托架的孔中心距、孔轴线至安装底面的距离均与进给箱尺寸一致。

② 溜板箱部件修理　溜板箱固定安装在沿床身导轨移动的纵向溜板下面，其主要作用是将进给箱传来的运动转换为刀架的直线移动，实现刀架移动的快慢转换，控制刀架运动的接通、断开、换向以及实现过载保护和刀架的手动操纵。溜板箱部件修理的主要工作内容有

丝杠传动机构的修理、光杠传动机构的修理、安全离合器和超越离合器的修理及进给操纵机构的修理等。

a. 丝杠传动机构的修理　主要包括传动丝杠及开合螺母机构的修理。丝杠一般应根据磨损情况确定修理或更换，修理一般可采用校直和精车的方法。

b. 溜板箱燕尾导轨的修理　如图 8-32 所示，用平板配刮导轨面 1，用专用角度底座配刮导轨面 2。刮研时要用 90°角尺测量导轨面 1、2 对溜板结合面的垂直度误差，其误差值为在 200mm 长度上不大于 0.08～0.10mm，导轨面与研具间的接触点达到均匀即可。

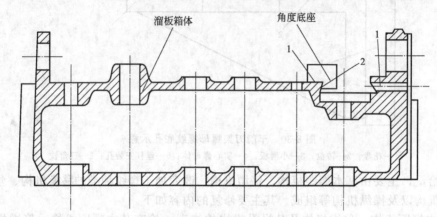

图 8-32　溜板箱燕尾导轨的刮研

c. 开合螺母体的修理　由于燕尾导轨的刮研，使开合螺母体的螺母安装孔中心位置产生位移，造成丝杠螺母的同轴度误差增大。当其误差超过 0.05～0.08mm 时，将使安装后的溜板箱移动阻力增加，丝杠旋转时受到侧弯力矩的作用，因此当丝杠螺母的同轴度误差超差时必须设法消除，一般采取在开合螺母体燕尾导轨面上粘贴铸铁板或聚四氟乙烯胶带的方法消除。其补偿量的测量方法如图 8-33 所示，测量时将开合螺母体夹持在专用心轴 2 上，然后用千斤顶将溜板箱在测量平台上垫起，调整溜板箱的高度，使溜板箱结合面与 90°角尺直角边贴合，使心轴 1、心轴 2 母线与测量平台平行，测量心轴 1 和心轴 2 的高度差 Δ 值，此测量值 Δ 的大小即为开合螺母体燕尾导轨修复的补偿量（实际补偿量还应加上开合螺母体燕尾导轨的刮研余量）。

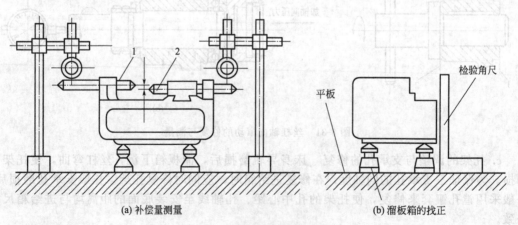

(a) 补偿量测量　　　　　　　　(b) 溜板箱的找正

图 8-33　燕尾导轨补偿量测量

消除上述误差后，需将开合螺母体与溜板箱导轨面配刮。刮研时首先车一实心的螺母坯，其外径与螺母体相配，并用螺钉与开合螺母体装配好，然后和溜板箱导轨面配刮，要求两者间的接触精度不低于 8～10 点/25mm×25mm，用心轴检验螺母体轴线与溜板箱结合面的平行度，其误差控制在 200mm 测量长度上不大于 0.08～0.10mm，然后配刮调整塞铁。

d. 开合螺母的配作　开合螺母应根据修理后的丝杠进行配作，其加工是在溜板箱体和螺母体的燕尾导轨修复后进行的。首先将实心螺母坯和刮好的螺母体安装在溜板箱上，并将溜板箱放置在卧式镗床的工作台上；按图 8-33 所示的方法找正溜板箱结合面，以光杠孔中心为基准，按孔间距的设计尺寸平移工作台，找出丝杠孔中心位置，在镗床上加工出内螺纹底孔；然后以此孔为基准，在卧式车床上精车内螺纹至要求，最后将开合螺母切开为两半并倒角。

e. 光杠传动机构的修理　光杠传动机构由光杠、传动滑键和传动齿轮组成。光杠的弯曲、光杠键槽及滑键的磨损、齿轮的磨损，将会引起光杠传动不平稳，床鞍纵向工作进给时产生爬行。光杠的弯曲采用校直修复，校直后再修正键槽，使装配在光杠轴上的传动齿轮在全长上移动灵活。滑键、齿轮磨损严重时一般需更换。

f. 安全离合器和超越离合器的修理　超越离合器用于刀架快速运动和工作进给运动的相互转换，安全离合器用于刀架工作进给超载时自动停止，起超载保护作用。

超越离合器经常出现传递力小时易打滑、传递力大时快慢转换脱不开的故障，造成机床不能正常运转。传递力小时打滑一般可采取加大滚柱直径来解决；传递力大时快慢转换脱不开一般可采取减小滚柱直径来解决。

安全离合器的修复重点是左、右两半离合器接合面的磨损，一般需要更换，然后调整弹簧压力，使之能正常传动。

g. 纵横向进给操纵机构的修理　卧式车床纵横向进给操纵机构的功用是实现床鞍的纵向快慢速运动和中滑板的横向快慢速运动的操纵和转换。由于使用频繁，操纵机构的凸轮槽和操纵圆销易产生磨损，使离合器不到位、控制失灵。另外，离合器齿形端面易产生磨损，造成传动打滑。这些磨损件的修理，一般采用更换方法即可。

(8) 尾座部件的修理

尾座部件结构如图 8-34 所示，主要由尾座体 2、尾座底板 1、顶尖套筒 3、尾座丝杠 4、螺母等组成。其主要作用是支承工件或在尾座顶尖套中装夹刀具来加工工件，要求尾座顶尖套移动轻便，在承受切削载荷时稳定可靠。

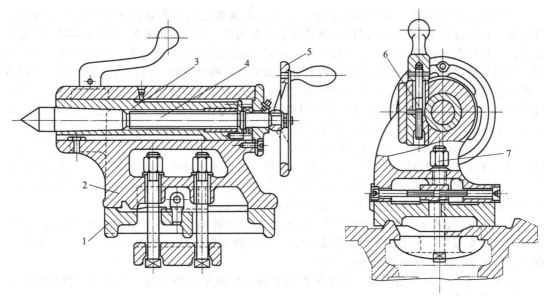

图 8-34　尾座部件装配图

1—尾座底板；2—尾座体；3—顶尖套筒；4—丝杠；5—手轮；6—锁紧机构；7—压紧机构

尾座体部件的修理主要包括尾座体孔、顶尖套筒、尾座底板、丝杠螺母、夹紧机构的修理，修复的重点是尾座体孔。

① 尾座体孔的修理　一般是先恢复孔的精度，然后根据已修复的孔的实际尺寸配尾座顶尖套筒。由于顶尖套筒受径向载荷并经常处于夹紧状态下工作，尾座体孔容易磨损和变形，使尾座体孔孔径呈椭圆形，孔前端呈喇叭形。在修复时，若孔磨损严重，可在镗床上精镗修正，然后研磨至要求，镗修时需考虑尾座部件的刚度，将镗削余量严格控制在最小范围；若磨损较轻则可采用研磨方法进行修正。研磨时，采用如图 8-35 所示方法，利用可调式研磨棒，以摇臂钻床为动力在垂直方向研磨，以防止研磨棒的重力影响研磨精度。尾座体孔修复后应达到如下精度要求：圆度、圆柱度误差不大于 0.01mm，研磨后的尾座体孔与更换或修复后的尾座顶尖套筒配合为 H7/h6。

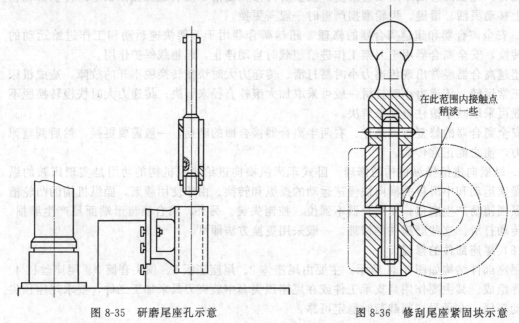

在此范围内接触点
稍淡一些

图 8-35　研磨尾座孔示意　　　　　　图 8-36　修刮尾座紧固块示意

② 顶尖套筒的修理　尾座体孔修磨后，必须配制相应的顶尖套筒才能保证两者间的配合精度。顶尖套筒的配制可根据尾座体孔修复情况而定，当尾座体孔磨损严重采用镗修法修正时，可更换新制套筒，并增加外径尺寸，达到与尾座体孔的配合要求；当尾座体孔磨损较轻，采用研磨法修正时，可将原件经修磨外径及锥孔后整体镀铬，然后再精车外圆，达到与尾座体孔的配合要求。尾座顶尖套筒经修配后，应达到如下精度要求：套筒外径圆度、圆柱度小于 0.008mm；锥孔轴线相对外径的径向圆跳动误差在端部小于 0.01mm，在 300mm 处小于 0.02mm；锥孔修复后端面的轴线位移不超过 5mm。

③ 尾座底板的修理　尾座底板使用日久会发生磨损，通常刨去一层，然后进行刮研加以修复。床身导轨刮研修复以及尾座底板的磨损，必然使尾座体孔中心线下沉，导致尾座体孔中心线与主轴轴线高度方向的尺寸链产生误差，使卧式车床加工轴类零件时圆柱度超差。此时可在尾座垫板和尾座体之间加一适当厚度的薄垫片。

④ 丝杠螺母副及锁紧装置的修理　尾座丝杠螺母磨损后一般可更换新的丝杠螺母副，也可修丝杠配螺母；尾座顶尖套筒修复后必须相应修刮紧固块，如图 8-36 所示，使紧固块圆弧面与尾座顶尖套筒圆弧面接触良好。

⑤ 尾座部件与床身的拼装　尾座部件安装时，应通过检验和进一步刮研，使尾座安装后达到如下要求。

a. 尾座体与尾座底板的接触面之间用 0.03mm 塞尺检查时不得插入。

b. 主轴锥孔轴线和尾座顶尖套筒锥孔轴线对床身导轨的等高度误差不大于 0.06mm，且只允许尾座端高，测量方法如图 8-37 所示。

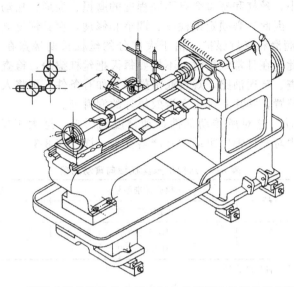

图 8-37 测量主轴锥孔轴线和尾座顶尖套筒锥孔轴线的等高度误差

c. 床鞍移动对尾座顶尖套筒伸出方向的平行度在 100mm 长度上，上母线不大于 0.03mm，侧母线不大于 0.01mm，测量方法如图 8-38 所示。

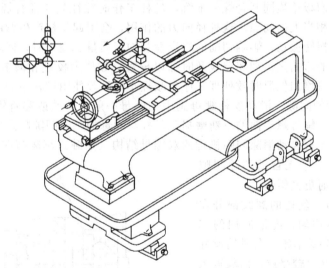

图 8-38 测量床鞍移动对尾座顶尖套筒伸出方向的平行度

d. 床鞍移动对尾座顶尖套筒锥孔轴线的平行度误差，在 100mm 测量长度上，上母线和侧母线不大于 0.03mm，测量方法如图 8-38 所示。

(9) 机床螺旋机构的修理

机床螺旋机构通常为丝杠螺母传动机构，广泛用于机床低速直线进给运动机构以及运动精度要求较高的机床传动链中。丝杠螺母传动副包括滑动丝杠螺母传动、滚动丝杠螺母传动、流体静压丝杠螺母传动三种类型。这里主要介绍在金属切削机床中用得最多的滑动丝杠螺母传动和滚珠丝杠螺母传动的调整与修理的基本知识。

滚珠丝杠副的调整与修理将在下节数控机床的典型结构中论述。此处仅介绍滑动丝杠螺母副的调整与修理。

① 磨损或损伤的检查与调整 滑动丝杠螺母传动在机床中主要用于机构调整装置和定位机构。在使用过程中，丝杠和螺母会有不同程度的磨损、变形、松动和位移等现象，直接影响机床的加工精度。因此，必须定期检查、调整和修理，使其恢复规定的精度要求。

a. 丝杠、螺母的润滑和密封保护 由于大部分的丝杠长期暴露在外，防尘条件差，极易产生磨粒磨损。因此，在日常维护时，不但要每天把丝杠擦净，检查有无损伤，还要定期清洗丝杠和螺母，检查、疏通油路，观察润滑效果。如有条件，可将人工加油润滑装置改装为电动定时定量润滑装置，并注意选用润滑效果好的润滑剂。

b. 丝杠的轴向窜动 这对所传动部件运动精度的影响，远大于丝杠径向跳动的影响，因此在机床精度标准中对丝杠轴向窜动均有严格要求，详见表 8-3。

表 8-3 几种机床丝杠轴向窜动允差 mm

机床名称	检验标准编号	丝杠轴向窜动允差
普通车床	GB4020—97	$D_a \leqslant 800, 0.015$
丝杠车床	JB2544—79	0.002
螺纹磨床	JB1583—80	0.002

注：D_a 为车床允许的最大工件回转直径。

如检查中发现丝杠的轴向窜动超过允差，则需进一步检查预加轴向负荷状况（例如丝杠端部的紧固螺母松动与否）和推力轴承的磨损状况，以便采取相应措施进行调整或更换。

c. 丝杠的弯曲 经长时间使用，有些较长的丝杠会发生弯曲。如卧式车床的床身导轨或溜板导轨磨损，溜板箱连同开合螺母下沉，丝杠工作时往往只与开合螺母的上半部啮合，而与其下半部存在相当大的间隙。这种径向力的作用，会引起丝杠产生弯曲变形，弯曲严重时会使传动整劲和扭转振动，影响切削的稳定性和加工质量。检查时，回转丝杠用百分表可较准确地测出丝杠的弯曲量。如超差应及时加以校直（如压力校直和敲击校直）。校直时要尽量消除内应力，可增加低温时效处理工序来减轻车螺纹及使用过程中的再次变形。

d. 丝杠与螺母的间隙 滑动丝杠螺母副中的螺母一般由铸铁或锡青铜制成，磨损量比丝杠大。随着丝杠、螺母螺旋面的不断磨损，丝杠与螺母的轴向间隙随之增大，当此间隙超过允差范围时，对于有自动消除间隙机构的双螺母结构（如卧式车床横向进给丝杠螺母副）应及时调整间隙，对于无自动消除间隙机构的螺母则应及时更换螺母。

e. 丝杠的磨损 丝杠的螺纹部分在全长上的磨损很不均匀，经常使用的部分，磨损较大，如卧式车床纵向进给丝杠在靠近主轴箱部分磨损较严重，而靠近床尾部分则极少磨损。这使丝杠螺纹厚度大小不一，螺距不等，导致丝杠螺距累积误差超过允差，造成机床进给机构进刀量不准，直接影响工作台或刀架的运动精度。当丝杠螺距误差太大而不能满足加工精度要求时，可用重新加工螺纹并配作螺母的方法修复，或更换新的丝杠副。

f. 丝杠的支承和托架 丝杠在径向承受的载荷小，转速低，多采用铜套作

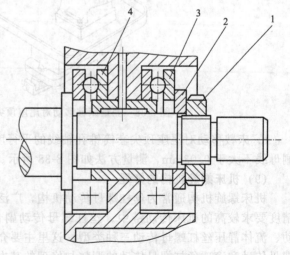

图 8-39 丝杠一端的支承
1—调整螺母；2—垫圈；3,4—D 级推力球轴承

支承；而轴向支承的精度和刚度比径向支承要求高得多，多采用高精度推力轴承。图 8-39 所示为卧式车床纵向丝杠，3、4 为 D 级推力球轴承，调整螺母 1 通过垫圈 2 压紧推力轴承。

由于加工和装配精度的限制，往往存在着调整螺母端面与螺纹轴心线垂直度的误差，导致推力集中在轴承的局部而使磨损加剧，成为丝杠发生抖动的主要原因。因此在对丝杠副进行定期检查时，要注意各支承的磨损情况，尤其是推力轴承的预加负荷和磨损情况，保证螺母端面与垫圈均匀接触，从而保证丝杠轴向支承的精度要求。

对于水平安装的长丝杠，常用托架支承丝杠，以免丝杠由于自重产生下挠现象。在使用过程中，托架不可避免要被磨损。因此也要定期检查，以便调整或修理。

② 丝杠副的修理 滑动丝杠螺母副失效的主要原因是丝杠螺纹面的不均匀磨损，螺距误差过大，造成工件精度超差。因此，丝杠副的修理主要采取加工丝杠螺纹面恢复螺距精度、重新配制螺母的方法。

在修理丝杠前，应先检查丝杠的弯曲量。普通丝杠的弯曲度超过 0.1mm/1000mm 时（由于自重产生的下垂量应除去）就要进行校直。然后测量丝杠螺纹实际厚度，找出最大磨损处，估算一下丝杠螺纹在修理加工后厚度减小量，如果超过标准螺纹厚度的 15%～20%，则该丝杠予以报废，不能再用。在特殊情况下，也允许以减小丝杠外径的办法恢复原标准螺纹厚度，但外径的减小量不得大于原标准外径的 10%。对于重负载丝杠，螺纹部分如需修理，还应验算其厚度减小后，刚度和强度是否仍能满足原设计要求。

对于未淬硬丝杠，一般在精度较好的车床上将螺纹两侧面的磨损和损伤痕迹全部车去，使螺纹厚度和螺距在全长上均匀一致，并恢复到原来的设计精度。精车加工时要尽量少切削，并注意充分冷却丝杠。如果原丝杠精度要求较高，也可以在螺纹磨床上修磨，修磨前应先将丝杠两端中心孔修研好。

淬硬的丝杠磨损后，应在螺纹磨床上进行修磨。

如果丝杠支承轴颈或其端面磨损，可用刷镀、堆焊等方法修复，恢复原配合性质。

丝杠螺纹部分经加工修理后，螺纹厚度减小，配制的螺母与丝杠应保持合适的轴向间隙，旋合时手感松紧合适。用于手动进给机构的丝杠螺母副，经修理装上带有刻度装置的手轮后，手柄反向空行程量应在规定范围内。采用双螺母消除间隙机构的丝杠副，丝杠螺纹修理加工后，主、副螺母均应重新配制。

当然，对于常见的中、小型机床的进给丝杠，如卧式车床的纵向丝杠、镗床的横向进给丝杠，由于是通用备件，丝杠磨损后也可更换新件。

(10) 车床常见故障及其排除方法

车床经大修以后，在工作时往往会出现故障，车床常见故障及排除方法见表 8-4。

表 8-4　车床常见故障及排除方法

序号	故障内容	产生原因	排除方法
1	圆柱类工件加工后外径发生锥度	①主轴箱主轴中心线对床鞍移动导轨的平行度超差 ②床身导轨倾斜一项精度超差过多，或装配后发生变形 ③床身导轨面严重磨损，主要三项精度均已超差 ④两顶尖支持工件时产生锥度 ⑤刀具的影响，刀刃不耐磨 ⑥由于主轴箱温升过高，引起机床热变形 ⑦地脚螺钉松动（或调整垫铁松动）	①重新校正主轴箱主轴中心线的安装位置，使工件在允许的范围之内 ②用调整垫铁来重新校正床身导轨的倾斜精度 ③刮研导轨或磨削床身导轨 ④调整尾座两侧的横向螺钉 ⑤修正刀具，正确选择主轴转速和进给量 ⑥如冷却检验（工件时）精度合格而运转数小时后工件即超差时，可按"主轴箱部件的修理"中的方法降低油温，并定期换油，检查油泵进油管是否堵塞 ⑦按调整导轨精度的方法调整并紧固地脚螺钉

序号	故障内容	产生原因	排除方法
2	圆柱形工件加工后外径发生椭圆及棱圆	①主轴轴承间隙过大 ②主轴轴颈的椭圆度过大 ③主轴轴承磨损 ④主轴轴承(套)的外径(环)有椭圆,或主轴箱体轴孔有椭圆,或两者的配合间隙过大	①调整主轴轴承的间隙 ②修理后的主轴轴颈没有达到要求,这一情况多数反映在采用滑动轴承的结构上。当滑动轴承有足够的调整余量时可将主轴的轴颈进行修磨,以达到圆度要求 ③刮研轴承,修磨轴颈或更换滚动轴承 ④主轴箱体的轴孔修整,并保证它与滚动轴承外环的配合精度
3	精车外径时在圆周表面上每隔一定长度距离上重复出现一次波纹	①溜板箱的纵走刀小齿轮啮合不正确 ②光杠弯曲,或光杠、丝杠、走刀杠等三孔不在同一平面上 ③溜板箱内某一传动齿轮(或蜗轮)损坏或由于节径振摆而引起的啮合不正确 ④主轴箱、进给箱中轴的弯曲或齿轮损坏	①如波纹之间距离与齿条的齿距相同时,这种波纹是由齿轮与齿条啮合引起的,设法应使齿轮与齿条正常啮合 ②这种表况下只是重复出现有规律的周期波纹(光杠回转一周与进给量的关系)。消除时,将光杠拆下校直,装配时要保证三孔同轴及在同一平面上 ③检查与校正溜板箱内传动齿轮,遇有齿轮(或蜗轮)已损坏时必须更新 ④校直转动轴,用手转动各轴,在空转时应无轻重现象
4	精车外径时在圆周表面上与主轴轴心线平行或成某一角度重复出现有规律的波纹	①主轴上的传动齿轮齿形不良或啮合不良 ②主轴轴承间隙的过大或过小 ③主轴箱上的带轮外径(或带槽)振摆过大	①出现这种波纹时,如波纹的头数(或条数)与主轴上的传动齿轮齿数相同,就能确定。一般在主轴轴承调整后,齿轮副的啮合间隙不得太大或太小,在正常情况下侧隙在0.05mm左右。当啮合间隙太小时可用研磨膏研磨齿轮,然后全部拆卸清洗。对于啮合间隙过大的或齿形磨损过度而无法消除该种波纹时,只能更换主轴齿轮 ②调整主轴轴承的间隙 ③消除带轮的偏心振摆,调整滚动轴承间隙
5	精车外圆时圆周表面上有混乱的波纹	①主轴滚动轴承的滚道磨损 ②主轴轴向游隙太大 ③主轴的滚动轴承外环与主轴箱孔有间隙 ④用卡盘夹持工年切削时,因卡爪呈喇叭孔形状而使工件夹紧不稳 ⑤四方刀架因夹紧刀具而变形,结果其底面与上刀架底板的表面接触不良 ⑥上、下刀架(包括床鞍)的滑动表面之间的间隙过大 ⑦进给箱、溜板箱、托架的三支承不同轴,转动有卡阻现象 ⑧使用尾座支持切削时,顶尖套筒不稳定	①更换主轴的滚动轴承 ②调整主轴事端推力球轴承的间隙 ③修理轴承孔达到要求 ④产生这种现象时可以改变工件的夹持方法,即用尾座支持住进行切削,如乱纹消失,即可肯定是由于卡盘法兰的磨损所致,这时可按主轴的定心轴颈及前端螺纹配置新的卡盘法兰。如卡爪呈喇叭孔时,一般加垫铜皮即可解决 ⑤在夹紧刀具时用涂色法检查方刀架与小滑板结合面接触程度,应保证方刀架在夹紧刀具时仍保持与它均匀全面接触,否则用刮刀修正 ⑥将所有导轨副的塞铁、压板均调整到合适的配合,使移动平稳,轻便,用0.04mm塞尺检查时插入深度应小于或等于10mm,以克服由于床鞍在床身导轨上纵向移动时受齿轮与齿条及切削力的颠覆力矩而沿导轨斜面跳跃一类的缺陷 ⑦修复床鞍倾斜下沉 ⑧检查尾座定尖套筒与轴孔及夹紧装置是否配合合适,如轴孔松动过大而夹紧装置又失去作用时,修复尾座顶尖套筒达到要求

序号	故障内容	产生原因	排除方法
6	精车外径时圆周表面上在固定的长度上(固定位置)有一节波纹凸起	①床身导轨在固定的长度位置上有碰伤、凸痕 ②齿条表面在某处凸出或齿条之间的接缝不良	①修去碰伤、凸痕等毛刺 ②将两齿条的接缝配合仔细校正,遇以齿条上某一齿特粗或特细时,可以修整至与其他单齿的齿厚相同
7	精车外径时圆周表面上出现有规律性的波纹	①因为电动机旋转不平稳而引起机床振动 ②因为带轮等旋转零件的振幅太大而引起机床振动 ③车间地基引起机床的振动 ④刀具与工件之间引起的振动	①校正电动机转子的平衡,有条件时进行动平衡 ②校正带轮等旋转零件的振摆,对其外径、带轮V形槽进行光整车削 ③在可能的情况下,将具有强烈振动来源的机器,如砂轮机(磨刀用)等移至离开机床的一定距离,减少振源的影响 ④设法减少振动,如减少刀杆伸出长度等
8	精车外径时主轴每一转在圆周表面上有一处振痕	①主轴的滚动轴承某几粒滚柱(珠)磨损严重 ②主轴上的传动齿轮节径振摆过大	①将主轴滚动轴承拆卸后用千分尺逐粒测量滚柱(珠),如确系某几粒滚柱(珠)磨损严重(或滚桩间尺寸相差很大)时,需更换轴承 ②消除主轴齿轮的节径振摆,严重时要更换齿轮副
9	精车后的工件端面中凸	①溜板移动对主轴箱主轴中心线的平行度超差 ②床鞍的上、下导轨垂直度超差,该顶要求是溜板上导轨的外端必须偏向主轴箱	①校正主轴箱主轴中心线的位置,在保证工件正确合格的前提下,要求主轴中心线向前(偏向刀架) ②对经过大修后的机床出现该项误差时,必须重新刮研床鞍下导轨面
10	精车螺纹表面有波纹	①因机床导轨磨损而使床鞍倾斜下沉,造成丝杠弯曲,与开合螺母的啮合不良(单片啮合) ②托架支承孔磨损,使丝杠回转中心线不稳定 ③丝杠的轴向游隙过大 ④进给箱挂轮轴弯曲、扭曲 ⑤所有的滑动导轨面(指方刀架中滑板及床鞍)间有间隙 ⑥方刀架与小滑板的接触面间接触不良 ⑦切削长螺纹工件时,因工件本身弯曲而引起的表面波纹 ⑧因电动机、机床本身固有频率(振动区)而引起的振荡	①修理机床导轨,床鞍达到要求 ②托架支承孔镗孔镶套 ③调整丝杠的轴向间隙 ④更换进给箱的挂轮轴 ⑤调整导轨间隙及塞铁、床鞍压板等,各滑动面间用0.03mm塞尺检查,插入深度应≤20mm。固定接合面应插不进去 ⑥修刮小滑板底面与方刀架接触面间接触良好 ⑦工件必须加入适当的随刀托板(跟刀架),使工件不因车刀的切入而引起跳动 ⑧摸索、掌握该振动区规律
11	方刀架上的压紧手柄压紧后(或刀具在方刀架上固紧后)小刀架手柄转不动	①方刀架的底面不平 ②方刀架与小滑板底面的接触不良 ③刀具夹紧后方刀架产生变形	均用刮研刀架座底面的方法修正

序号	故障内容	产生原因	排除方法
12	用方刀架进刀精车锥孔时呈喇叭形或表面质量不高	①方刀架的移动燕尾导轨不直 ②方刀架移动对主轴中心线不平行 ③主轴径向回转精度不高	①②参见"刀架部件的修理"刮研导轨 ③调整主轴的轴承间隙,按"误差抵消法"提高主轴的回转精度
13	用割槽刀割槽时产生"颤动"或外径重切削时产生"颠动"	①主轴轴承的径向间隙过大 ②主轴孔的后轴承端面不垂直 ③主轴中心线(或与滚动轴承配合的轴颈)的径向振摆过大 ④主轴的滚动轴承内环与主轴的锥度配合不良 ⑤工件夹持中心孔不良	①调整主轴轴承的间隙 ②检查并校正后端面的垂直要求 ③设法将主轴的径向振摆调整至最小值,如滚动轴承的振摆无法避免时,可采用角度选配法来减少主轴的振摆 ④修磨主轴 ⑤在校正工件毛坯后,修顶尖中心孔
14	重切削时主轴转速低于标牌上的转速或发生自动停车	①摩擦离合器调整过松或磨损 ②开关杆手柄接头松动 ③开关摇杆和接合子磨损 ④摩擦离合器轴上的弹簧垫圈或锁紧螺母松动 ⑤主轴箱内集中操纵手柄的销子或滑块磨损,手柄定位弹簧过松而使齿轮脱开 ⑥电动机传动V带调节过松	①调整摩擦离合器,修磨或更换摩擦片 ②打开配电箱盖,紧固接头上螺钉 ③修焊或更换摇杆、接合子 ④调整弹簧垫圈及锁紧螺母 ⑤更换销子、滑块,将弹簧力加大 ⑥调整V带的传动松紧程度
15	停车后主轴有自转现象	①摩擦离合器调整过紧,停车后仍未完全脱开 ②制动器过松没有调整好	①调整摩擦离合器 ②调整制动器的制动带
16	溜板箱自动走刀手柄容易脱开	①溜板箱内脱落蜗杆的压力弹簧调节过松 ②蜗杆托架上的控制板与杠杆的倾斜磨损 ③自动走刀手柄的定位弹簧松动	①调整脱落蜗杆 ②将控制板焊补,并将挂钩处修补 ③调整弹簧,若定位孔磨损可铆补后重新打孔
17	溜板箱自动走刀手柄在碰到定位挡铁后还脱不开	①溜板箱内的脱落蜗杆压力弹簧调节过紧 ②蜗杆的锁紧螺母紧死,迫使进给箱的移动手柄跳开或挂轮脱开	①调松脱落蜗杆的压力弹簧 ②松开锁紧螺母,调整间隙
18	光杠与丝杆同时传动	溜板箱内的负锁保险机构的拨叉磨损、失灵	修复负锁保险机构
19	尾座锥孔内钻头、顶尖等顶不出来	尾座丝杠头部磨损	焊接加长丝杠顶端
20	主轴箱油窗不注油	①滤油器、油管堵塞 ②液压泵活塞磨损、压力过小或油量过小 ③进油管漏压	①清洗滤油器,疏通油路 ②修复或更换活塞 ③拧紧管接头

8.1.2 卧式铣床的修理

在铣床的修理过程中，可以几个部件同时进行，也可以交叉进行。一般可按下列顺序修理：主轴及变速箱、床身、升降台及下滑板、回转滑板、工作台、工作台与回转滑板配刮、悬梁和刀杆支架等。

(1) 主轴部件的修理

① 主轴的修复　主轴是机床的关键零件，其工作性能直接影响机床的精度，因此修理中必须对主轴各部分进行全面检查。如果发现有超差现象，应修复至原来的精度。目前，主轴的修复一般是在磨床上精磨各轴颈和精密定位圆锥等表面。

a. 主轴轴颈及轴肩面的检测与修理　如图 8-40 所示，在平板 3 上用 V 形架 5 支承主轴的 A、B 轴颈，用千分尺检测 B、D、F、G、K 各表面间的同轴度，其允差为 0.007mm。如果同轴度超差，可采用镀铬工艺修复并磨削各轴颈至要求。再用千分表检测 H、J 表面的径向圆跳动，允差为 0.007mm。如果超差可以在修磨表面 A、K 的同时磨削表面 H、J。表面 C 的径向圆跳动量允差为 0.005mm，如果超差可以同时修磨至要求。

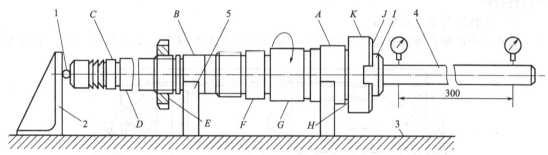

图 8-40　主轴结构和主轴检测

1—钢球；2—挡铁；3—平板；4—检验棒；5—V 形架

b. 主轴锥孔的检测与修复　把带有锥柄的检验棒插入主轴锥孔，并用拉杆拉紧，用千分表检测主轴锥孔的径向圆跳动量，要求在近主轴端的允差为 0.005mm，距主轴端 300mm 处为 0.01mm。如果达不到上述精度要求或内锥表面磨损，则将主轴尾部用磨床卡盘夹持，用中心架支承轴颈 C 进行修磨，使其小于 0.005mm，同时校正轴颈 G，使其与工作台运动方向平行；然后修磨主轴锥孔 I，使其径向圆跳动量在允许范围内，并使接触率大于 70%。

② 主轴部件的装配　图 8-41 所示为主轴部件结构。主轴 1 有三个支承，前支承 2、中间支承 3 为圆锥滚子轴承，后支承 4 为深沟球轴承。前、中轴承是决定主轴工作精度的主要支承，后轴承是辅助支承。前、中轴承可采用定向装配方法，以提高这对轴承的装配精度。主轴上装有飞轮 5，利用它的惯性储存能量，以便消除铣削时的振动，使主轴旋转更加平稳。

为了使主轴得到理想的旋转精度，在装配过程中，要特别注意前、中两个圆锥滚子轴承径向和轴向间隙的调整。调整时，先松开紧固螺钉 7，然后用专用扳手钩住调整螺母 6 上的孔，借主轴端面键 9 转动主轴，使轴承 3 内圈右移，以消除两个轴承的径向和轴向间隙。调整完毕，再把紧固螺钉 7 拧紧，防止其松动。轴承的预紧量应根据机床的工作要求决定，当机床进行载荷不大的精加工时，预紧量可稍大一些，但应保证在 1500r/min 转速下运转30～60min 后，轴承的温度不超过 60℃。

对螺母 6 右端面的调整有较严格的要求，其右端面的圆跳动量应在 0.005mm 内，其两端面的平行度应在 0.001mm 内，否则将对主轴的径向圆跳动产生一定影响。

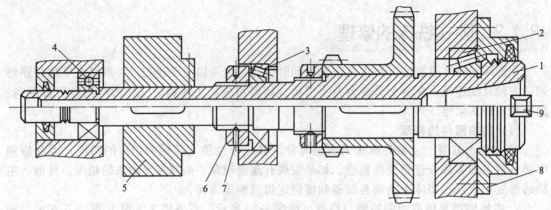

图 8-41　主轴部件结构

1—主轴；2,3—圆锥滚子轴承；4—深沟球轴承；5—飞轮；6—调整螺母；

7—紧固螺钉；8—盖板；9—端面键

　　主轴的装配精度应按 GB3933—83 卧式万能升降台铣床精度标准、允差、检验方法的要求进行检查。

　　(2) 主传动变速箱的修理

　　主传动变速箱的展开图如图 8-42 所示。轴Ⅰ～Ⅳ的轴承和安装方式基本一样，左端轴

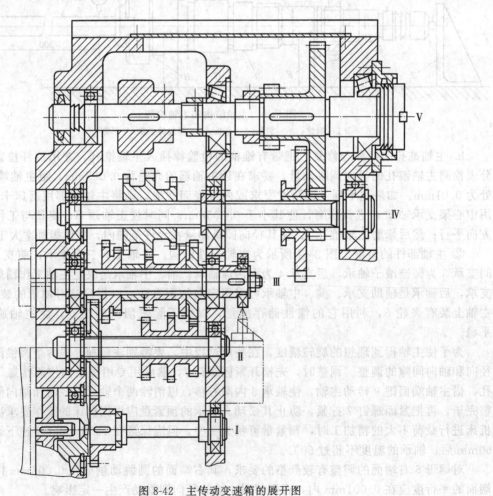

图 8-42　主传动变速箱的展开图

承采用内、外圈分别固定于轴上和箱体孔中的形式；右端轴承则采用只将内圈固定于轴上，外圈则在箱体孔中游动的方式。装配Ⅰ～Ⅲ轴时，轴由左端伸入箱体孔中一段长度后，把齿轮安装到花键轴上，然后装右端轴承，将轴全部伸入箱体内，并将两端轴承调整好固定。轴Ⅳ应由右端向左装配，先伸入右边一跨，安装大滑移齿轮块；轴继续前伸至左边一跨，安装中间轴承和三联滑移齿轮块，并将三个轴承调整好。

① 主传动变速操纵机构的组成 主要由孔盘5、齿条轴2和4、齿轮3及拨叉1等组成，如图8-43所示。变速时，将手柄8顺时针转动，通过齿扇15、齿杆14、拨叉6使孔盘5向右移动，与齿条轴2、4脱开；根据转速转动选速盘11，通过锥齿轮12、13使孔盘5转到所需的位置；再将手柄8逆时针转动到原位，孔盘5使三组齿条轴改变位置，从而使三联滑移齿轮块改变啮合位置，实现主轴的18种转速的变换。

瞬时压合开关7使电动机启动。当凸块10随齿扇15转过后，开关7重新断开电动机随即断电停止转动。电动机只启动运转了很短的时间，以便于滑移齿轮与固定齿轮的啮合。

② 主传动变速操纵机构的调整 为避免组装操纵机构时错位，拆卸选速盘轴上的锥齿轮12、13（见图8-43）时要标记啮合位置。拆卸齿条轴中的销子时，每对销子长短不同，不能装错，否则将会影响齿条轴脱开孔盘的时间和拨动齿轮的正常顺序。另一种方法是在拆卸之前，把选速盘转到30r/min的位置上，按拆卸位置进行装配；装配好后扳动手柄8使孔盘定位，并应保证齿轮3的中心至孔盘端面的距离为231mm，如图8-44所示。若尺寸不符，说明齿条轴啮合位置不正确。此时应使齿条轴顶紧孔盘4，重新装入齿轮2，然后检查齿轮2的中心至孔盘端面的距离是否达到要求，再检查各转速位置是否正确无误。

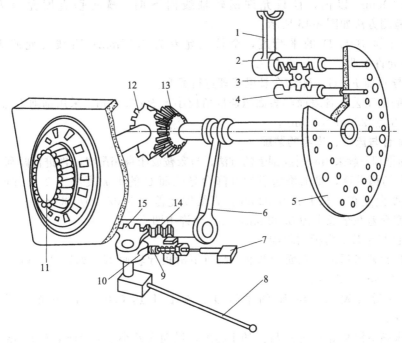

图8-43 主传动变速操纵机构的组成

1,6—拨叉；2,4—齿条轴；3—齿轮；5—孔盘；7—开关；8—手柄；9—顶杆；
10—凸块；11—选速盘；12,13—锥齿轮；14—齿杆；15—齿扇

当变速操纵手柄8（见图8-43）回到原位并合上定位槽后，如发现齿条轴上的拨叉来回窜动或滑移齿轮错位时，可拆出该组齿条轴之间的齿轮3，用力将齿条轴顶紧孔盘端面，再装入齿轮3。

(3) 床身导轨的修理要求

床身导轨的结构示意图如图 8-44 所示。要恢复其精度，可采用磨削或刮削的方法。对床身导轨的具体要求有以下几方面。

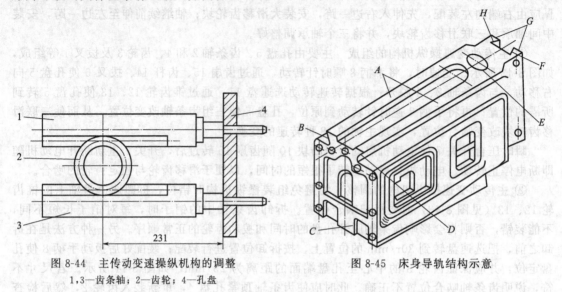

图 8-44　主传动变速操纵机构的调整　　　　图 8-45　床身导轨结构示意
1,3—齿条轴；2—齿轮；4—孔盘

① 磨削或刮削床身导轨面时，应以主轴回转轴线为基准，保证导轨 A 纵向垂直度允差在 0.015mm/300mm 以内，且只允许回转轴线向下偏；横向垂直度允差为 0.01mm/300mm。其检测方法如图 8-45 所示。

② 保证导轨 B 与 D 的平行度，全长上允差为 0.02mm；直线度允差为 0.02mm/1000mm，并允许中凹。

③ 燕尾导轨面 F、G、H 结合悬梁修理进行配刮。

④ 采用磨削工艺，各表面的表面粗糙度值应小于 $Ra\,0.8\mu m$。采用刮削工艺，各表面的接触点为 6～8 点/25mm×25mm。

(4) 升降台与床鞍、床身的装配

升降台的修理一般采用磨削或刮削的方法，与床鞍或床身相配时，再进行配刮。图 8-46(a) 所示为升降台结构示意，要求修磨后的升降台导轨面 C 的平面度小于 0.01mm；导轨面 F 与 H 的垂直度允差在全长上为 0.02mm，直线度允差为 0.02mm/1000mm；导轨面 G、H 与 C 的平行度允差在全长上为 0.02mm，且只允许中凹。

① 升降台与床鞍下滑板的装配

a. 以升降台修磨后的导轨面为基准，刮研下滑板导轨面 K，如图 8-47(b) 所示，接触点为 6～8 点/25mm×25mm。

b. 刮研下滑板表面，与 K 的平行度在全长上达 0.02mm，接触点为 6～8 点/25mm×25mm。

c. 刮研床鞍下滑板导轨面 L 与 J 的平行度，纵向误差小于 0.01mm/300mm，横向误差小于 0.015mm/300mm。接触点为 6～8 点/25mm×25mm。

d. 刮好的楔铁与压板装在床鞍下滑板上，调整好修刮松紧程度。用塞尺检查楔铁及压板与导轨面的密合程度，用 0.03mm 塞尺检查，两端插入深度应小于 20mm。

② 升降台与床身的装配　将粗刮过的楔铁及压板装在升降台上，调整好松紧，再刮至接触点为 6～8 点/25mm×25mm。用 0.04mm 塞尺检查与导轨面的密合程度，塞尺插入深度小于 20mm。

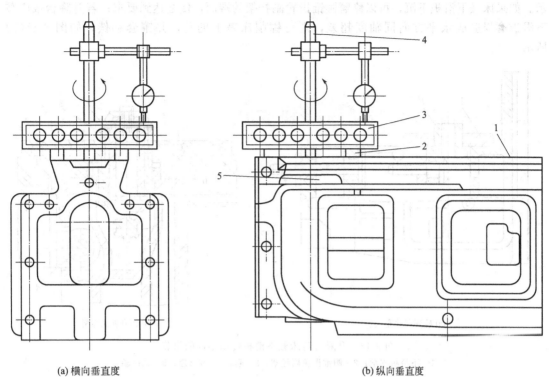

(a) 横向垂直度   (b) 纵向垂直度

图 8-46　导轨对主轴回转轴线垂直度检测

1—床身导轨；2—等高垫块；3—平行平尺；4—锥柄检验棒；5—主轴孔

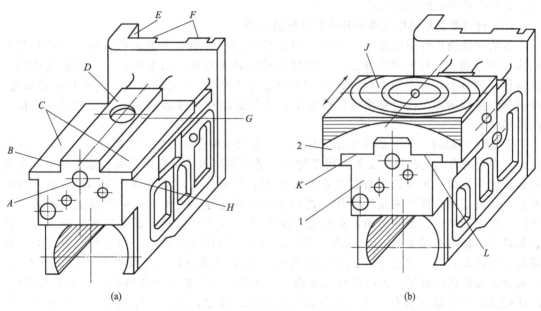

(a)   (b)

图 8-47　升降台的结构及升降台与床鞍下滑板的配刮示意

1—升降台；2—床鞍下滑板

（5）升降台与床鞍下滑板传动零件的组装

① 圆锥齿轮副托架的装配　装配圆锥齿轮副托架时，要求升降台横向传动花键轴中心线与床鞍下滑板的圆锥齿轮副托架中心线的同轴度允差为 0.02mm，其检测方法如图 8-48(a) 所

示。如果床鞍下滑板下沉，可以修磨圆锥齿轮副托架的端面，使之达到要求；若升降台或床鞍下滑板磨损造成水平方向同轴度超差，则可镗削床鞍上的孔，并镶套补偿，如图 8-48（b）所示。

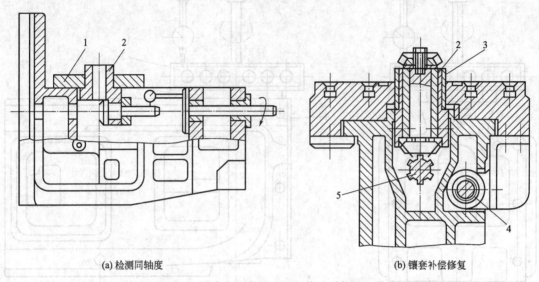

(a) 检测同轴度　　　　　　　　　　　　　(b) 镶套补偿修复

图 8-48　升降台与床鞍下滑板传动零件的组装
1—下滑板支承；2—圆锥齿轮副托架；3—套；4—螺母座；5—花键轴

② 横向进给螺母支架孔的修复　升降台上面的床鞍横向手动或机动是通过横向丝杠带动横向进给螺母座使工作台横向移动的。由于床鞍的下沉，螺母孔的中心线产生同轴度偏差，装配中必须对其加以修正。

(6) 进给变速箱的修理和与升降台装配的调整

进给变速箱展开图如图 8-49 所示。从进给电动机传给轴Ⅺ的运动有进给传动路线和快速移动路线。进给传动路线是：经轴Ⅷ上的三联齿轮块、轴Ⅹ上的三联齿轮块和曲回机构传到轴Ⅺ上，可得到纵向、横向和垂直三个方向各 18 级进给量。快速移动路线是：由右侧箱壁外的四个齿轮直接传到轴Ⅺ上。进给运动和快速移动均由轴Ⅺ右端 z28 齿轮向外输出。

① 轴Ⅺ的结构　如图 8-49 所示，轴Ⅺ上装有安全离合器、牙嵌式离合器和片式摩擦离合器。安全离合器是定转矩装置，用于防止过载时损坏机件，它由半离合器、钢球、弹簧和圆柱销等组成。牙嵌式离合器是常啮合状态，只有接通片式摩擦离合器时，它才脱开啮合。牙嵌式离合器用来接通工作台进给运动，宽齿轮 z40 传来的运动经安全离合器和牙嵌式离合器传给轴Ⅺ，并由右端齿轮 z28 输出。片式摩擦离合器是用来接通工作台快速移动的，轴Ⅺ右端齿轮 z43 用键（图中未画出）与片式摩擦离合器的外壳体连接，接通片式摩擦离合器，齿轮 z43 的运动经外壳体传给外摩擦片，外摩擦片传给内摩擦片，再通过套和键传给轴Ⅺ，也由齿轮 z28 输出。牙嵌式离合器与片式摩擦离合器是互锁的，即牙嵌式离合器断开啮合，片式离合器才能接通；反之，片式摩擦离合器中断啮合，牙嵌式离合器才能接通。

② 进给变速箱的修理

a. 工作台快速移动是直接传给轴Ⅺ的，其转速较高，容易损坏，修理时通常予以更换。牙嵌式离合器工作时频繁啮合，端面齿很容易损坏，修理时可予以更换或用堆焊方法修复。

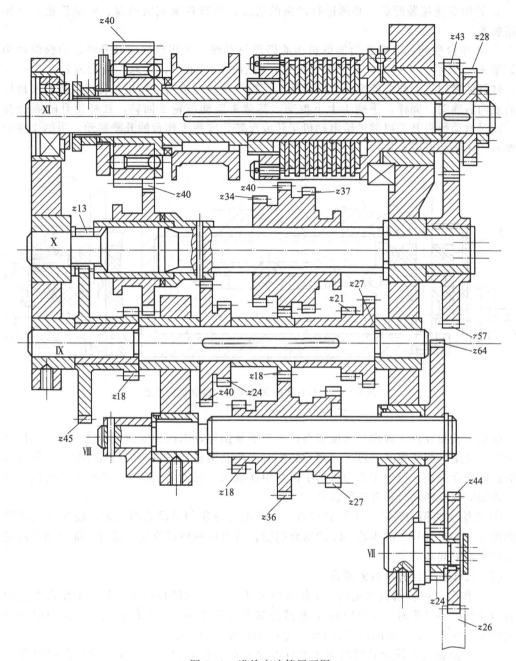

图 8-49　进给变速箱展开图

b. 检查摩擦片有无烧伤，平面度允差在 0.1mm 内。若超差，可修磨平面或更换。

装配轴Ⅺ上的安全离合器时，应先调整离合器左端的螺母，使离合器端面与宽齿轮 $z40$ 端面之间有 0.40～0.60mm 的间隙，然后调整螺套，使弹簧的压力能抵抗 160～200N · m 的转矩。

c. 进给变速操纵机构装入进给箱前，手柄应向前拉到极限位置，以利于装入进给箱。调整时，可把变速盘转到进给量为 750mm/min 的位置上，拆去堵塞和转动齿轮，使各齿条轴顶紧孔盘，再装入堵塞和转动齿轮，然后检查 18 种进给量位置，应做到准确、灵活、轻便。

d. 进给变速箱装配后，必须进行严格的清洗，检查柱塞式液压泵、输油管道，以保证油路畅通。

③ 工作台横向和升降进给操纵机构的修理与调整　工作台横向和升降进给操纵机构示意如图 8-50 所示。手柄 1 有五个工作位置，前后扳动手柄 1，其球头拨动鼓轮 2 作轴向移动，杠杆使横向进给离合器啮合，同时触动行程开关启动进给电动机正转或反转，实现床鞍向前或向后移动。同样，手柄 1 上下扳动，其球头拨动鼓轮 2 回转，杠杆使升降离合器啮合，同时触动行程开关启动进给电动机正转或反转，实现工作台的升降移动。手柄 1 在中间位置时，床鞍和升降台均停止运动。

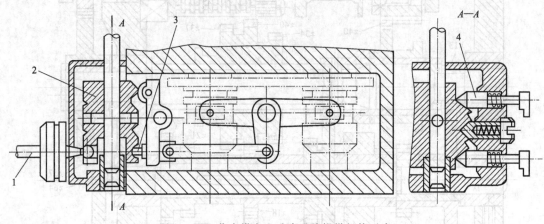

图 8-50　工作台横向和升降进给操纵机构示意
1—手柄；2—鼓轮；3—螺钉；4—顶杆

鼓轮 2 表面经淬火处理，硬度较高，一般不易损坏，因此装配前应清洗干净。如局部严重磨损，可用堆焊法修复并淬火处理。装配时，注意调整杠杆机构的带孔螺钉 3，保证离合器的正确开合距离，避免工作台进给中出现中断现象。扳动手柄 1 时，进给电动机应立即启动，否则应调节触动行程开关的顶杆 4。

④ 进给变速箱与升降台的装配与调整　进给变速箱与升降台组装时，要保证电动机轴上的齿轮 $z26$ 与轴Ⅶ上的齿轮 $z44$ 的啮合间隙，可以用调整进给变速箱与升降台结合面的垫片厚度来调节间隙的大小。

(7) 工作台与回转滑板的修理

① 工作台与回转滑板的配刮　工作台中央 T 形槽一般磨损极少，刮研工作台上表面及下表面以及燕尾导轨时，应以中央 T 形槽为基准进行修刮。按工作台上、下表面的平行度纵向允差为 0.01mm/500mm、横向允差为 0.01mm/300mm。

中央 T 形槽与燕尾导轨两侧面按平行度允差在全长上为 0.02mm 的要求刮研好各表面后，将工作台翻过去，以工作台上表面为基准与回转滑板配刮，如图 8-51 所示。

a. 回转滑板底面与工作台上表面的平行度允差在全长上为 0.02mm，滑动面间的接触点为 6～8 点/25mm×25mm。

b. 粗刮楔铁，将楔铁装入回转滑板与工作台燕尾导轨间配研，滑动面的接触点为 8～10 点/25mm×25mm；非滑动面的接触点为 6～8 点/25mm×25mm。用 0.04mm 的塞尺检查楔铁两端与导轨面间的密合程度，插入深度应小于 20mm。

② 工作台传动机构的调整　工作台与回转滑板组装时，弧齿锥齿轮副的正确啮合间隙可通过配磨调整环 1 端面加以调整，如图 8-52 所示。工作台纵向丝杠螺母间隙的调整如图 8-53 所示，打开盖 1，松开螺钉 2，用一字旋具转动蜗杆轴 4，通过调整外圆带蜗轮的螺母 5

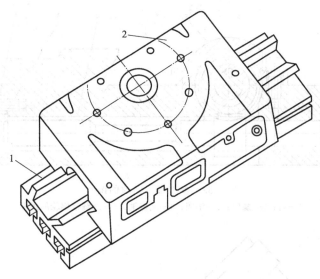

图 8-51　工作台与回转滑板配刮

1—工作台；2—回转滑板

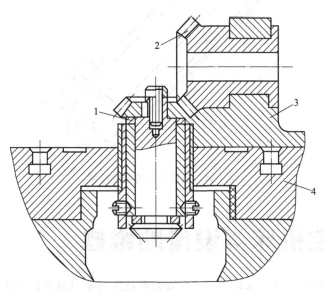

图 8-52　工作台弧齿锥齿轮副的调整

1—调整环；2—弧齿锥齿轮；3—工作台；4—回转滑板

的轴向位置来消除间隙。调好后，工作台在全长上运动应无阻滞、轻便灵活；然后紧固螺钉
2，压紧垫圈 3，装好盖 1 即可。

（8）悬梁和床身顶面燕尾导轨的装配

悬梁的修理工作应与床身顶面燕尾导轨一起进行。可先磨或刮削悬梁导轨，达到精度后
与床身顶面燕尾导轨配刮，最后进行装配。

将悬梁翻转，使导轨面朝上，对导轨面磨或刮削修理，保证表面 A 的直线度允差为
0.015mm/1000mm，并使表面 B 与 C 的平行度允差为 0.03mm/400mm，接触点为 6～8 点/
25mm×25mm，检测方法如图 8-54 所示。以悬梁导轨面为基准，刮削床身顶面燕尾导轨配
刮面的接触点为 6～8 点/25mm×25mm，与主轴中心线的平行度允差为 0.025mm/300mm。

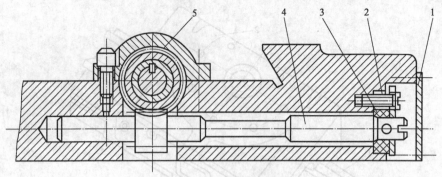

图 8-53　丝杠螺母间隙的调整

1—盖；2—螺钉；3—垫圈；4—蜗杆轴；5—外圆带蜗轮的螺母

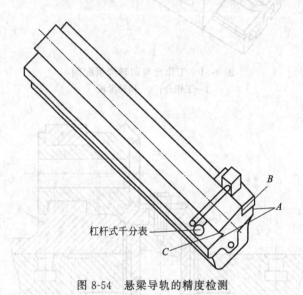

杠杆式千分表

图 8-54　悬梁导轨的精度检测

8.2　数控机床类设备的维修

数控机床是典型的机电一体化产品，它有普通机床所不具备的许多优点，尤其在结构和材料上有很多变化，例如导轨、主轴、丝杠螺母等关键零部件。

8.2.1　数控机床关键零部件的特点

(1) 导轨

数控机床的导轨，要求在高速进给时不振动，低速进给时不爬行；灵敏度高，能在重负载下长期连续工作；耐磨性高，精度保持性好等。目前数控机床上常用的导轨有滑动导轨和滚动导轨两大类。

①滑动导轨　传统的铸铁-铸钢或淬火钢的导轨，除简易数控机床外，现代的数控机床已不采用，而广泛采用优质铸铁-塑料或镶钢-塑料滑动导轨，大大提高了导轨的耐磨性。优质铸铁一般牌号为 HT300，表面淬火硬度为 45～50HRC，表面粗糙度研磨至 Ra 0.20～

1.10μm；镶钢导轨常用 55 钢或合金钢，淬硬至 58～62HRC；而导轨塑料一般用于导轨副的运动导轨，常用聚四氟乙烯导轨软带和环氧树脂涂层两类。

a. 聚四氟乙烯导轨软带　其结构和特点已在前述机床导轨修理中作过介绍。它广泛应用于中小型数控机床的运动导轨，适用于进给速度 15m/min 以下。

b. 环氧树脂涂层　它是以环氧树脂和二硫化钼为基体，加入增塑剂并混合为膏状，与固化剂配合使用的双组分耐磨涂层材料。它附着力强，可用涂覆工艺或压注成形工艺涂到预先加工成锯齿形状的导轨上。涂层厚度为 1.5～2.5mm。国产的 HNT（环氧树脂耐磨涂料）多用于轻负载的数控机床导轨；德国产的 SKC3 则更适用于重型机床和不能用导轨软带的复杂配合面上。

② 滚动导轨　由于数控机床要求运动部件对指令信号作出快速反应的同时，还希望有恒定的摩擦阻力和无爬行现象，因而越来越多的数控机床采用滚动导轨。

a. 滚动导轨的特点　滚动导轨是在导轨面之间放置滚珠、滚柱（或滚针）等滚动体，使导轨面之间为滚动摩擦而不是滑动摩擦。滚动导轨与滑动导轨相比，优点是：灵敏度高，摩擦阻力小，且其动摩擦与静摩擦因数相差甚微，因而运动均匀，尤其是低速移动时，不易出现爬行现象；定位精度高，重复定位误差可达 0.2μm；牵引力小，移动方便；磨损小，精度保持好，寿命长。但滚动导轨抗振性差，对防护要求高，结构复杂，制造比较困难，成本较高。滚动导轨适用于机床的工作部件要求移动均匀、运动灵敏及定位精度高的场合。目前滚动导轨在数控机床上已得到广泛的应用。

b. 滚动导轨的类型　根据滚动体的种类，滚动导轨有以下三种类型。

ⅰ. 滚珠导轨　这种导轨的承载能力小，刚度低。为了避免在导轨面上压出凹坑而丧失精度，一般常采用淬火钢制造导轨面。滚珠导轨适用于运动的工作部件质量小于 100～200kg 和切削力不大的机床上，如图 8-55 所示的工具磨床工作台导轨、磨床的砂轮修整器导轨以及仪器的导轨等。

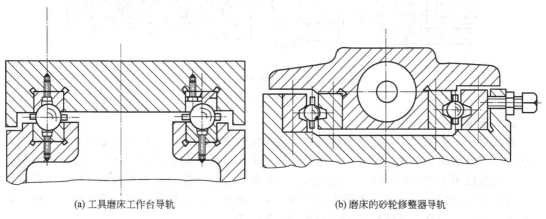

(a) 工具磨床工作台导轨　　　　　　(b) 磨床的砂轮修整器导轨

图 8-55　滚珠导轨

ⅱ. 滚柱导轨　如图 8-56 所示，这种导轨的承载能力及刚度都比滚珠导轨大。但对于安装的偏斜反应大，支承的轴线与导轨的平行度偏差不大时也会引起偏移和侧向滑动，这样会使导轨磨损加快或降低精度。小滚柱（小于 φ10mm）比大滚柱（大于 φ25mm）对导轨面不平行敏感，但小滚柱的抗振性高。目前数控机床较多采用滚柱导轨，特别是载荷较大的机床。

ⅲ. 滚针导轨　滚针比滚柱的长径比大。滚针导轨的特点是尺寸小，结构紧凑。为了提高工作台的移动精度，滚针的尺寸应按直径分组。滚针导轨适用于导轨尺寸受限制的机床上。

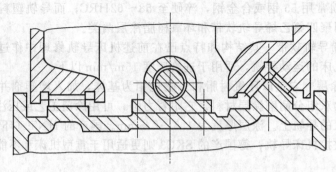

图 8-56 滚柱导轨

根据滚动导轨是否预加负载，滚动导轨可分为预加负载和不预加负载两类。

预加负载的优点是能提高导轨刚度。在同样负载下引起的弹性变形，预加负载系统仅为没有预加负载时的一半。若预应力合理，则导轨磨损小。但这种导轨制造比较复杂，成本较高。预加负载的滚动导轨适用于颠覆力矩较大和垂直方向的导轨中，数控机床常采用这种导轨。

滚动导轨的预加负载，可通过相配零件相应尺寸关系形成，如图 8-57(a) 所示。装配时量出滚动体的实际尺寸 A，然后刮研压板与溜板的接合面或其间的垫片，由此形成包容尺寸 $A-\delta$。过盈量的大小可通过实际测量决定。如图 8-57(b) 所示为通过移动导轨体的方式实现预加负载的方法。调整时拧动侧面的螺钉 3，即可调整导轨体 1 及 2 的距离而预加负载。若改用斜镶条调整，则导轨的过盈量沿全长的分布较均匀。

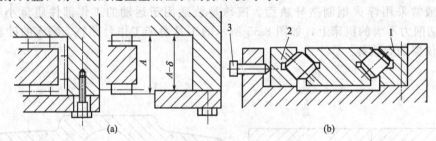

(a)　　　　　　　　　　　　　　(b)

图 8-57　滚动导轨预加负载的方法
1,2—导轨体；3—螺钉

(2) 主轴部件

数控机床的主轴部件，既要满足精加工时精度较高的要求，又要具备粗加工时高效切削的能力，因此在旋转精度、刚度、抗振性和热变形等方面，都有很高的要求。在布局结构方面，一般数控机床的主轴部件，与其他高效、精密自动化机床没有多大区别，但对于具有自动换刀功能的数控机床，其主轴部件除主轴、主轴轴承和传动件等一般组成部分外，还有刀具自动夹紧、主轴自动准停和主轴装刀孔吹净等装置。

① 主轴轴承配置方式

a. 前支承采用双列短圆柱滚子轴承和 60°角接触双列向心推力球轴承组合，后支承采用向心推力球轴承。此配置形式使主轴的综合刚度大幅度提高，可以满足强力切削的要求，因此普遍应用于各类数控机床的主轴。

b. 前支承采用高精度双列向心推力球轴承。向心推力球轴承具有良好的高速性能，主轴最高转速可达 4000r/min，但它的承载能力小，因而适用于高速、轻载和精密的数控机床的主轴。

c. 双列和单列圆锥滚子轴承。这种轴承能承受较大的径向和轴向力，能承受重载荷尤其能承受较强的动载荷，安装与调整性能好。但是这种配置方式限制了主轴最高转速和精度，因此适用于中等精度、低速与重载的数控机床主轴。

在主轴的结构上要处理好卡盘或刀具的装夹、主轴的卸荷、主轴轴承的定位和间隙调整、主轴部件的润滑和密封以及工艺上的一系列问题。为了尽可能减少主轴部件温升引起的热变形对机床工作精度的影响，通常用润滑油的循环系统把主轴部件的热量带走，使主轴部件与箱体保持恒定的温度。在某些数控镗铣床上采用专门的制冷装置，能比较理想地实现温度控制。近年来，某些数控机床主轴采用高级油脂，用封闭方式润滑，每加一次油脂可以使用7～8年，为了使润滑油和润滑脂不致混合，通常采用迷宫式密封。

对于数控车床主轴，因为它两端安装着结构笨重的动力卡盘和夹紧液压缸，主轴刚度必须进一步提高，并设计合理的连接端以改善动力卡盘与主轴端部的连接刚度。

对于数控镗铣床主轴，考虑到实现刀具的快速或自动装卸，主轴上还必须设计有刀具装卸、主轴准停和主轴孔内的切屑清除装置。

② 主轴的自动装卸和切屑清除装置　在带有刀具库的自动换刀数控机床中，为实现刀具在主轴上的自动装卸，其主轴必须设计有刀具的自动夹紧机构，如图8-58所示。

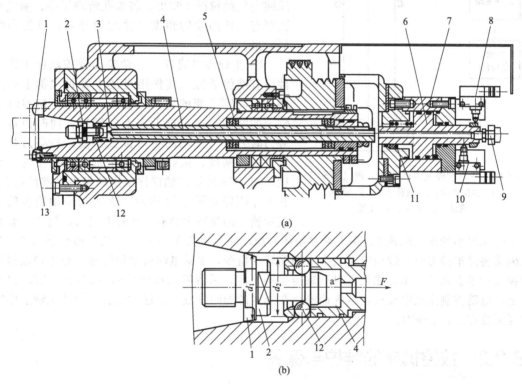

图 8-58　自动换刀数控立式镗床主轴部件（JCS-018）

1—刀夹；2—拉钉；3—主轴；4—拉杆；5—碟形弹簧；6—活塞；7—液压缸；
8,10—行程开关；9—压缩空气管接头；11—弹簧；12—钢球；13—端面键

加工用的刀具通过刀杆、刀柄和接杆等各种标准刀夹安装在主轴上。刀夹1以锥度为7∶24的锥柄在主轴3前端的锥孔中定位，并通过拧紧在锥柄尾部的拉钉2被拉紧在锥孔中。夹紧刀夹时，液压缸上（右）腔接通回油，弹簧11推活塞6上（右）移，处于图8-58所示位置，拉杆4在碟形弹簧5作用下向上（右）移动；由于此装置在拉杆前端径向孔中的四个钢球12，进入主轴孔中直径较小的d_2处，如图8-58(b)所示，被迫径向收拢而卡进拉钉2的环形凹槽内，因而刀杆被拉钉拉紧，依靠摩擦力紧固在主轴上。切削扭矩则由端面键13

传递。换刀前需将刀夹松开时，压力油进入液压缸上（右）腔，活塞 6 推动拉杆 4 下（左）移动，碟形弹簧被压缩；当钢球 12 随拉杆一起下（左）移至进入主轴孔中直径较大的 d_1 处时，它就不再能约束拉钉的头部，紧接着拉杆前端内孔的台肩端面 a 碰到拉钉，把刀夹顶松。此时行程开关 10 发出信号，换刀机械手随即将刀夹取下。与此同时，压缩空气由管接头 9 经活塞和拉杆的中心通孔吹入主轴装刀孔内，把切屑或脏物清除干净，以保证刀具的安装精度。机械手把新刀装上主轴后，液压缸 7 接通回油，碟形弹簧又拉紧刀夹。刀夹拉紧后，行程开关 8 发出信号。

自动清除主轴孔中的切屑和尘埃是换刀操作中的一个不容忽视的问题。如果在主轴锥形孔中掉进了切屑或其他污物，在拉紧刀杆时，主轴锥孔表面和刀杆的锥柄就会被划伤，使刀杆发生偏斜，破坏了刀具的正确定位，影响了加工零件的精度，甚至使零件报废。为了保证主轴锥孔的清洁，常用压缩空气吹屑。如图 8-58 所示活塞 6 的心部钻有压缩空气通道，当活塞向左移动时，压缩空气经拉杆 4 吹出，将锥孔清理干净。喷气小孔要有合理的喷射角度，并均匀分布，以提高吹屑效果。

③ 主轴准停装置　自动换刀数控机床主轴部件设有准停装置，其作用是使主轴每次都准确地停止在固定不变的周向位置上，以保证换刀时主轴上的端面键能对准刀夹上的键槽，同时使每次装刀时刀夹与主轴的相对位置不变，提高刀具的重复安装精度，从而可提高孔加工时孔径的一致性。图 8-58 所示主轴部件采用的是电气准停装置，其工作原理如图 8-59 所示。在传动主轴旋转的多楔带轮 1 的端面上装有一个厚垫片 4，垫片上装有

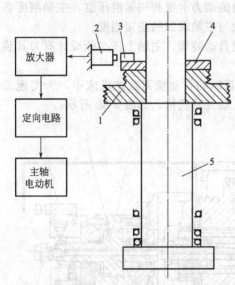

图 8-59　主轴准停装置的工作原理（JCS-018）
1—多楔带轮；2—磁传感器；3—永久磁铁；4—垫片；5—主轴

一个体积很小的永久磁铁 3。在主轴箱箱体对应于主轴准停的位置上，装有磁传感器 2。当机床需要停车换刀时，数控装置发出主轴停转的指令，主轴电动机立即降速。在主轴以最低转速慢转很少几转，永久磁铁 3 对准磁传感器 2 时，后者发出准停信号。此信号经放大后，由定向电路控制主轴电动机，准确地停止在规定的周向位置上。这种装置可保证主轴准停的重复精度在 ±1° 范围内。

8.2.2　数控机床的维护与保养

数控设备的正确操作和维护保养是正确使用数控设备的关键因素之一。正确的操作使用能够防止机床非正常磨损，避免突发故障；做好日常维护保养，可使设备保持良好的技术状态，延缓劣化进程，及时发现和消灭故障隐患，从而保证安全运行。

(1) 对数控机床操作人员的要求

操作人员的素质和他们正确使用机床、精心维护机床对数控机床的技术状态有很重要的影响，因此必须对他们提出如下基本要求。

① 能正确熟练地操作，掌握编程方法，避免因操作失误造成机床故障。

② 应熟悉机床的操作规程、维护保养和检查的内容及标准、润滑的具体部位及要求等。

③ 对运行中发现的任何异常征兆都要认真处理和记录，会应急处理，并与修理人员配

合做好机床故障的诊断和修理工作。

（2）数控设备使用中应注意的问题

① 数控设备的使用环境。为提高数控设备的使用寿命，一般要求要避免阳光的直接照射和其他热辐射，要避免太潮湿、粉尘过多或有腐蚀气体的场所。精密数控设备要远离振动大的设备，如冲床、锻压设备等。

② 良好的电源保证。为了避免电源波动幅度超过±10％和可能的瞬间干扰信号等影响，数控设备一般采用专线供电，如从低压配电室分一路单独供数控机床使用，或增设稳压装置等，都可减少供电质量的影响和电气干扰。

③ 制定严格有效的操作规程。在数控机床的使用与管理方面，应制定一系列切合实际、行之有效的操作规程。例如润滑、保养、合理使用及规范的交接班制度等，是数控设备使用及管理的主要内容。制定和遵守操作规程是保证数控机床安全运行的重要措施之一。实践证明，众多故障都与未严格遵守操作规程有关。

④ 数控设备不宜长期封存。购买数控机床以后要充分利用，尤其是投入使用的第一年，使其容易出故障的薄弱环节尽早暴露，以便在保修期内进行排除。加工中，尽量减少数控机床主轴的开闭，以降低对离合器、齿轮等器件的磨损。没有加工任务时，数控机床也要定期通电，最好是每周通电 1～2 次，每次空运行 1h 左右，以利用机床本身的发热量来降低机内的湿度，使电子元件不致受潮，同时也能及时发现有无电池电量不足报警，以防止系统设定参数丢失。

（3）维护保养的内容

数控系统维护保养的具体内容，通常在随机的使用和维修手册中都作了规定，现就共同性的问题作如下介绍。

① 保持设备清洁。主要部位例如工作台、导轨、操作面板等，每班应清扫。每周对整机应进行彻底的清扫和擦拭。特别要注意导轨、刀库中刀具上的切屑，要及时清扫。要防止尘埃进入数控装置内，除了进行检修外，应尽量少开电气柜门，因为车间内空气中飘浮的灰尘和金属粉末落在印制电路板和电气插件上容易造成元件间绝缘电阻下降，从而出现故障甚至损坏；一些已受外部尘埃、油雾污染的电路板和接插件可采用专用电子清洁剂喷洗。

② 对各部位进行检查。需要日常检查的主要部位有：液压、润滑、冷却装置的油位、油压；气动系统的气压；空气过滤装置、油雾润滑装置等；各紧急停车按钮及限位开关等。需定期检查的主要部位及内容有：传动带的张紧、磨损情况；液压油、润滑油、冷却液的清洁度；电动机及碳刷、整流子的磨损情况、导轨副的间隙等。对于检查结果，可酌情进行必要的调整与更换，例如更换油液、传动带、碳刷等。

③ 经常监视数控系统的电网电压。通常，数控系统允许的电网电压范围在额定值的85％～110％，如果超出此范围，轻则使数控系统不能稳定工作，重则会造成重要电子部件损坏，因此要经常注意电网电压的波动。对于电网质量较差的地区，应配置数控系统专用的交流稳压电源装置，可以明显降低故障率。系统参数及用户加工程序由带有掉电保护的静态寄存器保存。系统关机后，内存的内容由电池供电保持，因此经常检查电池的工作状态和及时更换后备电池非常重要。当系统开机后，若发现电池电压报警灯亮时应立即更换电池。还应注意，更换电池时，为不遗失系统参数及程序，需在系统开机时更换。电池为高能锂电池，不可充电，正常情况下使用寿命为两年（从出厂日期起）。

④ 防止数控装置过热。要定期清理数控装置的散热通风系统，经常检查数控装置上各冷却风扇工作是否正常，应视车间环境状况，每半年或一个季度检查清扫一次。由于环境温度过高，造成数控装置内温度达到 55℃ 以上时，应及时加装空调装置，我国南方常会发生这种情况。安装空调装置之后，数控系统的可靠性有比较明显的提高。

⑤ 定期检查和更换直流电动机的电刷。目前，一些老的数控机床上使用的大部分是直

流电动机，这种电动机电刷的过度磨损会影响其性能甚至损坏。所以，必须定期检查电刷。检查步骤如下。

　　a. 要在数控系统处于断电状态且电动机已经完全冷却的情况下进行检查。

　　b. 取下橡胶刷帽，用旋具拧下刷盖，取出电刷。

　　c. 测量电刷长度。如磨损到原长的一半左右时必须更换同型号的新电刷。

　　d. 仔细检查电刷的弧形接触面是否有深沟或裂缝以及电刷弹簧上有无打火痕迹。如有上述现象必须更换新电刷并在一个月后再次检查。如还发生上述现象，则应考虑电动机的工作条件是否过分恶劣或电动机本身是否有问题。

　　e. 用不含金属粉末及水分的压缩空气导入电刷孔，吹净粘在孔壁上的电刷粉末。如果难以吹净，可用旋具尖轻轻清理，直至孔壁全部干净为止。但要注意不要碰到换向器表面。

　　f. 重新装上电刷，拧紧刷盖，如果更换了电刷，要使电动机空运行跑合一段时间，以使电刷表面与换向器表面吻合良好。

　　⑥ 定期维护纸带阅读机。纸带阅读机是 CNC 系统信息输入的重要部件，如果读带部分有污物，会使读入的纸带信息出现错误。为此，必须时常对阅读头表面、纸带压板、纸带通道表面等用纱布蘸酒精擦净污物。

　　⑦ 数控系统长期不用时的维护。当数控机床长期闲置不用时，应定期对数控系统进行维护保养。首先，应经常给数控系统通电，在机床锁住不动的情况下，让其空运行，在空气湿度较大的梅雨季节应该天天通电，利用电器元件本身发热驱走数控柜内的潮气，以保证电子部件的性能稳定可靠。如果数控机床闲置半年以上不用，应将直流伺服电动机的电刷取出来，以免由于化学腐蚀作用，使换向器表面腐蚀，换向性能降低，甚至损坏整台电动机。

　　必须强调指出，以上维护保养工作必须严格按照说明书上的方法和步骤进行，并且要耐心细致、一丝不苟地进行。

(4) 点检管理

　　点检管理一般包括专职点检、日常点检、生产点检。

　　专职点检：负责对机床的关键部位和重要部位按周期进行重点点检和设备状态检测与故障诊断，制定点检计划，做好诊断记录，分析维修结果，提出改善设备维护管理的建议。

　　日常点检：负责对机床一般部位进行点检处理和检查机床在运行过程中出现的故障。

　　生产点检：负责对生产运行中的数控机床进行点检，并负责润滑、紧固等工作。

　　数控机床的点检管理一般包括下述几部分内容。

　　① 安全保护装置的点检

　　a. 开机前检查机床的各运动部件是否在停机位置。

　　b. 检查机床的各保险装置及防护装置是否齐全。

　　c. 检查各旋钮、手柄是否在规定的位置。

　　d. 检查工装夹具的安装是否牢固可靠，有无松动位移。

　　e. 刀具装夹是否可靠以及有无损坏，如砂轮有无裂纹。

　　f. 工件装夹是否稳定可靠。

　　② 机械及气压、液压仪器仪表的点检　开机后使机床低速运转 3～5min，然后检查以下各项目。

　　a. 主轴运转是否正常，有无异声、异味。

　　b. 各轴向导轨是否正常，有无异常现象发生。

　　c. 各轴能否正常回归参考点。

　　d. 空气干燥装置中滤出的水分是否已经放出。

　　e. 气压、液压系统是否正常，仪表读数是否在正常值范围之内。

③ 电气防护装置的点检

a. 各种电气开关、行程开关是否正常。

b. 电机运转是否正常，有无异常声响。

④ 加油润滑的点检

a. 设备低速运转时，检查导轨的上油情况是否正常。

b. 按要求的位置及规定的油品加润滑油，注油后，将油盖盖好，然后检查油路是否畅通。

⑤ 清洁文明生产的检查

a. 设备外观无灰尘、无油垢，呈现本色。

b. 各润滑面无黑油、无锈蚀，应有洁净的油膜。

c. 丝杠应洁净无黑油，亮泽有油膜。

d. 生产现场应保持整洁有序。

表 8-5 所示为某加工中心日常维护保养一览表，可供制定有关保养制度时参考。

表 8-5　加工中心日常维护保养一览表

序号	检查周期	检查部位	检查要求(内容)
1	每天	导轨润滑油箱	检查油量，及时添加润滑油，润滑油泵是否能定时启动泵油及停止
2	每天	主轴润滑恒温油箱	工作是否正常，油量是否充足，温度范围是否合适
3	每天	机床液压系统	油箱液压泵有无异常噪声，工作油面高度是否合适，压力表指示是否正常，管路及各管接头有无泄漏
4	每天	压缩空气气源压力	气动控制系统压力是否在正常范围之内
5	每天	气源自动分水滤气器，自动空气干燥器	及时清理分水器中滤出的水分，保证自动空气干燥器工作正常
6	每天	气液转换器和增压油面	油量不够时要及时补充
7	每天	x、y、z 轴导轨面	清除切屑和脏物，检查导轨面有无划伤损坏，润滑油是否充足
8	每天	CNC 输入/输出单元	如光电阅读机的清洁机械润滑是否良好
9	每天	各防护装置	导轨、机床防护罩等是否安全有效
10	每天	电气柜各散热通风装置	各电气柜中冷却风扇是否工作正常，风道过滤网有无堵塞；及时清除过滤器
11	每周	各电气柜过滤网	清除黏附的尘土
12	不定期	冷却油箱、水箱	随时检查液面高度，即时添加油(或水)，太脏时要更换。清洗油箱(水箱)和过滤器
13	不定期	废油池	及时取走积存在废油池中的废油，以免溢出
14	不定期	排屑器	经常清理切屑，检查有无卡住等现象
15	半年	检查主轴驱动带	按机床说明书要求调整带的松紧程度
16	半年	各轴导轨上镶条、压紧滚轮	按机床说明书要求调整松紧程度
17	一年	检查或更换电动机碳刷	检查换向器表面，去除毛刺，吹净碳粉，磨损过短的碳刷应及时更换
18	一年	液压油路	清洗溢流阀、减压阀、油箱；过滤液压油或更换
19	一年	主轴润滑恒温油箱	清洗过滤器、油箱，更换润滑油
20	一年	润滑油泵，过滤器	清洗润滑油池，更换过滤器
21	一年	滚珠丝杠	清洗丝杠上旧的润滑脂，涂上新油脂

8.2.3　数控机床的故障诊断

(1) 对数控机床维修人员的要求

数控机床是综合了计算机、自动控制、电气、液压、机械及测试等应用技术的十分复杂的系统，加之数控系统、机床整体种类繁多，功能各异，因此对数控机床维修人员有较高的要求。

① 具有中专以上文化程度，具有较全面的专业技术知识，包括电子技术、计算机技术、电机及拖动技术、自动控制技术、机械设计和制造技术、液压技术、测试技术等专业技术知识。

② 具有较丰富的机电维修的实践经验，并善于在数控机床维修实践中积累和总结，不断提高维修水平。

③ 熟悉并充分消化随机技术资料，特别是对整个系统很了解。

④ 熟悉机床各部分组成、工作原理及作用，掌握机床的基本操作。

(2) 数控机床故障诊断的一般步骤

当数控机床出现故障时，首先由操作人员进行临时紧急处理。这时不要关掉电源，应保持机床原来的状态，并及时对出现的故障现象和信号做好记录，以便向维修人员提供尽可能详尽和准确的故障情况。记录的主要内容有：故障的表现形式；故障发生时的操作方式和操作内容；报警号及故障指示灯的显示内容；故障发生时机床各部分的状态与位置；故障发生时有无其他偶然因素，例如突然停电、外线电压波动较大、有雷电、某部位进水等。

维修人员在对数控机床故障诊断时，一般按下列步骤进行。

① 详细了解故障情况。维修人员在询问时，一定要仔细了解。例如，当机床发生振动、颤振现象时，一定要弄清是在全部轴发生还是在某一轴发生。如果是在某一轴发生，要弄清是在全行程发生还是在某一位置发生；是一运动就发生还是仅在快速、进给状态某速度、加速或减速的某一状态下发生。

② 对机床进行初步检查。在了解故障情况的基础上对机床进行初步检查。主要检查CRT上的显示内容，控制柜中的故障指示灯、状态指示灯或报警装置。在故障情况允许的前提下，最好开机试验，观察故障情况。

③ 分析故障，确定故障源查找方向和手段。有些故障与其他部分联系较少，容易确定查找的方向；而有些故障，其导致原因很多，难以用简单的方法确定出故障源查找方向，就需要仔细查阅有关的机床资料，弄清与故障有关的各种因素，确定出若干个需查找的方向，并逐一进行查找。

④ 由表及里进行故障源查找。故障查找一般方法是从易到难、从外围到内部逐步进行。难易是指技术上的复杂程度、判断故障存在的难易程度、拆卸装配的难易程度。例如有些部位可直接接近或经过简单拆卸即可接近进行检查，而有些部位则需要进行大量的拆卸工作之后才能接近进行检查，显然应该先检查前者。

(3) 数控机床故障诊断的常用方法

① 根据报警号进行故障诊断。计算机数控系统大都具有很强的自诊断功能。当机床发生故障时，可对整个机床包括数控系统自身进行全面的检查和诊断，并将诊断到的故障或错误以报警号或错误代码的形式显示在CRT上。报警号（错误代码）一般包括的故障或错误信息有：程序编制错误或操作错误；存储器工作不正常；伺服系统故障；可编程控制器故障；连接故障；温度、压力、油位等不正常；行程开关或接近开关状态不正确等。维修人员可根据报警号指出的故障信息进行分析，缩小检查的范围，有目的地进行某个方面的检查。

② 根据控制系统 LED 灯或数码管的指示进行故障诊断。这种方法如果和上述方法同时运用，可更加明确地指示出故障源的位置。

③ 根据可编程序控制器（PLC）状态或梯形图进行故障诊断。数控机床上使用的 PLC 控制器的作用主要是进行开关量，例如位置、温度、压力、时间等的管理与控制，其控制对象一般是换刀系统、工作台板转换系统、液压系统、润滑系统、冷却系统等。这些系统具有大量的开关量测量反馈元件，发生故障的概率必然较大。特别在设备稳定磨损期，NC 系统与各电路板的故障较少，上述系统发生的故障可能会是主要的诊断目标。因此必须熟悉上述系统中各测量反馈元件的位置、作用、发生故障时的现象及后果，熟悉 PLC 控制器，特别是弄清梯形图或逻辑图，以便从本质上认识故障，分析和诊断故障。由于进行故障诊断时常常要确定一个传感元件是什么状态以及 PLC 的某个输出是什么状态，所以必须掌握 PLC 控制器的输入输出状态。一般数控机床都能够从 CRT 上或 LED 指示灯上非常方便地确定 PLC 控制器的输入输出状态。

④ 根据机床参数进行故障诊断。机床参数也称机床常数，是通用的数控系统与具体的机床匹配时所确定的一组数据，它实际上是 NC 程序中未定的数据或可选择的方式。机床参数通常存于 RAM 中，由制造厂家根据所配机床的具体情况进行设定，部分参数需通过调试来确定。由于某种原因，例如误操作原因可能使存在 RAM 中的机床参数发生改变甚至丢失而引起机床故障。在维修过程中，有时也要利用某些机床参数对机床进行调整或进行必要的修正。因此，维修人员要熟悉机床参数，并在理解的基础上很好地利用其查找故障、维修时调整或修正等，才能做好故障诊断和维修工作。

⑤ 根据诊断程序进行故障诊断。诊断程序是对数控机床各部分包括数控系统在内进行状态或故障检测的软件，当数控机床发生故障时，可利用该程序诊断出故障所在范围或具体位置。诊断程序一般分为启动诊断（Startup Diagnostits）、在线诊断（Online Diagnostits）、离线诊断（Offline Diagnostits）三套程序。启动诊断指从通电开始到进入正常的运行准备状态止，CNC 内部诊断程序自动执行的诊断。一般情况下，该程序数秒之内可完成。它诊断的目的是确认系统的主要硬件可否正常工作，主要检查的硬件有：CPU、存储器、I/O 单元等印制板或模块；CRT/MDI 单元、阅读机、软盘单元等装置或外设。若被检测内容正常，CRT 则显示表明系统已进入正常运行的基本画面，否则，将显示报警信号。在线诊断是指在系统通过启动诊断进入运行状态后由内部诊断程序对 CNC 及与之相连接的外设、各伺服单元和伺服电动机等进行的自动检测和诊断。只要系统不断电，在线诊断也就不会停止。在线诊断的诊断范围大，显示信息的内容也很多。离线诊断是利用专用的检测诊断程序进行的旨在最终查明故障原因，精确确定故障部位的高层次诊断。离线诊断的程序存储及使用方法多不相同。有些机床是将上述诊断程序与 CNC 控制程序一同存入 CNC 中，维修人员可以随时调用这些程序并使之运行，在 CRT 上观察诊断结果。仍要注意，离线诊断程序往往由受过专门训练的维修专家调用和执行，以免调用和使用不当给机床和系统造成严重故障。所以厂商在供货时往往不向用户提供离线诊断程序或把离线诊断程序作为选择订货内容。

⑥ 现代诊断技术的应用。现代诊断技术是利用诊断仪器和数据处理对机械装置的故障原因、部位和故障的严重程度进行定性和定量的分析。

a. 油液光谱分析。通过使用原子吸收光谱仪，对进入润滑油或液压油中磨损的各种金属微粒和外来杂质进行化学成分和浓度分析，进而进行状态监测。

b. 振动检测。通过安装在机床某些特征点上的传感器，利用振动计来回检测，测量机床上某些测量处的总振级大小，如位移、速度、加速度和幅频特性等，从而对故障进行预测和监测。

c. 噪声谱分析。通过声波计对齿轮噪声信号频谱中的啮合谐波幅值变化规律进行深入分析，识别和判断齿轮磨损失效故障状态，可做到非接触式测量，但要减少环境噪声的干扰。

d. 故障诊断专家系统的应用。将诊断所必需的知识、经验和规则等信息编成计算机可以利用的知识库，建立具有一定智能的专家系统。这种系统能对机器状态进行常规诊断，解决常见的各种问题，并可自行修正和扩充已有的知识库，不断提高诊断水平。

e. 温度监测。利用各种测温探头，测量轴承、轴瓦、电动机和齿轮箱等装置的表面温度，具有快速、正确、方便的特点。

f. 非破坏性检测。利用探伤仪观察内部机体的缺陷。

⑦ 实用诊断技术的应用。由维修人员的感觉器官对机床进行问、看、听、触、闻等的诊断，称为实用诊断技术。

a. 问。问就是询问机床故障发生的经过，弄清故障是突发的，还是渐发的。一般操作者熟知机床性能，故障发生时又在现场，所提供的情况对故障的分析是很有帮助的。通常应询问下列情况。

ⅰ. 机床开动时有哪些异常现象。

ⅱ. 对比故障前后工件的精度和表面粗糙度，以便分析故障产生的原因。

ⅲ. 传动系统是否正常，传输是否均匀，背吃刀量和走刀量是否减小等。

ⅳ. 润滑油品牌号是否符合规定，用量是否适当。

ⅴ. 机床何时进行过保养检修等。

b. 看。

ⅰ. 看转速：观察主传动速度的变化，如带传动的线速度变慢，可能是传动带过松或负荷太大；对主传动系统中的齿轮，主要看它是否跳动、摆动；对传动轴主要看它是否弯曲或晃动。

ⅱ. 看颜色：如果机床转动部位，特别是主轴和轴承运转不正常，就会发热，长时间升温会使机床外表颜色发生变化，大多呈黄色；油箱里的油也会因温升过高而变稀，颜色变样；有时也会因久不换油、杂质过多或油变质而变成深墨色。

ⅲ. 看伤痕：机床零部件碰伤损坏部位很容易发现，若发现裂纹时，应做一记号，隔一段时间后再比较它的变化情况，以便进行综合分析。

ⅳ. 看工件：从工件来判别机床的好坏，若切削后的工件表面粗糙度 Ra 数值大，主要是由于主轴与轴承之间的间隙过大，溜板、刀架等压板、楔铁有松动以及滚珠丝杠预紧松动等原因所致；若是磨削后的表面粗糙度 Ra 数值大，这主要是由于主轴或砂轮动平衡差，机床出现共振以及工作台爬行等原因所引起的；若工件表面出现波纹，则看波纹数是否与机床主轴传动齿轮的齿数相等，如果相等则表明主轴齿轮啮合不良是故障的主要原因。

ⅴ. 看变形：主要观察机床的传动轴、滚珠丝杠是否变形；直径大的带轮和齿轮的端面是否跳动。

ⅵ. 看油箱与冷却箱：主要观察油或冷却液是否变质，确定其能否继续使用。

c. 听。用以判别机床运转是否正常。一般运行正常的机床，其声响具有一定的音律和节奏，并保持持续的稳定。机械运动发出的正常声响大致可归纳为以下几种。

ⅰ. 一般作旋转运动的机件，在运转区间较小或处于封闭系统时，多发出平静的"嘤嘤"声；若处于非封闭系统或运行区较大时，多发出较大的蜂鸣声；各种大型机床则产生低沉而振动声浪很大的轰隆声。

ⅱ. 正常运行的齿轮副，一般在低速下无明显的声响；链轮和齿条传动副一般发出平稳的"唧唧"声；直线往复运动的机件，一般发出周期性的"咯噔"声；常见的凸轮顶杆机构、曲柄连杆机构和摆动摇杆机构等，通常都发出周期性的"嘀嗒"声；多数轴承副一般无明显的声响，借助金属杆或螺钉旋具等作为传感器可听到较为清晰的"嘤嘤"声。

ⅲ．各种介质的传输设备产生的输送声，一般均随传输介质的特性而异，如气体介质多为"呼呼"声，流体介质为"哗哗"声，固体介质发出"沙沙"声或"呵啰呵啰"声响。掌握正常声响及其变化，并与故障时的声音相对比，是"听觉诊断"的关键。

下面介绍几种一般容易出现的异声。

ⅰ．摩擦声：声音尖锐而短促，常常是两个接触面相对运动的研磨，如带打滑或主轴轴承及传动丝杠副之间缺少润滑油，均会产生这种异声。

ⅱ．泄漏声：声小而长，连续不断，如漏风、漏气和漏液等。

ⅲ．冲击声：音低而沉闷，如气缸内的间断冲击声，一般是由于螺栓松动或内部有其他异物碰击。

ⅳ．对比声：用手锤轻轻敲击来鉴别零件是否缺损，有裂纹的零件敲击后发出的声音不太清脆。

d. 触。用手感来判别机床的故障，通常有以下几方面。

ⅰ．温升：人的手指触觉是很灵敏的，能相当可靠地判断各种异常的温升，其误差可准确到3～5℃；根据经验，当机床温度在0℃左右时，手指感觉冰凉，长时间触摸会产生刺骨的痛感；10℃左右时，手感较凉，但可忍受；20℃左右时，手感到稍凉，随着接触时间延长，手感潮温；30℃左右时，手感微温有舒适感；40℃左右时，手感如触摸高烧病人；50℃以上时，手感较烫，用掌心按的时间较长可有汗感；60℃左右时，手感很烫，但可忍受10s左右；70℃左右时，手有灼痛感，且手的接触部位很快出现红色；80℃以上时，瞬时接触手感"火烧"，时间过长，可出现烫伤；为了防止手指烫伤，应注意手的触摸方法，一般先用右手并拢的食指、中指和无名指指背中节部位轻轻触及机件表面，断定对皮肤无损害后，才可用手指肚或手掌触摸。

ⅱ．振动：轻微振动可用手感鉴别，至于振动的大小可找一个固定基点，用一只手去同时触摸便可以比较出振动的大小。

ⅲ．伤痕和波纹：肉眼看不清的伤痕和波纹，若用手指去摸则可很容易地感觉出来；摸的力法是对圆形零件要沿切向和轴向分别去摸，对平面则要左右、前后均匀去摸；摸时不能用力太大，只轻轻把手指放在被检查面上接触便可。

ⅳ．爬行：用手摸可直观地感觉出来，造成爬行的原因很多，常见的是润滑油不足或选择才当；活塞密封过紧或磨损造成机械摩擦阻力加大；液压系统进入空气或压力不足等。

ⅴ．松或紧：用手转动主轴或摇动手轮，即可感到接触部位的松紧是否均匀适当，从而可判断出这些部位是否完好可用。

e. 闻。由于剧烈摩擦或电器元件绝缘破损短路，使附着的油脂或其他可燃物质发生氧化挥发或燃烧产生油烟气、焦煳气等异味，应用嗅觉诊断的方法可收到较好的效果。

上述实用诊断技术的主要诊断方法实用简便，也相当有效。

（4）数控机床故障的分类

① 系统性故障和随机性故障　按故障出现的必然性和偶然性，可以将故障分为系统性故障和随机性故障。系统性故障是指机床和系统在某一特定条件下必然出现的故障，随机性故障是指偶然出现的故障。因此，随机性故障的分析与排除比系统性故障困难得多。通常随机性故障往往由于机械结构局部松动、错位，控制系统中元器件出现工作特性漂移，电器元件工作可靠性下降等原因造成，需经反复试验和综合判断才能排除。

② 诊断显示故障和无诊断显示故障　以故障出现时有无自诊断显示，可以将故障分为有诊断显示故障和无诊断显示故障两种。现今的数控系统都有较丰富的自诊断功能，出现故

障时会停机、报警并自动显示相应报警参数号，使维护人员较容易找到故障原因。而无诊断显示故障时，机床往往停在某一位置不能动，甚至手动操作也失灵，维护人员只能根据出现故障前后的现象来分析判断，排除故障难度较大。另外，诊断显示也有可能是其他原因引起的。例如因刀库运动误差造成换刀位置不到位、机械手卡在取刀中途位置，而诊断显示为机械手换位置开关未压合报警，这时应调整的是刀库定位误差而不是机械手位置开关。

③ 破坏性故障和非破坏性故障　以故障有无破坏性，可将故障分为破坏性故障和非破坏性故障。对于破坏性故障如伺服系统失控造成撞车、短路烧坏保险丝等，维护难度大，有一定危险，修后不允许重演这些现象。而非破坏性故障可经多次反复试验至排除，不会对机床造成损害。

④ 机床运动特性质量故障　这类故障发生后，机床照常运行，也没有任何报警显示，但加工出的工件不合格。要排除这些故障，必须在检测仪器配合下，对机械、控制系统、伺服系统等采取综合措施。

⑤ 硬件故障和软件故障　指发生故障的部位分为硬件故障和软件故障。硬件故障只要通过更换某些元器件，如电器开关等，即可排除。而软件故障是由于编程错误造成的，通过修改程序内容或修订机床参数即可排除。

8.2.4　数控机床伺服系统的故障诊断

(1) 主轴伺服系统故障诊断与维修

机床主轴主传动是旋转运动，传递切削力。伺服驱动系统分为直流主轴驱动系统和交流主轴驱动系统两大类，有的数控机床主轴利用通用变频器，驱动三相交流电动机进行速度控制。数控机床要求主轴伺服驱动系统能够在很宽范围内实现转速连续可调，并且稳定可靠。当机床有螺纹加工功能、C 轴功能、准停功能和恒线速度加工时，主轴电动机需要装配检测元件，对主轴速度和位置进行控制。

主轴驱动变速目前主要有三种形式：一是带有变速齿轮传动方式，可实现分段无级调速，扩大输出转矩，可满足强力切削要求的转矩；二是通过带传动方式，可避免齿轮传动时引起的振动与噪声，适用于低转矩特性要求的小型机床；三是由调速电动机直接驱动的传动方式，主轴传动部件结构简单紧凑，采用这种方式时主轴输入的转矩小。

① 主轴伺服系统的常见故障形式　当主轴伺服系统发生故障时，通常有三种表现形式：一是在操作面板上用指示灯或 CRT 显示报警信息；二是在主轴驱动装置上用指示灯或数码管显示故障状态；三是主轴工作不正常，但无任何报警信息。常见数控机床主轴伺服系统的故障有以下几种。

a. 外界干扰

ⅰ. 故障现象：主轴在运转过程中出现无规律性的振动或转动。

ⅱ. 原因分析：主轴伺服系统受电磁、供电线路或信号传输干扰的影响，主轴速度指令信号或反馈信号受到干扰，主轴伺服系统误动作。

ⅲ. 检查方法：令主轴转速指令信号为零，调整零速平衡电位计或漂移补偿量参数值，观察是否是因系统参数变化引起的故障。若调整后仍不能消除该故障，则多为外界干扰信号引起主轴伺服系统误动作。

ⅳ. 采取措施：电源进线端加装电源净化装置，动力线和信号线分开，布线要合理。信号线和反馈线按要求屏蔽，接地线要可靠。

b. 主轴过载

ⅰ. 故障现象：主轴电动机过热，CNC 装置和主轴驱动装置显示过电流报警等。

ⅱ．原因分析：主轴电动机通风系统不良，动力连线接触不良，机床切削用量过大，主轴频繁正反转等引起电流增加，电能以热能的形式散发出来，主轴驱动系统和 CNC 装置通过检测显示过载报警。

ⅲ．检查方法：根据 CNC 和主轴驱动装置提示报警信息，检查可能引起故障的各种因素。

ⅳ．采取措施：保持主轴电动机通风系统良好，保持过滤网清洁；检查动力接线端子接触情况；正确使用和操作机床，避免过载。

c．主轴定位抖动

ⅰ．故障现象：主轴在正常加工时没有问题，仅在定位时产生抖动。

ⅱ．原因分析：主轴定位一般分机械、电气和编码器三种准停定位，当定位机械执行机构不到位，检测装置信息有误时会产生抖动。另外主轴定位要有一个减速过程，如果减速、增益等参数设置不当，磁性传感器的电气准停装置中的发磁体和磁传感器之间的间隙发生变化或磁传感器失灵也会引起故障。图 8-60 所示为磁传感器的电气准停装置。

ⅲ．检查方法：根据主轴定位的方式，主要检查各定位、减速检测元件的工作状况和安装固定情况，如限位开关、接近开关等。

ⅳ．采取措施：保证定位执行元件运转灵活，检测元件稳定可靠。

d．主轴转速与进给不匹配

ⅰ．故障现象：当进行螺纹切削、刚性攻螺纹或要求主轴与进给同步配合的加工时，出现进给停止、主轴仍继续运转，或加工螺纹零件出现乱牙现象。

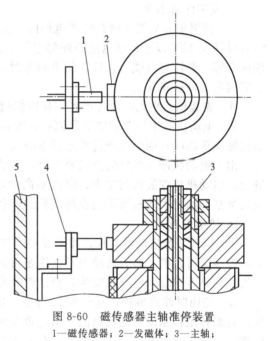

图 8-60　磁传感器主轴准停装置
1—磁传感器；2—发磁体；3—主轴；
4—支架；5—主轴箱

ⅱ．原因分析：当主轴与进给同步配合加工时，要依靠主轴上的脉冲编码器检测反馈信息，若脉冲编码器或连接电缆有问题，会引起上述故障。

ⅲ．检查方法：通过调用 I/O 状态数据，观察编码器信号线的通断状态；取消主轴与进给同步配合，用每分钟进给指令代替每转进给指令来执行程序，可判断故障是否与编码器有关。

ⅳ．采取措施：更换、维修编码器，检查电缆接线情况，特别注意信号线的抗干扰措施。

e．转速偏离指令值

ⅰ．故障现象：实际主轴转速值超过技术要求规定指令值的范围。

ⅱ．原因分析：电动机负载过大，引起转速降低，或低速极限值设定太小，造成主轴电动机过载；测速反馈信号变化引起速度控制单元输入变化；主轴驱动装置故障，导致速度控制单元错误输出；CNC 系统输出的主轴转速模拟量（±10V）没有达到与转速指令相对应的值。

ⅲ．检查方法：空载运转主轴，检测比较实际主轴转速值与指令值，判断故障是否由负载过大引起；检查测速反馈装置及电缆，调节速度反馈量的大小，使实际主轴转速达到指令值；用备件替换法判断驱动装置的故障部位；检查信号电缆的连接情况，调整有关参数，使 CNC 系统输出的模拟量与转速指令值相对应。

ⅳ．采取措施：更换、维修损坏的部件，调整相关的参数。

f. 主轴异常噪声及振动　首先要区别异常噪声及振动发生在机械部分还是在电气驱动部分：若在减速过程中发生，一般是驱动装置再生回路发生故障；主轴电动机在自由停车过程中若存在噪声和振动，则多为主轴机械部分故障；若振动周期与转速有关，应检查主轴机械部分及测速装置。若无关，一般是主轴驱动装置参数未调整好。

g. 主轴电动机不转　CNC系统至主轴驱动装置一般有速度控制模拟量信号和使能控制信号，一般为DC＋24继电器线圈电压。主轴电动机不转，应重点围绕这两个信号进行检查：检查CNC系统是否有速度控制信号输出；检查使能信号是否接通，通过调用I/O状态数据，确定主轴的启动条件如润滑、冷却等是否满足；主轴驱动装置故障；主轴电动机故障。

② 直流主轴伺服系统的日常维护

a. 安装注意事项

ⅰ. 伺服单元应置于密封的强电柜内。为了不使强电柜内温度过高，应将强电柜内部的温升设计在15℃以下；强电柜的外部空气引入口务必设置过滤器；要注意从排气口侵入尘埃或烟雾；要注意电缆出入口、门等的密封；冷却风扇的风不要直接吹向伺服单元，以免灰尘等附着在伺服单元上。

ⅱ. 安装伺服单元时要考虑到容易维修检查和拆卸。

ⅲ. 电动机的安装要遵守下列原则：安装面要平，且有足够的刚性，要考虑到不会受电动机振动等影响；因为电刷需要定期维修及更换，因此安装位置应尽可能使检修作业容易进行；出入电动机冷却风口的空气要充分，安装位置要尽可能使冷却部分的检修清洁工作容易进行；电动机应安装在灰尘少、湿度不高的场所，环境温度应在40℃以下；电动机应安装在切削液和油之类的东西不能直接溅到的位置上。

b. 使用检查

ⅰ. 伺服系统启动前的检查按下述步骤进行：检查伺服单元和电动机的信号线、动力线等的连接是否正确、是否松动以及绝缘是否良好；强电柜和电动机是否可靠接地；电动机电刷的安装是否牢靠，电动机安装螺栓是否完全拧紧。

ⅱ. 使用时注意事项：运行时强电柜门应关闭；检查速度指令值与电动机转速是否一致；负载转矩指示或电动机电流指示是否太大；电动机有否发出异常声音和异常振动；轴承温度是否有急剧上升的不正常现象；在电刷上是否有显著的火花产生的痕迹。

ⅲ. 日常维护：强电柜的空气过滤器每月要清扫一次；强电柜及伺服单元的冷却风扇应每两年检查一次；主轴电动机每天应检查旋转速度、异常振动、异常声音、通风状态、轴承温升、机壳温度和异常味道；主轴电动机每月（至少每三月）应进行电动机电刷的清理和检查、换向器的检查；主轴电动机每半年（至少也要每年一次）需检查测速发电机、轴承；做热管冷却部分的清理和绝缘电阻的测量工作。

③ 交流主轴伺服系统　与直流主轴驱动系统相比，具有如下特点。

a. 由于驱动系统必须采用微处理器和现代控制理论进行控制，因此其运行平稳、振动和噪声小。

b. 驱动系统一般都具有再生制动功能，在制动时，既可将电动机能量反馈回电网，起到节能的效果，又可以加快启、制动速度。

c. 特别是对于全数字式主轴驱动系统，驱动器可直接使用CNC的数字量输出信号进行控制，不需要经过D/A转换，转速控制精度得到了提高。

d. 与数字式交流伺服驱动一样，在数字式主轴驱动系统中，还可采用参数设定方法对系统进行静态调整与动态优化，系统设定灵活、调整准确。

e. 由于交流主轴电动机无换向器，主轴电动机通常不需要进行维修。

f. 主轴电动机转速的提高不受换向器的限制，最高转速通常比直流主轴电动机更高，可达到数万转。

交流主轴驱动中采用的主轴定向准停控制方式与直流驱动系统相同。

(2) 进给伺服系统故障诊断与维修

① 常见进给驱动系统

a. 直流进给驱动系统　直流进给驱动-晶闸管调速是利用速度调节器对晶闸管的导通角进行控制，通过改变导通角的大小来改变电枢两端的电压，从而达到调速的目的。

b. 交流进给驱动系统　直流进给伺服系统虽有优良的调速功能，但由于所用电动机有电刷和换向器，易磨损，且换向器换向时会产生火花，从而使电动机的最高转速受到限制。另外，直流电动机结构复杂，制造困难，所用铜铁材料消耗大，制造成本高，而交流电动机却没有这些缺点。近 20 年来，随着新型大功率电力器件的出现，新型变频技术、现代控制理论以及微型计算机数字控制技术等在实际应用中取得了突破胜的进展，促进了交流进给伺服技术的飞速发展，交流进给伺服系统已全面取代了直流进给伺服系统。由于交流伺服电动机采用交流永磁式同步电动机，因此交流进给驱动装置从本质上说是一个电子换向的直流电动机驱动装置。

c. 步进驱动系统　步进电动机驱动的开环控制系统中，典型的有 KT400 数控系统及KT300 步进驱动装置、SINUMERIK 802S 数控系统配 STEPIDRIVE 步进驱动装置及 IMP5五相步进电动机等。

② 伺服系统结构形式　伺服系统不同的结构形式主要体现在检测信号的反馈形式上，以带编码器的伺服电动机为例，主要形式如下。

方式1——转速反馈与位置反馈信号处理分离，如图 8-61 所示。

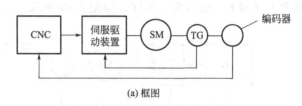

(a) 框图

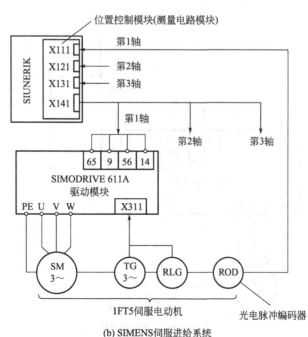

(b) SIMENS伺服进给系统

图 8-61　伺服系统（方式 1）

方式 2——编码器同时作为转速和位置检测，处理均在数控系统中完成，如图 8-62 所示。

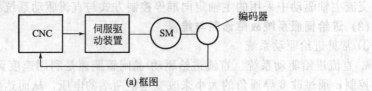

(a) 框图

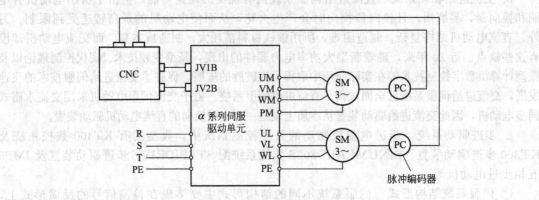

(b) FANUC伺服进给系统

图 8-62　伺服系统（方式 2）

方式 3——编码器方式同上，处理方式不同，如图 8-63 所示。

(a) 框图

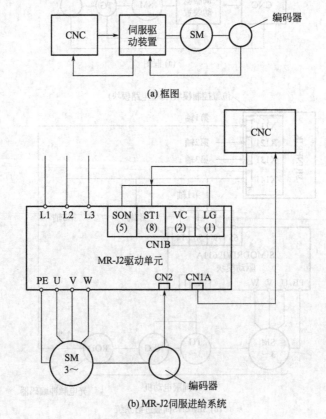

(b) MR-J2伺服进给系统

图 8-63　伺服系统（方式 3）

方式 4——数字式伺服系统，如图 8-64 所示。

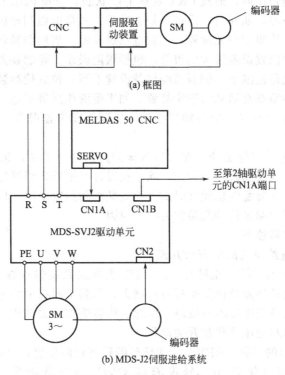

(a) 框图

(b) MDS-J2伺服进给系统

图 8-64　伺服系统（方式 4）

③ 进给伺服系统故障及诊断方法　进给伺服系统的常见故障有以下几种。

a. 超程　当进给运动超过由软件设定的软限位或由限位开关设定的硬限位时，就会发生超程报警，一般会在 CRT 上显示报警内容，根据数控系统说明书，即可排除故障，解除报警。

b. 过载　当进给运动的负载过大，频繁正、反向运动以及传动链润滑状态不良时，均会引起过载报警。一般会在 CRT 上显示伺服电动机过载、过热或过流等报警信息。同时，在强电柜中的进给驱动单元上，指示灯或数码管会提示驱动单元过载、过电流等信息。

c. 窜动　在进给时出现如下窜动现象：测速信号不稳定，如测速装置故障、测速反馈信号干扰等；速度控制信号不稳定或受到干扰；接线端子接触不良，如螺钉松动等。当窜动发生在由正向运动与反向运动的换向瞬间时，一般是由于进给传动链的反向间隙或伺服系统增益过大所致。

d. 爬行　发生在启动加速段或低速进给时，一般是由于进给传动链的润滑状态不良、伺服系统增益低及外加负载过大等因素所致。尤其要注意的是，伺服电动机和滚珠丝杠连接用的联轴器，由于连接松动或联轴器本身的缺陷，如裂纹等，造成滚珠丝杠转动与伺服电动机的转动不同步，从而使进给运动忽快忽慢，产生爬行现象。

e. 机床出现振动　机床以高速运行时，可能产生振动，这时就会出现过流报警。机床振动问题一般属于速度问题，所以就应去查找速度环；而机床速度的整个调节过程是由速度调节器来完成的，即凡是与速度有关的问题，应该去查找速度调节器，因此振动问题应查找速度调节器。主要从给定信号、反馈信号及速度调节器本身这三方面去查找故障。

f. 伺服电动机不转　数控系统至进给驱动单元除了速度控制信号外，还有使能控制信号，一般为 DC＋24V 继电器线圈电压。

g. 位置误差　伺服电动机不转的常用诊断方法有：检查数控系统是否有速度控制信号输出；检查使能信号是否接通，通过 CRT 观察 I/O 状态，分析机床 PLC 梯形图或流程图，以确定进给轴的启动条件，如润滑、冷却等是否满足；对带电磁制动的伺服电动机，应检查电磁制动是否释放；进给驱动单元故障；伺服电动机故障。当伺服轴运动超过位置允差范围时，数控系统就会产生位置误差过大的报警，包括跟随误差、轮廓误差和定位误差等。主要原因有：系统设定的允差范围小；伺服系统增益设置不当；位置检测装置有污染；进给传动链累积误差过大；主轴箱垂直运动时平衡装置，如平衡液压缸等不稳。

h. 漂移　当指令值为 0 时，坐标轴仍移动，从而造成位置误差。通过误差补偿和驱动单元的零速调整来消除。

i. 机械传动部件的间隙与松动　在数控机床的进给传动链中，常常由于传动元件的键槽与键之间的间隙使传动受到破坏，因此，除了在设计时慎重选择键连接机构之外，对加工和装配必须进行严查。在装配滚珠丝杠时应当检查轴承的预紧情况，以防止滚珠丝杠的轴向窜动，因为游隙也是产生明显传动间隙的另一个原因。

(3) 进给驱动的故障诊断

① FANUC 系统进给驱动故障表示方式

a. CRT 有报警显示的故障　报警号 400～457 为伺服系统错误报警；报警号 702～704 为过热报警：机床切削条件差及机床摩擦力矩增大，引起主回路中的过载继电器动作；切削时伺服电动机电流太大或变压器本身故障，引起变压器热控开关动作；伺服电动机电枢内部短路或绝缘不良等，引起变压器热控开关动作。

b. 报警指示灯指示的报警　BRK——无熔丝断路器切断报警；HVAL——过电压报警；HCAL——过电流报警（伴有 401 号报警）；OVC——过载报警（401 或 702 报警）；LVAL——欠压报警；TGLS——速度反馈信号断线报警；DCAL——放电报警。

c. 无报警显示的故障　机床失控：速度反馈信号为正反馈信号。机床振动：与位置有关的系统参数设定错误、检测装置有故障（随进给速度）。定位精度低：传动链误差大、伺服增益太低。电动机运行噪声过大：换向器的表面粗糙度过低、油液灰尘等侵入电刷或换向器、电动机轴向窜动等。

② SIEMENS 系统 Profibus 总线报警的故障维修

a. 故障现象　一台配套 SIEMENS SINUMERIK 802D 系统的四轴四联动的数控铣床，开机后有时会出现 380500Profibus-DP：驱动 A1（有时是 X、Y 或 Z）出错。但关机片刻后重新开机，机床又可以正常工作。

b. 分析及处理过程　因为该报警时有时无，维修时经过数次开关机试验机床无异常，于是检查总线、总线插头，确认连接牢固、正确，接地可靠。但数日后，故障重新出现。仔细检查 611UE 驱动报警显示为"E-B280"，故障原因为电流检测错误，测量驱动器的输入电压，发现实际输入电压为 406V。重新调节变压器的输出电压，机床恢复正常，报警消失。

8.2.5　数控机床机械部件的故障诊断

(1) 主轴部件的故障诊断与维护

① 主轴部件的结构特点　数控机床主轴部件是影响机床加工精度的主要部件，它的回转精度影响工件的加工精度；它的功率大小与回转速度影响加工效率；它的自动变速、准停和换刀等影响机床的自动化程度。因此，要求主轴部件具有与本机床工作性能相适应的高回转精度、刚度、抗振性、耐磨性和低的温升。在结构上，必须很好地解决刀具和工件的装夹、轴承的配置、轴承间隙调整和润滑密封等问题。图 8-65 所示为某数控车床主轴部件的结构。

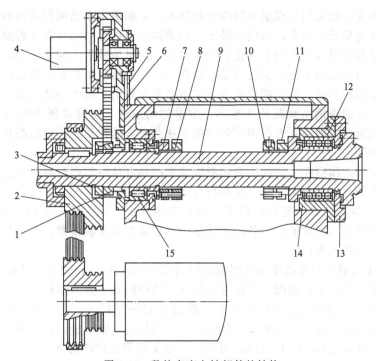

图 8-65 数控车床主轴部件的结构

1—同步带轮；2—带轮；3,7,8,10,11—螺母；4—主轴脉冲发生器；5—螺钉；6—支架；
9—主轴；12—角接触球轴承；13—前端盖；14—前支承套；15—圆柱滚子轴承

② 主轴润滑 为了保证主轴有良好的润滑，减少摩擦发热，同时又能把主轴组件的热量带走，通常采用循环式润滑系统。用液压泵供油强力润滑，在油箱中使用油温控制器控制油液温度。为了适应主轴转速向更高速化发展的需要，新的润滑冷却方式相继开发出来。这些新型润滑冷却方式不仅要减少轴承温升，还要减少轴承内、外圈的温差，以保证主轴热变形小。

a. 油气润滑方式 这种润滑方式近似于油雾润滑方式，所不同的是，油气润滑是定时定量地把油雾送进轴承空隙中，这样既实现了油雾润滑，又不致因油雾太多而污染周围空气。

b. 喷注润滑方式 它用每个轴承 3～4L/min 的较大流量的恒温油喷注到主轴轴承上，以达到润滑、冷却的目的。这里要特别指出的是，较大流量喷注的油，不是自然回流，而是用排油泵强制排油。同时，采用专用高精度大容量恒温油箱，油温变动控制在±0.5℃。

③ 防泄漏 在密封件中，被密封的介质往往是以穿滑、熔透或扩散的形式越界泄漏到密封连接处的彼侧。造成泄漏的主要原因是流体从密封面上的间隙中溢出，或是由于密封部件内外两侧密封介质的压力差或浓度差，致使流体向压力或浓度低的一侧流动。

图 8-66 所示为卧式加工中心主轴前支承的

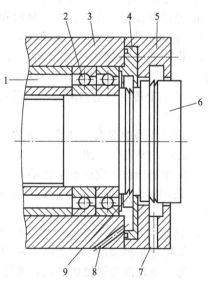

图 8-66 支承的密封结构

1—进油口；2—轴承；3—套筒；4,5—法兰盘；
6—主轴；7—泄漏孔；8—回油斜孔；9—泄油孔

密封结构，在前支承处采用了双层小间隙密封装置。主轴前端车出两组锯齿形护油槽，在法兰盘 4 和 5 上开沟槽及泄漏孔，当喷入轴承 2 内的油液流出后被法兰盘 4 内壁挡住，并经其下部的泄油孔 9 和套筒 3 上的回油斜孔 8 流回油箱，少量油液沿主轴 6 流出时，主轴护油槽内的油液在离心力的作用下被甩至法兰盘 4 的沟槽内，经回油斜孔 8 重新流回油箱，达到了防止润滑介质泄漏的目的。当外部切削液、切屑及灰尘等沿主轴 6 与法兰盘 5 之间的间隙进入时，经法兰盘 5 的沟槽由泄漏孔 7 排出，少量的切削液、切屑及灰尘进入主轴前锯齿沟槽，在主轴 6 高速旋转的离心力作用下仍被甩至法兰盘 5 的沟槽内，由泄漏孔 7 排出，达到了主轴端部密封的目的。

要使间隙密封结构能在一定的压力和温度范围内具有良好的密封防漏性能，必须保证法兰盘 4 和 5 与主轴及轴承端面的配合间隙符合如下条件。

a. 法兰盘 4 与主轴 6 的配合间隙应控制在单边 0.1～0.2mm 范围内。如果间隙偏大，则泄漏量将按间隙的三次方扩大；若间隙过小，由于加工及安装误差，容易与主轴局部接触使主轴局部升温并产生噪声。

b. 法兰盘 4 内端面与轴承端面的间隙应控制在 0.15～0.3mm 之间。小间隙可使压力油直接被挡住并沿法兰盘 4 内端面下部的泄油孔 9 经回油斜孔 8 流回油箱。

c. 法兰盘 5 与主轴的配合间隙应控制在单边 0.15～0.25mm 范围内。间隙太大，进入主轴 6 内的切削液及杂物会显著增多，间隙太小，则易与主轴接触。法兰盘 5 沟槽深度应大于单边 10mm，泄漏孔 7 应大于 6mm，并位于主轴下端靠近沟槽内壁处。

d. 法兰盘 4 的沟槽深度大于单边 12mm，主轴上的锯齿尖而深，一般在 5～8mm 范围内，以确保具有足够的甩油空间。法兰盘 4 处的主轴锯齿向后倾斜，法兰盘 5 处的主轴锯齿向前倾斜。

e. 法兰盘 4 上的沟槽与主轴 6 上的护油槽对齐，以保证被主轴甩至法兰盘沟槽内腔的油液能可靠地流回油箱。

f. 套筒前端的回油斜孔 8 及法兰盘 4 的泄油孔 9 流量为进油口 1 的 2～3 倍，以保证压力油能顺利地流回油箱。

④ 主轴部件的维护　维护工作主要包括以下内容。

a. 熟悉数控机床主轴部件的结构和性能参数，严禁超性能使用。

b. 主轴部件出现不正常现象时，应立即停机排除故障。

c. 操作者应注意观察主轴箱温度，检查主轴润滑恒温油箱，调节温度范围，使油量充足。

d. 使用带传动的主轴系统，定期观察调整主轴驱动带的松紧程度，防止因带打滑造成的丢转现象。

e. 由液压系统平衡主轴箱重量的平衡系统，需定期观察液压系统的压力表，当油压低于要求值时，要进行补油。

f. 使用液压拨叉变速的主传动系统，必须在主轴停车后变速。

g. 使用啮合式电磁离合器变速的主传动系统，离合器必须在低于 1～2r/min 的转速下变速。

h. 注意保持主轴与刀柄连接部位及刀柄的清洁，防止对主轴的机械碰击。

i. 每年对主轴润滑恒温油箱中的润滑油更换一次，并清洗过滤器。

j. 每年清理润滑油池底一次，并更换液压泵滤油器。

k. 每天检查主轴润滑恒温油箱，使储油量充足，工作正常。

l. 防止各种杂质进入润滑油箱，保持油液清洁。

m. 经常检查轴端及各处密封，防止润滑油液的泄漏。

n. 刀具夹紧装置长时间使用后，会使活塞杆和拉杆间的间隙加大，造成拉杆位移量减少，使碟形弹簧张闭伸缩量不够，影响刀具的夹紧，故需及时调整液压缸活塞的位移量。

o. 经常检查压缩空气气压，并调整到标准要求值。有足够的气压才能彻底清理主轴锥孔中的切屑和灰尘。

⑤ 主轴故障诊断　见表 8-6。

表 8-6　主轴故障诊断

故障现象	故障原因
主轴发热	轴承损伤或不清洁、轴承油脂耗尽或油脂过多、轴承间隙过小
主轴强力切削停转	电动机与主轴传动的驱动带过松、驱动带表面有油、离合器过松或磨损
润滑油泄漏	润滑油过量、密封件损伤或失效、管件损坏
主轴噪声(振动)	润滑的缺失、带轮动平衡不佳、带过紧、齿轮磨损或啮合间隙过大、轴承损坏、传动轴弯曲
主轴没有润滑或润滑不足	油泵转向不正确、油管未插到油面下 2/3 深处、油管或滤油器堵塞、供油压力不足
刀具不能夹紧	碟形弹簧位移量太小、刀具松夹弹簧上螺母松动
刀具夹紧后不能松开	刀具松夹弹簧压合过紧、液压缸压力和行程不够

(2) 滚珠丝杠螺母副的故障诊断与维护

① 滚珠丝杠螺母副的特点

a. 摩擦损失小，传动效率可高达 90%～96%。

b. 传动灵敏，运动平稳，低速时无爬行。

c. 轴向刚度高。

d. 具有传动的可逆性。

e. 使用寿命长。

f. 不能实现自锁，且速度过高会卡珠。

g. 制造工艺复杂，成本高。

② 滚珠丝杠螺母副的维护

a. 轴向间隙的调整　为了保证反向传动精度和轴向刚度，必须消除轴向间隙。双螺母滚珠丝杠副消除间隙的方法是：利用两个螺母的相对轴向位移，使两个滚珠螺母中的滚珠分别贴紧在螺纹滚道的两个相反的侧面上。用这种方法预紧消除轴向间隙时，应注意预紧力不宜过大，预紧力过大会使空载力矩增加，从而降低传动效率，缩短使用寿命。此外还要消除丝杠安装部分和驱动部分的间隙。常用的双螺母丝杠消除间隙的方法如下。

ⅰ. 垫片调隙式　如图 8-67 所示，通过调整垫片的厚度使左、右螺母产生轴向位移，就可达到消除间隙和产生预紧力的作用。其特点是：简单、刚性好、装卸方便、可靠；调整困难，调整精度不高。

ⅱ. 螺纹调隙式　如图 8-68 所示，用键限制螺母在螺母座内的转动。调整时，拧动圆螺母将螺母沿轴向移动一定距离，在消除间隙之后用圆螺母将其锁紧。其特点是：简单紧凑，调整方便，但调整精度较差，且易于松动。

ⅲ. 齿差调隙式　如图 8-69 所示，螺母 1 和螺母 2 的凸缘上各自有一个圆柱外齿轮，两个齿轮的齿数相差一个齿，两个内齿圈 3 和 4 与外齿轮齿数分别相同，并用预紧螺钉和销钉固定在螺母座的两端。调整时先将内齿圈取下，根据间隙的大小调整两个螺母 1、2 分别向相同的方向转过一个或多个齿，使两个螺母在轴向移近相应的距离达到调整间隙和预紧的目的。其特点是：精确调整预紧量，调整方便、可靠，但结构尺寸较大，多用于高精度传动。

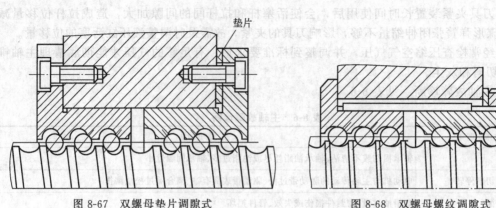

图 8-67　双螺母垫片调隙式　　　　　　　　图 8-68　双螺母螺纹调隙式

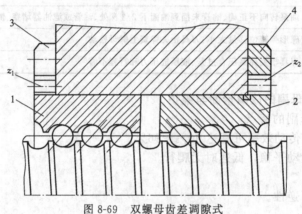

图 8-69　双螺母齿差调隙式

1,2—单螺母；3,4—内齿圈

b. 支承轴承的定期检查　应定期检查丝杠支承与床身的连接是否有松动，以及支承轴承是否损坏等。如有以上问题，要及时紧固松动部位并更换支承轴承。

c. 滚珠丝杠螺母副的润滑　润滑剂可提高耐磨性及传动效率。润滑剂可分为润滑油和润滑脂两大类。润滑油一般为全损耗系统用油。用润滑油润滑的滚珠丝杠螺母副，可在每次机床工作前加油一次，润滑油经过壳体上的油孔注入螺母的空间内。润滑脂可采用锂基润滑脂。润滑脂一般加在螺纹滚道和安装螺母的壳体空间内，每半年对滚珠丝杠上的润滑脂更换一次，清洗丝杠上的旧润滑脂，涂上新的润滑脂。

d. 滚珠丝杠的防护　滚珠丝杠螺母副和其他滚动摩擦的传动元件一样，应避免硬质灰尘或切屑污物进入，因此必须有防护装置。如滚珠丝杠螺母副在机床上外露，应采用封闭的防护罩，如采用螺旋弹簧钢带套管、伸缩套管以及折叠式套管等。安装时将防护罩的一端连接在滚珠螺母的端面，另一端固定在滚珠丝杠的支承座上。如果处于隐蔽的位置，则可采用密封圈防护，密封圈装在螺母的两端。接触式的弹性密封圈是用耐油橡胶或尼龙制成的，其内孔做成与丝杠螺纹滚道相配的形状，接触式密封圈的防尘效果好，但应有接触压力，使摩擦力矩略有增加。非接触式密封圈又称迷宫式密封圈，它用硬质塑料制成，其内孔与丝杠螺纹滚道的形状相反，并稍有间隙，这样可避免摩擦力矩，但防尘效果差。工作中应避免碰击防护装置，防护装置有损坏要及时更换。

(3) 导轨副的故障诊断与维护

导轨是进给系统的主要环节，是机床的基本结构要素之一，导轨的作用是用来支承和引导运动部件沿着直线或圆周方向准确运动。与支承部件连成一体固定不动的导轨称为支承导轨，与运动部件连成一体的导轨称为运动导轨。机床上的运动部件都是沿着床身、立柱、横梁等部件上的导轨而运动，其加工精度、使用寿命、承载能力很大程度上决定于机床导轨的精度和性能。数控机床对于导轨在以下几方面有着更高的要求：高速进给时不振动；低速进给时不爬行；有高的灵敏度；能在重载下长期连续工作；耐磨性好，精度保持性好。

因此，导轨的性能对进给系统的影响是不容忽视的。

① 导轨的类型和要求

a. 导轨的类型　按运动部件的运动轨迹分为直线运动导轨和圆周运动导轨。按导轨接合面的摩擦特性分为滑动导轨、滚动导轨和静压导轨。

滑动导轨分为：普通滑动导轨——金属与金属相摩擦，摩擦因数大，一般用在普通机床上；塑料滑动导轨——塑料与金属相摩擦，导轨的滑动性好，在数控机床上广泛采用。

静压导轨根据介质的不同又可分为液压导轨和气压导轨。

b. 导轨的一般要求

ⅰ. 高的导向精度　导向精度是指机床的运动部件沿着直线导轨移动的直线性或沿着圆导轨运动的圆周性以及它与有关基面之间相互位置的准确性。各种机床对于导轨本身的精度都有具体的规定或标准，以保证该导轨的导向精度。精度保持性是指导轨能否长期保持其原始精度。此外，还与导轨的机构形式以及支承件材料的稳定性有关。

ⅱ. 良好的耐磨性　这是因为精度丧失的主要因素是导轨的磨损。

ⅲ. 足够的刚度　机床各运动部件所受的外力，最后都由导轨面来承受，若导轨受力以后变形过大，不仅破坏了导向精度，而且恶化了其工作条件。导轨的刚度主要取决于导轨类型、机构形式和尺寸的大小、导轨与床身的连接方式、导轨材料和表面加工质量等。数控机床常用加大导轨截面尺寸或在主导轨外添加辅助导轨等措施来提高刚度。

ⅳ. 良好的摩擦特性　导轨的摩擦因数要小，而且动、静摩擦因数应比较接近，以减小摩擦阻力和导轨热变形，使运动平稳；对于数控机床特别要求运动部件在导轨上低速移动时无爬行现象。

② 导轨副的故障诊断与维护

a. 导轨副的维护　主要包括以下内容。

ⅰ. 间隙调整　维护导轨副很重要的一项工作是保证导轨面之间具有合理的间隙。间隙过小，则摩擦阻力大，导轨磨损加剧；间隙过大，则运动失去准确性和平稳性，失去导向精度，下面介绍几种间隙调整的方法。

• 压板调整间隙　图 8-70 所示为矩形导轨上常用的几种压板装置。压板用螺钉固定在动导轨上，常用钳工配合刮研及选用平镶条、调整垫片等，使导轨面与支承面之间的间隙均匀，达到规定的接触点数。对图 8-70(a) 所示的压板结构，如间隙过大，应修磨或刮研 B 面；间隙过小或压板与导轨压得太紧，则可刮研或修磨 A 面。

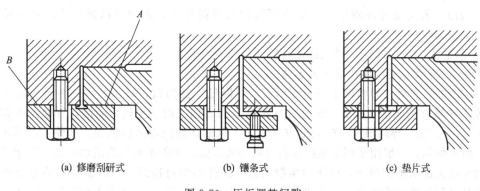

(a) 修磨刮研式　　　　(b) 镶条式　　　　(c) 垫片式

图 8-70　压板调整间隙

• 镶条调整间隙　图 8-71(a) 所示为一种全长厚度相等、横截面为平行四边形（用于燕尾形导轨）或矩形的平镶条，通过侧面的螺钉调节和螺母锁紧，以其横向位移来调整间隙。由于收紧力不均匀，故在螺钉的着力点有挠曲。图 8-71(b) 所示为一种全长厚度变化的斜镶条及三种用于斜镶条的调节螺钉，以斜镶条的纵向位移来调整间隙。斜镶条在全长上支承，其斜度为 1∶40 或 1∶100，由于楔形的增压作用会产生过大的横向压力，因此调整时应细心。

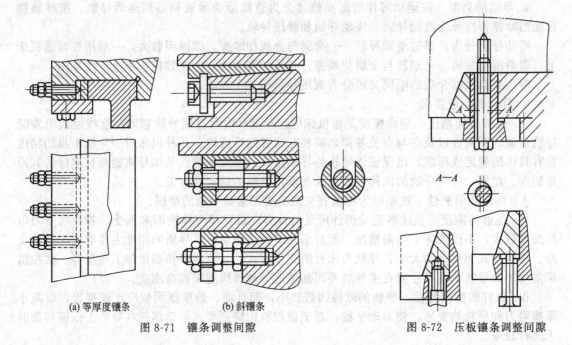

(a) 等厚度镶条　　　　(b) 斜镶条

图 8-71　镶条调整间隙　　　　　　　　　图 8-72　压板镶条调整间隙

• 压板镶条调节间隙　如图 8-72 所示，T 形压板用螺钉固定在运动部件上，运动部件内侧和 T 形压板之间放置斜镶条，镶条不是在纵向有斜度，而是在高度方面做成倾斜。调整时，借助压板上几个推拉螺钉使镶条上下移动，从而调整间隙。三角形导轨的上滑动面能自动补偿，下滑动面的间隙调整和矩形导轨的下压板调整底面间隙的方法相同；圆形导轨的间隙不能调整。

ⅱ. 滚动导轨的预紧　为了提高滚动导轨的刚度，对滚动导轨预紧。预紧可提高接触刚度并消除间隙；在立式滚动导轨上，预紧可防止滚动体脱落和歪斜。常见的预紧方法有如下两种。

• 采用过盈配合　预加载荷大于外载荷，预紧力产生的过盈量为 $2\sim3\mu m$，如过大会使牵引力增加。若运动部件较重，其重力可起预加载荷作用，若刚度满足要求，可不施预加载荷。

• 调整法　利用螺钉、斜块或偏心轮调整来进行顶紧。

图 8-73 所示为滚动导轨的预紧方法。

ⅲ. 导轨的润滑　导轨面上进行润滑后，可降低摩擦因数，减少磨损，并且可防止导轨面锈蚀。导轨常用的润滑剂有润滑油和润滑脂，前者用于滑动导轨，而滚动导轨两种都用。

• 润滑方法　导轨最简单的润滑方式是人工定期加油或用油杯供油。这种方法简单、成本低，但不可靠。一般用于调节辅助导轨及运动速度低、工作不频繁的滚动导轨。对运动速度较高的导轨大都采用润滑泵，以压力强制润滑。这样不但可连续或间歇供油以给导轨进行润滑，而且可利用油的流动冲洗和冷却导轨表面；为实现强制润滑，必须备有专门的供油系统。

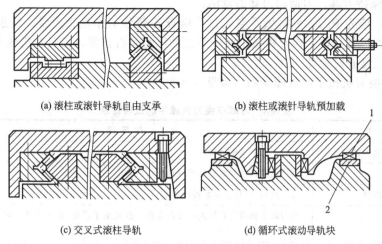

(a) 滚柱或滚针导轨自由支承　　　　(b) 滚柱或滚针导轨预加载

(c) 交叉式滚柱导轨　　　　　　　　(d) 循环式滚动导轨块

图 8-73　滚动导轨的预紧的方法

• 对润滑油的要求　在工作温度变化时，润滑油黏度变化要小，要有良好的润滑性能和足够的油膜刚度，油中杂质尽量少且不侵蚀机件。常用的全损耗系统用油有 L-AN10、L-AN15、L-AN32、L-AN42、L-AN68，精密机床导轨油 L-HG68，汽轮机油 L-TSA32、L-TSA46 等。

ⅳ. 导轨的防护　为了防止切屑、磨粒或冷却液散落在导轨面上而引起磨损、擦伤和锈蚀，导轨面上应有可靠的防护装置。常用的刮板式、卷帘式和叠层式防护罩，大多用于长导轨上。在机床使用过程中应防止损坏防护罩，对叠层式防护罩应经常用刷子蘸机油清理移动接缝，以避免产生碰壳现象。

b. 导轨的故障诊断　参见表 8-7。

表 8-7　导轨的故障诊断

故障现象	故障原因
导轨研伤	地基与床身水平有变化，使局部载荷过大；长期短工件加工局部磨损严重；导轨润滑不良；导轨材质不佳；刮研质量差；导轨维护不良落入脏物
移动部件不能移动或运动不良	导轨面研伤；导轨压板损伤；镶条与导轨间隙太小
加工面在接刀处不平	导轨直线度超差；工作台塞铁松动或塞铁弯度过大；机床水平度差使导轨发生弯曲

(4) 刀库及换刀装置的故障诊断与维护

加工中心刀库及自动换刀装置的故障表现在：刀库运动故障、定位误差过大、机械手夹持刀柄不稳定和机械手运动误差过大等。这些故障最后都造成换刀动作卡位、整机停止工作，机械维修人员对此要有足够的重视。

① 刀库与换刀机械手的维护要点

a. 严禁把超重、超长的刀具装入刀库里发生碰撞。防止在机械手换刀时掉刀或刀具与工件、夹具等发生碰撞。

b. 顺序选刀方式必须注意刀具放置在刀库上的顺序要正确。其他选刀方式也要注意所换刀具号是否与所需刀具一致，防止换错刀具导致发生事故。

c. 用手动方式往刀库上装刀时，要确保装到位、装牢靠。检查刀座上的锁紧是否可靠。

d. 经常检查刀库的回零位置是否正确，检查机床主轴回换刀点位置是否到位，并及时调整，否则不能完成换刀动作。

e. 要注意保持刀具、刀柄和刀套的清洁。

f. 开机时，应先使刀库和机械手空运行，检查各部分工作是否正常，特别是各行程开关和电磁阀能否正常动作，检查机械手液压系统的压力是否正常，刀具在机械手上锁紧是否可靠，发现不正常及时处理。

② 刀库与换刀机械手的故障诊断　参见表 8-8。

表 8-8　刀库与换刀机械手的故障诊断

故 障 现 象	故 障 原 因
刀库中的刀套不能卡紧刀具	刀套上的卡紧螺母松动
刀库不能旋转	连接电动机轴与蜗杆轴的联轴器松动
刀具从机械手中滑落	刀具过重，机械手卡紧销损坏
换刀时掉刀	换刀时主轴箱没有回到换刀点或换刀点发生了漂移，机械手抓刀时没有到位就开始拔刀
机械手换刀时速度过快或过慢	气动机械手气压太高或太低、换刀气路节流口太大或太小

8.2.6　数控机床液压与气动传动系统的故障诊断

(1) 液压传动系统的故障诊断与维护

① 液压传动系统在数控机床上的应用　液压传动系统在数控机床中占有很重要的位置，加工中心的刀具自动交换系统（ATC）、托盘自动交换系统、主轴箱的平衡、主轴箱齿轮的变挡以及回转工作台的夹紧等一般都采用液压系统来实现。机床液压设备是由机械、液压、电气及仪表等组成的统一体，分析系统的故障之前必须弄清楚整个液压系统的传动原理、结构特点，然后根据故障现象进行分析、判断，确定区域、部位，乃至于某个元件。液压系统的工作总是由压力、流量、液流方向来实现的，可按照这些特征找出故障的原因并及时给予排除。造成故障的主要原因一般为三种情况：一是设计不完善或不合理；二是操作安装有误，使零部件运转不正常；三是使用、维护、保养不当。前一种故障必须充分分析研究后进行改装、完善；后两种故障可以用修理及调整的方法解决。

② 液压系统的维护要点

a. 控制油液污染、保持油液清洁是确保液压系统正常工作的重要措施。据统计，液压系统的故障有 80% 是由油液污染引发的，油液污染还会加速液压元件的磨损。

b. 控制液压系统中油液的温升是减少能源消耗、提高系统效率的一个重要环节。一台机床的液压系统，若油温变化范围大，其后果是：影响液压泵的吸油能力及容积效率；系统工作不正常，压力、速度不稳定，动作不可靠；液压元件内外泄漏增加；加速油液的氧化变质。

c. 控制液压系统泄漏。因为泄漏和吸空是液压系统的常见故障，因此控制液压系统泄漏极为重要。要控制泄漏，首先要提高液压元件零部件的加工精度和元件的装配质量以及管道系统的安装质量；其次要提高密封件的质量，注意密封件的安装使用与定期更换；最后是加强日常维护。

d. 防止液压系统的振动与噪声。振动会影响液压件的性能，使螺钉松动、管接头松脱，从而引起漏油，因此要防止和排除振动现象。

e. 严格执行日常点检制度。液压系统的故障具有隐蔽性、可变性和难于判断性，因此应对液压系统的工作状态进行点检，把可能产生的故障现象记录在日检维修卡上，并将故障排除在萌芽状态，从而减少故障的发生。

f. 严格执行定期紧固、清洗、过滤和更换制度。液压设备在工作过程中，由于冲击振动、磨损和污染等因素，会使管件松动、金属件和密封件磨损，因此必须对液压件及油箱等实行定期清洗和维修制度，对油液、密封件执行定期更换制度。

③ 液压系统的点检　主要有以下内容。

a. 元件和管接头是否有泄漏。

b. 液压泵和液压马达运转时有否异常噪声。

c. 液压缸移动时是否正常平稳。

d. 液压系统的各点压力是否正常和稳定。

e. 油液的温度是否在允许范围内。

f. 电气控制及换向阀工作是否灵敏可靠。

g. 油箱内油量是否在标线范围内。

h. 定期对油箱内的油液进行检验、过滤、更换。

i. 定期检查和紧固重要部位的螺钉和接头。

j. 定期检查、更换密封件。

k. 定期检查、清洗或更换滤芯和液压元件。

l. 定期检查清洗油箱和管道。

④ 液压系统的故障及维修

a. 液压系统常见故障的特征　液压系统在设备调试阶段的故障率较高，问题较为复杂，其特征是设计、制造、安装以及管理等问题交织在一起。除机械、电气问题外，一般液压系统常见故障如下。

ⅰ. 接头连接处泄漏。

ⅱ. 运动速度不稳定。

ⅲ. 阀芯卡死或运动不灵活，造成执行机构动作失灵。

ⅳ. 阻尼小孔被堵，造成系统压力不稳定或压力调不上去。

ⅴ. 阀类元件漏装弹簧或密封件，或接错管道而使动作混乱。

ⅵ. 设计、选择不当，使系统发热，或动作不协调，位置精度达不到要求。

ⅶ. 液压件加工质量差，或安装质量差，造成阀类动作不灵活。

ⅷ. 长期工作，密封件老化，以及易损元件磨损等，造成系统中内、外泄漏量增加，系统效率明显下降。

b. 液压元件常见故障及排除

ⅰ. 液压泵故障　液压泵主要有齿轮泵、叶片泵等，下面以齿轮泵为例介绍故障及其诊断。齿轮泵最常见的故障是泵体与齿轮的磨损、泵体的裂纹和机械损伤。出现以上情况一般必须大修或更换零件。在机器运行过程中，齿轮泵常见的故障有：噪声严重及压力波动，输油量不足，液压泵运转不正常或有咬死现象。

噪声严重及压力波动可能原因及排除方法如下。

• 泵的过滤器被污物阻塞不能起滤油作用：用干净的清洗油将过滤器污物去除。

• 油位不足，吸油位置太高，吸油管露出油面：加油到油标位，降低吸油位置。

• 泵体与泵盖的两侧没有加纸垫，泵体与泵盖不垂直密封，旋转时吸入空气；泵体与泵盖间加入纸垫；泵体用金刚砂在平板上研磨，使泵体与泵盖垂直度误差不超过 0.005mm，紧固泵体与泵盖的连接，不得有泄漏现象。

• 泵的主动轴与电动机联轴器不同心，有扭曲摩擦：调整泵与电动机联轴器的同轴度，使其误差不超过 0.2mm。

- 泵齿轮的啮合精度不够：对研齿轮达到齿轮啮合精度。
- 泵轴的油封骨架脱落，泵体不密封：更换合格的泵轴油封。

输油不足的可能原因及排除方法如下。

- 轴向间隙与径向间隙过大：由于齿轮泵的齿轮两侧端面在旋转过程中与轴承座圈产生相对运动会造成磨损，轴向间隙和径向间隙过大时必须更换零件。
- 泵体裂纹与气孔泄漏现象：泵体出现裂纹时需要更换泵体，泵体与泵盖间加入纸垫，紧固各连接处螺钉。
- 油液黏度太高或油温过高：用 20♯ 机械油选用适合的温度，一般 20♯ 全损耗系统用油适于 10～50℃ 温度的工作，如果三班工作，应设冷却装置。
- 电动机反转：纠正电动机旋转方向。
- 过滤器有污物，管道不畅通：清除污物，更换油液，保持油液清洁。
- 压力阀失灵：修理或更换压力阀。

液压泵运转不正常或有咬死现象的可能原因及排除方法如下。

- 泵轴向间隙及径向间隙过小：轴向、径向间隙过小则应更换零件，调整轴向或径向间隙。
- 滚针转动不灵活：更换滚针轴承。
- 盖板和轴的同轴度不好：更换盖板，使其与轴同心。
- 压力阀失灵：检查压力阀弹簧是否失灵，阀体小孔是否被污物堵塞，滑阀和阀体是否失灵；更换弹簧，清除阀体小孔污物或换滑阀。
- 泵和电动机间联轴器同轴度不够：调整泵轴与电动机联轴器同轴度，使其误差不超过 0.20mm。
- 泵中有杂质：可能在装配时有铁屑遗留，或油液中吸入杂质，用细铜丝网过滤全损耗系统用油，去除污物。

ⅱ. 整体多路阀常见故障　整体多路阀常见故障有工作压力不足、工作油量不足、外泄漏等。

工作压力不足的可能原因及排除方法如下。

- 溢流阀调定压力偏低：调整溢流阀压力。
- 溢流阀的滑阀卡死：拆开清洗，重新组装。
- 调压弹簧损坏：更换新产品。
- 系统管路压力损失太大：更换管路，或在许用压力范围内调整溢流阀压力。

工作油量不足的可能原因及排除方法如下。

- 系统供油不足：检查油源。
- 阀内泄漏量大：如油温过高，黏度下降，则应采取降低油温措施；如油液选择不当，则应更换油液；如滑阀与阀体配合间隙过大，则应更换新产品。

外泄漏的可能原因及排除方法如下。

- Y 形圈损坏：更换产品。
- 油口安装法兰面密封不良：检查相应部位的紧固和密封。
- 各结合面紧固螺钉、调压螺钉螺母松动或堵塞：紧固相应部件，消除堵塞。

ⅲ. 电磁换向阀常见故障　有滑阀动作不灵活、电磁线圈烧损等。

滑阀动作不灵活的可能原因及排除方法如下。

- 滑阀被拉坏：拆开清洗，修整滑阀与阀孔的毛刺及拉坏表面。
- 阀体变形：调整安装螺钉的压紧力，安装扭矩不得大于规定值。
- 复位弹簧折断：更换弹簧。

电磁线圈烧损的可能原因及排除方法如下。

- 线圈绝缘不良：更换电磁铁。
- 电压太低：使用电压应在额定电压的 90% 以上。
- 工作压力和流量超过规定值：调整工作压力，或采用性能更高的阀。
- 回油压力过高：检查背压，应在规定值 16MPa 以下。

ⅳ. 液压缸故障　主要有外部漏油、活塞杆爬行和蠕动等。
外部漏油的可能原因及排除方法如下。

- 活塞杆碰伤拉毛：用极细的砂纸或油石修磨，不能修的，更换新件。
- 防尘密封圈被挤出和反唇：拆开检查，重新更新。
- 活塞和活塞杆上的密封件磨损与损伤：更换新密封件。
- 液压缸安装定心不良，使活塞杆伸出困难：拆下来检查安装位置是否符合要求。

活塞杆爬行和蠕动的可能原因及排除方法如下。

- 液压缸内进入空气或油中有气泡：松开接头，将空气排出。
- 液压缸的安装位置偏移：在安装时必须检查液压缸，使之与主机运动方向平行。
- 活塞杆全长和局部弯曲：活塞杆全长校正直线度误差应小于或等于 0.03mm/100mm 或更换活塞。
- 缸内锈蚀或拉伤：去除锈蚀和毛刺，严重时更换缸筒。

c. 供油回路的故障维修

ⅰ. 故障现象：供油回路不输出压力油。

ⅱ. 分析及处理过程：以一种常见的供油装置回路为例，如图 8-74 所示。液压泵为限压式变量叶片泵，换向阀为三位四通 M 型电磁换向阀。启动液压系统，调节溢流阀，压力表指针不动作，说明无压力；启动电磁阀，使其置于右位或左位，液压缸均不动作。电磁换向阀置于中位时，系统没有液压油回油箱。检测溢流阀和液压缸，其工作性能参数均正常。而液压系统没有压力油输出，显然液压泵没有吸进液压油，其原因可能是：液压泵的转向不对；吸油滤油器严重堵塞或容量过小；油液的黏度过高或温度过低；吸油管路严重漏气；滤油器没有全部浸入油液面以下或油箱液面过低；叶片在转子槽中卡死；液压泵至油箱液面高度大于 500mm 等。经检查，泵的转向正确，滤油器工作正常，油液的黏度、温度合适，泵运转时无异常噪声，说明没有过量空气进入系统，泵的安装位置也符合要求。将液压泵解体，检查泵内各运动副，叶片在转子槽中滑动灵活，但发现可移动的定子环卡死于零位附近。变量叶片泵的输出流量与定子相对转子的偏心距成正比。定子卡死于零位，即偏心

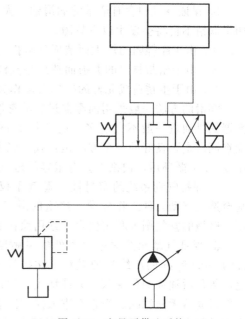

图 8-74　变量泵供油系统

距为零，因此泵的输出流量为零。具体说，叶片泵与其他液压泵一样都是容积泵，吸油过程是依靠吸油腔的容积逐渐增大，形成部分真空，液压油箱中液压油在大气压力的作用下，沿着管路进入泵的吸油腔；若吸油腔不能形成足够的真空（管路漏气、泵内密封破坏），或大气压力和吸油腔压力差值低于吸油管路压力损失（过滤器堵塞、管路内径小、油液黏度高），

或泵内部吸油腔与排油腔互通（叶片卡死于转子槽内、转子体与配油盘脱开）等因素存在，液压泵都不能完成正常的吸油过程。液压泵压油过程是依靠密封工作腔的容积逐渐减小，油液被挤压在密封的容积中，压力升高，由排油口输送到液压系统中。由此可见，变量叶片泵密封的工作腔逐渐增大（吸油过程），密封的工作腔逐渐减小（压油过程），完全是由于定子和转子存在偏心距而形成的。当其偏心距为零时，密封的工作腔容积不变化，所以不能完成吸油、压油过程，因此上述回路中无液压油输入，系统也就不能工作。

故障原因查明，相应排除方法就好操作了。排除步骤是：将叶片泵解体，清洗并正确装配，重新调整泵的上支承盖和下支承盖螺钉，使定子、转子和泵体的水平中心线互相重合，使定子在泵体内调整灵活，且无较大的上下窜动，从而避免因定子卡死而造成不能调整的故障。

(2) 气动系统的故障诊断与维护

① 气动系统在数控机床上的应用　系统工作原理与液压系统工作原理类似。由于气动装置的气源容易获得，且结构简单，工作介质不污染环境，工作速度快，动作频率高，因此在数控机床上也得到了广泛应用，通常用来完成频繁启动的辅助工作，如机床防护门的自动开关、主轴锥孔的吹气、自动吹屑清理、定位基准面等。部分小型加工中心依靠气液转换装置实现机械手的动作和主轴松刀。

② 气动系统维护的要点

a. 保证供给洁净的压缩空气　压缩空气中通常都含有水分、油分和粉尘等杂质。水分会使管道、阀和气缸腐蚀；油分会使橡胶、塑料和密封材料变质；粉尘会造成阀体动作失灵。选用合适的过滤器，可以清除压缩空气中的杂质，使用过滤器时应及时排除积存的液体，否则当积存液体接近挡水板时，气流仍可将积存物卷起。

b. 保证空气中含有适量的润滑油　大多数气动执行元件和控制元件都要求适度的润滑。如果润滑不良将会发生以下故障。

ⅰ. 由于摩擦阻力增大而造成气缸推力不足，阀芯动作失灵。

ⅱ. 由于密封材料的磨损而造成空气泄漏。

ⅲ. 由于生锈造成元件的损伤及动作失灵。

润滑的方法一般采用油雾器进行喷雾润滑，油雾器一般安装在过滤器和减压阀之后。油雾器的供油量一般不宜过多，通常每 $10m^3$ 的自由空气供 $1mL$ 的油量（即 $40\sim50$ 滴油）。检查润滑是否良好的一个方法是：找一张干净的白纸放在换向阀的排气口附近，如果阀在工作 $3\sim4$ 个循环后，白纸上只有很轻的斑点时，则表明润滑是良好的。

c. 保持气动系统的密封性　漏气不仅增加了能量的消耗，也会导致供气压力的下降，甚至造成气动元件工作失常。严重的漏气可在气动系统停止运行时，由漏气引起的响声发现；轻微的漏气则可利用仪表，或用涂抹肥皂水的办法进行检查。

d. 保证气动元件中运动零件的灵敏度　从空气压缩机排出的压缩空气，包含粒度为 $0.01\sim0.08\mu m$ 的压缩机油微粒，在排气温度为 $120\sim220℃$ 的高温下，这些油粒会迅速氧化，氧化后油粒颜色变深，黏性增大，并逐步由液态固化成油泥。这种微米级以下的颗粒，一般过滤器无法滤除。当它们进入换向阀后便附着在阀芯上，使阀的灵敏度逐步降低，甚至出现动作失灵。为了清除油泥，保证灵敏度，可在气动系统的过滤器之后，安装油雾分离器，将油泥分离出来。此外，定期清洗阀也可以保证阀的灵敏度。

e. 保证气动装置具有合适的工作压力和运动速度　调节工作压力时，压力表应当工作可靠，读数准确。减压阀与节流阀调节好后，必须紧固调压阀盖或锁紧螺母，防止松动。

③ 气动系统的点检与定检

a. 管路系统点检　主要内容是对冷凝水和润滑油的管理。冷凝水的排放，一般应在气动装置运行之前进行。当夜间温度低于 0℃ 时，为防止冷凝水冻结，气动装置运行结束后，应开启放水阀门排放冷凝水。补充润滑油时，要检查油雾器中油的质量和滴油量是否符合要求。此外，点检还应包括检查供气压力是否正常，有无漏气现象等。

b. 气动元件的定检　主要内容是彻底处理系统的漏气现象。例如更换密封元件、处理管接头或连接螺钉松动等，定期检验测量仪表、安全阀和压力继电器等。

表 8-9 所列为气动元件的点检内容。

表 8-9　气动元件的点检内容

元 件 名 称	点 检 内 容
气缸	①活塞杆与端面之间的是否漏气 ②活塞杆是否划伤、变形 ③管接头、配管是否划伤、损坏 ④气缸动作时有无异常声音 ⑤缓冲效果是否合乎要求
电磁阀	①电磁阀外壳温度是否过高 ②电磁阀动作时，工作是否正常 ③气缸行程到末端时，通过检查阀的排气口是否有漏气来确诊电磁阀是否漏气 ④紧固螺栓及管接头是否松动 ⑤电压是否正常，电线有否损伤 ⑥通过检查排气口是否被油润湿，或排气是否会在白纸上留下油雾斑点来判断润滑是否正常
油雾器	①油杯内油量是否足够,润滑油是否变色、浑浊,油杯底部是否沉积有灰尘和水 ②滴油量是否合适
调压阀	①压力表读数是否在规定范围内 ②调压阀盖或锁紧螺母是否锁紧 ③有无漏气
过滤器	①储水杯中是否积存冷凝水 ②滤芯是否应该清洗或更换 ③冷凝水排放阀动作是否可靠
安全阀及压力继电器	①在调定压力下动作是否可靠 ②校验合格后,是否有铅封或锁紧 ③电线是否损伤,绝缘是否可靠

④ 气动系统常见故障及排除　以下通过两个实例来分析气动系统的故障及其维修。

例 1　刀柄和主轴的故障维修。

故障现象：TH5840 立式加工中心换刀时，主轴锥孔吹气，把含有铁锈的水分子吹出，并附着在主轴锥孔和刀柄上，刀柄和主轴接触不良。

分析及处理过程：故障产生的原因是压缩空气中含有水分。如采用空气干燥机，使用干燥后的压缩空气即可解决问题。若受条件限制，没有空气干燥机，也可在主轴锥孔吹气的管路上进行两次分水过滤，设置自动放水装置，并对气路中相关零件进行防锈处理，故障即可排除。

例 2　松刀动作缓慢的故障维修。

故障现象：TH5840 立式加工中心换刀时，主轴松刀动作缓慢。

分析及处理过程：根据气动控制原理图进行分析，主轴松刀动作缓慢的原因有气动系统压力太低或流量不足；机床主轴拉刀系统有故障，如碟形弹簧破损等；主轴松刀气缸有故障。根据分析，首先检查气动系统的压力，压力表显示气压为 0.6MPa，压力正常；将机床操作转为手动，手动控制主轴松刀，发现系统压力下降明显，气缸的活塞杆缓慢伸出，故判定气缸内部漏气。拆下气缸，打开端盖，压出活塞和活塞环，发现密封环破损，气缸内壁拉毛。更换新的气缸后，故障排除。

8.3 液压系统的维修

8.3.1 设备液压系统的修理内容及要求

(1) 设备液压系统小修的内容及要求

设备液压系统的小修是以操作者为主体，并在维修工人指导下，对设备进行局部解体和检查、清洗，并紧固连接件。其内容如下。

① 对油箱内油液进行过滤，若发现油液变质，应更换油液。

② 清洗滤网和空气滤清器，若发现损坏应及时更换。

③ 清洗油箱内部和外表。

④ 对已经发现有泄漏的两结合面，如板式阀与安装板之间，应更换密封件，并紧固螺钉。

⑤ 紧固管接头、压盖和法兰盘上的螺钉。

⑥ 更换被压扁的管子。

⑦ 清除某些部位的明显外泄漏。

⑧ 检查电磁铁、压力继电器、行程开关的电气接线是否良好。

(2) 设备液压系统大修的内容及要求

设备液压系统的大修通常由专业维修人员进行，大修时有如下要求。

① 更换液压缸密封件，如液压缸已无法修复，应成套更换。对还能修复的活塞杆、活塞、柱塞、缸筒等零件，其工作表面不允许有裂缝和划伤。修理后技术性能要满足使用要求。

② 对所有液压阀应清洗，更换密封件、弹簧等易损件。对磨损严重、技术性能已不能满足使用要求的元件，应更换。

③ 检修液压泵，经过修理和试验，泵原来的主要技术性能指标均达到要求，才能继续使用，否则应更换新泵。

④ 对压力表要进行性能测定和校正，若不合质量指标，应更换新表。新压力表必须灵活、可靠、字面清晰、指示准确。压力表开关要达到调节灵敏，安全可靠。

⑤ 各种管子要清洗干净。更换被压扁的管子。不允许使用有明显坑点和敲击斑点的管子。管道排列要整齐，并配齐管夹。高压胶管外皮已有破损等严重缺陷的应更换。

⑥ 油管内部、空气滤清器、过滤器均要清洗干净。对已损坏的过滤器应更换。油箱中的一切附件应配齐，油位指示器要清晰、明显。

⑦ 全部排油管均应插入油面以下，以防止产生泡沫和吸入空气。

⑧ 液压系统在规定的工作速度和工作压力范围内运动时，不应发生振动、噪声以及显著冲击等现象。

⑨ 系统工作时油箱内不应产生泡沫。油箱内温度不应超过 55℃，当环境温度高于 35℃时，系统连续工作 4h，其油温不得超过 65℃。

8.3.2 液压系统主要元件的磨损与泄漏

(1) 齿轮泵

齿轮泵的内泄漏量居各种液压泵之首，故它的容积效率较低。在一定转速和一定压力下，对无端面间隙补偿的齿轮泵而言，泄漏主要是齿轮端面与轴承座圈或盖板之间的间隙引起的，此处泄漏量约占齿轮泵总泄漏量的 75%～80%，齿顶与壳体圆柱孔之间的间隙泄漏量约占 15%～20%，因齿形误差造成的啮合点处的泄漏量仅占 4%～5%。至于高压齿轮泵，一般采用安装轴向间隙补偿装置及提高齿轮齿形和壳体的制造精度等方法来减少泄漏量。

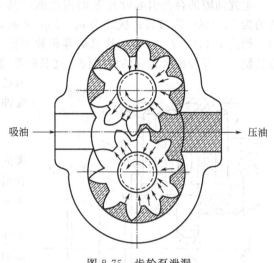

图 8-75　齿轮泵泄漏

试验表明，齿轮泵的泄漏量与齿轮端面间隙的三次方成正比，当端面间隙增大 0.10mm 时，容积效率下降约 20%，而径向间隙增大 0.1mm 时，容积效率只降低 0.25% 左右。齿轮泵油液由高压腔向低压腔泄漏示意如图 8-75 所示。

齿轮泵零件的磨损是齿轮端面间隙和齿顶间隙增大的主要原因。它将使齿轮泵的主要工作指标容积效率下降。

(2) 叶片泵

叶片泵主要零件严重磨损而引起泄漏量增加导致液压系统执行机构工作部件动作缓慢和无力。叶片泵油液泄漏示意如图 8-76 所示。

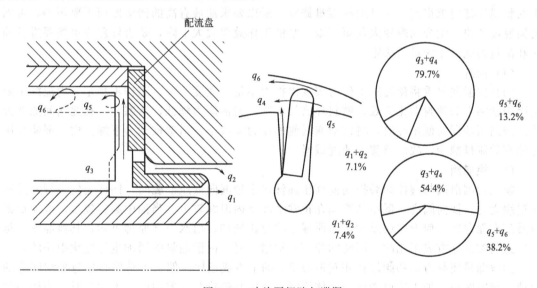

图 8-76　叶片泵间隙与泄漏

叶片泵主要零件的配合间隙有：

q_3——叶片泵叶片与配流盘接触处的间隙；

q_4——叶片与转子径向槽的间隙；

q_5——叶片与定子圈顶部处的间隙；

q_6——配流盘与转子配合的轴向间隙；

q_1——配流盘与转子配合的径向间隙；

q_2——配流盘与配合泵体处的径向间隙。

上述间隙的存在引起叶片泵的内泄漏，其中泄漏量占的比例最大者是 q_3、q_4，它们之和约为 54.4%～79.7%；次之为 q_5 与 q_6 之和，约占 13.2%～38.2%；最少是 q_1 与 q_2 之和，约占 7.1%～7.4%。叶片泵的容积效率比齿轮泵高，它主要应用在一般机床设备的液压系统中。零件配合表面的磨损使上述各间隙增大，泄漏量增加，而且使泵的温度升高，压力波动变大。磨损破坏了由定子、转子、叶片和配油盘所形成的空间的密封性。

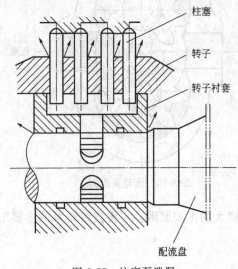

图 8-77　柱塞泵泄漏

(3) 柱塞泵

柱塞泵分为轴向柱塞泵和径向柱塞泵。柱塞泵油液泄漏量主要取决于具有相对运动的零件配合精度和磨损程度，配合精度主要指柱塞配合间隙大小。

配流轴与转子衬套处的径向间隙，柱塞与转子体孔的径向间隙，对于轴向柱塞泵则还有缸体与配油盘接触面处的轴向间隙。在上述三个间隙中，以柱塞与缸体孔的配合尺寸最为重要，它是产生高压油的主要工作元件，其配合表面磨损将导致柱塞泵泄漏量的增加，使工作压力降低和流量不足，影响液压系统的正常工作。径向柱塞泵泄漏部位示意如图 8-77 所示。

这种泵对柱塞配合副尺寸精度、形状精度及表面粗糙度都要求很高，一旦磨损很难修复。所以要求油液有高的清洁度而不要污染，否则磨损速度加快，配合间隙变大甚至超限，泵的工作效率大大下降，是否修理或更换要进行油压和流量的试验才能最后决定。

(4) 油缸

油缸内泄漏严重将使油缸工作时表现出推力不足、速度下降、工作不稳定。内泄漏主要是因为活塞上的油封老化失效，密封环磨损严重，封油能力降低，活塞与缸孔之间间隙变大等。当高压油漏向低压腔时，将使活塞两侧的压力差减小，活塞推动力下降。内泄漏使高压腔的有效流量减少，故活塞移动速度减慢。

(5) 换向阀

换向阀因滑阀与阀体间磨损而使高压油液较多地漏向低压油腔时，同样会使执行元件动作迟缓无力。换向阀高、低压油腔间在正常情况下内泄漏较少。当油中磨料较多，磨损加剧以及配合面存在几何形状误差时，内泄漏量将急剧增加。由水力学原理可知，其泄漏流量是与单边间隙的立方成正比的，因此间隙随磨损增大时，内泄漏量的增加也是变化很快的。

内泄漏量还与滑阀和阀体孔相对偏心率 e 的平方成正比，偏心率是偏心量与平均间隙的比值。故因磨损、加工等使滑阀与阀体不同心或因几何形状误差而间隙不均匀时，内泄漏量将增大。

当滑阀和阀体切断油路的锐边磨钝时，也将因不能迅速切断油路而使执行元件工作滞后。系统中某些阀压力调整不当或其他工作元件作用失效也会产生泄漏，如安全阀等压力调整过低，阀芯在开启位置卡住，吸油路的滤清器堵塞等，都将使高压腔油压不足（在相同流量时）。

8.3.3　液压系统密封元件的损坏与外泄漏

液压系统因密封元件损坏使油液泄漏到系统之外称为外泄漏。外泄漏不但影响液压系统的工作性能，而且造成环境污染和能源浪费，严重时将会引起生产事故。例如，工作状态的支腿液压缸活塞下沉严重时造成液压机倾翻；外泄漏使油箱油面下降，泵入空气，影响系统工作的稳定性，甚至损坏机件。外泄漏直接后果造成能源浪费。外泄漏量一般用 HFI（Hydraulic Fluid Index）值表示。HFI 值是一年中向液压系统补充液压油的容量与油箱的容积之比，若 HFI＝3，说明一年内补给液压系统的油量是油箱容积的 3 倍。一个液压系统的外泄漏点很多，一个较复杂的液压系统外泄漏点约有几百处之多。如油液从高压腔经过活塞杆和导套之间的间隙泄漏到系统之外其泄漏量占系统外泄漏量的 50%。

在高压、高频脉动流体作用下，更容易发生密封元件沿间隙被挤出的现象，压力流体从一个方向或两个方向而来，密封件的损坏的状况是不同的。如图 8-78 所示。

相对运动部位的密封处应具有较小的摩擦因数，以减少运动部件的阻力和磨损量。

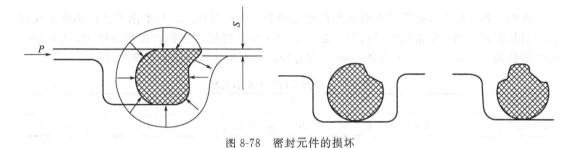

图 8-78　密封元件的损坏

8.3.4　液压元件的修理

(1) 液压阀的修理

液压控制阀的作用是控制和调节液压系统中油液的压力、流量和流向，以满足各种工作要求。根据其用途和特点，可分为换向阀、压力控制阀（如溢流阀、减压阀、顺序阀等）。

① 换向阀的修理　换向阀的作用是利用阀芯和阀体的相对运动，变换油液流动的方向、通或关闭油路。换向阀的常见故障及其排除方法参见表 8-10。

表 8-10　换向阀的常见故障及其排除方法

故障现象	产生原因	排除方法
阀芯不能移动	①换向阀阀芯表面划伤、阀体内孔划伤、油液中杂质使阀芯卡住、阀芯变形等原因，致使阀芯移不动 ②阀芯与阀体内孔配合间隙过大或过小。间隙过大，阀芯在阀体内歪斜，使阀芯卡住；间隙过小，摩擦阻力增加，阀芯移不动 ③弹簧太软，阀芯不能自动复位；弹簧太硬，阀芯推不到位 ④电磁换向阀的电磁铁损坏 ⑤液压控制的换向阀两端的节流阀或单向阀失灵 ⑥控制液动换向阀阀芯移动的压力油油压太低 ⑦油液黏度太大，阀芯移动困难 ⑧油温太高，阀芯热变形卡住 ⑨连接螺钉有的过松，有的过紧，致使阀体变形，阀芯移不动。另外，安装基面平面度超差，紧固后阀体也会变形	①拆开换向阀，仔细清洗，研磨修复阀体，修磨、校直阀芯或更换阀芯 ②检查配合间隙，间隙太小，研磨阀芯；间隙太大，重配阀芯，也可以采用电镀工艺，增大阀芯直径。阀芯直径小于 20mm 时，正常配合间隙在 0.008～0.015mm 范围内；阀芯直径大于 20mm 时，正常配合间隙在 0.015～0.025mm 范围内 ③更换弹簧 ④更换或修复电磁铁 ⑤仔细检查节流阀是否堵塞，单向阀是否泄漏，根据情况进行修复 ⑥检查压力低的原因，对症解决 ⑦更换成黏度适合的油液 ⑧找出油温高的原因，根据情况降低油温 ⑨松开全部螺钉，重新均匀拧紧。如果因安装基面平面度超差阀芯移不动，则重磨安装基面，使基面平面度达到规定要求

故障现象	产生原因	排除方法
电磁铁的线圈烧坏	①线圈绝缘不良 ②电磁铁铁芯轴线与阀芯轴线同轴度不良 ③供电电压太高 ④阀芯被卡住,电磁力推不动阀芯 ⑤回油口背压过高	①更换电磁铁线圈 ②拆卸电磁铁重新装配 ③按规定电压值来纠正供电电压 ④拆开换向阀,仔细检查弹簧力是否太强,阀芯是否被脏物卡住以及其他推不动阀芯的原因,然后找出解决的办法,进行修复并更换电磁铁线圈 ⑤检查背压过高原因,对症解决
换向阀出现噪声	①电磁铁推杆过长或过短 ②电磁铁铁芯的吸合面不平或接触不良	①修整或更换推杆 ②拆开电磁铁,修整吸合面,清除脏物

　　滑阀与阀体的主要缺陷是配合表面产生磨损及几何形状误差。用磨削的方法消除滑阀的几何形状误差,然后将滑阀外径镀铬、加工、再与阀孔对研,达到表面粗糙度 $Ra\,0.16\mu m$,几何形状误差应小于 $0.003\sim0.005mm$,配合间隙应正确,其范围如表 8-11 所示。

表 8-11　滑阀与阀体的配合间隙　　　　　　　　　　　　　　　mm

名义直径	6	12	20	25	50	75	100
配合间隙	0.003~0.013	0.005~0.018	0.008~0.024	0.013~0.024	0.02~0.045	0.025~0.058	0.032~0.065

　　阀体应进行渗漏试验,试验压力应为实际工作压力的 125%,5min 内不得渗漏。

　　滑阀弹簧自由高度降低 1/12 或弹力降低 1/5 时应报废换新弹簧。

　　② 压力控制阀的修理　压力控制阀的作用是控制和调节液压系统中工作油液的压力,其基本工作原理是借助于节流口的降压作用,使油液压力和弹簧张力相平衡。压力控制阀的常见故障及排除方法见表 8-12。

表 8-12　压力控制阀的常见故障及其排除方法

故障现象	产生原因	排除方法
压力波动大	①钢球不圆或锥阀缺裂,钢球或锥阀与阀座密合不好 ②弹簧变形太大或太软,甚至在滑阀中卡住,使滑阀移动困难 ③滑阀拉毛或弯曲变形,致使滑阀在阀体孔内移动不灵活 ④油液不清洁,将阻尼孔阻塞,同时,由于滑阀与阀体孔配合间隙较小,而在小孔、缝隙处的流速软大,油液中的污物在小孔、缝隙及径向间隙内集聚,有时又被压力油冲走,造成开口变化 ⑤滑阀或阀体孔圆度及母线平行度不好,使滑阀卡住 ⑥液压系统中存在空气 ⑦液压泵流量和压力波动,阀无法起平衡作用	①调换钢球或修磨锥阀,研磨阀座 ②更换弹簧 ③除去毛刺或更换滑阀 ④更换油液,清除阻尼孔内污物及阀体内杂质 ⑤检查滑阀与阀体孔精度,使其圆度及母线平行度不超过 0.0015mm ⑥排除系统中的空气 ⑦修复液压泵
噪声大	①滑阀与阀体孔配合间隙或圆度误差太大,引起泄漏 ②弹簧弯曲变形 ③滑阀与阀体孔配合间隙过小 ④锁紧螺母松动 ⑤液压泵进油不畅 ⑥压力控制阀的回油管贴近油箱底面,使回油不畅	①研磨阀孔,重配滑阀,使之各项精度达到技术要求 ②更换弹簧 ③修磨滑阀或研磨阀体孔 ④调压后应紧固锁紧螺母 ⑤清除进油口处滤油器的污物,紧固各连接处,严防泄漏,适当增加进油面积 ⑥回油管应离油箱底面 50mm 以上

故 障 现 象	产 生 原 因	排 除 方 法
调整无效(压力提不高或压力突然升高)	①滑阀在开口(关闭或开启)位置被卡住,使压力无法建立 ②弹簧变形或断裂等 ③阻尼孔堵塞,使滑阀在一端的液压力作用下,克服平衡弹簧的弹簧力将阀的排油通道打开,因而压力阀所控制的压力较低,特别是突然出现压力调不高时,这种可能性很大 ④进、出口装反,无压力油去推动滑阀移动 ⑤压力阀的回油不畅 ⑥锥阀与阀座配合不良而产生漏油 ⑦调压弹簧压缩量不够 ⑧调压弹簧选用不适合	①使滑阀在阀体孔内移动灵活 ②更换弹簧 ③清洗和疏通阻尼孔通道 ④纠正进、出油口油管位置 ⑤应尽可能缩短回油管道,使回油通畅 ⑥研磨阀座与修磨锥阀 ⑦调节调压螺钉,增加压缩量 ⑧更换合适的调压弹簧
泄漏	①锥阀与阀座配合不良 ②密封件损坏 ③滑阀与阀体孔配合间隙太大 ④各连接处螺钉未固紧 ⑤YF型溢流阀的主阀芯与阀盖孔配合处磨损及主阀芯与阀座密封处损坏 ⑥接合处的纸垫冲破	①研磨阀座,修磨锥阀,使其配合良好 ②更换密封件 ③重做滑阀,重配间隙 ④紧固各连接处螺钉 ⑤更换主阀芯,重配间隙,并更换密封件 ⑥更换耐油纸垫,且需保证通油顺畅
减压阀不起减压作用	①滑阀上的阻尼小孔堵塞 ②滑阀在阀孔中卡住 ③弹簧永久变形 ④钢球或锥阀与阀座配合不好	①清洗及疏通阻尼通道 ②清洗或研配滑阀,使之移动灵活无阻 ③更换弹簧 ④更换钢球或修磨锥阀,研磨阀座
压力继电器失灵	①弹簧永久变形 ②滑阀在阀孔中移动不灵活 ③薄膜片变形或失去弹性 ④钢球不圆 ⑤行程开关不发信号	①更换弹簧 ②清洗或研配滑阀 ③更换薄膜片 ④更换钢球 ⑤修复或更换行程开关

压力控制阀的主要磨损件是滑阀或锥阀、阀体孔及阀座。当阀体孔磨损后,可采用珩磨或研磨修复。修复后内孔的圆度、圆柱度均不超过 0.005mm。由于阀体孔修理后尺寸变大,需更换滑阀,以保持配合间隙在 0.015~0.025mm 范围内。

压力控制阀的阀座因钢球或锥阀随着压力波动而经常启闭,故钢球或锥阀与阀座接触处易于磨损或损坏,轻者可调换钢球及修磨锥阀;阀座损坏严重时可用 120? 钻头钻刮,然后研磨至配合良好。

压力控制阀中的弹簧发生永久变形或损坏时应更换。新弹簧的尺寸、性能应与原弹簧相同,且两端面磨平,保持与弹簧自身轴线垂直。

(2) 齿轮泵与齿轮马达的修理

齿轮泵的常见故障及其排除方法参见表8-13。

表 8-13　齿轮泵的常见故障及其排除方法

故 障 现 象	产 生 原 因	排 除 方 法
噪声大	①CB-B 型齿轮泵由于泵体与前、后盖是硬性接触(不用纸垫),若泵体与前、后盖的接触面平面度不好,则在旋转时进入空气;同时,该泵的泵盖上长、短轴两端的密封过去采用铸铁压盖,倒角大,与泵盖又是硬性接触,不能保证可靠密封(现采用塑料压盖,右塑料压盖损坏或因热胀冷缩问题也会产生类似情况);此外,若齿轮泵各接合面及管道密封不严、密封件损坏等也会混入空气	①若泵体与泵盖端面平面度不好,可在平板上用金刚砂研磨或在平面磨床上修磨,使其平面度不超过 0.005mm(同时要注意端面与孔的垂直度要求);泵盖孔与铸铁(或塑料)压盖密封处的泄漏,可用环氧树脂胶黏剂涂敷(涂敷前应用丙酮或无水酒精清洗干净);同时,紧固各连接件,更换密封件等
	②泵与电动机连接的联轴器碰擦	②泵与电动机应采用弹性连接;若联轴器中的圆柱、橡胶圈损坏应换新,且发装时应保持两者同轴度在 0.1mm 范围内
	③齿轮的齿形精度不好或接触不良	③更换齿轮或对研修整,也有采用修正齿轮以减小噪声的
	④CB-B 型齿轮泵中的骨架式密封圈密封性能较差和损坏,或装配时骨架密封圈内弹簧脱落,致使空气混入	④可采用密封性能较好的双唇口密封圈,若损坏应更换,防止空气混入
	⑤泵内个别零件损坏	⑤拆检,更换损坏件
	⑥轴向间隙过小	⑥修复后保证轴向间隙
	⑦齿轮内孔与端面不垂直,端盖上两孔轴心线不平行等	⑦拆检,修复有关零件的精度
	⑧装配不良,如转动主动轴时有轻重现象	⑧对齿轮进行重新装配及调整
	⑨ⅢΓ01 型泵滚针未充满轴承座圈内孔或滚针断裂;CB-B 型泵滚针轴承保持架损坏	⑨在装配时滚针应充满轴承座圈内孔,若损坏则更换滚针或滚针轴承
	⑩溢流阀内部阻尼小孔堵塞及滑阀在阀孔中移动不灵活等	⑩拆检溢流阀,清洗或修复
	⑪CB-B 型泵前、后端面修磨后,两卸荷槽距离增大,产生困油现象	⑪修整卸荷槽尺寸,使之符合设计要求(两卸荷槽间距=2.78m,m 为齿轮的模数)
机械效率低或咬死	①轴向间隙及径向间隙过小	①修复后保证轴向间隙或径向间隙
	②装配不良,如 CB-B 型泵的盖板与轴的同轴度不好;长轴上的弹簧固紧圈脚太长;滚针轴承质量较差或损坏等	②重新装配
	③泵与电动机的联轴器同轴度不好	③两者的同轴度要求不超过 0.1mm
	④油液中杂质进入泵内或装配前未清洗干净,存有杂质	④严防周围灰砂、铁屑及冷却水等进入油池,以保持油液清洁。同时,在装配前应仔细清洗待装配零件
	⑤齿轮两侧和齿部有毛刺	⑤在装配前仔细清除毛刺
	⑥泵内零件未退磁	⑥在装配前应将全部零件退磁
	⑦两盖板螺孔距加工时产生偏移,在装配拧紧螺钉时使两盖板错位	⑦两盖板在装配时重攻螺纹,使之用螺钉连接时无错位现象
	⑧轴承损坏	⑧更换轴承
容积效率低、压力提不高	①轴向间隙与径向间隙过大,内泄漏大	①修复齿轮轴,调整轴向间隙(如将端盖适当研磨掉一薄层等)
	②各连接处泄漏	②紧固各连接处,严防泄漏
	③油液黏度太大或太小	③该系列齿轮泵选用的油液黏度应与机床说明书相符,还要根据气温变化合理选用
	④溢流阀失灵,如滑阀与阀体中的阻尼小孔堵塞;滑阀与阀体孔配合间隙太大;调压弹簧质量不良等	④见"压力控制阀的修理"
	⑤若是新泵,可能泵体有砂眼、缩孔等铸造缺陷	⑤更换泵体
	⑥进油位置太高	⑥进油高度不得超过 500mm

故障现象	产生原因	排除方法
CB-B 型泵的压盖及骨架密封圈有时被冲出	①压盖堵塞了前、后盖板的回油通道,造成回油不畅而产生很大压力	①将压盖取出重新压进,注意不要堵塞回油通道,且不出现漏气现象
	②骨架密封圈与泵的前盖配合过松	②检查骨架密封圈外圈与泵的前盖配合间隙,骨架密封圈应压入泵的前盖,若间隙过大,应更换新的骨架密封圈
	③装配时将泵体方向装反,使出油口接通卸荷槽,形成压力,冲出骨架密封圈	③重新装配泵体
	④泄漏通道被污物阻塞	④清除泄漏通道的污物

齿轮泵与齿轮马达的修理包括齿轮的修理、泵盖的修理、泵体的修理、轴承的修理。

① 齿轮的修理　齿轮修理的技术要求较高,工艺规范严格。齿轮端面、外径、轴颈磨损后可用镀铬或研磨的方法修理。若齿轮的齿面有严重的疲劳剥落斑点、齿侧间隙超过最大的允许值 0.35mm 时,齿轮不予修复,应换新品。若齿轮齿面磨损不严重,齿顶也磨损轻微时,只要对齿轮端面的磨损痕迹进行稍许磨削和研磨,就可以使齿轮延长一段使用寿命。但修过的端面对轴颈的跳动量不得大于 0.01mm,两齿轮的宽度相差不得大于 0.005mm,表面粗糙度为 $Ra\ 1.25\mu m$。

② 泵盖的修理　泵盖端面磨损后,应该以磨削或研磨的方法整平,表面粗糙度为 Ra 1.25μm,在加工中不应破坏端面与轴孔中心线的相互垂直度要求。

③ 泵体的修理　壳体内孔磨损多发生在低压油腔一则,主要因轴承松旷、高压油推压等造成。其磨损量应小于 0.05mm。磨损后可用镀铁和刷镀的方法修复,修复后其锥度、椭圆度应小于 0.01mm。

④ 轴承的修理　轴承径向间隙大于 0.01mm 时应更换新轴承。其中滑动轴承有青铜套、尼龙套、粉末冶金轴套等。与滚针轴承相配合的轴颈表面粗糙度应为 $Ra\ 0.16\mu m$。轴套端面的磨损伤痕,可用研磨的方法消除,由此引起的与齿轮轴向间隙的变化,可以用增减垫片来进行补偿。

（3）柱塞泵与柱塞马达的修理

柱塞泵与柱塞马达的缺陷主要是柱塞与泵体孔配合面的磨损,配油阀密封不严和配油盘与缸体接合面密封不严,从而引起内泄漏增加,不能吸油或吸油量不足,以及形成不了压力。根据柱塞泵的工作原理,凡是影响或破坏柱塞与柱塞孔组成的密闭空间的密封性,以及密闭空间容积的有关零件的磨损或损坏,都会引起故障。

柱塞与泵体的配合间隙,以 JB 型为例,其标准值为 0.036～0.042mm,它的允许值通常是以能否达到规定的压力和流量或容积效率来判断。每种油泵都有它的规定标准,一般机械设备所用的柱塞油泵,其规定的容积效率都在 0.9 以上。当确认配合间隙超限,可选配相应加大直径的柱塞或将旧柱塞进行镀铬修复,然后选用粒度为 M10（2000 号）以下的研磨剂将柱塞与孔对研,直至达到规定的配合间隙和表面粗糙度、形状误差为止。

柱塞泵与柱塞马达修理的主要内容如下。

① 缸体的修理　缸体最易磨损的部位是与柱塞配合的柱塞孔内壁,以及与配油盘接触的端面,这两个配合间隙增大,都将使内泄漏增加。端面磨损后可先在平面磨床上精磨端面,然后再用氧化铬抛光膏抛光。加工后,端面平面度应在 0.005mm 以内,粗糙度达 $Ra\ 0.2\mu m$。

② 配油盘的修理　配油盘与缸体接触的端面会产生磨损，出现磨痕，使密封面粗糙度值增大，引起内泄漏增加。磨损的端面可在平板上研磨，消除磨痕，获得合适的表面粗糙度。端面修磨后，表面粗糙度值不得大于 $Ra\,0.05\mu m$，但不得小于 $Ra\,0.2\mu m$。表面粗糙度值过小或过大，均不利于润滑油的储存，会加速磨损。磨修后端面平面度应在 0.005mm 以内，两端面的平行度为 0.01mm。

③ 斜盘的修理　斜盘与滑靴接触的表面会产生磨损，可在板上研磨至 $Ra\,0.08\mu m$，平面度在 0.005mm 以内。

(4) 叶片泵与叶片马达的修理

叶片泵的常见故障及其排除方法参见表 8-14。

表 8-14　叶片泵的常见故障及其排除方法

故障现象	产生原因	排除方法
容积效率低,压力提不高	①个别叶片在转子槽内移动不灵活甚至卡住 ②叶片或转子装反 ③轴向间隙过大,内泄漏严重 ④定子内曲线表面有刮伤痕迹,致使叶片与定子内曲线表面接触不良 ⑤配油盘内孔磨损 ⑥叶片与转子槽的配合间隙太大 ⑦定子进油腔处磨损严重;叶片顶端缺裂或拉毛等 ⑧进油不畅 ⑨对于 YBP 型变量泵 a. 限压弹簧调整不当或弹簧疲劳,偏心距太小,致使泵的流量不足 b. 流量调节螺钉调整不当,因为当变量泵在低于限定压力的流量时,可调节流量调节螺钉,以改变定子的最大偏心量,如果调节不当,则会影响泵的输油量 c. 滑套在孔中卡住 d. 其他同定量叶片泵	①检查配合间隙,若配合间隙过小应单槽研配 ②纠正叶片或转子方向 ③见叶片泵主要零件的修理 ④放在装有特种凸轮工具的内圆磨床上进行修磨 ⑤磨损严重,需换新配油盘 ⑥根据转子叶片槽单配叶片 ⑦定子磨损一般在进油腔,可翻转 180°装上,在对称位置重新加工定位孔并定位;叶片顶端有缺陷或磨损严重,应重新修磨 ⑧清洗滤油器,定期更换工作油液,检查工作油液的黏度是否太大或太小,加足油池中的油液等 ⑨对于 YBP 型变量泵 a. 重新调整限压弹簧压缩量或更换限压弹簧 b. 重新调整流量调节螺钉 c. 使滑套在孔中移动灵活 d. 同定量叶片泵
泵不出油	①泵旋转方向反了 ②叶片与转子槽配合过紧而卡死 ③油面过低 ④油液黏度过大,使叶片移动不灵活 ⑤对于 YBP 型变量泵,如轴向间隙太小,定子在摆动轴上摆动不灵活,甚至卡死等致使定子不偏心 ⑥泵体有砂眼、气孔与疏松等铸造缺陷,高、低压油互通 ⑦配油盘与壳体接触不良,高、低压油互通 ⑧花键轴断裂	①纠正泵旋转方向 ②单配叶片,使每片叶片在转子槽内移动灵活 ③定期检查油池中的油液,并加注至油标规定线 ④调换为黏度较小的油液 ⑤修复后使轴向间隙合适,使定子在摆动轴上摆动灵活 ⑥更换泵体 ⑦一般由于配油盘在压力油作用下容易变形,应修整配油盘的接触面 ⑧更换花键轴

故障现象	产 生 原 因	排 除 方 法
噪声大	①定子内曲表面拉毛 ②配油盘端面与内孔不垂直或叶片端面与侧面不垂直 ③配油盘压油窗口的节流槽太短 ④主轴密封圈过紧(用手感觉到轴和端盖处有烫手现象) ⑤叶片倒角太小 ⑥进油口密封不严,空气混入 ⑦进油不畅 ⑧泵油与电动机轴同轴度不良 ⑨在超过规定压力下工作,这不仅产生噪声,还会显著降低泵的使用寿命 ⑩电动机振动或其他机械振动影响泵的振动 ⑪高、低压两个泵的压油腔相通,或使用蓄能器时,高压油向泵内倒流	①抛光定子内曲表面 ②修磨配油盘端面和叶片侧面,使其垂直度在0.01mm以内 ③为清除困油及噪声现象,在配油盘压油腔处开有节流槽,若太短,可适当用什锦锉修长,使得在一片叶片过节流槽时,相邻的一片应开启 ④适当调换密封圈 ⑤将原叶片一侧倒角或加工成圆弧形,其目的是使叶片运动时减少作用力突变 ⑥紧固进油管路各接头 ⑦加足油液,加大进油管道面积,清除滤油器污物,调换为黏度较小的油液等 ⑧校正同轴度,要求不大于0.1mm ⑨一般情况下,应在低于泵的额定压力下作 ⑩泵和电动机与安装板连接时应安装一定厚度的橡胶垫 ⑪在系统内增装一个单向阀,防止高压油向泵内倒灌,如下图所示

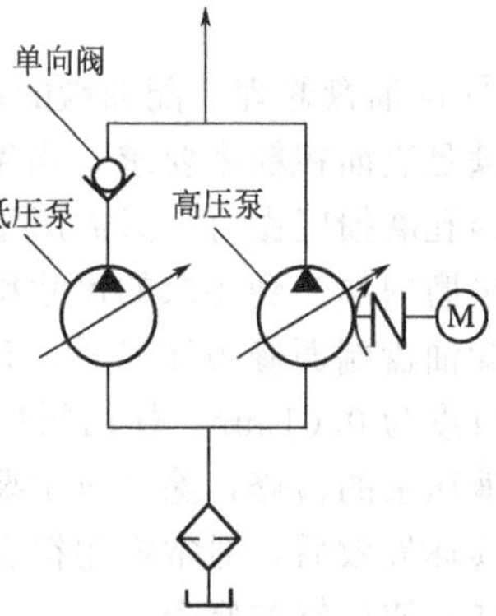

叶片泵与叶片马达解体检查,若关键的运动零件之间产生了严重磨损,破坏了由定子、转子、叶片和配油盘所构成的密封空间的密闭性,会造成油液严重泄漏,使油量不足、油压不够,且油压波动也大,油液温升较高。

叶片泵的修理内容如下。

① 定子　其磨损主要是椭圆工作面,磨损较严重的是圆弧接合处。此时,不仅压力降低,而且压力波动较大。可采用圆柱形油石和00号砂布仔细磨平修复。但不得损坏工作面的平整及其与定子两端面的垂直度,以防造成叶片与工作面接触不良。

② 转子　其两个端面最易磨损。端面磨损后间隙增大,内泄漏增加。磨损轻微时可在平板上研磨、平整,满足粗糙度要求,或用油石将毛刺和拉毛处修光、研磨;磨损严重时应将转子在平面磨床上磨平,直至消除磨损痕迹,达到表面粗糙度 $Ra\ 0.2\mu m$。当转子端面磨削加工后,为保证转子与配油盘之间的正常间隙(0.04～0.07mm),也应对定子端面进行磨削加工,其磨削量等于转子端面的磨削量加上原端面的磨损量。

转子的叶片槽因叶片在槽内频繁往复运动而产生磨损,引起油液内泄漏。叶片槽磨损后，可在工具磨床上用超薄砂轮修磨，两侧面的平行度为 0.01mm，粗糙度应达 Ra 0.1μm。

③ 叶片的修理　叶片易磨损的部位是与定子内环表面接触的顶端和与配油盘相对运动的两侧，而叶片两侧大平面的磨损较缓慢。叶片磨损后，可用专用工具修复其顶部的倒角及两侧。叶片大平面的磨损可放在平面磨床上修磨。但应保证叶片与槽的配合间隙在 0.013～0.018mm 以内。

叶片常见故障是尖端倒角磨圆，两侧面磨损。叶片倒角有单面倒角和双面倒角两种结构，如图 8-79 所示。磨损后，可用研磨的方法将叶片倒角修复。修磨时应使倒角斜面各边保持平行，且与叶片两端面保持垂直。叶片侧面的磨损修复可在玻璃板上用研磨剂磨平。为了提高叶片的修理加工质量，还可以用平面磨床进行磨削。

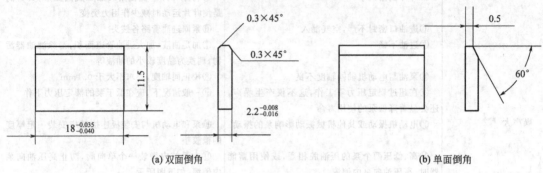

(a) 双面倒角　　(b) 单面倒角

图 8-79　叶片的修复

④ 配油盘修理　配油盘的端面和内孔最易磨损。端面磨损轻微时，可在平板上研磨平整，满足表面粗糙度要求；当磨损较严重时可将配油盘以内孔定位，在内圆磨床上修磨端面。内孔磨损轻微时，只需用细砂纸磨光；磨损严重时，可先在内圆磨床上扩大内孔，镶套后，再磨削加工到要求的尺寸精度和粗糙度。

配油盘端面修磨加工后，其与转子接触平面的平面度在 0.005～0.01mm，端面与内孔的垂直度为 0.01mm，端面粗糙度值为 Ra 0.2μm。

液压泵的检修，除了对主要零件进行修理之外，对于其他零件，如弹簧、密封件等，当它们损坏失效后，通常换用符合质量要求的新件。

(5) 液压缸的修理

液压缸可修理的内容与方法如下。

① 缸筒与活塞因磨损间隙增大到 0.2mm 以上或缸壁与活塞有严重的划痕时，可将缸筒进行镗、珩磨，消除划痕，同时注意消除锥度。珩磨后表面粗糙度应达到 Ra 0.32～0.16μm，圆柱度误差不得大于 0.015mm，然后配加大尺寸的活塞，使其恢复标准间隙。

② 活塞杆表面有划痕，造成漏油（每 2～3min 滴一滴）时，可以用活塞杆表面刷涂胶液或银焊的方法进行修复。活塞杆表面有较严重锈蚀或在活塞杆工作长度内表面镀铬层严重脱落时，可以先进行磨削，之后再镀铬修复。活塞杆上的防尘圈失效，会使灰尘、切屑、砂子进入液压缸，故应更换密封件。活塞杆弯曲变形值大于规定值 20% 时，需进行校正修复。

③ 液压缸内泄漏量超过产品规定值 3 倍以上时，会造成液压缸工作效率明显下降，应检查内泄漏原因。若是密封件失效，应更换密封件；若是活塞磨损后间隙过大，应重对活塞进行研配修复。液压缸两端盖处有外泄漏，若是端盖处密封件老化、破损，应更换密封件；若是紧固螺钉松动，应紧固；若是螺钉过长未能压紧端盖，应检查更换。

④ 缓冲式液压缸的缓冲效果不好时，必须对缓冲装置进行检修。若是采用单向节流阀的缓冲装置，应检查缓冲活塞与缓冲套的配合间隙，如有拉毛、拉沟或间隙过大，应按图纸

重做，装配后还要对缓冲性能进行试验。

8.4 工业泵的维修

8.4.1 工业泵的分类及主要性能参数

(1) 工业泵的分类

见表 8-15。

表 8-15 工业泵的分类

分类			
按工作原理分	叶片式泵		离心泵、轴流泵、混流泵、旋涡泵
	容积式泵	往复泵	隔膜泵、活塞泵、柱塞泵
		回转泵	齿轮泵、螺杆泵、滑片泵、凸轮泵、罗茨泵、偏心转子泵、三转子泵、径向柱塞泵、轴向柱塞泵、摆线转子泵
	其他类型泵		喷射泵、酸泵、水锤泵、电磁泵
按作用分	动力式泵		离心泵、轴流泵、混流泵、旋涡泵
	容积式泵	往复泵	隔膜泵、活塞泵、柱塞泵
		回转泵	齿轮泵、螺杆泵、滑片泵、凸轮泵、罗茨泵、偏心转子泵、三转子泵、径向柱塞泵、轴向柱塞泵、摆线转子泵
按机电产品综合分类	离心泵	离心清水泵	单级单吸离心泵、单级双吸离心泵、多级离心泵、锅炉给水泵、锅炉强制循环泵、热水泵、热水循环炉、冷凝泵、管道泵、船用泵、自吸泵、给水泵
		化工泵	
		耐腐蚀泵	
		石油化工流程泵	流程泵
			立式管道油泵
			离心式油泵
		杂泵	污水泵、无堵塞泵、渣浆泵、泥浆泵、灰浆泵、纸浆泵、食品泵
		井泵	深井泵、深井潜水泵、潜水电
		混流泵、轴流泵、旋涡泵、水环式真空泵、水环式压缩机	
	容积泵	电动往复泵、计量泵、蒸汽往复泵	
		试压泵	电动试压泵,手动试压泵,3DY,3WQ型电动试压清洗
		转子泵	稠油泵、滑片泵、罗茨泵、NC、NCR、NCW型输油泵、偏心转子泵、LQB型沥青泵、3ZNY型三元转子泵、螺杆泵、齿轮油泵
		W型往复式真空泵、隔膜泵、CB型超高压泵	
	喷射设备	清洗机、水切割机、高压注浆泵、喷射泵、喷涂机、喷砂(丸)设备	

除了上述基本的分类方法外，还有其他分类方法。按部门用途不同可分为工业用泵和农业用泵，而工业用泵又可分为化工用泵、石油用泵、电站用泵、矿山用泵等；按其输送液体

性质不同，又可分为清水泵、污水泵、油泵、酸泵、液氨泵、泥浆泵和液态金属泵等；按泵的性能、用途和结构特点可分为一般用泵和特殊用泵；按泵的工作压力大小可分为低压泵、中压泵、高压泵和超高压泵等。

叶片泵是依靠叶轮旋转对液体的动力作用，把能量连续地传递给液体，使液体的速度能和压力能增加，随后通过压出室将大部分速度能转换为压力能，如离心泵、轴流泵、混流泵和旋涡泵等。

随着泵类产品的发展，泵的分类也在不断发展。各种类型泵的使用范围是不同的。

(2) **离心泵的工作原理及性能特点**

离心泵是叶片泵的一种。由于这种泵主要是靠一个或数个叶轮旋转时产生的离心力而输送液体的，所以称为离心泵。图 8-80 所示为单级单吸泵，图 8-81 所示为导叶式离心泵。

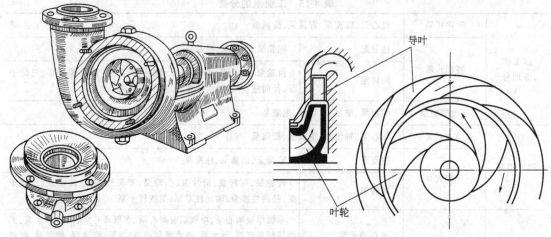

图 8-80 单级单吸泵 　　　　　　　　　　图 8-81 导叶式离心泵

离心泵主要由叶轮、泵体、泵盖、密封环、轴封装置、托架和平衡装置等所组成。

一般离心泵启动前泵壳内要灌满液体，当原动机带动泵轴和叶轮旋转时，液体一方面随叶轮作圆周运动，另一方面在离心力作用下自叶轮中心向外周抛出，液体从叶轮获得了压力能和速度能。当液体流经蜗壳到排液口时，部分速度能将转变为静压力能。在液体被叶轮抛出时，叶轮中心部分造成低压区，与吸入液面的压力形成压力差，于是液体不断地被吸入，并以一定的压力排出。图 8-82 所示为离心泵的工作原理。

离心泵与其他种类的泵相比，具有构造简单紧凑、体积小、重量轻、能与电动机直接相连、流量范围大、转速高且不受转速的限制、不易磨损、运行平稳、噪声小、出水均匀、调节方便、效率高、运行可靠、维修方便等优点。但离心泵启动前需先灌泵或用真空泵将泵内空气抽出，液体黏度对泵的性能影响较大。在叶片泵产品中，离心泵的用量最大，使用范围也最广。因此，离心泵在各行各业中得到了广泛应用。

(3) **轴流泵的工作原理及性能特点**

轴流泵是叶片式泵的一种。它输送液体不像离心泵那样沿径向流动，而是沿泵轴方向流动，所以称为轴流泵。又因为它的叶片是螺旋形的，很像飞机和轮船上的螺旋桨，所以又称为螺旋桨泵。

轴流泵根据泵轴安装位置可分为立式、斜式和卧式三种。它们之间仅泵体形式不同，内部结构基本相同。图 8-83 所示为立式轴流泵的内部结构，它主要由泵体 8、叶轮 6、导叶装置 5 和进口管 7、出口管 4 等组成。泵体形状呈圆筒形，叶轮固定在泵轴上，泵轴在泵体内由两个轴承 2 支承，泵轴 3 借顶部联轴器 1 与电动机传动轴相连接。

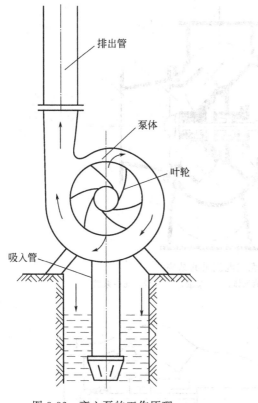

图 8-82 离心泵的工作原理

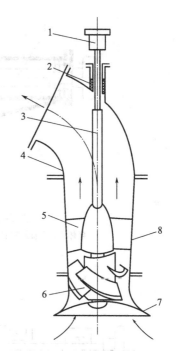

图 8-83 立式轴流泵的结构
1—联轴器；2—轴承；3—泵轴；4—出口管；
5—导叶装置；6—叶轮；7—进口管；8—泵体

轴流泵输送液体不是依靠叶轮对液体的离心力，而是利用旋转叶轮叶片的推力使被输送的液体沿泵轴方向流动。当泵轴由电动机带动旋转后，由于叶片与泵轴轴线有一定的螺旋角，所以对液体产生推力（或称升力），将液体推出从而沿出口管排出。当液体被推出后，原来位置便形成局部真空，外面的液体在大气压的作用下，将沿进口管被吸入叶轮中。只要叶轮不断旋转，泵便能不断地吸入和排出液体。

轴流泵流量大、结构简单、重量轻、外形尺寸小，立式轴流泵工作时叶轮全部浸没在水中，启动时不必灌泵，操作简单方便。但轴流泵扬程太低，因此应用范围受到限制。

(4) 混流泵的工作原理及性能特点

混流泵是依靠离心力和轴向推力的混合作用来输送液体的，所以称为混流泵。

从工作原理来说，当原动机带动叶轮旋转后，对液体的作用既有离心力又有轴向推力，是离心泵和轴流泵的综合。因此它是介于离心泵和轴流泵之间的一种泵。混流泵的转速高于离心泵，低于轴流泵；它的扬程比轴流泵高，但比离心泵低；流量比轴流泵小，比离心泵大。混流泵主要用于农业排灌，另外还用于城市排水，可作为热电站循环水泵之用。

混流泵有蜗壳式混流泵和导叶式混流泵两种。蜗壳式混流泵主要由泵体、泵盖、叶轮、泵轴、轴承体和轴封装置等组成，如图 8-84 所示。导叶式混流泵又称斜流泵。导叶式混流泵与蜗壳式混流泵不同之处，主要在泵体内，如图 8-85 所示，设有几个通常为扭曲叶片式空间导叶装置。液体从叶轮出来经过导叶后便沿轴向流动。泵体外形为圆筒，但看上去像鼓着大肚子，有点像轴流泵。

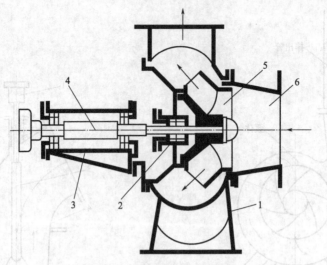

图 8-84　蜗壳式混流泵的结构

1—泵体；2—轴封装置；3—轴承体；4—泵轴；5—叶轮；6—泵盖

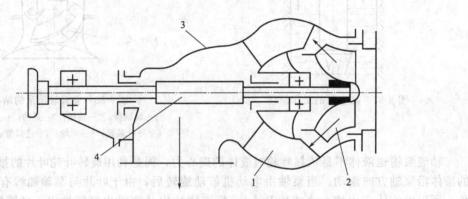

图 8-85　导叶式混流泵的结构

1—导叶装置；2—叶轮；3—泵体；4—泵轴

(5) 旋涡泵的工作原理及性能特点

旋涡泵又称涡流泵、再生泵等。由于它是靠叶轮旋转时使液体产生旋涡运动的作用而吸入和排出液体的，所以称为旋涡泵。

旋涡泵的种类很多，按其结构主要可分为一般旋涡泵、离心旋涡泵和自吸旋涡泵等。一般旋涡泵的外形与结构如图 8-86 所示，离心旋涡泵的结构如图 8-87 所示。自吸旋涡泵的汽蚀性能好，既可以自吸，又可以汽液混合输送，所以使用范围较广。

一般旋涡泵的工作原理如图 8-88 所示。当原动机通过轴带动在泵内叶轮旋转时，液体由吸入口进入流道，受到旋转叶轮的离心力作用，被摔向四周环形流道内，使液体在流道内转动。因每一个液体质点都受到离心力的作用，叶轮内侧液体受离心力的作用大，而在流道内液体受离心力的作用小，由于两者所受的离心力大小不同，因而引起液体作纵向旋涡运动。液体依靠纵向旋涡在流道内周而复始地流经叶片间的通道多次，如图 8-89 所示，液体每经过一次叶片间通道，扬程就增加一次，最后将液体压出排出口。液体排出后，叶片间通道内便形成局部真空，液体就不断从吸入口进入叶轮，并重复上述运动过程。就这样旋涡泵一面吸入液体，一面排出液体，从而不断地工作。

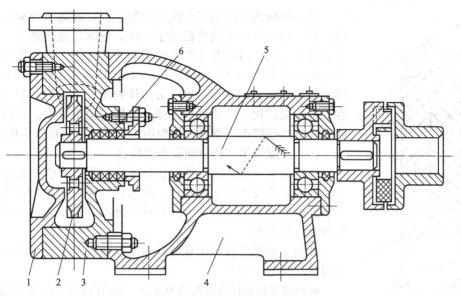

图 8-86　W 型旋涡泵的结构

1—泵盖；2—叶轮；3—泵体；4—托架；5—泵轴；6—轴封装置

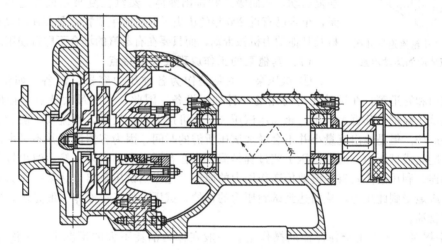

图 8-87　离心旋涡泵的结构

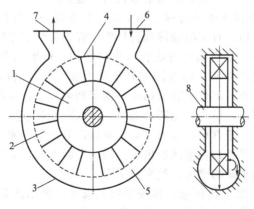

图 8-88　一般旋涡泵的工作原理

1—叶轮；2—叶片；3—泵体；4—隔壁；5—流道；6—吸入口；7—排出口；8—泵轴

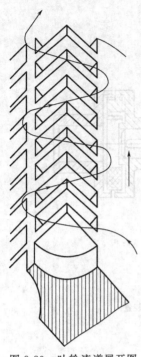

图 8-89　叶轮流道展开图
中的液体旋涡运动示意

从一般旋涡泵的工作原理可以看出，它好像多级离心泵的作用一样，每一个叶片通道相当于一级，液体每通过通道一次，能量就增加一次，因此在叶轮直径相等的条件下，一般旋涡泵的扬程比离心泵大 2～5 倍，所以它是一种高扬程、小流量的泵。它与同样性能的离心泵相比，旋涡泵的体积小、重量轻；它与相同扬程的容积泵相比，尺寸更小得多，结构也简单得多。所以一般旋涡泵具有结构简单、紧凑、体积小、重量轻、造价低等优点。

（6）往复泵的工作原理及性能特点

往复泵是容积泵的一种，它是依靠在泵缸内作往复运动的活塞或柱塞来改变工作室的容积，从而达到吸入和排出液体的。由于泵缸内的主要工作部件（活塞或柱塞）的运动为往复式的，因此称它为往复泵。

凡由电动机带动的往复泵都称为电动往复泵。它是往复泵中应用最广泛的一种泵。

蒸汽往复泵是以高压蒸汽为动力，推动汽缸活塞，而汽缸活塞又直接带动和它连接在一起的泵缸活塞工作，就这样使活塞在泵缸内作往复运动，从而吸入和排出液体。蒸汽往复泵是最古老的一种往复泵，至今已有近 200 年的历史了。它的主要特点是不用电动机、柴油机及其他动力机械带动，而只要在有蒸汽的场合下即可使用。

（7）其他泵的工作原理及性能特点

① 试压泵　主要是作为各种压力容器、设备，如化工容器、泵体、阀门和管道等，在试验压力时用的一种加压设备。因此，它的最大特点是排出压力很高，一般试压泵都达几百大气压，超高压试压泵甚至可达上万大气压，而流量一般较小，大多还不到 $1m^3/h$。但是输出流量小并不会增加试压所需的时间，因为容器试压并不是由试压泵去灌满后才能完成试压的。通常试压工艺过程是需要先在容器内灌满液体，然后留出接头与试压泵出口相连。利用液体具有等值地传递作用力的原理，这样当试压泵出口达某一压力值时，容器内也相应地受到此压力，从而达到试验压力的目的。试压泵的工作液体一般是水，也可以为纯净的矿物油。

② 手摇泵　大多用于各种辅助操作上。一般在体力消耗不大的情况下，把液体从容器内抽吸出来或把液体输送到容器中去。因此手摇泵一般排出压力不高，流量也不大。大多用来抽吸水和油类等液体。一般手摇泵多为活塞式的往复泵。

③ 容积泵　是依靠包容液体的密封工作空间容积的周期性变化，把能量周期性地传递给液体，使液体的压力增加，直至将液体强行排出。容积泵的工作特点是：流量和压力（扬程）脉动；泵有自吸能力，但启动前务必打开出口阀门；能输送黏性介质，且效率变化不大，也能输送含一定气量的介质；随着液体黏度增大和含气量的增加，泵的流量和效率下降；容积泵必须装有安全阀；流量不能采用出口调节阀来调节，常用旁路调节、转速调节和行程调节的方法调节；理论流量与管路特性无关，只取决于泵本身，而提供的压力只决定于管路特性，与泵本身无关；随着排出压力升高，泵的内泄漏损失加大，从而泵的实际流量也随着压力的升高而略有下降；轴功率随排出压力的升高而增大，泵的效率也随之提高，但压力超过额定值后，由于内泄漏的增大，效率会下降。

④ 计量泵　也称定量泵、比例泵、可控制流量泵等。根据预先选定的量或时间间隔来供给或抽出一定物料的泵称为计量泵。计量泵是带有行程或往复次数调节的往复式容积泵。计量泵一般可分为柱塞计量泵和隔膜计量泵两大类。计量泵应用于化工、石油、制药、采

矿、水电、原子能、造纸、水泥及食品等工业部门中，是一类重要的特殊泵。

⑤ 屏蔽泵 又称无填料泵。它是将叶轮与电动机的转子连成一体浸没在被输送的液体中，它们封闭在同一壳体内，不需要填料或机械密封，从根本上消除了液体的外泄漏。为了防止输送液体与电气部分接触，电动机的定子和转子用非磁性金属薄壁圆筒（屏蔽套）与液体隔离。这种泵所用的电动机实际上是属于半干式潜水电动机。

屏蔽泵的种类较多，按它的工作叶轮形式分，有离心式的和旋涡式的等。屏蔽泵适用于输送腐蚀性、易燃易爆、剧毒、有放射性的及极为贵重的液体。同时还适宜输送高压、高温、低温和高熔点等液体。由于屏蔽泵可以保证绝对不泄漏，所以在国防、化工、石油等部门中得到广泛的应用。

⑥ 轴向柱塞泵 一般都由缸体、配油盘、柱塞和斜盘等主要零件组成。缸体内有多个柱塞，柱塞是轴向排列的，即柱塞的中心线平行于传动轴的轴线，因此称它为轴向柱塞泵。轴向柱塞泵根据倾斜元件的不同，有斜盘式和斜轴式两种。轴向柱塞泵与径向柱塞泵比较，排出压力高，它一般可在 20～50MPa 范围内工作，效率也高，径向尺寸小、结构紧凑、体积小、重量轻。但结构较径向柱塞泵复杂，加工制造要求高，价格较贵。轴向柱塞泵一般用于机床、冶金、锻压、矿山及起重机械的液压传动系统中，特别广泛应用于大功率的液压传动系统中。为了提高效率，在应用时还通常用齿轮泵或滑片泵作为辅助油泵用来给油，弥补漏损及保持油路中有一定的压力。

⑦ 滑片泵 又称滑板泵和叶片泵。它的主要特点是结构较紧凑，外形尺寸不大，流量较均匀，运转平稳，脉动和噪声小，效率比一般齿轮泵高。它主要用于机床、油压机、起重运输机械、工程机械和塑料注射机的中快速度的、作用力中等的液压系统和润滑系统。特别是在机床上的应用较为广泛。但是滑片泵的结构工艺复杂，制造精度要求高，且零件容易磨损，从发展趋势来看，在向高压发展过程中，滑片泵的一部分将被齿轮泵逐渐取代。

⑧ 低温泵 是在石油、化工装置中用来输送液态烃、液化天然气以及冷冻装置中的液态氧、液态氮等液化气的特殊泵，又称深冷泵。

⑨ 喷射泵 与其他类型泵完全不同，其泵内没有一个运动部件，它是依靠压力比泵压头更高的工作流体的能量来抽送流体的。作为工作流体的有液体、蒸汽和空气，而被输送的流体可以是液体，也可以是气体。蒸汽喷射泵和液体喷之间的差别主要在于喷嘴的结构有些不同，蒸汽喷射泵的喷嘴呈扩散状（称拉瓦尔喷嘴），而液体喷射泵的喷嘴是缩口喷嘴。

喷射泵的结构如图 8-90 所示。喷射泵主要由喷嘴、吸入室和扩散室等组成。工作流体

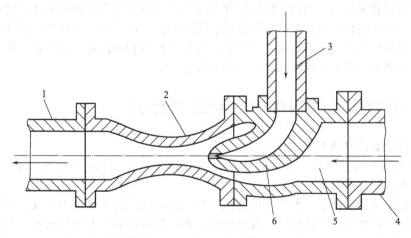

图 8-90 喷射泵的结构

1—排出管；2—扩散室；3—管子；4,5—吸入室；6—喷嘴

在压力作用下经管子进入喷嘴，并以很高的速度由喷嘴出口喷出。由于喷出的工作流体速度极高，因此使喷嘴附近的液体或气体被带走。此时，在喷嘴出口的后部吸入室便形成真空，因此吸入室可从吸入管中吸进流体并和工作流体一起混合，经扩散管进入排出管。如果工作流体不断地喷射，便能连续不断地输送液体或气体。

喷射泵可用来产生真空或压力；工业上用蒸汽或气体喷射来抽送有腐蚀性的气体；用高压水喷射来抽送污水或悬浮液等。喷射泵结构简单，操作可靠，且有自吸能力，但效率低，在化工部门应用较多。

⑩ 隔膜泵　是往复泵中较特殊的一种形式。它是靠一隔膜片来回鼓动而吸入和排出液体的。隔膜泵主要由传动和隔膜缸头两大部分组成。传动部分是带动隔膜片来回鼓动的驱动机构。它的传动形式有机械传动、液压传动和气压传动等。它通过一套曲轴连杆机构带动一活塞作往复运动，活塞的运动通过液压液体传到隔膜，使隔膜作往返运动。隔膜缸头部分主要由一隔膜片将被输送的液体在泵缸内隔开，如图8-91所示，当隔膜向内运动，泵缸内工作室为负压而吸入液体；当隔膜向外运动则排出液体。由于被输送的液体在泵缸内被隔开，液体只与泵缸、吸入阀、排出阀及隔膜的一边接触，与液体和活塞以及密封装置不接触，可以达到良好的工作状态。若输送泥浆一类杂质，可使泵缸、活塞和密封装置等零部件减少磨损。

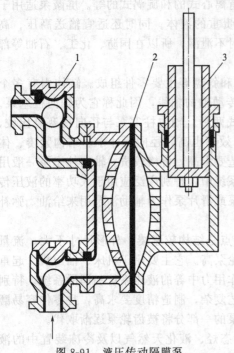

图 8-91　液压传动隔膜泵
1—泵阀部分；2—隔膜；3—活塞

⑪ 罗茨泵　实质上与凸轮泵相同，但转子是罗茨型的。它能输送黏度很高的液体。罗茨泵主要是由两个旋转方向相反的转子位于泵体中，由一对同步齿轮传动。转子与凸轮泵一样，既有双叶的，也有三叶和多叶的。形状种类很多。对于罗茨泵的转子，在泵体内是互相啮合的，但具有间隙。间隙大小主要取决于液体黏度。超过一定黏度范围必须调整增大间隙。图8-92为双叶罗茨泵和三叶罗茨泵的工作原理。其原理与齿轮泵相似，当转子旋转时在与泵体形成的空间内液体沿泵体壳壁从吸入室排送到排出室。当轴每转一周，双叶罗茨泵吸、排各两次，而三叶罗茨泵吸、排各三次。罗茨泵的主要特点是转子表面不需润滑，无磨损，适用于比齿轮泵流量大的场合，效率比齿轮泵高。但无自吸能力，泵的转速同样也受液体黏度的影响。

8.4.2　泵类设备的故障诊断与监测方法

（1）泵类设备故障诊断方法综述

① 基于信号处理的方法　目前用于泵故障诊断中基于信号处理的方法主要有频谱分析、功率谱估计和小波分析等。

频谱分析是故障诊断中一种常用的方法，被广泛应用于各工程技术领域。对于泵的故障诊断，人们也应用频谱分析进行了大量的研究。如运用频谱分析方法对火电厂大型汽轮机组的供水泵进行诊断，找出了振源及传递媒介，为采取改进措施提供了依据；针对大型泵组的特点，采用频谱分析对其状态监测与故障诊断的方法展开了探讨。但是由于泵故障的多样性

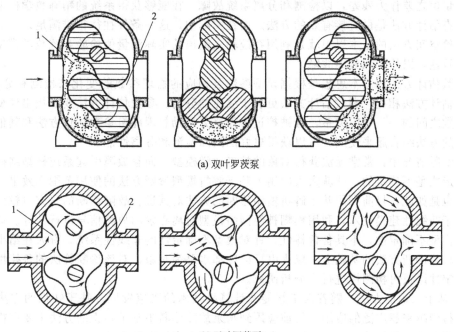

(a) 双叶罗茨泵

(b) 二叶罗茨泵

图 8-92　罗茨泵的工作原理

1—吸入室；2—排出室

和复杂性，仅仅依赖振动信号的频谱分析往往只能粗略地知道泵是否存在故障，有时也能得到故障严重程度的信息，而对于具体是什么故障以及故障发生的部位则难以得到，所以一般只用于泵的简易诊断。

功率谱估计是在频域中对信号能量或功率分布情况进行描述。其中，经典功率谱估计方法在工程实践中应用最为广泛。例如，有人在分析国内大机组给水泵结构及现有振动监测保护系统的基础上，结合火电厂大型气动给水泵的振动监测实例，采用功率谱估计方法对给水泵振动分析诊断系统策略进行了分析探讨，结果表明通过对振动信号的分析可以确定水泵的最佳工作参数并发现给水泵内存在的故障及部位，为给水泵及时、有效地维修提供保证。但是，功率谱估计方法存在着计算复杂、方差性能差、分辨率低、对局部故障不敏感等局限。对于平稳信号，其频域的能量分布不随时间变化，使用功率谱估计方法尚可基本满足精度要求。

小波分析是为适应信号处理的实际需要而发展起来的一种时频分析方法，与传统的信号处理方法相比，小波变换在时域和频域同时具有良好的局部化特征，可用于突变信号和非平稳信号的分析，这在泵的状态监测以及早期故障诊断中具有重要的意义。目前，小波分析方法已经在泵的故障特征提取中得到了研究和应用。如有人利用小波分析对输油泵的振动信号进行了消噪，试验结果表明，使用该方法能够有效地抑制信号中的噪声，提高故障诊断精度。小波变换来源于傅里叶变换和短时傅里叶变换，尽管它继承了傅里叶变换和短时傅里叶变换的许多优点，克服了它们在某些方面的不足，但由于该理论本身也正处于研究发展之中，因此仍存在一些需要进一步研究的问题，比如小波函数的选取问题等。

② 基于解析模型的方法　该方法需要建立被诊断对象的较为精确的数学模型，具体又可以分为状态估计方法、等价空间方法和参数估计方法。这三种方法虽然是独立发展起来的，但它们彼此之间并不是孤立的，而是存在一定的关系。

状态估计方法的基本思想是利用系统的定量模型和测量信号重建某一可测变量，将估计值与测量值之差作为残差，以检测和分离系统故障。在能够获得系统的精确数学模型的情况下，状态估计方法是最直接有效的方法。而在实际中，这一条件往往很难满足。

等价空间方法的基本思想就是利用系统输入输出的实际测量值检验系统数学模型的等价性即一致性，以检测和分离故障。

参数估计方法的基本思想是根据模型参数及相应的物理参数的变化来检测和分离故障。与状态估计方法相比，参数估计方法更利于故障的分离。参数估计方法要求找出模型参数和物理参数之间的一一对应关系，且被控过程需充分激励。因此将参数估计方法和其他基于解析模型的方法结合起来使用，可以获得更好的故障检测和分离性能。

在实际情况中，常常无法获得对象的精确数学模型，而且故障引起系统模型结构和参数变化的形式是不确定的，这就大大限制了基于解析模型诊断方法的使用范围和效果。对于水泵来说也是如此，目前利用基于解析模型诊断的方法对其进行故障诊断的研究也较少。国内有人基于非线性建模技术，利用模糊神经网络模型对离心泵的故障信号进行估计。该方法没有考虑模型不确定性，不具备鲁棒性。针对模型不确定性的非线性系统，有人在给出基于参数估计故障诊断方法的基础上，以火电厂的冷却水泵为对象，对该诊断算法的鲁棒性、灵敏度、稳定性以及可检测性进行了分析研究。

③ 基于知识的方法　随着人工智能及计算机技术的飞速发展，基于知识的方法在故障诊断中得到越来越广泛的应用，目前应用到水泵故障诊断中基于知识的方法主要有粗糙集理论、专家系统、模糊故障诊断方法、人工神经网络和支持向量机等。

粗糙集理论是波兰学者 Z. Pawlak 于 1982 年提出的一种用于处理不完整不精确知识的数学方法，该理论不需要关于数据的任何初始或附加信息，直接对不完整不精确数据进行分析处理。近年来，粗糙集理论发展迅速，已经在很多领域得到了应用。有人利用粗糙集理论对离心泵的特征参数进行约简，并优选出最简决策表，形成标准特征库，提高了故障诊断的速度和精度。但当故障形式和特征参数较多时，则有可能会导致较大的决策表以及较多的规则数目。同时，由于许多实际应用中的数据经常是不断更新的，因此如何动态地修正现有模型结构和规则集，提高系统的自学习能力，还有待于进一步研究。

基于专家系统的故障诊断方法其实是一个计算机智能程序，计算机在采集被诊断对象的信息后，综合运用各种规则进行一系列的推理，必要时还可以随时调用各种应用程序，运行过程中向用户索取必要的信息后，就可快速地找到最终故障或最可能的故障，再由用户来证实。它一般由数据库、知识库、推理机、解释机制以及人机接口五部分组成，其中知识库中存储诊断知识，也就是故障征兆、故障模式、故障成因和处理意见等内容，而数据库中存储了通过测量并处理得到的当前征兆信息，推理机就是使用数据库中的征兆信息通过一定的搜索策略在知识库中找到对应征兆下可能发生的故障，然后对故障进行评价和决策。解释机制可以为此推理过程给出解释，而人机接口用于知识的输入和人机对话。此种方法在水泵的故障诊断中已有不少应用。

模糊故障诊断方法是利用集合论中的隶属函数和模糊关系矩阵的概念来解决故障与征兆之间的不确定关系，进而实现故障的检测与诊断。这种方法具有计算简单、应用方便和结论明确直观等特点。鉴于模糊故障诊断方法的这种特点，结合泵的故障与征兆之间的关系难以使用精确的数学模型表述的实际情况，可以借助于这种方法，用隶属度的概念来描述泵的振动，然后运用模糊综合评判法找出泵故障的原因。有人采用模糊故障诊断方法对火电厂给水泵的故障诊断进行了尝试，为电厂工作人员提供了决策依据，提高了整个机组运行的安全性和经济性。使用这种方法存在的问题：构造隶属函数是实现模糊故障诊断的前提，但隶属函数是人为构造的，含有一定的主观因素；对特征元素的选择有一定的要求，如选择不合理，诊断精度会下降，甚至诊断失败。

人工神经网络是试图模拟生物神经系统而建立起来的自适应非线性动力学系统，具有可学习性和并行计算能力，可以实现分类、自组织、联想记忆和非线性优化等功能。目前在水泵故障诊断中应用较多的是 BP 网络以及自组织映射网络等。在泵站机组故障诊断的专家系统模型中加入神经网络模型，当系统处于在线运行时，可以高速诊断、识别和学习新事件，从而有效地提高了故障诊断系统的稳定性和可靠性。

支持向量机是在有限样本统计学习理论基础上发展起来的一种新的机器学习方法，它较好地解决了小样本、非线性和高维模式识别等实际问题，并克服了神经网络学习方法中网络结构难以确定、收敛速度慢、局部极小点、过学习与欠学习以及训练时需要大量数据样本等不足，具有良好的推广性能，成为继神经网络研究之后新的研究热点。对于线性可分模式，其主要思想就是建立一个超平面作为决策面，该决策面不但能够将所有训练样本正确分类，而且使训练样本中离分类面最近的点到分类面的距离最大。对于非线性不可分模式，该方法通过某种特定的非线性映射，将样本空间映射到高维特征空间，使其线性可分，并在高维特征空间中构造出最优分类超平面，从而实现分类。有人应用支持向量机的几种多类分类算法对离心泵的叶片损坏、密封泄漏和汽蚀三种故障进行诊断，并将诊断结果与利用 BP 神经网络诊断的结果相比较。结果表明，采用支持向量机的几种算法进行诊断较后者具有更高的精度。

（2）泵类设备故障概况

各种水泵在运行过程中，有时会出现打不出水、流量不足、扬程不够、轴承及轴封发热、功率消耗过大、振动、零部件损坏等故障。

泵的故障分析和排除，对于连续生产的工厂甚为重要。如电厂、炼油厂、化工厂等，一旦由于泵的故障而发生重大事故，给生产会带来很大影响，给国家造成重大损失。所以，在搞好水泵运行及维护保养的同时，还必须以预防为主，及时发现故障的苗头，准确分析故障原因，并有针对性地根据故障原因去修理，严防乱拆乱修，避免造成不必要的人力浪费和损坏机件，及时排除故障，使水泵正常运行。

泵在运行中出现的常见故障有以下几种。

① 性能故障。泵输液的工作性能变坏，如扬程太低、流量不足、汽蚀等。

② 机械故障。这类故障主要是泵的零部件损坏所引起的，如轴承烧坏、抱轴、叶片和轴断裂等。

③ 电气故障。如配套电动机功率太小、电动机烧坏及对于输送易燃、易爆的介质未采取防爆电机等。

④ 其他综合因素。

（3）泵的振动故障及其诊断

① 识别振动故障的一般方法和步骤

a. 搜集和掌握有关的知识和资料

ⅰ. 机器结构性能资料　包括机器的工作原理，机器在整个生产过程中的地位和作用，重要的动态参数如驱动功率、压力、转速变化范围、电流、电压、温度等，机器结构组成和参数如轴承形式、密封结构、联轴器结构、齿轮齿数、叶片数、共振频率、临界转速等。

ⅱ. 操作运行情况　包括负荷及其变化情况、润滑情况、启动和停机情况、工艺参数变化情况等。

ⅲ. 机器周围环境的影响　包括温度、湿度、与其他机器的关联、地基沉降、电压波动等因素对机器性能的影响。

ⅳ. 故障与维修情况　包括上次大修时间、大修时有过哪些调整、运转以来发生故障及对故障处理情况的记录和档案、机器的薄弱环节及预计容易发生故障的类型和部位、同型号同工作条件下其他机器的故障情况等。

b. 振动数据采集

ⅰ. 仪器配置　设备振动诊断系统可以是微机系统，也可以是专用仪器。由于微机系统具有很多优点，所以被广泛采用。

ⅱ. 参数设置　采集振动数据时，首先要设置仪器的数据采集参数，这些参数主要有最高分析频率、采样频率、采样点数（数据长度）、触发方式、放大倍数、AC/DC选择、传感器灵敏度等。

有些情况下，为了确定或排除某些可能的故障，需要进行一些辅助测试。这些辅助测试包括：变转速振动测试；变负荷振动测试；变润滑系统参数（油温、油压）振动测试；启动或停车过程振动测试；共振频率测试；机壳、基座或管道某些部件的测试。

② 振动故障的分析与诊断　根据振动信号识别设备故障是件难度很大的工作。其主要是因为：同一故障可以表现出多种症状，同一症状可由不同故障引起，不同类型的机器，其故障与症状的对应关系可能不完全一样，这种对应关系又与运行条件、环境条件、故障历史及维修情况有密切联系。在故障诊断中，熟悉和掌握机器的结构、特性、使用和维修情况以及实际诊断经验都是很重要的。

a. 注意发展和变化　在分析和诊断故障时，应注意从发展变化中得出准确的结论。单独一次测量往往难于对故障判断有较大把握，反复多次的追踪测量和分析能使诊断更接近于真实情况。为此，应注意积累和研究机器正常运行状态下的振动数据，包括基频的幅值和相位、次谐波和高次谐波的幅值和相位、其他重要频率分量的幅值、时域波形以及轴心轨迹的形状、大小和旋转方向等。对当前机器的振动信号进行各种观察和分析时，应与正常运行状态下的振动进行比较，注意哪些参数发生了变化及变化程度如何。例如：基频分量变化不大而 2 倍频幅值明显增大可能说明不对中加剧；喘振使轴向振动变化明显；不平衡增大使水平和垂直方向振动同步增长。趋势分析也是有效的方法，不但分析振动有效值或峰-峰值变化趋势，而且分析基频、1/2 倍频、2 倍频等各频率分量的变化趋势，从而得出振动是稳定不变、逐渐上升、时升时降还是迅速增大等信息。例如，不平衡加大使振动缓慢而稳定上升，叶片断落则使振动幅值突然上升。

b. 分析振动的频率成分　每一种引发异常振动的故障源都产生一定频率成分的振动，可能是单一频率，也可能是一组频率或某个频带。根据振动信号的频率组成，可以很快排除一批不可能出现的故障，将注意力集中在几个可能的故障原因上。一般来说：不平衡主要引起基频振动；不对中不但影响基频振动，还可引起 2 倍频及其他高倍频振动；滑动轴承油膜涡动的振动频率为 (0.42～0.48)×r/min；油膜振荡的振动频率为转子一阶临界转速频率；转子与固定部件之间的摩擦激发较宽频带的振动，可能包括基频、倍频、次谐波、转子零部件固有频率；转子组件松动的振动频率以基频为主，可能伴有倍频或 1/2×r/min、1/3×r/min 等分数倍频。

c. 分析振动的方向性和幅值稳定性　一般来说：不平衡量增大，则径向水平、垂直两个方向的振幅同时增长；不对中径向振幅增大，但同时还可引起轴向振动；基座松动时垂直方向振动明显大于水平方向振动；转子组件松动引起的振动，其幅值不稳定；油膜涡动和油膜振荡则以径向振动为主，振幅不稳定；转子裂纹引起的 2 倍频振动，水平方向和垂直方向的振幅大小相近。

d. 分析各频率成分的相位　不平衡引起的基频振动分量与转轴相位标志之间的角度，即基频分量的相位保持不变，水平方向与垂直方向振动相位相差约 90°；平行不对中引起的径向振动在轴两端反向，即相位相差 180°；角不对中引起的径向振动在轴两端同向，即相位差为零。

e. 边频分析　在齿轮箱以及电机故障诊断中，常见到具有复杂周期结构的振动频谱。

频谱中有轴转动频率 f 及其谐波，有齿轮啮合频率 f_m 及其谐波，还有 f 与 f_m 之间调制产生的边频族。实际上，一对齿轮的啮合频率 f_m 及其谐波频率是载波频率，而齿轮偏心、齿间游隙、齿的个别损伤及轴本身故障产生的每周一次振动（频率为 f_r）成为调制信号，调制结果使 f_m 两边产生频率间隔彼此相等的边频族。所以，频谱上谱峰分布有了周期性结构。分析边频，求出调制频率，常常可以找到故障的部位。

f. 分析波形变化 波形分析具有简捷直观的特点，对于成分比较简单的振动位移信号，或者信号中的削波、脉冲、调幅、调频等情况较为有效，一般可与频谱分析同时使用。分析波形有助于区分不同故障。一般来说：单纯不平衡的振动波形基本上是正弦式的；单纯不对中的振动波形比较稳定、光滑、重复性好；转子组件松动及干摩擦产生的振动波形比较毛糙、不平滑、不稳定，还可能出现削波现象；自激振动，如油膜涡动、油膜振荡等，振动波形比较杂乱，重复性差，波动大。

g. 分析轴心轨迹 在转轴同一截面内安装两个径向位移传感器，彼此互成 90°，将此两路信号分别输入示波器的 X 和 Y 方向，或者用双通道数据采集器进行数据采集，然后再以屏幕上的 X 和 Y 方向进行图形显示，成为表示轴心的轨迹。轴心轨迹表示转子轴心一点相对于轴承座的运动。为了去掉振动信号中的直流分量，可使信号先经过高通滤波。转子振动信号中除包含不平衡引起的同步振动分量外，一般还存在频率低于转速的亚同步分量和频率是转速的整数倍的高次谐波分量，使轴心轨迹形状复杂，甚至非常混乱，造成分析困难。目前发展了一种模拟轴心轨迹技术，它是根据频谱分析原理，把 X、Y 方向振动信号分解成各个频率分量，然后把某些频率分量提取出来加以合成，再用计算机重新作出轴心轨迹，可将原本凌乱的轨迹显示得十分清楚。分析轴心轨迹的方法如下：注意轴心轨迹的形状及其变化，轴心轨迹常用来监视滑动轴承中的油膜振荡，当转子稳定转动时，轴心轨迹近似于椭圆，轨迹变为双椭圆时，表示滑动轴承中出现了半速涡动（又称双圈晃动），这是转轴失稳的初期征兆；注意轴心轨迹的稳定性，正常情况下，轴心轨迹比较稳定，基本上相互重合。如果轴心轨迹紊乱，形状和大小不断变化，不能重合，则表明运行状态出现异常；观察轴心轨迹的旋转方向，旋转方向与转子转动方向一致，称为正向进动，两者相反时，称为反向进动，大多数情况下，轴心轨迹都是正向进动，有时出现反向进动，可能由于转子径向干摩擦所致。利用波形分析和轴心轨迹，可以发现一些典型的故障。

h. 观察随转速的变化 转速变化主要指启动和停车过程，在这一过程中经历各种转速，振动信号能显示出故障与转速的关系，以此可区分不同故障。例如：不平衡引起的振动幅值随转速的增大而增大，并在通过临界转速时有峰值出现；不对中引起的振动与转速关系不大；油膜涡动的振动频率随转速增大而增大，但与转速的比例保持在 $42\%\sim48\%$ 之间；当转速到达一阶临界转速的 2 倍以上时，即出现强烈振动，振动频率不再随转速增大而保持在转子临界转速上，此即发生了油膜振荡。

③ 泵转子常见故障的诊断

a. 不平衡

ⅰ. 故障原因 当转子质量中心偏离转动中心时出现不平衡。造成不平衡的原因通常是装配不适当、转子上有附加物生成、转子质量磨损、转子破裂或丢失部件。

ⅱ. 频谱和波形特征 轴向振动较小，径向振动大；基频有稳定的高峰，其他倍频振幅较小。基频幅值随转速增大而增大，这是不平衡的重要特征。

ⅲ. 仪器设置 最高分析频率为低转速 200Hz，高转速 400Hz，波形、频谱、振动速度或加速度显示。

ⅳ. 诊断

• 频域 确认频谱中以稳定的基频分量为主，其他倍频幅值很小；轴向振动比径向振动小得多；必要时改变转速，确认基频幅值随转速增大而增大。

• 时域　波形以稳定的单一频率为主，轴每转一周出现一个峰值；轴向振动比径向振动小得多。

Ⅴ. 说明　造成径向振动基频幅值大的其他故障有轴不对中、轴弯曲、机械松动及机械共振。应将它们与不平衡区分开，在检测不平衡之前予以纠正。

若 $1\times$r/min、$2\times$r/min、$3\times$r/min 等分量大，而且垂直方向的振动明显大于水平方向的振动，可能是基础松动。

若轴向振动较大，并且径向和轴向的 $1\times$r/min、$2\times$r/min、$3\times$r/min 分量较大，可能是轴不对中。

稍微改变转速，若基频幅值变化很大，可诊断为机械共振。

对于电机，若基频幅值大的同时，其振动时域波形有缓慢调制现象，可能是机电故障，如转子断条或裂纹。

轴弯曲与不平衡有相似的频谱特征。区分的方法是：低速转动下检查转子各部位的径向跳动量，可判断是否有初始弯曲；在一定转速下改变机组负荷，若振动随负荷和时间而变化，则可能是局部摩擦、受热或冷却不均匀引起的热弯曲。

b. 不对中

ⅰ. 故障原因　两个相连接的机器轴线不平行或不重合，一个或多个轴承安装倾斜或偏心，即为不对中。造成不对中的原因可以是装配不当、调整不够、基础损坏、热胀或联轴器锁死。

ⅱ. 频谱和波形特征

• 轴向振动大　$1\times$r/min、$2\times$r/min 甚至 $3\times$r/min 处有稳定的高峰，一般达到径向振动的 50％以上，若与径向振动一样大或比径向振动更大，表明情况严重；$(4\sim10)\times$r/min 分量小。

• 径向振动大　$1\times$r/min、$2\times$r/min 甚至 $3\times$r/min 处有稳定的高峰，特别是 $2\times$r/min 分量有可能超过 $1\times$r/min 分量；$(4\sim10)\times$r/min 分量小。

• 时域　波形稳定每转出现 1 个、2 个或 3 个峰，无大的加速度冲击现象。

ⅲ. 仪器设置　最高分析频率为低转速 200Hz，高转速 1000Hz，波形、频谱、振动速度或加速度显示。

ⅳ. 诊断

• 频域　确认轴向和径向在 $1\times$r/min、$2\times$r/min 及 $3\times$r/min 处有稳定的高峰，特别注意 $2\times$r/min 分量；$(4\sim10)\times$r/min 分量很小。

• 时域　确认以稳定的周期波形为主，每转出现 1 个、2 个或 3 个峰值；没有大的加速度冲击现象；若轴向振动与径向振动一样大或比径向更大，表明问题严重。

Ⅴ. 说明　在确认不对中的若干特征时，若显示出下列现象之一，则可能是机械松动：轴向振动小；$(4\sim10)\times$r/min 分量较大；时域波形杂乱，无明显峰值。

在诊断为不对中时，若 $1\times$r/min 分量比其他分量占优势，可能是角不对中。

若时域波形不稳定或显示出有较大冲击现象，可能是其他故障。

对于电机，若基频及其他倍频分量大的同时，其振动波形有调制现象，或基频处出现边频，可能存在机电方面的故障，如转子断条或轴承倾斜导致的偏心。

c. 机械松动

ⅰ. 故障原因　机械松动分为结构松动和转动部件松动。造成机械松动的原因是安装不良、长期工作造成过度磨损、基础或基座损坏或零部件破坏。

ⅱ. 频谱和波形特征　径向（特别是垂直方向）振动大；除基频分量外，还有很大的倍频分量，特别是 3～10 倍频；振动可能具有高度的方向性；可能有 $1/2\times$r/min、$3/2\times$r/

min、5/2×r/min 等分数倍频分量，这些分量随时间的增长而加大；时域波形可能较杂乱，有明显的不稳定的非周期信号，可能有大的冲击信号；轴向振动小或正常。

ⅲ. 仪器设置　最高分析频率为低转速 200Hz，高转速 1000Hz，波形、频谱、振动速度或加速度显示。

ⅳ. 诊断

• 频域　确认径向振动有较大的倍频分量，特别是（3～10）×r/min 分量。可能有 1/2×r/min、3/2×r/min、5/2×r/min 等分数谐频分量，它们随时间而增大。确认轴向振动小或正常。

• 时域　不稳定的非周期信号占优势，可能有大的冲击信号。比较垂直和水平方向的振动，可发现振动具有高度的方向性。

ⅴ. 说明　若故障严重，还会出现 1/3×r/min、1/4×r/min 等分量；机械松动也可在达到工作温度且零部件已经热膨胀后才出现；水平固定的机器，若基座松动，则垂直方向会出现很大的 1 倍频振动，比水平方向振动还大。

d. 转子或轴裂纹　大功率发电机组超寿命运行，有时转子或轴上会出现裂纹，及时确定裂纹的存在，可防止突然断裂的灾难性事故。

ⅰ. 频谱和波形特征　1×r/min、2×r/min 分量随时间进展而逐渐增大，特别是 2×r/min 分量，它随裂纹深度的增加而明显增大，这是转子或轴存在裂纹的重要特征；在转速等于 1/2 倍或 1/3 倍一阶临界转速时，由于二次或三次谐波发生共振，频谱中 2×r/min 或 3×r/min 分量的幅值急剧增大，这是转子或轴存在裂纹的又一特征。

ⅱ. 仪器设置　最高分析频率为低转速 200Hz，高转速 400Hz，频谱、波形、振动速度或加速度显示。

ⅲ. 诊断　转子或轴裂纹日渐扩展和加深，使 1×r/min、2×r/min 分量的幅值随时间而稳定地增长，这是存在裂纹与其他产生 1×r/min、2×r/min 分量的故障之间最大的区别。应在对转子 1×r/min、2×r/min 分量进行长期状态监测的基础上进行趋势分析，当确认上述两分量的幅值随时间呈稳定增长趋势时，可能存在转子或轴裂纹。

在升速或降速过程中，当转速通过 1/2 倍一阶临界转速时，2×r/min 分量由于共振而对裂纹非常敏感，其幅值会发生显著变化。同理，转速通过 1/3 倍一阶临界转速时，3×r/min 分量的幅值也会发生显著变化。因此，应当监测 2×r/min 和 3×r/min 分量随转速的变化。当确认转速等于 1/2 或 1/3 倍一阶临界转速而 2×r/min 或 3×r/min 分量显著改变时，可能存在转子或轴裂纹。

e. 滚动轴承故障的诊断

ⅰ. 故障原因　滚动轴承的早期故障是滚子和滚道剥落、凹痕、破裂、腐蚀和杂物嵌入。产生原因包括搬运粗心、安装不当、不对中、轴承倾斜、轴承选用不正确、润滑不足或密封失效、负载不合适以及制造缺陷。

ⅱ. 频谱和波形特征　径向振动在轴承故障特征频率及其低倍频处有峰，若有多个同类故障（内滚道、外滚道、滚子等），则在故障特征频率的低倍频处有较大的峰；内滚道故障特征频率处有边带，边带间隔为 1×r/min；滚动体故障特征频率处有边带，边带间隔为保持架故障特征频率；在加速度频谱的中高频区域若有峰群突然出现，表明有疲劳故障；径向振动时域波形有重复冲击迹象（有轴向负载时，轴向振动波形与径向相同），或者其波峰系数大于 5，表明故障产生了高频冲击现象。

ⅲ. 仪器设置　最高分析频率为低转速 200Hz，高转速 1000Hz，频谱、波形、振动加速度显示。在比较低频部分和高频部分的振动有效值时，分析频率应分别设置为 1000Hz 和 10000Hz。测量波峰系数时，分析频率应设置为 10000Hz。

ⅳ. 诊断

• 频域　确认故障特征频率处有峰，表明存在该种故障，若还有明显的倍频成分，表明故障严重；确认内滚道特征频率处不但有峰，还有间隔为 $1\times r/min$ 的边频，表明有内滚道故障；确认滚子特征频率处不但有峰，还有边频，表明有滚子故障；确认高频区域有峰群出现，表明轴承有疲劳故障；若轴向有负载，则可注意轴向振动，与径向振动有类似特征。

• 时域　可能有重复冲击现象，但很小，重复效率等于故障特征频率。

8.4.3　泵的主要零部件的修理

这里以应用最广泛的离心泵为例，讨论泵的主要零部件的修理。离心泵的检查与修理分为口环、叶轮、平衡装置、轴封装置、泵轴等。

(1) 口环

口环（又称密封环）的作用是在叶轮与泵壳间形成狭窄、曲折的通道，来增加介质的流动阻力，达到减少介质泄漏的目的。口环的设置还起到保护泵上主要零件不受磨损的作用，在口环磨损后，可以修复或更换新环、恢复正常装配间隙。

口环的结构形式通常有径向间隙式和轴向间隙式。图 8-93 所示为径向间隙式口环，其中图 8-93(a) 为的圆环型，图 8-93(b) 为双环阶梯型，图 8-93(c) 为双环迷宫型；图 8-94 所示为轴向间隙式口环。

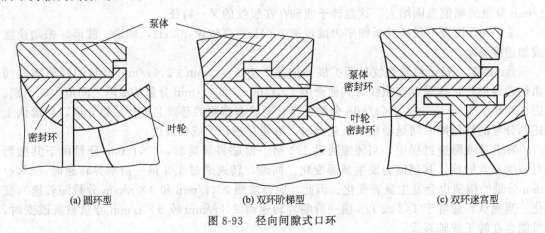

(a) 圆环型　　　　　　　(b) 双环阶梯型　　　　　　　(c) 双环迷宫型

图 8-93　径向间隙式口环

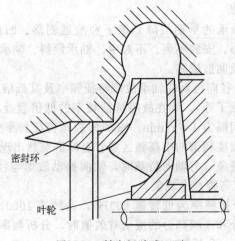

图 8-94　轴向间隙式口环

口环的完好性及它与叶轮间的径向间隙 δ（参见图 8-95），在拆卸泵时应首先检查。如口环已有沟槽等缺损或已破裂或间隙 δ 超过表 8-16 中所规定的数值时，应更换新口环或将原口环补焊修复。

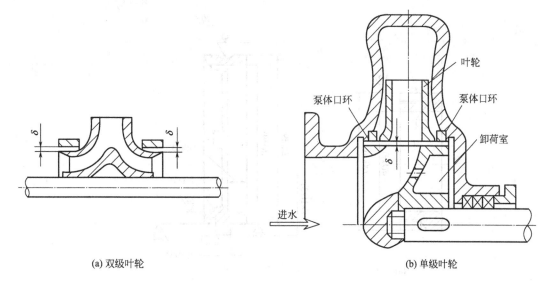

(a) 双级叶轮　　　　　　　　　　　　　　　　　　　(b) 单级叶轮

图 8-95　口环与叶轮间的径向间隙

表 8-16　口环间隙　　　　　　　　　　　　　　　　　　　　　　　mm

口环名义直径	半径方向是隙允许值	磨损后半径方向间隙
50～80	0.06～0.36	0.48
>80～120	0.06～0.38	0.48
>120～150	0.07～0.44	0.60
>150～180	0.08～0.48	0.60
>180～220	0.09～0.54	0.70
>220～260	0.10～0.58	0.70
>260～290	0.10～0.60	0.80
>290～320	0.11～0.64	0.80
>320～360	0.12～0.68	0.80

泵在运行中，口环与叶轮的相应圆周是同时磨损而造成间隙增大超过规定数值的，因为新口环内径应按叶轮入口外径来配制，叶轮与口环之间的径向间隙参照表 8-16 的规定。在修理过程中，这个间隙力求小一些，才能提高泵的工作效率和延长使用期限。

口环材质一般可用灰铸铁 HT200、锡青铜或锡青铜-轴承合金（巴氏合金）。对于挂有轴承合金的铜口环，当间隙磨大时，只需重挂合金，无需更换新口环。

当原有合金磨损量不大而又无剥离、脱落现象时，可用补焊方法修复。补焊步骤如下。

① 刷去口环上的污物。

② 用 5% 的盐酸清洗、活化一遍。

③ 放到温度为 90℃、质量分数为 10% 的烧碱液中浸洗 10min，然后置入 90℃ 的清水中清洗。

④ 补焊合金。把口环预热到 100℃ 左右，用气焊适当熔开口环上原有合金，用与原合金相同牌号的合金预铸成焊条，沿口环圆周或纵长方向一道道均匀堆焊上去（不得反复重焊）。

⑤ 焊接完毕后，即可进行机械加工达到所要求的标准尺寸。

如果合金产生剥离、脱落或磨损量太大而无法采用补焊修复时，则要重新浇挂合金。新制或修复口环的技术要求如图8-96所示。

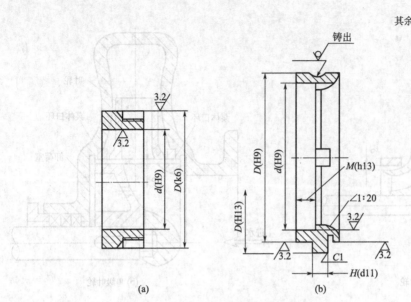

图 8-96　口环的技术要求

新口环装上后，应检查它与叶轮的间隙是否符合表8-16的要求。同时，要检查两者间有无摩擦现象，其方法是在转子部分涂上红铅粉，然后转动转子，若口环上沾有红铅粉则必须返修。

(2) 叶轮

① 叶轮的更换　经过使用的叶轮可能产生某种损坏，叶轮遇有下列情况之一者，应更换。

a. 叶轮表面出现裂纹。

b. 叶轮表面因腐蚀、侵蚀或汽蚀而形成较多的孔眼。

c. 因冲刷而造成叶轮盖板及叶片等变薄，影响了机械强度。

d. 叶轮的口环、轮毂发生较严重的偏磨现象而无修复价值。

② 叶轮的修理

a. 叶轮腐蚀如不严重或砂眼不多时，可以用补焊的方法修复。铜叶轮用黄铜补焊，铸铁叶轮也可用黄铜补焊。

b. 补焊的方法是焊前对需施焊的部位进行清理，去除油污、锈蚀、氧化皮等。可以局部或整体预热至250～450℃。焊粉一般选用粉301，焊丝通常选用丝224硅黄铜焊丝，气焊火焰应采用轻微的氧化焰或中性焰。操作时一般采用压焊法，以减少焊缝金属的过热，并改善焊缝的形成。在操作中应尽量避免高温的焰心与熔池金属的直接接触，以免在焊缝金属内产生气孔。焊后保温缓冷，以消除应力，改善性能。冷却后，则可进行机械加工。

c. 单环型口环、轮毂磨出沟痕或偏磨现象不严重时，可用砂布打磨，在厚度允许的情况下也可车光。或用金属喷涂法，恢复原始尺寸。

d. 双环型内口环密封边磨出沟痕或偏磨现象不严重时，也可用砂布打磨，在厚度允许的情况下也可车光。磨损或偏磨严重，则应更换新内环。

e. 新叶轮或经修复的叶轮都应进行静平衡试验。叶轮的平衡方法是用去重法，可将试验完的叶轮放到铣床上，在较重的那一面上铣去与较轻那一面在平衡试验时所夹的物体等重的切屑。但在叶轮盖板上铣去的厚度不可超过叶轮盖板厚度的1/3，允许在前、后两盖板上切去，切削部分痕迹应与盖板圆盘平滑过渡。一般离心泵叶轮的静平衡允差见表 8-17。

表 8-17　一般离心泵叶轮的静平衡允差

叶轮外径/mm	叶轮最大直径上的静平衡允差/g	叶轮外径/mm	叶轮最大直径上的静平衡允差/g
≤200	3	501～700	15
201～300	5	701～900	20
301～400	8	901～1200	30
401～500	10		

（3）平衡装置

由于离心力的作用，被输送的介质会从运转着的离心泵中得到压力，但也会对泵本身固定和旋转的零件产生作用力。这些力由零件的结构平衡了一部分，但仍有一部分力需要用另外的方法来平衡，例如轴向推力。

轴向推力为离心泵在运转过程中沿轴向作用在叶轮上的不平衡力之和。鉴于目前已容易得到可靠的大容量的推力轴承，所以在单级泵中的轴向推力，只有在较大的机组中才成为问题。但多级泵由于有较大的轴向推力，故靠推力轴承来平衡是不行的，这就产生了一种水力平衡装置——平衡鼓或平衡盘装置，或者是两者的结合。这些装置的形式较多，这里以图 8-97 为例介绍常用的平衡盘装置。

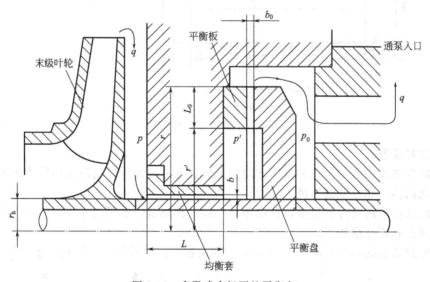

图 8-97　多段式多级泵的平衡盘

用平衡盘来平衡轴向力是一个动态平衡方法，即泵转子在某一平衡位置时，其转子是作前后轴向脉动或窜动。当工况点改变时，转子会自动地移到另一平衡位置上去作轴向脉动。泵在运转过程中往往会造成平衡盘与平衡板之间、平衡盘轮毂与均衡套之间的磨损。磨损后的修理方法如下。

① 平衡盘与平衡板磨损成凸凹不平时，可在刮研平板上用着色法检查，刮去高点。最后，将平衡板与平衡盘装到泵上进行配研，使其表面平整，直到圆周都能均匀接触为止。

② 平衡板、平衡盘及均衡套等，磨损较严重而无修复价值者，应更换新件。

上述各件所用材料推荐：平衡盘用耐磨铸铁 HT250；平衡板用 HT300 或镍铝青铜；均衡套用 HT300 或镍铝青铜。

这些零件的技术要求如图 8-98 所示。

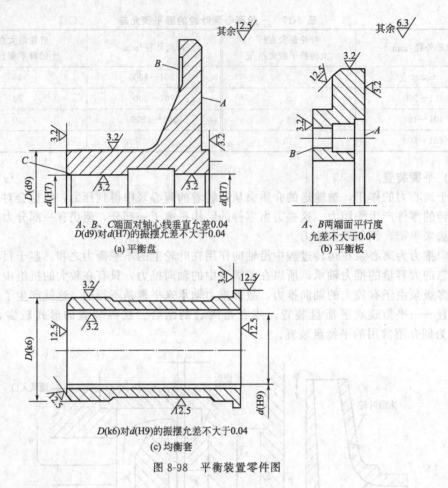

A、B、C端面对轴心线垂直允差0.04
D(d9)对d(H7)的振摆允差不大于0.04

(a) 平衡盘

A、B两端面平行度
允差不大于0.04

(b) 平衡板

D(k6)对d(H9)的振摆允差不大于0.04

(c) 均衡套

图 8-98　平衡装置零件图

（4）轴封装置

旋转的泵轴及轴套与静止的泵体之间的密封装置称为轴封。它的作用是防止被输送的高压介质从泵内漏出和外部液体进入泵内。

轴封的结构形式及种类很多，现仅针对一般机械制造中常用的几种类型泵所采用的填料密封装置及其修理介绍如下。

填料密封装置的结构如图 8-99 所示，一般由轴套、填料压盖、填料、水封管、填料环、

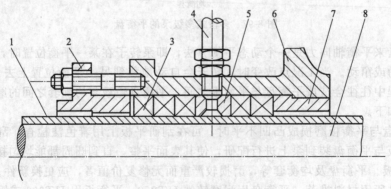

图 8-99　填料密封装置

1—轴套；2—填料压盖；3—填料；4—水封管；5—填料环；6—填料函体；7—填料挡套；8—轴

填料函体、填料挡套及轴等组成。如果填料压盖压得太紧，虽然减少了泄漏，但填料与轴套或轴间的摩擦增加，严重时导致发热、冒烟甚至将填料与轴套烧毁，如果填料压盖压得过松，则泄漏量增加。表8-18所示为介质油、水适用的软填料。

表 8-18　介质油、水适用的软填料

轴封填料	水		油	
	冷	热	冷	热
油麻盘根	适用			
油浸石棉盘根	适用	适用	适用	
石墨石棉盘根	适用	适用		适用
浸氟石棉盘根	适用	适用		
氟纤维盘根			适用	
半金属盘根	适用	适用	适用	适用
金属盘根			适用	适用

① 轴封的修理

a. 检修泵时，填料一定要更换新的。

b. 填料装置的轴套磨损较大或出现沟痕时，应换新件。若是轴被磨损，较轻时可采用刷镀技术恢复，较重时可采用喷涂或将轴加镶套等方法恢复，如图8-100所示。

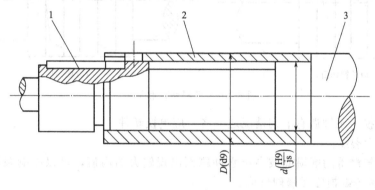

图 8-100　轴颈的镶套
1—键；2—镶套；3—轴

c. 填料压盖、填料挡套及填料环磨损过大时应换新件，其要求如图8-101所示。

各零件的材质要求：镶套用 HT200 或锡磷青铜；填料压盖用 HT150；填料环用 HT150 或锡磷青铜；填料挡套用 HT150。

② 填料密封安装技术要求

a. 切割填料时，将所需长度的软填料紧紧缠绕在直径与轴相同的棒料上，然后在棒料上逐个切下密封圈，并要求切口平行、整齐，而且切口的线头不松散，切口为30°。装填料时，填料切口错开120°，如图8-102所示。

b. 安装时应注意使填料环对准水封孔，以免填料堵死水封孔，使水封失去作用。

c. 为保证填料函的密封性能，对填料函应进行水封，一般用自来水或泵出水均可。

(5) 泵轴

泵轴是转子的主要部件，轴上装有叶轮、轴套等零件，借轴承支承在泵体中作高速旋转，以传递转矩。泵轴所用材料一般不低于35钢，大多用45钢或40Cr钢等经热处理制成。

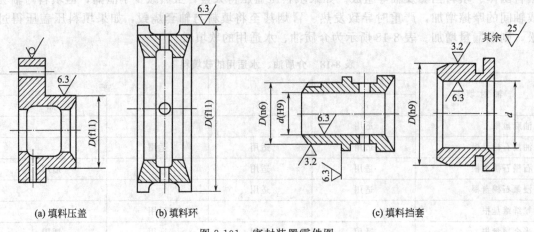

(a) 填料压盖　　　　(b) 填料环　　　　　　　　(c) 填料挡套

图 8-101　密封装置零件图

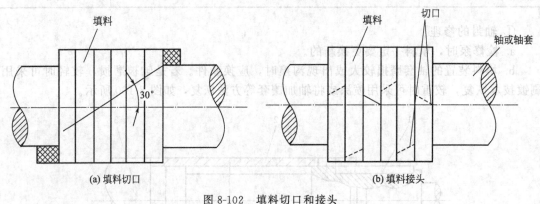

(a) 填料切口　　　　　　　　　　　　(b) 填料接头

图 8-102　填料切口和接头

① 轴的更换　泵轴遇有下列情况之一者，应更换新件。

a. 轴已产生裂纹。

b. 表面有较严重的磨损或被高压水冲刷而出现较大的沟痕，足以影响泵轴的强度，或由于严重的滚键等缺损已无修理价值。

c. 轴的弯曲严重无法校直。

② 轴的修理　在检修离心泵时，轴拆出经清洗后，应进行裂纹、表面缺陷、各相关轴颈的尺寸精度及弯曲度的检查，以确定修理方案。

轴的弯曲量可在普通车床上用百分表检查，弯曲量不能超过 0.06mm，若大于该值，则应进行校直。其方法如下。

a. 用柱梁平台或螺旋压力机校直。如轴弯曲较大时，可在柱梁平台或螺旋压力机上进行。校直时弯曲的凸点朝上。

b. 直径较大而直接校直又较困难的轴，校直前要将弯曲处先行用气焊加热，加热范围为 20~40mm，此范围以外部分，缠上石棉绳或包上保温玻璃棉。加热要缓慢均匀，焊嘴为 6# 或 7#，气流速度为 130~160m/s，当温度达到 600~650℃时，可把焊嘴移开继续保温，然后进行校直。校直后，停止加热，再在加热处保温使之缓冷至室温，再测量弯曲量是否在规定范围之内。

c. 点热校直。将需校直的轴用两 V 形铁架在平台上，把最高凸点向上，用气焊快速于凸点上加热一直径为 φ5mm 左右的高温点（650~700℃左右），用温水浇淋快速冷却，测量弯曲量是否在规定范围之内，恢复量不够，可在同一轴向平面上再采用此法烤一些点，但同一点不可重复烧烤。一般情况下，点热校直的实际操作者需有较丰富的经验，否则很难取得预期的效果。

d. 轴颈的修理。泵轴的轴颈与相关件的连接有不发生相对运动的静连接和发生相对运动的动连接，但这两种连接形式的轴颈在使用过程中都可能产生磨损。修复方法有镀铬、热喷涂等。对于修复量不大的滑动轴承轴颈也可采用砂布打磨或用磨床磨光。

8.4.4 泵类设备故障修理案例

(1) 离心泵振动的原因及其防范措施

① 离心泵产生振动的原因

a. 设计欠佳所引起的振动。离心泵设计上刚性不够、叶轮水力设计考虑不周全、叶轮的静平衡未作严格要求、轴承座结构不佳、基础板不够结实牢靠，是泵产生振动的原因。

b. 制造质量不高所引起的振动。离心泵制造中所有回转部件的同轴度超差、叶轮和泵轴制造质量粗糙，也是泵产生振动的原因。

c. 安装问题所引起的振动。离心泵安装时基础板未找平找正、泵轴和电动机轴未达到同轴度要求、管道配置不合理、管道产生应力变形、基础螺栓不够牢固，也是泵产生振动的原因。

d. 使用运行不当所引起的振动。选用中采用了过高转速的离心泵、操作不当产生小流量运转、泵的密封状态不良、泵的运行状态检查不严，也是泵产生振动的原因。

② 离心泵防治振动的措施

a. 从设计上防治泵振动

ⅰ. 提高泵的刚性。刚性对防治振动和提高泵的运转稳定性非常重要。其中很重要的一点是适当增大泵轴直径和提高泵座刚性。提高泵的刚性是要求泵在长期的运转过程中保持最小的转子挠度，而增大泵轴刚性有助于减少转子挠度，提高运转稳定性。运转过程中发生轴的晃动、密封破坏、口环磨损等诸多故障均与轴的刚性不够有关。泵轴除强度计算外，其刚度计算不能缺少。

ⅱ. 周全考虑叶轮的水力设计。应尽量让泵的叶轮在运转过程中少发生汽蚀和脱流现象。为了减少脉动压力，适宜将叶片设计成倾斜的形式。

ⅲ. 严格要求叶轮的静平衡数据。离心泵叶轮的静平衡允许偏差数值一般为叶轮外径乘以 0.025g/mm，对于高转速叶轮（2970r/min 以上），其静平衡偏差还应降低一半。

ⅳ. 设计上采用较佳的轴承结构。轴承座的设计，应以托架式结构为佳。目前使用的悬臂式轴承架，看起来结构紧凑、体积小，但刚性不足、抗振性差、运转中故障率高。而采用托架式泵座不仅可以提高支承的刚性，而且可以节约泵壳所使用的耐腐蚀贵重金属材料，既省略了泵壳支座，又可减薄壁厚，两全其美。

ⅴ. 结实可靠的基础板设计。一些移动使用的泵对基础板并没有很严格的要求，这是因为泵的进、出口管都为橡胶软管，泵在运转过程中处于自由状态。而在工艺流程中固定使用的泵往往跟复杂而强劲的钢制管道联系在一起，管道的装配应力、热胀冷缩所产生的应力与变形最终都作用在泵的基础上，因此基础板的设计应有足够的强度和尺寸要求。

b. 从制造质量上防治泵振动

ⅰ. 同轴度应达到要求。有不少泵的振动或故障是由于同轴度失调所引起的，泵轴、轴承座、联轴器、叶轮、泵壳及轴承等，都需要按设计图纸上标注的精度进行加工检测，以保证同轴度合格。

ⅱ．精细地制造叶轮和泵轴。泵轴的表面光洁度要高，尤其是密封和油封部位。泵轴的热处理质量应达到要求，高转速泵更应严格要求。叶轮的过流面应尽可能光洁，材质分布应均匀，型线应准确。

c. 从安装上防治泵振动

ⅰ．基础板找平找正。垫铁应选好着力点，最好设置于基础附近并对称布置，同一处垫铁数量不能多于 3 块。垫铁放置不适当时，预紧螺栓可能造成基础板变形。

ⅱ．泵轴和电动机轴要保证同轴度。校联轴器同轴度时，应从上下和左右方向分别校正。两联轴器之间应留有所要求的间隙，以保证两轴在运转过程中作限定的轴向移动。

ⅲ．管道配置应合理。泵的进口管段应避免突弯和积存空气，进口处最好配置一段锥形渐缩管，使其流体吸入时逐渐收缩增速，以便流体均匀地进入叶轮。

ⅳ．避免管道应力对泵的影响。管道配置时应当尽可能地避免装配应力、变形应力和管道阀门的重力作用到泵体上，对温差变化较大的管系，应设置金属弹簧软管以消除管道热应力的影响。

ⅴ．检查基础螺栓是否牢固可靠。新泵安装好后，一定要预紧地脚螺栓后再行试机。如果这一关键过程被忽略，往往造成基础板下的斜垫铁振动而退位，再紧就容易破坏基础板的水平，这将对泵的运转造成长期的不良影响。

d. 从运转维修上防治泵振动

ⅰ．尽可能地选用低转速泵。尽管高转速泵可以减小泵的体积和提高效率，但有些高转速泵由于设计制造问题很难适应高速运转的要求，运转稳定性差，其使用寿命较短，故从运行方面考虑，为了减少停机损失和延长运行寿命，还是选用低转速泵较为有利。

ⅱ．防止小流量运转或开空泵。操作上不允许使用进口阀门调节流量，运行情况下进口阀门一般要全开，控制流量只能调节出口阀门，如果运转过程中阀门长期关得过小，说明泵的容量过大、运行不经济且影响寿命，应当改选泵型或降低转速运行。

ⅲ．保持泵良好的密封状态。密封不好的泵除了造成跑、冒、滴、漏损失以外，最严重的问题是流体进入轴承内部，加剧磨损，引起振动，缩短寿命。施加填料（盘根）时，除了需遵照通常的操作要求外，最容易被忽视的问题是将填料弄脏。轴套上显现的道道沟槽往往是由于装入了粘有泥土和砂粒的脏填料所致。如果是采用机械密封，需要注意的问题是动、静环的材质选择要恰当，材料不能抵抗工作介质的腐蚀作用，是机械密封故障多发的重要因素之一。

ⅳ．严格检查泵的运转状态并及时处理。检查润滑油的油温及温升；检查填料函部位的温度及渗漏情况；检查振动情况和异响噪声等；要注意排出口、吸入口的压力变化及流量变化情况，排出压力变化剧烈或下降时，往往是由于吸入侧有异物堵塞或者是吸入了空气，要及时停泵处理；检查电动机的运转情况并经常注意观察电流表指针的波动情况，日常检查情况的内容最好是记入运行档案，发现异常情况应及时停机处理，不可延误。

(2) 离心泵组常见故障的诊断与排除

离心泵是利用叶轮高速转动所产生的离心力来抽取液体或其他物料的，应用量大、面广，如农业灌溉、市政供水、电站循环水供给、城市污水处理等所使用的泵大部分都是离心泵。

随着现代化工业及科学技术的迅速发展，生产设备日趋大型化、高速化、自动化和智能化。如果能充分了解设备故障，就可以及时发现设备工作中的异常现象，进而对设备进行预知维修，这样就可以避免许多本来可以避免的事故和避免那些事后维修造成的损失。

① 离心泵机组常见故障分析　造成离心泵故障的原因多种多样，常见的有设备固有故障、安装故障、运行故障和选型错误，如泵不能正常启动、泵不出水或流量不足、泵振动与

噪声、轴承发热、泵超功率、汽蚀等。判断离心泵故障时，应该结合设备状态基本指标和丰富的维修经验进行诊断。

a. 设备故障

ⅰ. 转轴故障。离心泵机组的旋转部件主要有驱动电机转子、泵轴、叶轮、轴承等。离心泵机组故障的外在特征大部分表现为与振动有关的信息。当转子高速运转时，各部件都以不同的频率振动，其中任何一个部件出现异常，便以其特有的频率加剧振动。因此，可以通过以下三种方法诊断转轴是否出现异常：转子不平衡，经过一段时间的运行，由于偏心量的少许增加，使惯性离心力剧增而导致转子不平衡振动；电机与泵两根轴的中心线不对中，发生偏移，这时轴容易发生轴向振动；泵头的锁紧机构失效或基础松动、轴承间隙过大等原因引起的松动现象，这种松动会使转子发生严重振动。

ⅱ. 轴承故障。离心泵机组的滑动轴承结构为自润滑式半液体摩擦，其故障多来源于黏着磨损、疲劳磨损和磨料磨损。引起磨损或失效的原因主要是：接触面间的间隙过大或过小；接触表面的均匀度及表面粗糙度；润滑油液的物理和化学性质。其故障的特征是：振动频率与基频相同，振幅随磨损的增大而增大；振动方向为上、下方向，振动加速度值至少有10dB 增量；故障处的温度明显上升。离心泵机组所用的止推轴承一般只承受机组启动和工况变化时所产生的轴向力，其故障的形式主要有磨损、腐蚀、断裂、疲劳及胶合。其故障的特征是：在正常情况下，滚动轴承的振动无冲击，且幅值平缓；但当轴承损伤时，一般会出现轴向振幅增大。

ⅲ. 联轴器故障。联轴器是电机连接泵的重要部件，它与泵电机的装配精度以及自身的加工精度往往影响着离心泵机组的正常运行。影响联轴器精度的几个关键部位是：锥孔的锥度和表面粗糙度；定位止口的尺寸误差；外圆端面与中心线的垂直度；联轴销的平衡度。在检验时，只要把握这几个关键问题，由联轴器引起的机组振动问题就会迎刃而解。由于联轴器故障引起的振动特征往往包含在不对中故障特征中，判断它与不对中故障的区别在于离心泵机组同轴度检验是否合格，这一点非常重要。

ⅳ. 密封问题。在石油化工企业中，工作介质大部分是流体，且介质大多数具有腐蚀性、可燃性、易爆性及毒性等，一旦密封失效，介质外漏，不但污染环境，影响人的身体健康，而且往往还会导致火灾、爆炸和人身伤亡等重大事故，可见密封对于安全生产、节省能耗和物料消耗、保证设备运转可靠、效率高、正常连续化生产等都具有重要的意义。对于离心泵机组来说，轴头甩油现象就是一个值得关注的问题。因为离心泵轴头甩油不仅损坏设备，给安全生产带来很大的隐患，同时还会造成极大的浪费，污染环境，进而影响人们的身体健康。离心泵甩油是由于泵的高速运转而导致落在轴头上的润滑油在离心力的作用下沿着轴向外渗出，离心泵轴头甩油会使离心泵润滑质量下降。对于这种漏油现象，可以采用全封闭或部分封闭、填塞或阻塞、分隔或间隔、引出或注入、流阻或反输、贴合或粘合以及几种密封方法组合的密封方法进行密封。另外，也要尽量减少落到轴上的油量，进而从根本上杜绝甩油来源。

b. 启动故障

ⅰ. 电机不能正常启动。如果是电机作为原动装置，首先用手拨动电机散热风扇，看转动是否灵活。如果灵活，可能为启动电容失效或容量减小，应更换相同值的启动电容；如果转不动，说明转子被卡死，应清洗铁锈后加润滑油脂，或清除卡转子的异物。

ⅱ. 水泵反向旋转。遇到此类情况多出现在第一次使用时，应立即停机，如为电机，应调换三相电源中任意两相，可使水泵旋转方向改变，若以柴油机为动力，则应考虑带的连接方式。

ⅲ. 离心泵转动后不出水。如转动正常但不出水，可能的原因和处理方法有：吸入口被杂物堵塞,应清除后安装过滤装置;吸入管或仪表漏气、焊缝漏气、管子有砂眼或裂缝、接合处垫圈密封不良等;吸水高度过高,应将之降低;叶轮发生汽蚀;注入泵的水量不够;泵内有空气,排空方法为关闭泵出口调节阀,打开回路阀;出水阻力太大,应检查水管长度或清洗出水管;水泵转速不够,应增加水泵转速。

ⅳ. 启动负荷太大。可能的原因有:启动时没有关闭排出管路的闸阀;填料压得太紧,使润滑水进不去,或水封管不通水。处理方法:关闭闸阀,重新启动;放松填料或对水封部分进行故障情况检查,并针对检查结果加以消除。

ⅴ. 压力表虽有压力,但排水管不出水。可能的原因有:排水管阻力太大;水泵转向不对;叶轮流道堵塞。处理方法:检修排水管或适当缩短排水管;检查电机相位是否接错;清洗叶轮。

c. 运转故障

ⅰ. 流量不足或停止。可能的原因和处理方法有:叶轮或进、出水管堵塞,应清洗叶轮或管路;密封环、叶轮磨损严重,应更换损坏的密封环或叶轮;泵轴转速低于规定值,应把泵速调到规定值;底阀开启程度不够或逆止阀堵塞,应打开底阀或停车清理逆止阀;吸水管淹没深度不够,使泵内吸入空气;吸水管漏气;填料漏气;密封环磨损,应更换新密封环或将叶轮车圆,并配以加厚的密封环;叶轮磨损严重;水中含砂量过大,应增加过滤设施或避免开机。

ⅱ. 声音异常或振动过大。水泵在正常运行时,整个机组应平稳,声音应正常。如果机组有杂音或异常振动,则往往是水泵故障的先兆,应立即停机检查,排除隐患。水泵机组振动的原因很复杂,从引发振动的起因看,主要有机械、水力、电气等方面,从振动的机理看,主要有加振力过大、刚度不足和共振等。其可能原因和处理方法有:机械方面,叶轮平衡未校准、应立即校正,泵轴与电机轴不同心,应校正,基础不坚固或地脚螺栓松动,泵或电机的转子转动不平衡;水力方面,吸程过大、叶轮进口产生汽蚀,水流经过叶轮时在低压区出现气泡,到高压区气泡溃灭,产生撞击引起振动,此时应降低泵的安装高度,泵在非设计点运行,流量过大或过小,会引起泵的压力变化或压力脉动,泵吸入异物、堵塞或损坏叶轮,应停机清理,进水池形状不合理,尤其是当几台水泵并联运行时,进水管路布置不当,出现旋涡使水泵吸入条件变坏;共振引起的振动,主要是转子的固有频率和水泵的转速一致时产生。

ⅲ. 喘振。喘振使液体流量大幅度、高速度往返波动,引起机组强烈振动,导致泵体移位,失去对中精度,还会造成机组的严重损坏。有资料介绍,当离心泵的压比提高,使离心泵机组接近喘振工况时,频率为叶片通过频率(叶片数×转动频率)的振动分量,其幅值陡增近10倍。这些事实说明,当离心泵接近临界工况时,人们可能从其叶片通过频率分量的异常变化而觉察到喘振的发生。因此,对喘振的故障诊断依据为振动主频率是基频的叶片倍数;其次,吸入口的压力下降和喘振时伴随的噪声是喘振的外在特征。

ⅳ. 油膜振荡。油膜振荡是一种在某转速下突然开始的轴承中发生的流体力不稳定现象。其特点是振动频率约为转子转动速度的一半。随着转子转速的上升,油膜涡动也随之上升;当转子转速上升到临界转速2倍以上时,涡动频率不再上升,并出现强烈振动。油膜振荡是油膜涡动与转子两者相互作用的结果。根据线性化理论,一旦出现这种振动,就会产生相当大的共振振幅,增加转子中心与轴承中心的偏离程度,容易导致转子疲劳破坏。离心泵机组出现油膜振荡的依据为:振动主频率是基频的 $0.43 \sim 0.48$ 倍。

ⅴ. 轴承过热。运行时,如果轴承烫手,应从以下几方面排查原因并进行处理:润滑油量不足或油循环不良;润滑油质量差,杂质使轴承锈蚀、磨损和转动不灵活;轴承磨损严重;泵与电机不同心;轴承内圈与泵轴轴颈配合太松或太紧;用带传动时带太紧;受轴向推力太大，应逐一疏通叶轮上的平衡孔。

ⅵ. 泵耗用功率过大。泵运行过程若出现电流表读数超常、电机发热，则有可能是泵超功率运行，可能的原因：泵内转动部分发生摩擦，如叶轮与密封环、叶轮与壳体；泵转速过高；输送液体的密度或黏度超过设计值；填料压得过紧或填料函体内不进水；轴承磨损或坏；轴弯曲或轴线偏移；泵运行偏离设计点，在大流量下运行。

② 离心泵的日常维护

a. 开机前的准备。为确保水泵的安全运行，开机前应进行必要的检查。先用手慢转联轴器或带轮，观察水泵转向是否正确，转动是否灵活、平稳，泵内有无杂物，轴承运转是否正常，带松紧是否合适；检查所有螺钉是否坚固；检查机组周围有无妨碍运转的杂物；检查吸水管淹没深度是否足够；有出水阀门的要关闭，以减少启动负荷，并注意启动后及时打开阀门。

b. 运行中的检查。开机后，应检查各种仪表是否工作正常、稳定，电流不应超过额定值。压力表指针应在设计范围内；检查水泵出水量是否正常，检查机组各部分是否漏水；检查填料压紧程度，通常情况下填料处宜有少量的泄漏（每分钟不超过 10～20 滴），机械密封的泄漏量不宜大于 10mL/h（每分钟约 3 滴）；滚动轴承温度不应高于 75℃；滑动轴承温度不应高于 70℃。并注意有无异响、异常振动，注意出水量减少情况；及时调整进水管口淹没深度；经常清理拦污栅上的漂浮物；通过带传动的，还要注意带是否打滑。

c. 停机和停机后的注意事项。停机前应先关闭出水阀门再停机，以防发生水倒流，损害机件；每次停机后，应及时擦净泵体及管路的油渍，保持机组外表清洁，及时发现隐患；冬季停机后，应立即将水放净，以防冻裂泵体及内部零件；在使用结束后，要进行必要的维护。

d. 离心泵的周期性检查。离心泵的周期检查一般可分为以下三种：日常检查，即使用中的检查，如上所述；月检查，在不拆卸零部件的情况下，对设备外表进行清洗和小修，包括对轴承温度、轴封泄漏原因及电机绝缘情况等方面的检查；定期检修，包括更换轴封润滑油，检查泵和电机对中情况，检查轴套磨损情况，检查联轴器橡胶圈损坏情况，清洗机械密封、冷却液过滤器及泵过滤器，检查滑动部件磨损情况，检查接触液体的各部件损伤、腐蚀情况等。

(3) 潜水电泵的常见故障及维修方法

潜水排污泵以其卓越的性能广泛应用于城市给排水行业、建筑工地排水、工厂、矿山、住宅区污水废水排放以及农田灌溉、养殖业的液肥处理等。其种类繁多，安装方式有固定湿式安装、固定干式安装和移动式安装等。

潜水电泵是在水下运行的，发生故障的原因和排除方法与一般水泵有所不同。

① 常见故障

a. 潜水电泵不能启动。一种情况是合闸后，电动机发出嗡嗡声，说明电路是通的，但电机不转，这时应立即停车检查。其故障原因及排除方法有：电缆线、开关接线或电机定子绕组有一相不通，形成缺相供电；电压太低，原因可能是电源电压偏低、电缆过长而截面偏小、变压器容量太小或变压器离机组过远等，应逐项检查，予以排除；叶轮被杂物卡住或导轴承与轴的间隙过小，发生抱轴、咬死现象，应提泵检查、清理或修理轴承。另一种情况是，合闸后电机不转，也没有任何声响，这说明电路不通，这时应首先检查电路是否断路或被拉断，保险丝接触是否良好或被熔断等。如线路正常，可能是电机定子绕组烧坏了，可拆开电泵检查电机定子绕组，如检查属实，应拆出绕组，重新换线。

b. 潜水电泵启动后不出水、出水少或间歇出水。其故障原因及排除方法有：过流部分如滤网、叶轮、导流壳、扬水管等部件被堵死，或者扬水管断裂，这时常会出现电流表读数增大且指针剧烈摆动，机组、管路振动等现象，应停机检查、清理，必要时应更换扬水管；机组运转正常，但出水少，其原因是过流部分局部被堵塞，配套不合理，或需要扬程超过水泵额定扬程太多，这种情况需要换一扬程较高的水泵，也可能是叶轮转向反向，只需将引入线的任意两相换接即可，如是密封环或叶轮过度磨损，则应及时更换密封环，修理或更换新叶轮；机组转动正常，但不出水，主要原因是动水位在抽水过程中下降过多，可关小水管上的闸阀，减小出水量，或将泵往下放，若下放深度达到或超过水泵规定使用范围仍不理想，则说明水泵选用不当，应换一个流量较小的泵。

c. 电机突然不转。应首先切断电源，检查线路，看是否有电源停电或保险丝熔断或电路不通。若电路正常，很可能是电机的定子绕组烧坏。常见的原因有：电机长期超负荷作业，温度经常过高，绕组绝缘逐渐老化失效而被烧毁；单相运行或长期电压偏低，电流增大，电机过热而烧毁；在抽水过程中，水位过分下降，使电机露出水面运行时间较长；由于洗井不彻底或管理不善，电机被泥沙埋没；电机启动、停机过于频繁，造成电机过热；电缆破损或接头不严，水渗入电缆内部，绝缘被烧坏，造成短路；湿式潜水电泵电机内缺水、缺油，使电机散热不良而烧毁；叶轮或其他转动部件被杂物卡住，电机不转，过电流保护装置失灵，定子电流突然增大，烧毁绕组。

d. 潜水电泵运行时振动有噪声。主要原因和排除方法有：电机或水泵的导轴承磨损，轴在轴承内摆动，或因轴弯曲而引起偏磨，此时，电流表读数增大，指针剧烈摆动，机组振动，应立即停机，吊出水泵，更换导轴承或调直转轴；叶轮紧固螺母松动，叶轮与导流壳产生碰撞或摩擦，引起机组振动，应立即停机，吊出水泵，将叶轮螺母拧紧；止推轴承磨损，使叶轮前盖板和导流管发生摩擦，此时的电流表指针剧烈摆动，有明显的机械摩擦声和振动，应立即停机，吊出水泵，更换止推轴承或推力盘，叶轮磨损严重时，应同时更换叶轮；电机转子或电泵叶轮本身的平衡不合格，转动时引起机组振动，应取出电机转子或水泵叶轮，进行动、静平衡试验，使其达到平衡为止，然后再装好使用。

② 大型潜水泵的日常维护保养与维修

a. 潜水泵的使用及注意事项

ⅰ. 选型。使用中应根据自身工况特点，正确选择潜水泵，选型时主要考虑流量、扬程、安装方式等。只有所选扬程与实际所需扬程接近，水泵才能高效节能运行，选择不当对水泵运行影响极大，低了泵流量上不来或不出水，高了潜水泵工作时上窜，造成机械摩擦增大，损坏潜水泵，并出现流量过大致使电机超载，若长时间运行，绕组温度升高，绝缘层逐渐老化，甚至烧毁电机。

ⅱ. 吊装及检修后投运前的注意事项。吊装时应注意保护电缆，以防破损，严禁用电缆直接起吊，所用起吊装置（如三角架、吊葫芦或电动葫芦等）起重量应大于潜水泵重量，并留有足够余地。起吊前人工转动叶轮检查转动是否灵活，主接触器触头接触是否良好，电缆线和电缆接头有无破裂、擦伤痕迹，电机外壳接地是否可靠（为确保安全，接地线一般应比其他线长出 5mm），并用万用表检查相线路导通情况。有条件的可用数字直流低阻仪（测量精度可达 $10\mu\Omega$）分别检查三相绕组阻值平衡情况，测量时一般视潜水泵功率大小选择适当的测量挡，对 100kW 以上的大中型潜水泵，其相间阻值一般为几十至上百毫欧，可选 0.2Ω 挡，测量时注意必须分别将红、黑两根检测表笔的两根指针同时接触被检测部分（即导体），以减少误差和干扰。注意，即使电机内出现局部相间或匝间短路，万用表因自身精度和接触电阻的影响，无法对三相绕组阻值平衡情况作出精确测量，建议对几十或上百千瓦的电机采用数字直流低阻仪测量。如用万用表测量则绕组测量显示值仍与两表笔短接时显示值基本相同，根据所用万用表型号的不同，数值一般在 $0.5\sim1\Omega$ 不等。

安装时不允许将潜水泵横放或直接将其放置在污水入口处，根据现场情况确定好潜水泵距底部最小高度，以免被泥沙埋没或水泵入口被悬浮物堵塞，致使传热速度降低，电机绕组温度上升，绝缘老化，缩短定子的使用寿命或造成无故跳闸。切不可将水泵直接放在泥地或浮泥沙上，如确需临时安装，建议将水泵放置在较大的底板或坚实的地面上，以免因振动产生下陷。安装完毕后，待潜水泵全部浸入水中，在接入电源前用500V兆欧表检查电机三相对地绝缘电阻，最低不少于1MΩ。

ⅲ．运行时的注意事项。启动潜水电泵，应转动平稳，无振动和异常响声，观察电机运行电流和线路电压启动前后有无明显波动。电机主回路通电后，若发现电机不转动，应立即停机，以防电机卡死长时间通电而烧毁。注意对首次安装或检修后投运的潜水泵，试机时只能就地启动，以便观察，若发现潜水泵异常，应立即停机，检查旋转方向是否正确，安装是否妥当，查找原因排除故障后方可投运。对因电机烧毁致使绕组重绕的潜水泵，第1次投运几小时后，可停机测量热态对地绝缘电阻，应不小于0.38MΩ才能继续使用。

潜水泵运行时必须潜入水中，且开停不宜过于频繁；每小时启动次数一般不多于6次，且要求间隔均匀。再次启动应在停机3～5min后进行，以防止管道内产生水锤损坏潜水泵。

ⅳ．电源、环境及其他注意事项。潜水泵一般对电源电压、频率的上下偏差范围都有一定的要求，电源不稳的地区应注意观察，以防损坏。对大功率潜水泵必须采用降压启动或软启动，以减少对电网附近低压电气设备、仪器仪表、自控系统及潜水泵自身的冲击。潜水泵一般对所输送液体中的固体物含量及固体颗粒直径、pH值、水温、氯离子含量等均有一定的要求，使用中需加注意，以免造成不必要的损坏。运行时应使潜水泵安全潜入水中，并注意冷却水冷却情况，以利于潜水泵的散热。

潜水泵控制用的投入式液位计和浮球的安装位置必须适当，既要避免太低时泥沙堆积，致使液位计无法检测水位或精度下降，同时要考虑在浮球停机的最低水位能保证潜水泵仍潜入水中，平时注意及时清理池底的污泥和杂物。

潜水泵如长时间停用，应将其吊起，清洗排放口，将冷却套内的积水全部排放干净并清洗泥沙（寒冷的冬季尤为重要，以防冻坏电机），将电机、水泵内外擦洗干净，进行全面的涂漆防锈处理，有条件的可在水泵重点部位涂上黄油，轴承内加上润滑油，以防零部件锈蚀，处理完毕后存放在无腐蚀性物质和干燥通风的仓库。若置于水中，每几天至少运行一次，时间不少于30min。

b．检修主要内容及维修工作中的常见问题

ⅰ．检修主要内容。为了保证潜水泵的可靠运行，延长使用寿命，需定期对潜水泵及其控制系统进行全面维护保养，每年至少进行一次全面预防性检修，内容包括：开机时振动声音及电压电流有无异常、启动装置工作是否正常、超温漏水是否报警、计算机控制设立的多重保护是否经常动作、主电缆和控制电缆有无老化开裂、主接触器有无粘死氧化或毛刺、热继电器设置是否正确、绕组绝缘层有无老化迹象、对地绝缘电阻是否过低、三相绕组阻值是否平衡、定子转子间是否有扫膛或擦痕、控制系统液位计是否准确、上下限输出是否正常可靠、浮球动作是否可靠、温度检测元件是否老化误动、油质有无乳化、机械密封是否完好、轴承有无磨损、叶轮有无磨损或汽蚀、轴是否生锈变形或磨损、电机内外紧固螺钉有无松脱、冷却套及循环水管中有无杂物、泵口及周围有无泥沙沉积或堵塞等。

在预防性维修及潜水泵运行过程中，应正确区分超温报警，报警时是真正超温还是元件老化误动作。如属元器件老化，则只需将其信号接入报警信号中，不让其直接参与控制，以减少潜水泵的频繁启动。

ⅱ．维修工作中的常见问题。潜水泵使用时长期浸泡在水中，致使主电缆外皮老化开裂，水通过裂纹顺着电缆内部直接进入潜水泵，因此必须定期对电缆进行检查，对范围较小的局部裂纹，将电缆表面清洁除垢后，可采用防水胶布缠绕对其进行防水处理，但注意要浸泡几小时后用摇表检查绝缘，符合要求后方可投运。对绝缘不合要求或无修复价值的主电缆进行更换。因主电缆是具有水密接头的专用电缆，更换时价格较贵，因此可采用加工粘接的办法节约成本。

维修时，因进水乳化的机油需进行更换，但为节约成本，可对乳化的机油采用油质专用过滤装置进行再生后循环使用。维修中有时会出现泵轴生锈致使轴承无法取出的现象，此时可将轴承潜入机油中加热至 70～80℃，再用拉马拉出，切忌直接用拉马硬拉或用气割，以免损坏轴承，致使主轴变形。如出现泵轴磨损、弯曲变形，可除锈后采用喷涂进行修复或校正。

潜水泵长期使用后，叶轮因磨损、汽蚀出现孔洞或叶轮完全穿透，严重影响了水泵的效率和叶轮的平衡，如长期运行将进一步损坏机械密封和轴承，为此对损坏严重的应及时更换或维修。为节约成本，对仅出现孔洞或局部磨损而叶轮尚未完全穿透的可采用贝尔佐纳（Belzona）1311 或其他修补材料加铸铁粉进行修复，但在实践中应注意修复面的表面光洁和叶轮的整体曲线，同时对叶轮进行动平衡试验，以确保水泵运行中转动平稳，一般经修复后的叶轮能继续运行 1～2 年。

对潜水泵更换轴承、机械密封后，在装配过程中应注意转子及泵轴的下放，以免碰坏定子绕组致使绝缘破损或铜线断裂。若碰坏几根，可将其套上绝缘套管后，采用低熔点焊锡焊接，涂上绝缘漆干燥后，将绝缘套管回移至焊接处套上，然后用绝缘纸或绝缘布将已修复的绕组相互隔开以加强绝缘，再涂上绝缘漆干燥后，用摇表检查绝缘，符合要求后进行下一步安装。另外，注意转子下端与油室的紧固螺钉务必拧紧，以防螺钉松脱后随转子转动将定子线圈损坏。维修后安装时对潜水泵各连接密封面应涂上密封胶以加强密封，防止进水。潜水泵维修完毕后，应全部浸入水池或水箱中，用 0.2MPa 压缩空气进行 20min 的水封试验，检查潜水泵各部分无漏气后方可运往现场安装。

③ 潜水电泵维修的注意事项

a. 拆卸方法要正确。拆卸前要在前后端盖与机座的合缝处用錾子打上记号。因为电机在出厂时的装配是相当合理的，修理后如不按原样装配，可能会造成稍有误差而引起转轴不太灵活。拆卸时要仔细观察绕组的烧坏程度，初步分析烧坏的原因，要注意轻微的扫膛、滚珠破裂等容易看出的故障。如锈蚀严重，不要硬打硬冲，可采用气焊加热合缝处的方法，边加热边用锤轻打，利用热胀原理用拉马或冲子取下。在拆修坏绕组时，要注意保护好铁芯及塑料护圈。如果方法不合适，可能会使铁芯外胀及伤残，电机在通电时可能产生电磁效应而使铁芯振动、绕组自身振动，很容易造成绝缘纸、电磁线的绝缘损坏。拆线方法是用斜口钳从一头端面剪断，另一头用钳子抽出。

b. 自制线模要合适，嵌线要正确。要嵌好一相后，再嵌另一相，使端部形成三层平面，端部必须包扎牢固，防止在装配时划伤。

c. 要调整好限位螺钉的位置。调整时要认真仔细，做到转子转动自如，并且空载电流为最小是最佳状态，然后一定要将锁紧螺母拧紧。

d. 接头的防水绝缘要处理好。接头处剥去护套及绝缘层，并清除铜线表面的漆层、氧化层，绞接后锡焊。然后清除掉尖角、毛刺及焊液，用聚乙烯带半叠包 6 层，再用涤纶胶黏带半叠包 2 层，作为机械保护层。

e. 潜水电泵电机线圈上绝缘漆方法。电机下完线，定型后要上绝缘漆。正确的上漆方法是：将电机的整个嵌线定子浸在绝缘漆中，历时 0.5h 取出。如采用刷子刷的办法在定子上涂绝缘漆，由于绝缘漆有一定黏性，故渗透性、均匀性较差，使上绝缘漆这一工序达不到规定的质量要求。

f. 烘烤浸漆定子的温度和时间要恰当。烘烤定子的目的是烘干所上的绝缘漆和去除定子线圈导线间的水分和潮气。正确的烘烤方法是：将定子放入烘箱中烘烤，温度升至110～120℃，持续12h，保温并随烘烤箱冷却12h（注意，不同季节、不同质量的导线，对温度和时间的要求有差异）。如果烘烤温度和时间不够，或者不进行保温处理，将导致定子线圈中的水分和潮气不能驱尽，而使电机的质量达不到要求。

g. 加注机械油要注意质量。油浸式电机修理后，应在其定子、转子所有空隙中加注5#（或10#）新机械油。

h. 电机绕组对机壳绝缘阻值符合要求。定子注油后绕组对机壳的冷态绝缘电阻值，可用500V的电压表测量，应不小于100MΩ。绝缘电阻值过低，易引发触电事故，绝不能掉以轻心。

i. 整体式密封盒要定期检查和修理。整体式密封盒是潜水电泵的关键密封部件，其技术状态的好坏，将直接影响电机能否正常运行。潜水电泵运行50h后，应将其提上地面进行检查。检查方法和要求如下：从电机下端盖的加油孔放出少量的油，查看油中是否有水分。如果油中含水量不超过5mL，说明密封正常，可继续使用，以后每月检查一次。如果运转50h后，含水量超过5mL，则应将水放尽，将油补够，将加油孔螺塞拧紧，再运行50h，进行第二次检查。若含水量少于5mL，可继续使用，以后每月如上所述检查一次。如果含水量大于5mL，说明密封有问题。若上盖油中有水，说明第一对磨块漏水或下部橡胶环损坏；若下盖内油中有水，则是第二对磨块漏水或下部橡胶环损坏。这时，应对漏水的磨块和损坏的橡胶环进行处理或更换。对修复后或将更换的整体式密封盒，必须进行气压试验，检查是否有漏气现象。若漏气，必须重新安装或更换密封盒，并将电机进行烘干或晾干处理。最后，从上、下加油孔将新机油加满。

第9章

机械设备故障的诊断技术

机械设备的状态监测与故障诊断是指利用现代科学技术和仪器，根据机械设备外部信息参数的变化来判断机器内部的工作状态或机械结构的损伤状况，确定故障的性质、程度、类别和部位，预报其发展趋势，并研究故障产生的机理。

状态监测与故障诊断技术是近年来国内外发展较快的一门新兴学科，它所包含的内容比较广泛，诸如机械状态量（力、位移、振动、噪声、温度、压力和流量等）的监测，状态特征参数变化的辨识，机械产生振动和损伤时的原因分析、振源判断、故障预防，机械零部件使用期间的可靠性分析和剩余寿命估计等，都属于机械故障诊断的范畴。

机械设备状态监测与故障诊断技术是保障设备安全运行的基本措施之一，其实质是了解和掌握设备在运行过程中的状态，预测设备的可靠性，确定其整体或局部是正常还是异常。它能对设备故障的发展作出早期预报，对出现故障的原因、部位、危险程度等进行识别和评价，预报故障的发展趋势，迅速地查寻故障源，提出对策建议，并针对具体情况迅速地排除故障，避免或减少事故的发生。

从设备诊断技术的起源与发展来看，设备诊断技术的目的应是"保证可靠地、高效地发挥设备应有的功能"。这包含了三点：一是保证设备无故障，工作可靠；二是保证物尽其用，设备要发挥其最大的效益；三是保证设备在将有故障或已有故障时，能及时诊断出来，正确地加以维修，以减少维修时间，提高维修质量，节约维修费用，应使重要的设备能按其状态进行维修，即视情维修或预知维修，改革目前按时维修的体制。应该指出，设备诊断技术应为设备维修服务，可视为设备维修技术的内容，但它绝不仅限于为设备维修服务，正如前两点所示，它还应保证设备能处于最佳的运行状态，这意味着它还应为设备的设计、制造与运行服务。例如，它应能保证动力设备具有良好的抗振、消振、减振能力，具有良好的出力能力等。还应指出，故障是指设备丧失其规定的功能。显然，故障不等于失效，更不等于损坏。失效与损坏是严重的故障。设备诊断技术的最根本的任务是通过测取设备的信息来识别设备的状态，因为只有识别了设备的有关状态，才有可能达到设备诊断的目的。概括起来，对于设备的诊断，一是防患于未然，早期诊断；二是诊断故障，采取措施。具体讲，设备诊断技术应包括以下五方面内容。

① 正确选择与测取设备有关状态的特征信号。显然，所测取的信号应该包含设备有关状态的信息。

② 正确地从特征信号中提取设备有关状态的有用信息。一般来讲，从特征信号来直接判明设备状态的有关情况，查明故障的有无是比较难的，还需要根据相关理论、信号分析理论、控制理论等提供的理论与方法，加上试验研究，对特征信号加以处理，提取有用的信

息，才有可能判明设备的有关状态。

③ 根据征兆正确地进行设备的状态诊断。一般来讲，还不能直接采用征兆来进行设备的故障诊断、识别设备的状态。这时，可以采用多种的模式识别理论与方法，对征兆加以处理，构成判别准则，进行状态的识别与分类。显然，状态诊断这一步是设备诊断重点所在。当然，这绝不表明设备诊断的成败只取决于状态诊断这一步，特征信号与征兆的获取正确与否，应该是能否进行正确的状态诊断的前提。

④ 根据征兆与状态正确地进行设备的状态分析。当状态为有故障时，则应采用有关方法进一步分析故障位置、类型、性质、原因与趋势等。例如，故障树分析是分析故障原因的一种有效方法，当然，故障的原因往往是次一级的故障，如轴承烧坏是故障，其原因是输油管不输油，不输油是因油管堵塞，后者是因滤油器失效等，这些原因就可称为第二、三、四级故障。正因为故障的原因可能是次级故障，从而有关的状态诊断方法也可用于状态分析。

⑤ 根据状态分析正确地作出决策。干预设备及其工作进程，以保证设备可靠、高效地发挥其应有功能，达到设备诊断的目的。干预包括人为干预和自动干预，即包括调整、修理、控制、自诊断等。

应当指出，实际上往往不能直接识别设备的状态，因此事先要建立同状态一一对应的基准模式，由征兆所作出的判别准则，此时是同基准模式相联系来对状态进行识别与分类的。显然，将上述设备诊断内容加以概括，可得到图 9-1 所示的设备诊断过程框图。

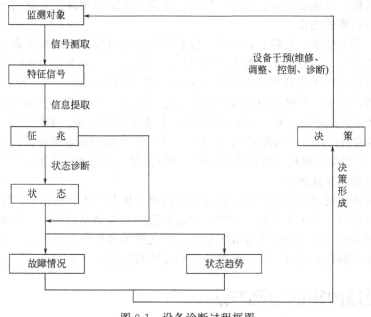

图 9-1　设备诊断过程框图

9.1　设备故障的信息获取和检测方法

9.1.1　设备故障信息的获取方法

对设备故障进行诊断，首先应获取有关信息。信息是指某些事实和资料的集成，是提供给人们判断或识别状态的重要依据。信号是信息的载体，充分地检测足够量的、能反映系统状态的信号对诊断来说是至关重要的。一个良好的诊断系统首先应该能正确地、全面地获取监测和诊断所必需的全部信息。下面介绍信息获取的几种方法。

(1) 直接观测法

应用这种方法对机器状态作出判断主要靠人的经验和感官，且限于能观测到的或接触到的机器零件。这种方法可以获得第一手资料，更多的是用于静止的设备。在观测中有时使用了一些辅助的工具和仪器，如倾听机器内部声音的听棒，检查零件内孔有无表面缺陷的光学窥镜，检查零件表面有无裂纹的磁性涂料及着色渗透剂等，来扩大和延伸人的观测能力。

(2) 参数测定法

根据设备运行的各种参数的变化来获取故障信息是广泛应用的一种方法。因为机器运行时各部件的运动必然会有各种信息，这些信息参数可以是温度、压力、振动或噪声等，它们都能反映机器的工作状态，如根据轴瓦下部油压变化可以了解转子对中情况，分析油液中金属碎屑情况可以了解轴瓦磨损程度等。在运转的设备中，振动是最重要的信息来源，在振动信号中包含了各种丰富的故障信息，任何机器在运转时工作状态发生了变化，必然会从振动信号中反映出来。对旋转机械来说，目前在国内外应用最普遍的方法是利用振动信号对机器状态进行判别。从测试手段来看，利用振动信号进行测试也最方便、实用，要利用振动信号对故障进行判别，首先应从振动信号中提取有用的特征信号，即利用信号处理技术对振动信号进行处理。目前应用最广泛的处理方法是进行频谱分析，即从振动信号中的频率成分和分布情况来判断故障。其他如噪声、温度、压力、变形等参数也是故障信息的重要来源。

(3) 磨损残余物的测定

机器零件，例如轴承、齿轮、活塞环、缸套等在运行过程中的磨损残渣可以在润滑油中找到。测定的方法分为三种：第一种方法是直接检查残渣，以及测定油膜间隙内电容或电感的变化、润滑油混浊度的变化等方法以迅速获得零件失效的信息；第二种方法是残渣的收集，例如采用磁性探头、特殊的过滤器等收集齿轮、滚动轴承等工作表面疲劳引起的大块剥落颗粒；第三种方法是油样分析，可以确定机器中什么零件在磨损。测定机器零部件如轴承、齿轮、活塞环等的磨损残渣在润滑油中的含量，也是一种有效的获取故障信息的方法。根据磨损残渣在润滑油中含量及颗粒分布可以掌握零件磨损情况，并可预防机器故障的发生。

(4) 设备性能指标的测定

设备性能包括整机及零部件性能。通过测量机器性能及输入、输出量的变化信息来判断机器的工作状态也是一种重要方法。例如，柴油机耗油量与功率的变化，机床加工零件精度的变化，风机效率的变化等均包含着故障信息。对机器零部件性能的测定，主要反映在强度方面，这对预测机器设备的可靠性，预报设备破坏性故障具有重要意义。

9.1.2 设备故障的检测方法

由于机器运行的状态千差万别，因而出现的故障也多种多样，采用的检测方法各不相同。表 9-1 给出了常见故障及检测方法。

表 9-1 常见故障及检测方法

故　　障		检　测　方　法
振动和噪声的故障	振动法	对机器主要部位的振动值如位移、速度、加速度、转速及相位值等进行测定与标准值进行比较，据此可以宏观地对机器的运行状况进行评定，这是最常用的方法
	特征分析法	对测得的上述振动量在时域、频域、时-频域进行特征分析，用以确定机器各种故障的内容和性质

故　障		检　测　方　法
振动和噪声的故障	模态分析与参数识别法	利用测得的振动参数对机器零部件的模态参数进行识别,以确定故障的原因和部位
	冲击能量与冲击脉冲测定法	利用共振解调技术以测定滚动轴承的故障
	声学法	对机器噪声的测量可以了解机器运行情况并寻找故障源
材料裂纹及缺陷损伤的故障	超声波探伤法	成本低,可测厚度大,速度快,对人体无害,主要用来检测平面型缺陷
	射线探伤法	主要采用 X 和 γ 射线。该方法主要用于展示体积型缺陷,适用于一切材料,测量成本较高,对人体有一定损害,使用时应注意
	渗透探伤法	主要有荧光渗透与着色渗透两种。该方法操作简单,成本低,应用范围广,可直观显示,但仅适用于有表面缺陷的损伤类型
	磁粉探伤法	该法使用简便,较渗透探伤更灵敏,能探测近表面的缺陷,但仅适用于铁磁性材料
	涡流探伤法	对封闭在材料表面下的缺陷有较高的检测灵敏度,它属于电学测量方法,容易实现自动化和计算机处理
	激光全息检测法	20 世纪 60 年代发展起来的一种技术,可检测各种蜂窝结构、叠层结构、高压容器等
	微波检测技术	近几十年来发展起来的一种新技术,对非金属的贯穿能力远大于超声波方法,其特点是快速、简便,是一种非接触式的无损检测
	声发射技术	主要对大型构件结构的完整性进行监测和评价,对缺陷的增长可实行动态、实时监测,且检测灵敏度高,目前在压力容器,核电站重点设备及放射性物质泄漏,输送管道焊接部位缺陷等方面的检测获得了广泛的应用
设备零部件材料的磨损及腐蚀故障	无损检测中的超声波探伤法	
	光纤内窥技术	利用特制的光纤内窥探测器直接观测到材料表面磨损及腐蚀情况
	油液分析技术	可分为两大类:一类是油液本身的物理、化学性能分析,另一类是对油液污染程度的分析。具体的方法有光谱分析法与铁谱分析法
温度、压力、流量变化引起的故障		机器设备系统的有些故障往往反映在一些工艺参数,如温度、压力、流量的变化中,在温度测量中除常规使用的装在机器上的热电阻、热电偶等接触式测温仪外,目前在一些特殊场合使用的非接触式测温仪有红外测温仪和红外热像仪,它们都是依靠物体的热辐射进行测量的

9.1.3　机械设备故障诊断方法的分类

机器设备有各种类型,其工作条件又各不相同,故对不同机器的故障往往需要采用不同的方法来诊断。对机械设备进行故障诊断方法的分类如表 9-2 所示。

表 9-2　机械设备故障诊断方法的分类

按诊断的目的和要求分类	功能诊断和运行诊断	功能诊断是针对新安装或刚维修后的机器或机组,需要检查它们的运行工况和功能是否正常,并且按检查的结果对机器或机组进行调整。而运行诊断是针对正常工作的机器或机组,需要监视其故障的发生和发展
	定期诊断和连续监控	定期诊断是每隔一定时间,例如 1 个月或数个月对工作状态下的机器进行常规检查。连续监控则是采用仪表和计算机信息处理系统对机器运行状态进行不间断地监视或控制。两种诊断方式的采用,取决于设备的关键程度、设备事故影响的严重程度、运行过程中性能下降的快慢,以及设备故障发生和发展的可预测性

按诊断的目的和要求分类	直接诊断和间接诊断	直接诊断是直接确定关键部件的状态,如主轴承间隙、齿轮齿面磨损、燃气轮机叶片的裂纹以及在腐蚀环境下管道的壁厚等。直接诊断往往受到机器结构和工作条件的限制而无法实现,这时就不得不采用间接诊断。间接诊断是通过二次诊断信息来间接判断机器中关键零部件的状态变化。多数二次诊断信息属于综合信息,例如用润滑油温升来反映主轴承的运行状态,因此在间接诊断中出现误诊和漏检两种情况的可能性都会增大
	常规工况下诊断和特殊工况下诊断	多数诊断在机器正常工作条件下就能进行的,只有在个别情况下才需要创造特殊的工作条件来拾取信息。例如,动力机组的启动和停车过程,需要跨过转子扭转、弯曲的几个临界转速。利用启动和停车过程的振动信号作出的瀑布图,常包含着许多在常规诊断中所得不到的诊断信息
	在线诊断与离线诊断	在线诊断是指对于大型、重要的设备为了保证其安全和可靠运行需要对所监测的信号自动、连续、定时地进行采集与分析,对出现的故障及时作出诊断;离线诊断是通过磁带记录仪或数据采集器将现场的信号记录并存储起来,再在实验室进行回放分析,对于一般中小型设备往往采用离线诊断方式
按诊断对象分类	旋转机械诊断技术	如汽轮发电机组、燃气轮机组、水轮机组、风机及离心泵等
	往复机械诊断技术	包括内燃机、往复式压缩机及泵等
	工程结构诊断技术	如海洋平台、金属结构、框架、桥梁、容器等
	运载器和装置诊断技术	如飞机、火箭、航天器、舰艇、火车、汽车、坦克、火炮、装甲车等
	通信系统诊断技术	如雷达、电子工程等
	工艺流程诊断技术	主要是生产流程、传送装置及冶金压延等设备
按信息提取方式分类	函数分析法	特征信号与征兆之间存在定量的函数关系,可用数学分析方法,例如状态空间分析,由特征信号求出征兆
	统计分析法	可用数理统计方法由特征信号求出征兆。统计分析法又可分为非参数模型统计法即传统的信号处理方法和参数模型统计法两种。它根据信号的采样数据,首先建立差分方程形式的参数模型,再用模型的参数或用模型计算出信号统计特性、结构固有特性或其他特性作为征兆
按照状态诊断方式分类	对比诊断法	目前应用最广,应事先通过统计归纳、试验研究、分析计算,确定同各有关状态一一对应的征兆,即基准模式或标准档案,然后将获得的征兆同基准模式对比,即可确定设备的状态
	函数诊断法	在征兆与状态之间如存在定量的函数关系,则在获得征兆后即可用相应的函数关系计算出状态
	逻辑诊断法	在征兆与状态间如存在逻辑关系时,则在获得征兆后即可用相应物理或数理逻辑关系推理判明有关状态。如润滑油检测法、激光全息法等均属物理逻辑法,决策布尔函数法则属数理逻辑法
	统计诊断法	一般模式识别理论中的统计模式法,它适用于征兆与状态之间存在统计关系时
	模糊诊断法	是一种较新的诊断方法,其特点有二:第一,它采用多因素诊断,因为一种状态可不同程度地引起多种征兆,而一种征兆又可在不同程度上反映多种状态;第二,它模仿人利用模糊逻辑而精确识别事物这一特性。这样,它根据所获得的征兆,列出征兆隶属度模糊向量,再根据以实践为基础所得到的模糊矩阵,利用模糊数学方法,计算出状态隶属度模糊向量,最后根据此向量中各元素的大小确定有关状态的情况
	智能诊断法	人工智能的目的是使计算机去做原来只有人才能做的智能工作,包括推理、理解、规划、决策、抽象、学习等功能。专家系统是实现人工智能的重要形式,目前已广泛用于诊断、解释、设计、规划、决策等各个领域。现在国内外已发展了一系列用于设备故障诊断的专家系统,获得了良好的效果。专家系统由知识库、推理机以及工作存储空间(包括数据库)组成。实际的专家系统还应有知识获取模块、知识库管理维护模块、结束模块、显示模块以及人机界面等

9.2 振动监测与诊断技术

9.2.1 振动监测与诊断技术概述

在机械设备的状态监测和故障诊断技术中，振动监测及诊断技术是普遍采用的一种基本方法。在工业领域中，机械振动是普遍存在并作为衡量设备状态的重要指标之一。当机械内部发生异常时，随之会出现振动加大的现象。在机器、零部件及基础等表面能感觉到或能测量到的振动，往往是某一振动源在固体中的传播，而振动源的存在，又大都对应着设备的设计、材料或使用缺陷。例如，零件的原始制造误差、运动副之间的间隙、零件间的滚动及相互摩擦，或者回转机件中产生的不平衡或冲击等，都是设备的可能振源。而且，随着零件间的磨损，零件表面产生的剥落、裂纹等现象的发展，振动也将相应发展。另一方面，机械设备还可能因为某个微小的振动，引起其结构或部件的共振响应，从而导致机械设备状态的迅速恶化。研究机械振动的目的，就是为了了解各种机械振动现象的机理，破译机械振动所包含的大量信息，进而对设备的状态进行监测，分析设备的潜在可能故障。因此，根据对机械振动信号的测量和分析，可在不停机和不解体的情况下对其劣化程度和故障性质有所了解。

由于振动诊断的理论和测量方法都比较成熟，诊断结果准确可靠、便于实施等，因此受到人们的普遍关注，在机械故障诊断的整个技术体系中居主导地位，目前已广泛地应用于各种设备的状态监测及故障诊断中。

9.2.2 机械振动及其信号分析方法

(1) 机械振动

机械振动，从物理意义上来说，是指物体在平衡位置附近作往复的运动。

机械振动表示机械系统运动的位移、速度、加速度量值的大小随时间在其平均值上下交替重复变化的过程。机械振动可分为确定性振动和随机振动两大类，确定性振动的振动位移是时间 t 的函数，而随机振动则因其振动波形呈不规则变化，只能用概率统计的方法来描述。机械设备状态监测中常遇到的振动有：周期振动、近似周期振动、窄带随机振动和宽带随机振动，以及其中几种振动的组合。周期振动和近似周期振动属确定性振动范围，由简谐振动及简谐振动的叠加构成。

(2) 机械振动信号的分析方法

振动信号中包含对诊断有用的信息，为了提取有用信息，必须对信号进行处理。任何信号都不可能是纯正的，去伪求真是处理的最终目的，换句话说，就是要提取与状态有关的特征参数。任何信息的采集都是以信号的形式存在，如果没有信号的分析处理，就不可能得到正确的诊断结果。因此信号处理广泛地应用于各个领域，是设备诊断中不可缺少的步骤。

振动信号的分析方法，可按信号处理方式的不同分为幅域分析、时域分析以及频域分析。信号的早期分析只在波形幅值上进行，如计算波形的最大值、最小值、平均值、有效值等，后又进而研究波形幅值的概率分布。在幅值上的各种处理通常称为幅域分析。信号波形是某种物理量随时间变化的关系，研究信号在时间域内的变化或分布称为时域分析。频域分析是确定信号的频域结构，即信号中包含哪些频率成分，分析的结果是以频率为自变量的各种物理量的谱线或曲线。不同的分析方法是从不同的角度观察、分析信号，使信号处理的结果更加丰富。

① 数字信号处理　机械故障诊断与监测所需的振动、转速、温度、压力等各种机械状态量一般用相应的传感器转换为电信号再进行深处理。通常传感器获得的信号为模拟信号，它是随时间连续变化的。随着计算机技术的飞速发展和普及，信号分析中一般都将模拟信号转换为数字信号进行各种计算和处理。

② 振动信号的幅域分析　描述振动信号的一些简单的幅域参数，如峰-峰值、峰值、平均值和均方根值等，它们的测量和计算简单，是振动监测的基本参数，目前国内外基于这种幅域分析的简单振动监测仪器已广泛用于工业领域。通常振动位移、速度或加速度等特征量的有效值、峰值或平均值均可作为描述振动信号的一些简单的幅域参数。具体选用什么参数则要考虑机器振动的特点，还要看哪些参数最能反映状态和故障特征。

③ 振动信号的时域分析　幅域分析尽管也是用样本时间的波形来计算，但它不关心数据产生的先后顺序，若将数据次序任意排序，所得的结果是一样的。在这里提出的时域分析，主要是指相关分析和时序分析，它们可以在时域中抽取信号的特征。相关分析又称时延分析，用于描述信号在不同时刻的相互依赖关系，是提取信号中周期成分的常用手段。相关分析包括自相关分析和互相关分析。

④ 振动信号的频域分析　对于机械故障的诊断而言，时域分析所能提供的信息量是非常有限的。时域分析往往只能粗略地回答机械设备是否有故障，有时也能得到故障严重程度的信息，但不能提供故障发生部位等信息。频域分析是机械故障诊断中信号处理的最重要、最常用的分析方法，它能通过了解测试对象的动态特性，对设备的状态作出评价并准确而有效地诊断设备故障和对故障进行定位，进而为防止故障的发生提供分析依据。

实际的设备振动信号包含了设备许多的状态信息，因为故障的发生、发展往往会引起信号频率结构的变化，例如齿轮箱的齿轮啮合误差或齿面疲劳剥落都会引起周期性的冲击，相应地在振动信号中就会有不同的频率成分出现。根据这些频率成分的组成和大小，就可对故障进行识别和评价。频域分析是基于频谱分析展开的，即在频域将一个复杂的信号分解为简单信号的叠加，这些简单信号对应各种频率分量并同时体现幅值、相位、功率及能量与频率的关系。

频谱分析中常用的有幅值谱和功率谱。另外，自回归谱也常用来作为必要的补充。幅值谱表示了振动参数（位移、速度、加速度）的幅值随频率分布的情况；功率谱表示了振动参量的能量随频率的分布；相应自回归谱为时序分析中自回归模型在频域的转换。频谱分析计算是以傅里叶积分为基础的，它将复杂信号分解为有限或无限个频率的简谐分量，目前频谱分析中已广泛采用了快速傅里叶分析方法（FFT）。实际设备振动情况相当复杂，不仅有简谐振动、周期振动，而且还伴有冲击振动、瞬态振动和随机振动，所以必须用傅里叶变换对这类振动信号进行分析。

9.2.3　振动监测与诊断

（1）振动监测参数及其选择

① 测定参数的选定　通常用于描述机械振动响应的三个参数是位移、速度、加速度。从测量的灵敏度和动态范围考虑，高频时的振动强度由加速度值度量，中频时的振动强度由速度值度量，低频时的振动强度由位移值度量。从异常的种类考虑，冲击是主要问题时测量加速度，振动能量和疲劳是主要问题时测量速度，振动的幅度和位移是主要问题时应测量位

移。实际测量中，可由所测得的振动频谱来决定应采用的最佳参数。对于大多数机器来说，速度是最佳参数，这是许多振动标准采用该参数的原因之一。

② 测量位置的选定

a. 确定是测量轴振动还是轴承振动 一般来说，监测轴比测试轴承座或机壳的振动信息更为直接和有效。在出现故障时，转子上振动的变化比轴承座或机壳要敏感得多。不过，监测轴的振动常常要比测量轴承座或外壳的振动需要更高的测试条件和技术，其中最基本的条件是能够合理地安装传感器。测量转子振动的非接触式涡流传感器安装前一般需要加工设备外壳，保证传感器与轴颈之间没有其他物体。在高速大型旋转设备上，传感器的安装位置常常是在制造时就留下的，目的是对设备实行连续在线监测。而对低速中、小设备来说，常常不具备这种条件，在此情况下，可以选择在轴承座或机壳上放置传感器进行测试。测量轴承振动可以检测机械的各种振动，因受环境影响较小而易于测量，而且所用仪器价格低，装卸方便，但测量的灵敏度和精度较低。

b. 确定测点位置 一般情况下，测点位置选择的总原则是：能对设备振动状态作出全面的描述；应是设备振动的敏感点；应是离机械设备核心部位最近的关键点；应是容易产生劣化现象的易损点。一般测点应选在接触良好、表面光滑、局部刚度较大的部位。值得注意的是，测点一经确定之后，就要经常在同一点进行测量。特别是高频振动，测点对测定值的影响更大。为此，确定测点后必须做上记号，并且每次都要在固定位置测量。无论是柔性或刚性安装支承点，如机座、轴承座，一般都选为典型测点。通常对于大型设备，必须在机器的前、中、后、上、下、左、右等部位上设点进行测量。在监测中还可根据实际需要和经验增加特定测点。

不论是测轴承振动还是测轴振动，都需要从轴向、水平和垂直三个方向测量。考虑到测量效率及经济性，一般应根据机械容易产生的异常情况来确定重点测量方向。

③ 振动监测的周期 监测周期的确定应以能及时反映设备状态变化为前提，根据设备的不同种类及其所处的工况确定振动监测周期。通常有以下几类。

a. 定期巡检 即每隔一定的时间间隔对设备检测一次，间隔的长短与设备类型及状态有关。高速、大型的关键设备，检测周期要短一些；振动状态变化明显的设备，应缩短检测周期；新安装及维修后的设备，应频繁检测，直至运转正常。

b. 随机点检 对不重要的设备，一般不定期地进行检测。发现设备有异常现象时，可临时对其进行测试和诊断。

c. 长期连续监测 对部分大型关键设备应进行在线监测，一旦测定值超过设定的槛值即进行报警，进而对机器采取相应的保护措施。

对于定期检测，为了早期发现故障，以免故障迅速发展到严重的程度，检测的周期应尽可能短一些；但如果检测周期定得过短，则在经济上可能是不合理的。因此，应综合考虑技术上的需要和经济上的合理性来确定合理的检测周期。连续在线监测主要适用于重要场合或由于工况恶劣不易靠近的场合，相应的监测仪器较定期检测的仪器要复杂，成本也要高些。

(2) 振动监测标准及机器状态评价

① 振动监测标准 衡量机械设备的振动，可根据国内外判断标准，针对设备故障，判断机器是正常还是异常。机械状态标准，一般可分为绝对判断标准、相对判断标准和类比判断标准三大类。

a. 绝对判断标准 是将被测量值与事先设定的"标准状态槛值"相比较以判定设备运行状态的一类标准。常用的振动判断绝对标准有 ISO2372、ISO3495、VDI2056、BS4675、GB6075/T—1985、ISO10816 等。常用的机械设备振动速度分级标准见表 9-3。

表9-3　机械设备振动速度分级标准

振动烈度		小型机器	中型机器	大型机器	汽轮机	支承分类	
ISO2372（适用于转速为10~200r/s,信号频率在10~1000Hz范围内的旋转机械）						ISO3495（适用于转速为10~200r/s的大型机器）	
范围	v_{max}/mm·s^{-1}	（≤15kW）	（15~75kW）			刚性支承	柔性支承
0.28	0.28						
0.45	0.45	A	A	A	A	好	好
0.71	0.71						
1.12	1.12	B					
1.8	1.8		B				
2.8	2.8	C		B		满意	
4.5	4.5		C		B		满意
7.1	7.1			C		不满意	
11.2	11.2	D			C		不满意
18	18		D				
28	28			D		不能接受	
45	45				D		不能接受
71	71						

注：A表示设备状态良好，B表示允许，C表示较差，D表示不允许状态。

旋转机械的振动位移标准如图9-2所示。它适用于振动不直接影响加工质量的机器。

b. 相对判断标准　对于有些设备来说，由于规格、产量、重要性各种因素难以确定绝对判断标准，因此将设备正常运转时所测得的值定为初始值，然后对同一部位进行测定并进行比较，实测值与初始值相比的倍数称为相对标准。典型的相对判断标准见表9-4。

表9-4　机械设备振动相对判断标准

区　域	低频振动	高频振动
注意区域	1.5~2倍	约3倍
异常区域	约4倍	约6倍

相对标准是应用较为广泛的一类标准，其不足之处在于标准的建立周期长，且槛值的设定可能随时间和环境条件（包括载荷情况）而变化。因此，在实际工作中，应通过反复试验才能确定。

c. 类比判断标准　数台同样规格的设备在相同条件下运行时，通过对各设备相同部件的测试结果进行比较，可以确定设备的运行状态。类比时所确定的机器正常运行时振动的允许值即为类比判断标准。

需要注意的是，绝对判定标准是在规定的检测方法基础上制定的标准，因此必须注意其适用频率范围，并且必须按规定的方法进行振动检测。适用于所有设备的绝对判定标准是不存在的，因此一般都是兼用绝对判定标准、相对判定标准和类比判定标准，这样才能获得准确、可靠的诊断结果。

② 机器状态评价　用于机器状态评价的测量参数常用的有：轴承的绝对振动；轴的相

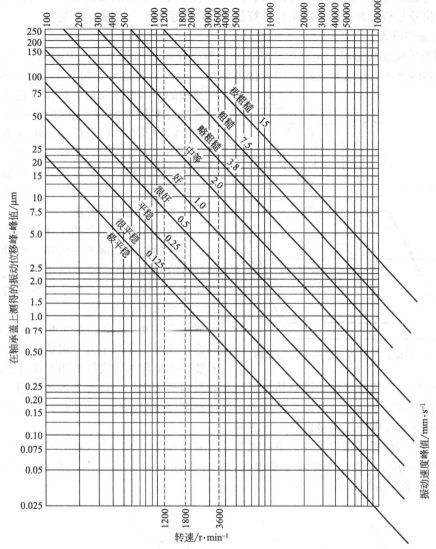

图 9-2　旋转机械振动位移标准

所示数值是指从机器结构或轴承盖上测得的并经过滤波后的数值。

对振动；滚动轴承状况单位值；轴的相对轴向位置。

机器状态评价包括以下几个方面内容。

a. 测量一个或多个参数，如机械振动、温度等。

b. 确定相应的测量单位，如振动速度的均方根值、摄氏度等。

c. 建立和确定机器测量参数的评价标准，将测量值与允许值和极限值进行比较。

d. 对测量值随时间的变化作出评估，考虑其历程或趋势。

通过测量机器的振动并对其状态进行评价，可随时了解和掌握机器的运行状态，发现异常，预测发展趋势，防止故障等，是机械设备现代化管理最基本的工作。

（3）振动监测及故障诊断的常用仪器设备

振动监测及故障诊断所用的典型仪器设备包括测振传感器、信号调理器、信号记录仪、信号分析与处理设备等。传感器将机械振动量转换为适于电测的电量，经信号调理器进行放大、滤波、阻抗变换后，可用信号记录仪将所测振动信号记录、存储下来，也可直接输入到信号分析与处理设备，对振动信号进行各种分析、处理，取得所要的数据。随着计算机技术的发展，信号分析与处理已逐渐由以计算机为核心的监视、分析系统来完成。

① 测振传感器

a. 涡流式位移传感器　是利用转轴表面与传感器探头端部间的间隙变化来测量振动的。涡流式位移传感器的最大特点是采用非接触测量，适合于测量转子相对于轴承的相对位移，包括轴的平均位置及振动位移。它的另一个特点是具有零频率响应，且有 $0 \sim 10 \mathrm{kHz}$ 频宽、线性度好以及在线性范围内灵敏度不随初始间隙的大小改变等优点，不仅可以用来测量转轴轴心的振动位移，而且还可测出转轴轴心的静态位置的偏离。目前涡流式位移传感器广泛应用于各类转子的振动监测。

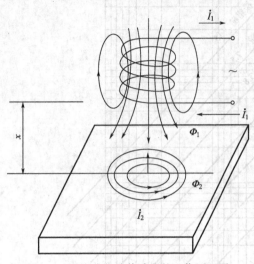

图 9-3　涡流式位移传感器的工作原理图

涡流式位移传感器的工作原理如图 9-3 所示。在传感器的端部有一线圈，线圈中有 $1 \sim 2\mathrm{MHz}$ 的较高频率的交变电压通过。当线圈平面靠近某一导体面时，由于线圈磁通链穿过导体，使导体的表面层感应出涡流 i_2，而 i_2 所形成的磁通 Φ_2 又穿过原线圈，这样原线圈与涡流"线圈"形成了有一定耦合的互感。耦合系数的大小与两者之间的距离及导体的材料有关。可以证明，在传感器的线圈结构与被测导体材料确定之后，传感器的等效阻抗以及谐振频率都与间隙的大小有关，此即非接触式涡流传感器测量振动位移的依据。它将位移的变化线性地转换成相应的电压信号以便进行测量。

涡流式位移传感器结构比较简单，主要是安置在框架上的一个线圈，线圈大多是绕成扁平圆形。线圈导线一般采用高强度漆包线；如果要求在高温下工作，应采用高温漆包线。CZF3 型传感器的结构如图 9-4 所示。

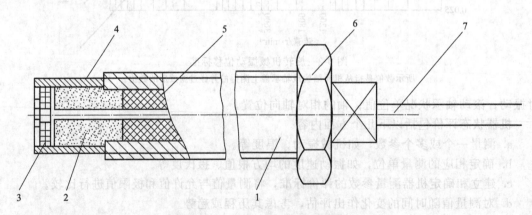

图 9-4　CZF3 型传感器的结构
1—壳体；2—框架；3—线圈；4—保护套；5—填料；6—螺母；7—电缆

为了实现位移测量，必须配备一个专用的前置放大器，一方面为涡流式位移传感器提供输入信号，另一方面提取电压信号。

涡流式位移传感器一般直接利用其外壳上的螺纹安装在轴承座或机器壳体上。安装时，首先应注意的是平均间隙的选取。为了保证测量的准确性，要求平均间隙加上振动间隙，亦即总间隙应在传感器线性段以内。一般将平均间隙选在线性段的中点，这样，在平均间隙两端允许有较大的动态振幅。

安装传感器时另一个要注意的问题是，在传感器端部附近除了被测物体表面外，不应有其他导体与之靠近。另一方面，还应考虑到被测转子的材料特性以及温度等参数在工作过程中对测量的影响。

b. 磁电式速度传感器　是测量振动速度的典型传感器，具有较高的速度灵敏度和较低的输出阻抗，能输出较强的信号功率。它无需设置专门的前置放大器，测量线路简单，加之安装、使用简单，故常用于旋转机械的轴承、机壳、基础等非转动部件的稳态振动测量。

磁电式速度传感器的工作原理如图9-5所示。其主要组成部分包括线圈、磁铁和磁路。磁路里留有圆环形空气间隙，而线圈处于气隙内，并在振动时相对于气隙运动。磁

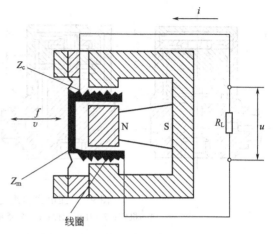

图9-5　磁电式速度传感器的工作原理

电式速度传感器基于电磁感应原理，即当运动的导体在固定的磁场里切割磁力线时，导体两端就感应出电动势。其感应电动势（传感器的输出电压）与线圈相对于磁力线的运动速度成正比。

根据动圈运动方式的不同，磁电式速度传感器可分为相对式和惯性式两种。相对式可以测量两个物体之间的相对运动。图9-6所示为一种磁电式速度传感器的惯性式结构，它可以测量物体的绝对振动速度。这种惯性式传感器的频率范围一般在8～1000Hz。

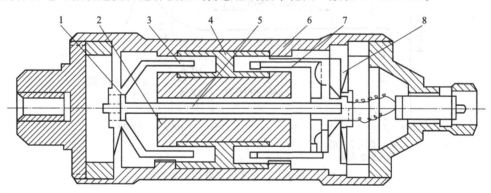

图9-6　磁电式速度传感器的结构

1,8—弹簧片；2—永久磁铁；3—电磁阻尼器；4—铝架；5—心杆；6—壳体；7—工作线圈

c. 压电式加速度传感器　是利用压电效应制成的机电换能器。某些晶体材料，如天然石英晶体和人工极化陶瓷等，在承受一定方向的外力而变形时，会因内部极化现象而在其表面产生电荷，当外力去掉后，材料又恢复不带电状态。这些材料能将机械能转换成电能的现象称为压电效应，利用材料压电效应制成的传感器称为压电式传感器。目前用于制造压电式加速度传感器的材料主要分为压电晶体和压电陶瓷两大类。当压电式传感器承受机械振动时，在它的输出端能产生与所承受的加速度成正比例的电荷或电压量。与其他种类传感器相比，压电式传感器具有灵敏度高、频率范围宽、线性动态范围大、体积小等优点，因此成为振动测量的主要传感器形式。

常见的压电式加速度传感器的结构如图 9-7 所示。压电元件在正应力及切应力作用之下都能在极化面上产生电荷，因此在结构上有压缩式和剪切式两种类型。

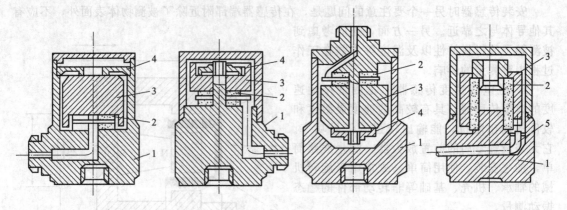

图 9-7　压电式加速度传感器的典型结构

1—机座；2—压电元件；3—质量块；4—预紧弹簧；5—输出引线

压电式加速度传感器的灵敏度有两种表示方法：电荷灵敏度 S_q 和电压灵敏度 S_v。当传感器的前置放大器为电荷放大器时，用电荷灵敏度；若前置放大器为电压放大器时，用电压灵敏度。目前，在压电式加速度传感器系统中较常用的是电荷灵敏度 S_q。

图 9-8 所示为典型的压电式加速度传感器的灵敏度随频率的变化，亦即传感器的幅频特性。

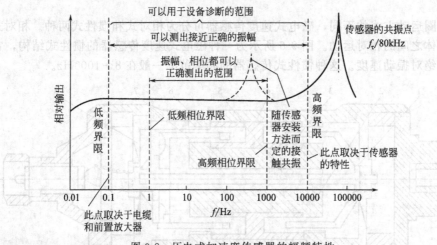

图 9-8　压电式加速度传感器的幅频特性

加速度传感器在各种情况下的安装方法见表 9-5。

表 9-5　加速度传感器的安装方法及特性

安装方式	钢制螺栓安装	绝缘螺栓加云母垫片	用粘接剂固定	刚性高的蜡	永久磁铁安装	手持
安装示意图		云母垫片	刚性高的专用垫	刚性高的蜡	与被测物绝级的永久磁铁	

安装方式	钢制螺栓安装	绝缘螺栓加云母垫片	用粘接剂固定	刚性高的蜡	永久磁铁安装	手 持
特点	频响特性最好，基本不降低传感器的频响性能。负荷加速度最大，是最好的安装方法，适合于冲击测量	频响特性近似于没有加云母片的螺栓安装，负荷加速度大，适于需要电气绝缘的场合	用粘接剂固定，和绝缘法一样，频率特性良好，可达10kHz	频率特性好，但不耐温	只适用于1～2kHz的测量，负荷加速度中等（＜200g），使用温度一般＜150℃	用手按住，频响特性最差，负荷加速度小，只适用于＜1kHz的测量，其最大优点是使用方便

加速度传感器的安装特别重要，如安装刚度不足（用顶杆接触或厚层胶粘等）将导致安装谐振频率大幅度下降，这样在测量高频振动时，将产生严重的失真。

为将正比于加速度的电荷量转变成一般电压输出，必须设置专用的测量线路，即前置放大器。其作用有两个：一是进行阻抗变换，把压电式传感器的高阻抗输出变换为低阻抗输出；二是放大压电式传感器输出微弱信号。目前，用于压电式传感器的测量电路有电荷放大器和电压放大器两种。电荷放大器是一种输出电压与输入电荷量成正比的前置放大器，它的一个主要优点是受电缆电容的影响很小，因此在长导线测量或经常要改变输入电缆长度时，较多采用电荷放大器。电荷放大器的电路较复杂，价格较贵。另一种前置放大器是带电阻反馈电压放大器，其输出电压与输入电压成正比。它对电缆对地电容的变化非常敏感，连接电缆的长度和形态变化，都会导致传感器输出电压的变化，从而使仪器的灵敏度也发生变化。电压放大器电路简单，价格便宜。目前在现场测量中，多采用内置电荷放大器的加速度传感器。这种传感器使用非常方便，适合于便携式测试仪器。

② 记录仪器　用来记录和显示被测振动随时间的变化曲线（时域波形）或频谱图。记录仪器的种类很多，如电子示波器、光线示波器、磁带记录仪、X-Y记录仪、电平记录仪等。对于测量冲击和瞬态过程，可采用记忆式示波器和瞬态记录仪。

磁带记录仪是较常用的记录仪器，它利用铁磁性材料的磁化来进行记录，其工作频带宽，能存储大量的数据，并能以电信号的形式把数据复制重放出来。磁带记录仪分为两类，即模拟磁带记录仪和数字磁带记录仪。数字磁带机的优点在于记录准确可靠，记录和重放电路简单；模拟磁带机可分为直接记录式（DR式）和调频式（FM式），在目前振动测试中仍较广泛采用。

③ 振动监测及分析仪器

a. 设备简易诊断仪器　简易诊断仪器通过测量振动幅值的部分参数，对设备的状态作出初步判断。这种仪器体积小，价格便宜，易于掌握，适合由工段、班组一级来组织实施进行日常测试和巡检。按其功能可分为振动计、振动测量仪和冲击振动测量仪等。

振动计一般只测一个物理量，读取一个有效值或峰值。读数由指针显示或液晶数字显示。有表式和笔式两种，小巧便携。

振动测量仪可测振动位移、速度和加速度三个物理量，频率范围较大，其测量值可直接由表头指针显示或液晶数字显示。通常备有输出插座，可外接示波器、记录仪和信号分析仪，可进行现场测试、记录、分析。

冲击振动测量仪测量振动高频成分的大小，常用于检测滚动轴承等的状态。

b. 振动信号分析仪　信号分析仪种类很多，一般由信号放大、滤波、A/D转换、显示、存储、分析等部分组成，有的还配有软盘驱动器，可以与计算机进行通信。能够完成信号的幅域、时域、频域等多种分析和处理，功能很强，分析速度快、精度高，操作方便。这种仪器的体积偏大，对工作环境要求较高，价格也比较昂贵。适用于工矿企业的设备诊断中心以及大专院校、研究院所配备。

c. 离线监测与巡检系统　一般由传感器、采集器、监测诊断软件和微机组成，有时也称为设备预测维修系统。操作步骤包括：利用监测诊断软件建立测试数据库；将测试信息传输给数据采集器；用数据采集器完成现场巡回测试；将数据回放到计算机软件（数据库）中；分析诊断等。

数据采集器集测量、记录、存储和分析为一体，并且可以在非常恶劣的环境下工作，使得它在现场测量中显示出极大的优越性。采集器一次可以检测和存储几百个以至上千个测点的数据，同时在现场还可以进行必要的分析和显示，返回后与 PC 机相连将数据传给计算机，由软件完成数据的分析、管理、诊断与预报等任务。功能较强的数据采集器除了能够完成现场数据采集之外，还能进行现场单双面动平衡、开停车、细化谱、频率响应函数、相关函数、轴心轨迹等的测试与分析，功能相当完善。

这种巡检系统是解决大、中型企业主要设备的监测和诊断的较好途径，近年来在电力、石化、冶金、造纸、机械等行业中得到广泛的应用，并取得比较好的效果。

d. 在线监测与保护系统　在石化、冶金、电力等行业对大型机组和关键设备多采用在线监测系统，进行连续监测。常用的在线监测与保护系统包括在主要测点上固定安装的振动传感器、前置放大器、振动监测与显示仪表、继电器保护等部分。

这类系统连续、并行地监测各个通道的振动幅值，并与门限值进行比较。振动值超过报警值时自动报警；超过危险值时实施继电保护，关停机组。这类系统主要对机组起保护作用，一般没有分析功能。

e. 网络化在线巡检系统　由固定安装的振动传感器、现场数据采集模块、监测诊断软件和计算机网络等组成，也可直接连接在监测保护系统之后。其功能与离线监测与巡检系统很相似，只不过数据采集由现场安装的传感器和采集模块自动完成，不需要人工干预。数据的采集和分析采用巡回扫描的方式，其成本低于并行方式。

这类系统具有较强的分析和诊断功能，适合于大型机组和关键设备的在线监测和诊断。

f. 高速在线监测与诊断系统　对于石化、冶金、电力等行业的关键设备的重要部件，可采用高速在线监测与诊断系统，对各个通道的振动信号连续、并行地进行监测、分析和诊断。这样对设备状态的了解和掌握是连续的、可靠的，当然规模和投资都比较大。

g. 故障诊断专家系统　与一般的精密诊断不同，它是一种基于人工智能的计算机诊断系统，能够模拟故障诊断专家的思维方式，运用已有的诊断理论和专家经验，对现场采集到的数据进行处理、分析和推断，并能在实践中不断修改、补充和完善知识库，提高诊断专家系统的性能和水平。

9.2.4　几种常见机械故障的振动诊断

(1) 轴承故障的振动诊断

滚动轴承是旋转机械中应用最为广泛的机械零件，也是最易损坏的元件之一。旋转机械的许多故障都与滚动轴承有关，据统计旋转机械的故障有 30% 是由轴承引起的。轴承的工作好坏对机器的工作状态有很大影响，其缺陷会导致设备产生异常振动和噪声，甚至造成设备损坏。

① 滚动轴承的常见故障

a. 磨损　由于滚道和滚动体的相对运动以及尘埃异物的侵入引起表面磨损。磨损的结果，配合间隙变大，表面出现刮痕或凹坑，使振动及噪声加大。

b. 疲劳　由于载荷和相对滚动作用产生疲劳剥落，在表面上出现不规则的凹坑，造成运转时的冲击载荷，振动和噪声随之加剧。

c. 压痕　受到过大的冲击载荷或静载荷，或因热变形增加载荷，或硬度很高的异物侵入，产生凹陷或划痕。

d. 腐蚀　有水分或腐蚀性化学物质侵入，以致在轴承元件表面上产生斑痕或点蚀。

e. 电蚀　由于轴电流的连续或间断通过，因电火花形成圆形的凹坑。

f. 破裂　残余应力及过大的载荷都会引起轴承零件的破裂。

g. 胶合（黏着）　由于润滑不良，高速重载，造成高温使表面烧伤及胶合。

h. 保持架损坏　保持架与滚动体或与内、外圈发生摩擦等，使振动、噪声与发热增加，造成保持架的损坏。

由于选材、加工、装配、使用、保养不当都会加速故障的发生和发展。

② 滚动轴承振动信号的频率特征　图 9-9 所示为滚动轴承的典型结构，它由内圈、外圈、滚动体和保持架四部分组成。

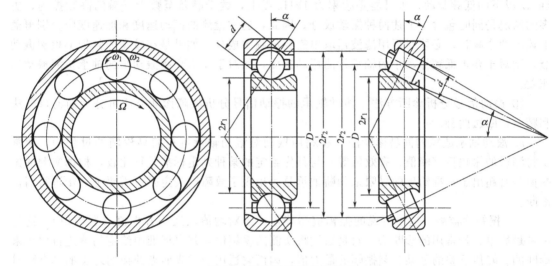

图 9-9　滚动轴承的典型结构

假设滚道面与滚动体之间无相对滑动，承受径向、轴向载荷时各部分无变形，外圈固定，则滚动轴承工作时的特征频率如下。

a. 转动频率　滚动轴承工作时多数内圈转动，也可能外圈转动，但外圈转动时由于带动滚珠的线速度大，故轴承的寿命约减少三分之一。转动频率 f_r 可由它们的转速 n （r/min）求得：

$$f_r = \frac{n}{60} \tag{9-1}$$

b. 滚动体自转频率

$$f_b = \frac{D}{2d}\left[1 - \left(\frac{d}{D}\cos\alpha\right)^2\right]f_r \tag{9-2}$$

c. 滚动体公转频率（即保持架的转动频率）

$$f_c = \frac{1}{2}\left[1 - \frac{d}{D}\cos\alpha\right]f_r \tag{9-3}$$

d. 滚动体通过内圈的一个缺陷时的冲击振动频率

$$f_i = \frac{z}{2}\left[1 + \frac{d}{D}\cos\alpha\right]f_r \tag{9-4}$$

e. 滚动体通过外圈的一个缺陷时的冲击振动频率

$$f_o = \frac{z}{2}\left[1 - \frac{d}{D}\cos\alpha\right]f_r \qquad (9\text{-}5)$$

式中　D——滚动体节径，即滚动体中心所在圆的直径，mm；

　　　d——滚动体直径，mm；

　　　z——滚动体数目；

　　　α——接触角。

以上各特征频率是利用振动诊断滚动轴承故障的基础。

③ 滚动轴承的振动测量　测量轴承的振动信号时，测定部位选择的基本思路是选择在离轴承最近、最能反映轴承振动的位置上。一般来说，若轴承座是外露的，测点位置可直接选在轴承座上；若轴承座是非外露的，测点应选择在轴承座刚性较好的部分或基础上。同时，应在测点处做好标记，以保证不会由于测点部位的不同而导致测量值的差异。

根据滚动轴承的固有特性、制造条件、使用情况的不同，它所引起的振动可能是频率为 1kHz 以下的低频脉动，也可能是频率为 1kHz 以上，数千赫乃至数十千赫的高频振动，更多的情况是同时包含了上述两种振动成分。因此，通常检测的振动速度和加速度应分别覆盖上述的两个频带，必要时可用滤波器取出需要的频率成分。如果是在较宽的频带上检测振动级，则对于要求低频振动小的轴承检测振动速度，而对于要求高频振动小的轴承检测振动加速度。

④ 振动信号分析诊断方法　滚动轴承的振动信号分析故障诊断方法可分为简易诊断法和精密诊断法两种。

a. 滚动轴承故障的简易诊断法　在利用振动对滚动轴承进行简易诊断的过程中，通常是将测得的振幅值（峰值、有效值等）与预先给定的某种判定标准进行比较，根据实测的振幅值是否超出了标准给出的界限来判断轴承是否出现了故障以决定是否需要进一步进行精密诊断。

ⅰ. 振幅值监测　这里所说的振幅值指峰值、绝对均值以及均方根值（有效值）。这是一种最简单、最常用的诊断法，它是通过将实测的振幅值与判定标准中给定的值进行比较来诊断的。峰值反映的是某时刻振幅的最大值，因而它适用于像表面点蚀损伤之类的具有瞬时冲击的故障诊断；均方根值是对时间平均的，因而它适用于像磨损之类的振幅值随时间缓慢变化的故障诊断。

ⅱ. 峰值系数监测　峰值系数定义为峰值与均方根值之比（X_p/X_{rms}）。该值用于滚动轴承简易诊断的优点在于它不受轴承尺寸、转速及载荷的影响，也不受传感器、放大器等一、二次仪表灵敏度变化的影响。通过对 X_p/X_{rms} 值随时间变化趋势的监测，可以有效地对滚动轴承故障进行早期预报，并能反映故障的发展变化趋势。

ⅲ. 峭度系数监测　随着故障的出现和发展，峭度值具有与波峰因数类似的变化趋势。此方法的优点在于与轴承的转速、尺寸和载荷无关。

ⅳ. 冲击脉冲法　原理是：滚动轴承运行中有缺陷（如疲劳剥落、裂纹、磨损和混入杂物）时，就会发生冲击，引起脉冲性振动，冲击脉冲的强弱反映了故障的程度。当滚动轴承无损伤或有极微小损伤时，脉冲值很小；随着故障的发展，脉冲值逐渐增大。当冲击能量达到初始值的 1000 倍（60dB）时，就认为该轴承的寿命已经结束。当轴承工作表面出现损伤时，所产生的实际脉冲值用 dB_{sv} 表示，它与初始脉冲值 dB_i 之差称为标准冲击能量 dB_N：

$$dB_N = dB_{sv} - dB_i \qquad (9\text{-}6)$$

根据 dB_N 值可以将轴承的工作状态分为三个区域进行诊断：$0 \leqslant dB_N < 20dB$ 绿区，轴承工作状态良好，为正常状态；$20dB \leqslant dB_N < 35dB$ 黄区，轴承有轻微损伤，为警告状态；

$35dB \leqslant dB_N < 60dB$ 红区，轴承有严重损伤，为危险状态。

ⅴ．共振解调法　也称早期故障探测法，它是利用传感器及电路的谐振，将轴承故障冲击引起的衰减振动放大，从而提高了故障探测的灵敏度；同时，还利用解调技术将轴承故障信息提取出来，通过对解调后的信号进行频谱分析，用以诊断轴承故障。

b．滚动轴承故障的精密诊断法　滚动轴承的振动频率成分十分丰富，既含有低频成分，又含有高频成分，而且每一种特定的故障都对应有特定的频率成分。

ⅰ．低频信号分析法　低频信号是指频率低于 1kHz 的振动。一般测量滚动轴承振动时都采用加速度传感器，但对低频信号都分析振动速度。因此，加速度信号要经过电荷放大器后由积分器转换成速度信号，然后再经过上限截止频率为 1kHz 的低通滤波器去除高频信号，最后对其进行频率分析，以找出信号的特征频率，进行诊断。在这个频率范围内易受机械及电源干扰，并且在故障初期反映的故障频率能量很小，信噪比低，故障检测灵敏度较差。

ⅱ．中、高频信号绝对值分析法　中频信号的频率范围为 $1 \sim 20kHz$，高频信号的频率范围为 $20 \sim 80kHz$。由于对高频信号可直接分析加速度，因而由加速度传感器获得的加速度信号经过电荷放大器后，可直接通过下限截止频率为 1kHz 的高通滤波器去除低频信号，然后对其进行绝对值处理，最后进行频率分析，以找出信号的特征频率。

滚动轴承各种常见故障的特征频率及故障原因见表 9-6，可参考此表诊断故障原因及故障部位。

表 9-6　滚动轴承的特征频率及其故障原因

异　常　原　因		振动特征频率
轴承构造	轴弯曲、倾斜	$zf_c \pm f_r$
	轴承元件的受力变形	zf_c
	滚动体直径不一致	f_c、$nf_c \pm f_r$
轴承不同轴	两个轴承不对中 轴承架内表面划伤或进入异物 轴承架装配松动 轴承本身安装不良	$0.5f_r$
	内滚道的圆度误差 轴颈的圆度误差 轴颈面划伤或进入异物	$2f_r$
精加工波纹	内圈的波纹	$nf_i \pm f_r$
	外圈的波纹	nf_c
	滚动体的波纹	$2nf_b \pm f_c$
轴承元件损伤	由磨损产生偏心	nf_r
	内圈有缺陷	nf_i、$nf_i \pm f_r$、$nf_i \pm f_c$
	外圈有缺陷	nf_o
	滚动体有缺陷	$nf_b \pm f_c$

注：z 为滚动体数，f_r 为轴旋转频率，f_i 为内圈特征频率，f_o 为外圈特征频率，f_b 为滚动体自转频率，f_c 为滚动体公转频率，n 为正整数 1，2，3，…。

(2) 齿轮故障的振动诊断

齿轮是各类机械的变速传动部件。齿轮传动在机器中使用得非常广泛。齿轮的失效是造成机器故障的重要因素之一，其运行状况直接影响整个机器或机组的工作。因此开展齿轮故障诊断对降低维修费用和防止突发性事故具有实际意义。诊断方法可分为两大类：一类是检测齿轮运行时的振动和噪声，运用频谱分析、倒频谱分析和时域平均法来进行诊断；另一类是根据摩擦磨损理论，通过润滑油液分析来实现。

齿轮故障诊断的困难在于信号在传递中所经的环节较多，由齿轮→轴→轴承→轴承座→测点，高频信号在传递中基本丧失。故需借助于较为细致的信号分析技术以达到提高信噪比和有效地提取故障特征的目的。这一过程很难在一个简单仪器中实现，所以到目前为止，还没有专门的齿轮诊断仪问世。

① 齿轮的异常及常见失效形式

齿轮的异常通常包括以下三个方面。

a. 制造误差　齿轮制造时造成的主要异常有偏心、齿距偏差和齿形误差等。偏心是指齿轮的几何中心和旋转中心不重合；齿距偏差是指齿轮的实际齿距与公称齿距之差；而齿形误差是指渐开线齿廓有误差。

b. 装配误差　在装配过程中，由于箱体、轴等零件的加工误差、装配不当等因素，会使齿轮传动精度恶化。例如，在齿宽方向如果只有一端接触，则会使齿轮所承受的载荷在齿宽方向不均匀，不能平稳地传递动力。这种情况使齿的局部受力增加，有可能造成断齿，此现象称为"一端接触"。齿轮轴装配后不平行，或者齿轮和轴装配不正等，也会造成这种现象。

c. 齿轮的损伤　齿轮由于设计不当，制造有误差，装配不良，或在不适当的条件下运行时，会产生各种损伤。其形式很多，而且又往往互相交错在一起，使齿轮的损伤形式显得更为复杂。齿轮的损伤形式随齿轮材料、热处理、运转状态等因素的不同而不同，常见的有如下几种。

ⅰ. 磨损失效　主要包括磨料磨损、腐蚀磨损、黏着磨损和由此引起的擦伤及胶合。

ⅱ. 表面接触疲劳失效　包括初期点蚀、破坏性点蚀和最终剥落。

ⅲ. 齿面塑性变形　包括压痕、凹沟、凸角、呈波纹形折皱等。

ⅳ. 齿轮弯曲断裂　齿轮承受载荷如同悬臂梁，其根部受到的弯曲应力过高，会产生裂纹，并逐步扩展至断裂，有疲劳断齿（断口呈疲劳特征）和过载断齿（断口粗糙）。

齿轮故障按其振动特征来分类，还可分为分布故障和局部故障。前者分布在一个齿轮的各个轮齿上，如磨损、点蚀等；后者集中于一个或几个齿上，如剥落、断齿等。

② 齿轮振动信号的频率特征　振动和噪声信号是齿轮故障特征信息的载体，目前能够通过各种振动信号传感器、放大器及其他测量仪器测量出齿轮箱的振动和噪声信号，通过各种分析和处理方法提取其故障特征信息，从而诊断出齿轮的故障。作为实用特征信息，频域分析与识别仍然是最为有效的方法。但也应看到，在许多情况下，从齿轮的啮合波形也可以直接观察出故障。

a. 啮合频率　在齿轮传动过程中，每个轮齿周期地进入和退出啮合。以直齿圆柱齿轮为例，其啮合区分为单齿啮合区和双齿啮合区。在单齿啮合区内，全部载荷由一对齿副承担；当一旦进入双齿啮合区，则载荷分别由两对齿副按其啮合刚度的大小分别承担（啮合刚度是指啮合齿副在其啮合点处抵抗挠曲变形和接触变形的能力）。很显然，在单、双齿啮合区的交变位置，每对齿副所承受的载荷将发生突变，这必将激发齿轮的振动；同时，在传动过程中，每个轮齿的啮合点均从齿根向齿顶（主动齿轮）或齿顶向齿根（从动齿轮）逐渐移动，由于啮合点沿齿高方向不断变化，各啮合点处齿副的啮合刚度也随之变化，相当于变刚度弹簧，这也是齿轮产生振动的一个原因；此外，由于齿轮的受载变形，其基节发生变化，在轮齿进入啮合和退出啮合时，将产生齿入冲击和齿出冲击，这更加剧了齿轮的振动。对于斜齿圆柱齿轮，产生振动的原因基本相同，但由于同时啮合的齿数较多，传动较平稳，所产生的啮合振动的幅值相对较低。

齿轮啮合产生的振动是以每齿啮合为基本频率进行的，该频率称为啮合频率 f_z，其计算公式为

$$f_z = \frac{z_1 n_1}{60} = \frac{z_2 n_2}{60} \tag{9-7}$$

式中 z_1，z_2——主、从动齿轮的齿数；

　　　　n_1，n_2——主、从动齿轮的转速。

当齿轮的运行状态劣化之后，对应于啮合频率及其谐波的振动幅值会明显增加，这为齿轮的故障诊断提供了有力的依据。

b. 齿轮振动信号的调制　由于齿轮的故障，加工误差如节距不均，安装误差如偏心等，使齿面载荷波动，影响振幅而造成幅值调制。由于齿轮载荷不均、齿距不等及故障造成载荷波动，除了影响振幅之外，同时也必然产生扭矩波动，使齿轮转速波动。这些波动就是振动上的频率调制（也称相位调制）。所以，任何导致幅值调制的因素也同时会导致频率调制。频率调制现象对小齿轮副尤为突出。

齿轮振动信号的调制中包含了许多故障信息。从频域上看，调制的结果是在齿轮啮合频率及其谐波周围产生以故障齿轮的旋转频率为间隔的边频带，且其振幅随故障的恶化而加大。

c. 齿轮振动信号中的其他成分　齿轮平衡不善、对中不良和机械松动等，均会在振动频谱图中产生旋转频率及其低次谐波。

③ 齿轮的振动测量　齿轮所发生的低频和高频振动中，包含了诊断各种异常振动非常有用的信息。

测量齿轮振动的测点通常也选在轴承座上，所测得的信号中当然也包含了轴承振动的成分。轴承常规振动的水平明显低于齿轮振动，一般要小一个数量级。

齿轮发生的振动中，有固有频率、齿轮轴的旋转频率及轮齿啮合频率等成分，其频带较宽。利用包含这种宽带频率成分的振动进行诊断时，要把所测的振动按频带分类，然后根据各类振动进行诊断。

通常在进行齿轮振动测定时，可选用频率范围较宽的加速度传感器。

a. 齿轮的简易诊断方法　齿轮的简易诊断，主要是通过振动与噪声分析法进行的，包括声音诊断法、振动诊断法以及冲击脉冲法等。进行齿轮简易诊断的目的，是迅速判别齿轮的工作状态，对处于异常工作状态的齿轮进行精密诊断分析或采取其他措施。简易诊断通常借助一些简易的振动检测仪器，对振动信号的幅域参数进行测量，通过监测这些幅域参数的大小或变化趋势，判断齿轮的运行状态。

ⅰ. 齿轮的振幅监测　监测齿轮的振动强度，如峰值、有效值等，可以判别齿轮的工作状态。判别标准可以用绝对标准或相对标准，也可以用类比的方法。

ⅱ. 齿轮无量纲诊断参数的监测　为了便于诊断，常用无量纲幅域参数指标作为诊断指标。它们的特点是对故障信息敏感，而对信号的绝对大小和频率变化不敏感。这些无量纲诊断参数有波形指标、峰值指标、脉冲指标、裕度指标及峭度指标。这些指标各适用于不同的情况，没有绝对优劣之分。

b. 齿轮的精密诊断方法　由于齿轮动态特性及故障特性的复杂性，齿轮的故障诊断通常需要进行较为细致的信号分析与处理，通过前后对比得出诊断结论。在工程实际中，目前应用较多的方法是频域分析、时域分析、倒频域分析等。

（3）旋转机械常见故障的振动诊断

旋转机械是指那些主要功能是由旋转动作来完成的机械。工业领域中有相当部分生产机

械可以归入旋转机械这一类，例如离心式压缩机、汽轮机、鼓风机、离心机、发电机、离心泵、电动机及各种齿轮箱等。由于转子、轴承、壳体、联轴器、密封和基础等部分的结构、加工及安装方面的缺陷，使机械在运行中会产生振动；机器运行过程中，由于运行、操作、环境等方面的原因所造成的机器状态的劣化，也会表现为振动的异常。同时，过大的振动又往往是机器破坏的主要原因。所以对旋转机械的振动测量、监视和分析是非常重要的。另外，振动这个参数比其他状态参数能更直接、快速、准确地反映机组的运行状态。

① 旋转机械的常见故障及特征　旋转机械的常见故障有转子不平衡、转子不对中、转轴弯曲及裂纹、油膜涡动及油膜振荡、机组共振、机械松动、碰磨、流体的涡流激振等。

在描述旋转机械的常见故障前，首先介绍一下有关转子临界转速的概念。旋转机械在升、降速过程中，当转速达到某一值时，振幅会突然增大很多，使机组无法正常工作；而错开这一转速后，振动又恢复正常。这个使转子产生剧烈振动的特定转速就称为临界转速。转子的临界转速是转子轴系的一种固有特性。理论和实践证明，每种转子因其结构和状态不同有不同的临界转速，而且往往有多个（即 n 阶）临界转速。当多个转子（例如电动机驱动泵或压缩机等）串联时，转子的临界转速将会有变化。在一阶临界转速以下工作的转轴称为刚性轴，在一阶临界转速以上工作的转轴称为柔性轴。

a. 转子不平衡　在旋转机械的各种异常现象中，由于不平衡造成振动的情形占有很高的比例。造成不平衡的原因主要有材质不匀、制造安装误差、孔位置有缺陷、孔的内径偏心、偏磨损、杂质沉积、转子零部件脱落、腐蚀等。这些原因引起转子中心惯性主轴往往会偏离其旋转轴线，造成转子不平衡。当转子每转动一转。就会受到一次不平衡质量所产生的离心惯性力的冲击，这种离心惯性力周期作用的结果，便引起转子产生异常的强迫振动，振动的频率与转子的旋转频率相同。

由转子质量中心和旋转中心之间的物理差异所引起的不平衡一般可分为以下三种形式。

ⅰ. 静不平衡　转子质量偏心引起的不平衡力作用于一个平面内，如图 9-10(a) 所示。

ⅱ. 偶不平衡　不平衡力作用在转子相对的两侧面，其质心仍然保持在旋转中心上，如图 9-10(b) 所示。当转子转动时，由每一侧的不平衡质量产生方向相反的离心力，形成离心力矩，使转子产生振动。

ⅲ. 动不平衡　转子既有静不平衡又有偶不平衡，是属于多个平面内有不平衡的情况，也是最常见的不平衡形式。

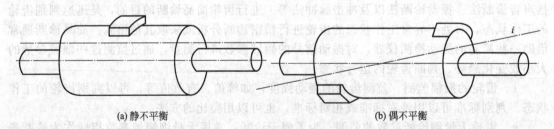

(a) 静不平衡　　　　　　　　　　　　　　　(b) 偶不平衡

图 9-10　转子不平衡现象

转子不平衡所产生的振动的主要特征为：振动方向以径向为主；振动频率以转轴的旋转频率（轴频）$f_r = n/60$ 为主；在临界转速以下，振幅随着转速的升高而增大。

对转子进行现场动平衡或在动平衡机上实施动平衡可消除不平衡的影响。

b. 不对中　旋转机械在安装时应保证良好的对中，即连接的转子中心线为一条连续的直线，并且轴承标高应能适应转子轴心曲线运转的要求。然而现场安装操作时往往难以保证，从而形成转子轴线的不对中，旋转机械因对中不良可以引起多种故障。

ⅰ. 导致动、静部件摩擦，引起转轴热弯曲。

ⅱ．改变轴系临界转速，使轴系振型变化或引起共振。

ⅲ．使轴承载荷分配不均，恶化轴承工作状态，引起半速涡动或油膜振荡，甚至引起轴瓦升温，烧毁轴瓦。

转子轴系不对中有两种类型，一是转子轴系间连接不对中，反映联轴器的对中程度，它的几种形式如图9-11所示；二是转子轴颈与轴承间的安装不对中。

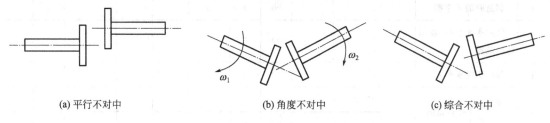

(a) 平行不对中   (b) 角度不对中   (c) 综合不对中

图 9-11 转子轴系不对中的类型

转子不对中所产生振动的主要特征为：紧靠联轴器两端的轴承往往振动最大；平行不对中主要引起径向振动，角度不对中主要引起轴向振动；联轴器两端转子振动存在相位差；振动频率以转轴的旋转频率（轴频）f_r、二倍频 $2f_r$、三倍频 $3f_r$ 等为主；振幅随着负荷的加大而增大。

有关研究指出，如果在二倍频上的振幅是轴频振幅的 30％～75％时，此不对中可被联轴器承受相当长的时间；当二倍频振幅是轴频振幅的 75％～150％时，则某一联轴器可能会发生故障，应加强其状态监测；当二倍频振幅超过轴频振幅 150％时，不对中会对联轴器产生严重作用，联轴器可能已产生加速磨损和极限故障。

c. 机械松动　比现象是因紧固不牢、轴承约束松弛、配合间隙过大等原因引发的，可以使已经存在的不平衡、不对中等所引起的振动问题更加严重。

其振动特征表现为：在松动方向的振动较大；振动不稳定，工作转速达到某阈值时，振幅会突然增大或减小；振动频率除转轴的旋转频率（轴频）f_r，可发现高次谐波（二倍频 $2f_r$、三倍频 $3f_r$ 等）及分数谐波（$1/2f_r$、$1/3f_r$ 等）。

d. 油膜涡动和油膜振荡　旋转机械常常采用滑动轴承作支承，滑动轴承的油膜振荡是旋转机械较为常见的故障之一。轴颈因振荡而冲击轴瓦，加速轴承损坏，以致影响整个机组的运行。对于大质量转子的高速机械，油膜振荡更易造成极大的危害。

ⅰ．油膜涡动　一般是在高于一阶临界转速情况下，轴承中发生的流体动力的不稳定性，是一种转子中心绕着轴承中心转动的亚同步振荡现象。活动频率大约为转动频率的一半，因此也称半速涡动。当半速涡动频率小于转子的一阶固有频率时，半速涡动是一种比较平静的涡动，涡动频率随着转速的提高而增大，并大致保持为转动频率一半的比例。实际上，油膜涡动频率总是小于轴回转频率之半。据统计分析，涡动频率为轴回转频率的 0.42～0.48 倍。

ⅱ．油膜振荡　如果轴的工作转速达到其一阶临界转速的两倍时，有可能造成涡动频率等于转子临界转速，此时将发生共振，半速涡动的振幅将被放大，振动非常剧烈，这种强烈的振动状态称为油膜振荡。转子一旦发生油膜振荡，涡动频率将在一个很宽的转速范围内不随转子转速的升高而改变，只是维持在以转子一阶临界转速为涡动频率的大振幅振动，这种现象称为油膜振荡的惯性效应。所以，半速涡动是油膜振荡的先决条件，油膜振荡是比半速涡动更为危险的状态。因此，应通过优化设计选择合适的承载油膜刚度和阻尼力，并采取避免转子的工作转速在轴系的一阶临界转速的两倍附近等措施来抑制半速涡动，以避免发生油膜振荡。

表 9-7　J. Sohve 振动原

序号	振动原因	指示频率(N:旋转频率)										
		(0~40)%N	(40~50)%N	(50~100)%N	1N	2N	3以上×N	$\frac{1}{2}$×N	$\frac{1}{3}$×N	(1/n)×N (n=6,8,10)	不规则	特高频
1	制造时的不平衡				90	5	5					
2	轴的永久变形、轴部件的缺损				90	5	5					
3	轴的瞬时变形				90	5	5					
4	瞬时的 } 壳体扭曲	←10→			80	5	5					
	永久的 }	←10→			80	5	5					
5	基础的扭曲		20		50	20					10	
6	密封部分相接触	←10→			20	10	10			10	10	10
7	轴的接触(轴向)	←20→			30	10	10			10	10	10
8	轴线不重合(轴偏心)				40	50	10					
9	配管应力(因配管引起的应力)				40	50	10					
10	轴颈(径向)轴承的偏心				80	20						
11	轴承损伤		20 →		40	20						
12	轴承与支座的自激振动(油膜振荡等)	10	70					10	10			
13	不均匀的轴承支承刚性(水平、垂直方向)				80	20						
14	止推轴承的损伤		90 →									10
15*	轴(过盈配合)未充分预紧(松弛)	40	40	10							10	
16*	轴承衬套未充分预紧(松弛)	90 →									10	
17*	轴承箱(支架)未充分预紧(松弛)	90 →									10	
18*	壳体支座未充分预紧(松弛)	50 →									50	
19	传动装置齿轮精度过低或损伤							20			20	60
20	联轴器精度过低或损伤	10	20	10	20	30	10					

因分析表（简表）

振动的方向			轴振动	轴承部分壳体振动	壳体振动	基础振动	配管振动	联轴器振动	转速上升时						转速下降时				
垂直	水平	轴向	轴振动	轴承部分壳体振动	壳体振动	基础振动	配管振动	联轴器振动	一定	增加	减少	峰值	急增	急减	一定	增加	减少	急增	急减
										100						100			
			90	10						100									
40	50	10							30	60	5		5		30	5	50	5	10
									30	50	5		5	10	30	5	50	5	10
									40	60					40	60			
			40	30	10	10	10		20	80		临界转速时的峰值			20	80			
30	40	30	80	10	10				10	70			10	10	10	70		10	10
30	40	30	70	10		20			10	40	10		20	20	10		50	20	20
20	30	50	80	10	10				20	30	10		20	20	20		40	20	20
20	30	50	80	10	10				20	40			20	20	20		40	20	20
40	50	10	90	10					40	50	10				10	10	50		
30	40	30	70	20	10				10	50	10		20	10	10	10	50	10	20
40	30	10	50	20	20	20				40			90				10		90
40	50	10	40	30	30					40			50	10		40			10
20	30	10	60	20	20				20	50	10		10	10	20	10	50	10	10
40	50	10	60	20	20								90	10				10	90
40	50	10	80	10	10								90	10				10	90
40	50	10	70	20	10								90	10				10	90
40	50	10	50	20	30								90	10				10	90
30	50	20	80	10	10				20	20	20		20	10	20	20	20	10	10
30	40	30	70	20			10		10	10	20		20	40	10		20	10	40

序号	振动原因	指示频率(N:旋转频率)										
		(0~40)%N	(40~50)%N	(50~100)%N	1N	2N	3以上×N	$\frac{1}{2}\times N$	$\frac{1}{4}\times N$	(1/n)×N (n=6,8,10)	不规则	特高频
21	轴、轴承系统极限(临界)				100							
22	联轴极限(临界)				100	或齿轮的啮合过紧						
23	外伸(悬臂)极限(临界)				100							
24	壳体结构上的共振		10		70	10		10				
25	支座结构上的共振		10		70	10		10				
26	基础结构上的共振		20		60	10		10				
27	压力脉动			伴有共振是很难办的							100	
28	由电气系统引起的振动					↓						
29	由其他振源传来的振动										90	
30	由阀门引起的振动											100
31	半速涡动(分频共振)			很少见,调查流体力学振动源				←100→				
32	谐波共振					←100→						
33	阻尼涡动	80	10	10								
34	临界转速				100							
35	共振				100							
36	油膜振荡		100		流体力学的轴浮起							
37	共振涡动		100									
38	干涡动											100
39	因间隙引起的振动	10	80	10								
40	扭转共振				40	20	20				20	
41	瞬时的扭曲				50						50	

注：表中数字是以%来表示各振动原因出现的可能性；＊以最低的临界转速表示共振频率；＊＊以下按基本机理分

振动方向与振动产生部位									转速的变化与振幅的增减										
振动的方向			轴振动	轴承部分壳体振动	壳体振动	基础振动	配管振动	联轴器振动	转速上升时						转速下降时				
垂直	水平	轴向							一定	增加	减少	峰值	急增	急减	一定	增加	减少	急增	急减
40	50	10	70	30						20	80						20		
20	40	40	10	10				80		20	80			松弛			20		50
40	50	10	70	10				20		30	70						30		
40	50	10		40	40	10	10			20	80						20		
40	50	10		20	50	20	10			20	80						20		
30	40	30		10	40	40	10			20	80						20		
30	40	30	涡动或共振发生的话 ↓		30	30	40		90	10%外表干扰因素90　　10→									
30	40	30			40	40	20		90						90	↓			
30	40	30			40	40	20		90						90				
30	40	30			80	10	40		80				10	10	80			10	10
30	30	40	20**	80***	20	20	20			20			20	30	30			30	30
30	40	20	20	10	10	30	30		20	20	60				20		20		
40	50	10	30	20									90	10				10	90
40	50	10	60	40						20	80						20		
40	40	20	20	10	20	30	20			20	80						20		
40	50	10	80	20									100						100
40	50	10	20	20	20	20	20						80	20				20	80
30	40	30	40	20	20	10		10					80	20	30				20
40	50	10	70	10	10			10					80	20				20	60
扭转 ↓			100	40	40		10			20	30		80	20	20			20	30
			100	40	40		10					50	30	20				30	20

类；＊＊＊假如轴承自激振荡。

除了以上描述的故障现象外，碰磨、流体机械转子的旋转失速、透平压缩机的喘振、轴裂纹、叶片端部间隙不均匀引起的气隙振荡、转子内阻引起的自激振荡等故障在旋转机械中也时有发生，其振动频率以临界频率及局部结构固有频率为主。

②旋转机械的振动故障识别　通过转子系统各种振源的振动机理分析可知，不同振源在振动功率谱上出现的激振频率和幅值变化特征是不相同的，频谱图中每个振动分量都与特定的零部件和特定原因相联系。所以，对转子系统振动原因的识别是基于对各类激振频率和幅值变化特征的分析。J. Sohve 于 20 世纪 60 年代用 600 余次事故分析的经验编成了旋转机械振动原因分析表。他将 40 余种故障按照振动主频率分量，主要振动方向、位置，以及振动随转速变化等方面表现出来的统计百分数列成表格，对分析振动原因很有帮助。J. Sohve 的旋转机械振动原因分析简表见表 9-7。

（4）往复机械的振动监测

在机械运动中，往复式运动是一种最常见的运动之一，通过各种机构将直线、摆动等往复运动变成回转运动或将回转运动变成往复运动。由凸轮、齿轮、链轮、偏心轮、曲柄、连杆、齿条、链条等元件组成的往复机械应用十分广泛。

往复机械的特点是运动部件多，运动关系复杂，在其工作时引起振动的激励源很多，振动数据的解释较为困难。由于往复机械机构的这种复杂性，装配状态的不确定性，及其边界条件如激励特性、支承情况、冷却水及润滑油介质等的影响，很难作出符合实际的假定。用纯数学的方法来计算其振动响应是不可能的，必须配合大量的实验研究。

用测量表面振动的方法去识别一对运动副间的磨损情况，必须从激励源的识别，它们之间的传递特性以及阻尼特性等几个方面进行研究。当运动副发生磨损时，间隙必然变化，运动之间的作用力将随之变化。以气缸套为例，活塞对气缸套的横向撞击除了随负荷、转速而变化外，与活塞、气缸套间的间隙有很大关系，表现为撞击的能量、撞击点等参数的变化。因为机体表面的振动能反映这种变化，所以能运用到磨损监测。

目前往复机械的振动监测主要应用在如下几个方面。

①振动法识别缸套-活塞磨损故障。

②连杆组件综合故障，如连杆衬套和连杆轴瓦的磨损、连杆螺栓松动、连杆螺栓裂纹等的诊断。

③通过测量缸盖表面振动信号判断气门漏气等。

相对来讲，通过测量振动幅值的变化来判断机器的状态，进行趋势分析，判断故障发展趋势，在往复机械中显得更加简单实用。

9.3 噪声监测与诊断技术

9.3.1 噪声及其测量

（1）机械振动与噪声

机器运行过程中所产生的振动和噪声是反映机器工作状态的诊断信息的重要来源。振动和噪声是机器运行过程中的一种属性，即使最精密、最好的机械设备也不可避免地要产生振动和噪声。振动和噪声的增加，一定是由故障引起的，任何机器都以其自身可能的方式产生振动和噪声。因此，只要抓住所研究的机器零部件的生振发声的机理和特征，就可对机器的状态进行诊断。在机械设备状态监测与故障诊断技术中，噪声监测也是较常用的方法之一。

机械振动在媒质中的传播过程称为机械波。声波是一种机械波，产生声波的振动系统称为声源。传播声波的媒质可以是气体、液体和固体，所以噪声也就有空气噪声、流体噪声和固体噪声（又称结构噪声）。通常所讲的噪声是指传入人耳的空气噪声，只有频率在20～20000Hz之间的机械波才能引起人们的听觉。频率低于20Hz的称为次声波，其波长很长，不易被一般物体所反射和折射，在媒质中不易被吸收，传播距离非常远，所以次声波不仅可以用来探测气象、分析地震和军事侦察，还可用于机械设备的状态监测，特别是在远场测量情况下。频率高于20000Hz的称为超声波，由于它传播时定向性好，穿透性强，以及在不同媒质中波速、衰减和吸收特性的差异，故在机械设备的故障诊断中也很有用。

声压、声强、声功率是常用的度量噪声的物理量。

① 声压　声波在媒质中的压力与静压的差值，单位为Pa。若媒质中的静止压力为P_0，则有波传播的总压力$P(x)$将在P_0附近波动，即

$$P(x) = P_0 + p \tag{9-8}$$

这个交变波动的附加压力p称为声压。声波在大气中传播，使大气压力产生微弱的变化，这个变化量就是声压。通常大气静压力为10^5Pa，而声压$p = 0.00002 \sim 20$Pa。

② 声速　一定频率的声波在媒质中传播时，单位时间所传过的距离称为声速。声速c、波长λ、频率f和周期T有以下关系：

$$c = \lambda f = \frac{\lambda}{T} \tag{9-9}$$

声速主要与媒质有关，但受温度的影响。

③ 声场中的能量　声波的传播过程实质上就是声振动能的传播过程。

a. 声能量密度　单位体积中的声波能量称为声波的能量密度e，简称声能密度。通常用一个周期中能量密度的平均值来反映媒质中某点处声波能量的存储情况。

b. 声功率　声波在单位时间内沿传播方向通过某一波阵面所传递的平均能量称为平均声能量流或称为声功率W。

c. 声强　单位时间通过垂直于传播方向上单位面积的平均声能量流称为声能量流密度，又称为声强。它与声源辐射的声功率有关，与离开声源的距离也有关。

声强与声压或质点振速的平方成正比。

④ 声级　声强和声压是一种描述声场客观存在的物理量，而人耳对声音的听觉与声强或声压是不成比例的。所以，在声学测量中人们常用一个成倍比关系的对数量（即"级"）来表示声音的强弱，即声强级、声压级、声功率级。"级"是相对量，无量纲，单位为分贝（dB）。

声压级和声强级的测量随测点和环境的不同，测量结果会有所不同，误差较大。而声功率级测量考虑的是声源的功率输出，受测点位置和测量环境的影响较少，结果较为精确。

⑤ 频程与频谱　声音听起来有的尖锐，有的低沉，这是由于音调高低的不同，而音调的高低主要取决于声源的振动频率。

对于20～20000Hz的可闻声，频率有1000倍的变动范围。人们出于方便的需要，而将宽广的频率范围划分为若干较小的频段，这就是通常所说的频程或频带。频程有上限频率值f_u，下限频率值f_1和中心频率值f_0。上、下限频率之差Δf称为频带宽度，简称带宽。实践证明，两个不同频率的声音作相对比较时，有决定意义的是两个频率的比值，而不是它们的差值，所以频程的划分用其上限频率f_u和下限频率f_1的比值来确定，即

$$\frac{f_u}{f_1} = 2^n \tag{9-10}$$

当 $n=1$ 时，则称为 1 倍频程；当 $n=1/3$ 时，则称为 1/3 倍频程。

在噪声测量与控制中常用倍频程和 1/3 倍频程。

对由声源发出来的声音进行频率成分和相应强度的分析，称为频率分析。通常以频率为横坐标，以相应频率成分的声压级、声强级或声功率级为纵坐标，将频率和强度的关系用图形曲线表示出来，就称为频谱，这与振动监测中频谱的概念是一致的。若以倍频程中心频率为横坐标，以相应每一倍频程中心频率测得的声压级为纵坐标，可得到噪声的倍频程频谱图。

(2) 噪声测量

声音的主要特征量为声压、声强、频率、质点振速和声功率等，其中声压和声强是两个主要参数，因此也是测量的主要对象。

噪声测量系统必须要有传声器、放大器和记录器，以及分析装置等。传声器的作用是将声压信号转换为电压信号，噪声测量中常用电容传声器或压电陶瓷传声器。由于传声器的输出阻抗很高，所以需加前置放大器进行阻抗变换。在两放大器之间通常还插入带通滤波器和计权网络，前者能够截取某频带信号，对噪声进行频谱分析；后者则可以获得不同的计权声级。输出放大器的输出信号必须经检波电路和显示装置，以读出总声级，A、B、C、D 计权声级或各频带声级。

随着电子计算机技术的迅速发展，在机器噪声监测技术中，广泛采用 FFT 分析仪进行实时的声源频谱分析。另外，还采用了双话筒互谱技术进行声强测量，利用声强的方向性进行故障定位和现场条件下的声功率级的确定。

① 噪声测量用的传声器　传声器是一种把声能转换成电能的器件，可直接测量声压。传声器包括两部分：一是将声能转换成机械能的声接受器，声接受器具有力学振动系统，如振膜，传声器置于声场中，振膜在声的作用下产生受迫振动；二是将机械能转换成电能的机电转换器。传声器依靠这两部分，可以把声压的输入信号转换成电能输出。电信号能否真实反映声信号，是衡量传声器优劣的指标。传声器的主要技术指标包括灵敏度（灵敏度级）、频率特性、噪声级及其指向特性等。

传声器按机械能转换成电能的方式不同，分为电容式传声器（见图 9-12）、压电式传声器（见图 9-13）和驻极体式传声器。电容式传声器一般配用精密声级计。

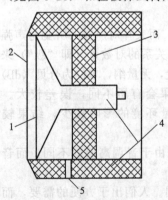

图 9-12　电容式传声器结构简图
1—后极板；2—膜片；3—绝缘体；
4—壳体；5—静压力平衡孔

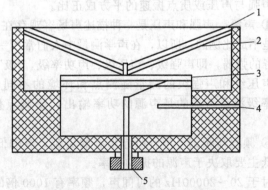

图 9-13　压电式传声器结构简图
1—金属薄膜；2—后极板；3—压电晶体；
4—压力平衡毛细管；5—输出端

另外，传声器按膜片受力方式不同可分为压强式、压差式和压强压差复合式三种类型。其中压强式用得最多。

② 声级计　是现场噪声测量中最基本的噪声测量仪器，可直接测量出声压级。一般由

传声器、输入放大器、计权网络、带通滤波器、输出放大器、检波器和显示装置所组成，如图 9-14 所示。

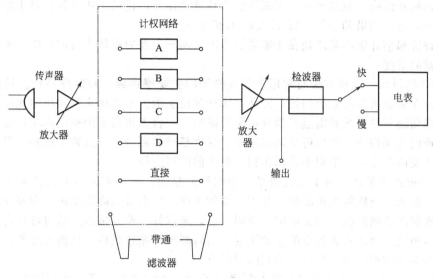

图 9-14　声级计组成框图

声级计的频响范围为 $20\sim20\mathrm{kHz}$。传声器将声音信号转换成电压信号，经放大后进行分析、处理和显示，从表头或数显装置上可直接读出声压级的分贝（dB）数。

一般声级计都按国际统一标准设计有 A、B 和 C 计权网络，有些声级计还设有 D 计权网络。A 计权用得最广泛，因为它较接近人耳对不同频率的响应。因此，工业产品的噪声标准及环境和劳动保护条例的标准都是用 A 计权声级表征，记作 dB（A）。D 计权是专为飞机飞过时的噪声烦恼程度而设计的计权网络。

③ 声强测量　具有许多优点，用它可判断噪声源的位置，求噪声发射功率，可以不需要声室、混响室等特殊声学环境进行声源功率、材料的吸收系数和透射系数等一系列声学测量。

声强测量仪由声强探头、分析处理仪器及显示仪器等部分组成。声强探头由两个传声器组成，具有明显的指向特性。声强测量仪可以在现场条件下进行声学测量和寻找声源，具有较高的使用价值。

④ 声功率测量　由声功率的定义可知，当声源被测量表面包围时，声源声功率等于包围声源的面积乘以通过此表面的声强通量。因此，可以用测量声强的方法计算声源声功率。

当声源放在某封闭测量表面以外时，通过此封闭表面的净声强通量等于零。所以，凡是在封闭测量表面以外的声源，对封闭表面内声源的声功率没有影响。这就是为什么声强法可以在现场测量而不受环境噪声影响的机理。用声强测声源声功率的精度是能满足要求的，但频率要在探头所推荐的使用范围内。

9.3.2　噪声源与故障源识别

噪声监测的一项重要内容就是通过噪声测量和分析来确定机器设备故障的部位和程度。首先必须寻找和估计噪声源，进而研究其频率组成和各分量的变化情况，从中提取机器运行状况的信息。

噪声识别的方法很多，从复杂程度、精度高低以及费用大小等方面均有很大差别，这里介绍几种现场实用的识别方法。

① 主观评价和估计法　经过长期实践锻炼的人，有可能主观判断噪声源的频率和位置。有时为了排除其他噪声源的干扰，主观评价和估计法还可以借助于听音器；对于那些人耳达不到的部位，还可以借助于传声器-放大器-耳机系统。

主观评价和估计法不足之处在于鉴别能力因人而异，需要有较丰富的经验，也无法对噪声源作定量的量度。

② 近场测量法　这种方法通常用来寻找机器的主要噪声源，较简便易行。具体的做法是用声级计在紧靠机器的表面扫描，并从声级计的指示值大小来确定噪声源的部位。

由于现场测量总会受到附近其他噪声源的影响，一台大机器上的被测点又是处于机器上其他噪声源的混响场内，所以近场测定法不能提供精确的测量值。这种方法通常用于机器噪声源和主要发声部位的一般识别或用作精确测定前的粗定位。

③ 表面振速测量法　对于无衰减平面余弦行波来说，从表面质点的振动速度可以得到一定面积的振动表面辐射的声功率。为了对辐射表面采取有效的降噪措施，需要知道辐射表面上各点辐射声能的情况，以便确定主要辐射点，采取针对性的措施。这时可以将振动表面分割成许多小块，测出表面各点的振动速度，然后画出等振速线图，从而可形象地表达出声辐射表面各点辐射声能的情况以及最强的辐射点。

④ 频谱分析法　噪声的频谱分析与振动信号分析方法类似，是一种识别声源的重要方法。对于作往复运动的机械或作旋转运动的机械，一般都可以在它们的噪声频谱信号中找到与转速和系统结构特性有关的纯音峰值。因此，通过测量得到的噪声频谱进行纯音峰值的分析，可用来识别主要噪声源。但是纯音峰值的频率为好几个零部件所共有，或者不为任何一个零部件所共有，这时就要配合其他方法，才能最终判定究竟哪些零部件是主要噪声源。

⑤ 声强法　近年来用声强法来识别噪声源的研究进展很快，至今已有多种用于声强测量的双通道快速傅里叶变换分析仪。声强探头具有明显的指向特性，这使声强法在识别噪声源中更有其特色。声强测量法可在现场进行近场测量，既方便又迅速，故受到各方面的重视。

9.4　温度监测技术

温度是工业生产中的重要工艺参数，为保证生产工艺在规定的温度条件下完成，需要对温度进行监测和调节；另一方面，温度也是表征设备运行状态的一个重要指标，设备出现机械、电气故障的一个明显特征就是温度的升高，同时温度的异常变化又是引发设备故障的一个重要因素。因此，温度与设备的运行状态密切相关，温度监测也因此而在设备故障诊断的整个技术体系中占有重要的地位。

9.4.1　温度测量基础

(1) 温度与温标

① 温度　是一个很重要的物理量，它表示物体的冷热程度，也是物体分子运动平均动能大小的标志。机器的轴承在运转过程中由于润滑不良或严重磨损而过度发热；电气设备在运转时因电流过大或绝缘损坏，也会引起不正常的发热。因此，通过监测温度的变化，可以发现设备的故障。

② 温标　为保证温度测量值准确一致，首先要建立统一的标准。用来度量物体温度高

低的标准尺度称作温度标尺，简称温标。各种各样温度计的数值都是由温标决定的，有华氏、摄氏、列氏、理想气体、热力学和国际实用温标等。其中摄氏温标和热力学温标最常用。

1968 年国际实用温标规定：以热力学温度为基本温度，用符号 T 表示，单位是开尔文，符号为 K。温度也可以用摄氏温度表示，用符号 t 表示，单位是摄氏度，符号为℃。两者的关系为

$$t = T - 273.15 \tag{9-11}$$

摄氏温度的数值是以 273.15K 为起点（$t=0$）；而热力学温度则以 0K 为起点（$T=0$）；$T=0$K 称为绝对零度，在该温度下分子运动停止（即没有热存在）。一般 0℃ 以上用摄氏度℃表示；0℃以下用开尔文 K 表示，这样可以避免使用负值。

（2）温度测量方式

温度测量方式可分为接触式与非接触式两类。

当把温度计和被测物的表面很好地接触后，经过足够长的时间达到热平衡，则两者的温度必然相等，温度计显示的温度即为被测物表面的温度，这种方式称为接触式测温。

非接触式测温利用物体的热辐射能随温度变化的原理来测定物体的温度。由于感温元件不与被测物体接触，因而不会改变被测物体的温度分布。且辐射热与光速一样快，故热惯性很小。

（3）温度监测仪表、仪器概述

温度监测仪表、仪器的种类繁多，它们的工作原理各有不同，但都是利用某一物质具有随温度而变化的某种性质作为测温依据的。目前，温度计的制造是利用下列几种物质的性质：物体体积随温度的变化；金属（或半导体）电阻的变化；热电偶电动势的激发；加热物体的辐射等。常用测温仪表见表 9-8。

表 9-8　测温仪表、仪器分类

测温方式	分类名称	作用原理
接触式测温	膨胀式温度计 { 液体式 固体式	液体或固体受热膨胀
	压力表式温度计 { 液体式 气体式 蒸气式	封闭在固定容积中的液体、气体或某种液体的饱和蒸气受热体积膨胀或压力变化
	电阻式温度计	导体或半导体受热电阻值变化
	热电偶温度计	物体的热电性质
非接触式测温	光学高温计	物体的热辐射
	光学高温计	
	红外测温仪	
	红外热像仪	
	红外热电视	

9.4.2　温度监测方法

（1）接触式测温

在日常生活和生产中，测量温度的方式大都是"接触式测量"，即必须把温度计和被测

物的表面很好地接触，方可得出正确的结果，故称为接触式测温。常用于设备诊断的接触式温度监测仪器有下列几种。

① 热膨胀式温度计　这种温度计是利用液体或固体热胀冷缩的性质制成的，如水银温度计、双金属温度计、压力表式温度计等。

ⅰ. 双金属温度计　是一种固体热膨胀式温度计，它用两种热膨胀系数不同的金属材料制成感温元件，一端固定，另一端自由，由于受热后两者伸长不一致而发生弯曲，使自由端产生位移，将温度变化直接转换为机械量的变化，可以制成各种形式的温度计。双金属温度计结构紧凑、耐震、价廉、能报警和自控，可用于现场测量气体、液体及蒸气温度。

ⅱ. 压力表式温度计　利用被封闭在感温筒中的液体、气体等受热后体积膨胀或压力变化，通过毛细管使波登管端部产生角位移，带动指针在刻度盘上显示出温度值，如图 9-15 所示。测量时感温筒放在被测介质内，因此适用于测量对感温筒无腐蚀作用的液体、蒸气和气体的温度。

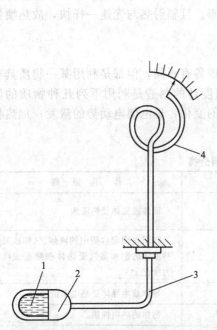

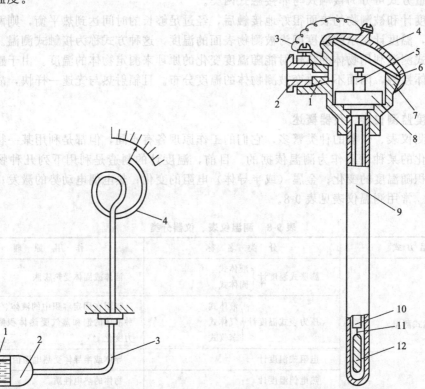

图 9-15　压力表式温度计
1—感温液体或气体；2—感温筒；
3—毛细管；4—波登管

图 9-16　工业热电阻的结构
1—出线密封圈；2—出线螺母；3—小链；4—盖；5—接线柱；
6—密封圈；7—接线盒；8—接线座；9—保护管；
10—绝缘管；11—引出线；12—感温元件

② 电阻温度计　感温元件用电阻值随温度变化而改变的金属导体或半导体材料制成。当温度变化时，感温元件的电阻随温度而变化，通过测量回路的转换，在显示器上显示出温度值。电阻式测温是接触式测温的一种主要方式，广泛地应用于各工业领域以及科学研究部门。用于电阻温度计的感温元件有金属丝电阻及热敏电阻。

ⅰ. 金属丝电阻温度计　一般金属导体受热后电阻率增加，在一定的温度范围内，电阻增加的数值正比于温度差 $(t-t_0)$，所以通过测量导体的电阻就可以确定被测量物体的温度值。常用的测温电阻丝材料有铂、铜、镍等。工业热电阻的结构如图 9-16 所示。

为了测出金属丝的电阻变化，一般是将其接入平衡电桥中。电桥输出的电压正比于金属丝的电阻值变化。该电压的变化由动圈式仪表直接测量或经放大器放大输出，实现自动测量或记录。

ⅱ. 半导体热敏电阻温度计 半导体热敏电阻通常是用铁、锰、镍、铝、钛、镁、铜等一些金属的氧化物作原料制成，也常用它们的碳酸盐、硝酸盐和氯化物等作原料制成。它的阻值随温度升高而降低，具有负的温度系数。

与金属丝电阻相比，半导体热敏电阻具有电阻温度系数大、灵敏度高、电阻率大、结构简单、体积小、热惯性小、响应速度快等优点。它的主要缺点是电阻温度特性分散性很大，互换性差，非线性严重，且电阻温度关系不稳定，故测温误差较大。

③ 热电偶温度计 由热电偶、电测仪表和连接导线所组成，广泛地用于 $300 \sim 1300℃$ 温度范围内的测温。

热电偶可以把温度直接转换成电量，因此对于温度的测量、调节、控制，以及对温度信号的放大、变换都很方便。它的结构简单，便于安装，测量范围广，准确度高，热惯性小，性能稳定，便于远距离传送信号。因此，它是目前使用最普遍的接触式温度测量仪表。

ⅰ. 热电偶测温的基本原理 由两种不同的导体或半导体 A、B 组成的闭合回路中，如果使两个接点处于不同的温度，回路就会出现电动势，称为热电势，这一现象即热电效应，组成的器件为热电偶。若使热电偶的一个接点温度 t_0 保持不变，即产生的热电势只和另一个接点的温度有关，因此测量热电势的大小，就可知道该接点的温度值了。

ⅱ. 标准化热电偶 是指制造工艺比较成熟、应用广泛、能成批生产、性能优良而稳定并已列入工业标准化文件中的热电偶。这类热电偶发展早，性能稳定，互换性好，并有与其配套的显示仪表可供使用，十分方便。

ⅲ. 非标准化热电偶 没有被列入工业标准，用在某些特殊场合，如监测高温、低温、超低温、高真空和有核辐射等对象。常用的非标准化热电偶主要有钨铼热电偶、铱铑系热电偶、镍铬-金铁热电偶、镍钴-镍铝热电偶、铂钼$_5$-铂钼$_{0.1}$热电偶、非金属热电偶等。

ⅳ. 热电偶的结构 常用的普通型热电偶由热电极（热偶丝）、绝热材料（绝缘管）和保护套管等部分构成，其热电偶本体是一端焊接的两根金属丝。当被测介质对热电偶不会产生侵蚀作用时，可不用保护套管，以减小接触测温误差与滞后。普通工业用热电偶的典型结构如图 9-17 所示。对于工业部门的应用，应考虑耐高压、耐强烈振动和耐冲击，常采用铠缆热电偶。为了测量微小面积上的瞬变温度，可用薄膜热电偶，测量端小而薄。

ⅴ. 使用热电偶时应注意的问题 在测温时，为了使热电偶的冷端温度保持恒定，且节省热电极材料，一般是用一种补偿导线和热电极的冷端相连接，这种导线是两根不同的金属丝，它在 $0 \sim 100℃$ 的温度范围内和所连接的热电偶具有相同的热电性质，材料为廉价金属，可用它们来做热电偶的延伸线。一般

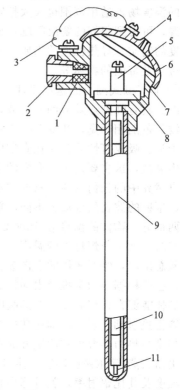

图 9-17 工业热电偶的结构
1—出线孔密封圈；2—出线孔螺母；3—链条；
4—盖；5—接线柱；6—密封圈；7—接线盒；
8—接线座；9—保护管；10—绝缘管；
11—热电偶丝

补偿导线电阻率较小，线径较粗，这有利于减小热电偶回路的电阻。

热电偶的分度是以冷端温度为0℃制成的，如冷端不为0℃，则将引起测量误差，可采用下述几种方法进行补偿：计算法，适用于实验室测温，但不方便；冰点槽法，将冷端置于0℃的冰点槽中即可，但现场测量时较麻烦；仪表机械零点调整法，把用于热电势测量的毫伏计机械零点调整到预先测知的冷端温度处即可；补偿电桥法（冷端补偿器），利用不平衡电桥产生的电压来补偿热电偶冷端温度变化引起的热电势变化，该电桥称冷端补偿器；多点冷端温度补偿，在同一设备或同一车间里，可利用多点切换开关把几支甚至几十支同一分度号的热电偶接到一块仪表上，这时只需用一个公共的冷端补偿器。

热电偶在使用过程中，由于热端受到氧化、腐蚀作用和高温下热电偶材料发生再结晶等，将引起热电特性发生变化，使测温误差越来越大。为了保证测量精度，热电偶必须定期进行校验。超差时要更换热电偶或把原来的热电偶的热端剪去一段，重新焊接并经校验后使用。

热电势的测量有以下两种方法：毫伏计法，此法准确度不很高，但价廉，简易测温时广泛采用；电位差计法，此法精度较高，故在实验室和工业生产中广泛采用。

(2) 非接触式测温

接触式测温由于沿着测温元件（如热电偶）有热量导出而破坏被测物的温度场，从而造成误差，而且测量时还需要有一个同温过程。随着生产和科学技术的发展，对温度监测提出了越来越高的要求，接触式测温方法已远不能满足许多场合的测温要求。

近年来非接触式测温获得迅速发展。除了敏感元件技术的发展外，还由于它不会破坏被测物的温度场，适用范围也大大拓宽。许多接触式测温无法测量的场合和物体，采用非接触式测温，可得到很好的解决问题，如温度很高的目标、距离很远的目标、有腐蚀性的物质、高纯度的物质、导热性差的物质、目标微小的物体、小热容量的物体、运动中的物体和温度动态过程及带电的物体等。

① 非接触式测温的基本原理　太阳光谱中，位于红光光谱之外的区域里存在着一种看不见的、具有强烈热效应的辐射波，称为红外线。一般可见光的波长为 $0.4\sim0.7\mu m$，红外线的波长范围相当宽，达 $0.75\sim1000\mu m$。红外线和所有电磁波一样，具有反射、折射、散射、干涉、吸收等性质。它在真空中的传播速度为 $3\times10^5 m/s$。红外辐射在介质中传播时，会产生衰减，这主要是由于介质的吸收和散射作用而造成的。

自然界中的任何物体，只要它本身的温度高于热力学零度，就会产生热辐射。物体温度不同，辐射的波长组成成分不同，辐射能的大小也不同，该能量中包含可见光与不可见的红外线两部分。物体的温度在 1000℃ 以下时，其热辐射中最强的波均为红外辐射；只有在 3000℃ 时，近于白炽灯丝的温度，它的辐射能才包含足够多的可见光。1819 年，斯忒藩根据实验总结出，绝对黑体的全部波长范围内的全辐射能与热力学温度的四次方成正比。1884 年玻尔兹曼根据热力学推导出同样的结果，因此称之为斯忒藩-玻尔兹曼定律。

黑体能够在任何温度下全部吸收任何波长的辐射，热辐射能力比其他物体都强。一般物体不能把投射到它表面的辐射功率全部吸收，发射热辐射的能力也小于黑体，但一般物体的辐射强度与热力学温度的四次方成正比，所以物体辐射强度随温度升高而显著地增加。

由斯忒藩-玻尔兹曼辐射定律可知，物体的温度越高，辐射强度就越大。只要知道了物体的温度及其比辐射率，就可算出它所发射的辐射功率；反之，如果测出了物体所发射的辐射强度，就可以算出它的温度，这就是红外测温技术的依据。物体表面温度变化时红外辐射将大大变化，例如，物体温度在 300K 时，温度升高 1K，辐射功率将增加 1.34%。因此，被测物表层若有缺陷，其表面温度场将有变化，可以用灵敏的红外探测器加以鉴别。

② 非接触式测温仪器　最初的辐射式温度计都是高温计，有单色辐射、全辐射和比色

高温计，它们又可分为光学计和光电计两种。近些年来，为适应工业生产和科学技术的要求，辐射式温度计的测量范围逐渐向中温（100～700℃）和低温（<100℃）方向扩展。由于在 2000K 以下的辐射大部分能量不是可见光而是红外线，因此红外测温得到了迅猛的发展和应用。红外测温的手段不仅有红外点温仪、红外线温仪，尚有红外电视和红外成像系统等设备，除可以显示物体某点的温度外，尚可实时显示出物体的二维温度场，温度测量的空间分辨率和温度分辨率都达到了相当高的水平。红外成像系统除带黑白、彩色监视器外，还有多功能处理器、录像机、实时记录器、软盘记录仪等。

a. 红外点温仪　对温度的非接触测温手段，最轻便、最直观、最快速、最价廉的是红外点温仪。红外点温仪都是以黑体辐射定律为理论依据，通过对被测目标红外辐射能量进行测量，经黑体标定，从而确定被测目标的温度。红外点温仪按其所选择使用的接收波长分为三类：全辐射测温仪，将波长从零到无穷的目标的全部辐射能量进行接收测量，由黑体校定出目标温度；单色测温仪，选择单一辐射光谱波段接收能量进行测量，它靠单色滤光片选择接收特定波长下的目标辐射，以此来确定目标温度；比色测温仪，它靠两组或更多不同的单色滤光片收集两相近辐射波段下的辐射能量，在电路上进行比较，由此比值确定目标温度，它基本上可消除比辐射率带来的误差。

红外点温仪通常由光学系统、红外探测器、电信号处理器、温度指示器及附属的瞄准器、电源及机械结构等组成。光学系统的主要作用是收集被测目标的辐射能量，使之汇聚在红外探测器的接收光敏面上。红外探测器的作用是把接收到的红外辐射能量转换成电信号输出。电信号处理器的功能有：探测器产生的微弱信号放大，线性化输出处理，辐射率调整的处理，环境温度的补偿，抑制非目标辐射产生的干扰，抑制系统噪声，供温度指示的信号或输出，供计算机处理的模拟信息，电源部分及其他特殊要求的部分。温度指示器一般有两种：普通表头指示和数字指示，其中数字显示读数直观、精度高。

b. 红外热成像仪　红外热成像系统是利用红外探测器、光学成像物镜和光机扫描系统，在不接触的情况下接收物体表面的红外辐射信号，该信号转变为电信号后，再经电子系统处理传至显示屏上，得到与景物表面热分布相应的"实时热图像"。它可绘出空间分辨率和温度分辨率都较好的设备温度场的二维图形，从而就把景物的不可见热图像转换为可见图像，使人类的视觉范围扩展到了红外谱段。

红外热成像系统是一个利用红外传感器接收被测目标的红外线信号，经放大和处理后送至显示器上，形成该目标温度分布二维可视图像的装置。热成像系统的主要部分是红外探测器和监视器，性能较好的应有图像处理器。为了对图像实时显示、实时记录和进行复杂的图像分析处理，先进的热成像仪都要求达到电视兼容图像显示。红外探测器又称"扫描器"或"红外摄像机"、"摄像头"等，其基本组成有成像物镜、光机扫描机构、制冷红外探测器、控制电路及前置放大器。目前最先进的热成像系统为焦平面式的红外热像仪，探测器无需制冷，无需光机扫描机构，体积小，智能化程度高，在现场使用起来非常方便。

c. 红外热电视　红外热成像仪具有优良的性能，但它装置精密，价格比较昂贵，通常在一些必需的、测量精度要求较高的重要场合使用。对于大多数工业应用，并不需要太高的温度分辨率，可不选用红外热成像仪，而采用红外热电视。红外热电视虽然只具有中等水平的分辨率，可是它能在常温下工作，省去制冷系统，设备结构更简单些，操作更方便些，价格比较低廉，对测温精度要求不太高的工程应用领域，使用红外热电视是适宜的。红外热电视采用热释电靶面探测器和标准电视扫描方式。被测目标的红外辐射通过热电视光学系统聚焦到热释电靶面探测器上，用电子束扫描的方式得到电信号，经放大处理，将可见光图像显示在荧光屏上。

③ 红外测温的应用　红外测温具有非接触、便携、快速、直观、可记录存储等优点，

故使用范围很广。它的响应速度快，可动态监测各种启动、过渡过程的温度；它的灵敏度高，可分辨被测物的微小温差；它的测温范围广，从摄氏零下数十度到零上 2000℃，适于多种目标。当被测物件是细小、脆弱、不断移动或是在真空或其他控制环境下时，使用红外线测温是唯一可行的方法。对于隔一定距离物体的温度、移动物体的温度、低密度材料的温度、需快速测量的温度、粗糙表面的温度、过热不能接近场所的温度、高电压元件的温度等的测量，红外测温都具有突出的优势。

在机电行业中，红外测温主要用于机械、电气控制设备的状态监测及故障检查。应用于机械零部件的检查时，可根据温度的变化，判断诸如润滑不良、轴承损坏及异常摩擦、磨损等故障。红外热成像仪可用于设备电气控制系统的故障检查，判断出接触器、各种接头的故障及元器件损坏等。

电力生产中应用红外测温可对大型发电厂和变电站、输电线路等设备、接头以及热力管道隔热材料等进行红外温度监测。许多国家对电力设备的红外监测已形成一套制度和标准方法。

对于具有大型高温设备的冶金工业，红外热成像仪应用于炼钢、轧钢、浇铸、淬火时的温度测量，以及对高炉、转炉、回转窑等大型炉窑进行检验，对热风炉、钢水包、钢锭模、烟筒等进行温度测试。

在化工生产流程中，监测设备的热分布状况，检查热管道接口损耗、热泄漏故障。红外热成像仪检查换热器的泄漏和堵塞是最有效的；还可检测密封漏油故障；测量转化炉炉墙温度，了解保温状况和热损失部位等。

用于水泥窑外壳及炉体表面热分布的监测，以了解炉壁衬底的烧蚀情况，隔热情况，为检修及安全生产提供依据。

铁路运输中，用于轴温、挂瓦、套轴温度监测；玻璃工业中，用于炉温、料温、退火温度的监测；造纸工业中用于各设备温度监测，原料堆隐患的监测等。

9.5 油液监测与诊断技术

油液监测与诊断技术是近十几年迅速发展起来的用于机械设备状态监测的新技术，尤其在发动机、齿轮传动、轴承系统、液压系统等方面，该技术取得了显著的效益，获得了广泛的应用。

油液监测与诊断技术通常包括油液理化性能分析技术、铁谱分析技术、光谱分析技术、颗粒计数技术等，实现对油样中所含磨粒的数量、大小、形态、成分等及其变化，油品的劣化变质程度等的分析。

9.5.1 润滑剂及其质量指标

在机器的摩擦副间加入某种介质，使其减少摩擦和磨损，这种介质称为润滑材料，即润滑剂。由于摩擦副的类型和工况条件不同，相应地对润滑材料的要求和选用也不同。只有按摩擦副对润滑材料性能的要求，合理地选用润滑材料，才能达到延长设备使用寿命、保证设备正常运转及提高企业经济效益的目的。

(1) 润滑剂的分类

润滑剂可分为液体润滑剂、半固体润滑剂、固体润滑剂和气体润滑剂四大类。

① 液体润滑剂　例如润滑油、水、液态金属等。润滑油中矿物油来源充足、品种多，不易变质，加之一般矿物润滑油含有极性物质，易形成吸附膜或油中加入添加剂后形成边界膜达到润滑目的，故应用最为广泛。

② 半固体润滑剂　例如润滑脂，它是用稠化剂和润滑油制成，是一种介于液体和固体之间的润滑材料，在一定意义上兼有两者的优点。主要用于长期工作而不易经常更换润滑剂的摩擦部位以及因结构关系不能使用润滑油的机器设备。

③ 固体润滑剂　例如石墨、二硫化钼等，依靠这些物质在摩擦表面形成低抗剪强度，并与摩擦表面有较强附着力的固体润滑膜达到润滑目的。

④ 气体润滑剂　例如空气、氮气等。多用于高温、高速、轻载场合，例如高速磨头的空气轴承。

（2）润滑油的性能指标

掌握润滑油的性能指标，能进一步熟知其适用场合，为不同工况条件选择合适的润滑油提供必要的依据。

① 黏度　是润滑油最重要的性能指标之一，是反映润滑油流动的黏性大小，决定润滑油油膜厚度的主要因素之一。润滑油的作用就在于使润滑油在机器做功运动的摩擦表面形成油膜，该油膜起到润滑、减振、冲洗、冷却等作用。润滑油的黏度随温度的变化而变化。一般地讲，同一润滑油，温度越高黏度越小，温度越低黏度越大。润滑油的这种性能被称为黏温性能，常用黏度指数表示。黏度指数高说明油品黏度随温度的变化较小，黏温性较好。表示黏度的单位和测定黏度的方法很多，例如英国、美国等多采用赛氏和雷氏黏度，德国和西欧多采用恩氏黏度和运动黏度，我国主要采用运动黏度。运动黏度可用运动黏度测定仪测定。

② 油性和极压性　是表示润滑油抵抗磨损能力的指标。油性表示油膜的吸附能力，极压性则表示在冲击载荷或高温重载荷作用时油膜不破裂的能力。

③ 酸值　是指中和每 1g 润滑油中的有机酸所消耗的氢氧化钾的毫克数，单位是 mgKOH/g。当所用油品的酸值超过标准时应换用新油。

④ 水分　润滑油的水分是指润滑油中含水量的质量分数。润滑油中水分的存在，会破坏润滑油形成油膜，使润滑效果变差，并加速有机酸对金属的腐蚀作用，锈蚀设备，而且使添加剂分解沉淀。

⑤ 水溶性酸和碱　是指溶于油品中的无机酸和碱，以及低分子有机酸和碱性氧化物，它们将强烈腐蚀设备，加速油品变质，降低油品的绝缘性能。

⑥ 机械杂质　是指润滑油中各种沉淀物、胶状悬浮物、砂土、金属粒等杂质。机械杂质的质量分数，是反映油品纯洁度的指标。油品中机械杂质的存在会加剧机器零件的磨损，加速油品老化，严重时还会堵塞油路及滤清器。

⑦ 闪点　是表示润滑油蒸发性的指标。在规定的条件下加热油品，当油蒸气与周围空气形成一定浓度的混合气体时，同火焰接触时产生短暂闪火时的最低油温即为闪点。闪点是油品的安全性指标，油品的工作温度一般低于闪点 20～30℃为宜。

⑧ 凝点　在规定条件下使油品冷却到不流动时的最高温度即为凝点。凝点是反映油品低温流动性的重要指标。通常，油品工作温度一般应比凝点高 15～30℃为宜。

此外，还有灰分、残炭、腐蚀、抗氧化安定性、抗乳化度、抗泡沫性等性能指标。

（3）润滑脂性能指标

润滑脂是由基础油加稠化剂制成的半液体润滑剂，它适用于下面几种情况：某些开放式润滑部位，起到润滑作用而又不会流失和滴落；在有尘埃、水分或有害气体侵蚀的情况下，要求有良好的密封性、防护性和耐腐蚀性的场合；由于工作条件限制，而要求长期不换润滑剂的润滑部位；摩擦部位温度和速度变化范围较大的机械的润滑以及满足某些机械设备的封存、防腐、防锈上的需要。

润滑脂的性能指标如下。

① 外观　良好的润滑脂，其颜色和稠度都应是均匀的，没有硬块颗粒，没有析油现象，

表面没有干硬的皮层和稀软糊层。

② 针入度 是表示油脂稠度的指标。某润滑脂的针入度是指在 25℃ 温度下，150g 的标准圆锥体，在 5s 内沉入该润滑脂试样的深度（以 0.1mm 为单位，表示时不标注）。脂的针入度越小，稠度就越高，越不易进入摩擦副表面，而且内摩擦大、能耗高，但它的承载能力高，不易从摩擦面内被挤出来。

③ 滴点 它是决定润滑脂使用温度的指标。滴点测定仪中的润滑脂被加热后，开始滴落时的温度称为润滑脂的滴点。润滑脂的使用温度一般应高于滴点 20～30℃，以保证可靠的润滑效果。

④ 耐腐蚀性 主要反映润滑脂对金属的腐蚀程度。

除此之外，润滑脂还有胶体安定性、机械杂质、氧化安定性等性能指标。

(4) 液压油

液压油的主要作用是传递液压能，其次是润滑、冷却、防锈、减振等作用，它的状态直接关系到液压机械运转的可靠性。反映液压油性能的主要指标及其测试方法与润滑油类似，不再重复。

(5) 添加剂

在很多情况下，基础油很难满足摩擦副对润滑剂提出的苛刻要求。因此，为了提高油品质量和满足使用性能还必须在润滑油品中加入少量一种或几种物质，以改善油品的某些性能，所添加的物质称为添加剂。一般极少量添加剂，就能显著改变油品的质量，这样既可避免润滑油复杂的加工过程，又可解决一些经加工精制但仍不能满足的特殊要求，从而扩大优质润滑油产品的来源。

添加剂一般不单独作润滑材料。同一种添加剂，加到不同种类的基础油或不同类型的原油炼制的油中，其效果也可能不完全相同，因此使用时必须通过试验，选择最佳品种和用量。

常用的润滑油添加剂包括清净分散剂、抗氧耐腐剂、油性添加剂、极压（抗磨）添加剂、增黏剂、降凝剂、抗泡沫剂、防锈剂等。

9.5.2 油液性能分析

对机械设备的润滑系统进行定期的油样理化性能测试分析，可以动态监测使用过程中润滑油质量变化情况，从而保证机械设备处于良好的润滑状态。同时也可以随机监测润滑油的质量指标变化情况，从而确定最合理的最经济有效的换油周期。

润滑油在使用过程中的变质和油品质量劣化，主要包括两方面。

① 由于氧化、凝聚、水解、分解作用使油品产生永久性变质。可采用测量润滑油油样黏度变化、含水量、机械杂质、酸值及闪点变化等理化指标来分析判断。如果油品劣化程度超过一定限度（按质换油标准），则及时换油。表 9-9 给出了部分油品的质量界限。

表 9-9 液压油的质量界限

项 目	理化性能极限指标			
	高黏度指数液压值	低温液压油	抗磨液压油	普通液压油
运动黏度(40℃)/10m² · s⁻¹	±10%	±10%	±(10%～15%)	±(10%～15%)
酸值增加/mgKOH · g⁻¹	0.3	0.3	0.3	0.3
水分/%	0.1	0.1	0.1	0.1
闪点(开口)/℃	−60(不变)			
固体颗粒污染等级	20/16	20/16	20/16	20/16

② 润滑油中添加剂的消耗和变质。使用过程中，添加剂及其反应物也会发生变化。因此，必须定期对使用中的润滑油进行添加剂含量的测定。发现添加剂含量减少，应及时补充，以保持润滑油的特殊润滑性能。

除采用对使用中的润滑油主要理化指标变化现场作出快速鉴定外，近年来国内外还出现了用油液的综合质量对油液现场作出快速鉴定的技术及相应仪器。例如通过测定油液的透明度、介电常数的变化、污染度等参数来评定油液质量。

9.5.3　油液监测与诊断技术

运用油液监测与诊断技术，在设备不停机、不解体的情况下监测工况，诊断设备的异常、异常部位、异常程度及原因，从而预报设备可能发生的故障，是提高设备管理水平、改善维护保养的一个重要手段，也是保证设备正常运转、创造经济效益的有效途径。该技术还可用于研究设备中摩擦副磨损机理和润滑机理、磨损失效过程和失效类型；用于进行润滑油品性能分析、新油品性能分析，确定油液污染程度以及油品合适的使用期限，用来确定合理的磨合工艺规范等。在对机械设备进行状态监测和故障诊断时，特别是利用振动和噪声监测诊断低速回转机械及往复机械的故障较为困难时，运用油液监测与诊断技术则较有效。

油液监测与诊断采用的具体技术包括光谱技术、铁谱技术、颗粒计数技术、磁塞技术等。它们在技术原理、仪器工作原理及结构、检测油样的制备、数据处理、结果分析和应用范围等方面各具特点，选用时应予以注意。

(1) 油液监测与诊断技术的实施步骤

① 选择对生产、产品质量、经济效益影响较大的设备为监测对象，在深入了解该设备的功能、结构、运转现状、润滑材料及润滑系统现状等情况的基础上，选择并制定合理的油液监测方案及技术。

② 选取油样。这是实施技术的重要环节。原始油样是测定磨损微粒，进而进行数据处理和分析，最后判断故障的基础。所取的油样中必须含有表征设备主要磨损部位信息的有代表性的磨粒，能正确反映磨损真实情况；要合理地确定取样间隔时间。应严格按规定的技术规范选取原始油样。

③ 制备检测油样。按照所选用的油液监测技术及仪器所规定的制备方法和步骤，认真制备检测油样。

④ 将检测油样送入监测仪器，定性、定量测定有关参数。

⑤ 进行检测数据处理与分析，视所选用的监测技术的不同，可以采用趋势法、类比法等处理数据和分析结果，进一步可应用数理统计、模糊数学等知识建立相应的计算机数据处理系统。

⑥ 根据数据处理分析的结果，判断设备的异常、异常部位、异常程度及原因，预报可能出现的问题以及发生异常的时间、范围和后果。

⑦ 提出改进设备异常状况的措施，包括处理异常的时间、内容、费用，具体修理方案和实施。

(2) 铁谱技术及仪器

油品铁谱分析技术利用高梯度强磁场的作用，将润滑油样中所含的机械磨损微粒有序地分离出来，并借助不同的仪器对磨屑进行有关形状、大小、成分、数量及粒度分布等方面的定性和定量观测，从而判断机械设备的磨损状况，预报零部件的失效。铁谱技术的主要内容包括油品取样技术、铁谱仪及制谱技术、磨粒分析技术等。

根据分离、检测磨粒的不同方法，铁谱仪主要分为分析式铁谱仪、直读式铁谱仪、旋转式铁谱仪等。

① 铁谱技术的特点　铁谱技术与其他技术相比，具有独特的优势，主要有：

a. 应用铁谱技术能分离出润滑油中所含较宽尺寸范围的磨屑，故应用范围广。

b. 铁谱技术利用铁谱仪将磨屑重叠地沉积在基片或沉淀管中，进而对磨屑进行定性观察分析和定量测量。综合判断机械的磨损程度。同时还可对磨屑的组成元素进行分析，以判断磨屑的产生地，即磨损发生的部位。

铁谱技术的缺点在于：

a. 对润滑油中非铁系颗粒的检测能力较低，例如在对含有多种材质摩擦副的机器进行监测诊断时，往往感到能力不足。

b. 分析结果较多依赖操作人员的经验。

c. 不能理想地适应大规模设备群的故障诊断。

② 分析式铁谱仪　是一种常用的、重要的铁谱仪器，主要由铁谱制谱仪、铁谱显微镜和铁谱读数器组成。铁谱制谱仪主要用途是分离油样中磨损微粒并制成铁谱片，它由微量泵、磁铁装置、玻璃基片、特种胶管及支架等部件组成。

分析式铁谱仪的工作原理如图 9-18 所示。从设备润滑系统或液压系统取的原始油样经制备后，由微量泵输送到与磁场装置呈一定倾斜角度的玻璃基片上（也称铁谱基片）。油样由上端以约 15m/h 的流速流过高梯度强磁场区，从基片下端流入回油管，然后排入储油杯中。在随油样流下的过程中，可磁化的磨屑在高梯度强磁场作用下，由大到小依序沉积在玻璃基片的不同位置上，沿与油流方向垂直的磁力线方向排列成链状，经清洗残油和固定颗粒的处理之后，制成铁谱片。在铁谱显微镜下，对铁谱基片上沉积的磨粒进行有关大小、形态、成分、数量方面的定性和定量分析后，就可以对被监测的设备的摩擦磨损状态作出判断。

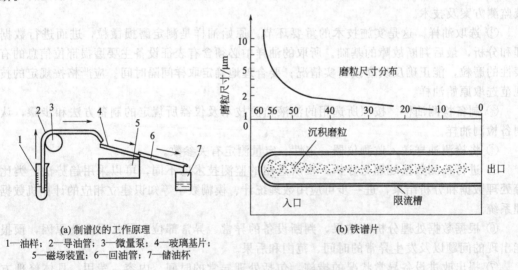

(a) 制谱仪的工作原理
1—油样；2—导油管；3—微量泵；4—玻璃基片；
5—磁场装置；6—回油管；7—储油杯

(b) 铁谱片

图 9-18　分析式铁谱仪的工作原理

通过对磨粒色泽和化学辨色，可以识别出铁磁材料、有色金属和一些非金属物质；通过铁谱读数器可直接得到被测部位的磨粒覆盖面积百分数，这样分析式铁谱仪就具有定性和定量分析两种功能。

③ 直读式铁谱仪　直读式铁谱仪主要用来直接测定油样中磨粒的浓度和尺寸分布，只能作定量分析，能够方便、迅速而较准确地测定油样内大小磨粒的相对数量，因而能对设备

状态作出初步的诊断，是目前设备监测和故障诊断的较好手段之一。如果不仅要了解磨损微粒的数量及分布情况，而且要观察分析磨粒的形态、表面形貌和成分等因素，作出较准确的诊断，就需使用分析式铁谱仪。

直读式铁谱仪的工作原理如图 9-19 所示。取自机器的油样，经浓度及黏度稀释后，在虹吸作用下流经位于磁铁上方的玻璃沉淀管，油样中可磁化微粒在高梯度磁场作用下，依其粒度顺序排列在沉淀管内壁不同位置上。在沉淀管入口处，即在 $1 \sim 2$mm 位置上沉积着大于 $5 \mu m$ 的大磨粒，而在大于 5mm 的位置沉积着只有 $1 \sim 2 \mu m$ 的小磨粒，如图 9-19（b）所示。光导纤维将光线引至与上述两个位置相对应的固定测点上，并由两只光敏探头接收穿过磨粒层的光信号，经电子线路放大、A/D 转换处理，最终在 D_L 和 D_S 两个数显屏上直接显示出磨粒沉积的覆盖值。

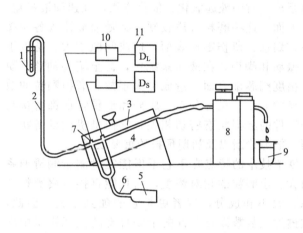

(a) 直读式铁谱仪的原理
1—油样；2—毛细管；3—沉淀管；4—磁铁；5—灯；6—光导纤维；
7—光敏探头；8—虹吸管；9—废油；10—电子线路；11—数显屏

(b) 沉淀管内的磨粒排序

图 9-19　直读式铁谱仪的工作原理

④ 旋转式铁谱仪　分析式铁谱仪、直读式铁谱仪应用较广泛，分析技术较成熟，尤其是分析式铁谱仪同时具有定量和定性分析双重功能。但是这些铁谱仪对污染严重的油样（例如煤矿机械或工程机械内的润滑油等）的定量和定性分析效果不好，主要是制谱过程中，润滑油中的污染物会滞留在铁谱片上。如果滞留数量较多，将影响对磨粒的观测。

旋转式铁谱仪克服了上述缺点，同时又保留了分析式铁谱仪可以分析观察磨粒形貌、尺寸大小、材质成分等优点。为避免由于磁力线垂直于基片而造成铁磁性磨屑堆积重叠的缺点，旋转式铁谱仪重新设计了磁场，它是利用永久磁铁、极靴和磁轭共同构成闭合磁路，以极靴上的 3 个环形气隙（0.5mm 的窄缝）作为工作磁场。工作位置的磁力线平行于玻璃基片，当含有铁磁磨屑的润滑油流过玻璃基片时，铁磁磨屑在磁场力的作用下，滞留于基片上，而且沿磁力线方向（径向方向）排列。

旋转式铁谱仪的制谱原理如图 9-20 所示。制谱时，油样 2 由定量移液管 1 在定位漏斗的限位帮助下，被滴注到固定于磁头 4 上端面的玻璃基片 3 上。磁头、基片在电动机 5 的带动下旋转，由于离心作用，油样沿基片四周流动。油样中铁磁性及顺磁性磨屑在磁场力、离心力、液体的黏滞阻力、重力作用下，按磁力线方向（径向）沉积在基片上，残油从基片边缘甩出，经收集由导油管排入储残油杯。基片经清洗、固定和甩干处理后，便制成了谱片。

旋转式铁谱仪制出的铁谱片，磨屑排列为 3 个同心圆环。内环为大颗粒，大多数为 $1 \sim 50 \mu m$，最大可达几百微米；中环为 $1 \sim 20 \mu m$；外环 $\leqslant 10 \mu m$。对于工业上磨损严重并有大量

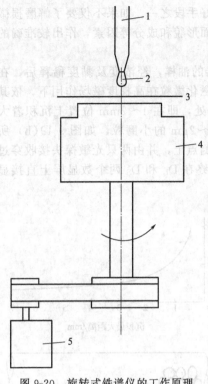

图 9-20　旋转式铁谱仪的工作原理
1—移液管；2—油样；3—玻璃基片；
4—磁头；5—电动机

大颗粒及污染物的油样，采用旋转式铁谱仪可以不稀释油样一次制出，对于磨屑比较少的油样则可以增加制谱油样量。制出的谱片还可以在图像分析仪上进行尺寸分布的分析。

⑤ 磨粒分析　运转中的设备的液压系统、润滑系统的油液必然受到污染，其污染物主要来源于三个方面：机械零部件在磨损过程中生成的磨损微粒；外界灰尘或水等物质侵入油液中；油液中添加剂反应后的余物。实践证明，磨损微粒是最常见、危害最严重的污染物。一方面，这些磨损微粒由各种金属、非金属材料组成，对油液起氧化、催化作用，加速油液劣化；另一方面，这些磨粒材质较硬，又随油液流入各摩擦表面，划伤、研伤零件表面，造成间隙增大、精度下降、振动和噪声，在液压系统中，甚至堵塞油路、研伤高精度阀芯配合面，造成更大事故。磨损颗粒的数量、尺寸大小、尺寸分布、成分和形貌特征都直接与机械零件的磨损状态密切相关，它们是机械设备状态监测、故障诊断以及初期预报的重要依据。

铁谱技术的特点在于它不但能定量测量润滑油系统内大、小磨粒的相对浓度，而且能直接考察磨粒的形态、大小和成分，后者更是它的独到之处。因此，在铁谱片上从数以百万计的千姿百态的微观物质中准确地识别各类磨粒，便是每个运用铁谱技术开展设备故障诊断工作的人员所必须掌握的一门独特技术。为此，国外在总结了十几年实践经验的基础上，编辑并发表了几百张典型磨粒图谱。近十几年来，我国也在一些专业领域中陆续编辑了有关轴承、齿轮、柴油机、液压系统等特定零件、系统和设备的磨粒图谱，这些都为运用铁谱技术定性分析提供了宝贵的参考资料。

a. 钢铁磨粒的识别　实验研究表明，由于磨损机理不同，其摩擦副表面会产生出不同形态及尺寸特征的磨屑。钢或合金钢材质组成的摩擦副，在运转时磨损产生的微粒可分为以下几类。

ⅰ. 正常磨损微粒　是指设备在正常运行状态下，由于滑动磨损所产生的磨损微粒。当摩擦副磨合时，磨损表面上会形成一层厚度大约为 $1\mu m$ 的光滑表层——剪切混合层，形成稳定的剪切混合层后机器就处于正常磨损状态。在运行时，由于摩擦力的周期性作用，因疲劳而产生小片剥落，这一层不断剥落又不断产生，从而形成一个稳定的磨损状态。这时的磨屑是一些具有光滑表面的"鳞片"状颗粒，其尺寸范围是长轴尺寸 $0.5\sim15\mu m$，甚至更小，厚度在 $0.15\sim1\mu m$ 之间。较大的磨屑，其长轴尺寸与厚度的比例约为 10：1，长轴仅为 $0.5\mu m$ 的小磨屑，长轴尺寸与厚度的比例约为 3：1。

ⅱ. 严重滑动磨损微粒　当滑动表面由于载荷或速度过大时，造成磨损表面接触应力迅速增大，开始发生严重滑动磨损。这时剪切混合层变得很不稳定，出现大颗粒脱落。如果表面应力继续增加，就会造成整个表面发生剥落，出现破坏性磨屑，磨损速度将迅速加快。大磨屑与小磨屑间的数量比，决定于表面应力超过极限值的程度。应力值越高，大磨屑比例就越高。严重滑动磨损磨屑尺寸在 $20\mu m$ 以上，长轴尺寸与厚度的比约为 10：1，微粒表面有划痕，有直的棱边。随着磨损程度的加重，表面的划痕和直边也更显著。

ⅲ. 切削磨损微粒 　类似车床切削加工产生的切屑，这种磨粒形态一般有环状、螺旋状、曲线状等。产生切削磨损微粒的原因有两种。一种是摩擦副中较硬的一方由于安装不良或出现裂纹，造成硬的刃边穿入较软的一方产生磨屑。这种磨屑通常都比较粗大，平均宽度为 $2\sim5\mu m$，长度为 $25\sim100\mu m$。另一种是润滑系统中的外来污染颗粒或是系统内的零件磨损微粒，均可嵌入摩擦副中软的摩擦表面，在摩擦过程中产生切削磨损微粒。这种情况下产生的磨屑粒度与污染颗粒的粒度成正比，磨屑厚度可小到 $0.25\mu m$，长度可达 $5\mu m$。切削磨损微粒是非正常磨损微粒，它们的存在和数量多少要仔细监测。如果系统中大多数切削磨损微粒的长度为几微米，厚度小于 $1\mu m$，可以判断润滑系统中有粒状污染物存在；如果系统中长度大于 $50\mu m$ 的大切削微粒快速增加，零件可能即将发生失效。

ⅳ. 滚动疲劳磨损微粒 　这种微粒通常产生于滚动轴承的疲劳过程中，它包括三种不同形态：疲劳剥离磨屑、球状磨屑和层状磨屑。疲劳剥离磨屑是在点蚀时从摩擦副表面以鳞片形式分离出的扁平形微粒，表面光滑，有不规则的周边；磨屑的最大粒度可达 $1.0\mu m$，其长轴尺寸与厚度之比约为 $10:1$；如果系统中大于 $10\mu m$ 的疲劳剥离微粒有明显的增加，这就是轴承失效的预兆，可对轴承的疲劳磨损进行初期预报。球状磨屑是在轴承疲劳裂纹中产生的；它的出现表示轴承已经出现故障，所以球状微粒是滚动轴承疲劳磨损的重要标志；一般说来，球状磨屑都比较小，大多数磨屑直径小于 $3\mu m$，而其他原因例如液压系统中的气穴腐蚀、焊接和磨削加工过程中产生的球形金属微粒的直径往往大于 $10\mu m$，两者粒度大小的差别可作为区分依据。层状磨屑是第三种滚动疲劳磨屑，其粒度在 $20\sim50\mu m$ 范围内，长轴尺寸与厚度之比为 $30:1$；这种层状磨屑被认为是因磨损微粒黏附于滚动元件的表面之后，又通过滚动接触碾压而成的，它的特征是呈片状，四周不规则，表面上有空洞；层状磨屑在轴承的整个使用期内都会产生，特别是当疲劳剥落发生时，这种层状磨屑会大大增加，同时伴有大量球状磨屑产生，因此若系统中发现有大量层状磨屑和球状磨屑存在，而且数量还在增加，就应当预报滚动轴承已存在导致疲劳剥离的显微疲劳裂纹了。

ⅴ. 滚动-滑动复合磨损微粒 　滚动-滑动复合磨损也属疲劳磨损，它是齿轮副、凸轮副等摩擦副的主要损坏原因。齿轮的齿面在啮合过程中，相对滚动和滑动同时并存，所以齿轮的磨损形式包括滚动疲劳磨损和黏着磨损两种。在节线处的磨损类型主要是疲劳及胶合和擦伤。疲劳磨屑与滚动轴承所产生的磨屑有许多共同之处，它们通常均具有光滑的表面和不规则的外形，磨屑的长轴与厚度之比为 $(4:1)\sim(10:1)$（由齿轮设计决定）。滚动-滑动复合磨损微粒的特点是磨屑较厚（几微米），长轴与厚度比例较高。齿轮胶合时，因载荷和速度过高，摩擦过热使油膜破坏，致使处于啮合的齿轮发生黏着。摩擦表面被拉毛，这就更进一步导致了磨损的加剧。胶合区域一般发生在节线与齿顶或节线与齿根之间。这一现象一旦发生就会很快影响到每一个轮齿，产生大量的磨屑。这种磨屑都具有被拉毛的表面和不规则的轮廓，在一些大磨屑上具有明显的表面划痕。由于胶合的热效应，通常有大量氧化物存在，表面出现局部氧化的迹象，在白光照射下呈棕色或蓝色的回火色，其氧化程度决定于润滑剂的组成和胶合的程度。胶合产生的大磨损微粒比例并不十分高。

以上介绍的五种主要磨屑，是钢铁磨损微粒的主要形式，其中后四种都与钢铁部件的失效相联系。通过对谱片上磨屑形状、大小的识别就可以了解到机械的磨损原因和所处状态。不同的机械设备对部件精度要求不同，预报失效的磨屑粒度也不相同。一般机械通常出现小于 $5\mu m$ 的小片形磨屑，表明机器处于正常磨损状态；当大于 $5\mu m$ 的螺旋形、圈形和弯曲形微粒大量出现时，则是严重磨损的征兆。

b. 有色金属磨粒的识别 　除钢铁磨屑外，一些系统内含有色金属的部件，必须对有色金属磨屑进行识别。在铁谱片上有色金属微粒不按磁场方向排列，以不规则方式沉淀，大多数偏离铁磁性微粒链，或处在相邻两链之间，它们的尺寸沿谱片的分布与铁磁性微粒有根本的区别。

ⅰ. 白色有色金属　使用 X 射线能谱法可以准确无误地确定磨屑成分。在铁谱显微镜下不易简单地辨识白色的有色金属微粒，但用湿化学分析和铁谱片加热处理方法还是能区分例如铝、银、铬、镉、镁、钼、钛和锌等。

ⅱ. 铜合金　其有特殊的红黄色，因而易于识别。但注意与其他金属微粒的回火色相混淆，例如钢铁微粒在磁力线上可与铜合金区分，其他金属如钛、巴氏合金等呈棕色，颜色不如铜合金均匀。

ⅲ. 铝、锡合金　由于铝、锡合金有良好的塑性，在摩擦过程中擦伤后碾成片而不是大片剥落，同时磨屑往往是已经氧化了的，所以在铁谱片上经常可以看到许多游离的铝、锡合金磨屑。例如，如果轴承润滑不良，或者在设备启动和停车时，轴承的油膜被破坏产生氧化磨损，这时就会产生被氧化了的铝、锡合金磨屑。铝、锡合金的另一种磨损是腐蚀磨损。例如柴油机燃料中的硫形成硫酸，汽油发动机中油氧化形成的有机酸，都会腐蚀铝、锡轴承合金，造成极细的腐蚀磨损微粒，往往在铁谱片的出口端大量沉积。

c. 铁的氧化物的识别　铁谱片上出现铁的红色氧化物，表明润滑系统中有水分存在；如果铁谱片上出现黑色氧化物，说明系统润滑不良，在磨屑生成过程中曾经有过高热阶段。

ⅰ. 铁的红色氧化物　磨屑有两类。一类是多晶体，在白色反射光下呈橘黄色，在反射偏振光下呈饱和的橘红色，如果铁谱片上有大量此类磨屑存在，特别是大磨屑存在，说明油样中必定有水。另一类是扁平的滑动磨损微粒，在白色反射光下呈灰色，在白色透射光下呈无光的红棕色，因反光程度高，容易与金属磨屑相混淆，如果仔细观察则会发现，这种磨屑在双色照明下不如金属颗粒明亮，在断面薄处有透射光。若铁谱片中有此类磨屑出现，说明润滑不良，应采取相应对策。

ⅱ. 铁的黑色氧化物　微粒外缘为表面粗糙不平的堆积物，因含有 Fe_3O_4、$\alpha\text{-}Fe_2O_3$、FeO 等混合物质，具有铁磁性，在铁谱片上以铁磁性微粒的方式沉积。当铁谱显微镜的分辨率接近低限时，有蓝色和橘黄色小斑点。铁谱片上存在大量黑色铁的氧化物微粒时，说明润滑严重不良。

ⅲ. 深色金属氧化物　局部氧化了的铁性磨屑属于这类深色金属氧化物，这些微粒是润滑不良的反应，说明在其生成过程中已被过热氧化。大块的深色金属氧化物的出现，是部件毁灭性失效的征兆，而小量的较小的深色金属氧化物与正常摩擦磨损微粒一起沉积时，还不是发生毁灭性失效的表征。

d. 润滑剂的变质产物的识别　润滑剂在使用过程中会发生变质，下面介绍几种变质产物的识别方法。

ⅰ. 摩擦聚合物　润滑剂在临界接触区受到超高的压力作用，其分子发生聚合反应而生成大块凝聚物。油样中存在摩擦聚合物的特征是细碎的金属磨损颗粒嵌在无定形的透明或半透明的基体中，这种基体就是由上述凝聚物构成的。油样中存在摩擦聚合物可能表示有问题，这要取决于环境。若油的使用适当，油中适量的摩擦聚合物可以防止胶合磨损。但摩擦聚合物过量对机器有害，它会使润滑油黏度增加，堵塞油过滤器，使大的污染颗粒和磨屑进入机器的摩擦表面，造成更大的磨损。在一种通常不产生摩擦聚合物的油样中见到摩擦聚合物，意味着已出现过载现象。

ⅱ. 润滑剂变质　产生的腐蚀磨屑是非常细小的微粒，其尺寸在亚微米级，腐蚀磨屑沉积的部位是在铁谱片的出口处。

ⅲ. 二硫化钼　这是一种有效的固体润滑剂，铁谱上的二硫化钼往往表现出多层剪切面，而且有带直角的直线棱边，具有金属光泽，颜色为灰紫色。二硫化钼具有反磁性，往往被磁场排斥。

ⅳ．污染颗粒　包括新油中的污染、道路尘埃、煤尘、石棉屑、过滤器材料等，必要时可参考标准图谱识别。

（3）光谱技术及仪器

油液分析的光谱技术是机械设备状态监测、故障诊断中应用最早的最成功的现代技术之一。它可以有效地监测机械设备润滑、液压系统中油液所含磨损颗粒的成分及其含量的变化，同时也可以准确地检测油液中添加剂的状况及油液污染变质的程度。润滑油液中各磨损元素的浓度与零部件的磨损状态有关，故可根据光谱监测结果来判断零部件磨损状态及发展趋势，从而达到诊断机器故障的目的。因此，光谱技术已成为机械设备油液监测的重要方法之一。

光谱技术的局限性在于不能识别磨粒的形貌、尺寸，不能判断磨损类型。用于油液监测与诊断的光谱技术目前主要是原子发射光谱技术和原子吸收光谱技术。

① 原子发射光谱技术和仪器　各种元素都是由原子组成的，原子又由原子核及绕核旋转的电子组成，每个电子处在一定的能级上，具有一定的能量。在正常情况下，原子处于稳定状态，这种状态称为基态，当物质受到电能、热能等外界能量作用时，核外电子就跃迁到高能级。处于高能态的原子很不稳定，被称为激发态。激发态原子可存在时间约 10^{-5} s，当它从高能态跃迁至基态或较低能级时，多余的能量便以光的形式释放出来，若使辐射光通过棱镜或光栅，就能得到按一定波长顺序排列的图谱，即光谱。气体的原子或离子，受激发后辐射的光谱，是一些单一波长的光即线光谱。利用物质受电能或热能激发后辐射出的特征线光谱来判断物质组成的技术，就是原子发射光谱技术。它根据特征谱线是否出现来判断某物质是否存在，根据特征谱线的强弱来判断该物质含量的多少。

采用光电直读光谱仪测定润滑油中各种金属元素的浓度，其工作原理是：用电极产生的电火花作光源，激发油中金属元素辐射发光，将辐射出的线光谱由出射狭缝引出，由光电倍增管将光能变成电能，再向积分电容器充电，通过测量积分电容器上的电压达到测量试油内金属含量浓度的目的，如果测量和数据处理由微机控制，则速度更快。

图 9-21 所示为 MOA 型直读式发射光谱仪的工作原理。它是目前较为先进的润滑油分析发射光谱仪。仪器工作原理是：激发光源采用电弧，一极是石墨棒，另一极是缓慢旋转的石墨圆盘，石墨圆盘的下半部浸入盛在油样盘的被分析油样中，当它旋转时，便把油样带到两极之间，电弧穿透油膜使油样中微量金属元素受激发发出特征辐射线，经光栅分光，各元素的特征辐射照到相应的位置上，由光电倍增管接收辐射信号，再经电子线路的信号处理，便可直接检出和测定油样中各元素的含量。该仪器分析容量大，精度高，分析可靠，分析速度快。操作简单，原始油样不需处理即可直接送检，环境条件要求低。特别适合大规模含有多种材质摩擦副（例如内燃机发动机、飞机发动机等）的设备群体监测。

② 原子吸收光谱技术和仪器　原子吸收光谱技术是将待测元素的化合物或溶液在高温下进行试样原子化，使其变为原子蒸气。当锐线光源（单色光或称特征辐射线）发射出的一束光，穿出一定厚度的原子蒸气时，光的一部分被原子蒸气中待测元素的基态原子吸收。透过光经单色器将其他发射线分离掉，检测系统测量特征辐射线减弱后的光强度。根据光吸收定律就能求得待测元素的含量。

图 9-22 所示原子吸收光谱仪的工作原理。润滑油试样经过预处理后送入仪器，由雾化器将试液喷成雾状，与燃料气及助燃气一起进入燃烧器的光焰中。在高温下，试样经去溶剂化作用，挥发及离解，润滑油中的待测物质（例如铁元素）转变为原子蒸气。由与待测含量的物质（例如铁）相同元素做成的空心阴极灯辐射出一定波长（例如铁元素为 372nm）的特征辐射光，当它通过火焰后，一部分光被待测物质（例如铁）的基态原子吸收。测量吸光度后，利用标准系列试样作出的吸光度-浓度工作曲线图，可查出未知油样待测物质（例如铁元素）的含量。

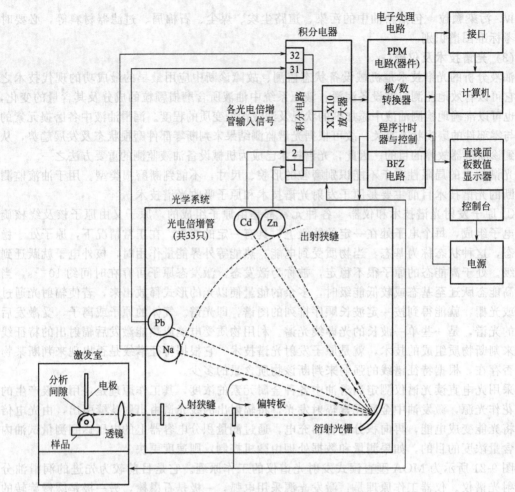

图 9-21　直读式发射光谱仪的工作原理

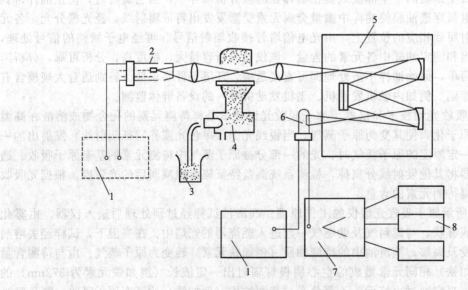

图 9-22　原子吸收光谱仪的工作原理
1—电源；2—光源；3—试样；4—火焰原子化器；5—光学系统；
6—光电元件；7—放大器；8—读数系统

该技术的优点在于分析灵敏度高，适用范围广，取样量少，多采用微机进行数据处理，分析精度高，分析功能强，价格适中。但测一种元素需要更换一种元素灯，油样预处理较发射光谱仪繁琐，用燃料气加热试样不方便也不安全（先进的仪器采用石墨加热炉加热）。

③ 油液光谱分析技术的应用　通过油液光谱分析可以得知油样含有的各种元素成分。从机械设备润滑系统中，定期地、持续地采集油样并进行光谱分析，就可以获得反映设备工作状态的各种信息及其变化。因此，目前油液光谱分析技术已广泛而有效地被应用于监测设备零部件磨损趋势、机械设备的故障诊断，以及大型重要设备的随机监测方面。通过磨合过程的油液光谱分析，监测磨合过程摩擦副表面元素的变化趋势，可以合理确定最佳磨合规范。通过油液光谱分析可以确定合理的换油限，给出油中含水量、添加剂元素变化情况。

(4) 其他油液监测技术

① 显微镜颗粒计数技术　该技术最常用，也较简单。其基本原理是将油样经滤膜过滤，然后将带污染颗粒的滤膜烘干，放在普通显微镜下统计不同尺寸范围的污染颗粒数目和尺寸。该技术的优点是能直接观察和拍摄磨损微粒的形状、尺寸和分布情况，从而定性了解磨损类型和磨损微粒来源，而且装备简单、费用低廉、应用广泛。世界各国都制定有显微计数法油液颗粒污染物分析标准。但该技术操作较费时，人工计数误差较大，再现性差，对操作人员技术熟练程度要求苛刻。

② 自动颗粒计数技术　随着颗粒计数技术的发展，各种类型的、先进的自动颗粒计数器已研制成功，它们不需从样液中将固体颗粒分离出来，而是自动地对样液中的颗粒尺寸测定和计数。该技术可以鉴别颗粒的大小，并由计数器计数；可以同时对不同尺寸范围内的颗粒计数，以得到粒度分布的情况。这样可以测试到大的微粒的发展趋势，可以早期预报机器中部件的磨损。可用于实验室内进行的污染分析以及在线污染监测。

③ 磁塞技术　这是一种简单而有效的油液监测与诊断技术。它的基本原理是用带磁性的探头插入润滑系统或液压系统的管道内，收集油液中的铁磁性磨损微粒，再用放大镜或光学显微镜观察磨损颗粒的大小、数量和形状，从而判断机器零件的磨损状态。

④ 重量分析技术　是将油样用滤膜过滤，烘干后称重，用滤膜过滤前后的重量之差作为油样中的污染微粒重量。该技术特别适用于油液中含磨损微粒浓度较大时的油液分析，所需装备简单。但由于磨损微粒重量仅几毫克甚至零点几毫克，当外部环境、过滤方法、油样稀释液种类、冲洗条件、烘干条件稍有变化时，就会发生较大偏差，测试精度较低。另外，也不能获得磨损微粒尺寸分布、形态等信息，所以只能用于润滑状态粗略判断。

9.6　无损检测技术

9.6.1　无损检测技术概述

无损检测技术是指在不破坏或不改变被检物体的前提下，利用物质因存在缺陷而使其某一物理性能发生变化的特点，完成对该物体的检测与评价的技术手段的总称。它由无损检测和无损评价两个不可分割的部分组成。

一个设备在制造过程中，可能产生各种各样的缺陷，如裂纹、疏松、气泡、夹渣、未焊透和脱粘等；在运行过程中，由于应力、疲劳、腐蚀等因素的影响，各类缺陷又会不断产生和扩展。现代无损检测与评价技术，不但要检测出缺陷的存在，而且要对其作出定性、定量评定，其中包括对形状、大小、位置、取向、内含物等的缺陷进行定量测量，进而对有缺陷的设备分析其缺陷的危害程度，以便在保障安全运行的条件下，作出带伤设备可否继续服役的选择，避免由于设备不必要的检修和更换所造成的浪费。

现代工业和科学技术的飞速发展，为无损检测技术的发展提供了更加完善的理论和新的物质基础，使其在机械、冶金、航空航天、原子能、国防、交通、电力、石油化工等多种工业领域中得到了广泛的应用。它被广泛应用于制造厂家的产品质量管理、用户订货的验收检查以及设备使用与维护过程中的安全检查等方面，例如锅炉、压力容器、管道、飞机、宇航器、船舶、铁轨和车轴、发动机、汽车、电站设备等方面，特别是在高温、高压、高速、高负载条件下运行的设备。无损检测技术包括超声检测、射线检测、磁粉检测、渗透检测、涡流检测等常规技术以及声发射检测、激光全息检测、微波检测等新技术。常见的分类形式见表9-10。实践证明，开展无损检测技术，对于改进产品的设计制造工艺、降低制造成本以及提高设备的运行可靠性等具有重要的意义，已成为机械故障诊断学的一个重要组成部分。

表 9-10 无损检测的分类

类 别	主 要 方 法
射线检测	X射线，γ射线，高能X射线，中子射线，质子和电子射线
声和超声检测	声振动，声撞击，超声脉冲反射，超声透射，超声共振，超声成像，超声频谱，声发射，电磁超声
电学和电磁检测	电阻法，电位法，涡流，录磁与漏磁，磁粉法，核磁共振，微波法，巴克豪森效应和外激电子发射
力学与光学检测	目视法和内窥法，荧光法，着色法，脆性涂层，光弹性覆膜法，激光全息干涉法，泄漏检定，应力测试
热力学方法	热电动势，液晶法，红外线热图
化学分析方法	电解检测法，激光检测法，离子散射，俄歇电子分析和穆斯鲍尔谱

其中，在工程技术中得到比较广泛的应用，并较成熟的检测方法有超声、X射线、涡流、磁粉、渗透等常规的几种测试方法。

9.6.2 超声检测

超声检测是无损检测的主要方法之一。

超声检测是指利用电振荡在发射探头中激发高频超声波，入射到被检物内部后，若遇到缺陷，超声波会被反射、散射或衰减，再用接收探头接收从缺陷处反射回来（反射法）或穿过被检工件后（穿透法）的超声波，并将其在显示仪表上显示出来，通过观察与分析反射波或透射波的时延与衰减情况，即可获得物体内部有无缺陷以及缺陷的位置、大小及其性质等方面的信息，并由相应的标准或规范判定缺陷的危害程度的方法。

超声检测具有灵敏度高、穿透力强、检验速度快、成本低、设备简便和对人体无害等一系列优点，既适合在制造厂生产线上成批检查，也可以用于野外作业。

(1) 超声波基础

① 超声波及其特性 超声波是一种质点振动频率高于20kHz的机械波。因其频率超过人耳所能听见的声频段而得名。无损检测用的超声波频率范围为0.5～25MHz，其中最常用的频段为1～5MHz。超声波是一种机械波，它是由于机械振动在弹性介质中引起的波动过程。产生机械波有两个主要条件：一是作机械振动的波源，二是能传播机械振动的弹性介质。

超声波之所以被广泛地应用于无损检测，是基于超声波的如下特性。

a. 指向性好　超声波是一种频率很高、波长很短的机械波，在无损检测中使用的超声波波长为毫米数量级。它像光波一样具有很好的指向性，可以定向发射犹如一束手电筒灯光可以在黑暗中寻找所需物品一样在被检材料中发现缺陷。

b. 穿透能力强　超声波的能量较高，在大多数介质中传播时能量损失小，传播距离远，穿透能力强。在有些金属材料中，其穿透能力可达数米。

② 超声波的分类　与其他机械波一样，超声波也可有多种方法来对其进行分类描述。根据波动传播时介质质点的振动方向与波的传播方向的相互关系的不同，可将超声波分为纵波、横波、表面波和板波等。

a. 纵波　是指介质中质点的振动方向与波的传播方向平行的波，用 L 表示。当弹性介质的质点受到交变的拉压应力作用时，质点之间产生相互的伸缩变形，从而形成纵波，又称压缩波或疏密波。纵波可在任何弹性介质（固体、液体和气体）中传播。由于纵波的产生和接收都比较容易，因而在工业探伤中得到广泛的应用。

b. 横波　介质中质点的振动方向与波的传播方向互相垂直的波称为横波，常用 S 或 T 表示。当介质质点受到交变的切应力作用时产生切变变形，从而形成横波，故横波又称剪切波。横波只能在固体介质中传播。

c. 表面波　当介质表面受到交变应力作用时，产生沿介质表面传播的波，称为表面波，常用 R 表示。表面波是瑞利于 1887 年首先提出来的，因此又称瑞利波。表面波同横波一样也只能在固体介质中传播，而且只能在固体表面传播。表面波的能量随距表面深度的增加而迅速减弱。当传播深度超过两倍波长时，其振幅降至最大振幅的 0.37 倍。因此，通常认为，表面波检测只能发现距工件表面两倍波长深度内的缺陷。

d. 板波　在厚度与波长相当的弹性薄板中传播的超声波称为板波。板波也称兰姆波。其特点是整个板都参与传声，适用于对薄的金属板进行探伤。

(2) 超声检测设备

超声检测设备是从事超声检测的工具，通常指超声波探头和超声波检测仪。此外，由于目前的超声检测方法多以直接耦合方式将探头与工件接触，故在此也对耦合剂作简要介绍。

① 超声波探头　超声检测中，超声波的产生和接收过程是一个能量转换过程。这种转换是通过探头实现的，探头的功能就是将电能转换为超声能（发射探头）和将超声能转换为电能（接收探头）。探头通常又称为超声波换能器，是超声检测设备的重要组成部分，其性能的好坏对超声检测的成功与否起关键性作用。超声检测用的探头多为压电型，其作用原理为压电晶体在高频电振荡的激励下产生高频机械振动，并发射超声波（发射探头）；或在超声波的作用下产生机械变形，并因此产生电荷（接收探头）。

a. 探头的类型　超声检测中，由于被检测工件的形状和材质、检测的目的和条件不同而使用不同形式的探头。

ⅰ. 按照在被检测工件中产生的波型不同，可将超声波探头分为纵波探头、横波探头、表面波探头和板波（兰姆波）探头四种类型。

ⅱ. 按入射声束方向可分为直探头和斜探头两大类。

ⅲ. 按耦合方式可分为直接接触式探头（探头通过薄层耦合剂与被探工件表面直接接触）和液浸式探头（探头与被探工件表面之间有一定厚度的液层）。

ⅳ. 按晶片数目可分为单晶片探头、双晶片探头和多晶片探头等几种。

ⅴ. 按声束形状可分为聚焦探头和非聚焦探头两大类。

ⅵ. 按频带可为宽频带探头和窄频带探头。

ⅶ. 按使用环境可分为常规探头（通用目的）和特殊用途探头（如机械扫描切换探头、电子扫描阵列探头、高温探头、瓷瓶检测专用扁平探头等）。

b. 探头的结构　超声检测中常用的探头主要有直探头、斜探头、表面波探头、双晶片探头、水浸探头和聚焦探头等。

直探头又称平探头，应用最普遍，可以同时发射和接收纵波，多用于手工操作接触法检测。既适宜于单探头反射法，又适宜于双探头穿透法。它主要由压电晶片、阻尼块、壳体、接头和保护膜等基本元件组成。其典型结构如图 9-23(a) 所示。

斜探头利用透声楔块使声束倾斜于工件表面射入工件。压电晶片产生的纵波，在斜楔和工作界面发生波形转换。依入射角的不同，斜探头可在工件中产生纵波、横波和表面波，也可在薄板中产生板波。斜探头主要由压电晶片、透声楔块、吸声材料、阻尼块、外壳和电气接插件等几部分组成，其典型结构如图 9-23(b) 所示。

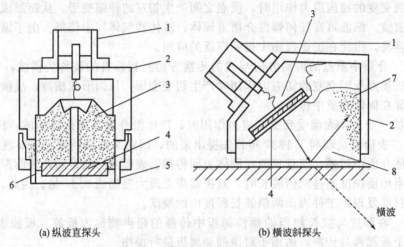

(a) 纵波直探头　　　　　　　　　(b) 横波斜探头

图 9-23　常见超声波探头的典型结构

1—接头；2—壳体；3—阻尼块；4—压电晶片；5—保护膜；
6—接地环；7—吸声材料；8—透声楔块

② 超声波检测仪　是超声检测的主体设备，其性能的好坏直接影响到检测结果的可靠性。超声波检测仪的作用是产生电振荡并加于探头，使之发射超声波，同时还将探头接收的电信号进行滤波、检波和放大等，并以一定的方式将检测结果显示出来，人们依此获得被检工件内部有无缺陷以及缺陷的位置、大小和性质等方面的信息。

a. 超声波检测仪的类型　超声波检测仪有以下几种分类方式。

ⅰ. 按超声波的连续性，可将超声波检测仪分为脉冲波检测仪、连续波检测仪、调频波检测仪等。脉冲波检测仪通过向工件周期性地发射不连续且频率固定的超声波，根据超声波的传播时间及幅度来判断工件中缺陷的有无、位置、大小及性质等信息，这是目前使用最为广泛的一类超声波检测仪。

ⅱ. 按缺陷显示方式的不同，可将其分为 A 型、B 型和 C 型三种类型。A 型显示是一种波形显示；检测仪示波屏的横坐标代表声波的传播时间或距离，纵坐标代表反射波的幅度；由反射波的位置可以确定缺陷的位置，而由反射波的波高则可估计缺陷的性质和大小。B 型显示是一种图像显示；检测仪示波屏的横坐标是靠机械扫描来代表探头的扫查轨迹，纵坐标是靠电子扫描来代表声波的传播时间或距离，因而可直观地显示出被探工件任一纵截面上缺陷的分布及缺陷的深度。C 型显示也是一种图像显示；检测仪示波屏的横坐标和纵坐标都是靠机械扫描来代表探头在工件表面的位置；探头接收信号幅度以光点辉度表示，因而当探头在工件表面移动时，示波屏上便显示出工件内部缺陷的平面俯视图像，但不能显示缺陷的深度。

ⅲ．根据通道数的多少不同，可将超声波检测仪分为单通道型和多通道型两大类，其中前者应用最为广泛，而后者则主要应用于自动化检测。

目前广泛使用的是 A 型显示脉冲反射式超声波检测仪。

b．A 型显示脉冲反射式超声波检测仪　主要由同步电路、时基扫描电路、发射电路、接收电路、显示电路和电源电路等几部分组成。此外，实用中的超声波检测仪还有延迟、标距、闸门和深度补偿等辅助电路。

与其他超声波检测仪相比，脉冲反射式超声波检测仪具有如下的突出特点。

ⅰ．在被检工件的一个面上，用单探头脉冲反射法即可检测，这对于诸如容器、管道等一些很难在双面放置探头进行检测的场合，更显示出明显的优越性。

ⅱ．可以准确地确定缺陷的深度。

ⅲ．灵敏度远高于其他方法。

ⅳ．可以同时探测到不同深度的多个缺陷，分别对它们进行定位、定量和定性。

ⅴ．适用范围广，用一台检测仪可进行纵波、横波、表面波和板波检测，而且适用于探测很多种工件，不仅可以检测，而且还可用于测厚、测声速和测量衰减等。

③ 耦合剂　在超声检测中，耦合剂的作用主要是排除探头与工件表面之间的空气，使超声波能有效地传入工件。当然，耦合剂也有利于减小探头与工件表面间的摩擦，延长探头的使用寿命。

对耦合剂的要求一般是：能润湿工件和探头表面，流动性、黏度和附着力适当，易于清洗；声阻抗高，透声性能好；对工件无腐蚀，对人体无害，不污染环境；性能稳定，能长期保存；来源广，价格便宜等。

（3）超声检测方法

超声检测方法可从多个角度来对其进行分类：按检测原理不同，可分为脉冲反射法、穿透法和共振法等；按超声波的波形不同，可分为纵波法、横波法、表面波法和板波法等；按探头数目的多少，可分为单探头法、双探头法和多探头法等；按探头与试件耦合方式的不同，可分为直接接触法和液浸法两大类等。下面简单讨论超声波检测按原理的分类情况。

① 脉冲反射法　是目前应用最为广泛的一种超声波检测法。它将持续时间极短的超声波脉冲发射到被检试件内，根据反射波来检测试件内的缺陷，检测结果一般用 A 型显示。其基本原理为：当试件完好时，超声波可顺利传播到达底面，在底面光滑且与探测面平行的条件下，检测图形中只有表示发射脉冲及底面回波的两个信号，如图 9-24(a) 所示；若试件内存在缺陷，则在检测图形中的底面回波前有表示缺陷的回波，如图 9-24(b) 所示。

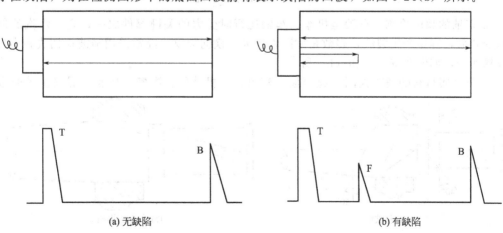

(a) 无缺陷　　　　　　　　　　　　　　　(b) 有缺陷

图 9-24　脉冲反射法

脉冲反射法可分为垂直检测与斜角检测两种。垂直检测时，探头垂直地或以小于第一临界角的入射角耦合到工件上，在工件内部只产生纵波。这种方法常用于板材、锻件、铸件、复合材料等的检测。斜角检测时，用不同角度的斜探头在工件中分别产生横波、表面波或板波。它的主要优点是：可对直探头探测不到的缺陷进行检测；可改变入射角来发现不同方位的缺陷；用表面波可探测复杂形状的表面缺陷；用板波可对薄板进行检测。

② 穿透法　是依据超声波（连续波或脉冲波）穿透试件之后的能量变化来判断缺陷情况的一种方法。它是最早采用的超声波检测方法。将两个探头分别置于被检测工件的两个相对表面，一个探头发射超声波，透过工件被另一面的探头所接收。当工件内有缺陷时，由于缺陷对超声波的遮挡作用，减少了穿透的超声波的能量。根据能量减少的程度即可判断缺陷的大小。这种方法的优点是不存在盲区，适于检测较薄的工件；缺点是不能确定缺陷的深度位置，且需要在工件的两个相对表面进行操作。

③ 共振法　一定波长的超声波，在物体的相对表面上反射，所发生的同相位叠加的物理现象称为共振。根据共振特性来检测试件的方法称为共振法。共振法常用于单面测试壁厚，其基本原理为：将扫描频率可调的连续超声波施加在被检试件上，当试件的厚度为超声波的半波长的整数倍时，由于入射波和反射波的相位相同而引起共振，转换器上能量增加，仪器可显示出共振频率点，并计算出试件的厚度。

(4) 超声检测的应用实例

超声检测既可用于锻件、棒材、板材、管材以及焊缝等的检测，又可用于厚度、硬度以及材料的弹性模量和晶粒度等的检测。下面简述超声检测的几个应用实例。

① 螺栓的超声检测　电站中，如汽缸、主蒸汽门、调速汽门等高温高压部件用的螺栓，在运行中经常有断裂的现象。紧固螺栓螺纹根部产生的裂纹是沿螺栓横断面发展的横向裂纹，中心孔加热不当产生的内孔裂纹也是横向裂纹。因此将直探头放在螺栓端面上探测，声束刚好与裂纹面垂直，对发现这些裂纹很有利，如图 9-25 所示。

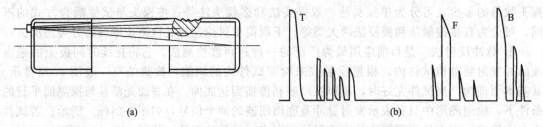

(a)　(b)

图 9-25　螺栓的超声检测

② 车轴的超声检测　车轴是机车、车辆运行时受力的关键部件之一，它在水汽的侵蚀中承受载荷，容易产生裂纹，多数是危险性较大的横向裂纹。经常采用横波探伤法和小角度纵波探伤法，如图 9-26(a) 和（b）所示。

③ 非金属材料的超声检测　超声波在塑料、有机玻璃、陶瓷、橡胶、混凝土等非金属

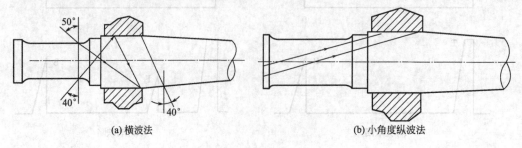

(a) 横波法　(b) 小角度纵波法

图 9-26　脉冲反射法

材料中的衰减一般都比金属大。为了减小衰减而多采用低频检测，一般为 $20 \sim 200 \mathrm{kHz}$，有的也用 $2 \sim 5 \mathrm{MHz}$。为了获得较窄的声束，常采用较大尺寸的探头。塑料零件的检测多采用纵波法，探测频率为 $0.5 \sim 1 \mathrm{MHz}$，使用脉冲反射法。陶瓷材料可用 $0.5 \sim 2 \mathrm{MHz}$ 的纵波或横波探测。橡胶检测的频率更低，可用穿透法检测。

(5) 超声检测在工业生产中的应用

在工业生产中，超声检测主要应用在以下几方面。

① 金属塑性变形的超声波分析　金属屈服时的变形、晶粒的不均匀变形、某些合金受力超过屈服极限而产生的加工硬化，都伴随着声发射现象。

② 评价表面渗层的脆性　如钢材表面渗碳、渗氮、渗硼、碳氮共渗和离子氮化等工艺，用超声波与力学性能试验相结合的方法评价渗层质量要比传统的维氏硬度压痕试验更有效。

③ 断裂韧性的超声波分析　最早的应用是检测裂纹失稳扩展产生的突发超声波，以此时的相应载荷定为开裂点。

④ 检测疲劳裂纹扩展　可以早期发现疲劳裂纹，与断裂力学计算相结合可以预测零件寿命。用超声波检测疲劳裂纹有连续监测法和间歇监测法，后者适用于背景噪声高的情况。

此外，控制焊接质量、评价压力容器安全性、泄漏监测、运转机械的状况监测以及内部放电监测等都是超声检测的典型应用场合。

目前，超声检测技术在结构完整性的检测方面已获得十分广泛的应用。对于运行状态下构件缺陷的发生和发展进行在线监测，超声检测方法已经成为不可缺少的手段。

9.6.3　射线检测

(1) 射线检测的基本原理

射线检测是以 X 射线、γ 射线和中子射线等易于穿透物质的特性为基础的。其基本工作原理为：射线在穿过物质的过程中，由于受到物质的散射和吸收作用而使其强度衰减，强度衰减的程度取决于物体材料的性质、射线种类及其穿透距离。当把强度均匀的射线照射到物体上一个侧面，在物体的另一侧使透过的射线在照相底片上感光、显影后，就可得到与材料内部结构或缺陷相对应的黑度不同的图像，即射线底片。通过观察射线底片，就可检测出物体表面或内部的缺陷，包括缺陷的种类、大小和分布情况并作出评价。

射线检测缺陷的形象非常直观，对缺陷的尺寸、性质等情况判断比较容易。采用计算机辅助断层扫描法还可以了解断面的情况，可以进行自动化分析。射线检测对所测试检查物体既不破坏也不污染，但射线检测成本较高，且对人体有害，在检测过程中必须注意要妥善保护。工业上常用的是 X 射线、γ 射线检测。

(2) 射线的性质

X 射线和 γ 射线具有以下性质。

① 不可见，依直线传播。

② 它本身不带电，不受电场和磁场的影响。

③ 具有很强的穿透力，能穿透可见光不能穿透的物质，其中包括肌肉、骨骼、黑纸和金属等。

④ 具有反射、干涉、衍射、折射等现象，但这些现象与可见光有区别。

⑤ 能使物质产生光电子和返跳电子及诱发荧光 X 射线，以及引起散射现象。

⑥ 能被物质吸收，强度减弱。

⑦ 能使某些物质发生光化学作用，使照相胶片感光；也能使某些物质发生荧光作用。

⑧ 能使物质电离。

⑨ 能引起生物效应，杀伤生物细胞。

（3）X射线、γ射线及其检测装置

X射线与γ射线都是电磁波。它们具有波动性、粒子性，都可产生反射、折射、干涉、光电效应、康普顿效应和电子效应等。它们又是不可见光，不带电荷，不受电场和磁场影响；能透过可见光不能透过的物质，使物质起光化学反应；能使照相胶片感光；能使荧光物质产生荧光。

在工业上使用的X射线是由一种特制的X射线管产生的。如图9-27所示，它的基本构造是一个保持一定真空度的两极管。通常是热阳极式，阴极由钨丝绕成。当通电加热时，钨丝在白炽状态下放出电子，这些高速运动的电子因受到阳极靶阻止，就与靶碰撞而发生能量转换，其中大部分转换成热能，其余小部分转换成光子能量，即X射线。电子的速度越高，转换成X射线的能量就越大。X射线的强度，即单位时间内发射X射线的能量，随管电流的增加而增加。

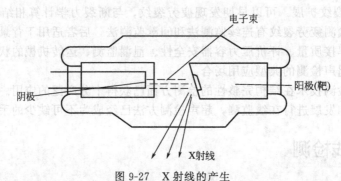

电子束

阴极　　　　　　　　　　　　　　　阳极(靶)

X射线

图9-27　X射线的产生

γ射线是由放射性同位素的原子核在衰变过程中产生的。放射性同位素分为天然和人工放射性同位素两种，它们在α衰减或β衰变的同时放射出γ射线。γ射线是一种波长很短的电磁波，它的辐射是从原子核里释放出来的，γ射线是由原子核从激发能级跃迁到较低能级的产物，因此它的发生不同于原子核外电壳层放出的X射线。放射性同位素的原子核在自发地放射出某种粒子（如α粒子、β粒子）或γ射线后会变成另一种不同的核，这种现象称为衰变。放射性同位素的衰变速度有的很快，有的很慢。其衰变的速度不受外界环境如温度、湿度、压力等物理、化学条件的影响，而是由原子核本身的性质所决定的。这也是放射性同位素的一个特性，也说明每一种放射性同位素有一种恒定的衰变速度。

γ射线与X射线虽然产生的机理不同，但同属电磁波，性质很相似，只不过γ射线的波长比一般X射线更短。

X射线检测装置通常分为两大类：一类为移动式X射线机，另一类为便携式X射线机。移动式X射线机通常体积和重量都较大，适合于实验室或车间使用，它们采用的电压、电流也较大，可以透照较厚的物体和工件。便携式X射线机体积小、重量轻，适用于流动性检验或大型设备的现场探伤。

γ射线检测装置的结构比X射线检测装置要简单得多，价格便宜、使用方便。γ射线检测、探伤一般多采用照相方法进行工作。γ射线检测装置使用灵活方便，不易发生故障，并且能按照需要的情况发射一定宽度的锥形射线束或进行圆周曝光探测管形工件的缺陷，但必须很好地做到预防γ射线对人体的危害。

（4）射线检测的操作过程

射线检测包括X射线、γ射线和中子射线三种。对射线穿过物质后的强度检测方法有直接照相法、间接照相法和透视法等多种。其中，对微小缺陷的检测以X射线和γ射线的直接照相法最为理想。其典型操作的简单过程如下。

一般把被检物安放在离 X 射线装置或 γ 射线装置 0.5～1m 处，将被检物按射线穿透厚度为最小的方向放置，把胶片盒紧贴在被检物的背后，让 X 射线或 γ 射线照射一定时间（几分钟至几十分钟不等）进行充分曝光；把曝光后的胶片在暗室中进行显影、定影、水洗和干燥；再将干燥的底片放在显示屏的观察灯上观察，根据底片的黑度和图像来判断缺陷的种类、大小和数量；随后按通行的要求和标准对缺陷进行等级分类。

(5) 射线检测（照相法）的特点和适用范围

射线检测是一种常用于检测物体内部缺陷的无损检测方法。它几乎适用于所有的材料，检测结果（照相底片）可永久保存。但从检测结果很难辨别缺陷的深度，要求在被检试件的两面都能操作，对厚的试件曝光时间需要很长。

对厚的被检测物来说，可使用硬 X 射线或 γ 射线；对薄的被检物则使用软 X 射线。射线穿透物质的最大厚度为：钢铁约 450mm、铜约 350mm、铝约 1200mm。

对于气孔、夹渣和铸造孔洞等缺陷，在 X 射线透射方向有较明显的厚度差别，即使很小的缺陷也较容易检查出来。而对于如裂纹等虽有一定的投影面积但厚度很薄的一类缺陷，只有用与裂纹方向平行的 X 射线照射时，才能够检查出来，而用与裂纹面几乎垂直的射线照射时就很难查出。这是因为在照射方向上几乎没有厚度差别的缘故。因此，有时要改变照射方向来进行照相。

观察一张透射底片能够直观地知道缺陷的两维形状大小及分布，并能估计缺陷的种类，但无法知道缺陷厚度以及离表面的位置等信息。要了解这些信息，就必须用不同照射方向的两张或更多张底片。

在进行检测时，应注意到射线辐射对人体健康（包括遗传因素）的损害作用。X 射线在切断电源后就不再发生，而同位素射线（如 γ 射线）是源源不断地发生的。此外，还应特别注意，射线不只是笔直地向前辐射，它还可通过被检物、周围的墙壁、地板以及天花板等障碍物进行反射与透射传播。其次还应注意，X 射线装置是在几万乃至几十万伏高电压下工作的，通常虽有充分的绝缘，但也必须注意防止意外的高压危险。

9.6.4　涡流检测

(1) 涡流检测的基本原理

涡流检测是以电磁感应原理为基础的。当把一个通有交流电的线圈靠近金属导体时，由于电磁耦合作用，就会在导体中产生感应电流，这种电流的流线在金属体内自行闭合，通常称它为电涡流。此电流又反过来作用于原线圈而使其电磁特性，如等效阻抗、等效电感和品质因数等发生改变，其变化情况与导体的种类及其电导率 σ、磁导率 μ、形状以及材质均匀度等因素有关，同时还与线圈与导体之间的相对距离和线圈本身的特性有关。当固定后两者不变时，则线圈电磁特性的变化就反应了导体性质的变化。这样，通过检测线圈的电磁特性的变化，即可获得关于被检试件的材质均匀性以及缺陷的种类、形状和大小等方面的信息，这就是涡流检测的简单原理。

如图 9-28 所示，如果用一个扁平线圈置于金属导体附近，当线圈中通以正弦交变电流时，线圈的周围空间就产生了正弦交变磁场 H_1，置于此磁场中的金属导体就产生电涡流。而此电涡流也将产生交变磁场 H_2，H_2 的方向与 H_1 的方向相反。由于磁场 H_2 的反作用使通电线圈的有效阻抗发生变化，这种线圈阻抗的变化完整地而且唯一地反映了待测体的涡流效应。

显然，线圈阻抗的变化既与涡流效应有关，又与静磁学效应有关，也就是说与金属导体

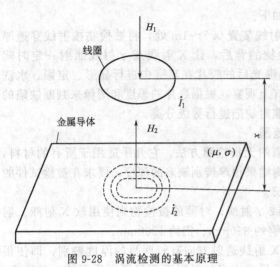

图 9-28　涡流检测的基本原理

的电导率、磁导率、几何形状、线圈的几何参数、激励电流频率以及线圈到金属导体的距离等参数有关。假定金属导体是均质的，其性能是线性和各向同性的，则线圈、金属导体系统的物理性质通常可由磁导率 μ、电导率 σ、尺寸因子 x 或 r、激励电流强度 I 和频率 ω 等参数来描述，线圈的阻抗 Z 可用如下函数表示：

$$Z = F(\mu, \sigma, x, r, I, \omega) \qquad (9-12)$$

如果控制上式中的某些参数恒定不变，而只改变其中的一个参数，这样阻抗就成为这个参数的单值函数。可以利用这种涡流效应把距离 x 的变化变换为电量的变化，从而做成位移、振幅、厚度等传感器；也可以利用涡流效应把电导率 σ 的变化变换为电量的变化，从而做成表面温度、电解质浓度、材质判别等传感器；还可以利用它把磁导率 μ 的变化变换为电量的变化，从而做成应力、硬度等传感器，以及利用变换量为 μ、σ、x 等综合影响做成材料探伤装置等。

(2) 涡流检测的特点与适用范围

① 涡流检测的特点

a. 检测结果可以直接以电信号输出，故可用于自动化检测。

b. 由于实行非接触式检测，所以检测速度很快。

c. 适用范围较广，除可用于检测缺陷外，还可用于检测材质的变化、形状与尺寸的变化等。

d. 对形状复杂的试件检测有困难。

e. 对表面下较深部位的缺陷检测困难。

f. 除检测项目外，试件材料的其他因素一般也会引起输出的变化，成为干扰信号。

g. 难以直接从检测所得的显示信号来判别缺陷的种类。

② 涡流检测的适应范围　由以上涡流检测的原理及其特性可知，涡流检测适用于由钢铁、有色金属以及石墨等导电材料所制成的试件，而不适用于玻璃、石头和合成树脂等非导电材料的检测。从检测对象来说，电涡流方法适用于如下项目的检测。

a. 缺陷检测：检测试件表面或近表面的内部缺陷。

b. 材质检测：检测金属的种类、成分、热处理状态等变化。

c. 尺寸检测：检测试件的尺寸、涂膜厚度、腐蚀状况和变形等。

d. 形状检测：检测试件形状的变化情况。

(3) 涡流检测的应用

电涡流传感器具有一些独特的优点，已广泛应用于各个领域。下面就几种主要应用作一简略介绍。

① 位移测量　它可以用来测量各种形状试件的位移值。凡是可变换成位移量的参数，都可用电涡流传感器来测量，如钢水液位、纱线张力、液体压力、汽轮机主轴的轴向位移和金属试件的热膨胀系数等。

② 振幅测量　电涡流传感器无接触地测量各种振动的幅值。在汽轮机、空气压缩机中，常用电涡流传感器来监控主轴的径向振动。

③ 厚度测量　电涡流传感器可以无接触地测量金属板厚度和非金属板的镀层厚度。

④ 转速测量　在一个旋转体上开一条或数条槽，旁边安装一个电涡流传感器，当旋转体转动时，电涡流传感器将周期性地改变输出信号，此电压经过放大、整形，可用频率计指示出脉冲数，此脉冲数与旋转轴的转速有关。

⑤ 涡流探伤　电涡流探伤传感器可以用来检查金属的表面裂纹、热处理裂纹以及进行焊接部位的探伤等。使传感器与被测体距离不变，如果裂纹出现，将引起金属的电阻率、磁导率、位移值等的变化，这些综合参数（μ、σ、x）的变化将引起传感器参数变化，通过测量传感器参数的变化即可达到探伤的目的。

9.6.5　磁粉检测

(1) 磁粉检测的基本原理

把一根中间有横向裂纹的钢铁等强磁性材料试件进行磁化处理后，可以认为磁化的材料是许多小磁铁的集合体。在没有缺陷的连续部分，由于小磁铁的 N、S 磁极互相抵消，而不呈现出磁极，而在裂纹等缺陷处，由于磁性的不连续而呈现磁极。在缺陷附近的磁力线绕过空间出现在外面，此即缺陷漏磁，如图 9-29 所示。缺陷附近所产生的称为缺陷的漏磁场的磁场，其强度取决于缺陷的尺寸、位置及试件的磁化强度等。这样，当把磁粉散落在试件上时，在裂纹处就会吸附磁粉。磁粉检测就是利用磁化后的试件材料在缺陷处会吸附磁粉，以此来显示缺陷存在的一种检测方法。

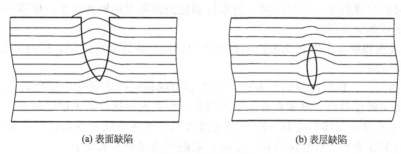

(a) 表面缺陷　　　　　　　　　(b) 表层缺陷

图 9-29　缺陷漏磁

磁粉检测方法可以用于探测铁磁性材料及构件的表面和近表面缺陷。对存在于浅表面的裂纹、折叠、夹层、夹渣等缺陷极为敏感。一般情况下，采用交流电磁化适用于检查 2mm 以内的浅表面缺陷，用直流电磁化适用于检查 6mm 以内的表面缺陷。随着深度的变化，探测缺陷的能力迅速下降。

(2) 磁粉检测的基本步骤

磁粉检测由预处理、磁化、施加磁粉、观察、记录以及后处理等几个基本步骤组成。

① 预处理　用溶剂等把试件表面的油脂、涂料以及铁锈等去掉，以免妨碍磁粉附着在缺陷上。用干磁粉时还要使试件的表面干燥。组装的部件要一件件拆开后再进行检测。

② 磁化　这是磁粉检测的关键步骤。首先应根据缺陷特性与试件形状选定磁化方法，其次还应根据磁化方法、磁粉、试件的材质、形状、尺寸等确定磁化电流值，使试件表面有效磁场的磁通密度达到试件材料饱和磁通密度的 80%～90%。

③ 施加磁粉　磁粉用几微米至几十微米的铁粉等材料制成，分白色和黑色，非荧光的和荧光的。磁粉还分为干式和湿式两种。干磁粉是在空气中分散地撒上，湿磁粉是把磁粉调匀在水或无色透明的煤油中作为磁悬液来使用的。把粉或磁悬液撒在磁化的试件上称为施加磁粉。它分连续法和剩磁法两种。连续法是在试件加有磁场的状态下施加磁粉的，且磁场一直持续到施加完成为止。而剩磁法则是在磁化后施加磁粉。

④ 观察与记录　磁粉痕迹的观察是在施加磁粉后进行的。用非荧光磁粉时，在光线明亮的地方进行观察；而用荧光磁粉时，则在暗室等暗处用紫外线灯进行观察。

值得注意的是，在材质改变的界面处和截面大小突然变化的部位，即使没有缺陷，有时也会出现磁粉痕迹，此即假痕迹。要确认磁粉痕迹是不是缺陷，需用其他检测方法重新进行检测才能确定。

⑤ 后处理　检测完成后，按需要进行退磁、除去磁粉和防锈处理。退磁时，一边使磁场反向，一边降低磁场强度。退磁有直流法和交流法两种。

(3) 磁粉检测的特点与适用范围

磁粉检测适用于检测钢铁材料的裂纹等表面缺陷，如铸件、锻件、焊缝和机械加工的零件等的表面缺陷，其特点和适用范围如下。

① 特别适宜对钢铁等强磁性材料的表面缺陷检测。

② 对于在表面没有开口但深度很浅的裂纹也可以探测出来。

③ 不适用于奥氏体不锈钢那样的非磁性材料。

④ 能知道缺陷的位置和表面的长度，但不能知道缺陷的深度。

此外，对内部缺陷的检测还有困难。

(4) 影响磁粉检测灵敏度的因素

影响磁粉检测灵敏度的因素很多，其中主要因素如下。

① 零件本身的磁化特性和形状　磁化不充分，零件表面的细小缺陷不能清晰显示；磁化过强时则可能出现假象。在检测时，将零件磁化到饱和或近饱和状态，使零件达到充分磁化，可以得到较高的灵敏度。

② 零件表面粗糙度　零件表面的粗糙度数值越小，清洁程度越好，检测灵敏度就越高；反之，灵敏度下降。

③ 零件的尺寸、形状和缺陷的方位　零件表面的缺陷越大越深，磁化时，产生的漏磁场越强，检测灵敏度越高。埋藏在表面下的缺陷，距表面越远，则灵敏度越低。

④ 被检测零件的磁场强度和方向　当裂纹方向与磁感应线垂直时，可获得最大的检测灵敏度，而当裂纹方向与磁感应线相一致时，缺陷可能完全不被显示。

⑤ 使用的磁粉剂　磁粉的磁性越好、粒度越细，检测灵敏度越高，磁粉粗大易于沉淀且难以被漏磁场吸附，则检测灵敏度低。另外，磁粉的颜色与被检工件应有足够的对比度，例如对黑皮工件和内孔检查应采用荧光磁粉进行检测。

⑥ 操作使用方法　工件表面的镀层或涂层对检测灵敏度有一定影响。磁粉检验工序一般应在涂镀工序之前进行。

磁化的时间不宜过长，每次磁化要通电 3～5 次，每次通电的理论磁化时间为 1/200s，实际操作可通电 1～2s。

9.6.6　渗透检测

(1) 渗透检测的基本原理

渗透检测是一种最简单的无损检测方法，用于检测表面开口缺陷，几乎适用于所有材质的试件和各种形状的表面。它所依据的基本原理是应用液体表面张力对固体产生的浸润作用，以及液体的相互乳化作用等特性来实现检测的。检测时将渗透剂涂于被检试件的表面，当表面有开口缺陷时，渗透剂将渗透到缺陷中。去除表面多余的部分，再涂以显像剂，在适当的光线下即可显示放大了的缺陷图像的痕迹，从而能够用肉眼检查出试件表面的开口缺陷，如图 9-30 所示。

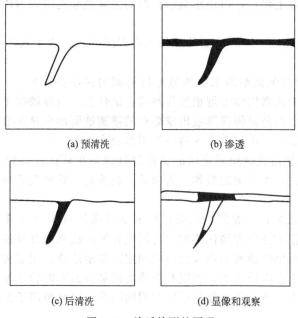

(a) 预清洗   (b) 渗透

(c) 后清洗   (d) 显像和观察

图 9-30　渗透检测的原理

（2）渗透检测的操作步骤

① 预处理　为使渗透容易进行，需要进行预先清除处理，以去除试件表面的油脂、涂料、铁锈硬污物等。

② 渗透　将试件浸渍于渗透液中或者用喷雾器或刷子等工具把渗透液涂在试件表面，让渗透剂有足够的时间充分地渗入到缺陷中。渗透时间取决于渗透剂、试件材质、缺陷种类及大小等。

③ 乳化处理　为了使渗透液容易被水清洗，对某些渗透液有时还要进行乳化处理，喷上乳化剂。

④ 清洗　用水或清洗剂去除附着在试件表面的残余渗透剂。

⑤ 显像　将显像剂涂覆在试件表面上，残留在缺陷中的渗透剂就会被显像剂吸出，到表面上形成放大的带色显示痕迹。此过程中，显像剂吸出全部渗透剂并使其充分扩散的时间称为显像时间。

⑥ 观察　荧光渗透检测的观察必须在暗室内用紫外线灯照射。而着色渗透检测法在一定亮度的可见光下即可以观察出红色的缺陷痕迹。

⑦ 后处理　检测结束后，清除表面残留的显像剂，以防腐蚀被检测表面。

（3）渗透检测方法

① 渗透检测的类型　根据不同的渗透液和不同的清洗方式，渗透检测的分类方法如下。

a. 根据渗透液的不同色调，渗透检测可分为荧光法和着色法两种。其中，荧光渗透检测法是采用含荧光材料的渗透液进行检测，它用波长为（360±30）nm 的紫外线进行照射，使缺陷显示痕迹发出黄绿色的光线。荧光渗透检测的观察必须在暗室里采用紫外线灯进行。而着色渗透检测法是采用含红色染料的渗透液进行检测的，它在自然光或在白光下可以观察出红色的缺陷痕迹。与荧光渗透检测相比，着色渗透检测受场所、电镀和检测装置等条件的限制较小。

b. 根据清洗渗透液形式的不同，可以分为水洗型渗透检测、后乳化型渗透检测和溶剂去除型渗透检测三种。水洗型渗透液可以直接用水清洗干净；而后乳化型渗透液要把乳化剂加到试件表面的渗透液上以后，再用水洗净；溶剂去除型渗透检测所用的渗透液要用有机溶剂进行清洗去除。

② 渗透检测的显像法　渗透检测的显像法有湿式显像、快干式显像、干式显像和无显像剂式显像四种。

a. 湿式显像是把白色微细粉末状的显像材料调匀在水中作为湿式显像剂的一种方法。把试件浸渍在显像剂中或者用喷雾器把显像剂喷在试件上，当显像剂干燥时，在试件表面就形成白色显像薄膜，由白色显像薄膜吸出缺陷中的渗透液而形成显示痕迹。这种方法适用于大批量试件的检测，其中水洗型荧光渗透检测用得较多。

b. 快干式显像是把白色微细粉末状的显像材料调匀在高挥发性的有机溶剂中，作为快干式显像剂的一种方法。本方法的操作极为简单，在溶剂去除型荧光或着色渗透检测中用得较多。

c. 干式显像是直接使用干燥的白色微细粉末状显像材料作为显像剂的一种方法。把试件放在显像剂中或者把试件放在显像装置中再用喷粉的办法来涂覆显像剂，使显像剂附着在试件表面，从缺陷中吸出渗透液而在表面形成固定的显示痕迹。用这种方法，缺陷部位所附着的显像剂粒子全都附在渗透剂上，而没有渗透剂的部分就不附着显像剂。因此，痕迹不会随着时间的推移而发生扩散，从而能显示出鲜明的图像，因此可用于要求获得与缺陷大小相接近的痕迹的检测。

d. 无显像剂式显像是在清洗处理之后，不使用显像剂来形成缺陷显示痕迹的一种方法。它在荧光辉度高的水洗型荧光渗透检测中，或者在把试件加交变应力的同时检测缺陷显示痕迹等方法中使用。这种方法与干式显像相同，其缺陷显示痕迹也不会扩散。本方法不能用于着色渗透检测。

(4) 渗透检测的特点和适用范围

① 渗透法的最小检出尺寸即灵敏度取决于检测剂的性能、检测方法、检测操作和试件表面粗糙度等因素，一般约为深 $20\mu m$、宽 $1\mu m$；此外，在荧光渗透检测时，若使用荧光辉度高的渗透液，在检测的同时在试件上加交变应力，可进一步提高检测的灵敏度。

② 检测效率高，对于形状复杂的试件或在试件上同时存在多个缺陷时，只需一次检测操作即可完成。

③ 适用范围广，检测一般不受试件材料的种类及其外形轮廓的限制。

④ 设备简单，便于携带，操作简便。

⑤ 检测结果受试件表面粗糙度的影响，同时还受检测操作人员技术水平的影响。

⑥ 只能检测表面开口缺陷，对多孔性材料的检测仍很困难，无缺陷深度显示。

⑦ 不宜实现自动化检测。

各种渗透检测法的适用范围见表 9-11。

表 9-11　各种渗透检测法的适用范围

检测对象 ＼ 检测方法	水洗型荧光法	后乳化型荧光法	溶剂去除型荧光法	水洗型着色法	后乳化型着色法	溶剂去除型着色法
微细的裂纹，宽而浅的裂纹	△				△	
表面粗糙的试件	△			△		
大型试件的局部检测			△			△
疲劳裂纹、磨削裂纹		△	△			
遮光有困难的场合				△	△	△
无水、无电的场合						△

（5）渗透检测的应用

工业生产中，液体渗透检测常被用于工艺条件试验、成品质量检验和设备的局部检查等。它可以用于检验非多孔性的黑色和有色金属材料以及非金属材料，用来显示下列各种缺陷。

① 铸件表面的裂纹、缩孔、疏松和气孔等。

② 锻件、轧制件和冲压件表面的裂纹、分层和折叠等。

③ 焊接件表面的裂纹、融合不良、气孔等。

④ 塑料、陶瓷、玻璃等非金属材料和器件的表面裂纹等缺陷。

⑤ 金属材料的磨削裂纹、疲劳裂纹、应力腐蚀裂纹、热处理淬火裂纹等。

⑥ 各种金属、非金属容器泄漏的检查。

⑦ 设备检修时局部检查。

9.6.7　声发射检测

声发射检测技术是 20 世纪 50 年代初兴起的一种新的无损检测方法。

当物体受到外力或内应力作用时，物体缺陷处或结构异常部位因应力集中而产生塑性变形，其储存能量一部分以弹性应力波的形式释放出来，这种现象称为声发射。利用声发射现象的特点，用电子学的方法接收发射出来的应力波，进而根据声发射信号特征，进行处理和分析以评价缺陷发生、发展的规律，以寻找和推断声发射源的缺陷及危险性的技术称为声发射技术，也称为声发射检测。

材料在受载的情况下，缺陷周围区域的应力再分布以范性流变、微观龟裂、裂缝的发生和扩展等形式进行，实际上是一种应变能的释放过程。而一部分应变能以应力波的形式发射出来。所以材料在滑动、孪晶、位错、相变、开裂、断裂等过程中都有声发射现象发生。因此，接收和研究声发射现象，就可以利用声发射的信号对材料缺陷进行检测、预报和判断，并对材料或物件进行评价。

近年来，声发射技术已经在压力容器的安全性检测与评价、焊接过程的监控和焊缝焊后的完整性检测、核反应堆的安全性监测以及断裂力学研究等诸多领域取得了重要进展。部分研究已进入工业实用化阶段，成为无损检测技术体系中的一个极其重要的组成部分。

9.6.8　光学检测

与其他方法相比，光学检测虽然显得陈旧，但有时却能发现一些其他方法难以发现的缺陷，只要探头能接近到离被测表面 24in 约等于 610mm 的距离，并且所成角度不小于 30°，光学检测即可正常进行。

这种方法在更多的情况下要借助于简单放大镜和内窥镜进行观察。其他光学辅助检测手段包括显微镜、潜望镜，有时还要利用摄影及电视技术。为了使缺陷的成像更为清晰，在必要时采用化学和电磁学方法。下面着重介绍内窥镜。

内窥镜是为腔室和管道进行直接光学检测而设计的，它最早用于步枪枪膛和大炮炮膛的检测。内窥镜是一种单目镜光学系统，由一个物镜（有时带一个棱镜）、中继透镜和一个目镜组成，如图 9-31 所示。其工作装置具有各种不同的形式以适应不同的工作需要，如物距大小、目标大小、所在部位深度和反射率、缺陷尺寸和检测入口相对位置等。针对待测表面的不同方位和可能遇到的各种障碍，设置了不同观察角度的工作部件。直角（侧向）检测系统能够检测那些接近的角落，而后倾内窥镜能够对内部具有凸肩的管道进行精确的检测。

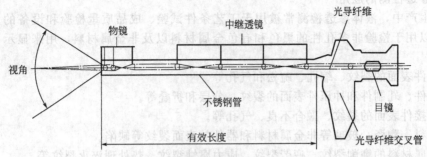

图 9-31　硬管窥镜

内窥镜光源如紫外线光源、氙气光源和冷光光源设在单独的一个装置中，其光线由分布在硬管内壁的每根直径约 $30\mu m$ 的成束光导纤维送到前端，射向观察目标。

在小型管道内窥镜中，中继镜系统由一根单独的柱透镜所代替，被测物像在其中传播。

在挠性内窥镜中，以图像传输光纤束代替硬管式的中继镜组和柱透镜，更适合观察现场的实际需要。光纤束的每一根纤维直径为 $7\sim10\mu m$，都很纤细柔软，入射的光线由于内反射作用而能沿其方向曲线传递。为了强化这种内反射作用，避免相邻纤维间互相干扰，在每根纤维外壁涂覆反光材料。

在图像传输光纤束中，为了保持图像不失真，这些光纤的相对位置是经过精心排列的，作用纤维越细其图像分辨力越高。

在光纤内窥镜中照明光线由光导纤维及连接器引向视场，如图 9-32 所示。以内窥镜为主体，并与专用光源、照相机、摄像机和电视系统可组成一整套内孔观察记录和重放系统，大大便利了故障检测工作。

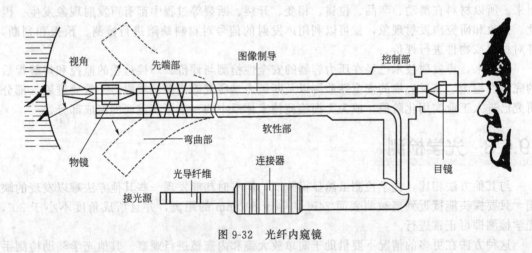

图 9-32　光纤内窥镜

9.6.9　无损检测方法的比较

超声波、射线、磁粉、渗透和涡流检测是五种常规无损检测方法，下面按能够检测的缺陷类型对它们进行分类比较。

(1) 内部缺陷的检测

适合于检测内部缺陷的方法主要有射线照相法检测和超声波检测两种，这两种方法的简单对比情况见表 9-12。

表 9-12　射线照相法检测与超声波检测的对比

	检测方法 项　目	射线照相法检测（直接照相法）	超声波检测
原理	常用方法	穿透法	脉冲反射法
	物理能量	电磁波	弹性波
	缺陷部位的表现形式	完好部位与缺陷部位的穿透剂量有差异，其差异程度与这两部分的材质、射线透过的方向以及缺陷的尺寸有关	在完好部位没有反射波，而在缺陷部位发生反射波。其反射程度与完好部位和缺陷部位的材质有关
	显示信息的器材	X射线胶片	示波管
	显示的内容	完好部位与缺陷部位的底片黑度有差异	缺陷部位出现反射波
	易于检测的缺陷方法	与射线平行的方向	与超声波垂直的方向
	易于检测的缺陷形状	在射线方向上有深度的缺陷	与超声波成垂直方向扩展的缺陷
被检物	铸件	很适合	适合
	锻件	不适合	很适合
	压延件	不适合	很适合
	焊缝	很适合	适合
缺陷	分层裂纹	不适合	很适合
	密集气孔	很适合	适合
	缩孔（铸件）	很适合	适合
	气孔	很适合	有附加条件时适合
	缩孔（焊缝）	很适合	有附加条件时适合
	未焊透	适合	适合
	未熔合	有附加条件时适合	适合
	裂纹	有附加条件时适合	有附加条件时适合
	夹渣	很适合	适合
检测特征	缺陷种类的判别	很适合	有附加条件时适合
	缺陷形状的判别	很适合	有附加条件时适合
	缺陷尺寸的判别	适合	有附加条件时适合
	缺陷在厚度方向的位置的判别	有附加条件时适合	很适合
	记录检测结果	很适合	有附加条件时适合
	不需要判断者在现场	很适合	有附加条件时适合
	能否从单面检测	不能	能
	被检物厚度的上限	一般	较大
	被检物厚度的下限	没有下限	受盲区影响
	装置的小巧轻便	笨重	轻便
	检测速度	慢	很快
	消耗品费用	较高	低
	总费用	较高	很低
	安全管理	应注意射线的防护及高压	很安全

（2）表层缺陷的检测

适于表面缺陷检测的方法主要有磁粉、渗透以及涡流检测，它们的简单对比见表 9-13。

表 9-13　磁粉检测、渗透检测和涡流检测的对比

	检测方法 项　目	磁粉检测	渗透检测	涡流检测
原理	方法的原理	磁吸引作用	渗透作用	电涡流作用
	能检出的缺陷	表面和近表面缺陷	表面开口缺陷	表面和近表层的缺陷
	缺陷部位的表现形式	在缺陷部位发生漏磁而有磁粉附着	渗透液的渗透	涡流的变化使检测线圈的输出（电压和相位）发生变化
	显示信息的器材	磁粉	渗透液、显像液	记录仪、电压表、示波器
	适用的材质	强磁性材料	金属和非金属材料	导电材料
被检物	铸件	很适合	很适合	有附加条件时适合
	锻件	很适合	很适合	有附加条件时适合
	压延件	很适合	很适合	适合
	管材	很适合	很适合	很适合
	线材	有附加条件时适合	有附加条件时适合	很适合
	焊缝	很适合	很适合	有附加条件时适合
缺陷	裂纹	很适合	很适合	很适合
	折叠	适合	适合	适合
	白点	很适合	很适合	不适合
	疏松	适合	很适合	不适合
	针孔	有附加条件时适合	很适合	有附加条件时适合
	线状缺陷（棒钢）	很适合	适合	适合
检测特征	缺陷种类的判别	可以	可以	有时可以
	记录检测的结果	可以	可以	完全可以
	装置的小巧轻便	较轻便	较轻便	有时轻便
	检测速度	较快	较快	很快
	设备费用	较贵	较贵	最贵
	消耗品费用	较少	较少	很少
	总费用	较少	较少	一般
	安全管理	注意通风、防火、漏电	注意防火	注意磁场对周围介质的影响

第10章

设备修理的精度检验

10.1 设备修理几何精度的检验方法

机电设备的主要几何精度包括主轴回转精度、导轨直线度、平行度、工作台面的平面度及两部件间的同轴度、垂直度等。

10.1.1 主轴回转精度的检验方法

主轴回转精度的检验项目：主轴回转中心的径向跳动、主轴定心轴颈的径向跳动、端面跳动及轴向窜动等。

(1) 主轴锥孔中心线径向跳动的检验

在主轴中心孔中紧密地插入一根锥柄检验棒，将百分表固定在机床上，百分表测头顶在检验棒表面上，压表数为 0.2～0.4mm，如图 10-1 所示，a 靠近主轴端部；b 与 a 相距 300mm 或 150mm，转动主轴检验。

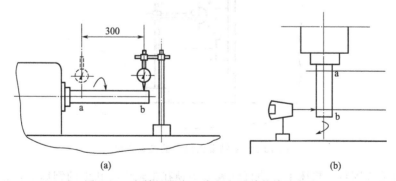

图 10-1　主轴锥孔中心线径向跳动的检验方法

为了避免检验棒锥柄与主轴锥孔配合不良的误差，可将检验棒每隔 90°插入一次检验，共检验四次，四次测量结果的平均值就是径向跳动误差。a、b 的误差分别计算。

(2) 主轴定心轴颈径向跳动的检验

为保证工件或刀具在回转时处于平稳状态，根据使用和设计要求，有各种不同的定位方式，并要求主轴定心轴颈的表面与主轴回转中心同轴。检查其同轴度的方法也就是测量其径向跳动的数值。测量时，将百分表固定在机床上，百分表测头顶在主轴定心轴颈表面上（若是锥面，测头必须垂直于锥面），旋转主轴检查。百分表读数的最大差值，就是定心轴颈的径向跳动误差，如图 10-2 所示。

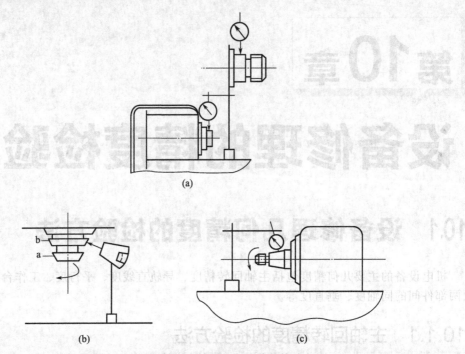

(a)

(b)   (c)

图 10-2　各种主轴定心轴颈径向跳动的检验方法

（3）主轴端面跳动和轴向窜动的检验

将百分表测头顶在主轴轴肩支承面靠近边缘的位置，旋转主轴，分别在相隔 180°的 a 处和 b 处检验。百分表两次读数的最大差值，就是主轴支承面的跳动数值，如图 10-3 所示。

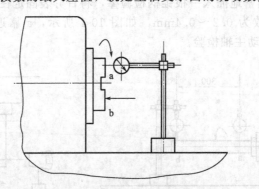

图 10-3　主轴端面跳动的检验方法

将平头百分表固定在机床上，使百分表测头顶在主轴中心孔上的钢球上，带锥孔的主轴应在主轴锥孔中插入一根锥柄短检验棒，中心孔中装有钢球，旋转主轴检验，百分表读数的最大差值，就是轴向窜动数值，如图 10-4 所示。

10.1.2　同轴度的检验方法

同轴度是指两根或两根以上轴中心线不相重合的变动量。如卧式铣床刀杆支架孔对主轴

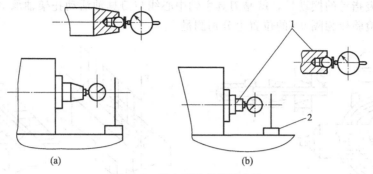

图 10-4 轴向窜动的检验方法

1—锥柄短检验棒；2—磁力表架

中心的同轴度、六角车床主轴对工具孔的同轴度、滚齿机刀具主轴中心线对刀具轴活动托架轴承孔中心线等都有同轴度精度的检验要求。

(1) 转表测量法

这种测量方法比较简单，但需注意表杆挠度的影响，如图 10-5 所示。测量六角车床主轴与回转头工具孔同轴度的误差，在主轴上固定百分表，在回转头工具孔中紧密地插入一根检验棒，百分表测头顶在检验棒表面上。主轴回转，分别在垂直平面和水平面内进行测量。百分表读数在相对 180° 位置上差值的一半，就是主轴中心线与回转头工具孔中心线之间的同轴度误差。

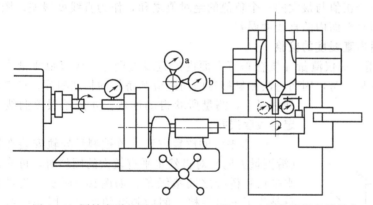

图 10-5 同轴度误差测量之一　　　图 10-6 同轴度误差测量之二

图 10-6 所示为测量立式车床工作台回转中心线对五方刀台工具孔中心线之间同轴度误差的情况。将百分表固定在工作台面上，在五方刀台工具孔中紧密地插一根检验棒，使百分表测头顶在检验棒表面上。回转工作台并水平移动刀台溜板，在平行于刀台溜板移动方向截面内，使百分表在检验棒两侧母线上的读数相等。然后旋转工作台进行测量，百分表读数最大差值的一半，就是工作台回转中心线与五方刀台工具孔中心线之间的同轴度误差。

(2) 锥套塞插法

对于某些不能用转表测量法的场合，可以采用锥套塞插法进行测量。图 10-7 所示为测量滚齿机刀具主轴中心线与刀具轴活动托架轴承中心线之间的同轴度误差。在刀具主轴锥孔中，紧密地插入一根检验棒，在检验棒上套一只锥形检验套，套的内径与检验棒滑动配合，套的锥面与活动托架锥孔配合。固定托架，并使检验棒的自由端伸出托架外侧。将百分表固定在床身上，使其测头顶在检验棒伸出的自由端上，推动检验套进入托架的锥孔中靠紧锥面，此时百分表指针的摆动量，就是刀具主轴中心线与刀具轴活动托架轴承中心线之间的同轴度误差，在检验棒相隔90°的位置上分别测量。

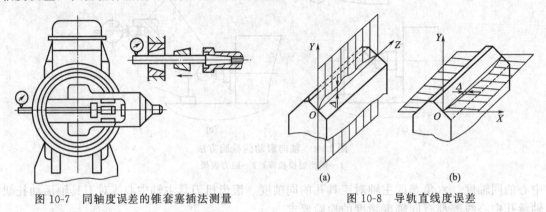

图 10-7 同轴度误差的锥套塞插法测量

图 10-8 导轨直线度误差

10.1.3 导轨直线度的检验方法

导轨直线度是指组成 V 形或矩形导轨的平面与垂直平面或水平面交线的直线度，且常以交线在垂直平面和水平面内的直线度体现出来。在给定平面内，包容实际线的两平行直线的最小区域宽度即为直线度误差。有时也以实际线的两端点连线为基准，实际线上各点到基准直线坐标值中最大的一个正值与最大的一个负值的绝对值之和，作为直线度误差。图10-8所示为导轨在垂直平面和水平面内的直线度误差。

(1) 导轨在垂直平面内直线度的检验

① 水平仪测量法 用水平仪测量导轨在垂直平面内的直线度误差，属节距测量法。测量过程犹如步行登山，一步一跨，因而每次测量移过的间距应和桥板的长度相等。只有在这种情况下，测量所获得的读数，才能用误差曲线来评定直线度误差。

a. 水平仪的放置方法 若被测量导轨安装在纵向（沿测量方向）对自然水平有较大的倾斜时，可允许在水平仪和桥板之间垫纸条，如图10-9所示。测量目的只是为了求出各档之间倾斜度的变化，因而垫纸条后对评定结果并无影响。若被测量导轨安装在横向（垂直于测量方向）对自然水平有较大的倾斜时，则必须严格保证桥板是沿一条直线移动，否则横向的安装水平误差将会反映到水平仪示值中去。

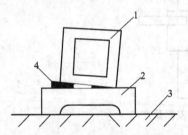

图 10-9 使水平仪适应被测表面的方法
1—水平仪；2—检验桥板；3—被测表面；4—纸条

b. 用水平仪测量导轨在垂直平面内直线度的方法 例如有一车床导轨长为 1600mm，用精度 0.02/1000 的框式水平仪，仪表座长度为 200mm，求此导轨在垂直平面上的直线度误差。

ⅰ．将仪表座放置于导轨长度方向的中间，水平仪置于其上，调平导轨，使水平仪的气泡居中。

ⅱ．导轨用粉笔做标记分段，其长度与仪表座长度相同。从靠近主轴箱位置开始依次首尾相接逐渐测量，取得各段高度差读数。可根据气泡移动方向来评定导轨倾斜方向，如假定气泡移动方向与水平仪移动方向一致时为"＋"，反之为"－"。

ⅲ．把各段测量读数逐点累积，用绝对读数法。每段读数值依次为：＋1、＋1、＋2、0、－1、－1、0、－0.5，如图 10-10 所示。

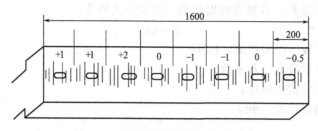

图 10-10 导轨分段测量气泡位置

ⅳ. 取坐标纸，画出导轨直线度曲线。作图时，导轨的长度为横坐标，水平仪读数为纵坐标。根据水平仪读数依次画出各折线段，每一段的起点与前一段的终点重合。

ⅴ. 用两端点连线法或最小区域法确定最大误差格数及误差曲线形状，如图 10-11 所示。

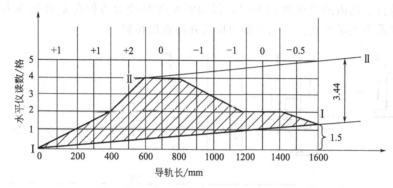

图 10-11 导轨直线度误差曲线

两端点连线法：在导轨直线度误差呈单凸或单凹时，作首尾两端点连线Ⅰ-Ⅰ，并过曲线最高点或最低点，作Ⅱ-Ⅱ直线与Ⅰ-Ⅰ平行。两包容线间最大纵坐标值即为最大误差格数。在图 10-8 中，最大误差在导轨长为 600mm 处。曲线右端点坐标值为 1.5 格，按相似三角形解法，导轨 600mm 处最大误差格数为 4-0.56=3.44 格。

最小区域法：在直线度误差曲线有凸有凹时，采用如图 10-12 所示方法：过曲线上两个最低点或两个最高点，作一条包容线Ⅰ-Ⅰ；过曲线上最高点或最低点作平行于Ⅰ-Ⅰ线的另一条包容线Ⅱ-Ⅱ，将误差曲线全部包容在两平行线之间，两平行线之间沿纵轴方向的最大坐标值即为最大误差。

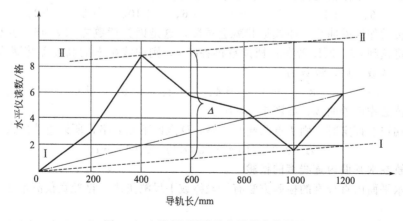

图 10-12 最小区域法确定导轨曲线误差

ⅵ. 按误差格数换算。导轨直线度数值一般按下式换算：

$$\Delta = nil \tag{10-1}$$

式中　Δ——导轨直线度误差数值，mm；

　　　n——曲线图中最大误差格数；

　　　i——水平仪的读数精度；

　　　l——每段测量长度，mm。

在上例中：

$$\Delta = nil = 3.44 \times 0.02/1000 \times 200\text{mm} = 0.014\text{mm}$$

② 自准直仪测量法　自准直仪和水平仪都是精密测角仪器，测量原理（节距法原理）和数据处理方法基本是相同的，区别只是读数方法不同。

如图 10-13 所示，测量时，自准直仪 1 固定在被测导轨 4 一端，而反射镜 3 则放在检验桥板 2 上，沿被测导轨逐档移动进行测量，读数所反映的是检验桥板倾斜度的变化。当测量被测导轨在垂直平面内的直线度误差时，需要测量的是检验桥板在垂直平面内倾斜度的变化，若所用仪器为光学平直仪，则读数筒应放在向前的位置。

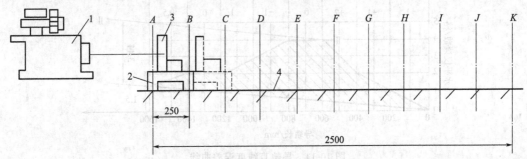

图 10-13　用自准直仪测量垂直平面内直线度误差
1—自准直仪；2—检验桥板；3—反射镜；4—被测导轨

例如，用分度为 1″的自准直仪和长度为 250mm 的桥板测量导轨在垂直平面内的直线度，共测 10 档，读数为 46、52、47、53、54、52、56、54、48、44。此读数同合像水平仪一样，可以同减任意一个数值。为了使误差曲线向上的部位反映被测导轨"凸"，向下的部位反映被测导轨"凹"，作图或计算的顺序应始终从靠近自准直仪的一端开始。对自准直仪原始读数的处理，同合像水平仪一样有图解法和计算法两种。

采用图解法进行数据处理时，对原始读数可先减去第一档的读数，而作误差曲线时，若发现曲线太陡，可根据情况再各加或各减某一数值。如在以上读数上各减 46，得

0、　+6、　+1、　+7、　+8、　+6、　+10、　+8、　+2、　-2

根据此读数作误差曲线，曲线形状就会很陡，这是因为读数之和为 46，就是说曲线始末的高度差将达到 46，所以若在各档读数再各减 4，则曲线始末的高度差将减少 40，曲线就可以较平，各减 4 后，读数为

-4、　+2、　-3、　+3、　+4、　+2、　+6、　+4、　-2、　-6

根据此读数作误差曲线，如图 10-14 所示。

若按两端连线评定时，则 I 点凸起 9.2 格，D 点凹下 6.8 格，所以直线度误差为

$$\Delta = 0.005/1000 \times 250 \times 11 = 0.014\text{mm}$$

(2) 导轨在水平面内直线度的检验

导轨在水平面内直线度的检验方法有检验棒或平尺测量法、自准直仪测量法、钢丝测量法等。

① 检验棒或平尺测量法　以检验棒或平尺为测量基准，用百分表进行测量。在被测导

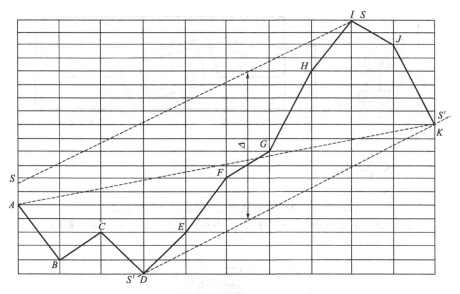

图 10-14　导轨误差曲线

轨的侧面架起检验棒或平尺，百分表固定在仪表座上，百分表的测头顶在检验棒的侧母线或平尺工作面上。首先将检验棒或平尺调整到和被测导轨平行，即百分表读数在检验棒或平尺两端点一致。然后移动仪表座进行测量，百分表读数的最大代数差就是被测导轨在水平面内相对于两端连线的直线度误差。若需要按最小条件评定，则应在导轨全长上等距测量若干点，然后再作基准转换即数据处理，如图 10-15 所示。

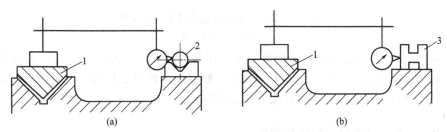

图 10-15　用检验棒或平尺测量水平面内直线度误差
1—桥板；2—检验棒；3—平尺

② 自准直仪测量法　节距测量法的原理同样可以测量导轨在水平面内的直线度，不过这时需要测量的是，仪表座在水平面内相对于某一理想直线即测量基准偏斜角的变化，所以水平仪已不能胜任，但仍可以用自准直仪测量。若所用仪器为光学平直仪，则只需将读数鼓筒转到仪器的侧面位置即可，仪器上有锁紧螺钉定位，如图 10-16 所示。此时测出的将是十字线影像垂直于光轴方向的偏移量，反映的是反射镜仪表座在水平面内的偏斜角 β。而测量方法、读数方法、数据处理方法，则和测量导轨在垂直平面内直线度误差时并无区别。

③ 钢丝测量法　钢丝经充分拉紧后，其侧面可以认为是理想"直"的，因而可以作为测量基准，即从水平方向测量实际导轨相对于钢丝的误差，如图 10-17 所示。拉紧一根直径约为 0.1～0.3mm 的钢丝，并使它平行于被检验导轨，在仪表座上垂直安放一个带有微量移动装置的显微镜，将仪表座全长移动进行检验。导轨在水平面内直线度误差，以显微镜读数最大代数差计。

这种测量方法的主要优点是：测距可达 20 余米，而目前一般工厂用的光学平直仪的设

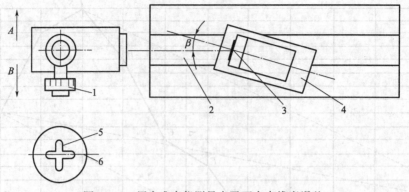

图 10-16 用自准直仪测量水平面内直线度误差

1—读数鼓筒；2—被测导轨；3—反射镜；4—桥板；5—十字线像；6—活动分划板刻线

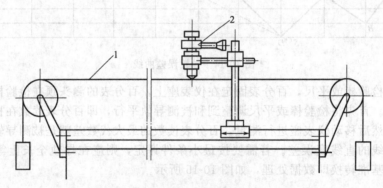

图 10-17 用钢丝和显微镜测量导轨直线度

1—钢丝；2—显微镜

计测距只有 5m；并且所需要的物质条件简单，任何中、小工厂都可以制备，容易实现。特别是机床工作台移动的直线度，若允差为线值，则只能用钢丝测量法。因为在不具备节距测量法条件时，角值量仪的读数不可能换算出线值误差。

10.1.4 平行度的检验方法

形位公差规定在给定方向上平行于基准面或直线、轴线，相距为公差值两平行面之间的区域即为平行度公差带。平行度的允差与测量长度有关，如在 300mm 长度上为 0.02mm 等；对于测量较长导轨时，还要规定局部允差。

(1) 用水平仪检验 V 形导轨与平面导轨在垂直平面内的平行度

如图 10-18 所示，检验时，将水平仪横向放在专用桥板或溜板上，移动桥板逐点进行检验，其误差计算的方法用角度偏差值表示，如 0.02/1000 等。水平仪在导轨全长上测量读数的最大代数差，即为导轨的平行度误差。

(2) 部件间平行度的检验

图 10-19 所示为车床主轴锥孔中心线对床身导轨平行度的检验方法。在主轴锥孔中插一根检验棒，百分表固定在溜板上，在指定长度内移动溜板，用百分表分别在检验棒的上母线 a 和侧母线 b 进行检验。a、b 的测量结果分别以百分表读数的最大差值表示。为消除检验棒圆柱部分与锥体部分的同轴度误差，第一次测量后将检验棒拔去，转 180°后再插入重新检验。误差以两次测量结果的代数和的一半计算。

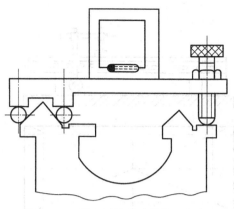

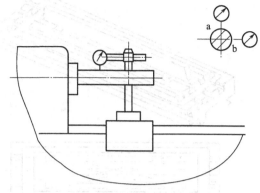

图 10-18 用水平仪检验导轨平行度　　　　图 10-19 主轴锥孔中心线对导轨平行度的检验

其他如外圆磨床头架主轴锥孔中心线、砂轮架主轴中心线对工作台导轨移动的平行度、卧式铣床悬梁导轨移动对主轴锥孔中心线的平行度等，都与上述检验方法类似。

图 10-20 所示为双柱坐标镗床主轴箱水平直线移动对工作台面平行度的检验方法，在工作台面上放两块等高块，将平尺放在等高块上，平行于横梁。将测微仪固定在主轴箱上，按图示方法移动主轴箱进行检测，测微仪的最大差值就是平行度误差。为了提高测量精度，必须用块规塞入百分表测头与平尺表面之间进行测量，以防止刮研平尺的刀花带来测量误差。要消除平尺工作面和工作台面的平行度误

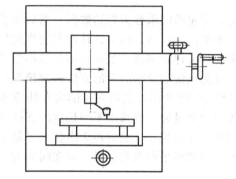

图 10-20 主轴箱移动对工作台面平行度的检验

差，可在第一次测量后，将平尺调头，再测量一次，两次测量结果的代数和的一半就是平行度误差。

10.1.5　平面度的检验方法

在我国机床精度标准中，规定测量工作台面在纵、横、对角、辐射等各个方向上的直线度误差后，取其中最大一个直线度误差作为工作台面的平面度误差。对小型件可采用标准平板研点法、塞尺检查法等，较大型或精密工件可采用间接测量法、光线基准法。

（1）平板研点法

这种方法是在中小台面利用标准平板，涂色后对台面进行研点，检查接触斑点的分布情况，以证明台面的平面度情况。使用工具最简单，但不能得出平面度误差数据。平板最好采用 0～1 级精度的标准平板。

（2）塞尺检查法

用一支相应长度的平尺，精度为 0～1 级，在台面上放两个等高垫块，平尺放在垫块上，用块规或塞尺检查工作台面至平尺工作面的间隙，或用平行平尺和百分表测量，如图 10-21 所示。

（3）间接测量法

所用的量仪有合像水平仪、自准直仪等。根据定义，平面度误差要按最小条件来评定，即平面度误差是包容实际表面且距离为最小的两平面间的距离。由于该平行平面，对不同的实际被测平面具有不同的位置，且又不能事先得出，故测量时需要先用过渡基准平面来进行

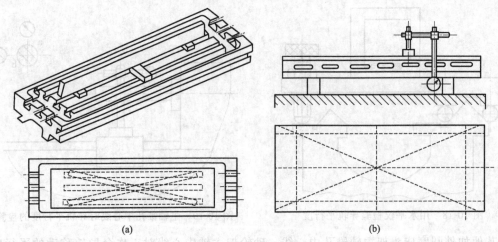

图 10-21　塞尺检查法

评定。评定的结果称为原始数据。然后由获得的原始数据再按最小条件进行数据变换，得出实际的平面度误差。但是这种数据交换比较复杂，在实际生产中常采用对角线法的过渡基准平面，作为评定基准。虽然它不是最小条件，但是较接近最小条件。

对角线法测量平面度的方法：对角线的过渡基准平面，对矩形被测表面测量时的布线方式如图 10-22 所示，其纵向和横向布线应不少于两个位置。用对角线法，由于布线的原因，在各方向测量时，应采用不同长度的支撑底座。测量时首先按布线方式测量出各截面上相对于端点连线的偏差，然后再算出相对过渡基准平面的偏差。平面度误差就是最高点与最低点之差。当被测平面为圆形时，应在间隔为 45°的四条直径方向上检验。

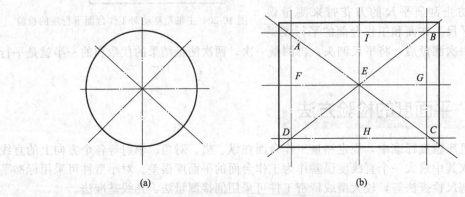

图 10-22　工作台面平面度的检验

（4）光线基准法

用光线基准法测量平面度时，可采用经纬仪等光学仪器。通过光线扫描方法来建立测量基准平面。其特点是数据处理与调整都方便，测量效率高，只是受仪器精度的限制，测量精度不高。

测量时，将测量仪器放在被测工件表面上，这样被测表面位置变动对测量结果没有影响，只是仪器放置部位的表面不能测量。测量仪器也可放置于被测表面外，这样就能测出全部的被测表面，但被测表面位置的变动会影响测量结果。因此，在测量过程中，要保持被测表面的原始位置。此方法要求三点相距尽可能远一些，如图 10-23 所示的 Ⅰ、Ⅱ、Ⅲ点。按此三点放置靶标，仪器绕转轴旋转并逐一瞄准它们。调整仪器扫描平面位置，使与上述所建立的平面平行，即靶标在这三点时，仪器的读数应相等，从而建立基准平面。然后再测出被测表面上各点的相对高度，便可以得到该表面的平面度误差的原始数据。

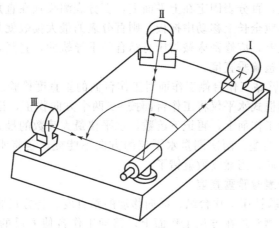

图 10-23　光线扫描法测量平面度

10.1.6　垂直度的检验方法

机床部件基本是在相互垂直的三个方向上移动，即垂直方向、纵向和横向。测量这三个方向移动相互间的垂直度误差，检具一般采用方尺、直角平尺、百分表、框式水平仪及光学仪器等。

（1）用直角平尺与百分表检验垂直度

图 10-24 所示为车床床鞍上、下导轨面的垂直度检验。在车床床身主轴箱安装面上卧放直角平尺，将百分表固定在燕尾导轨的下滑座上，百分表测头顶在直角平尺与纵向导轨平行的工作面上，移动床鞍找正直角平尺。也就是以长导轨轨迹即纵向导轨为测量基准。将中拖

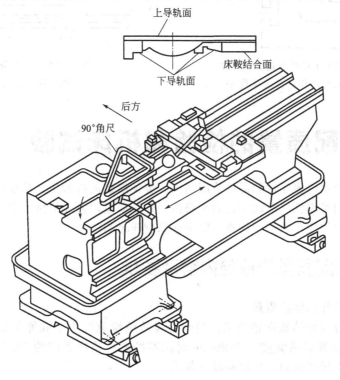

图 10-24　用直角平尺与百分表检验车床床鞍上、下导轨面的垂直度

板装到床鞍燕尾导轨上，百分表固定在上平面上，百分表测头顶在直角平尺与纵向导轨垂直的工作面上，在燕尾导轨全长上移动中拖板，则百分表的最大读数就是床鞍上、下导轨面的垂直度误差。若超过允差，应修刮床鞍与床身结合的下导轨面，直至合格。

(2) 用框式水平仪检验垂直度

图 10-25 所示为摇臂钻工作台侧工作面对工作台面的垂直度检验。工作台放在检验平板上或用千斤顶支承。用框式水平仪将工作台面按 90°两个方向找正，记下读数；然后将水平仪的侧面紧靠工作台侧工作面上，再记下读数，水平仪最大读数的最大代数差值就是侧工作面对工作台面的垂直度误差。两次测量水平仪的方向不能变，若将水平仪回转 180°，则改变了工作台面的倾斜方向，当然读数就错了。

(3) 用方尺、百分表检验垂直度

图 10-26 所示为检验铣床工作台纵、横向移动的垂直度。将方尺卧放在工作台面上，百分表固定在主轴上，其测头顶在方尺工作面上，移动工作台使方尺的工作面 B 和工作台移动方向平行。然后变动百分表位置，使其测头顶在方尺的另一工作面 A 上，横向移动工作台进行检验，百分表读数的最大差值就是垂直度误差。

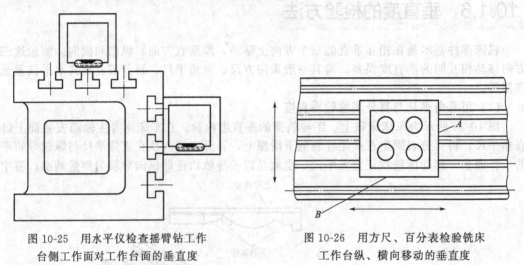

图 10-25　用水平仪检查摇臂钻工作
台侧工作面对工作台面的垂直度

图 10-26　用方尺、百分表检验铣床
工作台纵、横向移动的垂直度

10.2　装配质量的检验和机床试验

机电设备一般由许多零件和部件装配而成。装配质量的检验主要从零件和部件安装位置的正确性、连接的可靠性、滑动配合的平稳性、外观质量以及几何精度等方面进行检查。对于重要的零件和部件应单独进行检查，以确保修理质量与要求。

10.2.1　装配质量的检验内容及要求

(1) 部件、组件的装配质量

主传动箱啮合齿轮的轴向错位量：当啮合齿轮轮缘宽度小于或等于 20mm 时，不得大于 1mm；当啮合齿轮轮缘宽度大于 20mm 时，不得超过轮缘宽度的 5%且不得大于 5mm。装配后，应进行空运转试验，并检验以下各项。

① 变速机构的灵活性和可靠性。

② 运转应平稳，不应有不正常的尖叫声和不规则的冲击声。

③ 在主轴轴承达到稳定温度时，其温度和温升应符合机床技术要求的规定。

④ 润滑系统的油路应畅通、无阻塞，各结合部位不应有漏油现象。

⑤ 主轴的径向跳动和轴向窜动应符合各类型机床精度标准的规定。

机床的操纵联锁机构装配后，应保证其灵活性和可靠性；离合器及其控制机构装配后，应达到可靠的结合与脱开。

(2) 机床的总装配质量

机床的总装配过程也是调整与检验的过程。

① 机床水平的调整。在总装前，应首先调整好机床的安装水平。

② 结合面的检验。配合件的结合面应检查刮研面的接触点数，刮研面不应有机械加工的痕迹和明显的刀痕。两配合件的结合面均是刮研面，用配合面的结合面（研具）进行涂色法检验时，刮研点应均匀。按规定的计算面积平均计算，在每 25mm×25mm 的面积内，接触点数不得少于技术要求规定的点数。

③ 机床导轨的装配。滑动、移置导轨除用涂色法检验外，还应用 0.04mm 塞尺检验，塞尺在导轨、镶条、压板端的滑动面间插入深度不大于 10～15mm。

④ 带传动的带张紧机构装配后，应具有足够的调整量，两带轮的中心平面应重合，其倾斜角和轴向偏移量不应过大。一般倾斜角不超过 1°。传动时带应无明显的脉动现象，对于两个以上的 V 带传动，装配后带的松紧应基本一致。

10.2.2　机床的空运转试验

空运转是在无负荷状态下运转机床，检验各机构的运转状态、温度变化、功率消耗，操纵机构的灵活性、平稳性、可靠性及安全性。

试验前，应使机床处于水平位置，一般不采用地脚螺栓固定。按润滑图表将机床所有润滑之处注入规定的润滑剂。

(1) 主运动试验

试验时，机床的主运动机构应从最低速依次运转，每级转速的运转时间不得少于 2min。用交换齿轮、带传动变速和无级变速的机床，可作低、中、高速运转。在最高速时运转时间不得少于 1h，使主轴轴承达到稳定温度。

(2) 进给运动试验

进给机构应依次变换进给量或进给速度进行空运转试验，检查自动机构（包括自动循环机构）的调整和动作是否灵活、可靠。有快速移动的机构，应进行快速移动试验。

(3) 其他运动试验

检查转位、定位、分度、夹紧及读数装置和其他附属装置是否灵活可靠；与机床连接的随机附件应在机床上试运转，检查其相互关系是否符合设计要求；检查其他操纵机构是否灵活可靠。

(4) 电气系统试验

检查电气设备的各项工作情况，包括电动机的启动、停止、反向、制动和调速的平稳性，磁力启动器、热继电器和限位开关工作的可靠性。

(5) 整机连续空运转试验

对于自动机床和数控机床，应进行连续空运转试验，整个运动过程中不应发生故障。连续运转时间应符合如下规定：机械控制 4h；电液控制 8h；一般数控机床 16h；加工中心 32h。

试验时，自动循环应包括机床所有功能和全部工作范围，各次自动循环之间的休止时间不得超过 1min。

10.2.3　机床的负荷试验

负荷试验是检验机床在负荷状态下运转时的工作性能及可靠性，即加工能力、承载能力及其运转状态，包括速度变化、机床振动、噪声、润滑、密封等。

(1) 机床主传动系统的扭矩试验

试验时，在小于或等于机床计算转速范围内选一适当转速，逐渐改变进给量或切削深度，使机床达到规定扭矩，检验机床传动系统各元件和变速机构是否可靠以及机床是否平稳、运动是否准确。

(2) 机床切削抗力试验

试验时，选用适当的几何参数的刀具，在小于或等于机床计算转速范围内选一适当转速，逐渐改变进给量或切削深度，使机床达到规定的切削抗力。检验各运动机构、传动机构是否灵活、可靠，过载保护装置是否可靠。

(3) 机床传动系统达到最大功率的试验

选择适当的加工方式、试件（包括材料和尺寸的选择）、刀具（包括刀具材料和几何参数的选择）、切削速度、进给量，逐步改变切削深度，使机床达到最大功率（一般为电动机的额定功率）。检验机床结构的稳定性、金属切除率以及电气等系统是否可靠。

(4) 有效功率试验

一些机床除进行最大功率试验外，由于工艺条件限制而不能使用机床全部功率，还要进行有限功率试验和极限切削宽度试验。根据机床的类型，选择适当的加工方法、试件、刀具、切削速度、进给量进行试验，检验机床的稳定性。

10.2.4　机床工作精度的检验

机床的工作精度，是在动态条件下对工件进行加工时所反映出来的。工作精度检验应在标准试件或由用户提供的试件上进行。与实际在机床上加工零件不同，实行工作精度检验不需要多种工序。工作精度检验应采用该机床具有的精加工工序。

(1) 试件要求

工件或试件的数目或在一个规定试件上的切削次数，需视情况而定，应使其得出加工的平均精度。必要时，应考虑刀具的磨损。除有关标准已有规定外，用于工作精度检验试件的原始状态应予确定，试件材料、试件尺寸和应达到的精度等级以及切削条件应在制造厂与用户达成一致。

(2) 工作精度检验中试件的检查

工作精度检验中试件的检查，应按测量类别选择所需精度等级的测量工具。在机床试件的加工图纸上，应反映用于机床各独立部件几何精度的相应标准所规定的公差。

在某些情况下，工作精度检验可以用相应标准中所规定的特殊检查来代替或补充。例如在负载下的挠度检验、动态检验等。

例如，卧式车床的工作精度检验一般应进行精车外圆试验、精车端面试验、切槽试验、精车螺纹试验等。

(3) 举例——加工中心的工作精度检验

① 试件的定位　试件应位于 X 行程的中间位置，并沿 Y 轴和 Z 轴在适合于试件和夹具

定位及刀具长度的适当位置处放置。当对试件的定位位置有特殊要求时，应在制造厂和用户的协议中规定。

② 试件的固定　试件应在专用的夹具上方便安装，以达到刀具和夹具的最大稳定性。夹具和试件的安装面应平直。

应检验试件安装表面与夹具夹持面的平行度。应使用合适的夹持方法以便使刀具能贯穿和加工中心孔的全长。建议使用埋头螺钉固定试件，以避免刀具与螺钉发生干涉，也可选用其他等效的方法。试件的总高度取决于所选用的固定方法。

③ 试件的材料、刀具及切削参数　试件的材料和切削刀具及切削参数按照制造厂与用户间的协议选取，并应记录下来，推荐的切削参数如下。

　　a. 切削速度：铸铁件约为 50m/min；铝件约为 300m/min。

　　b. 进给量：约为 0.05～0.10mm/齿。

　　c. 切削深度：所有铣削工序在径向切深应为 0.2mm。

④ 试件的尺寸　如果试件切削了数次，外形尺寸减少，孔径增大，当用于验收检验时，

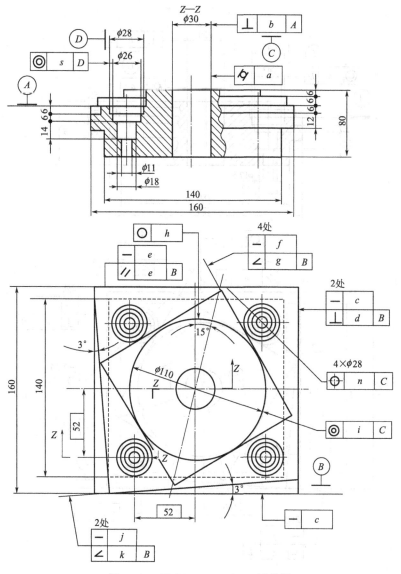

图 10-27　JB/T 8771.7-A160 试件图

建议选用最终的轮廓加工试件尺寸与本标准中规定的一致，以便如实反映机床的切削精度。试件可以在切削试验中反复使用，其规格应保持在本标准所给出的特征尺寸的±10％以内。当试件再次使用时，在进行新的精切试验前，应进行一次薄层切削，以清理所有的表面。

⑤ 轮廓加工试件

a. 目的　该检验包括在不同轮廓上的一系列精加工，用来检查不同运动条件下的机床性能。也就是仅一个轴线进给、不同进给率的两轴线线性插补、一轴线进给率非常低的两轴线线性插补和圆弧插补。该检验通常在 X-Y 平面内进行，但当备有万能主轴头时同样可以在其他平面内进行。

b. 尺寸　轮廓加工试件共有两种规格，如图 10-27 所示 JB/T 8771.7-A160 试件图和图 10-28所示 JB/T 8771.7-A320 试件图。

试件的最终形状应由下列加工形成。

ⅰ. 通镗位于试件中心直径为 p 的孔。

ⅱ. 加工边长为 L 的外正四方形。

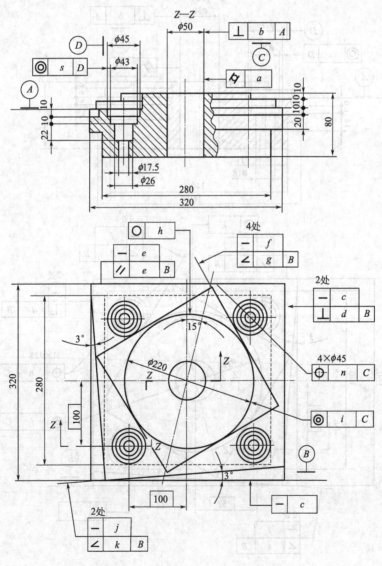

图 10-28　JB/T 8771.7-A320 试件图

ⅲ. 加工位于正四方形上边长为 q 的菱形（倾斜 60°的正四方形）。

ⅳ. 加工位于菱形之上直径为 q、深为 6mm（或 10mm）的圆。

ⅴ. 加工正四方形上面，α 为 3°或 $\tan\alpha=0.05$ 的倾斜面。

ⅵ. 镗削直径为 26mm（或较大试件上 43mm）的四个孔和直径为 28mm（或较大试件上 45mm）的四个孔。直径为 26mm 的孔沿轴线的正向趋近，直径为 28mm 的孔为负向趋近。这些孔定位为距试件中心 r。

因为是在不同的轴向高度加工不同的轮廓表面，因此应保持刀具与下表面平面离开零点几毫米的距离以避免面接触。

试件的相关尺寸见表 10-1。

表 10-1　试件尺寸

mm

名义尺寸 L	m	p	q	r	α
320	280	50	220	100	3°
160	140	30	110	52	3°

c. 刀具　可选用直径为 32mm 的同一把立铣刀加工轮廓及试件的所有外表面。

d. 切削参数　推荐下列切削参数。

ⅰ. 切削速度：铸铁件约为 50m/min；铝件约为 300m/min。

ⅱ. 进给量：约为 0.05～0.10mm/齿。

ⅲ. 切削深度：所有铣削工序在径向切深应为 0.2mm。

e. 毛坯和预加工　毛坯底部为正方形底座，边长为 m，高度由安装方法确定。为使切削深度尽可能恒定，精切前应进行预加工。

f. 检验和允差　轮廓加工试件几何精度检验见表 10-2。

表 10-2　轮廓加工试件几何精度检验

mm

检　验　项　目	允　差		检　验　工　具
	L＝320	L＝160	
中心孔			
①圆柱度	0.015	0.010	①坐标测量机
②孔中心轴线与基面 A 的垂直度	ϕ0.015	ϕ0.010	②坐标测量机
正四方形			
③侧面的直线度	0.015	0.010	③坐标测量机或平尺和指示器
④相邻面与基面 B 的垂直度	0.020	0.010	④坐标测量机或角尺和指示器
⑤相对面对基面 B 的平行度	0.020	0.010	⑤坐标测量机或等高量块和指示器
菱形			
⑥侧面的直线度	0.015	0.010	⑥坐标测量机或平尺和指示器
⑦侧面对基面 B 的倾斜度	0.020	0.010	⑦坐标测量机或正弦规和指示器
圆			
⑧圆度	0.020	0.015	⑧坐标侧量机或指示器或圆度测量仪
⑨外圆和内圆孔 C 的同轴度	ϕ0.025	ϕ0.025	⑨坐标测量机或指示器或圆度测量仪
斜面			
⑩面的直线度	0.015	0.010	⑩坐标测量机或平尺和指示器
⑪角斜面对 B 面的倾斜度	0.020	0.010	⑪坐标测量机或正弦规和指示器
镗孔			
⑫孔相对于内孔 C 的位置度	ϕ0.05	ϕ0.05	⑫坐标测量机
⑬内孔与外孔 D 的同轴度	ϕ0.02	ϕ0.02	⑬坐标测量机或圆度测量仪

注：1. 如果条件允许，可将试件放在坐标测量机上进行测量。

2. 对直边（正四方形、菱形和斜面）而言，为获得直线度、垂直度和平行度的偏差，测头至少在 10 个点处触及被测表面。

3. 对于圆度（或圆柱度）检验，如果测量为非连续性的，则至少检验 15 个点（圆柱度在每个侧平面内）。

g. 记录的信息　按标准要求检验时，应尽可能完整地将下列信息记录到检验报告中去。

ⅰ. 试件的材料和标志。

ⅱ. 刀具的材料和尺寸。

ⅲ. 切削速度。

ⅳ. 进给量。

ⅴ. 切削深度。

ⅵ. 斜面 3°和 arctan 0.05 间的选择。

⑥ 端铣试件

a. 目的　该检验的目的是为了检验端面精铣所铣表面的平面度，两次走刀重叠约为铣刀直径的 20%。通常该检验是通过沿 X 轴轴线的纵向运动和沿 Y 轴轴线的横向运动来完成的，但也可按制造厂和用户间的协议用其他方法来完成。

b. 试件尺寸及切削参数　对两种试件尺寸和有关刀具的选择应按制造厂的规定或与用户的协议。试件的面宽是刀具直径的 1.6 倍，切削面宽度用 80% 刀具直径的两次走刀来完成。为了使两次走刀中的切削宽度近似相同，第一次走刀时刀具应伸出试件表面的 20% 刀具直径，第二次走刀时刀具应伸出另一边约 1mm，图 10-29 所示为端铣试验模式检验图，试件长度应为宽度的 1.25～1.6 倍。切削参数如表 10-3 所示。

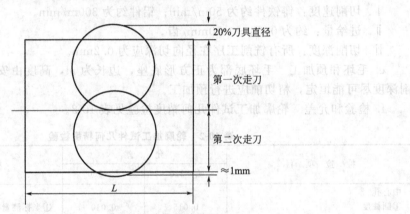

图 10-29　端铣试验模式检验图

表 10-3　切削参数

试件表面宽度 W/mm	试件表面长度 L/mm	切削宽度 w/mm	刀具直径/mm	刀具齿数
80	100～130	40	50	4
160	200～250	80	100	8

对试件的材料未作规定。当使用铸铁件时，可参见表 10-3。进给速度为 300mm/min 时，每齿进给量近似为 0.12mm，切削深度不应超过 0.5mm。如果可能，在切削时，与被加工表面垂直的轴（通常是 Z 轴）应锁紧。

c. 刀具　采用可转位套式面铣刀。刀具安装应符合下列公差。

ⅰ. 径向跳动≤0.02mm。

ⅱ. 端面跳动≤0.03mm。

d. 毛坯和预加工　毛坯底座应具有足够的刚性，并适合于夹紧到工作台上或托板和夹具上。为使切削深度尽可能恒定，精切前应进行预加工。

e. 精加工表面的平面度允差　小规格试件被加工表面的平面度允差不应超过 0.02mm；大规格试件的平面度允差不应超过 0.03mm。垂直于铣削方向的直线度检验反映出两次走刀重叠的影响，而平行于铣削方向的直线度检验反映出刀具出、入刀的影响。

f. 记录的信息　检验应尽可能完整地将下列信息记录到检验报告中。

ⅰ. 试件的材料和尺寸。

ⅱ. 刀具的材料和尺寸。

ⅲ. 切削速度。

ⅳ. 进给率。

ⅴ. 切削深度。

10.3　机床大修理检验的通用技术要求

大修是一种对设备整体进行恢复性定期计划修理的方法。修理时应将设备大部分或全部解体，修复基准件，修复或更换磨损的全部零部件，同时检查、修理、调整设备的电气系统，全面消除故障和缺陷，并进行外观质量的检修，以恢复设备规定的精度、性能和外观。

10.3.1　零件加工质量

(1) 导轨面和结合面

① 导轨面加工精度应保证达到各类型机床的精度标准和技术要求规定，并留有一定储备量。

② 采用机械加工方法加工的两配合件的结合面，应用涂色法检验接触情况，检验方法按有关规定保证接触均匀，接触指标不得低于表 10-4 的规定。

表 10-4　导轨结合面接触指标

机床精度等级	静压滚动导轨		移置导轨		特别重要固定结合面	
	全长上	全宽上	全长上	全宽上	全长上	全宽上
Ⅲ级和Ⅲ级以上	80	70	70	70	70	45
Ⅳ级	75	60	65	45	65	40
Ⅴ级	70	50	60	40	60	35

③ 机械加工后的平导轨面不应有明显的波纹，圆柱导轨面不应有明显的螺旋线。

④ 贴敷导轨粘接面应清洗干净，导轨板粘接应牢固，不应有气泡和空隙。贴敷导轨固化后应按有关规定进行加工，导轨板边缘应倒角修圆。

(2) 轴和套筒

① 轴一般应进行正火或调质处理，有耐磨要求的部位和经常拆卸的附件及刀具的主轴端部应符合有关规定，硬度一般应不低于 48HRC。

② 与轴承配合的主轴轴颈的硬度，采用滑动轴承时最低应不低于 52HRC，采用滚动轴承时一般应不低于 48HRC。当主轴轴颈作为滑动轴承的滚道时，其硬度应不低于 60HRC。

③ 主轴锥孔锥体的接触应靠近大端，实际接触长度的接触比值不得低于有关规定的要求。定心孔对主轴轴颈的同轴度应保证各类型的机床精度标准的要求，并留有储备量。

④ 机床主轴或顶尖套筒的主要技术要求应保证各类型机床精度标准的要求。套筒应进行调质和淬火处理，锥孔硬度应不低于 48HRC。

(3) 箱体

① 箱体上主轴孔的精度应保证各类型机床精度标准的要求，并留有储备量。装齿轮轴的孔中心距和轴线平行度应符合图样要求。

② 箱体上孔端面对孔轴线的垂直度，一般应按所选轴承的形式和精度等级的安装精度要求确定。

(4) 齿轮

① 渐开线圆柱齿轮的精度等级和齿面粗糙度一般按表 10-5 所列数值选取。

表 10-5　渐开线圆柱齿轮精度等级及齿面粗糙度

应用部位、圆周速度	齿轮精度等级	齿面粗糙度 $Ra/\mu m$
①高精度和精密的分度链末端齿轮 ②圆周速度 $v>30m/s$ 的直齿轮 ③圆周速度 $v>50m/s$ 的斜齿轮	4	0.32
①一般精度的分度链末端齿轮 ②高精度和精密的分度链的中间齿轮 ③圆周速度 $v>15\sim30m/s$ 的直齿轮 ④圆周速度 $v>30\sim50m/s$ 的斜齿轮	5	0.63
①V级机床主传动的重要齿轮 ②一般精度的分度链的中间齿轮 ③Ⅲ级和Ⅲ级以上精度等级机床的进给齿轮 ④油泵齿轮	6	0.8

② 对噪声和杂声有明显影响的齿轮，当其圆周速度超过有关数值时，一般应进行齿形修缘。

③ 传动系统中高速、重载和滑移齿轮的齿部应进行淬火、渗碳、表面氮化等处理。滑移齿轮的齿端倒圆并淬火，有配合要求的齿轮花键孔应符合图样规定。

④ 圆锥齿轮的精度、齿条的精度应符合有关规定要求。

(5) 蜗轮副

蜗轮副精度应满足各类机床标准的要求，其精度等级和齿面粗糙度应符合有关规定。

(6) 其他零件

① 分度、定位件的定位面应采取耐磨措施。

② 有刻度的加工件，其刻线应准确、间隔均匀、数字和标记清楚，数字应刻在线条的中心对称位置，如镀铬时，应为无光镀铬。

③ 钢制螺钉、螺母和受挤压等作用的类似零件，其经常受扭动和易磨损的部位，应进行热处理，其硬度不得低于 35HRC。

10.3.2　机床装配质量

装配质量直接影响机床的工作性能及使用寿命，装配质量要求参照 10.2.1 装配质量的检验内容及要求，同时还要保证以下要求。

① 机床应按图样和装配工艺规程进行装配，装配到机床上的零件和部件（包括外购件）均应符合质量要求。

② 机床上的滑动配合面和滚动配合面、结合缝隙、变速箱的润滑系统、滚动轴承和滑动轴承等，在装配过程中应仔细清洗干净。机床的内部不应有切屑和其他污物。

③ 对装配的零件，除特殊规定外，不应有锐棱和尖角。导轨的加工面与不加工面交接

处应倒棱，丝杠的第一圈螺纹端部应修钝。

④ 装配可调节的滑动轴承和镶条等零件或机构时，应留有调整和修理的规定余量。

⑤ 装配时的零件和部件应清理干净，在装配过程中，加工件不应磕碰、划伤和锈蚀，加工件的配合面及外露表面不应有修锉和打磨等痕迹。

⑥ 螺母紧固后各种止动垫圈应达到止动要求，根据结构需要可采用在螺纹部分加低强度、中强度防松胶带代替止动垫圈。

⑦ 装配后的螺栓、螺钉头部和螺母的端面，应与被固定的零件平面均匀接触，不应倾斜和留有间隙；装配在同一部位的螺钉，其长度应一致；紧固的螺钉、螺栓和螺母不应有松动现象，影响精度的螺钉，紧固力应一致。

⑧ 机床的移动、转动部件装配后，运动应平稳、灵活轻便、无阻滞现象。变位机构应保证准确、可靠地定位。

⑨ 高速旋转的零件和部件应进行平衡试验。

⑩ 机床上有刻度装置的手轮、手柄装配后的反向空程量应按各类机床技术条件中的要求进行调整。

⑪ 采用静压装置的机床其节流比应符合设计要求。静压建立后，运动应轻便、灵活。

10.3.3 机床液压系统的装配质量

液压系统由动力装置、控制装置、执行装置及辅助装置四部分组成。液压系统的装配质量，直接影响到机床的工作性能及精度，应给予足够的重视。

(1) 动力装置的装配

① 液压泵传动轴与电动机驱动轴的同轴度偏差应小于 0.1mm。液压泵用手转动应平稳无阻滞感。

② 液压泵的旋转方向和进、出油口不得装反。泵的吸油高度尽量小些，一般泵的吸油高度应小于 500mm。

(2) 控制装置的装配

① 不要装错外形相似的溢流阀、减压阀与顺序阀，调压弹簧要全部放松，待调试时再逐步旋紧调压。不要随意将溢流阀的卸荷口用油管接通油箱。

② 板式元件安装时，要检查进、出油口的密封圈是否合乎要求，安装前密封圈要凸出安装表面，保证安装后有一定的压缩，以防泄漏。

③ 板式元件安装时，几个固定螺钉要均匀拧紧，最后使安装元件的平面与底板平面全部接触。

(3) 执行装置的装配

液压缸是液压系统的执行机构，安装时应校正作为液压缸工艺用的外圆上母线、侧母线与机座导轨导向的平行度，垂直安装的液压缸为防止自动下滑，应配置好机械配重装置的重量和调整好液压平衡用的背压阀弹簧力。长行程缸的一端固定另一端游动，允许其热伸长。液压缸的负载中心与推动中心最后重合，免受颠覆力矩，保护密封件不受偏载。为防止液压缸缓冲机构失灵，应检查单向阀钢球是否漏装或接触不良。密封圈的预压缩量不要太大，以保证活塞杆在全程内移动灵活，无阻滞现象。

(4) 辅助装置的装配

① 吸油管接头要紧固、密封、不得漏气。在吸油管的结合处涂以密封胶，可以提高吸油管的密封性。

② 采用扩口薄壁管接头时，先将钢管端口用专用工具扩张好，以免紧固后泄漏。

③ 回油管应插入油面之下，防止产生气泡。系统中泄漏油路不应有背压现象。

④ 溢流阀的回油管口不应与泵的吸油口接近，否则油液温度将升高。

(5) 液压系统的清洗

液压系统安装后，对管路要进行清洗，要求较高的系统可分两次进行。

① 系统的第一次清洗。油箱洗净后注入油箱容量 60％～70％ 的工作用油或试车油。油温升至 50～80℃ 时进行清洗效果最好。清洗时在系统回油口处设置 80 目的滤油网，清洗时间过半时再用 150 目的滤油网。为提高清洗质量，应使液压泵间断转动，并在清洗过程中轻击管路，以便将管内的附着物洗掉。清洗时间长短随液压系统的复杂程度、过滤精度及系统的污染情况而定，通常为十几小时。

② 系统的第二次清洗。将实际使用的工作油液注入油箱，系统进入正式运转状态，使油液在系统中进行循环，空负荷运转 1～3h。

10.3.4 润滑系统的装配质量

设备润滑系统的装配质量，直接影响到机床的精度、寿命等方面的问题。因此要引起足够的重视。

(1) 润滑油箱

油箱内的表面防锈涂层应与润滑剂相适应。在循环系统的油箱中，管子末端应当浸入油的最低工作面以下，吸油管和回油管的末端距离应尽可能远些，使泡沫和乳化的影响减至最小。全损耗性润滑系统的油箱，至少应装有工作 50h 后才加油的油量。

(2) 润滑管

① 软管材料与润滑剂不得起化学作用，软管的机械强度应能承受系统的最大工作压力，并且在不改变润滑方式的情况下，软管应能承受偶然的超载。

② 硬管的材料应与润滑剂相适应，机械强度应能承受系统的最大工作压力。在管子可能受到热源影响的地方，应避免使用电镀管。此外，如果管子要与含活性硫的切削液接触，则应避免使用钢管。

③ 在油雾润滑系统中，所有类型的管子均应有平滑的管壁，管接头不应减小管子的横截面积。

④ 在油雾润滑系统中，所有管路均应倾斜安装，以便使油液回到油箱，并应设法防止积油。

⑤ 管子应适当地紧固和防护，安装的位置应不妨碍其他元件的安装和操作。管路不允许用来支撑系统中的其他大元件。

(3) 润滑点、作用点的检查

润滑点是指将润滑剂注入摩擦部位的地点。作用点是指润滑系统内一般要进行操作才能使系统正常工作的位置。

各润滑部位都应有相应的注油器或注油孔，并保持完善齐全。润滑标牌应完整清晰，润滑系统的油管、油孔、油道等所有的润滑元件必须清洁。润滑系统装配后，应检查各润滑点、作用点的润滑情况，保证润滑剂到达所需润滑的位置。

10.3.5 电气系统的质量

(1) 外观质量

① 机床电气设备应有可靠的接地措施，接地线的截面积不小于 $4mm^2$。

② 所有电气设备外表要清洁，安装要稳固可靠，而且要方便拆卸、修理和调整。元件按图样要求配备齐全，如有代用，需经有关设计人员研究后在图样上签字。

（2）外部配线

① 全部配线必须整齐、清洁、绝缘、无破损现象，绝缘电阻用 500V 绝缘电阻表测量时应不低于 0.5MΩ。电线管应整齐完好，可靠固定，管与管的连接采用管接头，管子终端应设有管扣保护圈。

② 敷设在易被机械损伤部位的导线，应采用铁管或金属软管保护；在发热体上方或旁边的导线，要加瓷管保护。

③ 连接活动部分，如箱门、活动刀架、溜板箱等处的导线，严禁用单股导线，应采用多股或软线。多根导线应用线绳、螺旋管捆扎，或用塑料管、金属软管保护，防止磨伤、擦伤。对于活动线束，应留有足够的弯曲活动长度，使线束在活动中不承受拉力。

④ 接线端应有线号，线头弯曲方向应和螺母拧紧方向一致，分股线端头应压接或烫焊锡。压接导线螺钉应有平垫圈和弹簧垫圈。

⑤ 主电路、控制电路，特别是接地线颜色应有区别，备用线数量应符合图样要求。

（3）电气柜

① 盘面平整，油漆完好，箱门合拢严密，门锁灵活可靠。柜内电器应固定牢固，无倾斜不正现象，应有防震措施。

② 盘上电器布置应符合图样要求，导线配置应美观大方，横平竖直。成束捆线应有线夹可靠地固定在盘上，线夹与线夹之间距离不大于 200mm，线夹与导线之间应填有绝缘衬垫。

③ 盘上的导线敷设，应不妨碍电器拆卸，接线端头应有线号，字母清晰可辨。

④ 主电路和控制电路的导线颜色应有区别，地线与其他导线的颜色应绝对分开。压线螺钉和垫圈最好采用镀锌的。

⑤ 各导电部分，对地绝缘电阻应不小于 1MΩ。

（4）接触器与继电器

① 外观清洁无油污、无尘、绝缘、无烧伤痕迹。触头平整完好，接触可靠，衔铁动作灵活、无粘卡现象。

② 可逆接触器应有可靠的联锁；交流接触器应保证三相同时通断，在 85％的额定电压下能可靠地动作。

③ 接触器的灭弧装置应无缺损。

（5）熔断器及过电流继电器

① 熔体应符合图样要求，熔管与熔片的接触应牢固，无偏斜现象。

② 继电器动作电流应与图样规定的整定值一致。

（6）各种位置开关或按钮、调速电阻器

① 安装牢固，外观良好，调整时应灵活、平滑、无卡住现象。接触可靠，无自动变位现象。

② 绝缘瓷管、手柄的销子、指针、刻度盘等附件均应完整无缺。

（7）电磁铁

行程不超过说明书规定距离，衔铁动作灵活可靠，无特殊响声，在 85％额定电压下能可靠地动作。

（8）电气仪表

表盘玻璃完整，盘面刻度字码清楚，表针动作灵活，计量准确。

10.3.6 机床外观质量

机床外观质量要求包括以下内容。

① 机床外观表面不应有图样未规定的凸起、凹陷、粗糙不平和其他损伤。

② 机床的防护罩应平整、匀称，不应翘曲凹陷。外露焊缝应修整平直均匀。

③ 机床零件和部件外露结合面的边缘应整齐、匀称，不应有明显的错位，错位量及不匀称量不超过 1～2mm。

④ 装入沉孔的螺钉不应凸出于零件表面，其头部与沉孔之间不应有明显的偏心。固定销一般略凸出于零件外表面。螺栓尾端应略凸出于螺母端面。

⑤ 外露轴端一般应凸出于包容件的端面，凸出值约为倒棱值。内孔表面与壳体凸缘间壁厚应均匀对称，其凸缘壁厚之差不大于实际最大壁厚的 25%。

⑥ 机床外露零件表面不应有磕碰、锈蚀。螺钉、铆钉、销子端部不应有扭伤、锉伤的缺陷。

⑦ 金属手轮轮缘和操作手柄应有防锈层。

⑧ 镀件、发蓝件、发黑件色调应一致，防护层不应有褪色、脱落现象。

⑨ 电气、液压、润滑和冷却等管道的外露部分应布置紧凑，排列整齐，必要时应用管夹固定，管子不应产生扭曲、折叠等现象。

⑩ 机床零件未加工的表面应按有关规定涂以油漆。可拆卸的装配结合面接缝处，在涂漆以后应切开，切开时不应扯破边缘。

⑪ 机床上各种标牌应清晰、耐久。铭牌应固定在明显位置。标牌的固定位置应正确、平整牢固、不歪斜。

10.3.7 机床运转试验

机床装配后必须经过试验和验收。机床运转试验一般包括空运转试验、负荷试验和工作精度试验。

(1) 运转前的准备工作

① 机械设备周围应清扫干净，机械设备上不得有任何工具、材料及其他妨碍机械运转的物品。

② 机械设备各部分的装配零件、附件必须完整无缺，检查各固定部位有无松动现象。所有减速器、齿轮箱、滑动面以及每个应当润滑的润滑点都要按机床说明书规定加润滑油。

③ 设备开动前应先开动液压泵将润滑油循环一次，检验整个润滑系统是否畅通，各润滑点的润滑情况是否良好。

④ 检查安全罩、栏杆、围绳等各安全防护措施是否安设妥当，并在设备启动前要做好紧急停车准备，确保设备运转时的安全。

(2) 设备运转步骤

① 设备运转前，电动机应单独试验，以判断电力拖动部分是否正常，并确定其正确的回转方向。其他如电磁制动器、电磁阀限位开关等各种电气配置都必须提前做好试验调整工作。

② 设备运转时，能手动的部位应先手动，后机动，对大型设备可用盘车器或吊车转动两圈以上，在一切正常的情况下，方可通电运转。运转时应掌握先无负荷后有负荷、先低速后高速、先单机后联动的原则进行试验。对于数台单机连成一套的机组，要每台分别试验，

合格后再进行整台机组的联动试运转。

③ 无负荷运转时，应检查设备各部分的动作和相互间作用的正确性，同时也使某些摩擦表面得到初步磨合。

④ 负荷运转是在无负荷后进行的，目的是为了检验设备的工作性能及可靠性。

⑤ 机床的工作精度试验，是负荷试验之后通过用设备加工的试件来进行的。

(3) 设备运转中的注意事项

① 机床运转中应随时检查轴承的温度，最高转速时，主轴滚动轴承的温度不得超过70℃，滑动轴承不得超过60℃，而在传动运动箱体内的轴承温度应不高于50℃。

② 运转时应注意倾听机器的转动声音。以主轴变速箱为例，如果运转正常，则发出的声音应当是平稳的呼呼声；如果不正常，则会发出各种杂音，如齿轮噪声、轻微的敲击声、嘶哑的摩擦声、金属撞击的铿锵声等。

③ 检查各传动机构的运转是否正常，动作是否合乎要求，自动开关是否灵敏，机床是否有振动现象，各密封装置是否有漏油现象。如有不正常现象应立即停车，进行检查和处理。

④ 机床运转时，静压导轨、静压轴承、静压丝杠等液体静压支承的部件必须先开动液压泵，待部件浮起后，才能将它启动。停车时，必须先停止部件的运动，再停止液压泵。

⑤ 参加机床运转试验的人员，应穿戴好劳动保护用品；容易被机器卷入部分应扎紧；对有害于身体健康的操作，还必须穿戴防护用品。

参 考 文 献

[1] 陈学楚. 现代维修理论. 北京：国防工业出版社，2003.

[2] 肖前蔚，李建华，吴天林. 机电设备安装维修工实用技术手册. 南京：江苏科学技术出版社，2007.

[3] 张翠凤. 机电设备维修技术. 北京：机械工业出版社，2002.

[4] 王江萍. 机械设备故障诊断技术及应用. 西安：西北工业大学出版社，2001.

[5] 乐为. 机电设备装调与维护技术基础. 北京：机械工业出版社，2010.

[6] 吴先文. 机械设备维修技术. 北京：人民邮电出版社，2008.

[7] 周师圣. 机械维修与安装. 北京：冶金工业出版社，2001.

[8] 袁周，黄志坚. 工业泵常见故障及维修技巧. 北京：化学工业出版社，2008.

[9] 吴先文. 机电设备维修. 北京：机械工业出版社，2008.

[10] 北京农业工程大学机械维修工程研究室主编. 机械维修工程与技术. 北京：机械工业出版社，1989.

[11] 魏康民. 机械制造工艺装备. 第2版. 重庆：重庆大学出版社，2007.

[12] 赵文轸，刘琦云编著. 机械零件修复新技术. 北京：中国轻工业出版社，2007.

[13] 洪清池主编. 机械设备维修技术. 南京：河海大学出版社，1991.

[14] 姜秀华主编. 机械设备维修工艺. 北京：机械工业出版社，2003.

[15] 中国机械工程学会维修专业学会主编. 机修手册：第3卷上册金属切削机床修理. 第3版. 北京：机械工业出版社，1993.

[16] 王修斌，程良骏主编. 机械修理大全：第1卷. 沈阳：辽宁科学技术出版社，1993.

[17] 屈梁生，何正嘉主编. 机械故障诊断学. 上海：上海科学技术出版社，1986.

[18] 胡世炎编著. 机械失效分析手册. 成都：四川科技出版社，1989.

[19] 陈冠国编. 机械设备维修. 北京：机械工业出版社，1997.

[20] 裴峻峰，杨其俊著. 机械故障诊断技术. 山东：石油大学出版社，1997.

[21] 李国柱著. 油液分析诊断技术. 上海：上海科学技术文献出版社，1997.

[22] 佟德纯，李华彪著. 振动监测与诊断. 上海：上海科学技术文献出版社，1997.

[23] 中国农业大学设备工程系编. 机械维修工程与技术. 北京：中国农业科技出版社，1997.